湖北省基层气象台站简史

湖北省气象局　编

内容简介

本书全方位、多角度地反映了建国60年来湖北省气象事业的发展变化，真实记录了全省各级（省级、地市级、区县级）气象事业的发展进程、机构历史沿革、气象业务发展、职工队伍建设、法制建设、文化建设、台站基本建设等情况，是一部具有留存价值的气象台站史料文献，同时也是一本进行气象台站史教育的教科书。

图书在版编目(CIP)数据

湖北省基层气象台站简史/湖北省气象局编. —北京：气象出版社，2009.11

ISBN 978-7-5029-4865-8

Ⅰ.湖… Ⅱ.湖… Ⅲ.①气象台-史料-湖北省②气象站-史料-湖北省 Ⅳ.P411

中国版本图书馆CIP数据核字(2009)第205417号

Hubeisheng Jiceng Qixiangtaizhan Jianshi

湖北省基层气象台站简史

湖北省气象局 编

出版发行：气象出版社

地　　址：北京市海淀区中关村南大街46号　　邮政编码：100081

总 编 室：010-68407112　　发 行 部：010-68409198

网　　址：http://www.cmp.cma.gov.cn　　E-mail：qxcbs@263.net

责任编辑：白凌燕　黄红丽　　终　　审：黄润恒

封面设计：燕　彤　　责任技编：吴庭芳

印　　刷：北京中新伟业印刷有限公司

开　　本：787 mm×1092 mm　1/16　　印　　张：28.75

字　　数：720千字　　彩　　插：6

版　　次：2009年11月第1版　　印　　次：2009年11月第1次印刷

印　　数：1～2000　　定　　价：80.00元

《湖北省基层气象台站简史》编委会

主　任：崔讲学
副主任：张育林
委　员：丁俊锋　吴恒乐　汪金福　匡如献
　　　　杨志彪　刘立成　沈守清　王新启
　　　　徐向明

《湖北省基层气象台站简史》编写组

主　编：丁俊锋
副主编：刘立成
成　员：雷　涛　张洪刚　汪　明　李晓萍
　　　　丁宏大　吴立霞　邓建设　张莉萍
　　　　洪　晖

总　序

2009年是新中国成立60周年和中国气象局成立60周年，中国气象局组织编纂出版了全国气象部门基层气象台站简史，卷帙浩繁，资料丰富，是气象文化建设的重要成果，是一项有意义、有价值的工作，功在当代，利在千秋。

60年来，气象事业发展成就辉煌，基层气象台站面貌发生翻天覆地的变化。广大气象干部职工继承和弘扬艰苦创业、无私奉献，爱岗敬业、团结协作，严谨求实、崇尚科学，勇于改革、开拓创新的优良传统和作风，以自己的青春和智慧谱写出一曲曲事业发展的壮丽篇章，为中国特色气象事业发展建立了辉煌业绩，值得永载史册。

这次编纂基层气象台站简史，是建国以来气象部门最大规模的史鉴编纂活动，历史跨度长，涉及人物多，资料收集难度大，编纂时间紧。为加强对编纂工作的领导，中国气象局和各省(区、市)气象局均成立了编纂工作领导小组和办公室，制定了编纂大纲，举办了培训班，组织了研讨会。各省(区、市)气象局编纂办公室选调了有较高文字修养、有丰富经历的人员从事编纂工作。编纂人员全面系统地收集基层气象台站各个发展阶段的文字、图片和实物等基础资料，力求真实、客观地反映台站发展的历程和全貌。我谨向中国气象局负责这次编纂工作的孙先健同志及所有参与和支持这项工作的同志们表示衷心感谢。

知往鉴来，修史的目的是用史。基层气象台站史是一座丰富的宝库。每个气象台站的发展史，都留下了一代代气象工作者艰苦奋斗、爱岗敬业的足迹，他们高尚的精神和无私的奉献，将永远给我们以开拓进取的力量。书中记载的天气气候事件及气象灾害事例，是我们认识气象灾害规律、发展气象科学难得的宝贵财富。这套基层气象台站简史的出版，对于弘扬优良传统和作风，挖掘和总结历史经验，促进气象事业科学发展，必将发挥重要的指导和借鉴作用。

中国气象局党组书记、局长　郑国光

2009年10月

序

读史可以明智。著名哲学家培根这样说。可见，历史可以提供许多真实有效的参考，使我们从中得到力量、经验、启迪，为科学发展奠定基础。

湖北省气象局组织全省力量，按照中国气象局的统一部署，编纂了这部《湖北省基层气象台站简史》，实在是一件值得庆贺的大事，必将载入湖北气象发展史册。

这部《湖北省基层气象台站简史》以历史学家的眼光、气象学家的判断、管理学家的分析，将湖北省基层气象台站的发生、发展，在简短的篇幅中具体地呈现在读者面前，可谓一卷在手，全局知悉。

我们从哪里来，到哪里去？作为一个湖北气象人，有必要知道自己的事业根基在哪里，是怎样发展起来的，未来前景又如何。这本《湖北省基层气象台站简史》就能启发我们总结历史，开辟未来。

这次编纂基层气象台站简史，广大编纂工作者立足于重事实笔录，少刻意评说，以春秋笔法、微言大意，真实、客观、准确地记录基层气象台站的发展历史。小到站址迁移、人员变动，大到气象服务方式方法变化、气象人精神形成、气象公共管理的发展，编纂者都以事实来说话，不夸大，不缩小，不虚美，不隐恶，其文直，其事核，辩而不华，质而不俚，是史家所谓的"实录"。因此，编纂者广泛收集、整理、利用各个历史阶段的气象事业发展档案，在全省许多档案馆、资料室寻找记录依据，核实历史事实，遍访健在的历史亲历者，抢救历史记忆，一些老同志还积极参与这项工作，亲自撰写史料，提供珍贵文物。这种强烈的责任感和使命感，让人肃然起敬，让人油然而生对历史的敬畏和热爱。

当然，因为时间的关系，《湖北省基层气象台站简史》编纂工作从启动到出版发行，其间只有4个月的时间，一些资料尚未来得及加以鉴别，一些判断也不见得十分准确，但是瑕不掩瑜，我相信，凡是阅读《湖北省基层气象台站简史》的人，一定会觉得这是一本值得收集珍藏的工具书，对于全面了解湖北省气象事业发展的历史具有重要的参考价值。

我相信，《湖北省基层气象台站简史》一定会在促进湖北气象事业科学发展，提升湖北气象部门文化软实力，推进基层台站建设等方面发挥应有的作用。

最后，向所有关心支持编纂《湖北省基层气象台站简史》的各级领导和同志们表示由衷的感谢！

是为序。

湖北省气象局党组书记、局长 崔讲学

推动气象科学进步加速区域中心建设

为社会主义建设提供强有力的支撑

与湖北省气象局同志共勉

宋健

一九九二年一月十九日

1992年1月19日，国务委员、国家科委主任宋健为武汉区域气象中心题词

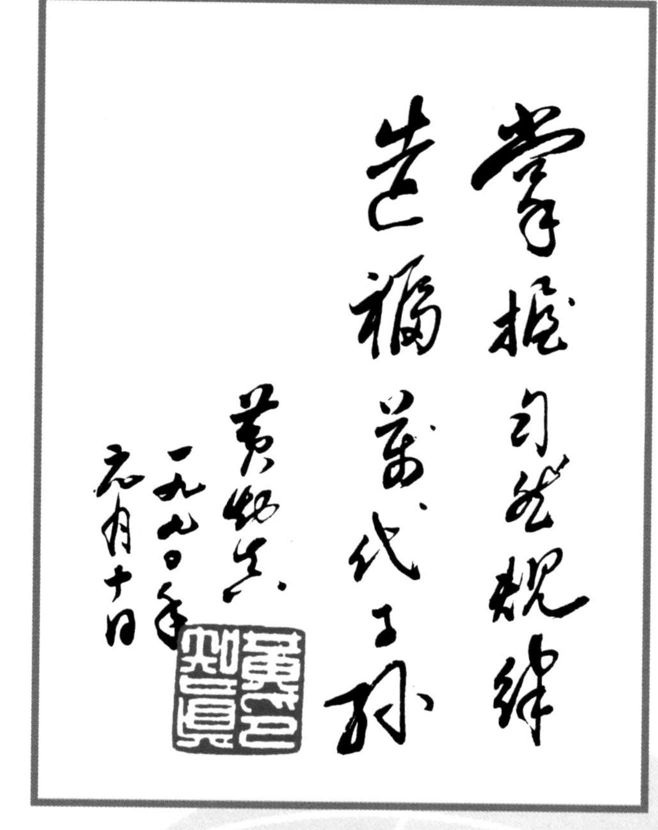

1990年1月10日，湖北省人大主任黄知真为武汉区域气象中心题词

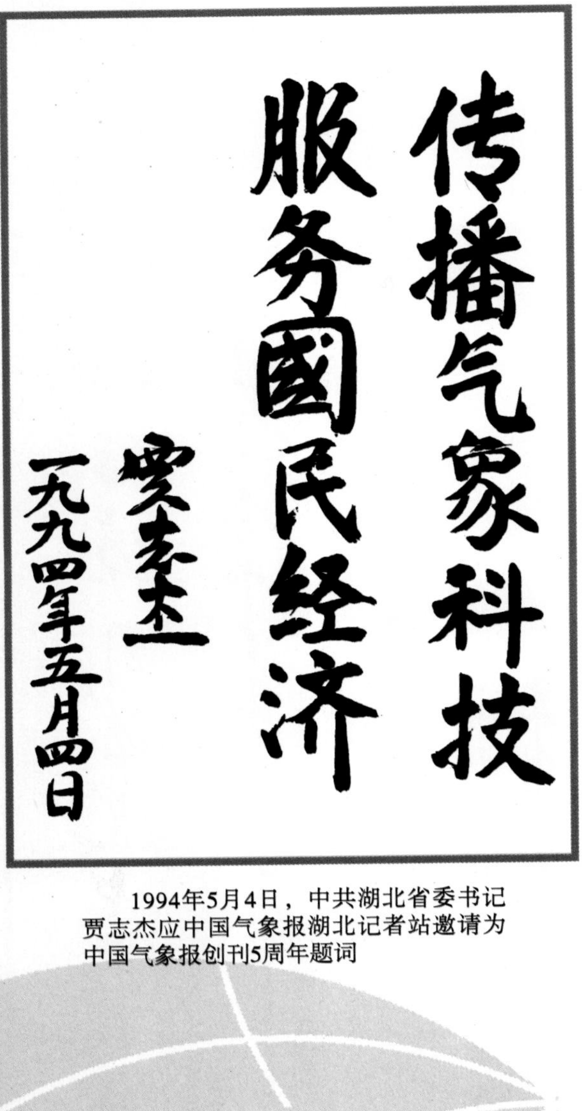

传播气象科技
服务国民经济
贾志杰
一九九四年五月四日

1994年5月4日，中共湖北省委书记贾志杰应中国气象报湖北记者站邀请为中国气象报创刊5周年题词

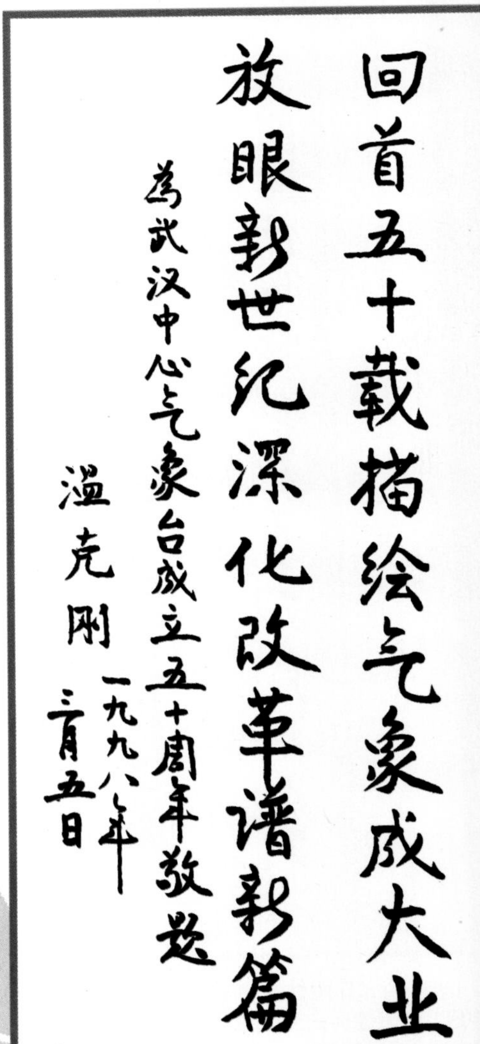

回首五十载描绘气象成大业
放眼新世纪深化改革谱新篇
为武汉中心气象台成立五十周年敬题
一九九八年
温克刚
三月五日

1998年3月5日，中国气象局局长温克刚为武汉中心气象台成立50周年题词

1988年8月11日，中共湖北省委书记关广富（右三）到湖北省气象局检查指导工作

2002年6月18日，中共中央政治局委员、中共湖北省委书记俞正声（右二）到湖北省气象局检查指导工作

1998年7月30日，中共湖北省委书记贾志杰（左二）到湖北省气象局检查指导工作

2006年7月31日，湖北省长罗清泉（左二）到湖北省气象局检查指导工作

1997年12月16日，中共湖北省委书记贾志杰（右一）、省长蒋祝平（右二）、副省长王生铁（右五）与中国气象局局长温克刚（右三）、名誉局长邹竞蒙（右四）到湖北省气象局检查指导工作

1998年8月16日，中国气象局局长温克刚（右一）到湖北省气象局检查指导工作

2005年5月18日，中国气象局局长秦大河（右二）到湖北省气象局检查指导工作

2007年6月25日，中国气象局局长郑国光（右五）到湖北省气象局检查指导工作

宜昌L波段探空雷达

咸宁微波辐射计观测仪器

孝感三维闪电定位仪

宜昌新一代天气雷达

高性能计算机

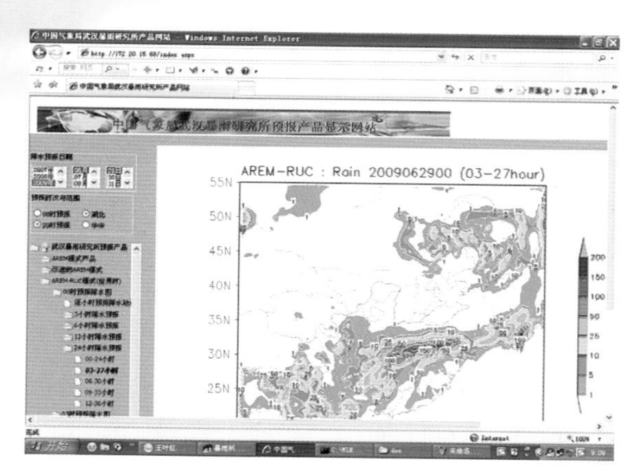

中国气象局武汉暴雨研究所暴雨预报模式

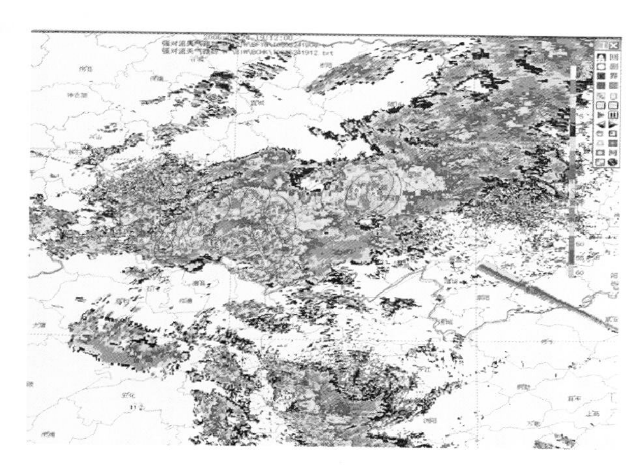

长江中游短时天气预警报业务系统（MYNOS ）

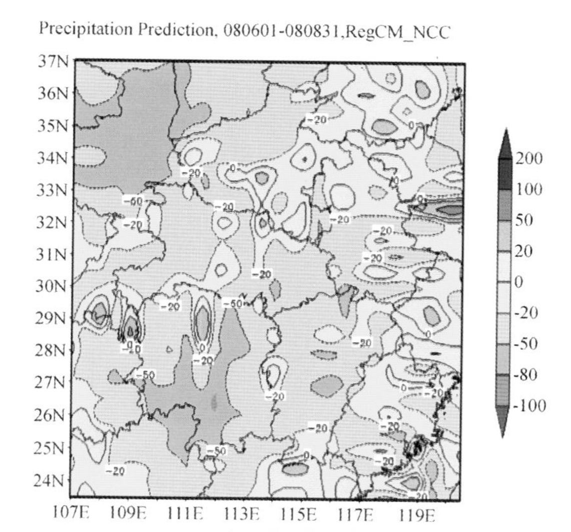

区域气候模式预测武汉区域2009年夏季降水预测产品

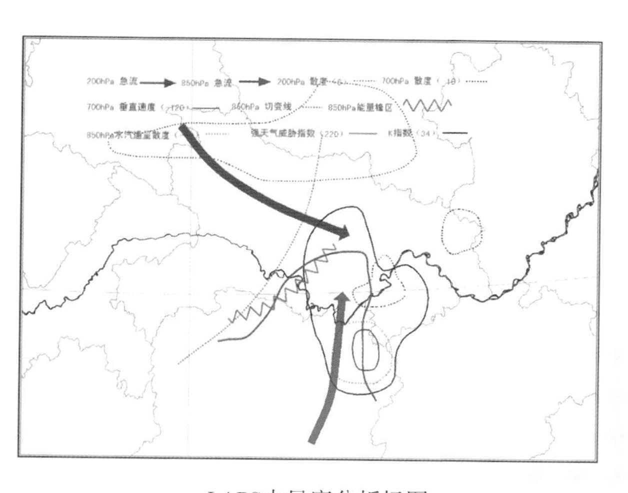

LAPS中尺度分析场图

冰雪天气新闻发布会

气象服务

风能气象服务

核电气象服务

湖北交通气象保障服务系统 HuBei Traffic Meteorology Service System

http://www.hbjtqx.com.cn

首页 新闻 网站链接 联系我们

主菜单 首页

- 首页
- 中央气象台交通天气预报
- 湖北省72小时天气预报
- 湖北省第4—8天天气预报
- 湖北省旬天气预报
- 湖北省月天气预报
- 湖北省短时6小时天气警报
- 湖北省短时2小时天气警报
- 卫星云图
- 最新雷达图
- 湖北省重要天气消息
- 汉宜高速
- 武黄高速
- 沪蓉西高速
- 黄黄高速
- 京珠高速

全国省会城市天气预报

乌鲁木齐 哈尔滨 长春 沈阳 呼和浩特 北京 银川 天津 大连 西宁 太原 济南 青岛 兰州 西安 郑州 南京 拉萨 成都 重庆 武汉 合肥 上海 杭州 长沙 南昌 福州 台北 昆明 贵阳 桂林 广州 深圳 厦门 南宁 澳门 香港 海口

汉宜高速

- 沿线0-24小时预报(图)
- 沿线0-24小时预报(表)
- 沿线灾害性指数预报
- 沿线区段12小时预报
- 沿线区段旬天气预报
- 沿线灾害性天气警报
- 汉宜自动站表格
- 汉宜自动站监控
- 汉宜气象决策建议
- 气象安全保障提示

京珠高速 › 沿线0-24小时预报(图)

[显示表格]

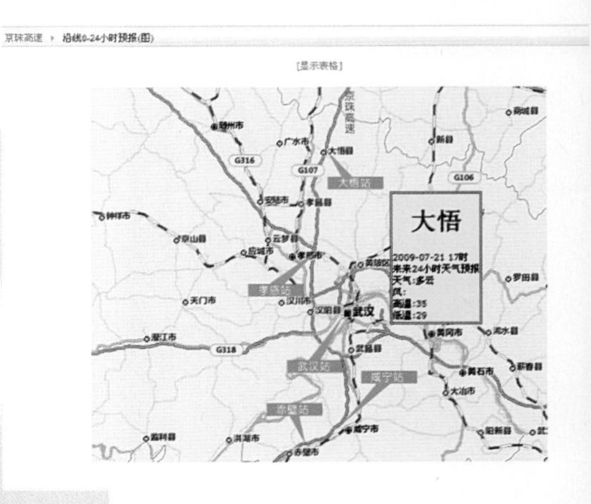

交通气象服务

三峡气象服务

飞机人工增雨作业现场

全国文明单位

中央精神文明建设指导委员会
二〇〇五年十月

湖北省气象局（机关）、武汉中心气象台连续两届获全国文明单位称号

2007-2008年度精神文明建设工作
先进行业(系统)

中共湖北省委
湖北省人民政府

湖北省气象部门是全国气象部门首家省级文明系统，再次被湖北省委省政府命名为2007—2008年度精神文明建设工作先进行业（系统）

2003年4月，武汉中心气象台被中华全国总工会授予全国五一劳动奖状

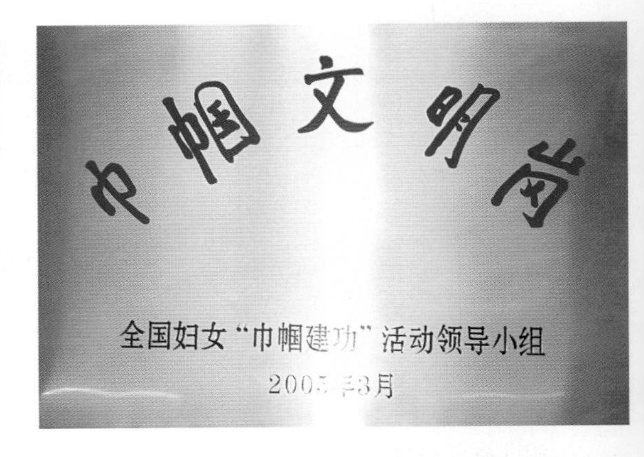

2005年3月，武汉中心气象台被全国妇女巾帼建功活动领导小组授予巾帼文明岗

2003年12月，武汉中心气象台团支部被共青团中央授予全国五四红旗团支部

湖北省一九九八抗洪抢险

集体一等功

中共湖北省委
湖北省人民政府
湖北省军区

湖北省气象局荣获湖北省1998年抗洪抢险集体一等功

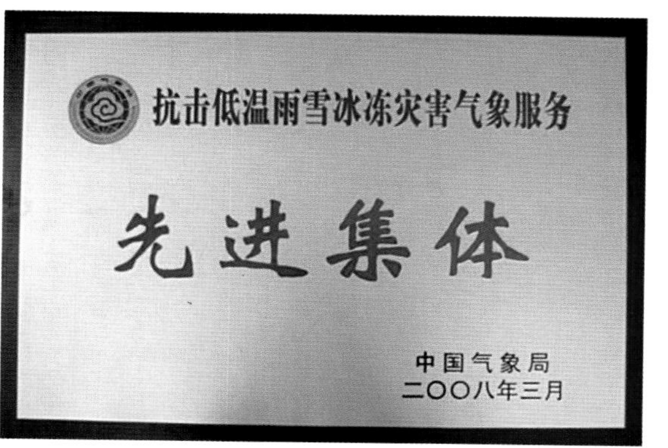

武汉中心气象台荣获中国气象局抗击低温雨雪冰冻灾害气象服务先进集体称号

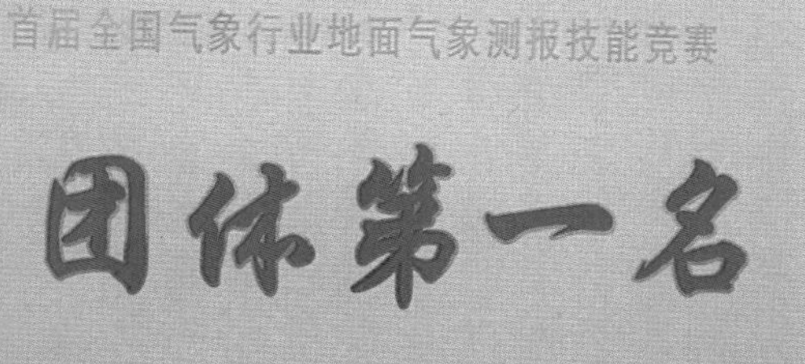

湖北省气象局加强职工岗位练兵，获全国气象行业测报竞赛团体第一名，祝伟获全国五一劳动奖章

党建工作

先进单位

中共湖北省委
二〇〇六年六月

湖北省气象局（机关）连续两届获全省党建工作先进单位

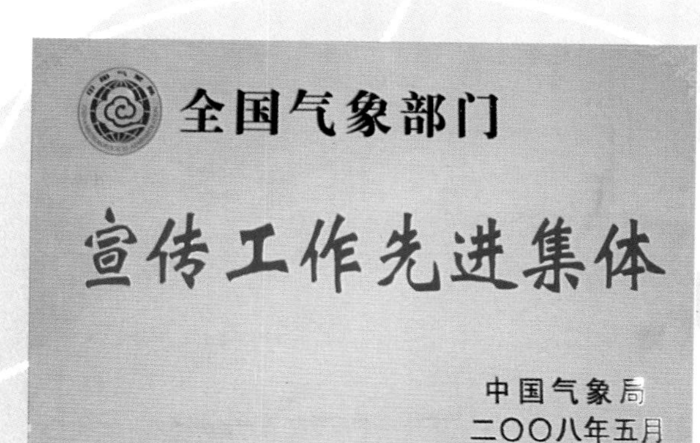

湖北省气象局被中国气象局授予宣传工作先进集体荣誉称号

科学技术奖励证书

获奖项目：AREMS中尺度暴雨数值预报模式系统

奖励类别：科技进步奖

获奖等级：壹等奖

获奖单位：中国气象局武汉暴雨研究所

证书编号：2005J-209-1-028-019-D01

湖北省人民政府

二〇〇五年十二月

中国气象局武汉暴雨研究所暴雨预报模式研究获湖北省科技进步一等奖

国家科学技术进步奖

证　书

为表彰国家科学技术进步奖获得者，特颁发此证书。

项目名称：我国梅雨锋暴雨遥感监测技术与数值预报模式系统

奖励等级：二等

获 奖 者：湖北省气象局

2007年2月11日

湖北省气象局数值预报模式系统获国家科技进步二等奖

计算机软件著作权登记证书

编号：软著登字第078553号

登 记 号：2007SR12558

软件名称：三峡梯级调度中长期水文气象预报业务系统应用软件 V2.0

著作权人：湖北省气象信息与技术保障中心

权利取得方式：原始取得

权 利 范 围：全部权利

首次发表日期：2005年11月29日

根据《计算机软件保护条例》和《计算机软件著作权登记办法》的规定，对以上事项予以登记。

2007年08月23日

三峡气象服务软件登记证书

实用新型专利证书

湖北省防雷技术获国家专利

目 录

湖北省气象台站概况

湖北省气象部门概述

湖北位于长江中游的洞庭湖以北，故称湖北。全省东、西北三面环山，以长江、汉水为干流的水系，纵横交错，大小湖泊密布。

建制 1869年（清同治8年）11月1日，汉口海关（即江汉关）建立气象站，开始气象观测。1951年10月湖北省军区司令部设立气象科，管理湖北省的气象工作。1954年9月14日成立湖北省人民委员会气象局，受中央气象局和湖北省人民政府双重领导，其建制属湖北省人民政府，气象业务受中央气象局领导。1958年11月18日，湖北省人民委员会批准湖北省气象系统体制下放，除业务以气象部门领导为主外，人、财、物等统归地方党政领导。1962年6月4日，湖北省人民委员会批转省气象局《关于调整全省气象体制的报告》，将全省气象台站收归省气象局建制，人、财、物、业务由省气象局领导，行政生活、思想政治工作、党务等由当地党政领导。1971年7月，湖北省气象部门实行由军事部门和各级革命委员会双重领导，以军事部门为主的领导管理体制。1973年7月28日，改为由各级革命委员会领导管理体制。1980年，湖北省将各地市州气象局收归省气象局直接管理，实行以气象部门领导为主的双重管理体制。1982年，将县（市）气象局（站）收归省地、市、州气象局直接管理，实行“双重领导，以部门为主”的管理体制。全国气象部门从1983年起进行管理体制第二步调整改革，湖北省气象部门实行了以上级气象部门和当地政府双重领导，以气象部门领导为主的管理体制。

台站概况 全省共有84个地面气象观测站，其中国家基准气候站4个，国家基本气象站27个，国家一般气象站50个，无人值守站3个，现全部建成自动气象站。全省共有1200多个区域气象观测站，12个太阳辐射观测站，16个雷电监测站，3个高空气象探测站，30个GPS/Met监测站，2个微波辐射计站，区域大气本底站1个（咸宁金沙大气本底站正在建设中）和2个大气成分观测站，32个酸雨观测站。全省共有10部天气雷达，其中新一代天气雷达6部，常规数字化天气雷达3部，移动多普勒天气雷达1部。全省共有28个农业气象观测站，6个风能资源观测站，17个气象卫星地面接收站。形成了比较完善的地面气象观测网、高空气象观测网、新一代天气雷达监测网、雷电监测网、农业气象观测网和风能太阳能资源观测等专业气象观测网组成的综合气象观测系统。

湖北省气象灾害预警中心大楼

人员状况 1952年全省气象部门共有正式职工51名，1962年有724人，1973年有1118人，1978年有1582人。至1981年，全省气象部门共有正式职工2061名，其中，大学本科以上学历仅63人，占总数的3.1%；专科193人，占总数的9.4%。1986年、1990年曾先后达到2360人和2349人。2008年底，有正式职工1883人，其中，硕士及以上人员81人，占总人数的4.3%，本科学历人数达640人，占总数的34%。全省气象部门正研级职称13人，副研级职称228人，中级职称789人，初级职称592人。全省气象部门共有享受政府（国务院）特殊津贴人员19人，湖北省有突出贡献中青年专家11人，享受省政府专项津贴7人。

文明创建 全省92个创建单位100%建成县以上文明单位，其中国家级文明单位3个，省级文明单位38个，地市级文明单位36个。

1996年12月，湖北省气象局机关被湖北省委、省政府表彰为1994—1995年度省级最佳文明单位，全省气象部门被省委、省政府命名为文明系统，是湖北省首批命名的文明系统，也是全国气象部门第一个建成的省级文明系统。1999年，湖北省气象局机关和武汉气象中心被中央文明委分别表彰为全国精神文明建设先进单位和全国创建文明行业工作先进单位。2001年1月，湖北省气象局被湖北省纪委、省人事厅、省监察厅评为全省纪检监察系统先进单位。2001年至2004年，湖北省气象局连续两届被湖北省委、省政府授予“省级最佳文明单位”。2005年，湖北省气象局机关和武汉气象中心被表彰为“全国文明单位”，宜昌市气象局被表彰为“全国精神文明创建工作先进单位”。2006年6月，湖北省气象局被湖北省委授予“党建工作先进单位”荣誉称号。2008年6月，湖北省气象局和武汉中心气象台获中共湖北省委表彰的2006—2007年度“党建工作先进单位”称号。2008年11

文明系统

月，湖北省气象影视中心和荆州市气象台获“湖北省文明行业创建活动示范点”称号。

气象法规　1953年1月，中南行政委员会和中南军区司令部联合颁发《气象资料使用供应办法》、《发布台风预警报及组织收听防护的办法》以及《发布大风警报及组织收听防护的办法》。这是湖北省第一个地方性气象管理规章。

20世纪80年代以后，湖北省人民政府先后多次颁发地方性气象管理规章。1990年5月，湖北省人民政府办公厅下发《关于进一步加强我省气象工作的通知》。1992年7月，湖北省人民政府下发《关于进一步加强气象工作的通知》。1997年2月，湖北省人民政府下发《关于进一步加快发展我省地方气象事业的通知》。

1996年11月6日，湖北省第一部气象行政法规——《湖北省气象管理办法》颁发实施。2000年，湖北省九届人大常委会通过《湖北省实施〈中华人民共和国气象法〉办法》，为全国第一部气象地方性法规。2004年，湖北省人民政府常务会议审议通过《湖北省防雷减灾管理条例》，为全国第一部省级防雷地方性法规。2006年，湖北省人民政府常务会议审议通过《湖北省人工影响天气管理条例》。2008年，湖北省人民政府常务会议审议通过《湖北省气象灾害预警信号发布与传播管理办法》。

气象服务　全省气象部门把决策气象服务放在气象服务首位。1981年7月，湖北省委省政府根据武汉中心气象台提出鄂西转晴的天气预报，决定荆江不分洪，并报中央防总批准，避免60万亩[①]农田被淹和40万群众搬迁，避免损失达6亿元。1988年7—8月，湖北受旱面积达4300万亩，湖北省气象局提出实施飞机人工降雨建议，被湖北省委省政府采纳，飞机人工降雨37架次，受益面积累计44412平方千米。1998年汛期，长江发生全流域性大洪水。8月6日，长江第四次特大洪峰直奔荆江，荆江分洪在即。湖北省气象局预测全省大部降水不明显，中央决定严防死守荆江大堤，避免了重大经济损失。武汉中心气象台荣立全省抗洪抢险集体一等功，被中国气象局评为全国防汛抗洪气象服务先进集体。2008年初，湖北省出现50年一遇的大范围持续低温雨雪冰冻天气。1月14日12时湖北

2007年6月25日，中国气象局局长郑国光(右五)到湖北省气象局检查指导工作

① 1亩=1/15公顷，下同。

召开雨雪冰冻灾害天气预报技术研讨会

省气象局率先启动湖北重大气象灾害预警应急预案Ⅱ级应急响应。湖北省人民政府根据湖北省气象局预报下发紧急通知，部署抗灾应急工作。冰冻雨雪灾害损失降至最低程度。武汉中心气象台被中国气象局授予“重大气象服务先进集体称号”。

公众气象服务发展迅速。1956 年 6 月 1 日，汉口中心气象台正式公开发布天气预报。1983 年，湖北电视台开始增加气象节目，以口语播发武汉中心气象台天气预报。1996 年 4 月 1 日，湖北电视台正式播出湖北气象影视中心制作的有节目主持人的电视天气预报节目。目前，可通过电视、报纸、广播、声讯电话“12121”、手机短信、网络等形式向社会公众提供气象预报信息服务。全省天气预报节目达 110 套，占电视频道总数的 75%，日播出时间长达 300 分钟。“12121”电话全省日平均拨打量达 18 万人次。省、市州级主流报纸媒体均开办每日气象专版或专栏，其中《楚天都市报》发行 100 多万份。2008 年，与湖北省移动、联通、电信公司建立了全网发布联运机制，无偿向 200 万以上人群发送灾害性天气预警信号，省、市、县、乡、村、组五级防汛责任人和分管领导近 3 万人每天能及时接收到气象短信息。90 万农村用户在田间地头能及时接收所需农情气象信息。2008 年，全省有 1500 块社会电子屏参与及时播发气象信息行动，武汉市 2 万辆出租车移动显示屏参与信息发布。“湖北兴农网”乡镇信息站发展到 464 个。

专业气象服务从 20 世纪 80 年代初期起步，现已覆盖至环保、水利、电力、交通、保险、商业、城建、工业、农业、服装等诸多行业。服务方式由电话、传真、信件逐步向网站、电子邮件、手机短信转变，开发了面向水利、电力、交通、商业等行业用户服务的“网上气象台”；开发了面向防汛、电力、保险等高气象敏感行业用户服务的“掌上气象台”。

1985 年国务院批准气象部门开展有偿服务和综合经营，湖北气象部门 1988 年开始气象有偿服务，1989 年开发气球施放、避雷检测项目。1992 年，中国气象局提出建设基本气象业务、专业专项气象服务和综合经营“三大块”的发展思路，湖北气象部门作为全国气象部门事业结构调整的试点单位之一，率先推行了人员优化组合，将部分职工分流从事气象有偿服务和综合经营。1998 年，对湖北省气象局直属单位机构设置进行了新一轮调整，对资源进行重新划分和整合，实现气象科技服务集约化运行。

重要会议 1950年4月，中央军委气象局副局长卢鋈在武汉召开中南地区气象工作会议，部署豫、鄂、湘、赣、粤、桂6省的气象工作。

1989年2月17日，武汉区域气象中心成立大会在武汉召开。湖北省人大常委会主任黄知真、省长郭振乾、国家气象局局长邹竞蒙出席大会并作重要讲话。

1992年1月18—23日，全国气象局长会议在武汉洪山宾馆召开。湖北省委书记关广富、省长郭树言出席开幕式，郭树言省长在开幕式上发表讲话。国务委员宋健专程来汉参加会议。

1994年5月5日，湖北省人民政府在湖北省气象局召开全省气象工作会议。湖北省委副书记回良玉，省委常委、副省长王生铁出席会议，回良玉副书记作重要讲话。

1995年4月19—22日，第三次全国气象服务工作会议在宜昌市召开。中国气象局副局长温克刚、李黄、颜宏，中央有关部委代表，各省（区、市）气象局负责人150余人参加了会议。

1997年4月11日，湖北省委、省政府在武汉召开全省气象工作会议。中国气象局名誉局长邹竞蒙专程到会祝贺，并作重要讲话。湖北省委常委、副省长王生铁等领导出席会议。

2004年11月8日，罗清泉省长主持湖北省人民政府常务会议，审议通过《湖北省雷电灾害防御条例（草案）》。12月25日，罗清泉省长签署鄂政函〔2004〕204号文件，向省人大常委会提请审议《湖北省雷电灾害防御条例》议案。

2006年7月3日，罗清泉省长主持召开省长办公会议，专题研究气象科技创新工作。

2007年4月28日，湖北、湖南、河南、安徽、江西和山西中部六省气象局在武汉举办"促进中部地区崛起"气象论坛，并签署共同行动方案，初步达成六项共识。

2007年9月30日，罗清泉省长主持召开省长办公会，听取湖北省气象局局长崔讲学关于全国气象防灾减灾大会主要精神的汇报，研究贯彻落实会议精神的具体措施。

2007年11月2日，湖北省政府主持召开全省气象防灾减灾会议。会议由湖北省政府副秘书长杜祖森主持，副省长刘友凡，中国气象局副局长许小峰出席会议并作重要讲话。

2008年10月18—19日，武汉区域气象中心举办"城市群发展气象服务工作论坛"。来自中国气象局、湖北省科协以及湖北、湖南、河南、安徽、江西省气象局80多名专家领导参加本次论坛。在武汉进行区域气象中心工作调研的中国气象局副局长矫梅燕出席论坛并讲话。

领导关怀 1986年10月21日，湖北省人大常委会主任黄知真为武汉数字化天气雷达系统和气象通信计算机系统建成题词："风云可预测，雨雪能先知，上帝何处有，科学最可依"。

1988年8月11日，湖北省委书记关广富、副省长张怀念率湖北省政府办公厅、省计委、财政厅等部门领导同志，到湖北省气象局调研和检查工作称：气象工作在国民经济建设中起了很大作用，在1987年7月的抗洪、1988年的抗旱、实施人工降雨中，帮助省委、省政府科学决策、民主决策提供了很好依据。

1990年1月10日，湖北省人大常委会主任黄知真为《湖北省气候图集》一书题词："掌握自然规律，造福万代子孙"。

1992年1月17日，国家气象局局长邹竞蒙、副局长骆继宾视察武汉中心气象台、省气象通信台、省气候资料室和省气象科学研究所，对湖北省气象科学工作者的创造和劳动给予高度评价。

1992年1月19日，国务委员宋健在湖北省长郭树言、副省长韩南鹏陪同下，视察武汉区域气象中心。宋健同志欣然题词:“推动气象科学进步,加速区域中心建设,为社会主义建设提供强有力的支撑”。

1989年2月17日,武汉区域气象中心成立

1994年5月4日,湖北省长贾志杰为《中国气象报》创刊五周年题词:“传播气象科技,服务国民经济”。

1996年3月9日,在北京参加人代会的湖北省委书记贾志杰、省长蒋祝平一行专程到中国气象局就“九五”湖北气象事业发展计划等重大问题与中国气象局领导邹竞蒙、马鹤年、李黄、颜宏等进行了商谈,并达成共识。蒋祝平省长还代表湖北省政府向中国气象局赠送了“情系荆楚气象,支持湖北发展”的锦旗。

1997年12月16日,湖北省委书记贾志杰、省长蒋祝平、副省长王生铁、省政府秘书长邓道坤及省计委、省财政厅、省农委的负责人与中国气象局温克刚局长、邹竞蒙名誉局长一行在湖北省气象局就三峡工程气象保障服务系统建设及湖北省气象事业发展等问题进行商谈。

2001年4月23—27日,中国气象局局长秦大河一行到湖北检查气象部门防汛气象服务,对武汉区域气象中心发展和改革进行调研。秦大河局长会见了蒋祝平书记和张国光省长,并就湖北气象事业的发展交换了意见。

2001年6月25日,湖北省长张国光、副省长贾天增视察湖北省气象局。张国光省长说:“气象是公益性基础设施建设”。

2002年6月18日,中共中央政治局委员、中共湖北省委书记俞正声带领湖北省委常委、省委秘书长、省直机关工委书记宋育英等到湖北省气象局检查工作。俞书记听取了朱正义局长关于气象工作情况的汇报并发表重要讲话。

2003年1月23日,中共中央政治局委员、国务院副总理回良玉视察中国气象局,检查气象预报电视电话会商系统的建设,湖北省气象局作为远程发言单位参加会议。

2005年1月30日至2月4日,中国气象局党组成员、人事司司长、办公室主任沈晓农一行到湖北省气象部门慰问检查工作,宣讲中国气象事业发展战略研究成果,强调要加强一线高级专门人才队伍建设。

2005年5月18日，中国气象局局长秦大河来湖北宣布湖北省气象局领导班子调整，并检查湖北防汛气象服务工作。湖北省长罗清泉、副省长刘友凡在武汉东湖宾馆会见秦大河局长一行。秦局长在全局干部职工大会上发表重要讲话。

2005年6月8日，中国气象局局长秦大河陪同中共中央政治局委员、国务院副总理回良玉检查湖北防汛工作。当晚，秦大河局长召集湖北省气象局党组召开座谈会，对湖北省气象部门下一阶段工作提出三点要求。

2005年9月2日，中国气象局副局长王守荣一行到武汉区域气象中心检查指导区域气象中心业务技术体制改革试点工作，并为湖北省气象局大院干部职工作“气象业务技术体制改革专题报告”。

2005年9月6—7日，中国气象局副局长刘英金出席在宜昌召开的“2005年全国气象软科学目标管理专题学术研讨会”，并在会议结束时作重要讲话。

2005年12月8日—10日，中纪委驻中国气象局纪检组组长、中国气象局党组成员孙先健一行到湖北调研，参加全省气象部门廉政文化建设研讨会并作重要讲话。

2006年7月31日，湖北省省长罗清泉一行到湖北省气象局视察工作，高度评价气象工作的重要地位和作用，要求各级政府重视气象工作，气象部门要进一步做好暴雨等灾害性天气预警预报工作，提高人工影响天气服务作业效益，丰富公共气象服务内容，加大科技创新力度，促进全省气象事业发展。

2007年4月12日，全国政协人口与环境资源委员会副主任、原中国气象局局长温克刚在丹江口市检查工作，并看望和慰问气象干部职工。

2007年5月，中国气象局局长郑国光、副局长张文建分别在湖北省气象局呈报的《关于“促进中部地区崛起”气象论坛举办情况的报告》上作重要批示。中国气象局领导许小峰、王守荣、宇如聪、孙先健、沈晓农分别圈阅。

2007年6月25日—26日，中国气象局局长郑国光到湖北检查指导工作，要求气象部门认清形势，全力做好防汛气象服务工作。郑国光局长对湖北汛期气象工作提出四点要求。

2007年11月25—28日，中国气象局副局长宇如聪到神农架林区气象局、十堰市气象局考察，提出要以提高预报预测准确率为核心，不断提高气象服务能力。

2008年1月31日，湖北省委常委、副省长汤涛到湖北省气象局慰问检查指导工作，强调要紧密围绕群众切身利益做好气象服务。

2008年3月10日，湖北省人大副主任罗辉到湖北省气象局检查指导工作，肯定气象部门对湖北经济社会发展做出的突出贡献。

2008年9月19日，湖北省副省长郭生练、省政协副主席郑心穗出席湖北气象科普馆开馆仪式，希望气象科普馆对科学普及和群众性防灾减灾起到积极作用。

2008年11月17日，湖北省人大常委会副主任周洪宇在听取湖北省气象局局长崔讲学的气象工作汇报后指出，要针对湖北社会经济发展的特点，进一步加大气象科技创新力度，在气象防灾减灾和应对气候变化方面做出新贡献。

2008年11月25日，湖北省委常委张昌尔专程到湖北省气象局检查指导工作，强调气象现代化要为防灾减灾服务。

天气气候与灾害防御

天气气候特点 湖北属亚热带季风气候区，冬季盛行偏北风，夏季盛行偏南风，气候特点为冬冷夏热、冬干夏雨、雨热同季、旱涝频繁。年平均雨量在800～1600毫米之间，由南向北递减，大部分地区6—8月降雨量占全年的35%～50%；年平均气温平原、丘陵地区在15℃～17℃之间，最热月为7月，平均气温为27℃～30℃，最冷的1月平均气温为2℃～4℃。平均无霜期在230～260天之间，年平均日照在1200～2200小时之间。

主要气象灾害 湖北省地处南北气候过渡带，气候复杂多变，是一个气象灾害易发、多发、频发的省份，且有增多趋势。1840年至1948年，湖北省平均每年发生5次气象灾害。1949年至2000年，平均每年达8次。每年因洪涝、干旱、冰雹、寒潮、雷电、大风、大雾等气象灾害造成的损失都很严重。

暴雨、洪涝灾害严重。一般年份，6月中旬至7月中旬是湖北的梅雨期，降水多，强度大。1949年以来，长江先后发生了1954年、1964年、1980年、1983年、1989年、1991年、1996年、1998年、1999年9次洪涝灾害，年损失高达数亿元、几十亿元甚至几百亿元，1998年的特大洪灾造成经济损失500多亿元。

大面积干旱时有发生。干旱主要集中在鄂北地区。20世纪80年代以来，出现了11次成灾面积1000万亩的大旱年。干旱严重的年份常常使河流水库干枯，电力紧张，农业无收，甚至饮水困难。

气象灾害防御 湖北省气象局制定了《湖北省重大气象灾害预警应急预案》，建立了相应的气象灾害应急处置机制。组织编印了《湖北省气象灾害防御手册》，并向社会公众免费发放。2000年以来，湖北省人大和湖北省政府出台了《湖北省实施〈中华人民共和国气象法〉》、《湖北省雷电灾害防御条例》、《湖北省人工影响天气管理办法》等气象灾害防御方面的地方性法规和政府规章。2008年4月28日湖北省人民政府常务会议审议通过、2008年5月6日湖北省人民政府令第316号公布《湖北省气象灾害预警信号发布及传播管理办法》，自2008年7月1日起施行。依托农村科技示范户，共建农业气象综合信息员队伍，总数已达25079人。

基层气象台站概况

地面气象观测站 1952年湖北省气象观测站的等级，汉口为甲种站，老河口为乙种站，恩施、宜昌、郧县、巴东、钟祥、来凤、荆州均为丙种站。1955年湖北省先后划为气象站的有17个，气候站62个。

1980年1月1日，湖北省有国家基本站19个，其余为一般站。1989年湖北省有国家基准气候站4个，基本气象站19个，其余61个为一般气象站，无观测辅助站。

湖北省现有地面气象观测站总数84个，其中国家基准气候站4个，国家基本气象站27个，国家一般气象站50个，无人值守站3个，现全部建成自动气象站，从2008年1月开始，自动气象站全部投入业务正式运行。

区域气象观测站 2005年，湖北省开始区域气象观测站网建设，到2008年底已建成区域气象观测站1221个，其中单要素（雨量）站499个，两要素（雨量、气温）站309个，四要素（雨量、气温、风向、风速）站372个，五要素（雨量、气温、风向、风速、湿度）站15个，六要素（雨量、气温、风向、风速、湿度、气压）及以上站26个，其中包括能见度观测要素的交通气象观测站12个、高山自动气象站3个。

农业气象观测站 1954年5月，湖北省农业厅所属草埠湖（枝江县）、吕堰驿（襄阳县）、金水（武昌县）、张渡湖（新洲县）、南屏垸（汉川县）等5处农场气候站划归湖北省气象部门建制领导。这是湖北省气象部门最先建立的农业气象观测站。到1959年底，开展农业气象观测的站点增加到76个。1962年农业气象观测站点调整为25个，农业气象试验站也只保留了3个。1964年，湖北省气象局布置以38个农业物候观测点、28个器测土壤湿度观测点，组成全省农业气象基本观测网。1966—1976年"文化大革命"期间，农业气象工作陷于停顿，农业气象观测业务中断。1980年，湖北省气象局重新确定全省农业气象基本观测站27个，其中10个为国家级农业气象基本观测站。1982年，湖北省气象局开始在武汉市东西湖区吴家山湖北省观象台所在地筹建武汉农业气象试验站。1987年，武汉农业气象试验站经国家气象局正式批准为国家级农业气象试验站，江陵县气象站经湖北省气象局正式批准为省级农业气象试验站，名为荆州农业气象试验站。

1989年，湖北省气象局对农业气象观测站点再次进行调整，国家级农业气象基本观测站调整为16个，省级农业气象基本观测站调整为12个，直至2000年。

湖北省现有农业气象观测站28个，包括2个国家级农试站、14个农业气象一级观测站和12个农业气象二级观测站，开展的观测项目有冬小麦、油菜、双季稻、中稻、棉花、玉米、花生、柑橘、养殖渔业、烟草、茶树、物候和土壤湿度观测。

高空气象探测站 湖北省高空测风始于1931年，至1979年共有汉口、老河口、恩施和宜昌4个高空测风站。1981年1月1日，老河口高空测风站撤销，高空测风站变更为3个。湖北省的探空观测始于1945年冬，在汉口王家墩机场设探空站。1953年12月建立武汉探空观测站，1956年1月、1959年3月，宜昌、恩施相继建立探空观测站。至2000年全省共有武汉、宜昌和恩施3个探空观测站。武汉站现为701-X探空系统。宜昌、恩施站为L波段探空系统，分别于2006年1月、4月投入业务运行。另在咸宁市建有移动探空设备一套。水电解制氢设备1套，设在恩施探空站，设备型号为QDQ2-1型。

为了增加汉江平原及鄂东地区高空气象探测的空间密度，2008年7月在荆州、咸宁和湖南的常德布设了3台微波辐射计。

天气雷达观测站 1975年—1978年，湖北省相继建立武汉、宜昌、荆州、咸宁和十堰共5部天气雷达。1994年实现了以武汉为中心的6部（武汉、宜昌、恩施、十堰、长沙、南昌）长江中游天气雷达实时联网拼图业务。

自2001年开始，先后建成宜昌、荆州、武汉、恩施、十堰5部新一代天气雷达，其中武汉、宜昌为CINRAD/SA，恩施、十堰为CINRAD/SB，荆州为CINRAD/CC。自2005年开始，先后建成荆门、黄冈、襄樊3部714S数字化天气雷达。2007年建成X波段移动多普勒天气雷达1部，设在黄石。随州CINRAD/SB、荆州CINRAD/SA雷达于2007年开始建设。

太阳辐射观测站 1956年2月1日、11月26日，武汉和宜昌先后建立太阳辐射观测业务。1990年1月1日，武汉站由甲种站改为一级气象辐射站，宜昌站由甲种站改为三级气象辐射站。

现有太阳辐射观测站12个，其中国家级站点2个（武汉、宜昌），2008年湖北省气象局自筹建设站点10个，武汉站另建有紫外辐射观测仪1个。

大气成分观测站 金沙大气本底站于2006年4月开始前期科学考察，并于2007年11月通过中国气象局组织的专家论证。2007年建成了武汉大气成分观测站，2008年建成了荆门大气成分观测站。

1981年，中央气象局组织全国开展酸雨普查课题研究，湖北省内有3个台站（武汉、黄石和广济）进行酸雨观测。1988年，国家气象局在全国设立酸雨观测站点，确定酸雨观测列为正常业务。湖北省武汉、宜昌、襄樊定为观测站点。1989年10月1日，湖北省的3个站点开始试观测，1990年1月1日，酸雨观测正式开展观测业务。1996年，中国气象局在巴东县气象局增设三峡库区酸雨观测点，1997年1月1日该站点正式观测。

2007年自筹建设了25个酸雨观测站，全省酸雨观测站达到32个。

雷电监测站 2004年建成了宜昌三个子站和一个中心站的云地闪电定位系统。2005年建成三个子站和一个中心站组成的三维SAFIR3000闪电定位系统。2006年建成覆盖全省的云地闪电定位系统、子站达13个。

GPS/Met监测站 通过与其他部门合作和自筹等方式，从2006年开始先后建成30个GPS/Met监测站。

风能资源观测站 根据中国气象局统一安排，2008年12月至2009年5月，湖北省陆续建成大悟仙居顶、钟祥华山观、随州大风口、崇阳大湖山、黄冈市龙感湖、利川齐岳山等6个风能资源观测站，并向国家气象信息中心实时上传资料。

武汉市气象台站概况

武汉地处中纬度地带，属北亚热带季风性湿润气候，冬冷夏热显著，旱涝灾害甚多。由于其位于长江、汉江交汇处，处于我国两大湖泊水系之间，上有洞庭湖来水的压力，下有鄱阳湖出流的顶托，境内有大小湖泊187个、水库273座，特定的地理位置决定了防汛是武汉天大的事。全市现辖13个区和3个国家级开发区，总面积8494平方千米。

气象工作基本情况

历史沿革 1983年6月，成立湖北省武汉市气象管理处，管辖汉阳县气象局和武昌县气象局。1983年10月，原孝感地区的黄陂县、黄冈地区的新洲县划归武汉市管辖，两县气象局相应由湖北省武汉市气象管理处管辖。1985年12月武汉市气象局成立。1992年9月汉阳县气象局更名为蔡甸区气象局。1996年7月武昌县气象局更名为江夏区气象局。1998年9月黄陂县气象局更名为黄陂区气象局。1999年3月新洲县气象局更名为新洲区气象局。1994年5月东西湖区气象局成立，与武汉农业气象试验站合署办公。武汉市气象局现辖江夏、黄陂、新洲、蔡甸和东西湖5个区气象局。

管理体制 1953年8月前，属军事系统建制。1954年10月，实行以气象部门领导为主的管理体制。1958年底，业务领导以气象部门为主，人、财、物等归地方党委和政府领导。1962年，人、财、物和业务由湖北省气象局领导，行政生活、思想政治工作由当地党委和政府领导。1971年7月至1973年7月，实行军事部门和当地革命委员会双重领导，以军事部门为主。20世纪80年代初，气象部门管理体制改革，武汉市气象局于1980年、各县气象局于1982年先后改为部门和地方双重领导，以部门为主的双重领导体制。

人员状况 1983年6月成立武汉气象管理处时，全市气象部门在职职工94人。2008年底，在职职工114人(其中中共党员100人)，退休职工51人(其中中共党员15人)。在职职工中，大专以上学历86人，中高级职称54人(高级职称15人)。

党建与文明创建 1983年6月，全市气象部门共有5个党支部，27名中共党员。现有在职党员68名，11个党支部。截至2008年底，全市共有省级最佳文明单位1个，省级文明单位3个，市级文明单位1个。

主要业务范围

气象观测 武汉最早的地面气象观测始于1869年11月汉口海关。目前，全市有地面气象观测站5个。其中，2个国家基本气象站(武汉、江夏)、3个国家一般气象站(黄陂、新洲和蔡甸)。

1999年开始建设地面自动气象观测站，2005年9月底完成四个区气象局的自动气象站建设，实现气压、气温、湿度、风向风速、降水、地温自动记录。2003年12月，武汉市气象局在汉口江滩建立第一个区域自动气象站，截至2008年底全市共建区域气象观测站92个，其中单要素站19个，两要素站20个，四要素站36个，六要素站及以上17个。全市基层台站的气象资料按时上交到湖北省气象档案馆。

2003年，武汉农业气象试验站开展湖泊生态气象监测。2006年黄陂、江夏和蔡甸区气象局增加GPS/Met观测。2007年江夏开始酸雨观测。

气象预报预测 全市气象台站建立后，即开始制作补充订正天气预报。1983年县气象局利用传真机提供的天气形势图，结合本地气象要素演变图(九线图)制作短期补充预报。2005年起根据业务技术体制改革的要求，各区气象局主要制作短期短时补充预报。

为适应服务农业生产和防汛抗旱的需要，县气象站从20世纪70时代开始制作长期预报，武汉市气象局多次组织全区预报会战，各台站均建立了一套集天气谚语、韵律关系、气象要素及相关物理量特征变化为一体，运用数理统计方法制作的长期预报指标。为提高预报预测准确率，从1973年开始，每年举办汛期天气预报研讨会。

通信网络 1995年建成市—区通信网络系统。1993年，武昌、黄陂、蔡甸、新洲4个区县气象局建成县级业务系统。1995年全市建成武汉气象中心气象信息分发系统(WIDSS)。2000年建成武汉市农村气象信息服务网。

气象服务 气象部门主要服务方式有为领导机关提供决策服务，通过电视、报纸、电台、“12121”电话、手机短信、电子显示屏开展公众服务，针对不同用户需要的专业专项服务及防雷技术服务。

农业气象 全市有武汉国家农业气象试验站和江夏农业气象一级观测站共2个。

人工影响天气 20世纪70年代中期，江夏、黄陂、新洲三县开始进行人工增雨试验。2000年2月，成立武汉市人工影响天气领导小组，组织指挥协调全市人工增雨。2000年开始借炮租炮开展作业。2002年新购置双管“三七”高炮5门，每区至少有1门人工降雨高炮。2006年武汉市政府投资40万元购置车载式人工增雨火箭2部。2007年，武汉市气象局建成人影业务系统，全市人影工作步入规范化、业务化轨道。

武汉市气象局

机构历史沿革

历史沿革 1869年11月，英、美、俄等国家在汉口海关设立气象机构并开始观测。1905年，日本领事馆在汉口江边日本海军俱乐部内建立测候所，进行气象观测。1932年后迁至新址(今江岸区胜利街339号)观测。1937年1月至1947年初,武汉头等测候所暨汉口气象台正式开始观测,后因战事中断。1947年1月至1947年底,国民政府中央研究院在武昌石灰堰恢复了武汉头等测候所的气象观测业务。1948年初,武汉头等测候所改隶中央气象局,并升格为汉口气象台,为江西、湖南、湖北三省的区台。1949年6月,武汉军事管理委员会航空接管组接管汉口气象台和汉口王家墩空军机场气象台,1950年合并为汉口气象台。1954年10月称中央气象局汉口中心气象台,地址设在汉口赵家条231号。1957年3月,汉口中心气象台转由湖北省气象局领导。1960年1月,汉口中心气象台的地面、高空观测业务迁至东西湖吴家山,称湖北省气象局汉口中心气象台。1960年4月改称湖北省气象局气象服务站。1964年9月改称武汉中心气象台东西湖气象站。1982年3月称湖北省气象局观象台。1983年6月,成立湖北省武汉市气象管理处。1985年12月更名为武汉市气象局(处级),1998年5月后,武汉市气象局机构为副厅级。

2006年4月,武汉市气象局机构编制调整,设4个职能处(室):办公室(计划财务处)、业务科技处、人事政工处(与党组纪检组、机关党委合署办公),政策法规处;设4个直属处级事业单位:武汉市气象台、武汉国家气候观象台、武汉农业气象试验站(武汉湖泊气候生态研究所)、武汉市气象局后勤服务中心(武汉市气象局财务结算中心);2个地方编制机构:武汉市人工影响天气办公室和武汉市防雷中心,其中武汉市防雷中心1997年3月成立,1998年12月湖北省防雷中心和武汉市防雷中心合署办公。

1960年1月,观测场迁至东西湖吴家山三支沟时,位于北纬30°38′,东经114°04′,海拔22.8米。2008年12月31日,在观测场新址东西湖区慈惠农场八向大队内开始对比观测,新址位于北纬30°38′,东经114°04′,海拔23.6米。

名称及主要负责人变更情况

名称	时间	负责人
湖北省气象局汉口中心气象台	1960.1—1960.4	
湖北省气象局气象服务站	1960.4—1964.9	
武汉中心气象台东西湖气象站	1964.9—1979.11	朱西长、万朴
	1979.11—1982.3	区文宏
湖北省气象局观象台	1982.3—1983.6	赵承荣
湖北省武汉市气象管理处	1983.6—1985.6	赵承荣(主持工作)
武汉市气象局	1985.12.15—1995.10.30	洪金苑
	1995.10.30—1998.5.5	谭建民
武汉市气象局	1998.5.5—	谭建民

人员状况 1978年12月,共有10名干部职工。1983年6月,在岗33人。2008年底武汉市气象局在册职工66人,退休职工26人,其中,中共党员49名;大专以上学历50人;中高级职称34人。

气象业务与服务

1. 气象观测

地面观测时次与项目 1905年2月至1949年只有气温、湿度、气压和风的观测，每日观测时次为3次、6次、8次、16次、24次不等。1950年至1953年增加云量和地温观测，每日观测24次(地温为每日06、14、21时3次)，1954年至1960年7月，每日定时观测4次(01、07、13、19时)，观测项目有：云、能见度、天气现象、气压、空气的温度和湿度、风向风速、降水、雪深、积雪密度(雪压)、日照、蒸发、地温(地面、浅层和较深层)、冻土。1960年8月起改为每日02、08、14、20时4次定时观测，增加电线积冰观测1项。

发报 1960年4月15日开始，每天编发02、05、08、11、14、17、20、23时8个时次的定时天气加密报，1955年6月开始编发气象旬(月)报，1974年1月开始编发气候月报，1983年11月1日02时开始编发重要天气报，1991年6月开始增加台风加密观测并编发台风加密报。编报内容、格式执行国家气象局的规范。

辐射观测 1956年1月1日开始观测(其间，1967年2月1日至1974年2月28日因“文化大革命”停止观测)，观测项目有直接辐射、总辐射、散射辐射、反射辐射、净辐射(辐射平衡)。每日定时观测6次(地方时0:30、6:30、9:30、12:30、15:30、18:30)。现在是24小时不间断自动观测。

高空探测 1948年7月1日，每天03时和15时2次定时小球单测风。1949年9月23日变更为每天11时1次。1951年12月9日，调整为每天的11时和23时2次。1952年12月10日开始使用定向测风设备和芬兰探空仪，每天23时1次定时探空测风综合观测和每天11时定时单测风观测并进行1次探空测风综合探测编发报文。1954年7月1日增加每天11时的1次探空观测，观测内容变更为每天11时和23时的2次定时探空测风综合观测并同时编发两次探空测风综合报文。1957年4月1日，探测的时间调整为每天07时和19时2次定时探空测风，同时增加01时的定时单测风，发报内容变更为每天07时和19时2次综合报文和01时1次单测风报文。1960年4月12日，探测设备升级为马拉黑(无线电经纬仪)测风设备和对应的苏式049型探空仪。1967年1月1日，探空仪更换升级成59(GZZ-1)型。1969年11月1日，探空测风设备升级成701二次测风雷达;1981年5月1日，观测时次变更为每天01、07、13、19时4次定时探空测风综合观测，并进行4次定时编发综合报文。1983年1月1日，探测时间调整为每天的01:15、07:15、13:15、19:15 4次定时综合探测并编发4次综合报文;1990年1月1日，探测内容调整为每天07:15和19:15的2次定时综合探测和01:15的1次单独测风观测并编发2次综合探测报文和1次单独测风报文。

1983年10月至1984年，701雷达进厂大修。1993年1月1日，701二次测风雷达升级成改型701C型二次测风雷达。2000年1月1日，探测处理软件升级成“59-701”微机数据处理系统。2003年4月12日，701C型二次测风雷达升级改造成701-X型二次测风雷达。2006年10月1日，探空仪更换成TD2-A-400MHZ数字式探空仪，同时将探测数据处理软件升级成数字处理系统。

其它观测：1990年开始酸雨观测，1999年开始花粉观测，2008年1月开始大气成分观测。

现代化观测系统 建站之初，地面观测记录和编报为人工操作，1980年开始先后使用风、雨量自记设备，1985年起应用PC-1500机编报，1992年改由计算机编报和制作报表。1997年高空测报业务微机化。

1999年10月建成ZQZ-CⅡ型自动气象站并投入业务运行，2005年9月底，换型为华创CAWS600SE-N型设备。2001年6月使用Fsc-1型辐射数据采集器，配备计算机，辐射观测实现数据采集自动化。

1984年1月1日，探空记录整理、计算使用PC-1500袖珍计算机。1997年7月1日起，高空观测实现计算机处理探空资料、编发气象电报和报表制作自动化处理。地面有线综合遥测气象站的大气监测自动化项目1999年10月1日起开始对比观测。2006年初，武汉闪电定位仪系统探测子站投入运行。2008年6月，在汉口江滩安装自动气象站能见度仪。

2. 气象预报预测

短期短时预报 1996年前，主要是接收武汉中心气象台的预报产品，结合本站观测资料制作一些分析图表，对武汉市委市政府及有关部门开展预报服务。1996年成立武汉市气象台，开始运用天气图传真、天气雷达和卫星云图，制作1～3天的短期预报和6小时短时预报。1999年后，建立MICAPS预报工作平台，开发新一代天气预报业务流程，代替过去传统的预报程序，成为预报员的业务操作规范（后建立MICAPS V2.0和MICAPS V3.0）。预报员诠释上级台的数值预报产品，结合本地实况资料和预报员经验，综合制作短期预报；利用卫星云图、新一代多普勒天气雷达回波和自动气象站等资料制作短时预报。

中长期预报 自20世纪90年代初起，中期预报主要制作周报、旬报；长期预报（短期气候预测）主要制作3—9月趋势预报和春播期、汛期、秋汛期和冬季等关键季度预报。

预报现代化 1994年在仅有两台386微机的条件下建立武汉城市防灾减灾气象服务系统。1997年9月，气象卫星中规模利用站建成并投入使用，为短时、短期天气预报提供直观科学的指导。1999年建成极轨卫星遥感监测接收处理系统、武汉市人工增雨服务体系，与武汉市森林防火指挥中心、市防汛指挥部开通网络终端，提供卫星遥感信息服务。1997年建成气象卫星综合应用系统（VSAT小站和MICAPS应用系统），2007年改建成DVB-S接收系统。专业天气预报人员利用MICAPS系统采用人机交互方式检索、分析、制作各种天气预报产品，带动天气预报流程的变革，实现天气预报制作无纸化。2000年，建成新一代天气预报人机交互处理系统。2004年，完成可视会商系统建设和市气象台信息网络系统升级改造。2005年1月建成新一代等效雷达终端。

3. 气象信息网络

1994年建成局域网Novell 3.11，1997年升级到Novell 4.10，1998年改造成Windows NT4.0，2000年服务器操作系统升级到windows 2000，2005年升级到windows 2003。2003年，建成武汉市政务网络系统。2003年建设省—市SDH宽带网，2006年建成省—市—区三级SDH骨干网。

4. 气象服务

决策气象服务 20 世纪 90 年代以前主要是通过电话、文字材料或向领导机关口头汇报等形式开展气象服务。1997 年 6 月，武汉市气象局与市委党办系统综合信息通信网开通，传输每日气象信息、重大灾情分析、外埠信息，供市委市政府领导参阅。2001 年，在武汉市委办公厅建立气象信息电子显示屏，滚动播发气象信息。2001 年在市财政、计委、农委等安装远程气象服务终端。2003 年 8 月，启动地质灾害气象预报预警工作。

1997 年，武汉市政府决定将王家墩机场从城区迁至郊区，武汉市气象局对市政府提出的三个可供选择的新场址进行气候论证，最后提出新洲区是最佳搬迁点的意见，并被采纳。1998 年夏季，长江中下游发生自 1954 年以来最大的全流域性洪水，武汉市 7 月 21—22 日发生特大暴雨，武汉市气象局为市委市政府和相关部门防汛决策提供主动准确及时的气象服务，为战胜特大洪水，实现“三个确保”做出显著贡献。2003 年“非典”肆虐，武汉市气象局主动与市防“非典”办公室联系，为全市防治“非典”工作提供适时气象服务。2004 年 7 月，根据时任湖北省委副书记、武汉市委书记陈训秋关于武汉是否仍为“火炉”的指示，武汉市气象局对近 10 年的气象资料进行统计分析论证，得出“武汉并非火炉”的结论。2007 年 10 月，全国第六届城市运动会在武汉举行，武汉市气象局创新服务手段，建立专用服务网站，成立气象保障部，参与运动会的重大活动和决策，开展飞机、火箭联合人工消雨作业，保障了“六城会”的顺利举行。2008 年 1 月，武汉出现自 1954 年以来最严重的持续雨雪冰冻天气灾害，武汉市气象局从 1 月 10 日起连续 4 期发布强冷空气、雨雪冰冻《重要天气消息》，滚动预报、跟踪服务，为市委市政府提供重要决策依据。

2000 年，武汉市开始人工影响天气工作，领导小组下设办公室，在武汉市气象局办公。2000 年，武汉遭遇严重的春旱连伏旱，武汉市人影办组织 8 炮点开展人工增雨作业 18 次，缓解了农田旱情。2006 年武汉市旱情严重，开展人工增雨火箭、高炮作业 5 次。

公众气象服务 1994 年，武昌、黄陂、新洲、东西湖 4 个区县气象局的每日天气预报在武汉电视台 19 频道开播。2001 年，武汉市气象局购置“121”、气象电视服务等设备，与武汉市电视二台达成协议，开通城市旅游气象预报服务。2004 年初，与武汉广播电台联合创办的武汉广播电台新闻频道“专家说气象”节目开播，采用电话直接连线预报员的方式，每天 2 次向广大农民直播农业气象情报预报和农事建议。2005 年 9 月起，武汉市气象局和电信部门联合推出天气预报主叫式服务。2005 年 10 月，在原气象服务声讯系统上扩充和优化，建立农业气象科技咨询服务中心（又称农业 110），农民可直接拨打热线电话查询相关信息或咨询相关专家，专家针对问题给予解答和指导。

专业专项服务 专业气象服务始于 1985 年，服务对象主要为电力、交通、建材、农业、水利等单位，服务方式主要是以信函形式向用户提供中长期天气预报和气象资料。1985 年，开展氢气球庆典服务。1988 年起使用预警系统开展服务，气象台每天 3 次定时广播，服务单位通过预警接收机收听天气预报。1989 年 12 月与武汉市公安局联合下发《关于对避雷装置进行安全检测的通知》，1990 年 3 月起对全市避雷装置进行检测。

科学管理与气象文化建设

法规建设与行业管理 2000年9月，武汉市政府办公厅下发《关于加强升空气球安全管理工作的通知》，气象、公安等部门进一步加强了对升空气球的日常监督管理。2004年与市安监局联合下发《关于开展全市防雷安全检查工作的通知》，联合开展防雷安全检查。2004年成立武汉市雷电防护管理办公室，同年成立气象行政执法大队，负责全市气象行政执法，并在汉口胜利街设立服务窗口，负责防雷装置设计审核、竣工验收行政审批。2005年8月，武汉市气象局与市安监局联合印发《关于认真贯彻实施〈湖北省雷电灾害防御条例〉的通知》。2006年与市安监局联合印发《关于进一步加强全市防雷工作的通知》，将防雷装置设计审核和竣工验收列入安全设施建设管理。2006年11月与市教育局联合印发《关于切实加强全市各级各类学校及幼儿园防雷安全工作的通知》，并组织开展全市中小学校防雷安全执法检查。2007年4月，武汉市政府办公厅下发《市人民政府办公厅关于进一步做好防雷减灾工作的通知》，对落实防雷减灾工作责任制，防雷减灾工作的监管、协作以及雷电灾害应急处置提出要求。2007年7月，武汉市政府办公厅下发《关于成立市防雷减灾工作领导小组的通知》，全市的防雷减灾工作进一步得到加强。

党的建设 1983年武汉气象管理处成立时，有1个党支部，组织关系由武汉市农工委统一管理。1986年3月，武汉市农工委批准成立武汉市气象局机关党支部，杨有相任党支部书记。1986年6月起，成立武汉市气象局党组，洪金苑、谭建民先后任书记。1998年3月，成立机关党委，谭建民、张业际先后担任党委书记，下设局机关、气象台、防雷中心、老干4个党支部。2006年底，支部重新改选，设综合一支部、综合二支部、气象台、观象台和老干5个党支部。2008年12月全局有党员49人，其中在职党员34人。

1998年开始，武汉市气象局每年与各区气象局、局直属单位，机关处室负责人签订党风廉政责任状。2001年起每年开展反腐倡廉宣传教育月活动，采取组织革命传统教育，党风政纪、法律法规知识竞赛，观看警示教育片等形式开展廉政文化建设活动，2002年起在全市气象部门推行政务公开，对处以上领导干部建立廉政档案，从源头防治腐败。全市气象部门无违法违纪案件发生。

气象文化建设 武汉市气象局历来重视精神文明建设，文明创建工作突出以人为本，注重思想教育。在强化理论学习的同时，大力宣传和学习《公民道德建设实施纲要》，着力开展职业道德教育和“五满意”活动，加强服务型机关建设。1994年被属地东西湖区委区政府授予1993年度东西湖区级文明单位，1997年被武汉市委市政府授予市级文明单位，2000年被湖北省委省政府授予省级文明单位。

气象文化建设得到加强。设有政务公开栏、理论学习宣传栏，建有职工之家、文明市民学校、图书阅览室、荣誉室、老干活动室、乒乓球室。积极参加市委市政府组织的各类文体活动，多次取得优异成绩。坚持不断开展形式多样、寓教于乐、有益于职工身心健康的各类活动。从1996年开始，开展以“四个一”(一台春节晚会、一次卡拉OK比赛、一届迎春运动会、一餐职工家属团年饭)为标志的气象文化活动。

荣誉 1987年以来，武汉市气象局共获得市厅级以上综合表彰115项。1997年5月，被武汉市委市政府授予“市级文明单位”、2001年起连续4届被湖北省委省政府授予“省级文明单位”。1998年12月，被武汉市委、市政府、警备区授予“1998年抗洪抢险先进集体”，2005—2007年，连续3年被市政府授予“春运工作先进集体”，2004—2005年，连续两年被武汉市委市政府授予“支持农村小康工作先进单位”，2007年12月，被武汉市委市政府授予“承办中华人民共和国第六届城市运动会、第八届中国艺术节先进单位”。

1985年武汉市气象局成立以来，先后有93人次受到上级表彰。部分列表如下：

获得省部级以下综合表彰的先进个人

表彰时间	姓名	荣誉	表彰单位
1988年	汪志英	武汉市劳动模范	武汉市人民政府
1998年	张学智	全省先进气象工作者	湖北省人事厅 湖北省气象局
2006年	谭建民	武汉五一劳动奖章	武汉市总工会
2007年	祝　伟	全国五一劳动奖章	中华全国总工会
		全国技术能手	人力资源和社会保障部

台站建设

1960年，办公用房为一幢钢筋水泥结构平房，两幢砖木结构生活用房。1982年，新建一栋三层办公楼和一栋三层宿舍楼。1996年1月，五层新办公楼投入使用，总面积1548平方米，2005年扩建，增至1860平方米。1998年2月，武汉市气象局档案室达到省一级档案标准。1996年底建成“职工之家”、老干部活动室和工会活动室，添置卡拉OK设备。1999年国庆前，对大院环境进行环境改造，修建篮球场、跑道、长廊、凉亭和花坛等休闲场所。2000年，武汉市气象局办公大楼进行装修，添置电脑、数码照相机、数码摄像机等现代化办公设备。2002年，修建24套职工住房，部分职工住房难的问题得到解决。2005年投资10余万元完成武汉市气象台一体化室改造。

1985年时的武汉市气象局观测场及办公生活用房

武汉市气象局业务科技楼(2002年拍摄)

武汉市局规划图

蔡甸区气象局

蔡甸地灵人杰，是闻名遐迩的知音故里。东汉建武元年(公元 25 年)置沌阳县，隋属沔阳郡，置沌阳、汉津县，隋大业二年(公元 606 年)改汉津为汉阳县。1992 年 9 月 12 日，经国务院批准撤销汉阳县，设立武汉市蔡甸区。

机构历史沿革

历史沿革 1958 年 10 月建汉阳县气象站，位于汉阳县高庙公社(乡村)，1959 年 1 月 1 日开始地面观测。1965 年 4 月迁至蔡甸镇西新庙大队(乡村)，更名为湖北省汉阳县气象服务站。1972 年称湖北省汉阳县气象站，1983 年 6 月划归湖北省武汉市气象管理处管辖。1986 年 6 月改称汉阳县气象局。1993 年 1 月汉阳县气象局更名为武汉市蔡甸区气象局。2003 年 12 月，除观测站业务外，其它业务随局机关迁至蔡甸区科技大楼五楼蔡甸区气象局新办公地。

蔡甸区气象局为国家一般气象站，观测站位于东经 114°00′，北纬 30°35′，海拔高度 38.4 米。

管理体制 自建站至 1971 年 6 月，由湖北省气象局和孝感地区行政公署双重领导，以湖北省气象局领导为主。1971 年 7 月至 1982 年 4 月，由以湖北省气象局领导为主改为以地方领导为主，其中 1971 年 7 月至 1972 年 12 月，由孝感地区行政公署和汉阳县人武部管理。1982 年 4 月，气象部门改为部门和地方政府双重管理的领导体制，由部门领导为主。

名称及主要负责人变更情况

名称	时间	负责人
汉阳县气象站	1958.10—1959.6	陈旭东
	1959.7—1965.3	周本煌
湖北省汉阳县气象服务站	1965.4—1966.2	周本煌
	1966.3—1969.12	严长安
	1970.1—1973.6	张方汉
	1973.7—1978.10	吴明善
	1978.11—1980.12	姚光全
	1981.1—1981.12	吴明善
	1982.1—1984.10	张志平
	1984.11—1986.5	张志平
汉阳县气象局	1986.6—1989.10	张志平
	1989.11—1991.7	姜诗敏
	1991.8—1992.12	李宏正

续表

名称	时间	负责人
蔡甸区气象局	1993.1—1999.2	喻宗梅
	1999.3—2001.1	吴书敏
	2001.2—2005.6	赵　勇
	2005.7—	刘书平

人员状况　1958年建站时只有4人。2008年底在编职工12人、聘用人员2人，其中研究生学历1人，大专学历7人，中专学历6人；中级专业技术人员4人，初级4人；50～55岁5人，40～49岁2人，40岁以下7人。

气象业务与服务

1. 气象业务

蔡甸区气象局经过50年的发展，气象业务从单一的地面观测，发展到目前拥有预报预测业务、公共气象服务业务、人工影响天气业务、防雷减灾业务、气象卫星通讯业务、"12121"自动答询电话业务。

地面观测　1959年1月1日开始地面观测，观测时次为01、07、13、19时4次；1960年1月1日时次改为07、13、19时3次；1960年8月1日改为08、14、20时3次。

地面观测项目主要有云、能见度、天气现象、气压、气温、湿度、风向、风速、降水、日照、小型蒸发、雪深和地温(距地面0、5、10、15、20厘米)，每天08、14、20时定时观测，承担加密天气报、重要天气报、雨量报、气象旬(月)报发报任务。

2005年底建成自动气象站，观测项目有气压、气温、湿度、风向、风速、降水、地温等。目前地面观测实行人工气象观测与自动站观测双轨运行。2006年建成GPS水汽观测站。2008年底，全区建成区域自动气象观测站11个，其中四要素站4个，两要素站5个，单要素站2个。

气象预报　建站初期，天气预报主要是根据湖北省气象台预报，结合走访老农、收集农谚，综合分析本地资料作出预报。20世纪70年代后期，通过接收湖北省气象台的简易天气图、资料，利用本地资料，制作各种图表，寻找预报指标制作天气预报。随着科学技术的不断进步，利用甚高频、传真机收集各种天气图和资料。1999年6月，建成PCVSAT小站，利用卫星接收系统接收卫星云图及各类天气分析图。

2. 气象服务

蔡甸区位于武汉市西郊，地处汉江与长江汇流的三角地带。气候属亚热带湿润性季风气候。灾害性天气频发，尤以暴雨、连阴雨、干旱、大风、冰雹、雷电、大雪为甚。

决策气象服务　20世纪80年代初前，决策气象服务主要以书面文字发送为主，20世纪90年代至今，决策服务产品除书面文字外，还通过电话、传真、网络、手机短信等传至各级决策机构。2005年9月24日—10月2日，汉江流域发生特大秋汛，蔡甸区气象局从10月3日—10月10日，制作《天气简报》6期，制作短信气象服务5期，制作电视气象服务2

期，“12121”电话答询 1742 人次，为汉江安全度汛做出贡献。

公众气象服务 随着预报业务范围的拓展，为公众提供的预报产品也越来越丰富，在重大节假日如春节、五一时，专门为公众制作发布专题预报。1999 年 11 月，蔡甸区气象服务电话自动答询系统“12121”正式开通。2004 年，蔡甸区气象局建成气象科普馆，广泛开展气象科技知识的普及、宣传。2007 年 7 月 7 日，武汉市“第二届莲藕文化节”在蔡甸区举行，蔡甸区气象局提前一周作出 7 月 7 日降水概率不大的预测，提前 10 天每天通过书面材料和短信形式发布莲藕节专题气象服务。

人工影响天气 1999 年蔡甸区政府拨付专款，购置 1 门“三七”高炮。2000 年 5 月 8 日，蔡甸区气象局首次实施人工增雨作业。2006 年 6 月，蔡甸区出现高温干旱天气，局部地区旱情较重，蔡甸区气象局组织人工增雨作业，旱情得到缓解。

防雷减灾 蔡甸区气象局注重农村防雷减灾。2008 年 3 月，蔡甸区气象局防雷中心对雷电高发村——永安街花园村、索河镇嵩阳村进行雷击灾害成因和防雷设施安装的现场勘查，免费安装 10 座避雷塔，有效降低雷击事故的发生。

法规建设与管理

1999 年 10 月 31 日《中华人民共和国气象法》颁布，蔡甸区气象局抓好宣传贯彻落实工作。2006 年，蔡甸区人民政府办公室印发《区人民政府办公室关于贯彻实施〈湖北省雷电灾害防御条例〉的通知》，对规范防雷工作提出要求。2008 年 9 月，蔡甸区委区政府印发《蔡甸区基本建设项目有限并联审批实施方案（试行）的通知》，把防雷工作纳入政府管理，并进入政务服务中心。2008 年 8 月蔡甸区人民政府办公室印发《区人民政府办公室关于加强乡镇自动气象站建设管理和依法规范气象资料使用行为的通知》，对自动气象站的管理和气象资料的使用进行规范。

党建与气象文化建设

党建 1966 年有 1 名党员，编入农林局党支部。1970 年 1 月至 1971 年 10 月，气象站和邮电局同编为一个党支部。1971 年 10 月后，编入农林局党支部。1978 年 11 月，气象站成立党支部，姚光全兼任支部书记。1982—1989 年，张志平担任支部书记。1993—2002 年，李宏正任蔡甸区气象局支部委员会书记。2003—2005 年赵勇任党支部书记。2005—2006 年，刘书平兼任党支部书记。2006 年 12 月，成立蔡甸区气象局党组，刘书平任党组副书记。现有中共党员 8 名。

蔡甸区气象局先后有吴书敏、刘书平、阮仕明等人兼任工会主席。团支部于 20 世纪 80 年代成立，首届团支部书记由杨传生兼任。

2006 年、2007 年先后组织党员干部到井冈山、武汉市先进模范党员何红仿纪念馆参观学习，接受教育。落实“一岗双责”制，深化局务公开，建立规章制度，接受上级监督及群众监督。2007 年蔡甸区党支部被中共蔡甸区委机关工作委员会授予“先进基层党组织”。

气象文化建设 蔡甸区气象局建有“职工之家”和职工阅览室。通过理论学习、职工脱产进修学习、在岗培训、远程终端教育等形式提高干部职工的政治思想素质，业务理论水平。大专以上学历由原来的 3 人增加到 6 人。

荣誉 从 1978 年至 2008 年，共获集体荣誉 46 项。2005 年被授予“湖北省重大气象服务先进单位”，2006 年被武汉市委市政府授予“武汉市文明单位”，2008 年被授予“武汉市科普助推都市农业示范单位”。

1978—2008 年，蔡甸区气象局个人获奖 97 人次。

台站建设

1965 年建有 8 间共 140 平方米的平房。1986 年进行了加层改造。1995 年购入 4 台微机，建立微机处理室，实现业务处理初步现代化。2003 年 9 月，由蔡甸区政府和省市气象局匹配投资，局机关办公地点和业务一体化室搬迁至蔡甸区科技大楼，办公用房为 950 平方米。2004 年元旦前夕，经过 3 个多月的努力，完成了按常规需要 2～3 年才能完成的装修、业务系统建设和迁址的任务，建成的气象综合业务系统工作面积 72 平方米，系统布局为大气探测模块、信息网络功能模块和网络管理中心。

1985 年拍摄的观测场

蔡甸气象观测站规划图

业务一体化室(2008 年)

江夏区气象局

汉高祖6年(公元201年)置江夏郡,隋开皇九年(公元387年)更名江夏县,1912年改名为武昌县。新中国成立后先后划归大冶专区、孝感专区、武汉市、咸宁地区管辖,1975年再次划归武汉市管辖。1996年经国务院批准,撤县设区,成立武汉市江夏区。

江夏区现辖11个街、镇、乡,地形地貌以丘陵为主,属亚热带季风气候。

机构历史沿革

历史沿革 1959年1月成立武昌县农业局气象站,站址武昌县豹海区东郊师范村,1960年1月迁站至纸坊镇东郊郭家岭,1972年更名为武昌县气象站,1973年9月改名为武昌县革命委员会气象科,1975年10月改名为武昌县革命委员会气象局,1981年1月改名为武昌县气象局,1996年7月随原武昌县撤县设区,更名为江夏区气象局(正处级事业单位)。

1959年1月1日—2006年7月1日为国家一般气象站,2006年7月1日,升级为国家基本气象站。1959年1月—1959年12月31日,观测场在武昌县豹子澥东郊师范村(北纬30°28′,东经114°33′),1960年1月1日—2005年12月31日在武昌县纸坊镇东郊郭家岭(北纬30°21′,东经114°19′),2006年1月1日因老观测场观测环境严重恶化进行局站分离,观测场迁至江夏区纸坊街东南郊乌龟山(北纬30°21′,东经114°20′),海拔73.5米。

管理体制 1959—1965年,由地方和孝感地区气象局双重领导,以地方领导为主,业务属上级业务管理部门;1966—1971年改为地方和咸宁地区气象局双重领导,以地方领导为主;1971—1974年改为由武昌县人民武装部和咸宁地区气象局双重领导,以武昌县人民武装部领导为主;1975—1983年,实行地方政府领导和业务隶属于湖北省气象局直管;1984年,改为部门和地方双重管理的领导体制,以部门领导为主,隶属于武汉市气象局管理。

名称及主要负责人变更情况

名称	时间	主要负责人
武昌县农业局气象站	1959.01—1966.07	刘永炎
	1966.07—1971.12	柴尚明
武昌县气象站	1972.01—1973.09	柴尚明
武昌县革命委员会气象科	1973.09—1974.01	柴尚明
	197402—1975.10	操逢泰
武昌县革命委员会气象局	1975.10—1978.03	操逢泰
	1978.03—1979.05	余明泉
	1979.05—1981.01	操逢泰

续表

名称	时间	主要负责人
武昌县气象局	1981.01—1984.05	操逢泰
	1984.05—1987.06	戴太度
	1987.06—1990.05	葛丛生
	1990.05—1996.07	吴家清
江夏区气象局	1996.07—2000.12	吴家清
	2000.12—2007.05	张平安
	2007.05—	赵　勇

人员状况　1959年建站时只有3人。2008年底在编职工11人,编外用工11人。在编职中工具有大学本科学历7人,专科学历1人,中专学历3人;具有中级职称4人,初级职称2人。

气象业务与服务

1. 预报服务

预报制作　建站以后开始单站补充天气预报制作,最初的预报方法主要是收听武汉中心气象台的预报结合本地天象、物象分析制作预报。1972年以后,开始利用收音机收听省气象台广播的小图报资料并填绘分析08时850、700、500百帕和14时地面东亚天气图,用以制作本地短期补充天气预报分析,同时绘制单站九线图、时间剖面图、E-T图等多种图表资料用于短期天气预报制作分析补充,1984年正式开始启用123无线传真机接收北京的气象传真天气图、北京B模式物理量产品图,用模式(MOS)法制作预报。2000年,随着VSAT卫星小站的开通,天气预报业务全部转移到以MICAPS为主的工作平台上进行。20世纪70年代末80年代初开始中长期天气预报制作,主要是利用接收上级台站的指导预报和本站历史资料统计分析相结合的方法进行。

预报产品　20世纪80年代以前主要是短期预报,20世纪80年代以后,气象预报的产品也随之不断向量化细化方向发展。目前江夏区局制作的气象预报产品有临近1～6小时重要天气预警报、24～72小时短期预报、5～7天中期滚动预报、旬报、月、季、春播、汛期秋播、年天气气候预测、节假日及重要社会活动专题预报、重要农事季节及重大天气过程专题预报等。

服务方式　1987年以前主要通过电话将预报报到县广播站播发;1987年开通甚高频无线对讲通信电话,并先后在防汛抗旱指挥部、金口电排站、23个乡镇及有关工矿等近50家单位安装甚高频无线预警接收机,建成甚高频无线气象服务系统,每天上午7时30分和下午15时30分各广播1次最新的48小时天气预报。

1997年开始,每天在本县电视黄金时段新闻栏目插播天气预报电视画面。1998年增加电话传真机向区委、区政府、区防办、各乡镇及有关部门企事业单位的天气预报产品传真服务。1997年11月开通单线路模拟信号“121”天气预报自动答询服务,2000年升级为四路模拟信号“121”天气预报自动答询服务,2002年2月升级为30路E1信令数字信号

"121"天气预报自动答询服务。2005年5月1日"121"电话升号为"12121"。2003年12月开通江夏兴农网。2007年通过商务短信平台开通重要气象预警信息手机短信服务。

2. 人工影响天气

江夏区人工增雨作业始于20世纪70年代中后期。1974年成立武昌县人工降雨办公室，挂靠县气象局，由政府拨款在土地堂建设人工降雨基地，并在土地堂、安山株山、河埫、五里界东坝设立四个人工增雨作业点，在历年的重大干旱天气过程中抓住有利作业战机进行人工增雨作业。2001年7—8月间人影作业人员连续35天坚守作业岗位，先后实施人工增雨作业11次，发射增雨弹420发。2002年8月6日—18日在五里界、山坡两炮点先后进行3次人工增雨作业。

3. 防雷安全服务

1997年3月，江夏区气象局成立防雷安全检测中心，开展全区防雷设施安全检测年检；2002年9月，江夏区政府成立江夏区防雷安全减灾领导小组。2005年8月，江夏区人民政府办公室下发《关于贯彻实施〈湖北省雷电灾害防御条例〉的通知》，将防雷工程设计、施工到竣工验收，全部纳入气象行政管理范围，并由江夏区人民政府法制办批复确认区气象局具有独立的行政执法主体资格。江夏区气象局为区安全生产委员会成员单位，负责全区防雷设施安全管理。现服务项目有防雷装置设计审核、施工跟踪检测、工程竣工验收、防雷装置定期检测，雷击灾害风险评估等项目。

4. 综合气象探测

①地面测报

测报任务 1959年建站时观测项目为云、能、天、温、湿、风、日照、降水、蒸发、浅层地温。1963年1月1日增加气压观测。1974年1月1日增加电接风观测。1980年1月1日增加雨量自记观测。2006年增加深层地温观测和GPS水汽观测。2007年1月1日增加酸雨观测。2008年2月1日增加电线积冰观测，11月1日增加E601B大型蒸发观测。

1980年前只观测不发报。1980年1月1日—2005年12月31日编发08、14、20时小图天气报，气象旬月报，重要天气报和4月1日—10月15日期间05时雨量加密报。2006年1月1日以后编发02、08、14、20时天气报，05、11、17、23时补充天气报，气象旬月报，重要天气报。

技术变更 1959年1月1日—1979年12月31日执行中央气象局《地面气象观测规范》1956年版；1980年1月1日—2003年12月31日执行中央气象局《地面气象观测规范》1979年版；2004年1月1日以后执行中国气象局《地面气象观测规范》2003年版。

1987年5月1日起，启用PC-1500袖珍计算机进行地面观测数据计算和编报处理；1990年3月1日起，开始使用PC计算机进行地面观测数据计算、编报和制作月报表处理；2004年1月1日起地面测报报文和月报表文件直接利用计算机网络通讯上传省局；2006年1月1日起，启用ZQZⅡ型自动站进行压、温、湿、风、降水、地温（浅层和深层）、草（雪）面温度自动观测和每小时数据自动上传。

②农业气象

1980年建成国家基本农业气象观测站，观测任务有油菜、小麦、早稻、晚稻生长发育期观测和编发农气段旬报，自然物候观测；1983年增加小麦作物地段土壤湿度观测；1988年取消小麦生长发育期和作物地段土壤湿度观测；从1991年开始，油菜只观测不发报。

③乡镇气象站网

1974年开始，在武昌县筹建农村雨量站，最初在流芳、五里界、湖泗建成3个雨量哨，并分别聘请雨量员专门进行雨量观测和向武昌县气象局报告。1979年普及到23个乡镇，每个乡镇都有1个雨量站，雨量员一般由乡镇政府通讯员兼任，负责雨量观测和向本乡镇领导和气象局报告。2005年11月开始升级为乡镇街区域自动气象站，2008年5月完成江夏区3个单要素（雨量）站，8个两要素（气温、雨量）站，2个四要素（气温、雨量、风向、风速）站共13个区域自动站建设。

5. 气象科研

1984年武昌县气象局编制的武昌县气候区划图集被湖北省区划办评为一等奖；1998年收集江夏区气象局气象科技论文20篇编印成江夏区气象科技论文集；2003年9月胡世明主持开发的“农气测报处理系统”在全省农气站推广应用。2008年10月胡世明主持开发的“气象台站地面气象资料查询处理软件”被湖北省气象局列入2009年推广项目。

科学管理和气象文化建设

1. 气象文化建设

江夏区气象局创建文明单位活动和气象文化建设始于20世纪90年代初期，先后投入近500万元进行软硬环境改造。现江夏区气象局拥有2460平方米的新局机关办公楼和一个观测环境优良的新型自动地面观测站，并配备有图书阅览室、文体活动室、室外体育活动器具等设施。

荣誉 1994—2008年连续八届被武汉市委市政府评为武汉市文明单位；1998—2008年连续六届被湖北省委省政府评为省级文明单位；1994年被湖北省人民政府授予“气象为农业服务先进单位”，1995年被湖北省气象局授予“全省气象服务先进单位”；1996年被湖北省人民政府授予“发展地方气象事业先进单位”；1998年、2000年被湖北省人事厅、湖北省气象局授予“全省气象部门先进集体”；1998年被湖北省气象局授予“抗洪抢险气象服务先进集体”、被武汉市政府评为“武汉市绿化先进单位”；1998、1999连续两年被武汉市政府、武汉市防汛指挥部授予“防汛抗洪先进单位”；1999—2003年先后三次被湖北省气象局授予“全省气象部门明星台站”；2002年9月被湖北省气象局授予全省“十强实体先进单位”；2004年被湖北省爱卫会评为湖北省卫生先进单位；2006年12月被中国气象局评为全国气象部门文明标兵台站；2008年1月被授予全省爱国卫生先进单位。

20世纪90年代以来，江夏区气象局先后有7人次获得地面测报、农气测报百班无错情奖励；胡世明先后3次被湖北省气象局授予优秀气象业务工作者，4次被湖北省气象局授予重大气象服务先进个人，2006年9月12日长江日报头版头条以《25载田间山头观云识天》为题、2007年2月27日中国气象报第二版以《本色胡台长》为题报道了胡世明的先进事迹。

2. 法规建设和管理

从1999年开始，江夏区气象局采取上街搞咨询、写标语、挂横幅、办展牌、媒体宣传等形式加大气象法规和气象行政执法宣传，分别与相关单位协调，争取气象行政执法的主动权，取得江夏区政府大力支持，并多次发文，推进落实气象行政执法。

2001年1月江夏区政府转发武汉市政府《关于加强升空气球安全管理工作的通知》。2001年1月江夏区政府印发《关于加强防雷安全管理工作的通知》。2002年8月江夏区安委会印发《关于切实做好雷电灾害防御工作的通知》。2002年9月江夏区政府成立江夏区防雷安全减灾领导小组。2002年12月江夏区人民政府印发《关于防雷安全工作通知》。2005年8月江夏区人民政府办公室印发《关于贯彻实施〈湖北省雷电灾害防御条例〉的通知》。2000年至2004年江夏区气象局从江夏区司法局聘请一名常年法律顾问，协助气象行政执法工作。2005年开始独立进行气象行政执法，成立执法队。

3. 党建工作

1974年开始建立江夏区气象局党支部。2005年成立江夏区气象局党组，张平安任党组书记；2007年5月，赵勇任党组书记。1995—2006年连续12年被江夏区委评为先进基层党组织。江夏区气象局现有党员14人，其中在职党员9人，7人具有本科以上学历。

台站建设

1. 台站基础设施建设

1980年，武昌县气象局有5间100平方米的办公用房，4间400平方左右的职工住宅。1983年建成一栋300平方米的两层办公楼，1990年建成一栋500平方米的职工住宅楼，1993年—1994年自筹资金对局办公楼进行扩建和装修，并对大院进行花园式改造。1997年建成1000平方米的职工住宅楼；2004年—2006年，总投资近400万元，加大基础设施建设，其中投资230万元新建办公楼六层2460平方米，投资56万元新建自动化地面观测站（新征地2400平方米）；投资49万元新建车炮库4间（120平方米）以及其它配套工程。

2. 业务现代化建设

江夏区气象局业务现代化建设始于20世纪80年代后期。1987年5月1日起，启用PC-1500袖珍计算机进行地面观测数据计算和编报处理；1987年开通一部固定和车载甚高频无线对讲通信电话，分别用于业务服务通信和防汛抗灾、人工增雨作业通信指挥；1994年购买1台80386计算机，开通与省台的惠得信“WIDSS”无线接收终端，接收省气象台分发的卫星云图、武汉雷达图、天气图、日本传真图、文字预报等信息产品，用于本地天气预报分析制作，同时应用于地面测报观测数据计算机处理；1997年11月开通单线路模拟信号

"121"天气预报自动答询服务系统，2002 年 2 月升级成 30 路 E1 信令数字信号"121"天气预报自动答询服务系统；2000 年 4 月地面卫星接收小站建成并正式投入使用，此时江夏区气象局已拥有四台计算机应用于气象业务日常工作，并组建内部局域网；2003 年 12 月开通江夏兴农网站；2006 年江夏区气象局对业务现代化系统进行全面改造更新，同时开通以 SDH 宽带为主体的与省市内网连接和 ADSL 宽带与英特网的连接。

2006 年以前的地面观测场

2006 年 1 月 1 日正式启用江夏区气象局新地面观测场

2006 年 1 月 1 日正式启用的江夏区气象局地面观测站工作室

黄陂区气象局

1998 年 9 月 15 日，国务院批准撤销黄陂县，改设为武汉市黄陂区，结束了黄陂 1426 年县制历史。

黄陂区是武汉北部远城区，北亚热带季风气候，热量丰富，雨量充沛、光照充足，四季分明。全境纬度跨距达104千米、南北海拔高度相差857米，加之地形地貌有别，各地的气候存在明显的差异。主要气象灾害是洪涝、干旱和中小尺度雷雨大风等强对流天气。

机构历史沿革

管理体制 1959年建立黄陂县气象（候）站，1959—1961年，实行以地方党委政府领导为主的管理体制；1962年实行气象部门与地方党委政府双重领导，以气象部门领导为主的管理体制。1971年7月，实行由军事部门和当地革命委员会双重领导，以军事部门领导为主的管理体制。1973年7月28日，改为由黄陂县革命委员会领导为主的管理体制；1983年，实行由上级气象部门和当地政府双重领导，以气象部门领导为主的管理体制。其中，1984年10月由孝感地区气象局领导划转为武汉市气象局领导，1999年3月更名为武汉市黄陂区气象局。

名称与负责人变更情况

时间	名称	负责人
1959.7—1966.2	黄陂县气象（候）站	站长罗渭滨
1966.3—1970.2	黄陂县气象站	站长梅财钜
1970.3—1971.8	黄陂县气象病虫测报站	站长万平权
1971.9—1978.12	黄陂县气象站（正科级）	站长方志璋
1979.1—1979.11	黄陂县革命委员会农业局气象站	副局长兼站长方志璋
1979.12—1981.3	黄陂县革命委员会气象局	局长孙忠义、副局长兼站长方志璋
1981.4—1981.12	黄陂县革命委员会气象局	副局长兼站长方志璋（主持全面工作）
1982.1—1982.12	黄陂县革命委员会气象局	局长兼站长方志璋
1982.12—1997.9	黄陂县气象局	局长方志璋 副局长兼站长卢继礼
1997.9—2006.11	黄陂区（县）气象局	书记陈建永 局长杜忠建
2006.11—	黄陂区气象局（正处级）	局长杨靖

人员状况 自建站以来，先后有37名气象干部职工和4名地方编制人员在本局（站）工作。建站时只有3人；20世纪60年代为4～6人；1971—1978年9～11人；1979—1997年14～20人；1998年至今维持11～13人。现有在编气象职工11人，地方编制人员4人。在现有气象职工中，大学学历2人，大专学历8人，中专学历1人；中级专业技术人员3人，初级专业技术人员8人。地方编制人员4人均为大专以上学历，助理工程师。

气象业务与服务

1. 气象业务

①气象观测

地面观测 地面观测场位于北纬30°52′15″，东经114°23′41″，海拔高度31.4米，规格为20米×16米。

地面气象测报工作主要分为三大类:即观测、编发报和编制报表。

观测时次:1959—1960 年执行地方太阳时 07、13、19 时;1961 年 1 月至今,执行北京时 08、14、20 时。

1959 年 7 月至今,观测项目有:云状云量、能见度、天气现象、气压、气温、空气湿度、风向风速、降水、雪深、日照、蒸发、地温等。编制《地面气象记录月报表(气表-1)》和《地面气象记录年报表(气表-21)》。

1995 年 1 月至 1998 年 12 月,编发地面气象要素电报以 PC-1500 袖珍微机取代传统的人工编报;1998 年 1 月至今,编制报表和报表预审改用微机操作。

1960—1974 年,气象测报和预报实行轮班制。

1975 年,测报专业和预报专业分离。

自建站以来,先后有 23 人从事过地面气象观测工作,有 4 人创连续"百班无错情",其中肖贤翠创连续"250 班无错情"。

特种观测 2006 年开展 GPS 水汽观测。

自动气象站 2004—2008 年,先后在黄陂站和 15 个街乡镇以及经济开发区、人影作业点建立 18 个气象自动观测站。

②信息网络

气象信息接收 1983 年之前,利用收音机收听武汉中心气象台播发的天气形势和预报,手工填绘天气图。

1983—1992 年,配备 ZSQ-1(123)传真接收机,接收北京、欧洲气象中心以及东京的气象传真图。

1993—1998 年,开通 WIDSS 业务系统接收各种信息和产品。

1999 年至今,相继建立 VSAT 站、开通 2 兆宽带网,使用气象网络平台接收各类天气图、卫星云图和雷达数据等。

③气象预报

1960 年至今,黄陂气象站每日 16 时制作和发布 12～72 小时短期天气预报,1998 年开始增加临近预报。1975 年开始研制和发布中长期天气预报,中期主要为每旬内的晴雨天气过程,旬平均气温和旬降水量等;长期主要是每月天气预报和春播期、汛期、秋播期、冬管期气候趋势预报。预报主要采用多因子指标、数理统计、概率等方法。

2. 气象服务

公众气象服务 1960—1968 年,黄陂天气预报覆盖 11 个区;1969—1986 年天气预报覆盖 24 个公社(场);1987 年 5 月—2007 年 9 月,电视天气预报服务覆盖全区。2007 年 10 月至今,以电视气象节目主持人形式开展日常预报、生活指数预报和气象灾害防御科普知识等服务。从 1999 年开展重大社会活动专题气象服务,至今已经为第一至七届木兰文化节、木兰组歌央视航拍、第六届城市运动会、楚天杯自行车大奖赛等 36 次重大活动提供了气象保障服务。

决策气象服务 20 世纪 80 年代初主要以文字报告、口头、电话等方式向黄陂县委、县政府提供决策气象服务。20 世纪 90 年代至今以《重要天气报告》、《黄陂气象信息》等文字载体开展气象服务，关键时刻在防汛抗旱指挥部现场提供服务。在遇有重大关键性、灾害性、转折性天气时，采用文字专报、传真、电话、手机短信等形式开展决策和跟踪服务，服务面扩大到区、街、乡镇(场)、村组四级1000名党政干部。

气象为农业服务 1973年6月至1974年4月在黄陂县开展了农业调查和考察工作，完成了《黄陂县农业气候手册》的编制和发行；1981年完成《黄陂县农业气候资源调查和区划报告》《黄陂县农业气候区划图集》、《黄陂县农业气候区划资料集》编绘。1985—1989年对山区、丘陵、岗地和平原开展了分类气候考察，1985年完成《武汉市陂北山地气候对发展林特生产的作用及利用研究》，2005年完成《武汉市黄陂区芦笋种植的气候适应性分析和推广建议》。2004年，黄陂区气象局被黄陂区委、区政府授予“服务‘三农’先进单位”。

1974年，开展“土火箭”研制和生产；1981年湖北省人影办配置“三七”高炮1门(1989年调到洪湖县)；2002年购买“三七”高炮1门，建立人工增雨作业点1个。

气象科技服务与技术开发 1985年，遵照国务院办公厅《转发国家气象局关于气象部门开展有偿服务和综合经营的报告的通知》文件精神，面向各行各业开展专业气象有偿服务。1992年开展建筑物防雷设施安全检测服务和防雷工程设计施工服务；1997年9月开通“121”(“12121”)天气预报电话自动答询系统。2005年，相继开展建筑物防雷设计图纸技术性审核、建筑物防雷跟踪检测。

气象科普宣传 1980—2006年自办《黄陂气象》，每月出版一期；1985—1995年与黄陂县广播站联合创办“每月气象”专题节目，开展气象知识专题讲座；2004年至今，协办“科技下乡活动”20次。2005年被黄陂区委、区政府授予“科技信息进村入户先进单位”。

法规建设与管理

法规建设 2000年以来，黄陂区政府先后出台了《关于从源头做好防雷安全工作的通知》、《关于贯彻实施〈湖北省雷电灾害防御条例〉的通知》、《关于加强街乡镇自动气象站管理和依法规范气象资料使用行为的通知》等11个规范性文件。每年3月和6月开展气象法律法规和安全生产宣传月活动。

2004年确定和绘制《黄陂区气象探测环境保护控制图》，并获得规划部门的“同意备案复函”。2008年开始编制《黄陂区气象探测环境保护专业规划》。

社会管理 自20世纪80年代以来，区(县)人民政府成立的防汛抗旱指挥部，气象局为重要成员单位。黄陂区人民政府印发的《突发公共事件总体应急预案》，把气象灾害纳入区政府公共事件应急体系。完成《气象灾害应急响应预案》编制。2008年建立20个街乡镇(场)和有关部门参与的气象信息员队伍，实现了街乡镇有兼职气象管理员和气象志愿者860人。

1992年成立黄陂县防雷工作领导小组办公室，经陂编〔1998〕54号文件批准定为常设事业单位，配地方编制4名，履行防雷安全社会管理职能；2005年7月更名为黄陂区防雷中心，开展易燃易爆场所、建筑物、计算机信息系统等防雷安全检测和建筑物防雷设计图纸技术性审核、建筑物防雷跟踪检测。

2005年5月，区政务中心设立气象窗口，履行气象行政审批职能。2006年3月，成立黄陂气象行政执法大队，履行气象行政执法职能。

党建工作与气象文化建设

1. 党建工作

党组织建设 1971年9月之前只有1名党员，归口县农业局党支部；1971年10月，成立黄陂县气象站党支部，军代表李天义任党支部书记，站长方志璋任副书记；1973年7月撤销军管，方志璋任党支部书记；1979年成立中共黄陂县气象局支部委员会，孙忠义任书记；1997年9月陈建永任支部委员会书记、局长杜忠建任副书记。2006年11月成立中共黄陂区气象局党组，杨靖任党组书记。2008年有党员14名，设局机关党支部和老干党支部。曾11次获得“先进基层党组织”称号，先后有38人(次)获得优秀共产党员荣誉称号。

党风廉政建设 2005年起，每年与上级党委签订党风廉政目标责任书；2006年制定了“党风廉政实施方案”，层层推进惩治和防腐败体系建设。曾5次获得“党风廉政建设先进单位”称号，历年没有党员和职工受到党纪、政纪处分。

2. 气象文化建设

精神文明建设 在27年来的创建历程中，始终坚持“爱国守法，诚实守信，团结友善，勤俭自强，敬业奉献”的基本道德规范，使“双创”活动取得可喜成效。

政务公开 2003年起，对气象行政审批办事程序、气象服务承诺、气象行政执法依据、服务收费依据和标准，以及投诉电话等向社会公开。坚持规章制度上墙、上网络、上电子屏等多种途径开展局务公开工作。

集体荣誉 黄陂区气象局获省部级以上集体荣誉19次。武汉市委、市政府连续11次授予“市级文明单位“。湖北省委、省政府连续5次授予省级“文明单位”，其中，2007—2008年荣获“省级最佳文明单位”。1986年6月，雨情预报服务获得国家气象局通报嘉奖。2004年获得全省“卫生先进单位”。2008年12月，被中国气象局授予“局务公开示范单位”。

个人荣誉 1978年10月，方志璋被评为“全国学大庆学大寨先进个人”，出席全国气象部门“双学”代表大会，受到党和国家领导人的亲切接见，并合影留念。1999年杜忠建获湖北省人事厅、湖北省气象局联合表彰。

台站建设

1959年7月建站选址在黄陂前川街鲁台村老涂湾旁，距离中心城区3.5千米。首次建站总建筑面积130平方米。1978—1979年在距离原站址正东70米处征地7.38亩，新建三层办公楼685.5平方米，值班室、职工宿舍等310平方米，实现整体搬迁。1981—1983年，自筹资金建设职工宿舍544.2平方米和“三七”高炮炮库88.6平方米，使60%借居在外的职工住进新房。1997—1998年，由湖北省气象局和地方政府分别投资20万元，对办公楼、测报业务室进行全面装修，硬化院内路面600平方米、增建职工宿舍320平方米；自筹资金完成了自来水引入工程。2004—2008年，对气象观测站的环境进行改造，推平观测场旁已种植 26 年的菜地，拆除大院石砌旧围墙和老式厕所，改建为具有现代建筑风格的栅栏式围墙和卫生间；在院内重新以花岗岩材料装饰了门面、建设花坛、草坪和彩面砖道路；绿化面积 2100 平方米；与驻地村民共建通站村级水泥公路。2007 年获得中国气象局项目支持 80 万元，地方政府投资 40 万元、自筹资金 41 万元，完成购买黄陂区水务局堤防总段两层 681.6 平方米楼房归气象局所有的程序，实现局站分离，局机关和气象服务一体化平台搬迁入城，业务系统全面升级。

1979 年建成的黄陂气象局(站)办公楼

2007 年底至 2008 年初改造之后的黄陂气象观测站

新洲区气象局

新洲区位于大别山余脉南端、长江中游北岸，为武汉的东大门。新洲历史悠久，明朝时始称新洲。1951 年 6 月从原黄冈县析出建县；1983 年 10 月从原黄冈地区划归武汉市辖；1998 年 9 月撤县设区，成为武汉市的一个新城区。

机构历史沿革

历史沿革 1958 年 10 月，成立新洲县气象服务站，站址为城关李家坟。1960 年 1 月，迁至城关东门口农科所。1976 年，迁至城关东南城角。1995 年 1 月，搬迁至邾城街余姚村永佳山。1973 年 10 月，成立新洲县革命委员会气象局，1980 年 3 月更名为新洲县气象局，1999 年 3 月更名为武汉市新洲区气象局。

观测场位于北纬 30°50′，东经 114°48′，海拔高度 26.4 米。2006 年 8 月前为气象观测国家一般站，其后为国家气象观测二级站，2008 年底改为国家一般气象站。

管理体制 主要实行部门与地方双重领导管理体制。建站至 1971 年中期，以部门为主。1971 年至 1981 年，改为以地方为主(1968 年 8 月至 1973 年曾属军事管制单位)。1982 年实行部门与地方双重领导、以部门领导为主的领导体制。1984 年 5 月，隶属关系由黄冈地区气象局改隶为武汉市气象管理处(后改为武汉市气象局)。

名称及主要负责人变更情况

局(站)名	时间	主要负责人
新洲县气象服务站	1958.10—1959.12	龙道鹏
	1960.1—1962.1	方传文
	1962.7—1962.12	余启洪
	1963.1—1971.9	夏勋宇
	1971.10—1973.10	孙甚发
新洲县革命委员会气象局	1973.10—1974.10	孙甚发
	1974.11—1980.3	周金木
新洲县气象局	1980.3—1984.6	张耀甫
	1984.7—1985.12	江福元
	1986.1—1987.4	曾双元
	1987.5—1992.4	易　森
	1992.5—1999.3	向新杰
武汉市新洲区气象局	1999.3—2000.5	向新杰
	2000.6—	喻简约

人员状况　1958年建站时3人。2008年12月有在编职工11人,聘用人员5人。在职16人中,大学学历5人,大专学历6人,中专学历3人;中级专业技术人员3人,初级专业技术人员8人;50岁以上4人,40～49岁4人,40岁以下8人。

气象业务与服务

1. 气象综合观测

观测时次与内容　1959年1月开始作正式记录,观测时次为01、07、13、19时,1960年8月改为08、14、20时,夜间不守班。观测项目有:云(云量、云状、云高)、能见度、天气现象,气压、气温、空气湿度,风向风速、降水量、日照时数、雪深、蒸发量和地温。2008年2月增加电线积冰观测。

根据上级部门要求,先后编发小图板、雨量报以及特殊天气的加密报等。1987年5月,开始使用PC-1500袖珍机,1994年底,在微机上运行AHDM系统,地面测报资料的计算、统计、编报、编制报表实现自动化。

气象台(站)编制月报表和年报表,并按规定向上级主管部门报送。2008年1月起停止报送纸质报表。

现代观测系统　2005年8月,安装ZQZ-CⅡ1型自动气象站,9月开始试运行,2006年1月1日正式投入业务运行。观测项目有气压、气温、空气湿度、风向风速、降水量、地温(含深层地温)、草温等。

2004年至2008年底,共建成区域气象观测站15个,其中单要素站8个,多要素站7个。

2. 信息网络与天气预报

信息网络 新洲区气象局信息网络历经无线通讯、甚(超)高频通讯、网络通讯三个发展阶段。

建站至1983年,通过湖北省内部气象语言广播获取预报信息。1984年安装使用CZ-80型无线传真机接收地面、高空天气图和数值预报产品。1989年开通超高频(UHF),1993年底开通WIDSS系统,依托其处理天气预报信息。1997年,卫星通讯、有线网络等现代信息技术和计算机在新洲县(区)气象局得到应用。2004年3月开通2M宽带网,2006年开通全省市县气象通信宽带网,相继运用NOVELL、DECNET、VSAT、MICAPS等业务系统,获取地面、高空、雷达、卫星等大气监测资料以及各种预报产品。

天气预报 建站后,参照省气象台的天气预报,每天早晚通过县广播站发布本县天气预报。1965年,通过湖北省气象部门气象语言广播接收、填绘、分析东亚地面、高空天气图,加之"九线图"等本站要素图表,独立制作单站天气预报,并依据天气韵律制作中长期天气预报。1973年,数理统计预报方法应用于预报制作。20世纪80年代后,开始制作专业、专项天气预报产品,2006年,在区电视台发布区境内13个区域天气预报,产品走向专业化、精细化。现制作的天气预测产品有:短期天气预报,旬、月天气预报,春播、汛期和秋季长期气候预测。

3. 气象服务

新洲地处中纬地区,属亚热带季风气候,为农业适宜地区。但灾害性天气多发,如暴雨、大风、雷电、冰雹、冰雪等,灾害性气候有干旱与洪涝。

公众气象服务 1988年3月,新洲县气象局建成天气预警系统,全县有接收设备24台。1997年开通"121"(后为"12121")电话气象信息服务台,2002年升级改造为数字式,通路增加到30个。2004年4月建立新洲兴农网,2008年2月开通手机群发平台。

决策气象服务 1973年至1976年,新洲县气象站派员携带仪器设备,深入到农村进行早稻育秧和棉花播种现场服务,并为县境农业生产指挥提供依据。1976年7月,唐山地震后,新洲县抗震指挥部在新洲县气象局建立地磁偏角测量点,不定期向湖北省有关部门报送数据。

1981年至1983年,新洲县气象局对全县农业气候资源进行调查分析,编写出《新洲县农业气候资源调整和区划报告》,其中《新洲县双季稻生产中的农业气候问题》获武汉市农业区划成果三等奖。2005年完成《新洲区农业气候资源概述》编写任务。

1996年到2004年,新洲县(区)局技术人员进驻到县(区)防汛抗旱指挥,直接向县(区)领导提供雨情、天气预报和咨询服务。

2003年7月10日,三店街宋渡村圩堤面临漫堤危险。受新洲区委书记委托,新洲区气象局局长喻简约星夜赶赴现场组织护堤抢险和人员转移,区气象局每小时向现场和指挥部报告雨情及预报,保证圩堤和人民生命财产安全。

专业专项气象服务 1985年,新洲县气象局与县保险公司、砖瓦厂等企事业单位建立专业专项服务关系,提供特需气象服务,同年开始为社会上各种庆典活动提供施放升空气球服务。2004年6月，与武汉国际集装箱转运有限公司确立服务关系，为集装箱装卸作业调度及作业现场提供预报警报服务。2005年，上海工程局新洲作业区加入服务单位之列。2004年至今，先后为新洲蔬菜基地建设、昇阳集团、亚东水泥、帝元集团、阳逻电厂四期工程等建设项目提供资料服务和资源论证服务。2001年至今，先后为雷竹、白灵菇生产项目引进，为黄颡鱼养殖提供气候论证服务和资料服务。2004年以来，新洲区气象局每年为春运、"两会"、中考、高考，以及蘑菇节、建工节、旅游黄金周等重大社会活动提供气象保障。

雷电防护 1989年9月开始，进行防雷设施安全检测。1999年12月成立新洲区气象局防雷中心。2004年，组建新洲区气象局科技产业中心，防雷检测覆盖率达90%以上。2008年防雷技术服务项目涵盖防雷设施监测，防雷装置安装设计与施工，防雷装置设计审核、跟踪检测，雷电灾害鉴定和雷击风险评估，易燃易爆场所防雷检测率100%。

人工影响天气 1976年4月，新洲县政府成立人工降雨领导小组办公室(设在县气象局)。是年8月12日，在辛冲区戢岗大队实施新洲首次人工增雨作业，运载工具为"土火箭"。1979年，人工增雨作业点8个，土火箭发射架40余部。1980至1981年，湖北省人降办共调拨新洲县气象局"三七"高炮2门用于作业，"土火箭"淘汰。2007年，完成新洲区人工增雨基地基础设施建设任务总投资130万元，基地占地10余亩，房屋面积近2000平方米，拥有增雨火箭固定发射器1部、4管车载火箭发射系统1台、双管"三七"高炮1门。

气象行政管理与气象文化建设

气象行政管理 《中华人民共和国气象法》施行后，新洲区气象局依法实施相关行政管理，重点是防雷安全管理。2000年到2002年，新洲区政府先后印发新政办〔2000〕65号、新政发〔2002〕36号文件要求加强全区防雷减灾工作；2005年、2007年，新洲区政府分别制发《关于贯彻执行〈湖北省雷电灾害防御条例〉的通知》、《关于加快我区气象事业发展的意见》。同时，新洲区气象局分别与区公安分局、区安监局、区教育局联合制发文件，强化防雷安全管理工作。

推行政务公开。建立健全政务公开、执法公示制度，完善依法申请公开等7项工作制度，制定公开办事程序。政务公开平台有：公示栏、兴农网、广播电视。监督通道有：举报电话、电子邮箱和意见箱。干部选任、人事变动等进行全过程公开，事业性和创收性的收支每季度公示一次，基本建设支出于决算后10日内公示。召开专门会议，接受干部职工咨询，听取意见和建议。

局内管理。2000年后，内部管理制度形成以《新一代气象综合业务管理手册》为主体的业务制度体系，以《防雷检测管理手册》为主体的科技服务制度体系，以《新洲区气象局规范化管理手册》为主体的行政制度体系。规范化管理手册含有7个方面的26项管理制度。

党组织建设 1973年6月建立气象站临时支部，孙甚发任支部书记，1975年4月周金木任书记。1980年1月建立中共新洲县气象局支部委员会，支部书记周金木。之后，支部主要负责人先后为：江福元(1984.7—1985.12)、曾双元(1986.1—1987.5)、易森(1987.6—1992.5)、向新杰(1992.6—2000.6)、喻简约(2000.7—2003.6)。2003年7月建立新洲区气象局党组，喻简约任党组书记。设机关支部和老干部支部。2008 年底有党员 14 人，其中在职党员 9 人。

气象文化建设　2000 年以来，新洲区气象局以育人素质为本，凝炼气象精神；以精心服务为宗旨，彰显气象人良好形象；以规范管理为道，提高气象管理水平；以文明创建为源，突显气象文化核心与灵魂，持久深入推进先进气象文化建设。

文化氛围和设施建设。2001 年始，投资 60 万元建设气象科技宣传长廊、科普馆、学习室、图书室、活动室和健身场，设置宣传、教育展板，开辟绿化园区，改善各种环境。机关到处布有气象对联、知识宣传展板，文化气息充溢整个单位。文化教育有阵地，文体活动有场所、器材。

加强作风建设，凝炼气象精神。持久开展“学习型、服务型、创新型、廉政型机关”创新活动，局领导班子作风深入扎实、团结务实，职工队伍政治业务素质明显增强。通过各种教育活动，凝炼出 96 字的“气象工作职业道德”和 7 个岗位的职业道德，征集到包含气象工作特色、反映廉政建设的对联 23 幅。

文明创建活动持续开展。1978 年 10 月，局长周金木作为湖北省先进台站代表出席全国气象部门“双学”代表会议。2001 年，在以“讲文明、树新风、改陋习”为主题的群众性文明创建中，组织知识学习与竞赛、社区文明共建、社会文明服务、模范标兵争创等健康向上的创建活动，提高人员素质、提升部门形象、推动工作发展。每年通过世界气象日、科技“三下乡”、安全生产月、科普日等活动，组织气象科技、防灾减灾等方面的宣传活动；在为未成年人服务活动中，运用单位科普资源在中小学生中进行气象科技主题讲座和现场教育。2007 年 4 月被新洲区政府确定为新洲区科普教育基地。

荣誉　1977 年至 2008 年，新洲区（县）气象局获集体荣誉 63 项。1991 年被湖北省气象局表彰为“全省气象部门防汛抗灾气象服务先进单位”。2003 年为全省创建文明行业活动示范点，获 2004—2007 年两届市级文明单位，2005 年被中国气象局授予“局务公开先进单位”。2007—2008 年度为省级文明单位。2008 年为“全省卫生达标先进单位”。

1977 年以来，新洲区（县）气象局个人获奖有 120 人（次）以上。

台站建设

台站综合改善　1994 年湖北省气象局划拨综合改善资金 20 万元，新洲县政府匹配资金 20 万元，自筹 17 万元，用于征地与新建办公楼。1999 年建设气象卫星地面小站。2003 年维修办公楼。2008 年，新洲区气象局占地 3367.75 平方米，办公楼 602 平方米，其他用房 200 平方米。

园区建设　2001 年到 2003 年，分期进行机关大院环境改造，新修机关与交通干道连接道路 340 米，修建花坛与绿化区块，栽种（植）花木与草坪；改造办公楼，建设综合业务一体化工作室。2008 年底，机关路面硬化率为 100%，绿化率 50%。

1983年的新洲县气象局

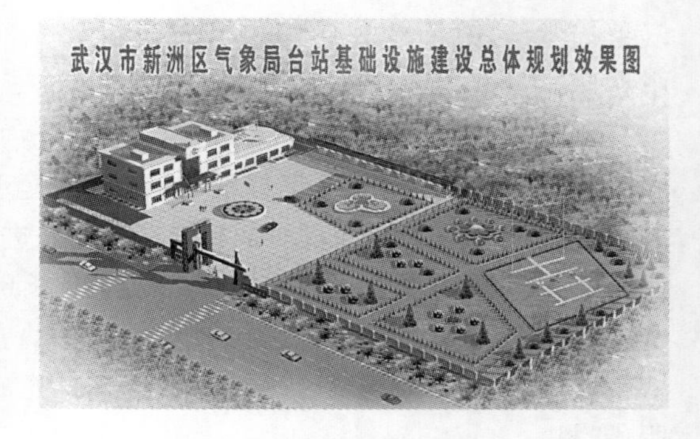

新洲区气象局规划图

东西湖区气象局

东西湖区位于武汉市西北部，东抵张公堤，南临汉江，西带涢水、伦河，北枕府河。原属古云梦泽东境，一条东南偏西北走向的垄岗带将区境分为东、西两大湖区，故名。1973年4月，建东西湖区。

机构历史沿革

历史沿革 东西湖区气象局成立于1994年5月，与武汉农业气象试验站合署办公。地址在武汉市东西湖区东吴大道650号。1999年，成立东西湖区气象局防雷中心。2001年，东西湖区成立区人工影响天气领导小组，领导小组下设办公室，在东西湖区气象局办公。

管理体制 东西湖区气象局成立时，实行武汉市气象局与东西湖区人民政府双重领导，以武汉市气象局领导为主的管理体制。

主要负责人变更情况

名称	时间	主要负责人
东西湖区气象局	1994.5—1995.10	杨有相
东西湖区气象局	1995.10—2005.4	陈铁帅
东西湖区气象局	2005.4—	黎明锋

人员状况 1994年，东西湖区气象局成立时，职工人数7人。2008年12月底，在职职工人数8人，其中大学学历6人，中专学历2人；高级专业技术人员2人，中级专业技术人员3人，初级专业技术人员3人；50～55岁1人，40～49岁5人，40岁以下2人。

气象业务与服务

1. 气象观测

东西湖区气象局成立至 2005 年 7 月，观测业务为单一的农业气象观测，观测项目为一季中稻、油菜、物候、水产、辣椒、土壤湿度。编发农业气象旬报。2006 年 4 月，经湖北省气象局同意，取消辣椒观测任务。

2003 年 10 月 16 日，武汉农业气象试验站被中国气象局确定为生态环境与农业气象试验站七个改革试点之一，开展湖泊生态系统的气象监测，为国家气候预测模式研发、武汉市湖泊生态环境治理与修复等提供长期定位监测数据。武汉生态站站址在东西湖区金银湖。2005 年 6 月，建立金银湖陆地自动气象站。2005 年 7 月，建立金银湖大气沉降监测站，建立金银湖湖泊气候梯度塔（镀锌铁塔，塔高 16.8 米），分水面上 2 米、4 米、8 米、16 米 4 个高度层次开展主要气象要素的自动监测。湖泊气候梯度塔安装涡度相关自动监测系统、水上温度梯度自动监测系统、水下和水上辐射自动监测系统、水下水温梯度自动监测系统，购置了美国哈希公司生产的多参数水质在线仪。在梁子湖、汤逊湖、东湖、长江和汉江武汉段，设立 5 个辅助监测点，开展以金银湖定点定位监测为主，结合辅助监测的“一站多点”形式的湖泊生态气候监测业务。2005 年 7 月 1 日，金银湖陆地自动气象站开始为期一年的湖泊生态气象观测业务试运行。同年 8 月 1 日，湖泊生态气候监测系统开始试运行。2006 年 7 月 1 日，武汉生态站开始业务运行。湖泊生态气候监测系统采取仪器自动连续监测，辅助监测点每月人工观测一次，各点取回水样作实验室分析。每旬逢一向湖北省气象局上传监测数据。湖泊气象监测与观测项目气象要素有气压、气温、湿度、风向、风速、降水、草温、地温；水环境要素有水温、透明度、溶解氧、电导率、浊度、pH 值、叶绿素 a、总磷、总氮、化学需氧量、水位、水深、水上/水下辐射梯度、水下温度梯度；大气环境要素有大气降沉量、酸雨、感热、潜热、动量、CO_2 通量。

位于金银湖上的湖泊站梯度铁塔

2005 年开始建设区域自动气象站。截至 2008 年底，全区共建自动气象站 8 个，其中五要素站 5 个，两要素站 1 个，单要素站 2 个。

2. 气象预报预测

短期短时预报　东西湖区气象局成立之初，主要通过计算机局域网调用武汉中心气象台预报指导产品，利用本地资料，制作各种图表，寻找预报指标制作天气预报。1999 年 10 月，建立 PCVSAT 卫星小站，依托 MICAPS 工作平台接收武汉中心气象台下发的预报指导产品，利用卫星云图、雷达回波图和自动气象站资料制作短时预报。

中长期预报　中期预报主要制作逐旬（10 天）天气过程预报。长期预报（短期气候预测）主要制作春播期、汛期、秋播期气候趋势预报预测。

3. 气象服务

决策气象服务 东西湖区气象局成立后，始终把做好决策服务放在气象服务工作的首位。在1996年、1998年防汛抗洪、2000年吴家山海峡两岸科技产业园成立庆典活动、历届东西湖区烟火节、2008年年初抗御持续低温雨雪冰冻天气等重大活动中，为东西湖区政府提供及时气象服务。决策服务主要通过发送文字材料、传真、电话、电子显示屏、政务网、手机短信等手段向东西湖区各级决策机构提供服务。

公众气象服务 1994年，东西湖区气象局通过电话向东西湖区电视台传送天气预报，每晚《东西湖新闻》结束后播放未来24小时天气预报。2005年9月开始，每天通过东西湖区政府电子显示屏发布未来3天预报。2006年8月1日，开通"12121"天气预报咨询电话。2007年9月，建成气象预警信息手机短信发布平台，为东西湖区、街办事处、大队领导和气象信息员直接提供气象预警手机短信服务。公共气象服务产品发布现已包括电视、广播、"12121"、气象兴农网、手机短信、电子显示屏，专家咨询热线等多种渠道。

农业气象 东西湖区气象局依托武汉农业气象试验站的优势，以城郊农业、设施农业、淡水养殖业为重点，不断拓展服务领域，发展现代农业气象业务，开展农业气象试验研究与服务。1995—1996年，在蔬菜大棚内进行增施CO_2气肥高产高效气象研究；2001年，在三峡库区建立蔬菜"两高一优"示范基地，开展高产栽培模式和蔬菜大棚小气候观测。2003年，承担湖北省气象局《蔬菜大棚农用天气预报技术研究》项目。2005—2008年，承担科技部农业科技成果转化基金项目《城郊蔬菜大棚生产气象调控技术推广应用》，建立大棚蔬菜气象调控技术示范基地，开发大棚蔬菜气象业务服务系统，建立武汉市大棚蔬菜气象服务网站。2005年建立多功能生态与农业气象实验室，配备人工气候箱。2006年9月，鄂东农业气象分中心成立，办公地点设在东西湖区气象局，负责指导鄂东地区气象部门的农业气象业务工作，提供农业气象指导产品。2008年，建立鄂东农业气象情报预报服务系统。2008年，建立基于SQL SERVER 2000生态气象数据库，利用VC＋＋开发生态气象服务系统，实现对各种数据的入库、质量控制、数据差补、数据完整性检查、数据统计和数据浏览等。为适应社会需要，东西湖区气象局不断增加农业气象服务产品种类。针对粮棉油生产服务的产品，主要有农业气象旬（月）报，作物产量预报、适宜播种期预报、作物病虫害气象等级预报，农业气象灾害预警等。针对设施农业气象服务产品，主要有大棚气温预报、地温预报、大棚适时揭膜与闭膜时间预报、大棚蔬菜病害预测、大棚蔬菜气象灾害预警等。针对生态环境服务的产品，主要有武汉市湖泊生态气象监测月（季、年）报、武汉市酸雨监测报告、武汉湖泊生态气候灾害调查报告等。

专业专项服务 服务对象主要为农业、水利、企业等单位，主要以信函、传真形式向用户提供中长期天气预报和气象资料。1994年，东西湖区气象局开展防雷技术服务，起步阶段主要为开展防雷设施检测，逐步发展为防雷工程设计安装。2008年，服务项目有防雷装置设计审核、施工跟踪检测、工程竣工验收、防雷装置定期检测，雷击灾害风险评估等项目。

人工影响天气 2000年，东西湖区遭遇严重的春夏连旱，东西湖区气象局租借高炮，在东西湖区辛安渡、走马岭街办事处等作业点实施人工增雨作业。2002年，购置1门"三七”高炮，当年作业 8 次。

科学管理与气象文化建设

法规建设和管理 1999 年 10 月 31 日《中华人民共和国气象法》颁布后，东西湖区气象局及时展开《中华人民共和国气象法》宣传。2006 年 2 月，东西湖区政府办公室印发《区人民政府办公室关于贯彻实施〈湖北省雷电灾害防御条例〉的通知》。2003 年，成立东西湖区局气象行政执法中队，开展气象依法行政管理工作。2006 年 3 月，东西湖区人大、区政府法制办联合开展全区防雷执法专项检查。2006 年 6 月，东西湖区政府组织召开全区防雷安全工作会议。2006 年 7 月开始，在东西湖区政务中心设立服务窗口，将防雷装置设计审核、跟踪检测，竣工验收列入行政服务中心窗口管理。2008 年，东西湖区政府批准通过《东西湖区重大气象灾害应急预案》，并纳入到区政府公共事件应急体系。

党的建设 1994 年党员人数 2 人。1994—1999 年，东西湖区气象局党员挂靠在东西湖区农业局党总支开展组织生活，1999 年党员人数 3 人。2000 年，成立东西湖区气象局党支部，支部书记先后由陈铁帅、黎明锋担任。2006 年，成立东西湖区气象局党组，黎明锋任党组书记。2008 年底党员人数 6 人。党建工作重点抓党章学习和党员先进性教育。1994—2008 年先后有 6 人被东西湖区直机关工委授予“优秀共产党员”光荣称号。1999 年 9 月，开展以“讲学习、讲政治、讲正气”为主要内容的党性党风教育。2001 年，采取组织革命传统教育，党风政纪、法律法规知识竞赛，观看警示教育片等形式开展廉政文化建设活动。2002 年，把党风廉政建设和反腐败工作纳入全年工作目标，推行政务公开和局务公开，从源头防治腐败。2005 年 2—6 月，开展保持共产党员先进性教育活动。

气象文化建设 文明创建工作始终坚持以人为本，不断促进干部职工综合素质的提高。坚持“决策服务让领导满意、公众服务让社会满意、专业服务让用户满意、专项服务让部门满意、指导服务让基层满意”的气象服务理念，开展职业道德教育，以优质服务扩大气象部门知名度。加强科普宣传，向中小学生普及气象科普知识。1996—2000 年，东西湖区气象局为武汉六中、武汉育才高中、武汉七一中学等学校建立校园气象站。2005 年，编印《气象科普手册》5000 册，通过科技下乡、安全生产月等活动免费发放，向社会宣传气象科技和防灾减灾知识。气象文化阵地建设不断加强，开辟政务公开栏、文明创建宣传栏、学习园地，坚持不断开展形式多样、寓教于乐、有益于职工身心健康的各类活动，每年开展乒乓球，棋牌、拔河等体育竞赛，活跃职工文化生活。

荣誉 1994—2008 年底，东西湖区气象局共获得市厅级以上集体荣誉 13 项。1996 年被东西湖区人民政府授予“防汛抗洪先进集体”。2007 年，承担完成《武汉陆地水域观测与应用》、《城郊蔬菜生产农用天气预报技术研究》课题，分别荣获省气象科学技术项目工作奖二等奖、三等奖。

1994—2008 年底，先后有 45 人次获得上级表彰。

台站建设

东西湖区气象局 1994 年成立时，办公楼为二层，建筑面积 355 平方米，1987 年修建。

2004 年，办公楼进行扩建，办公楼内装修，办公楼建筑面积增至 441 平方米。2008 年 7 月，对办公楼楼前广场和路面进行硬化改造。

东西湖区气象局业务科技楼(2008 年摄)

东西湖区气象局规划图

黄石市气象台站概况

黄石市位于湖北省东南部，长江中游南岸，素有“青铜故里”、“钢铁摇篮”、“水泥故乡”和“服装新城”之称。全市现辖大冶市、阳新县和黄石港区、西塞山区、下陆区、铁山区四个城区及一个省级经济技术开发区，总面积4583平方千米，总人口255万，其中市区面积233平方千米，人口67万。

气象工作基本情况

历史沿革 1954年1月1日，黄石市气象台建成并开展业务工作。1958年4月，分别在下陆、大冶金牛、范铺设立3个气象哨，一年后因人员素质与技术质量的欠缺而撤销。1961年接收武汉钢铁公司大冶铁矿铁山气象站，停止站内业务。

从1954年建站开始至20世纪70年代初期，在长达17年的时间里，黄石市只有一个气象台。1971年建立大冶县气象站。1997年1月，阳新县气象局由咸宁地区气象局划归黄石市气象局管辖。

管理体制 1958年12月之前由地方政府管理。1959年1月1日开始，气象业务由气象系统领导，人、财、物等统归黄石市地方党政领导。1971年隶属黄石市人民武装部领导。1973年7月1日之后隶属黄石市革命委员会管理。1979年1月，改为地方政府领导。1982年11月开始，改为地方和部门双重领导，以部门为主的管理体制。

人员状况 1954年建台时，全台31名职工，大部分气象工作人员来自中南军区气象处。1997年全市气象部门在职职工46人。截至2008年12月31日，全市气象部门有在职职工80人，其中硕士2人，本科21人，专科23人；30岁以下15人，31～40岁19人，41～50岁29人，51～60岁17人；中、高级专业技术人员32人，占事业编制人员数的51%。

党建与文明创建 全市气象部门有党支部4个，党员52人。1990—2008年间，黄石市气象局坚持每年与各科室、各县(市)气象局签订党风廉政建设责任书，落实党风廉政建设目标责任制，推进惩治和预防腐败体系建设。

20世纪90年代开始争创文明单位。1993—1996年，黄石市气象局连续2届获市级文明单位，大冶县气象局获县级文明单位；1997—2008年，黄石市气象局连续5届获省级文明单位，1届省级最佳文明单位，县级台站获得2届县级文明单位，2届市级文明单位，其中

2002—2004 年连续 2 届被市委、市政府授予"文明系统"称号。

主要业务范围

地面观测 黄石气象观测开始于 1954 年 1 月 1 日，与此同时鄂城气象站观测业务停止。1973 年 1 月 1 日，大冶市气象局开始地面气象观测业务。1996 年 12 月，阳新县划归黄石市管辖，1997 年 1 月 1 日，阳新县气象业务由黄石市气象局负责管理。截至 2008 年底，全市有地面气象观测站 3 个，其中黄石、阳新为国家基本气象站，大冶为国家一般气象站。

气象观测内容包括云、能见度、天气现象、气温、气压、湿度、风向、风速、降水、日照、蒸发、地温、雪深等。2006 年 3 月 1 日，增加草面温度观测项目。2006 年 10 月，黄石增加 GPS 观测项目。2007 年 5 月，黄石、阳新增酸雨观测项目。2008 年 2 月 5 日，大冶、阳新增加电线积冰观测项目。

1999 年黄石自动气象观测站建成，2005 年大冶、阳新自动气象观测站建成，自动站所采集的数据每天自动通过网络定时传输，气象电报和部分气象资料的传输实现了网络化、自动化。

2005 年开始建设区域自动气象站。截至 2008 年 12 月 31 日，全市共建区域自动气象站 37 个，其中单要素站 27 个，四要素站 8 个，六要素站 2 个。

气象预报预测 20 世纪 70 年代以前，天气预报方法主要是天气图方法和数理统计方法，20 世纪 80 年代以后，增加了数值预报定性解释方法、MOS 方法、PP 法、雷达回波分析方法、卫星云图分析方法及诊断分析、专家预报系统等方法。1997 年开始，气象部门实施"9210"工程，黄石市辖各台站相继建成 VSAT 卫星地面站，并应用 MICAPS 系统平台制作短期、中期、长期天气预报。2000 年后，根据业务及分工要求，县(市)气象站主要制作短期短时补充预报。

人工影响天气 1994 年成立黄石市人工影响天气办公室，负责组织协调全市人工影响天气作业业务。2000—2007 年黄石市各级政府投入资金，黄石、大冶、阳新分别配置了人工影响天气车载式移动火箭。2008 年黄石市气象局建成人影业务系统，全市人影工作步入规范化、业务化轨道。

气象服务 主要有公众气象服务、专业气象服务、决策气象服务。1953—1956 年通过报纸、广播电台、电话提供 1～3 天降水、风、气温等基本气象要素天气预报；1957—1965 年服务方式不变，服务内容增加了旬、月报和重要时期的中长期天气预报；1966—1976 年，受文革影响，台站工作秩序破坏，部分农业服务项目被撤销，气象服务的方式和内容没有发生变化；截至 2008 年，气象服务的手段有电话、传真、短信、"12121"、专业服务网络、电视、电台、报纸等等；气象服务内容有短期预报、中期(周报、旬报)和短期气候预测(月报、农业气象月报、春播预报、汛期预报)、气象指数预报等系列化服务产品。

黄石市气象局

黄石地处幕阜山脉北侧长江中游丘陵地带，因远离海洋，陆地多为矿山群。春、夏季下垫面粗糙，增温较快，局地对流强烈，受季风环流的影响，其气候特征是：冬冷夏热，光照充足，雨量充沛，为典型的亚热带大陆性季风气候。

机构历史沿革

始建情况 1953年5月，中国人民解放军中南军区决定建立黄石气象台，同时撤销鄂城县气象站，建设地点在黄石市黄石港区老闸村五斗地，东经115°01′，北纬30°15′，海拔高度20.1米。1953年12月31日20时黄石市气象台正式开展业务，承担国家基本气象观测、天气报和航危报任务。

1960年2月28日观测场向西平移70米；1999年12月，再次向西平移48米；2003年12月31日，观测场迁至开发区大泉路28号，东经115°02′，北纬30°14′，海拔高度32.2米。2005年1月1日，正式开展地面气象观测业务。

名称及主要负责人变更情况

局(台)名称	时间	主要负责人	职务
黄石市气象台	1954.1—1956.4	张庆江	台长
	1956.4—1961.5	张永刚	副台长
黄石市气象局	1961.6—1971.5	张永刚	副局长
	1971.5—1974.5	蔡瑞年	主持工作
	1974.5—1975.11	付国振	局长
	1975.11—1976.7	俞　文	副局长
	1976.7—1978.9	逄汉山	副局长
	1978.9—1983.3	郭锦文	局长
	1983.3—1983.12	戚仄平	副局长
黄石市气象台	1984.1—1984.7	戚仄平	台长
黄石市气象局	1984.7—1992.11	戚仄平	局长
	1992.11—1993.2	周承宗	副局长
	1993.2.25—1995.2.17	周承宗	局长
	1995.2.17—2007.3	卫灯明	局长
	2007.3—	张端好	副局长

机构设置 建台初期，设观测组、预报组、报务组、机要组四个机构。1956年6月1日，气象信息取消加密，撤销机要组。1992年8月1日，成立黄石市气象科技开发公司。同年11月机构调整，设置办公室、气象台、气象科技应用研究所、气象科技开发公司四个机构。1993年5月，与劳动局联合成立气象避雷检测站。1996年12月13日，成立黄石市防雷中

心。1997 年 11 月，向科技产业岗位分流人员 33 人。

2000 年，湖北省气象部门实施公务员过渡改革，13 人经过考试首批过渡为公务员。2005 年 11 月，湖北省实施业务技术体制改革，黄石市气象局内设办公室（计划财务科）、人事教育科、业务管理（政策法规）科 3 个科室，下设气象台、气象科技应用中心、公众气象服务中心、后勤服务中心 4 个直属单位，另地方批准成立的黄石人工影响天气办公室、黄石市防雷中心挂靠黄石市气象局管理。

人员状况 1954 年建台时，全台有职工 31 名，大部分工作人员来自中南军区气象处。1971 年 12 月，根据湖北省气象局的要求，人员配备调整为 29 人。截至 2008 年 12 月 31 日，黄石市气象局有在职职工 47 人，其中硕士 2 人，本科 17 人，专科 16 人；30 岁以下 5 人，31～40 岁 13 人，41～50 岁 17 人，51～60 岁 12 人；中、高级专业技术人员 15 人，占事业编制人员数的 53.58%。

气象业务与服务

1. 气象业务

气象观测 1954 年 1 月 1 日 1 时，黄石市气象台开始地面气象观测业务，每天 02、08、14、20 时定时观测 4 次；2006 年 7 月 1 日开始，每天 02、05、08、11、14、17、20、23 时定时观测 8 次。

建站初，观测人员采用人工编报方式编制气象报告；1985 年黄石市气象台配备了 PC-1500 袖珍计算机，协助测报员编制气象报；1986 年 1 月 1 日起正式使用 PC-1500 袖珍计算机编制气象电报。

2000 年 1 月 1 日，黄石市气象台建成 DYYZ-Ⅱ型自动气象站，经过 2 年与人工观测并轨运行，于 2002 年 1 月 1 日开始单轨运行，同时保留人工观测项目。自动观测站每天 24 次定时观测，包括温度、湿度、气压、风向风速、降水、地温等要素。自动站采集的资料与人工观测资料并存于计算机中互为备份。

2005 年开始先后在市区建立了黄石港、西塞山、团城山、下陆、铁山 5 个单要素雨量站，2006 年在铜绿山古矿冶遗址博物馆建成四要素自动气象站，2007—2008 年建立 3 个多要素自动雨量观测站。现黄石市区共有自动气象站 9 个。

气象预报 1954 年 3 月 1 日，黄石市气象台利用分析天气图的方法制作了第一份短期天气预报，发布 1～3 天天空状况、降水、风、气温等基本气象要素。1958 年 3 月，开始应用单站气象资料和统计预报方法试作中、长期（旬、月）预报和重要时期的天气预报。1959 年 1 月开始收听武汉中心气象台的气象语音广播。1961 年 5 月，中央气象局对天气预报工作提出“图、资、群”三结合，大量削减天气图，以群众经验、天象、物象观测作为天气预报的主要依据，为此专门聘请了一位农民作为天气预报的顾问。1979 年 9 月，预报人员利用华新水泥厂的工业控制计算机，制作了第一份长期天气预报。1983 年 6 月，预报人员利用 PC-1500 袖珍计算机，制作中、长期预报。1985 年 1 月，应用长城 CH 计算机制作天气预报。1998 年开始利用 MICAPS 系统制作短期、中期、长期天气预报。

2. 气象服务

公众气象服务 1958年1月，在黄石人民广播电台公开发布天气预报，并向市政府、厂矿、交通运输等部门开展电话服务；同年3月，在《黄石日报》登载天气预报，试作旬、月报和重要时期的中长期天气预报；4月，派出气象员到金牛镇指导春耕、秋收工作。1960年3月，组织技术人员到大冶农村开展气候调查。1966—1976年，黄石的气象事业受到“文化大革命”的影响和干扰，有些服务项目被撤销，气象事业遭到严重破坏。1976年10月，随着“文化大革命”的结束，黄石气象事业开始复苏。1993年3月12日，黄石市电视天气预报在中央电视台午间新闻播出。1996年2月，黄石气象与电信合作首次开通“121”电话答询服务系统。1998年电视天气预报节目制作系统建成，开启黄石市气象局自制天气预报节目的历史。2002年10月，气象短信专业服务与武汉中心气象台集约成功，开始手机气象短信服务业务。2003年8月12日，黄石气象网建成开通，10月受黄石市人民政府委托，黄石兴农网成功开通。2003年11月18日，电视天气预报节目升级改版。至此形成了广播、电视、报纸、网络、手机短信、“12121”电话自动答询等多种方式、多种渠道、全方位覆盖的公众气象服务模式。

决策气象服务 决策气象服务任务有春播、防汛、抗旱、森林防火等。决策气象服务产品主要有短期预报、中期（周报、旬报）和短期气候预测（月报、农业气象月报、春播预报、汛期预报）；在服务的形式和内容上有专题气象服务、重要气象信息；服务产品的传输和表达方式有纸质、电话、传真、短信、计算机终端等。

黄石境内不仅有库容量26.7亿立方米的226座水库，还有尾矿库153座，汛期是决策气象服务的重中之重。1983年、1991年、1996年、1998年为防汛抗洪提供及时准确的决策服务，2007年为抗击低温雨雪冰冻灾害提供精细化决策气象服务，黄石市气象局及相关工作人员多次受到地方政府表彰。

专业气象服务 1983年黄石市气象台预报人员根据企业需要，制作了第一份专业专项预报，通过邮寄的方式开始了有偿专业气象服务。1984年6月，全省第一次预报服务经验交流现场会在黄石市气象局召开。1986年2月，参加全国第一次专业气象服务经验交流会并作经验交流。1988年9月从上海购置一批气象警报接收机，并为此建立了一座高达45米的发射铁塔。1988年11月，气象专业有偿服务首次采取公开招标承包方式确定专业气象服务人员。1990年1月，专业有偿气象服务通过竞标实行预报制作、服务用户一条龙的服务方式。1991年12月，黄石市气象局党组经过专题研究，决定从1992年开始预报科开展预报有偿服务，气候科开展气候资料、气球悬挂、标语制作等有偿服务，通讯科开展避雷检测服务，黄石气象专业有偿服务工作全面启动。

截至1993年，全市共安装气象警报接收机130台，服务用户107家，服务面涉及电力、交通、运输、建筑、矿山、旅游、保险、仓储、种植等工农商各个行业，初步构成了黄石市防灾气象警报网。2004年，开通专业气象服务网站，首次运用网络为用户提供专业气象服务。截至2008年，专业气象服务的手段有电话、传真、短信、网络；产品有短、中、长期预报，大雾、雷电、高温、火警等级、生活指数、短时强对流等预报；专业服务项目有气象预报、气象资料、气候分析、环境评价、大气测试、气象保障、气象实用技术、科研成果、气象数据鉴定、科技咨询等等，形成较为完善的专业气象服务系统。

气象法规建设和社会管理

气象法规建设 2003 年 7 月 18 日，黄石市人民政府下发了《黄石市防雷减灾管理办法》，明确黄石市气象局负责本行政区域内的防雷减灾管理工作。2007 年 2 月 7 日，黄石市人民政府颁布《关于进一步加快全市气象事业发展的意见》(后简称《意见》)，明确“十一五”期间投资建设的综合气象观测系统、气象预测预报系统、气象台站基础设施建设、气象灾害预警应急体系、气候生态监测评估预警系统、空中云水资源开发利用六大工程；要求人事、财政、劳动保障等相关部门按有关规定，切实做好气象部门职工的医疗、养老、失业等社会保障工作；指出要从促进经济与社会协调和可持续发展的全局出发，支持气象事业的发展。

探测环境保护 2006 年 5 月 19 日，黄石市人大首次与黄石市气象局联合，组成执法检查组调研黄石市探测环境保护现状。2007 年 9 月 8 日，黄石市开发区规划局根据市气象局的请求，决定按规定做好国家基本气候站气象探测环境保护的相关工作，在项目审批及其实施时予以充分考虑。2008 年黄石市气象局指导大冶市气象局、阳新县气象局开展气象执法，通过与城市管理部门、法院等单位联合，制止了 3 家开发商、2 家单位及部分周边居民违规违法的建设行为，避免了对探测环境的不良影响。

施放气球管理 1991 年黄石第一次开展气球庆典业务。1995 年 10 月 30 日，黄石市气象局与黄石市公安局联合下发《关于加强非生产性制氢用氢管理工作的通知》，对全市施放气球活动制定了管理办法。黄石市气象局行政执法人员依据《通用航空飞行管制条例》、《施放气球管理办法》等法律法规加大了对违法施放气球活动的查处力度。2008—2009 年，先后对黄石市首新礼仪服务部、喜洋洋礼仪庆典服务部、先锋广告公司和永佳喜庆服务中心等单位无资质违法施放气球活动进行了查处。

防雷管理 2006 年 3 月，黄石市气象局开始对建设单位特别是房地产开发商违反《湖北省雷电灾害防御条例》的行为进行立案查处。2007 年 1 月 31 日，黄石市人民政府办公室下发《关于进一步做好防雷减灾工作的通知》，要求各部门充分认识加强防雷减灾工作的重要性，落实防雷安全措施，规划、建设等部门要协助把关，积极配合、支持气象部门做好防雷工程的竣工验收，做好新建、改建、扩建的工程建筑物的防雷安全工作。

党建与气象文化建设

支部组织建设 1954 年 1 月由黄石市委机关、黄石日报社、黄石市气象台联合成立党支部，黄石市气象台台长张庆江任支部书记，有党员 4 人。1961 年黄石市委、市政府成立市直机关党委，黄石市气象局支部隶属市委直属机关党委管理。1983 年 6 月 20 日，经中国共产党黄石市直属机关委员会研究，同意成立黄石市气象局支部委员会，隶属市委直属机关党委管理，有党员 14 人。1997 年 11 月经市直机关工委同意，黄石市气象局成立党总支，下设机关党支部和离退休党支部。现有在职党员 19 人，离退休党员 13 人。

气象文化建设 1993 年制定《关于在局机关创建文明单位的意见》，1994 年制定《关于创建省级文明单位的实施意见》，确定了创建文明气象系统领导小组例会制度、局机关科室与县(市)气象台站挂钩联系点制度。2007 年 3 月重新制定《黄石市气象局文明创建工作计划》,4 月印发了《黄石市气象部门文明单位管理办法》。

1993 年成为第一批被黄石市委、市政府授予“市级文明单位”荣誉的部门;1995 年、1997 年又连续 2 次被黄石市委、市政府授予黄石市文明单位;2002—2004 年连续 2 届被黄石市委、市政府授予“文明系统”。1998—2006 年连续 5 届被湖北省委、省政府授予省级文明单位,2008 年被湖北省委、省政府授予省级最佳文明单位。

1978—2008 年,黄石市气象局干部职工先后有 94 人次获得上级部门的表彰。1978 年,赵美云作为全国气象部门双学代表与华国锋、邓小平等国家领导人合影留念。

台站建设

1954 年建台时有砖木结构的 2 层办公楼 1 栋,单身职工宿舍 120 平方米,食堂 80 平方米;1972 年因白蚁蛀噬严重,将办公楼的木质结构改为钢筋水泥结构,并加到 3 层。1992 年、1995 年先后 2 次对办公楼进行装修。1996 年对局大院进行大规模的改造绿化,1997 年绿化工作完成。2000 年之后,观测环境遭到破坏,局站搬迁成为重中之重。2001 年,湖北省气象局、黄石市政府共同立项建设鄂东南雷达预警中心,计划投资 714 万元。2003 年,经湖北省气象局批准,黄石国家基本站大泉路锁前村新址开工建设,12 月 31 日建成;通过一年对比观测并经湖北省气象局业务处验收,于 2005 年 1 月 1 日投入业务运行。2005 年,黄石市气象业务科技楼实行政府公开招标,2006 年 3 月开工建设;2007 年业务科技楼主体竣工;经过装饰装修,2008 年 5 月 1 日黄石市气象局的各项业务及管理办公机构整体迁入黄石市气象业务科技楼,并对科技楼周边环境的绿化、护坡等附属设施进行了完善。

黄石市气象局观测场原貌(1960 年)

黄石市气象局 2003 年建成的新办公楼外景

大冶市气象局

大冶于宋乾德五年(公元 967 年)建县。1994 年 2 月 18 日,国务院批准撤销大冶县,设立大冶市。大冶市总面积 1566.3 平方千米,辖 1 个开发区、1 个乡、10 个镇、3 个街道办事处、1个国有农场。

大冶地处幕阜山脉北侧的边缘丘陵地带，地形分布为南山北丘东西湖，南高北低东西平。受东南季风环流影响，大冶气候特征为：冬冷夏热，光照充足，雨量充沛，为典型的亚热带大陆性季风气候。年平均气温17.2℃，极端最高气温40.6℃，极端最低气温－10.0℃，年平均降水量1517.1毫米。

机构历史沿革

始建情况 1971年11月开始正式建设大冶县气象站，站址位于大冶县城关镇洗脚塘郊外，北纬30°06′，东经114°58′，海拔高度41.2米，观测场长20米、宽16米。1973年1月1日正式开始地面气象观测。1980年10月1日观测场改建为长、宽均25米，海拔高度39.2米。1992年1月15日观测场向东移动20米，海拔高度39.7米，经纬度不变。

大冶县气象站1974年7月更名为大冶县气象局，保留气象站，实行局站合一。1984年8月，大冶县气象局改称大冶县气象站，属县直一级单位（科局级）。1986年7月恢复大冶县气象局，保留气象站，实行局站合一。1995年1月，大冶县撤县建市，大冶县气象局更名为大冶市气象局。

2006年7月1日，大冶市气象站由国家一般气象站改为国家气象观测站二级站，2008年12月31日改为国家一般气象站。

管理体制 1971年大冶县气象站隶属于大冶县人武部领导，1973年1月—1974年1月由大冶县人武部转属大冶县农林局领导，1982年1月实行上级气象部门和大冶县人民政府双重领导，以上级气象部门领导为主的管理体制。

人员状况 1971年建站时有职工7人。1976年8月有职工11人。1984年8月有在职职工15人。截至2008年12月，有在职职工15人，其中大专以上学历11人；中级以上职称8人，初级职称6人。

名称及主要负责人变更情况

名称	时间	负责人
大冶县气象站	1971.11—1973.6	张昌凡
大冶县气象站	1973.6—1974.11	站长占志友
大冶县气象局	1974.11—1976.12	副局长郑德彰，主持工作
大冶县气象局	1977.1—1980.5	局长张兴泽
大冶县气象局	1980.5—1984.6	局长王勋景
大冶县气象站	1984.6—1986.7	副站长殷世勤，主持工作
大冶县气象局	1986.7—1993.6	局长殷世勤
大冶县气象局	1993.6—1994.12	局长马哲强
大冶市气象局	1995.1—1997.7	局长马哲强
大冶市气象局	1997.8—2008.8	局长马爱民
大冶市气象局	2008.8—	局长冯文刚

气象业务与服务

大冶气象站主要承担地面气象观测、气象预报、人工影响天气、防雷技术服务、专业气象服务。

1976年，大冶气象站成立地震办，开展大地电流变化观测，业务属黄石市地震办领导。1981年在大冶气象站建立宏观地震观测点，1984年在部分乡镇共建立10个宏观地震观测点。20世纪90年代，大冶气象站停止地震观测业务。

1. 气象业务

地面测报 1973年1月1日开展每天08、14、20时3次人工地面观测，并编制月报表、年报表。观测项目有：云、能见度、天气现象、气压、气温、湿度、风向风速、降水、蒸发、地面温度、雪深、日照；1974年1月1日增加浅层地温项目；2004年2月1日增加深层地温项目；2008年2月5日增加电线积冰项目。1987年5月配备PC-1500微型计算机，1993年配备386计算机，1994年7月1日改用EN型风数据处理仪。2004年2月1日启用ZQZ-CⅡ型自动气象站，2006年1月1日自动气象站开始单轨运行。2006年7月1日—12月31日业务调整为08、20时人工观测；2007年1月1日恢复每日3次定时人工观测。1979年4月、1983年3月开始编发旬报、小图报和重要天气报；1999年1月开始编发GD-05加密报；2008年6月1日更新补充重要天气报内容。

气象信息网络 1979年采用电话报送地面测报电文。1987年3月配备甚高频发报。1997年组建总线式局域网，2002年改建为星型局域网，并采用拨号网络发送电文。2003年开通ADSL，开始采用宽带网络VPN线路发送电文。2003年在全省气象部门首先建立市县政务网。2006年8月安装2M SDH光纤传送报文、地面测报数据。1997年开始采用微机编制地面测报报表。

气象预报 1974年1月开展单站补充订正预报业务。1973年8月利用收音机收取地面资料、高空资料并进行手工绘图制作短期预报。1981年8月配备无线电传真设备收取欧洲、日本、美洲气象资料制作短期、中期周报、旬报。1999年12月27日装备PCVSAT地面单收站，并利用MICAPS2.0平台制作短、中、长期天气预报，2008年12月升级为PCVSAT U6系统接收气象资料。2000年后开利用黄石气象台预报结论制作订正预报。

2. 气象服务

公众气象服务 1973年开始发布24、48小时短期天气预报。1975年采用电话向大冶广播电台提供2天短期天气预报。1998年开通“121”电话服务。1995年5月大冶市天气预报正式上省级电视台，1999年在大冶电视台开播天气预报栏目。2003年电话“12121”服务由黄石气象科技服务中心集约化管理。2004年9月大冶兴农网正式开通。2004年天气预报栏目升级为非线性编辑系统。

决策气象服务 大冶气象站提供的决策服务产品有周报、旬报、春播预报、汛期预报、节假日专题预报、春运专题预报、森林防火专题预报、干旱专题预报等。2000年由纸质、电话提供服务发展为传真机提供服务，2003 年开始运用电子邮件发送天气预报。2005 年 10 月建成金牛、灵乡、陈贵、殷祖、刘仁八、大箕铺、金山店、还地桥、东风农场、汪仁 10 个单要素区域自动站；2007 年 7 月建成港湖、灵乡 2 个四要素区域自动站。2008 年 11 月大冶市气象局开通“企信通”短信平台，为大冶市各级领导及职能部门提供更为准确、快捷的天气信息。

专业专项气象服务 1974 年，成立大冶县人工降雨领导小组，下设办公室，并借用“三七”高炮 1 门，用于人工降雨作业。1976 年，省人降办调拨大冶人降办“三七”高炮 2 门，县财政拨款购置牵引汽车 1 台，同时大冶被列为湖北省人降办人降作业实验基地，建立了陈贵王池和金湖姜桥 2 个固定作业点和若干流动作业点，1979 年发展雨量观测点 40 多个，设立常年雨量观测点 20 多个。1974—1984 年实施人工影响天气作业 162 次，发炮 3397 发，农田受益面积 1381.26 万亩。2004 年 3 月人降办更名为大冶市人工影响天气办公室，并经湖北省人影办批准获得人影作业资质，审批了还地桥、四棵、金湖、云台、金牛 5 个作业点。2007 年大冶市政府财政配套资金 15 万元配备 CF4-1B 型火箭发射架 1 副，火箭发射架皮卡运输车 1 辆。

1984 年开展有偿气象服务。1988 年通过气象警报接收机为服务单位提供气象服务。1992 年开展升空气球庆典广告服务。1990 年成立大冶县气象局避雷检测办公室，主要从事防雷装置安全检测。1998 年成立大冶市防雷中心，依法对社会开展防雷装置的安全性能检测、防雷工程设计技术性审查、防雷工程施工跟踪检测、防雷工程竣工验收检测、雷电灾害分析与鉴定等工作。

气象科普宣传 大冶市气象局参与编撰 1986 年《大冶县综合农业气候区划》，编写 1997 年、2006 年《大冶年鉴·气象篇》和 2004 年、2008 年第二版及第三版《大冶县志·气象篇》及 2008 年科技局《自然灾害·气象灾害与防护篇》。2004 年大冶气象站建立中小学气象科普教育基地。

法规建设与管理

1. 气象法规建设

2006 年成立法规科，配备专人、专车开展行政执法，重点加强雷电灾害防御工作以及气象探测环境保护工作。1991 年大冶县劳动局、气象局联合下发《关于避雷装置进行安全性能检测的通知》。1996 年大冶市政府下发《加强防雷安全设施归口管理有关问题的通知》。2002 年大冶市政府下发《关于加强全市建设项目防雷设施建设管理工作的通知》。2008 年大冶市安监局、气象局联合下发《关于开展全市重点企业、危化品场所防雷安全专项检查的通知》。

1995 年开始每年制订《大冶市气象局科室（中心）目标责任考核》，逐步健全、完善各类局务管理制度、党务管理制度、财务管理制度、气象科技服务管理制度。

2. 社会管理

行业管理 1998 年大冶市防雷中心成立后，防雷检测由大冶市建设局、技术监督局正式划归气象部门管理。2005 年防雷行政审批、防雷装置设计审核和竣工验收及防雷安全检测均纳入大冶市气象局法规科、、防雷中心进行规范化管理。2006 年大冶市政府审议通过《大冶市气象灾害应急响应预案》，建立气象灾害应急响应机制。2008 年先后查处破坏气象探测环境案件 6 起。《施放气球管理办法》出台后，2005 年将施放升空气球纳入行业管理。

政务公开　2005 年大冶市气象局对气象行政审批办事程序、气象服务内容、服务承诺、气象行政执法依据、服务收费依据及标准等，通过户外公示栏、电视公开承诺、发放服务卡片等方式向社会公开。

党建与气象文化建设

1. 党建工作

支部组织建设　1974 年成立大冶县气象局支部委员会，有党员 3 人。2008 年 11 月改选成立新一届党支部，支部委员 3 人。截至 2008 年 12 月，大冶市气象局有党员 8 人，其中在职党员 6 人，退休党员 2 人。

党风廉政建设　2005 年大冶市气象局开展建设文明机关、和谐机关和廉政机关活动，获得大冶市纪委、市直机关工委党风廉政检查“先进单位”称号。2006 年获得黄石市气象部门“气象廉政文化建设先进单位”称号。2008 年局支部建立完善了党务管理制度、财务管理制度。大冶市气象局财务账目每年接受上级财务部门的年度审计，并将结果向职工公布。自建站之初到现在无任何领导和职工因党风廉政问题受处理。

2. 气象文化建设

文明创建　1995 年，大冶市气象局开展精神文明建设和创建文明单位活动。先后获得 1999 年“两评”活动先进党组织；2000 年“三优一满意”机关；2005 年、2007 年“安全文明小区”。1995—2000 年大冶市气象局获县级文明单位；2001—2006 年连续三届获黄石市市级文明单位；2000 年、2003 年大冶市气象局获得湖北省气象局颁发的“明星台站”称号。

文体活动　1996 年建设 1 个标准室外羽毛球场。2006 年建设 6 件(套)室外健身器材。2008 年 11 月建设气象职工活动室及图书阅览室，配备 1 张标准乒乓球台、2 张棋牌桌、2 个图书柜及 1000 余册图书。

3. 荣誉

集体荣誉　1971—2008 年大冶市气象局获得各种荣誉称号达 48 项。主要有：湖北省气象局 1984 年“重大气象服务先进集体”；湖北省气象局 1985 年“人工降雨工作先进集体”；湖北省气象局 1991 年“重大气象服务先进集体”；湖北省气象局 2000 年“明星台站”；湖北省气象局 2003 年“明星台站”；湖北省气象局 2005 年“重大气象服务先进集体”；湖北省精神文明办 2006 年创建文明行业活动“示范点”；2001—2006 年连续三届获得黄石市政府颁发的“文明单位”。

个人荣誉 1971 年 11 月至 2008 年 12 月有 257 人次获得各级部门的奖励。

台站建设

大冶县气象站始建时有办公平房 1 栋、职工宿舍平房 1 栋，共 14 间。1983 年湖北省气象局和大冶县政府拨款 8 万元，修建两层宿舍楼，建筑面积 668.82 平方米，1984 年 5 月完工。1991 年湖北省气象局和大冶县政府拨款 14 万元，建设两层半办公楼，建筑面积 510 平方米，1992 年 9 月竣工。1996 年湖北省气象局和大冶市政府投资 30 万元改善局内环境。1997 年投资 6 万元新建门楼、门卫室，并绿化院内环境。1998 年购置桑塔纳小汽车。2000 年职工全额集资 90 万元建设职工住宅 9 套 1450 平方米，同时改造局院内环境。2003 年职工全额集资 36 万元建设职工住宅 4 套 800 平方米，同年投资 6 万元安装 100 kV 变压器，结束了气象局“借电”度日的历史。2005 年建成 1 座造型别致的公厕。2006 配备东风雪铁龙行政执法车。2006—2007 年中国气象局拨款 20 万元整修局办公楼水电线路及院内环境，改变了电压不稳、水压不足的状况。2008 年雨雪冰冻灾害中国气象局拨款 8 万元用于灾后重建，院内环境修葺一新。

大冶县气象局旧貌

大冶县气象局全景图

阳新县气象局

阳新县地处幕阜山向长江冲积平原过渡地带，北、西、南多 400 米以下丘陵，中部、东部是河谷平原，河湖交错，地势低平，总体格局为“五山”、“二水”、“三分田”。地形西南高、东北低，总面积 2779.63 平方千米，现辖 21 个镇(场、区)，人口 98.8 万。

阳新县属亚热带季风气候，温度、降水年际差异较大，时空分布不均。年平均气温 17.2℃，极端最高气温 41.4℃，极端最低气温－14.9℃。年平均降水量 1417 毫米。年平均日照时数 1804 小时，日照百分率 41％。常见的气象灾害有洪涝、干旱、高温、低温、连阴雨、秋寒、大风、雷暴、雪灾、冰冻、冰雹、龙卷风等，尤以暴雨洪涝、干旱为甚，俗称“水袋子”、“旱包子”。

机构历史沿革

始建情况 1956 年 4 月，湖北省气象局台站科黄勇飞担任筹建组负责人，筹建阳新县气候站。1957 年 4 月 1 日阳新县气候站正式建成并开展气象观测，位于阳新县双港麻场“乡村”，东经 115°10′、北纬 29°50′，海拔高度 36.9 米，气压表高度 37.2 米。1978 年 1 月，观测场迁至阳新县兴国镇校场巷 56 号，东经 115°12′、北纬 29°51′，海拔高度 45.8 米，气压表高度 47.0 米。

历史沿革 1957 年 4 月，称阳新县气候站。1959 年 7 月，改称阳新县气象站。1960 年 3 月，改称阳新县气象服务站。1961 年，成立阳新县气象科，保留气象站。1965 年，阳新县气象站改称阳新县气象局。1968 年 12 月 6 日，更改为阳新县革命委员会气象站。1974 年，恢复气象科，称阳新县革命委员会气象科，保留气象站为下属单位，一个单位两块牌子。1975 年 11 月 10 日，改称阳新县革命委员会气象局，下设气象站。1984 年，改称阳新县气象站。1986 年 3 月 29 日，改称阳新县气象局。

管理体制 1957 年 4 月成立时，隶属湖北省气象局和当地党委双重领导，以湖北省气象局领导为主。1958 年底，属阳新县人民委员会领导。1959 年，由黄冈地区气象局和地方政府双重领导，以地方领导为主。1959—1961 年，归属阳新县农业局代管。1962—1968 年，成立阳新县气象科，属阳新县人民委员会领导。1965 年，划归咸宁地区气象局和地方政府双重领导，以地方领导为主。1971 年至 1973 年 10 月，属阳新县人武部领导。1974 年，恢复阳新县气象科，归阳新县革命委员会领导。1983 年 6 月，改为咸宁地区气象局和阳新地方党委双重领导，以咸宁地区气象局管理为主。1997 年阳新县气象局由咸宁地区气象局划归黄石市气象局管理，继续实行双重领导管理体制，以黄石市气象局管理为主。

负责人变更情况

姓名	职务	任职时间
黎南山	组长	1957.4—1959.1
王永昌	副站长、副科长	1959.1—1965.8
宋安官	站长、副科长、局长	1965.8—1981.11
曹衍干	副局长	1981.12—1983.3
王　衡	局长、站长	1983.3—1990.5
李祥福	副局长、局长	1990.6—1994.6
何万兵	局长	1994.6—1999.4
向能才	副局长	1999.5—2001.8
乐书杰	局长	2001.9—2005.11
冯文刚	局长	2005.11—2008.8
李相猛	局长	2008.8—

人员状况 建站时 2 人，1959 年增加到 4 人，1997 年划归黄石市气象局管理时在编人员 13 人。截至 2008 年 12 月 31 日，有在编人员 12 人，临时聘用人员 7 人，其中本科 3 人，专科 4 人。

气象业务与服务

1. 气象业务

1957年4月至2006年6月为国家一般气象站；2006年7月升级为国家一级气象站；2008年12月改为国家基本气象站。

地面测报 1957年4月1日开始正式观测，1960年8月1日前以地方时01、07、13、19时4次观测。1960年8月1日至1961年7月31日改为北京时02、08、14、20时4次观测。1961年8月1日至2006年6月30日为08、14、20时3次观测。2006年7月1日起为02、08、14、20时4次观测。

1960年至1986年3月，每日04—20时固定航危报。1959年至2006年6月每日05时雨量报。1984年7月至1991年小图报。1984年7月—2006年6月定时和不定时重要天气报。1991年至2006年6月天气加密报。2006年7月1日起02、08、14、20时4次天气报，05、11、17、23时补充天气报、定时和不定时重要天气报。

1968年7月受文化大革命影响，航危报中断一个月，6天(7月8—13日)观测中断，资料缺失。1986年11月PC-1500微机投入使用，代替人工编报。1994年7月1日改用EN型风数据处理仪。1997年开始采用微机编制地面测报报表。2005年1月1日，ZQZ-CⅡ型自动气象站正式投入业务运行。气压、气温、湿度、风向风速、降水、地温等观测项目采用仪器自动采集并作为正式记录，人工观测记录对比观测持续2年。

信息网络 1957年采用电话报送地面测报电文。1987年3月配备甚高频发报。1997年组建总线式局域网，2002年改建为星型局域网，并采用拨号网络发送电文。2003年开通ADSL，开始采用宽带网络VPN线路发送电文。2006年8月安装2兆-SDH光纤传送报文、地面测报数据。

气象预报 1959—1973年，主要预报方法是："大、中、小"结合，以"小"为主，"图、资、群"结合，以"群"为主，"土、洋"结合，以"土"为主。1980年前，利用收音机收听武汉区域中心气象台气象信息制作天气图。1981年5月配备ZSQ-1(123)型天气传真接收机接收北京、欧洲气象中心以及东京的气象传真图，利用传真图表独立地分析判断天气变化。1994年5月添置第一台486微机，并实现与武汉中心气象台的无线通信，获取天气预报信息资料。进入21世纪后，在上级气象台的指导下作订正天气预报，提供气象预报服务，本站建立了VSAT卫星接收站和MICAPS系统，取消人工绘制天气图。

农业气象 1957年秋季开始小麦农业气象观测。1959年组建阳新农业气象试验站。1966年停止农业气象观测。1979年恢复农业气象观测。1979年12月，湖北省气象局确定阳新为农业气象基本观测点，农业气象工作走入正轨，先后承担双季早晚稻、小麦、油菜、苎麻、棉花、土壤湿度和物候观测任务。1982年经阳新县政府批准，阳新县气象局下设农业气象试验站，开展农业气象试验工作，试验项目主要有：酿热温室育秧、杂交稻制种、冷浸田改造、地膜苎麻三改四、王英库区小气候考察、杂交水稻气候适应性研究等。1983年完成阳新县农业气候区划工作，同时编有《阳新新农业气候区划报告》和《阳新县农业气候资料及图集》。1989年阳新农业气象试验站升级为国家一级站。

2. 气象服务

公众气象服务 提供的产品有24、48、72小时短期预报服务。1958年在太子、白沙、枫林、陶港4个区建立气象哨，4个区内村村建有气象小组，20世纪50—60年代天气预报传输主要通过电话、气象哨和气象小组分发，并在有线广播中广播。20世纪70年代阳新县建立广播站，天气预报每天在广播站播出，并派技术人员进村驻点服务。1998年12月投入2.5万元建成电视天气预报制作系统，天气预报从此以画面形式在阳新电视台本地新闻节目后播出。

决策气象服务 有旬报、春播预报、汛期预报、节假日专题预报、春运专题预报、秋播预报、农业气象预报、重大活动保障预报等，主要通过电话和邮寄方式发送。1987年购置气象预警系统，向各区政府发送天气预报和警报。1994年7月11日阳新县出现千年不遇的特大暴雨，日雨量达538.7毫米，阳新县气象局工作人员对此过程及时、主动、准确进行服务。1994年阳新县人民政府出具书面证明："仅7月11日晚，全县发生特大暴雨，他们及早预报，县委县政府采取果断措施带领全县人民抗洪救灾，减少和避免直接经济损失5.3亿元，全县163座大中型水库因及早采取溢洪、加固险段等防范措施，无一决堤溃口，据对险库下游群众、低洼湖区居民和险房村民撤离等情况分析，减少人员伤亡1万多名"。1999年，建立"企信通"短信发布平台，向本地各级领导发布天气预警信息。2005年10月在阳新县境内建立12个单要素自动气象站。2007—2008年建立4个四要素自动气象站。2007年气象局作为成员单位加入阳新县政府组建的邮件加密系统，同年3月创办《阳新气象》，各类气象信息主要通过此渠道传送到本县政府80多个部门单位。

人工增雨服务 1960年，进行土火箭降雨、人工造雾、闪电造肥等。1980年6月5日，阳新县成立人工降雨领导小组，下设办公室挂靠气象局办公，并同时启用"阳新县革命委员会人工降雨领导小组办公室"印章。1981年配备"三七"高炮1门，并备有2名炮兵复员军人作为临时炮手，利用碘化银炮弹作业。1988年阳新县人工降雨办公室作为事业单位定编3人、安排事业经费3万元。20世纪90年代中期，阳新县人工降雨办公室注册为独立法人事业单位。2004年阳新县政府出资购车载火箭1套，利用火箭弹进行人工增雨作业。

防雷服务 1999年成立阳新县防雷中心，承担社会上一般的防雷装置检测工作，并承接防雷工程业务。2005年阳新县防雷中心注册为独立的法人事业单位，定编6人，负责全县的防雷工程施工跟踪检测、防雷工程竣工验收检测，雷电灾害分析与鉴定等防雷业务工作。同年6月，2人取得省级防雷工程资格证书。2006年为防雷服务配专车1辆。

科技服务 1985年3月，开始气象有偿服务。1993年自筹资金成立阳新县蓝天信息公司。1998年开展"121"天气预报服务。2006年3月1日，"121"实现与黄石市气象局的集约经营，号码升级为"12121"。截至2008年主要服务项目有气象资料、防雷检测、防雷工程、气球庆典、气象短信、"12121"自动答询电话、电视天气预报画面广告等。

科普宣传 2002年采用答记者问、重点摘录等方式在《阳新报》刊出了宣传《中华人民共和国气象法》的专版。在阳新电视台发表宣传贯彻《中华人民共和国气象法》的专题讲话。利用宣传车深入基层，宣讲《中华人民共和国气象法》，2005年来向社会发送《湖北省雷电灾害防御条例》、《防雷知识问答》等宣传材料 2 万余份。

法规建设与管理

1. 气象法规建设

2002 年 4 月 12 日阳新县政府主持召开阳新县防雷减灾工作会议，阳新县政府办公室下发《关于加强我县防雷工作的通知》。2001 年开始，分别与阳新县公安局、安全委等单位联合下发贯彻落实《中华人民共和国气象法》的有关文件。2007 年，防雷安全纳入阳新县安全生产工作责任目标考核。

20 世纪 90 年代后期开始实行目标管理，建立有关行政、业务、财务、党务、安全管理制度 18 项。

2. 社会管理

2002 年成立阳新县气象局执法队，履行社会管理职责。2003 年 2 月，阳新县人民政府发文，将防雷工程设计、施工、竣工验收等内容纳入气象行政管理范围。同年 10 月，阳新县人民政府法制办批复确认阳新县气象局具有独立的行政执法主体资格，并为 4 名干部办理了行政执法证。2004 年，阳新县气象局被列为阳新县安全生产委员会成员单位，负责全县防雷安全的管理。2003 年、2006 年阳新县人大两次组织专项气象执法检查。

党建与气象文化建设

1. 党建工作

1974 年 3 月成立中共阳新县气象科党支部，有党员 3 人。1982 年更名为中共阳新县气象局党支部。截至 2008 年有党员 15 人。

2. 气象文化建设

20 世纪 90 年代开展争创文明单位活动，1992 年、1998 年、1999 年、2000 年、2005 年、2006 年被阳新县委、县政府授予文明单位称号，2003、2004 年被黄石市委、市政府授予文明单位称号。

2004—2006 年开展保持党员先进性教育活动。2007 年开展“三个代表”学习教育活动。2000 年以后文明阵地建设得到加强，对办公和生活环境进行了绿化和路面硬化，建起了职工活动室、图书室。

3. 荣誉

1975 年被国家气象局授予先进台站。1995 年被国家气象局授予防汛抗洪先进单位。

1978 年谭声扬出席全国气象部门“双学”代表大会，与华国锋、邓小平等国家主要领导人合影留念。

台站建设

气象站成立初期，有2间瓦房，面积20平方米，1间用于观测值班，1间用于住宿。1958年、1959年建设办公、住宿用房140平方米。1963年通电。1967年打井1口，创办食堂。1984年通自来水。1997—2005年，上级主管部门、地方政府共投入60余万元对基础设施进行综合改造，先后建设水泥路、院内花坛、下水道、部分围墙等。2006年投资8万元，建设防雷中心办公室和职工食堂。2008年投资19万元，对办公楼进行综合改造。

阳新县气象局办公楼

阳新县气象局观测场鸟瞰

襄樊市气象台站概况

襄樊市位于湖北省西北部，河南省西南部，全国魅力城市，诸葛亮故里。现辖3县3市3区，设有国家级高新技术产业开发区和省级鱼梁洲经济开发区。总面积1.977万平方千米，户籍总人口584万人。

襄樊属北亚热带季风气候，四季分明，易发生干旱、大风、局地暴雨、冰雹等气象灾害，历来有“旱包子”之称。

气象工作基本情况

历史沿革　解放前，襄樊地区只有两个气象站。一个于1929年建于襄阳城郊，属于水文部门，主要为长江、汉江的防汛服务。另一个在老河口，建于抗日战争中期，主要为飞虎队在老河口的机场提供飞行气象保障。

1959年全市气象台全部建成。1950年4月，湖北省光化县老河口气象站正式成立，为全省最早的三站之一；南漳县气象局建于1959年4月，是全市8个台站中建站最晚的。

20世纪50年代末，原襄阳地区（包括现在的十堰和随州）范围内除各县气象站外，还有丹江流动气象台（湖北省气象局直属）、属劳改系统的襄北农场气象站；随县洪山气象站，由随县气象站（局）代管。随着行政区域的变更，1965年和1994年相继从原襄阳地区中分别成立了郧阳地区气象局和随州市气象局。

人员状况　1978年全市气象部门153人（包括随县、洪山，不含老河口）；2006年定编121人。2008年底在编职工117人，聘用地方编制14人，编外用工40人。在职人员中，大学学历49人，大专学历31人；高级专业技术人员8人，中级专业技术人员46人；50～59岁38人，40～49岁41人，40岁以下38人。

党建与文明创建　全市气象部门有襄樊市气象局直属机关党委1个，党支部11个，党员111人，其中在职职工党员72人。

全市气象部门共建成市级文明单位4个，省级文明单位2个。1999年起，襄樊市气象局连续五届被命名为“省级文明单位”；2001年起连续四届被命名为“市级文明系统”。

管理体制　1969年1月至1971年6月，以地方领导为主；1971年成立湖北省襄阳地区革命委员会气象台，以军事部门管理为主。根据国务院国发〔1980〕130号文件，气象部门管理体制改革，地区气象局于1980年、县气象局(站、科)于1982年先后改为部门和地方双重领导，以部门为主的双重领导体制。

主要业务范围

地面观测 襄樊地面气象观测始于1929年襄阳城郊气象站。

全市现有地面气象观测站8个，其中有襄樊、枣阳、老河口3个国家基本气象站，宜城、南漳、保康、谷城4个一般气象站，1个省级农业气象试验站(襄阳区)。区域自动观测站108个，其中单要素(雨量)站51个，两要素站(雨量、气温)37个，四要素站(雨量、气温、风向、风速)20个。

1989年起，襄樊市气象局地面观测增加了酸雨观测项目。2006年，增加闪电定位仪。2007年增加GPS观测。枣阳市气象局承担为军事、民航部门拍发航空报和危险报任务。

1999年老河口、枣阳2个县(市)气象局地面气象自动遥测站投入业务运行，其余的于2004年底前建成，实现了地面基本气象数据的自动采集和处理。

2003年12月14日宜城市气象局正式通过由湖北省气象局组织的专家组的现场验收，建成新一代气象综合业务系统，成为全省15个县市级试点单位中第一个通过验收的试点单位。

气象预报预测 全市预报服务开始于20世纪40年代抗战中期，国民党第五战区老河口机场制作航线预报，提供飞行气象保障。

1968年前的预报依据是天气图、历史资料、群众经验。后群众经验具体解释为老农的看天经验。1972年后，天气图逐渐成为短期预报的主要依据。1963年、1964年，湖北省气象局分别组织有各地区气象台参加的区域环流分型工作，开展春季连阴雨预报总结。20世纪80年代起，数值预报产品投入基层台站业务运用，预报工作进入了新阶段。

自1959年起，制作逐旬天气预报，每旬末发布下一旬的预报。每月末发布下月天气预报，年底发布次年天气预报。还制作重要时段，如春播、夏收、汛期、秋播及冬季冷空气活动预报。

1958年，收报为一台直流机。1960年配发一台18灯交流收报机。直到20世纪70年代中期，为手工抄报与填图，此后收报配备了单边带，结束了手工抄报。20世纪80年代，县气象局装备传真机接收天气形势图，填图机问世，人工填图宣告结束。至20世纪90年代，电脑网络形成，预报员不用分析天气图即可获取大量的资料图表，气象工作进入了新时代。

气象服务 襄樊是农业大市，新兴的汽车工业城市，地处汉江中游，汉江穿城而过。气象灾害以干旱为主，常有秋汛。气象部门通过电视、电台、“12121”电话、手机短信、电子显示屏等方式开展公众气象服务；针对不同用户需要，开展专业专项服务及防雷技术服务。

农业气象 全市有农气观测站3个，襄阳为一级农气观测站、宜城、谷城为二级农气观测站。1975年，开展第二次农业气候资源普查并完成多县市农业气候手册的编写；1981年完成县级农业气候工作。

人工影响天气 襄樊是有名的“旱包子”。20世纪70年代，枣阳市气象局开始利用土火箭进行人工增雨试验。1986年7月，成立襄樊市人工降雨办公室；2002年7月，更名为襄樊市人工影响天气办公室，负责全市人工影响天气的指挥和协调。目前，全市有“三七”高炮33门、火箭9部，63个增雨工作站、17个防雹工作站，培养了一批指挥和作业技术骨干，作业指挥系统建设已初具规模。保康、南漳与烟草部门签订防雹合作协议，人工防雹已成为山区农民致富的保护神。

襄樊市气象局

机构历史沿革

历史沿革 1958年筹建湖北省襄阳专署气象台。1960成立湖北省襄阳公署气象局。1968年1月成立湖北省襄阳专员公署气象局革命领导小组。1969年1月，改名为湖北省襄阳地区革命委员会农林水小组气象台。1971年实行军管，成立湖北省襄阳地区革命委员会气象台，归口农业办公室。1973年，恢复湖北省襄阳地区革命委员会气象局，归口农业办公室。1979年1月，撤销湖北省襄阳地区革命委员会气象局，改称湖北省襄阳地区行政公署气象局，局内设气象台、气象科、行秘科、人降办。1980年，襄阳地区行政公署气象局实行以条条管理为主和条块结合的双重领导体制，局内设气象台、人事科、办公室、气象科（原行秘科分为办公室和人事科、人降办合并于气象科）。1983年8月，撤销湖北省襄阳地区，实行市管县；同时成立湖北省襄樊市人民政府气象局，地方归口农业委员会。1984年1月，湖北省气象局将襄樊市气象局改名为湖北省襄樊市气象台，仍属县级单位；同年6月，湖北省气象局下文恢复湖北省襄樊市气象局名称。

1959年以前，襄阳地区气象观测是由水文部门所属气象站进行的。1959年开始气象与水文两部门达成协议，仍沿用设在襄城长门内的气象站的观测场地，气象部门派2～3名观测员共同值气象观测班，资料共享，由气象部门负责资料的审核与保管。1962年气象观测场搬迁至襄城西门外农校侧，气象观测任务由气象部门单独承担。襄樊市气象局先在襄城北街由政府没收的杨吉六家宅内开展业务，后来依次迁至米花街、民警支队院内、专署西院、财校、农校等地。直至1968年才迁至襄城东门外现址。十年中搬了七次家。

2002年机构改革，襄樊市气象局内设办公室、业务管理科、人事教育科3个职能科室和市气象台、市专业气象台、市气象科技服务中心、后勤服务中心4个直属事业单位；地方编制机构2个（市防雷中心、市人工影响天气办公室）。2006年业务技术体制改革，事业单位由4个变为5个（撤销市气象科技服务中心、增加湖北省气象技术保障襄樊分中心和财务核算中心）。

襄樊自建站以来一直为一般气象观测站，2006年7月改为国家基本气象站。位于北纬32°02′，东经112°10′，海拔高度68.6米。

名称及主要负责人变更情况

名称	时间	主要负责人
襄阳专署气象台	1958.08—1959.02	郭俊杰
	1959.02—1960.初	王怀庆
襄阳专署气象局	1960.初—1960.秋	郭俊杰
	1960.秋—1962.01	吴相华
襄阳专署气象台	1962.01—1963	赵西获
	1963—1965.09	贾锡庆

续表

名称	时间	主要负责人
襄阳专署气象局	1965.09—1967.12	田自中
襄阳地区专署气象局革委领导小组	1968.01—1968.12	田自中
襄阳地区革委会农林水小组气象台	1969.01—1970.05	卜学焕
	1970.06—1971.04	李玉铮
	1971.04—1972.02	李泰山
襄阳地区革委会气象台	1972.02—1973.05	肖家文
	1972.02—1973.05	尚永才
襄阳地区革委会气象局	1973.05—1978.12	田自中
襄阳地区行政公署气象局	1979.01—1981.10	
	1981.11—1983.08	何廷文
襄樊市气象局	1983.08—1984.01	
襄樊市气象台	1984.01—1984.06	阮水根
襄樊市气象局	1984.06—1986.02	
	1986.04—1986.12	卜学焕
	1986.12—2000.03	陈杰洲
	2000.03—2005.12	李光斌
	2005.11—2006.01	齐反修
	2006.01—2006.04	邹士荣
	2006.04—	陈石定

人员状况　1958年建站时只有5人，1960年有28人，1978年有48人，2006年定编56人，2008年底在编职工53人，人影地方编制6个。

现有职工中，大学学历33人，大专学历11人；高级专业技术人员8人，中级专业技术人员21人；50～59岁15人，40～49岁17人，40岁以下21人。

气象业务与服务

1. 气象观测

地面观测　1959年1月至1960年12月，每天进行02、08、14、20时4个时次地面观测；1961年改由每天08、14、20时3个时次地面观测。

发报　1960年以后每天编发08、14、20时3个时次的定时天气报告。1962年起每天向有关民航气象台拍发航空及危险天气报告电码。1983年11月开始向湖北省气象局发重要天气报。

气象观测现代化　建站之初，地面观测记录和编报为人工操作。1980年开始先后使用风、雨量、气压、温度自记设备。1986年起应用PC-1500计算机编报及资料订正。1996年4月1日，微机编报和制作报表。2006年1月1日起，使用ZQZ-CⅡ型自动气象站，除云、能见度、日照、蒸发和天气现象外，其他项目均由仪器自动采集记录。2006年下半年安装使用闪电定位仪。

2006年起市气象局在襄樊市气象区建设区域自动气象观测站8个，其中单要素站2个，两要素站2个，四要素站4个。

1991年5月1日，711雷达正式投入业务运行。2006年建成鄂西北局地警戒天气雷达系统,装备714S全数字化测雨雷达,主要用于强对流天气预警预报和人工影响天气作业指挥。

酸雨观测 1989年下半年开始进行酸雨观测。

2. 气象预报预测

短期短时预报 1959年1月1日起,利用天气图制作2～3天的天气预报。1968年前的预报依据是天气图、历史资料、群众经验,1972年以后主要是利用天气图制作预报。

中长期预报 自1959年起,制作逐旬天气预报。每旬末发布下一旬预报,每月末发布下一月预报;还制作重要时段如春播、夏收、汛期、秋播及冬季冷空气活动预报。1990年起逐渐转为7天逐日预报。长期预报主要是春播期、汛期、秋播期趋势预报预测。

1982年以来每年参加"鄂豫川陕气象协作区"会议,交流中长期天气预报方法。

3. 气象信息网络

1982年3月开始县市局配备传真机,预报人员开始利用传真机接收的气象资料制作预报。1986年使用第一台台式计算机——苹果机。1987年试行传真图代替手抄天气图,1988年全市取消手抄图,同年10月除保康外,全市7个台站的VHF正式投入业务运行。1991年11月实现天气图自动填图和打印,取消电传打字机收报和填图业务。1993年成功开发VHF双工无线电话数据传输软件,实现了利用无线电话网络进行数、话两用传输。1997年5月9210系统建成使用,同年建成VSAT小站,12月启用MICAPS系统软件。1998年10月正式取消人工天气图,实现了预报自动化、无纸化作业。2004年实现省地可视会商。

4. 气象服务

决策服务 1982年以前,气象业务产品主要通过两个途径开展对外服务:一是广播电台每天3次播报;二是重大灾害性天气、关键农事季节天气预报以口头和书面形式向党政领导汇报。多次在防灾抗灾的关键时刻,如1998年长江特大洪灾、2003年汉江中游大洪水、2008年低温冰雪灾害和2008年"7·22"特大暴雨灾害气象服务中,为襄樊市委市政府抗灾减灾决策提供重要科学依据,为抗灾减灾赢得宝贵时间。

襄樊市气象局送防灾减灾知识到农村(2008年)

公众及专业专项气象服务 1982 年，全市气象部门开始独立对社会公众开展气象服务，主要手段是通过电话、邮件等方式。1986 年 5 月建成气象预报警报服务系统，襄樊市气象广播电台正式开播。1995 年通过开发的计算机远程终端服务系统，向用户发送长、中、短期天气预报和地面实测资料、卫星云图、雷达资料等。

1997 年 8 月开通固定电话“121”自动答询气象服务；2000 年相继开通了移动、联通、铁通“121”自动答询气象服务。1998 年实现了非线性电视天气预报节目制作。2005 年，“121”电话升位为“12121”。2004 年建成小灵通气象预警服务短信直发平台，2006 年为全市各级领导提供气象预警短信服务。1986 年襄樊市气象局开始对外开展防雷技术服务，主要是为用户安装避雷针；1997 年 2 月成立“襄樊市防雷中心”。目前开展的项目有防雷装置设计审核、施工跟踪检测、工程峻工验收、防雷装置定期检测和雷击灾害风险评估等项目。

5. 气象科研

1986 年湖北省气象局确立重点研究项目“省地县三级 MOS 预报配套试验”，由武汉中心气象台、襄樊市气象局和老河口市气象局联合实施，吴华洲、张其荣同志参与其中并于 1989 年度获湖北省气象局“气象科学进步二等奖”。周羽同志参加的“襄樊市综合农业区划”项目，获 1990 年湖北省区划成果一等奖，1991 年获全国区划委和农业部优秀科技成果三等奖。1992 年吴华州主持开展的“组建湖北省（地区级）暴雨预报专家系统（鄂西北片）知识库”，获 1993 年度湖北省气象局“气象科学进步二等奖”。

6. 农业气象

2006 年成立鄂西北生态与农业气象中心，与襄樊市气象台合署办公。此前，襄樊市气象局主要负责全市农业气象业务管理和鄂西北片（十堰、襄樊、随州市共 7 个农气基本观测站）农气观测报表预审牵头组织工作。20 世纪 80 年代初组织全市完成了县市级农业气候区划，20 世纪 80 年代中期配合襄樊市综合农业区划开展了市级农业气候区划工作，20 世纪 90 年代初成立了市气象局农气科，承担全市农气业务管理和农业气象业务服务任务。农业气象业务服务工作主要包括：发布小麦、油菜、中稻和粮食总产等产量预报，编发旬（月）农业气象简报，开展不定期的农业气象灾害调查和年、季、月度气候影响评价等。

科学管理和气象文化建设

法规建设和管理 2000 年与襄樊市公安局联合对全市计算机信息系统的防雷安全进行检查，督促完成整改单位 20 余家。2001 年，襄樊市气象局成立了法规科，配备兼职执法人员。同年，襄樊市政府下发了《关于成立防雷减灾工作领导小组的通知》（襄政发〔2001〕44 号）、《关于加强全市公众天气预报刊播管理的通知》、《关于加强充灌、施放升空气球（飞艇）安全管理工作的通知》、《关于进一步加强防雷减灾工作的通知》等 4 个文件。2003 年底，10 项审批项目全部纳入市行政服务中心。2004 年 3 月，襄樊市委、市政府办公室对市气象局组织管理雷电灾害防御工作的职责予以明确。2005 年襄樊市气象局与市城市规划局联合下发了《关于保护气象探测环境的通知》(气发〔2005〕23 号),12 月襄樊市政府印发了《襄樊市防雷减灾管理办法》(襄樊政发〔2005〕37 号)。2006 年 6 月,襄樊市气象局成立了襄樊市气象行政执法大队,配备了专职执法人员及执法车、录音笔、数码像机等执法设备。2008 年 5 月,襄樊市三五房地产开发有限公司不服市气象局对其防雷违法行为所做出的行政处罚,向襄樊市襄城区人民法院提起行政诉讼,此案经两级人民法院审理,市气象局胜诉。

党建 1959 年襄阳专署气象局成立时仅有 2 名中共党员。1972 年以前本单位未成立党组织,党员参加襄阳专署农业局党支部活动。1972 年 2 月成立襄阳地区革委会气象台党支部,支部书记尚永才。1981 年 11 月成立中共襄阳地区行政公署气象局党组,党组书记先后由何廷文、阮水根、陈杰洲、李光斌、齐反修、陈石定担任。2002 年 9 月,成立襄樊市气象局直属机关党委及局机关、业务、科技服务、老干 4 个党支部。2008 年 12 月全局有党员 47 人,其中在职职工党员 30 人。2006 年被襄樊市直工委授予"党建工作先进单位"。

气象文化建设 1993 年建成县级文明单位,2000 年建成省级文明单位,2001 年建成市级文明系统。2003 年"湖北气象文化研究会襄樊分会"成立。

始终围绕"决策服务让领导满意、公众服务让社会满意、专业服务让用户满意、专项服务让部门满意、指导服务让基层满意"文明创建工作,注重开展文体活动,丰富职工文化生活。参加襄樊市直及部门演讲比赛、文艺汇演,举办全市气象部门职工运动会,获得多项荣誉。不断加强文化阵地建设,建有职工室外运动场、健身场、室内职工活动中心、健身房、气象文化长廊、图书阅览室、老干活动室、棋牌室等。

荣誉 2001 年被襄樊市委、市政府评为"五好机关"和"治理'三乱'优化社会环境优胜单位";2005 年襄樊被市委、市政府授予"群众满意的市直机关"称号;2000 年以来连续五届分别被湖北省委、省政府和襄樊市委市政府评为"省级文明单位"和"市级文明系统";2005 年以来,连续 4 年被襄樊市委、市政府授予"平安单位"称号;2007 年中国气象局授予"全国气象科技服务先进集体"称号;2008 年 12 月被中国气象局命名为全国首批"全国气象部门廉政文化示范点"、"全国气象科普教育基地";2008 年被襄樊市政府评为"春运气象服务先进集体"和"抗洪抢险先进单位"。

20 世纪 50 年代,保康县气象局徐美柱、枣阳市气象局骆正义被评为省部级劳模(2 人均为进气象部门之前获得荣誉)。

台站建设

1958 年建站时有 4 间房屋,1959 年工作、生活用房共 10 间。台站环境改善经历了 4 个阶段:1967 年,建起一栋 600 多平方米的二层办公、生活楼;1979 年,在公路南侧建成 1100 多平方米办公、生活楼;1991 年建成 900 平方米的 5 层业务办公楼,办公和生活区实行分离;2008 年 10 月,新办公大楼经过 5 年的建设竣工落成,建筑面积达到 5865 平方米,建成一体化业务服务系统、影视制作系统和多功能会议厅,办公条件得到大大改善。

1967—1979 年襄樊市气象局办公、生活楼

2008 年 10 月，襄樊市气象局业务科技楼正式投入使用

襄阳区气象局

机构历史沿革

历史沿革 襄阳区气象局前身系襄樊市气象局古驿气象站，始建于 1954 年，地处鄂北岗地中心部位，位于原襄阳县吕堰驿区宋家堰村，成立时站名为襄阳吕堰驿气候站（下称“古驿站”），位于北纬 32°18′，东经 112°15′，同年 9 月 1 日正式开始气候观测，1956 年 4 月开始农业气象观测。1956 年 6 月 1 日，站址南迁 150 米；1982 年 12 月，站址迁回北纬 32°18′，东经 112°15′，观测场海拔高度 107.3 米。1994 年 8 月 16 日，湖北省气象局以鄂气人发〔1994〕48 号批复，同意成立襄阳县气象局，新址位于北纬 32°05′，东经 112°11′，观测场海拔高度 67.6 米，距原古驿站址正南方 25 千米；新站于 1996 年 1 月 1 日正式开始地面气象观测记录，同年 5 月开始农业气象观测，至此原古驿站整体搬迁至襄阳县城关镇红星路 10 号；2001 年 11 月，襄阳撤县设区，更名为襄阳区气象局。

体制与机构变动情况

台站名称	建制单位	业务领导单位	变动年月	备注
襄阳吕堰驿气候站	湖北省农林厅	湖北省气象科	1954年8月建站	
襄阳吕堰驿气候站	湖北省气象局	湖北省气象局	1955年1月	湖北省农业厅、湖北省气象局联合发文
襄阳专署农业气象试验站	湖北省气象局	襄阳专署气象局	1958年	湖北省气象局转发湖北省人委文件
襄阳专署农业气象试验站	襄阳县革命委员会	襄阳专署气象局	1969年1月	襄阳地区革命委员会通知襄革字(69)010号文
襄阳吕堰驿气象站	襄阳地区气象台	襄阳地区气象台	1972年5月	襄阳地区气象台办理印模
襄阳县气象站	襄阳县农业局	襄阳地区气象台	1976年8月	襄阳县农业局口示(发印模)
襄阳吕堰驿气象站	襄阳地区气象局	襄阳地区气象局	1977年9月	襄阳地区气象局通知(口示)发印模
襄樊市气象局古驿气象站	襄樊市气象局	襄樊市气象局	1985年1月	襄樊市气象局(84)062号文
襄阳县气象局	襄樊市气象局	襄樊市气象局	1994年9月	鄂气人字(94)48号文 襄气字(94)040号文
襄阳区气象局	襄樊市气象局	襄樊市气象局	2001年11月	

人员状况 1954年至1955年建站初期为3人，负责人李学德(故)。1954—2008年，进出人员共计62人，1968年10月至1971年5月仅有1人(齐保谦)。

现有在职职工13人，其中气象在编6人，地方人影在编6人，聘用1人；本科学历9人，大专学历3人；中级专业技术人员2人，初级专业技术人员10人；30岁以下5人，30～35岁2人，35～45岁4人，45岁以上2人。

名称及主要负责人变更情况

台站名称	负责人姓名	任职年月
襄阳吕堰驿气候站	李学德	1954.08—1957.07
襄阳吕堰驿气候站	卜学焕	1957.08—1959.04
襄阳专署农业气象试验站	肖家文	1959.05—1969.01
襄阳吕堰驿气象站	齐保谦	1969.02—1976.07
襄阳县气象站	龚余仁	1976.08—1977.09
襄阳吕堰驿气象站	齐保谦	1977.10—1987.12
襄樊市气象局古驿气象站	曹亨现	1988.01—1989.01
襄樊市气象局古驿气象站	徐学普	1989.02—1991.02
襄樊市气象局古驿气象站	周羽	1991.03—1996.06
襄阳县气象局	陈天章	1994.09—1996.09
襄阳县气象局	李明宪	1996.09—2001.11
襄阳区气象局	李明宪	2001.11—

气象业务与服务

襄阳区气象站主要承担:按照《农业气象观测规范》规定,进行物候观测和农业气象作物生育观测、发报及试验研究;气象预报预测、农业气象预报等;1954—2007 年,按照《地面气象观测规范》要求进行气象观测业务。

1. 气象业务

气象观测 原古驿气象站于 1954 年 9 月 1 日开始,每天进行 01、07、13、19 时四次气象观测。1961 年 8 月 1 日,改为按北京时间 08、14、20 时三次气象观测。气象观测要素有:云、能见度、天气现象、气压、气温、风向风速、降水、积雪、日照、蒸发和地温等。1956 年 2 月 20 日开始,每日 08 时、14 时向省、市气象局(台)拍发小图报、雨量报和气候旬(月)报。每月观测报表气表-1 编制 3 份,每年气象年报表-21 编制 3 份,向省、市气象局各报送 1 份,入档 1 份。

经湖北省气象局气业函〔2007〕110 号批复,2008 年 1 月 1 日 0 时起,取消地面人工观测项目。

气象预报预测 原古驿站 1958 年开始制作补充天气预报,主要方法是收听加看天,根据中央气象台、省气象台的天气形势和天气预报,结合本地天气的演变、天物象的变化和农民看天经验,作出未来 72 小时的天气预报,服务于当地农业生产。1997 年后开始利用卫星云图、天气雷达等探测资料和计算机平台调取省、市指导预报的意见,结合本地小气候特点,制作中、短期订正天气预报,通过电视、网络、“12121”电话、短信平台等多种形式,为地方各级政府和人民群众发布气象预测预报。

农业气象观测

(1)农作物生育观测:建站至今,开展了棉花、小麦、芝麻、蚕豆、油菜生育期观测,其中前两项的观测延续至今。

(2)自然物候期观测:1959 年 3 月开始,进行了自然物候期观测。观测种类有:①木本类植物:枣树、桑树、加拿大杨、槐树、榆树等。②草木类植物:蒲公英、莲、芦苇、野菊花。③动物类:家燕、蜜蜂、蚱蝉、蟋蟀、蛙。2003 年停止了动物类观测。

(3)土壤湿度观测:①1956 年 10 月 8 日开始了固定地段 5、10、20、30、40、50、60、70、80、90、100 厘米不同深度的土壤湿度测定。②1981 年开展了非固定地段 0～10 厘米、10～20 厘米、20～30 厘米、30～40 厘米、40～50 厘米深度的土壤湿度观测。③1996 年增加了固定和非固定地段不同土壤深度的重量含水率(%)、土壤相对湿度(%)、土壤水分总贮存量(毫米)、土壤容重(克/厘米)、田间持水量(%)、凋萎湿度(%)和土壤水分有效贮存量(毫米)的观测。

(4)农业小气候观测:1958 年开始农田小气候观测,主要对棉花、小麦株或行间内不同高度和作物活动面进行温度、湿度、风速和光照强度的观测。1985—1987 年进行了棉花地膜覆盖小气候观测。

(5)农气报表和发报:1996 年至今,农业气象报表有农气表-1、农气表-2、农气表-3,每份报表一式 4 份,其中 3 份寄国家气象局、省市气象局资料室。农气电报只拍发气象旬

(月)报农气段,内容有发育期、发育期进入日期、发育期距平、播种至本旬末的积温和10、20、50、70、100厘米深度的土壤湿度,田间持水量、土湿占持水量%。

农业气象试验研究 1957—1965年先后开展了《棉花、小麦生育期温度指标鉴定》、《气象条件对小麦扬花灌浆阶段的影响》、《棉花蕾铃脱落与气象条件的关系》和《红薯安全储存的窖内环境条件》的试验研究。

1980—2001年,为了配合鄂北岗地的农业开发和适应襄樊市农业调整发展的需要,从1980年至1982年开展“小麦有效分蘖温度指标鉴定”研究;1983年至1987年进开展“鄂北岗地地膜覆盖棉花分期播种”研究、“低温阴雨与地膜棉花早播全苗关系”研究以及“地膜覆盖棉花生产中小气候研究”;1988年进行“地面温度日较差,对地膜西瓜产量品质影响”研究;1994年至1995年进行“耐旱棉和墨西哥抗旱玉米的引种试验”研究;2001年开展“棉花蕾铃期连阴雨危害及其管理”研究。

农业气象预报 1958年,通过大田作物的观测、调查和农业气象试验资料,结合气象观测资料进行综合分析,开展了农业气象预报情报服务。1980年,开始恢复农业气象工作。1982年开展了农业气象预报服务工作。2006年开始通过政府网络每旬制作发布农用天气预报和每月农业气候简报,指导农业生产。

在开展农业气象预报的同时,20世纪50年代、20世纪70年代先后进行了全县的第一、二次农业气候普查,在第二次普查后撰编了湖北省襄阳县《农业气候手册》。20世纪80年代制定了《农业气候区划》。

2. 气象服务

公众气象服务 从20世纪60年代中期至90年代末期,根据古驿站气象资料,绘制出对本地天气演变有指标性图表达10种之多,应用效果较好和使用时间较长的有“九线图”、“简易天气图”和“年(月)温度、雨量、雨日变化图”及“入册的天气谚语”,对襄阳县、各乡镇和有关单位进行气象服务。

1997年,襄阳县气象局建成多媒体电视天气预报制作系统,将自制节目录像带送电视台播放。2000年,电视天气预报节目制作系统升级为非线性编辑系统。1997年6月28日,襄阳县气象局同电信局合作正式开通“121”天气预报自动答询电话。2003年,襄樊市气象局对“121”答询电话实行集约经营。2004年11月,“121”电话升位为“12121”。2003年8月,襄阳区气象局利用原“121”闲置的平台和中继线资源,研制开发了“168”农事科技服务热线,2005年被襄樊市农业局集约。2008年建成气象预警服务短信直发平台,为全区、各镇、村、水库、防汛责任人直接提供气象预警短信服务。

决策气象服务 20世纪90年代以前主要是通过电话、文字材料或向领导机关口头汇报雨情、旱情。2006年至2008年,襄阳区气象局在各乡镇建成5个区域自动气象站,其中四要素站4个,两要素站3个、雨量站8个。区域自动站建成后,各级领导通过网络可直接实时查询全区雨情、水情和旱情。

2006年6月21日晚23时,襄阳区气象局通过区域自动站发现峪山镇突降暴雨,2个多小时降雨量达232.7毫米,区气象局及时向区委、区政府及镇政府通报,并建议立即组织防洪抢险,由于抢险自救及时,未造成人员伤亡。2007年7月12—13日,襄阳区防汛部门依据区气象局预测预报，先后对3段堤坝进行了加固，16座水库提前开闸泄洪，过程总量达293.5毫米的特大暴雨却未造成大的灾害损失。2008年7月21日，襄阳区气象局预测未来48小时将出现强降水过程，襄阳区委、区政府根据区气象局提供的重要气象专报，紧急召开三次防汛会议，对全区防汛工作进行安排部署，最大降雨量在城关镇，累计降雨量达310.1毫米，是襄阳区有气象记录以来的最强的一次降雨过程。此次特大暴雨未造成人员伤亡。

专业专项服务 原古驿站从1986年开始在探索中开展服务。1996年襄阳县气象局成立后，专业气象服务逐步展开，先后为农业、林业、水利、电力、烟草、民政等部门提供了专业服务。1997年4月28日，襄阳县编委以襄县编〔1997〕12号批复成立襄阳县防雷中心，负责全县避雷设施的论证、审核、安装、检测、建档等业务，依法并重点开展了对新、扩、改建工程的防雷安全检测工作。

人工影响天气服务 1975年，古驿站用土火箭开展人工增雨实验；1996年，襄阳县人民政府以襄政发〔1996〕89号文成立了“襄阳县人工影响天气工作办公室”，1997年5月购买了4门“三七”双管高炮，并于1997年8月12日16时18分首次在古驿、龙王两镇进行了人工增雨作业。2001年8月17日，襄阳县编委以襄县编〔2001〕16号批复，核定人影办事业编制6人，为全额拨款事业单位，隶属于县气象局管理，并于2003年将经费列入财政预算。2008年10月，购置火箭作业系统一套。1998年5月至2008年，累计投入资金达400多万元，开展人影抗旱作业120次(场)，发射人雨弹3800发。

科学管理与气象文化建设

法规建设与管理 重点加强雷电灾害防御工作的依法管理工作。襄阳县人民政府下发了《关于加强全县防雷安全管理工作的通知》(襄政办发〔1997〕9号)和《关于加强全县防雷减灾工作的通知》(襄政办发〔2000〕55号)等有关文件。襄阳区气象局、襄阳区建设管理局、襄阳区安全生产监督局联合下发了《关于加强建设项目防雷安全管理、防雷工程设计审核、跟踪检测、竣工验收工作的通知》(襄气发〔2006〕13号)。与襄阳区气象局、襄阳区教体局联合下发了《关于进一步加强全区教育系统防雷安全工作的通知》(襄气发〔2007〕7号)等专项文件。2006年10月，襄阳区气象局防雷设施审核、工程验收以及大气环境评价等依法行政工作进入区行政服务大厅，防雷行政许可和防雷技术服务逐步规范化。

政务公开 对气象行政审批办事程序、气象服务内容、服务承诺、气象行政执法依据、服务收费依据及标准等，采取了通过户外公示栏、电视广告等方式向社会公开。干部任免、职工晋职、财务收支、目标考核、基础设施建设等内容则采取职工大会或上公示栏张榜等方式向职工公开。财务每半年公示一次，年底对全年收支、职工福利发放、招待费、住房公积金等向职工作详细说明。

健全内部规章管理制度 2002年1月制定了《襄阳区气象局综合管理制度》，至2008年经3次修订，主要内容包括计划生育、党风廉政、考勤、安全生产、值班、财务、学习、局务公开等制度。

党建工作 原古驿站是新中国成立后襄樊市建立的第一个气象机构，1962年先后发展了刘尚铨、肖家文两名党员。1964年组建了党小组。1984年10月，成立了党支部，齐保廉任支部书记。1996 年成立中共襄阳县气象局党组，原县农委副主任姚维乐兼任党组书记。2002 年 9 月李明宪担任党组书记。现设机关党支部 1 个，党员 9 人，其中退休党员 3 人。

气象文化建设 襄阳区气象局创建文明单位活动始于 1999 年，同年被授予县级文明单位，2003 年升级为市级文明单位。文明创建工作始终坚持以人为本，坚持用职业道德规范各自的一言一行，每年组织乒乓球、篮球、棋牌、拔河等文体活动。统一规划制作了政务公开栏、宣传栏、学习园地，建有图书阅览室、老干活动室、乒乓球室、室外健身场等，活跃了职工文化生活。

荣誉 从 1956 年至 2008 年，襄阳区气象局共获集体荣誉 42 项。1981 年荣获湖北省气象局地面测报集体百班无错情奖励。从 2003 年起，连续 3 届获市级"文明单位"。2003 年 3 月，在襄阳区开展万人评议活动中，襄阳区气象局被评为"人民满意单位"第一名。

建站以来个人受表彰、奖励共 94 人(次)。

台站建设

原古驿站始建时借宿于襄樊市原种场土坯茅草房，1955 年 6 月建成砖木结构房屋 3 间，1962 年新建砖木结构宿舍 3 间，1965 年新建办公室观测值班室、资料室 3 间，1981 年建钢筋水泥结构楼房一幢 14 间。

1994 年从原古驿站搬迁至新址后，襄阳区气象局是"一穷二白"，无办公室、无住宿房、无水电，无任何工作生活基础设施。经过全局干部职工共同努力，于 1997 年建起了 1 栋五层 10 套 1155 平方米的住宅楼和杂货房；1999 年建起了 1 栋四层 32 间，870 平方米的业务楼；2000 年建起了一栋 16 间 540 平方米的综合楼，其中一层为炮库、仓库、活动室，二层为 4 套住房；同时，修建了 60 多米长的仿古围墙；安装了电动大门；硬化场院路面达 1200 多平方米，消灭了泥巴路；绿化面积达 800 平方米；装修了会议室、接待室；修建了活动室、图书室、档案室和政务公开栏、公示牌；2008 年新建了 300 平方米的健身场。

原古驿站站址(20 世纪 60 年代)

1996 年时的襄阳县气象局

襄阳区气象局院景(2008 年)

南漳县气象局

南漳县地处鄂中丘陵与鄂西北山地的过渡地带,东临宜城、荆门,南接远安,西连保康,北靠谷城、襄阳;南北长约 80 千米,东西宽约 60 千米,总面积 3837 平方千米。

机构历史沿革

始建情况 南漳县气象局始建于 1959 年 4 月,位于南漳县城北“和尚冲”小山上,东经 111°47′、北纬 31°47′,海拔高度 141.9 米。因工作和生活不便,1965 年 1 月迁入南漳县城关镇徐庶庙四组并于 1 月 1 日正式开始观测,经纬度为东经 111°50′ 、北纬 31°47′,海拔高度 106.8 米。

1959 年 4 月—1964 年 12 月南漳县气象局所在地点(和尚冲)

领导体制与机构演变情况 1958年下半年开始筹建南漳县气象站,1959年3月底建成,4月1日正式开始工作。1968年12月更名为南漳县革命委员会农业局气象站,隶属于南漳县革命委员会领导。1969年3月更名为南漳县革命委员会生产指挥组农林业务小组气象站。1970年6月更名为南漳县农林局气象站。1971年9月更名为南漳县气象站,实行军事部门和南漳县革命委员会双重领导。1974年11月更名为南漳县革命委员会气象科,实行科、站并存,隶属于南漳县革命委员会领导。1976年12月更名为南漳县革命委员会气象局,实行局、站合署办公。1981年1月更名为南漳县气象局,局、站合署办公,隶属南漳县人民政府领导。1984年6月更名为南漳县气象站,实行上级气象部门和县人民政府双重领导、以上级气象部门为主的管理体制。1986年1月恢复为南漳县气象局。2006年7月1日,南漳县气象局由国家一般气候站改为国家气象观测站二级站。

名称及主要负责人变更情况

名称	时间	负责人
南漳县气象站	1959.04—1968.11	吴慎发
南漳县革委会农业局气象站	1968.12—1969.02	吴慎发
南漳县革委会生产指挥组农林业务小组气象站	1969.03—1970.05	吴慎发
南漳县农林局气象站	1970.06—1971.08	吴慎发
南漳县气象站	1971.09—1974.10	吴慎发
南漳县革委会气象科	1974.11—1976.11	周子青
南漳县革委会气象局	1976.12—1979.09	周子青
	1979.10—1980.12	吴慎发
南漳县气象局	1981.01—1983.06	吴慎发
	1983.07—1984.05	徐学普
南漳县气象站	1984.06—1985.12	徐学普
南漳县气象局	1986.01—1989.02	徐学普
	1989.03—1991.09	缪树有
	1991.10—	杜明生

人员状况 1958年筹建时只有2人。20世纪60年代干部职工数稳定在4～6人,20世纪70年代增至10人以上,1983年达到18人。2008年定编7人,现有在职职工8人,编外用工4人。在职人员中50～55岁2人,40～49岁4人,40岁以下1人;大学学历3人,大专学历4人,中专学历1人;有中级专业技术人员2名,初级专业技术人员5人。全局在职党员4人。

气象业务与服务

南漳县气象局主要业务范围有:地面气象观测、天气预报、人工影响天气、防雷减灾等。

1. 气象观测

南漳县气象局每天进行08、14、20时三次定时地面观测,夜间不守班。观测项目有云、能见度、天气现象、气压、气温、湿度、风向风速、降水、日照、蒸发、地面和浅层地温、雪深、电线积冰等。气象观测发报内容有:云、能见度、天气现象、气压、气温、风向风速、降水、雪深、电线积冰等;重要天气报的内容有:暴雨、大风、雨凇、积雪、冰雹、龙卷风等。编制的气象报表有:气表-1 和气表-21。

1990 年 3 月,地面气象报表实行微机编制预审打印后上报;1996 年 3 月,停止报送纸质报表,改为用微机制作预审后通过网络上传;1998 年 8 月,地面气象报通过程控拨号网络上传;2001 年 10 月建立自动气象站,2002 年 1—12 月实行人工与自动站对比观测,以人工观测记录为主;2003 年 1—12 月实行人工自动站对比观测,以自动观测记录为主;2004 年 1 月停止气压、气温、湿度、风向风速、降水、地面和浅层地温的人工观测;2004 年 1 月执行中国气象局编制的新的《地面气象观测规范》;2004 年 8 月,气压、气温、湿度、风向风速、降水等自记记录和气簿-1 等原始记录移交湖北省气象局档案室;2006 年 7 月,气象测报由国家一般气象站变更为国家二级气象站,实行新的业务流程,气压、气温、湿度、风向风速、降水等自记记录停用;2007 年 1 月,气压、气温、湿度、风向风速、降水等自记记录恢复使用,但自记记录不予订正。

2005 年 8 月开始自动站建设,现有单要素站 6 个、两要素站 11 个、四要素站 2 个。

2. 天气预报

短期天气预报 1958 年 4 月,开展单站补充天气预报;1995 年 6 月,经过与电视台协商,在南漳电视节目中播送天气预报;1998 年 1 月,取消人工绘制天气图,使用 MICAPS 系统制作天气预报。

中期天气预报 20 世纪 80 年代初,通过传真接收中央气象台、湖北省气象台旬、月天气预报,结合本地气象资料进行分析后制作本县旬天气预报。

长期天气预报 主要有春播期天气预报、汛期(5—9 月)天气预报、麦收期天气预报、秋季天气预报等。依靠上级长期天气预报趋势,结合本地气候特点,进行修正后对外服务。上级业务部门对中长期天气预报不作考核,但因服务需要,这项工作仍在继续。

3. 气象服务

公众气象服务 主要通过电视天气预报、“12121”自动答询电话等提供气象服务。1995 年 6 月,在县级电视上开播《天气预报》栏目。1998 年 12 月,建立电视天气预报制作系统,由气象部门制作天气预报录像带。后因设备达不到电视台要求,改为由气象部门通过网络传送电子版天气预报,电视台制作后进行播报。1997 年 8 月,开通了“121”天气预报自动答询电话;2002 年 12 月,“121”电话服务实行由市气象局集约化经营;2005 年 1 月,“121”升级为“12121”。

决策气象服务 向党政领导提供重要天气预报、旬天气预报等气象信息。20 世纪 80 年代初,主要通过人工传送;2007 年,南漳商用密码通信网开通后,通过网络直接发送。目前的传递渠道有商密网、电话、手机短信、决策气象服务平台等,气象信息的及时性得到更好保证。

专业与专项气象服务 主要有人工影响天气服务、专业气象服务、防雷服务、气球标语服务等。

1975 年 1 月,利用土火箭开展人工降雨工作。1978 年 8 月,襄阳地区气象局调拨给南漳县气象局“三七”单管高炮1门，用于人工降雨工作。1988年11月，南漳县编制委员会同意给南漳县人工降雨办公室配备专职工作人员一名，所需经费纳入财政预算（南编〔1988〕17号文件）。1998年2月，根据省、市、县政府有关文件精神，人工影响天气实行有偿服务后，新购置“三七”双管高炮2门。2001年8月，南漳县人工降雨办公室更名为南漳县人工影响天气办公室。2002年5月，专门为烟叶生产开展防雹增雨工作。2006年6月，由烟草部门投资，再次购置“三七”双管高炮2门。2008年6月，购置“三七”双管高炮1门，单管高炮因零件磨损严重停止使用。从2002年到2008年，每年的6—9月都要从事4个月的烟叶防雹增雨工作。

1986年开展专业气象服务工作，主要方法是联系服务用户，寄送中长期天气预报，遇到复杂天气电话通知。1993年8月，在城关、武镇、九集、涌泉、胡营、安集、龙门、清河等丘陵乡镇建立农村气象服务网，其方法是在气象局安装主发射机，在有关乡镇安装气象预警报接收机，由气象人员每天进行三次（早、中、晚）广播。随着各地通信条件的改善，通过接收机开展气象服务逐步取消，转为通过网络、手机短信等发送服务信息。

1990年1月，南漳县气象局开展避雷设施安全性能检测工作。1995年1月，南漳县气象局开展防雷设施设计、安装等系列化服务。2001年4月，南漳县气象局开展计算机防雷工作。随后，又逐步开展了防雷工程设计审核、竣工验收等工作。

党建和气象文化建设

党建工作　1971年前，仅有党员1人，组织关系在南漳县农业局党支部。1972年党员5人，成立气象局党支部，张志明（军代表）任支部书记。2001年7月，经襄樊市气象局党组批准，南漳县气象局党支部改为党组，杜明生任党组书记。2008年12月，南漳县气象局有党员6人，其中在职党员4人，退休党员2人。

气象文化建设　南漳县气象局把领导班子的自身建设和职工队伍的思想建设作为重要内容，开展了经常性的政治理论、法律法规学习，造就了清正廉洁的干部队伍，锻炼出一支高素质的职工队伍。通过各种类型的函授学习，80%以上的在职职工取得了大专或以上学历，通过各种类型的短期培训，职工的业务技能得到了明显提高。

南漳县气象局体育活动十分踊跃。1998年10月获得了南漳首届城运会“土地杯”男子羽毛球团体第一名和“财政杯”男子乒乓球团体第五名；2002年6月获得了南漳县“房改杯”羽毛球比赛男子团体第一名。2007年和2008年，组织职工参加了2届襄樊市气象局组织的气象部门运动会，取得了5个第一名，2个第二名，6个第三名的好成绩，2次均被襄樊市气象局授予“最佳优秀组织奖”。

荣誉　1978年，南漳县气象局被评为襄阳地区气象系统“双学”先进单位。1979年被评为南漳县“红旗单位”。1982年被评为南漳县先进单位。1982年局测报股被评为湖北省气象部门先进集体。1998年2月被县委、县政府授予“红旗单位”。1999年被县委、县政府授予“文明单位“。2001年被县委、县政府授予“抗洪救灾先进单位”和“优质服务单位”。2002年被县委、县政府授予“优质服务先进单位”和“实绩考核优胜单位”。2002—2003年度被县委、县政府授予“最佳文明单位”。2005年被中国气象局授予“局务公开先进单位”。2008年度被县委、县政府授予“服务‘三农’先进单位”。1982年，缪树有、杜明生被评为全省气象系统先进个人。1988 年 5 月，陈贤国同志被湖北省气象局授予“双文明先进个人”。2002 年 2 月，杜明生同志被湖北省人事厅、省气象局授予“全省气象部门先进工作者”。

台站建设

1958 年建站时仅有平房三间，约 80 平方米。1965 年迁站时，扩建了观测场、新建生活用房 8 间。20 世纪 70 年代又在院内加盖了平房两栋共 21 间房，合计建筑面积 710 平方米。20 世纪 80 年代建起了职工宿舍楼，初建时为三层 9 套，后因人员增多等原因在其上加盖一层。

20 世纪 90 年代，先后从以工代赈项目中划拨 12 万元用于台站综合建设。1997 年 8 月三层 12 间的气象业务楼竣工投入使用，建筑面积 360 平方米 。随后又对机关环境面貌进行了改造，拆除了院中间的平房，兴建了花坛，硬化了场地，改造了大门及围墙，对宿舍楼外墙进行了装修，环境面貌发生明显变化。2008 年，经湖北省气象局批准，开始实施气象业务用房维修改造。

在建的南漳县气象局业务科技楼(2008 年摄)

谷城县气象局

谷城县地处鄂西北，汉水中游西南岸，历史悠久，因神农在此尝植五谷而得名。现辖 12 个乡镇(开发区)、288 个行政村(居委会)，总面积 2553 平方千米，全县人口 56 万。谷城属北亚热带季风气候，易发生干旱、暴雨等灾害性天气。

机构历史沿革

历史沿革 1958 年秋由谷城县农业局抽人筹建谷城县气象站。1959 年 1 月 1 日正式开始气象观测。1963 年更名为谷城县气象服务站。1971 年 3 月更名为谷城县革委会农林局气象站。1971 年 7 月更名为湖北省谷城县气象站。1975 年 12 月更名为谷城县气象站。1981 年 6 月成立谷城县气象局。1984 年 5 月更名为谷城县气象站(正科级),1986 年 3 月恢复为谷城县气象局。2006 年 7 月改为谷城国家气象观测站二级站。观测场位于北纬 32°16′,东经 111°36′,海拔高度 86.6 米。

管理体制 建站后由谷城县农业局代管。1962 年 6 月,调整为由地方党委政府和上级气象部门双重领导,以上级业务部门领导为主,由谷城县农业局代管。1971 年 7 月调整为军事部门和谷城县革委会双重领导,以军事部门领导为主,由谷城县人武部直接领导。1973 年 7 月调整为以地方管理为主,由谷城县农业局代管,1981 年 6 月成立谷城县气象局。1982 年 4 月调整为地方党委政府和上级业务部门双重领导,以上级业务部门领导为主。

名称及主要负责任变更情况

名称	时间	负责人
谷城县气象站	1958.12—1965.03	田华治
谷城县气象站	1965.03—1966.11	施世琴
谷城县气象站	1966.11—1975.12	阮兴保
谷城县气象站	1975.12—1976.08	田华治
谷城县气象站	1976.08—1981.09	王崇杰
谷城县气象局	1981.09—1984.05	陈文刚
谷城县气象站(正科)	1984.05—1985.01	田华治
谷城县气象站(正科)	1985.01—1986.03	王照友
谷城县气象局	1986.03—2006.12	王照友
谷城县气象局	2006.12—	杨诗定

人员状况 2008 年底在编 9 人,聘用 1 人,退休 5 人。在职人员中,大学学历 2 人、大专学历 5 人、中专学历 1 人;中级专业技术人员 3 人,初级专业技术人员 5 人;50～55 岁 3 人,40～49 岁 5 人,40 岁以下的 1 人。

气象业务与服务

1. 气象综合观测

①地面气象观测

观测机构和项目 1959 年 1 月正式进行气象观测,起初称地面气象测报组,1984 年 6 月更名为地面气象测报股。观测项目有云、能见度、天气现象、气压、气温、湿度、风向风速、降水、雪深、日照、蒸发、地温等。

为进行山区气候调查,1980 年 1 月至 1983 年 10 月在赵湾乡三道岭(海拔 1560 米)、1980 年 1 月至 1983 年 12 月在紫金镇沈垭(海拔 1200 米)、1984 年 1 月至 1986 年 12 月在薤山林场(海拔 800 米)设立气象观测哨,进行云、能风度、天气现象、气温、湿度、降水、蒸发、日照、地温观测。

1984 年气象工作者在薤山气象哨进行山区气候观测

观测时次 1959 年 1 月 1 日至 2006 年 6 月 30 日,每天 08、14、20 时 3 次定时观测。2006 年 7 月 1 日起改为 2 次定时观测,取消白天守班和 14 时定时观测。2007 年 1 月 1 日恢复白天守班,定时人工观测时次为 08、14、20 时 3 次,夜间不守班。

发报和报表 承担天气加密报、重要天气报、气象旬(月)报、降水预约报任务。编制气表-1、气表-21。1996 年 4 月停止报送纸质报表,转由网络向湖北省气象局、襄樊市气象局传送电子版。

观测设备和观测方法 1980 年 1 月 1 日开始执行《地面气象观测规范》(1979 年版)。1987 年 5 月开始使用 PC-1500 袖珍计算机观测编报及资料订正。1996 年 4 月微机气象测报处理系统(AHDM1.0)正式使用。2001 年 6 月 ZQZS-CⅡ型自动气象站建成,2002 年 1 月 1 日开始双轨运行,以人工观测为主。2003 年 1 月 1 日开始以自动站观测为主。2004 年 1 月 1 日自动站单轨运行。自动站观测的项目有气压、气温、湿度、风向风速、降水、地温等。2004 年 1 月 1 日开始执行《地面气象观测规范》(2003 年版),2004 年 12 月 1 日启用地面气象测报业务系统软件 (OSSMO 2004)。

②区域自动站建设

2005 年 9 月至 2009 年 1 月,谷城县境内建成 13 个区域加密自动气象站,其中四要素(温度、雨量、风向、风速)站 2 个、两要素(温度、雨量)站 4 个、单要素(雨量)站 7 个。

③酸雨观测

2007 年 5 月 1 日正式开始酸雨观测。

④农业气象观测

1981 年开始农业气象观测,观测项目为棉花生育期,1982 年增加小麦生育期和自然物候观测。器测土壤湿度从 2002 年 8 月 8 日开始逢 8 观测,2004 年 6 月 23 日增加逢 3 观测。1986 年停止棉花生育期观测,1998 年停止物候观测。1982 年 1 月至 1983 年底完成《谷城县农业气候区划》编写。1987—1990 年承担国家气象局气象科技"短平快"项目《杂交稻麦后直播准旱式栽培及其农业气候生态条件研究》,湖北省气象局组织专家组鉴定"达到部门先进技术水平”。

2. 气象预报与通信网络

1959年1月，开始制作发布补充天气预报。1960—1963年，以“听、看、资、谚、地、商、用、管”的八字方针为主要方法制作预报。1964—1980年，天气预报工作采用大、中、小（即省气象台、地区气象台、县气象站）和“图、资、群”（即天气图、气象资料、群众经验）相结合的方法制作和发布长、中、短期预报。1981年开始，用指标、模式、相关、韵律和数理统计等方法制作长、中、短期预报。1982年进行了预报基本资料、基本图表、基本档案和基本方法建设。1984年8月CZ-80气象传真机开始使用。1987年8月市—县甚高频无线通信网投入业务运行。1994年1月，安装了无线微机终端，依托甚高频无线通信网，实现了市—县微机无线联网。1995年5月开始使用气象信息综合处理系统（Micaps）。1999年5月气象卫星单收站系统（VSAT小站）建成运行。2006年12月开通市—县2M SDH宽带网（内网），与VPN形成互补备份，提高了信息的传输效率和可靠性。目前在预报技术上，以精细天气预报为目标，逐步建立客观、综合的预报业务服务系统。

3. 气象服务

决策气象服务 20世纪90年代前，决策气象服务内容主要是常规预报产品和情报资料，服务方式以书面文字报送为主，辅以电话等手段。20世纪90年代至今，决策服务产品不断丰富，专业专项预报、精细化预报、灾害性天气预警报、灾害评估等相继成为决策服务产品；服务手段也由电话、传真、信函等向电视、微机终端、互联网、手机短信、电子显示屏等发展。

公众气象服务 建站以后通过有线广播发布预报，1988年建成气象预警报服务系统。1997年12月开通“121”天气自动应答系统。1998年4月在谷城电视台开办谷城天气预报栏目，产品包括精细化预报、森林火险等级、城市火险等级、生活指数预报等。2005年开通“谷城兴农网”。

气象科技服务 1985年气象科技服务起步，服务内容主要为常规天气预报和气象资料。1989年开始庆典气球服务。1990年开始防雷安全检测工作，逐步发展到定期检测、防雷工程、防雷监审、跟踪检测、雷击灾害风险评估等防雷技术服务。1998年开始电视天气预报广告服务。

人工影响天气 1977年8月首次进行土火箭增雨作业。1980年6月首次进行高炮人工增雨作业。1990年成立谷城县人工降雨办公室。1996—1998年谷城县政府拨款相继购买“三七”高炮3门，2007年谷城县政府拨专款购买WR98人工增雨作业系统1套。1999—2000年为南河流域三个水电站开展人工增雨发电服务。

法规建设与管理

气象法规建设 1984年谷城县政府办公室制发《关于批转县气象站〈关于保护气象观测场环境的报告〉的通知》（谷政办发〔1984〕48号）。1997年谷城县政府办公室制发《关于加强防雷安全管理工作的通知》（谷政办发〔1997〕17号），成立了谷城县避雷防护设施检测办公室。1999年谷城县政府办公室制发《关于进一步加强防雷安全管理工作的通知》(谷政办发〔1999〕7号)。2000年谷城县公安局、谷城县气象局联合制发《关于开展全县计算机防雷安全检测工作的通知》(谷公发〔2000〕39号)。2006年谷城县气象局、谷城县建设局联合制发《关于加强建设项目防雷工程设计审核、施工监督、竣工验收的通知》,有效地促进了《中华人民共和国气象法》、《湖北省实施〈气象法〉办法》、《湖北省雷电灾害防御条例》在本县的贯彻实施。2007年1月在谷城县行政服务中心设立气象行政窗口,气象行政许可工作逐步规范化。

政务公开 制定了《谷城县气象局政府信息公开指南》、《谷城气象局信息公开目录》、《谷城县气象局政府信息公开工作考核办法》,并在谷城政府网站公开。气象行政审批办事流程、气象服务内容、服务承诺、气象行政执法依据、服务收费依据及标准等全部向社会公开。在单位内部通过局务公开栏、会议等方式,将干部任用、财务收支、目标考核、基础设施建设、工程招投标等内容向职工公开。

党建与气象文化建设

党建 1973年以前有党员1～2人,编入谷城县农业局机关支部。1973年6月成立党支部,阮兴保、王崇杰先后任书记。1981年有党员5人。1981年9月成立中共谷城县气象局党支部,陈文刚、王照友先后任书记。1989年9月成立中共谷城县气象局党组,王照友任书记。2008年底有党员9人,其中退休2人。

认真落实党风廉政建设目标责任制,积极开展廉政教育和廉政文化建设活动,努力建设文明机关、和谐机关、廉洁机关。建站以来没有人员受党纪政纪处分。

气象文化建设 大力倡导艰苦奋斗、无私奉献的创业精神,科学严谨、忠于职守的敬业精神,与时俱进、开拓创新的兴业精神,献身气象、终身无悔的爱业精神,形成了奋发向上的谷城气象文化。

文明创建 坚持"三个文明一齐抓",通过加强党组织建设,推进领导班子思想作风建设;通过加强队伍建设,促进干部职工的整体素质提高;通过加强创建阵地建设,提高文明创建水平。通过努力,机关庭院环境优美、办公生活条件优越,业务服务能力明显提升。拥有图书5000册和多种体育器材。1992—1999年连续四届被谷城县委、县政府授予"文明单位",2000—2005年连续三届被谷城县委、县政府授予县级"最佳文明单位",2006—2007年被襄樊市委、市政府授予市级"文明单位"。

荣誉 从1982年至2008年谷城县气象局共获集体荣誉48项,个人荣誉120余人(次)。1985年6月被湖北省气象局授予"湖北省县级农业气候区划优秀成果三等奖"。1985年9月《谷城县农业气候条件及其区划》被襄樊市政府授予"襄樊市1982—1983年度科技进步三等奖"。1998、2000年连续二次被湖北省气象局命名为"全省气象部门明星台站"。1998年被湖北省气象局、湖北省人事厅授予"全省气象部门先进集体"称号。

台站建设

始建时仅有砖木结构平房160平方米,供业务、办公和生活用,土地面积3315平方米。

1979年将平房改(扩)建成二层楼房,建筑面积扩大到520平方米。1988年新建600平方米住宅楼,八户职工家庭首次迁入单元式住房,职工生活条件得到进一步改善。1994年新征土地1200平方米,总占地面积达到4500平方米;新建1038平方米综合楼,又有八户职工乔迁新居。

1965年谷城气象站全景

1982年谷城气象局全景

2008年谷城气象局庭院

1995—1996年对机关办公楼、庭院进行综合改造,通过硬化路面、绿化庭院,栽种观赏树,庭院面貌焕然一新,办公、业务、生活环境大为改观。

2004年开展规范化建设,对气象观测场、业务一体化室等改造升级。2005年拆除旧办公楼,新建623平方米办公楼。2008年新建车库炮库四间100平方米。

1992年9月购买一台旧伏尔加轿车作为业务服务用车,1996年12月更换为桑塔纳2000,2008年9月更换为蒙迪欧至胜。2008年4月购买一台黄海皮卡用于人工增雨和气象服务。

通过几代气象人的不懈努力,50年不断建设与发展,谷城县气象局已成为具有现代化气象业务服务系统、舒适优越工作生活环境、管理科学规范的新型气象台站。

保康县气象局

机构历史沿革

历史沿革 1956年下半年开始筹建保康气候站，历时4个半月完成建设，于1957年4月1日正式工始工作，测站位于保康县城关镇东门外的半山坡上，经纬度东经111°16′、北纬31°58′，海拔高度327.3米。1963年改名为保康县气象站。1978年成立保康县气象局。1984年11月根据湖北省气象局通知改为保康县气站，职级不变。1987年2月根据湖北省气象局通知恢复保康县气象局机构设置，局站合一。2006年7月，保康县气象站由湖北省气象局定名为保康国家气象观测站二级站。2008年中国气象局取消“二级站”命名，恢复为保康县国家气候观测站(一般站)。

管理体制 建站开始至1958年底直属湖北省气象局领导。1959年体制由省下放到县，归地方政府领导。1971年气象站实行军管。1975年撤军管恢复地方管理，划归保康县农业局领导。1978年成立保康县气象局仍受地方政府领导。1980年全国体制改革，实行以气象部门为主，气象部门和地方政府双重领导的管理体制。

名称及历任主要领导变更情况

名称	时间	主要领导
保康县气象站	1964—1971	陶礼义
保康县气象站	1972—1979	李本山
保康县气象局	1979.02—1981.01	许　华
保康县气象局	1981.04—1984.11	徐美柱
保康县气象局	1984.11—1996.06	李明宪
保康县气象局	1996.06—	郭　彬

党建 建站初期没有党员，1969年有党员1名，在农业局参加党组织生活。1979年2月党员发展到4人，建立党支部，支部委员会由3名委员组成，其中书记1名。2000年1月成立保康县气象局党组，党员增至5名。2003年10月保康县气象局纪检组成立。2008年底，在岗职工中有党员8名，占职工总数的73%。

人员状况 建站时仅有2人，1971年增至11人。现有11人，其中在编人员7人，合同用工4人。在职人员中，本科学历1人，大专学历8人；中级专业技术人员6人，初级专业技术人员2人。

气象业务与服务

1. 气象观测

观测项目 1957年4月1日开始正式积累气候资料。观测项目为云、能、天、风向风速、降水、日照、气温、蒸发、积雪深度。1962 年增加气压表并进行观测和记录，同时开展灾情调查工作。1963 年增加地温的观测和记录。1970 年增加温度、湿度自记记录。1972 年增加气压计自记记录。1973 年风的观测记录改为电接风向风速器，同年增加虹吸雨量计，每年的 4 至 10 月对每小时雨量进行整理记入报表。2005 年自动观测站开始试运行，观测项目有：压、温、湿、风、降水、地面/草面温度、浅层和深层地温。2007 年除目测项目（云、能、天）以外，自动观测数据完全取代人工观测数据。

观测时次及发报 建站开始每天 01、07、13、19 时 4 次观测。1960 年 8 月改为 02、08、14、20 时。1963 年开始夜间不守班，每天 08、14、20 时 3 次观测。1980 年起 02 时的记录用自记记录代替。

自 1959 年开始，向襄樊市气象部门拍发小图报，向湖北省、襄樊市气象部门编发重要天气报告并延续至今，重要天气报告内容有大风、暴雨、积雪、冰雹、雨淞和龙卷。1972 年开始在 08—18 时向武汉、当阳、河口机场拍发航空天气电报和危险天气电报，1995 年停发。1972 年开始向湖北省、襄樊市气象部门发气象旬（月）报、雨量报、灾情报。

报文传输 1959 年起，电码通过邮电局的无线发报机传至地区气象台。1995 年改用微机网络直接传输。

报表 1957 年 4 月至 2006 年每月上报气表-1；每年上报气表-21；2005—2006 年同时上报人工站和自动气象站报表数据文件。2007 年至今上报全自动站报表数据文件。

自动站建设 2006 年底，在全县 11 个乡镇建起了 13 个自动气象观测站。2007 年至 2008 年在麻坪、简槽和毛家岭建起了 3 个四要素自动气象站。

2. 气象预报

短期天气预报 1959 年对外开展预报服务工作，主要是在省气象台天气预报的基础上进行补充订正，同时在全县各地农村建立了“气象哨老农看天小组”，收集总结应用群众看天经验。1961 年开始按时对外发布短期天气预报，并确定为主要业务工作之一。1996 年建立气象卫星地面接收站，随时接收欧亚地区的各类气象资料和卫星云图，可参考的预报资料大幅增加。

中期天气预报 20 世纪 70 年代在接收湖北省、襄樊市气象台的旬（月）天气预报同时，开始通过湖北省气象广播电台接收地面气象资料和 500 百帕、700 百帕、850 百帕欧亚地区高空图，经手工绘图后加以分析，再结合本地气象资料、天气过程周期变化制作一旬（月）天气趋势预报，通过当地广播电台按时对外发布。

长期天气预报 1981 年配备了传真机，主要接收北京和日本的气象传真图。县站主要运用统计方法、常规气象资料图表、韵律关系等方法制作长期天气预报，包括年度天气趋势、春播期天气预报、汛期天气趋势，麦收期天气预报等。上级业务部门对长期预报业务不作考核，因服务需要，这项工作至今仍在继续。

3. 气象服务

公众气象服务 1959 年对外开展预报服务工作。1961 年开始通过广播电台在全县按时对外发布短期天气预报，1998 年 11 月开通天气预报自动答询系统。1999 年 1 月建立了多媒体天气预报节目制作系统，通过保康县电视台播放天气预报。

决策气象服务 科学预测，及时为各级党政部门、领导提供决策依据。1980 年以前主要通过口头或电话方式向县政府提供气象信息。其后逐步开发了中长期天气预报、天气形势与分析、重要天气报告等决策服务产品，通过短信、邮件、传真等进行全方位服务，做到过程之前送预报、过程之后做分析，每年为各级党委、政府提供各类气象情报、雨情分析等气象资料不少于 100 份。

2005 年保康遭遇了百年不遇的洪涝、山体滑坡、泥石流，危及 11 万人的生命安全。在长达 4 个多月的连阴雨中，保康县气象局全体业务人员严阵以待，昼夜监测，为保康县委、县政府开展防汛决策服务。8 月 14 日夜间 21 时预报出当晚保康县中部有特大暴雨，在第一时间通知保康县电视台中断所有在播节目，一、二台同时、连续播放暴雨警报。凌晨 6 时，保康县委书记谢豪斌电告气象局预报准确，表示感谢。2005 年底保康县委、县政府授予保康县气象局抗洪救灾“最佳协作单位”称号。

专业气象服务 20 世纪 80 年代中期，积极拓展气象服务领域，开展专业专项气象服务。1987 年至今，气象专业服务渗透到工业、农业、水利、电力、交通运输、建筑、林业、商业、保险业等十多个行业。

随着保康县农业结构的不断调整和优化，保康县气象局在做好关键气象服务的同时，还为特色农业提供专项服务。如在烟叶大田移栽季节，每天认真会商天气，将预报发送给县党政领导和种烟乡镇的领导。

人工影响天气 1975 年至 1981 年利用“三七”高炮开展人工降雨、人工防雹试验。每年汛期（4—6 月）建立部分临时雨量点进行雨量观测，配合试验工作，后因经费不足而中止。1989 年 11 月成立保康县人工增雨办公室。1995 年保康县开始发展烟叶产业，1996 年保康县气象局开展人工防雹工作，为烟叶产业保驾护航。从 1996 年至今，作业设备从 3 门“三七”高炮发展到 12 门，还建起了雷达站，拥有一支专业化作业队伍。保康县气象局坚持“一丝不苟、积累资料、科学宣传”的十二字方针，积极开展防雹作业，13 年来共作业 819 站次，累计保护烟叶 90 多万亩，基本将雹灾控制在烟叶种植面积的 2.2%～4.6%的范围内。2008 年，南京信息工程大学专家教授在查看了保康人影办收集整理的资料后，主动提出与保康县气象局合作，共同研究保康冰雹发生发展规律，建立保康冰雹云早期识别方法，指导防雹作业，提高防雹作业技术水平。保康县气象局再次向湖北省气象局申报课题研究并获批准。

防雹作业现场

防雷服务 1990 年开始开展防雷工程安装及防雷检测服务，1996 年 4 月由保康县编办批准成立保康县装置检测所。2000 年《中华人民共和国气象法》实施，2005 年湖北省人大出台《防雷条例》，防雷工作开展更为广泛。2006年气象执法工作开展以来，先后对十多家违反《防雷条例》的单位下达了防雷整改通知书等各种法律文书，全县建筑防雷工作逐步规范。

荣　誉

集体荣誉　1984年被湖北省气象局评为先进单位；1995年被湖北省委、省政府、省军区评为抗灾救灾先进集体，同年被湖北省气象局评为防汛抗灾气象服务先进单位；1998年被湖北省人事厅、湖北省气象局评为先进集体。1998年、2000年、2002年被湖北省气象局评为名星台站。

个人荣誉　1957年建站至今，个人获奖175人次，其中丁宏大1982年被评为湖北省气象部门先进工作者。郭彬1997年被湖北省人事厅、湖北省气象局评为先进个人。

台站建设

1957年建站开始仅3间房屋，土木结构。1966年建4间平房。20世纪70年代又建了9间砖木结构的平房；拆除1957年所建房屋，重建炮库一间。20世纪80年代共建单元式宿舍楼12套，解决职工住房问题，同时拆除了1966年所建平房。1985年湖北省进行第一次基层台站综合改善，新建办公楼3层共15间，面积270平方米。在1993年的第二轮基层台站综合改善中，又建宿舍楼4套352平方米，同时拆除了1973年修建的平房，保康县气象局的办公和职工住房条件基本解决。1995—2000年间，保康县气象局争取湖北省以工代赈资金40万元，对全局进行综合规划和改善，拆除平房、修建围墙、扩建宿舍楼、重建人影指挥楼，完成了场院绿化和道路硬化。

2004年开展自动气象观测站建设和业务室规范化建设，保康县气象局花园式台站基本建成。

保康县气象局观测场全景(2008年)

保康县气象局业务科技楼及宿舍楼(2008年)

枣阳市气象局

枣阳历史悠久，自秦朝（公元前 221 年）即建县称蔡阳，属南阳郡管辖，距今已有 2000 多年。隋朝（公元 601 年）改为枣阳县。1988 年撤县设市，现隶属湖北省襄樊市。

机构历史沿革

历史沿革 1956 年 8 月，枣阳县气象站开始筹建，地址位于枣阳县城北黄龙岗。1959 年 8 月 20 日，枣阳县气象站更名为枣阳县人民委员会气象科。1977 年 5 月，更名为枣阳县气象局。1988 年 1 月，经国务院批准，枣阳县撤县建市，枣阳县气象局更名为枣阳市气象局，地址位于枣阳市寺沙路 45 号。1980 年被确定为气象观测国家基本站，2006 年 7 月 1 日改为国家气象观测站一级站，2008 年 12 月 31 日改为国家气象观测基本站，观测场位于北纬 32°09′，东经 112°45′，海拔高度 125.5 米。

管理体制 自建站至 1962 年 11 月，由湖北省气象局和枣阳县政府双重领导，以湖北省气象局领导为主。1962 年 12 月至 1981 年 11 月，由湖北省气象局领导为主改为以地方领导为主。其中，1971 年 7 月至 1973 年 12 月，枣阳县气象科由人武部军管，成立枣阳县革命委员会气象科。1980 年，根据国发〔1980〕130 号文件精神，实行气象体制改革，气象部门改为部门和地方双重管理的领导体制，以部门领导为主，即垂直管理。

名称及主要负责人变更情况

名称	时间	负责人
枣阳气象站	1957.03—1958.08	钟国清
枣阳县人民委员会气象科	1959.09—1962.02	李俊堂
枣阳县气象服务站	1962.03—1968.07	李世永
枣阳县气象站革命领导小组	1968.08—1971.06	李世永
枣阳县气象站	1971.07—1974.02	李世永
枣阳县革命委员会气象科	1974.03—1977.04	马富元
枣阳县气象局	1977.05—1984.03	骆正义
枣阳县气象站	1984.04—1987.11	刘贤松
枣阳县气象局	1987.11—1987.12	刘贤松
枣阳市气象局	1988.01—2003.11	刘贤松
	2003.12—	刘柳林

人员状况 1956 年建站时只有 6 人。2008 年 12 月共有职工 19 人，其中气象编制职工 9 人，地方编制职工 3 人，合同制职工 7 人。

现有在职职工 19 人中，大学学历 7 人，大专学历 9 人，高中及中专学历 3 人；中级专业技术人员 3 人，初级专业技术人员 7 人；50 岁以上 2 人，40～49 岁 4 人，40 岁以下 13 人。

气象业务与服务

1. 气象业务

气象观测 1957年2月1日开始正式记录，每天01、07、13、19时(地方时)4次定时观测。

观测项目有：能见度、天气现象、云雾、云状、风向、风速、空气温度和湿度、气压、降水量、蒸发、积雪、地面温度、地中温度(5、10、15、20、40、80、160、320厘米，共8个深度的地面观测)、日照和压、温、湿、降水自记等项目。

1961年8月改4次定时观测，以北京时间为02、08、14、20时。1970年8月增加风向风速自记，4次绘图报观测与定时观测重合为一，4次补绘报观测(05、11、17、23时)和24小时航危报观测不变，电报发往单位每小时近10个，24小时发报，终年累月一直不变。

1985年11月，气象观测业务开始使用PC-1500计算机，改手工编报为自动编报。1999年，根据全国自动气象站建立和气象现代化建设的统一规划，枣阳气象局开始筹建自动气象站，在人工观测和自动观测对比一年后，2002年1月1日正式启用自动化观测代替人工观测，人工观测项目(除部分目测项目外)自动取消。

气象预报 20世纪60年代后期，14时地面天气图、08时高空天气图、“三线图”、“九线图”等气象资料相继使用，预报员可以利用各种气象要素制作出图表，找出锋(冷空气)前要素变化规律。枣阳气象站工程师朱时能利用有关气象资料，整理出一套制作天气预报的有效方法，如：“多因子相关法”、“回归方程法”、“周期叠加外推法”等，此项成果被当时枣阳县委评为科技二等奖。20世纪80年代以前，制作短期预报，主要手段是听电台广播的气象信息，手抄资料，通过分析作出结论。预报资料主要来源于武汉中心气象台每天下午14时30分的气象广播。供预报员分析的除本站资料外，每天仅有东亚范围的地面图和高空500、700和850百帕4张手工抄填分析图。

1984年7月，制作天气预报开始使用CZ80气象传真机，解除了预报人员收听、抄填、分析绘制天气图的繁琐过程。1999年，“9210工程”县级建设项目VSAT单收站系统在枣阳县气象局正式建成投入业务运行，实现大量气象资料的自动获取，预报资料更加丰富。

农业气象 1959年3月至1966年12月，枣阳开展农业气象工作，主要对麦、稻、棉花的生长发育进行观测和产量的分析，记录病虫害发生发展和防治情况。分定期(每旬第8天)和非定期(各生育普遍期一次)对5、10、20、30、40、50、60、70、80、90、100厘米深层土壤水分的分布情况进行测定记载。

2. 气象服务

枣阳属于亚热带大陆性季风气候，冬冷夏热，冬干夏湿，光照充足，雨量适当，气候温和，四季分明，无霜期长，严冬酷暑时间短，是我国南北东西气候和种植业过渡地带。气象灾害频繁，如干旱、暴雨、大风、雷电、冰雹等等，每年平均降水量为842毫米，但时空分布不平均，年际变化大，社会对气象服务要求迫切，需求量大。

公众气象服务 1984年以前，枣阳还没有成立电视台，天气预报只能通过复写送到枣阳县委办、政府办、农办和广播电台，广播电台是公众了解气象信息的唯一渠道。

1987年，天气预警报系统正式建立，利用VHF/UHT（高频/甚高频）电话当发射机（广播电台），服务用户配备接收机来获取预报产品。1989年在上海购买了全套预警报系统设备，开办了气象广播电台，广播电台每天早上08时、11时和16时3次定时广播，遇有突发性天气时随时启动，使用户及时掌握天气变化情况。同时还利用安装的甚高频电话，进行县（市）与县（市）和县（市）与地区（市）无线传输气象信息。1989年在枣阳市范围内普遍建立并使用天气预警报服务网络，枣阳市人民政府办公室以枣政办发〔1989〕30号文件强调“在全市建立使用天气预警报系统，是一项重要工作，各地各部门要积极支持，以加速此项科技成果在生产中的推广应用”。

1997年底，枣阳市气象局与枣阳市电信局合作，开通了固定电话“121”天气预报自动答询系统。2000年，襄樊市“121”答询电话实行集约经营，系统平台设在襄樊市气象局。

专业与专项气象服务 1989年，枣阳开展防雷设施的安全检测工作。1994年8月18日，《中华人民共和国气象条例》进一步明确了雷管理归口气象部门，原枣阳市防雷设施安全检测办公室更名为襄樊市防雷中心枣阳办事处。起初，防雷检测设备为手摇电阻测试仪，1999年以后陆续增加了电子元件测试仪，更换了DER2571a型电子接地电阻测试仪，2003年又装备了DER2571b型电子接地电阻测试仪等。避雷器由原来的箱式逐步转化为模块式。

人工影响天气（以下简称人影） 1973年6月，枣阳开始筹建土火箭研制专班，原国家气象局副局长邹竞蒙亲临现场观摩（后因全国其他地方在发射过程中出现了伤亡事故，土火箭于20世纪80年代中期全部停止）。1979年，枣阳开始使用单“三七”高炮进行人工增雨防雹作业。1988年10月，枣阳县人工降雨防雹办公室成立，隶属枣阳县农业经济委员会，为内设机构。1999年11月，枣阳投资40万元在太平镇建设人工增雨防雹基地。2002年11月，枣阳市人工降雨防雹办公室更名为枣阳市人工影响天气办公室，挂靠枣阳市气象局。

法规建设与管理

法规制度建设 重点加强雷电灾害防御工作。1989年，枣阳市安全生产委员会、枣阳市劳动局、枣阳市公安局、枣阳市气象局四家联合下发《关于开展避雷防护设施安全调查检测的通知》（枣安发〔1989〕号）。2000年，枣阳市公安局、枣阳市气象局联合下发《关于开展全市计算机信息系统防雷安全检查（检测）工作的通知》（枣公通字〔2000〕60号）。2003年，枣阳安全生产监督管理局、枣阳市气象局联合下发《关于加强全市防雷检查的通知》（安气字〔2003〕5号）。同年，枣阳市人民政府办公室转发《襄樊市人民政府办公室关于做好全市政府系统政务信息化网络防雷工作的通知》（枣政办发〔2003〕75号）。

党建 1956年至1972年，有中共党员2人（钟国清、李世永），组织生活和枣阳县农业局等主管部门一起。1974年党员增至5人，成立党支部，马富元任支部书记，张正照和阮兴保先后任支部副书记。1977年至1984年，骆正义任支部书记，张正照和陈明斌先后担任支部副书记、周正华任支部委员；1984年4月，骆正义任支部书记，刘贤松任支部副书记（行政职务为局长）、李宝成任支部委员。1986年7月，刘贤松任支部书记，张道山、李宝成任支部委员。1997 年 12 月 22 日由原来的党支部改建为党组，刘贤松任党组书记，刘柳林、王智慧任党组成员，党员增至 11 人。2003 年至 2004 年党员增至 13 人，由刘柳林接任党组书记。现设党支部 2 个：机关党支部、退休党支部，共有党员 18 人。

枣阳市气象局由于人员较少，群团组织一直无专人任职，而是兼任。局工会主席先后由阮兴保、陈长义等人兼任。局团支部书记先后由王智慧、王传江、刘柳林、刘利等人兼任。妇联工作先后由高清哲、王智慧、段仁凤、何宪霖等人负责。

台站建设和气象文化建设

台站综合改善 1992 年建设办公楼一栋，建筑面积仅 300 平方米，因年久失修楼顶漏水，门窗腐朽。从 2004 年到 2006 年，枣阳市气象局用三年的时间对局机关面貌和业务系统进行改造。2004 年到 2005 年向湖北省气象局争取资金 30 万元对原办公楼进行装修。2006 年 7 月，“枣阳国家基本站综合改善项目”获得湖北省气象局批准实施，争取资金 80 万元全面改善枣阳县气象局基础设施建设和气象文化建设。

枣阳市气象局现占地面积 8958 平方米，有办公楼 1 栋 480 平方米，职工宿舍楼 3 栋 2500 平方米，车炮库房 1 栋 180 平方米。

气象文化建设 枣阳市气象局积极开展文明创建规范化建设。形成了休闲区、工作区和生活区的机关庭院格局。统一制作局务公开栏、学习园地、法制宣传栏和文明创建标语等宣传用语牌。建设有篮球场 1 个、室外健身器材 8 台（套）、图书室 25 平方米，藏书 3000 余册、职工活动室 50 平方米、气象科普文化长廊 30 米。全局绿化率达到 60%，道路硬化率达到 100%。已建设成风景秀丽的花园式单位。

荣誉 1956 年 9 月，枣阳县气象站被湖北省气象局授予“红旗气象站”称号。1997 年 2 月，枣阳县被湖北省人民政府授予“发展地方气象事业先进县（市）”。枣阳市气象局 2000—2001 年度、2002—2003 年度被襄樊市委、市政府确认为“文明单位”，2006—2007 年度被襄樊市委、市政府授予“最佳文明单位”称号。

1988 年 4 月，枣阳县气象局李宝成、齐平连编制的《农业气候区划》获湖北省农业区划办“优秀成果三等奖”。

1969 年竣工的办公用房（1991 年拆除）

枣阳市气象局观测场全景照片（2008 年拍摄）

枣阳市气象局全景照片(2008年拍摄)

老河口市气象局

老河口市位于湖北省西北部,居汉水中游东岸,辖1个乡5个镇4个办事处,全市面积1032平方千米,总人口52.18万。老河口建城已有2000多年历史,古称酇阳,是春秋名将伍子胥的故里,汉代开国丞相萧何的封地,北宋大文豪欧阳修曾在此出任县令,宋代科学家沈括在此写下诗文。

机构历史沿革

站址变迁 老河口市气象局为国家基本气象站,担负着参加北半球资料交换的重任。始建于1950年4月,站址在原光化县老河口镇前进街505号(现北京路),北纬32°25′,东经111°40′,海拔高度91.1米。1973年因城市建设迁至城郊马家岗(现洪城门8号),东经111°40′,北纬32°23′,海拔高度90.0米。

体制演变 建站之初,站名为湖北省光化县老河口气象站,为国家基本气象站,是全省最早的三站之一,由湖北省军区气象科和光化航空站(飞机场)分管。1954年至1958年12月改由湖北省气象局直接领导。1959年1月至1967年气象部门体制下放,党、政、财归地方政府,业务属上级业务部门,实行双重领导,站名为光化县气象站。1968年1月成立光化县气象科,由县农林水小组领导。1971年9月至1972年实行"军管",属县武装部领导。

1957年原光化县老河口镇
前进街505号(现北京路)气象站

1973—1982年直属县人民政府领导，其中1977年3月改成光化县气象局。1982年2月，全国实行体制改革，气象部门改为部门和地方双重管理的领导机制，以部门领导为主，即垂直管理。1984年5月改为老河口市气象站。1987年1月改为老河口市气象局。2006年7月1日改为国家气象观测站一级站，2008年12月31日恢复为老河口国家基本气象站。

名称及主要负责人变更情况

名称	时间	负责人	职务
湖北省光化县老河口气象站	1950.04—1953	陈吉山	业务组长
湖北省光化县老河口气象站	1954—1956	汤国成	站长
	1956—1958	王自勤	站长
	1958—1959	任久锡	站长
光化县气象站	1959—1962	张绍宏	站长
	1962—1967	雷洪庆	站长
光化县气象科	1968—1971	雷洪庆	科长
	1971—1976	谢春荣	科长
光化县气象局	1977.03—1982.08	谢春荣	局长
	1982.08—1984.05	谢征三	局长
老河口市气象站	1984.05—1985.12	陈杰洲	站长
	1985.12—1987.01	谢征三	站长
老河口市气象局	1987.01—1989.01	谢征三	局长
	1989.01—1995.02	王华荣	局长
	1995.02—2007.04	闫长青	局长
	2007.04—	孙红斌	局长

人员状况 1950年4月建站时4人。1958年前保持5～8人。1958—1962年职工数多达20人。1962年机构精减，减至9人。1970年前人员基本稳定。

现有在编职工14人，编外职工7人，退休职工14人。其中在职职工大学本科学历2人，大专学历6人，中专学历6人；工程师4人，助理工程师6人；50～59岁7人，40～49岁3人，30～39岁4人，30岁以下7人；党员11人。

气象业务与服务

1. 气象综合观测

地面气象观测 1950年4—5月只发报不记录，6月份正式记录，每日发报10次，06—21时16次记录，采用北京时。记录方法按中华民国1936年出版的《观测守则简要》记录。1951年1月起，观测记录方法改为按中央军委气象局1950年出版的《气象观测简要》执行。

1954年1月开始按《气象观测暂行规范》地面部分进行观测、记录、统计。分为天气观测和气候观测，天气观测采用北京时(02、08、14、20时4次)，气候观测采用地方时(01、07、13、19时4次)进行观测；同年12月1日增加05、11、17、23时补充地面天气观测。1962年1月观测部分按1961年中央气象局颁发的《地面气象观测规范》执行。1980年、2004年分别执行修订后的《地面气象观测规范》至今。1986 年 1 月，开始使用夏普 PC-1500 型袖珍计算机，实现了器测部分的数据订正、计算、日月统计微机化，更重要的是实现了各类气象报文微机编报。自此，开始了气象地面测报工作的现代化进程。

1958 年增加农业气象观测，1962 年取消。

观测项目 云、能见度、天气现象、气压、气温、湿度、风向风速、降水、雪深、日照，蒸发、地温等。

发报内容 基本地面天气报（SM），为每天 02、08、14、20 时 4 次；补充地面天气报（SI），05、11、17、23 时 4 次。天气报的内容有气温、气压、湿度、风向风速、云、云高、能见度、天气现象、降水、雪深、地温等。重要天气报（WS）的内容有暴雨、大风、雨凇、积雪、冰雹、龙卷、雷暴等。气象旬（月）报（AB）。

航空报 1954 年 12 月 1 日起，每天 06～21 时发 11 次报。1957 年 4 月 4 日—1961 年 4 月为固定航空危险报，发报单位 4 个。1961 年 5 月改为预约航危报，发报单位 9 个，发报时次为 0—24 时。

高空测风观测 1951 年 10 月开展高空小球测风，观测时间为 11 时。1952 年 10 月增至一天 2 次，为 11 时和 23 时。1957 年 3 月 1 日起观测时间更改为 10 时和 22 时。1957 年 4 月 1 日起改为 07 时和 19 时观测。1981 年 1 月取消高空小球测风观测。

现代化观测系统 1999 年 12 月 10 日地面发报由人工改为利用微机通过电信“162”公共数据交换网发送。2002 年 1 月 1 日，AMS-Ⅱ型自动气象站建成并与人工站双轨运行，遥测项目有气压、气温、湿度、风向风速、降水、地温等。2003 年 1 月 1 日，自动气象站正式投入业务运行，人工观测作为备用记录，地面气象报文通过网上传输。2007 年新增酸雨观测业务。

2005 年 11 月至 2008 年 9 月，先后建成了 3 个 LT&E-R 型雨量自动站、2 个 I&I-A 型雨量、温度两要素自动站和 3 个 I&I-A 型雨量、温度、风、气压四要素自动站。

2. 气象预报预测

短期天气预报 1958 年开始做单站补充天气预报，预报资料来源于武汉中心气象台语音广播。1973 年起，成立天气预报专班，20 世纪 80 年代改为预报科，2000 年后为气象台，负责天气预报、气象资料情报等公众和专业气象服务工作。

1993 年 9 月开始，采用 VHF 甚高频电台接收襄樊市气象局云图、报文、预报产品等数据，结合红外云图制作成短期天气预报。1996 年 12 月开始，启用程控拨号有线传输 DTYS 预报业务系统，从襄樊市气象局调取天气图数据等预报资料，天气图填图从通过收听收音机手工填写发展到由计算机解码自动生成，但仍需经过手工绘图方能在预报中应用。

1998 年 5 月，调用襄樊市气象局数字化天气雷达图，应用在短时预报和人工增雨作业指挥中；同年 10 月，启用 MICAPS（气象信息综合分析处理系统），依靠图纸、铅笔、橡皮手工绘制天气图的历史自此结束。1999 年 5 月，9210 工程实施，VSAT 卫星小站安装并运行，预报业务步入现代化进程。

中期天气预报 20 世纪 80 年代初，通过传真机接收中央气象台，武汉中心气象台的旬、月天气预报信息。现在通过互联网获取上级指导预报，再结合分析本地气象资料、短期天气形势、天气过程的周期变化等订正制作旬天气趋势预报。

长期天气预报 20世纪70年代，主要运用数理统计方法和常规气象资料图表及天气谚语等方法，作补充订正预报。20世纪80年代贯彻执行中央气象局提出的“大中小、图资群、长中短相结合”技术原则，组织力量，多次会战，建立一整套长期预报的特征指标和方法，沿用至今。长期预报主要有：春播预报、汛期(5—9月)预报、麦收期预报、秋播预报。

3. 气象服务

老河口气象局认真贯彻“公共气象、安全气象、资源气象”的理念，把公共气象服务摆在首位，坚持以人为本，坚持气象为经济社会发展和人民福祉安康服务。

1988年11月至2000年，先后购回2套气象警报系统发射机和22部无线气象预警接收机，安装到市防汛抗旱办公室，市农业委员会、各乡镇和各有关用户，建成了气象预警服务系统，开展对外气象服务。1991年9月1日，老河口市天气预报正式在湖北电视台播出，天气预报信息由老河口市气象局提供。1997年11月，与电信局合作，建成“121”天气预报电话自动答询系统。1998年11月建成多媒体电视天气预报制作系统，将自制天气预报节目录像带送市电视台播放，后改为送U盘至今。

2008年，开通了气象短信平台，以手机短信方式向全市各级领导、中小学校长、大中型水库负责人、专业服务用户等发送气象预警短信。

1978年在湖北省人工降雨办公室支持下，经中央军委同统一安排调拨1门“三七”高炮给光化县，作为人工降雨试用；同年9月，在孟桥川、张沟等地开展3次降雨试验。1985年7月，经老河口市人民政府批准，老河口市人工降雨办公室成立，办公室设在气象局。

1998年2月成立老河口市防雷中心，为气象局下属的全民事业单位，负责全市的防雷设施检测工作。2006年，市气象局、建设局、安检局联合下文《关于加强建设项目防雷工程设计审核、跟踪检测、竣工验收工作的通知》，并开展对新、改、扩建的建设项目防雷设计、装置进行审核、检测和验收。

科学管理与气象文化建设

法规建设与管理 按照《中华人民共和国气象法》、《湖北省实施〈气象法〉办法》和《湖北省雷电灾害防御条例》赋予的职能，负责气象探测环境保护，常规天气预报和灾害性天气警报的发布、人工增雨防雹、气候资源的综合开发和利用，雷电灾害的防御以及防雷设施的安装和检测，氢气填充物的释放等方面的统一管理和协调。2003年12月，老河口市人民政府法制办批复确认市气象局具有独立的行政执法主体资格。2004年气象局负责全市防雷安全管理工作，防雷行政许可和防雷技术服务正逐步规范化。

加强气象政务公开。对气象行政审批办事程序、气象服务内容、服务承诺、气象行政执法依据、服务收费依据及标准等，采取了通过户外公示栏等方式向社会公开。干部任用、财务收支、目标考核、基础设施建设、工程招投标等内容向职工公开。财务每半年公示一次，年底对全年收支、职工奖金福利发放、领导干部待遇、劳保、住房公积金等向职工作详细说明。

党建 从建站到1956年上半年无党员，下半年由湖北省气象局派王自勤任站长，才有一名党员。1972年前仍为一名党员，属县农业局党支部领导。1972年下半年有党员4名，建立了党支部，谢春荣任书记。其后陈杰洲、谢征三、王华荣先后任党支部书记。2000年5

月成立中共老河口市气象局党组，闫长青、孙红斌先后任党组书记。现有党员11名。

气象文化建设 始终坚持以人为本，弘扬自力更生、艰苦创业精神，深入持久地开展文明创建和平安创建工作，政治学习有制度、文体活动有场所，职工生活丰富多彩，从2002年开始连续3届为襄樊市文明单位和老河口市平安单位。

在每年的"3·23"世界气象日，组织气象科普，天气预报及防雷知识宣传；积极参加市里组织的文艺汇演和襄樊市气象局组织的各项文体活动，并获奖。

荣誉 从1954年4月至2008年底，老河口市气象局共获得集体荣誉52项，其中省级表彰6项，部级表彰1项。

1978至2008年底，个人获奖共83人(次)。其中1978年陈杰洲被国家气象局评为"全国气象系统先进工作者"。

台站建设

1950年仅有房屋1幢20间，建筑面积507平方米。之后两次扩大观测场，1954年7月观测场扩建为25米×25米，维持至今。1994年3月投入资金15万元，对大院及办公楼等进行综合改善。其后分期分批对机关院内的环境进行了绿化改造，整修道路，修建装饰了综合楼门面，建成了气象业务一体化值班室，完成了业务系统的规范化建设。老河口市气象局现有办公楼1栋，职工宿舍3栋，总占地5550.83平方米，基础设施建设趋于完善。

1994年的老河口气象局

2006年的老河口市气象局

宜城市气象局

宜城自西汉(公元前192年)置县，已有2000多年历史。1994年6月撤县设市，隶属湖北省襄樊市。全城版图形如礼帽，总面积2115平方千米。

宜城属北亚热带湿润大区江北气候区，季风气候特征明显，年降水量变化显著，雨量集中在夏季，由于季风的强弱和进退的时间不同，易发生旱、洪涝、风、雹、低温等灾害。

机构历史沿革

历史沿革 1956年5月，宜城气候站成立。1959年3月改名为宜城县农业气象实验站。1965年12月改名为宜城县农业气象服务站。1969年7月改为宜城县革命委员会生产指挥组农林水小组气象服务站。1970年9月恢复宜城县气象服务站。1971年11月改名宜城县气象站。1977年4月改称宜城县革命委员会气象局。1980年改为宜城县气象局，确定为气象观测国家一般站。1994年10月更名为宜城市气象局。2006年7月1日改为国家气象观测站二级站，2008年12月改为国家气象观测一般站。

管理体制 1956年5月至1971年7月，由湖北省气象局和宜城县政府双重领导，以省气象局领导为主。1962年6月后以省气象局领导为主，1973年7月以地方领导为主。其中，1971年7月至1973年7月，县气象站由县人武部军管。1982年1月，改为以气象部门领导为主的双重领导管理体制至今。

名称及主要负责人变更情况

名称	时间	负责人
湖北省宜城气候站	1956.05—1957.07	梁益福
湖北省宜城气候站	1957.08—1958.03	段光泽
宜城县农业气象实验站	1958.07—1960.06	方成华
宜城县农业气象实验站	1959.03—1959.11	张光千(副站长)
宜城县农业气象实验站	1959.11—1963.11	万邦农(站长)
宜城县气象服务站	1963.11—1976.08	张光千(站长)
宜城县气象站(正科)	1975.08—1984.05	李东运(副站长)
宜城县革命委员会气象局	1976.08—1983.09	徐仁斌(站、局长)
宜城县革命委员会气象局	1977.07—1979.06	冯明安(副站长)
宜城县气象局(正科)	1980.01—1996.05	龙飞熊(站、局长)
宜城市气象局	1996.05—1999.02	佘运江(副局长)
宜城市气象局	1996.10—2000.01	骆玉财(副局长)
宜城市气象局	2000.01—2006.10	骆玉财(局长)
宜城市气象局	2000.01—2006.10	陈国华(副局长)
宜城市气象局	2006.10—	陈国华(局长)

人员状况 1956年建站时只有2人。2006年9月定编为8人。现有气象编制职工11人，地方人影编制3人，聘用4人。

在职职工18人中，大学学历1人，大专学历4人，中专学历11人；中级专业技术人员6名，初级专业技术人员10人；55岁1人，50～55岁4人，40～49岁6人，40岁以下的7人。

气象业务与服务

1. 地面气象观测

观测项目和时次 1957年1月1日进行地面气象观测，每天4次定时气象观测，1961

年改为3次。自1959年开始，先后向省、地气象部门拍发绘图天气电报，气象旬(月)报、雨情报、灾情报。先后向西安、荆门、当阳等机场拍发航空天气电报和危险天气电报，于1984年停发。从1961年开始，每半年将经检查无错误的原始记录精装成册，编序存档。此举在全省气象部门予以推广，1985年因经费原因停止资料精装。

观测场地变迁 1956年5月建站时位于县城北门外马岗(距当时的烈士墓约100米)。1969年，因烈士墓要扩建成烈士陵园，按"先来后到"原则迁站到原站址西北西方1.5千米处的杈角堰，并于1970年10月正式观测。1985年因城市化进程加快，对观测场造成影响，但因经费原因迟迟未迁。1999年再次迁站，新址位于距原址3千米的太平村四组(东经112°13′，北纬31°44′)，海拔高度67.8米，于2001年1月正式观测。2005年8月在人工站观测场安装了多要素自动气象站，人工和自动观测项目有：气温、湿度、气压、风、0～320厘米地温、草温、降水量等，每小时一次自动上传资料。经过3年的对比观测，于2008年正式启用，实现了气象现代化、遥测化。

现代化进程 1985年，地面观测用PC-1500计算机代替人工查算和编报。1990年3月开始用电脑制作报表，1995年开始通过气象信息网络制作传输报表资料。1997年底，开始组建县(市)级业务服务网络。

2005年以后，市气象局先后在宜城建了6个单要素站(雷河、孔湾、陡沟、王集、黄冲、郑集)、4个两要素站(刘猴、襄南邓林、谭湾、莺河)、3个四要素自动气象站(长渠、流水、新街)，收集气温、降水、风等气象资料，现代化气象观测网络初步建成。

其他观测点的建设 20世纪20—70年代，多次在县境内设观测点、水文站，开办气象哨训练班，建立气象哨，进行雨量、蒸发量、水位等观测。

1929年5月，由中华民国湖北省水利局创设宜城水位站，观测汉江水位及降水量，1930年6月记录降水量。1935年7月至10月因洪水而缺测，1938年7月，因日本侵略而停止。1950年6月21日，长江水利委员会重建宜城水位站。1951年6月观测汉江水位和降水量、蒸发量。1958停测降水量、蒸发量，用气候站的资料代替。

1954年，襄阳专署水利局在黄宪集设立长渠管理二段，开展灌溉试验，于次年展开降水量、气温、湿度、日照、风的观测。1955年，襄阳专区水文总站在田家集设立水文站，观测莺河的水文情况及降水量。1958年7月至1960年12月观测降水量。1961年田家集水文站撤销，在莺河一库设立雨量点，1961年记录降水量。

原邓林农场从1963年开始观测气温、湿度、风、降水量；自襄北农场迁来后，设立气象站，进行正规记录；1997年停止观测。

1972年，襄阳地区水文总站在雷河廖河村设立水位站，1973年记录降水量。1997年7月1日此水位站因桩基下陷而迁移至朱市。

2. 农业气象观测

1957年10月进行小麦、棉花、水稻、芝麻等作物的生育期观测，目测土壤湿度，向省气象台发气象旬报。1959年，专署气象局拟将宜城站改为农业气象实验站，由于测报条件不够，两名农气人员分别住在黄集长渠二段和县良种场展开一年多的简单农业气象试验。1962年器测土壤湿度，停止棉花、芝麻物候观测。1963年增加棉花物候观测。1965年2

月，专署气象局下文，定宜城为农业气象基本观测点。1966年7月，湖北省气象局通知取消农业气象观测。1979年12月，湖北省气象局要求恢复农业气象观测，定宜城为省农业气象观测基本点。1982年，观测小麦、中稻和十种自然物候。1984年增加棉花观测。1999年8月，省气象局通知停止全部自然物候观测。宜城农业气象观测项目有小麦、油菜、棉花（简测方法）的生育期观测和器测土壤湿度观测及向湖北省拍发农业气象旬报和土壤墒情报告。并将农气观测资料上报当地政府主管农业的领导参考，通报农业植保站。

3. 天气预报

1958年7月，开始制作发布补充天气预报。唯一的工具是收音机；唯一的方法是“收听加看天”，即组织“看天小组”，请老农民当顾问；还在办公室里养泥鳅，蚂蝗作为预报工具。20世纪60—70年代，开始制作“九线图”、“点聚图”等，收集整理了气象谚语560条；宜城、南漳和襄北农场（现襄南监狱）气象站每年都组成合作片，通过分析全国几十个站的地面、高空资料为春播、秋播、麦收天气预报找指标，但收获不大。20世纪70年代另一个重要的预报工具就是收音机，通过收音机收听上级指导预报，经订正后作出预报结论。

1981年配备了天气图传真机，可以接收少量预报资料作为参考。20世纪90年代以后，计算机逐渐普及，随着网络建设发展，各种气象信息都可以从微机上获取，县气象站天气预报在襄樊市气象台天气预报的基础上进行订正，天气预报质量才得以稳定提高。

4. 气象服务

天气预报服务　20世纪70年代主要利用农村有线广播发布气象信息，在这之前基本没有开展气象服务。1979年推广“预警接收机”到村。1999年12月“121”天气预报自动答询系统开通后预警机淘汰。随着网络和通信技术的发展，服务方式和手段也多样化，电话、传真、电子邮件、网站等都成为发布天气信息的载体和途径。另外对重大天气过程当面服务，重要活动现场服务。

1989年开始庆典气球服务。1990年开展防雷检测服务。1997年开展电视天气预报服务工作。

人工影响天气　1974年，宜城县农委要求县气象站搞土火箭实施人工降雨，到枣阳和均县气象站参观、制作土火箭“发射架”。试用后因质量不合格而弃用。

1978年，宜城站配1门“三七”高炮，由6名临时工作业。1981年因无经费停止该业务。1985年7月，县政府成立了县人工降雨领导小组和办公室，开展人影工作。1992年“人工降雨办公室”收归县农委管理。1994年8月，县政府办公室将“人降办”移交给气象局管理。1997年开始有偿人工增雨服务，所收经费用于气象局基础建设和人影工作开支。1998—1999年先后在李垱、讴乐、流水建成了3个固定人影工作站；2005年后因工作站附近民居聚建，影响安全而将3个人影工作站变卖，只设流动炮点。

2001年税费改革后，政府将每年的弹药款、人影办公经费纳入财政预算。作业设备由原有1门高炮增加到现在的5门高炮、3门火箭。

多种经营　1985年，国务院批准气象部门开展综合经营和有偿服务，宜城站从1985年开始经营打米、压面条、开小卖部、养猪、养鸡、养鸭、养貂、养獭兔等项目。1995年，由省气象局和宜城政府拨款，在临207国道的街边征地盖房出租；2004重建出租至今。

科学管理与气象文化建设

法规建设与管理 1990年以来，宜城县气象局先后与公安局、劳动局、建委联合发文加强防雷减灾管理工作。2000年10月宜城市人民政府办公室下发了宜政办〔2000〕91号文，印发《宜城市防雷装置管理办法》等有关文件。防雷行政许可和防雷技术服务逐步规范化。

2006年10月，《宜城市气象局突发性灾害性天气应急预案》列入《宜城市突发性自然灾害应急方案》中。

内部规章制度。1999年4月制定了《宜城市气象局综合管理制度》，之后每年根据实际情况修订，逐步健全内部规章管理制度。

党建工作 1959—1972年只有党员1人，组织关系隶属于县农业局党支部。1976—1979年底，有党员3人，成立党支部，徐仁斌任书记。20世纪80年代初，党员人数发展到9人，1981—1991年徐仁斌任党组书记，龙飞熊任党支部书记。1991—1998年10月龙飞熊任党组、支部书记。1998年11月至2006年10月骆玉财任党组、支部书记。2006—2008年党员人数发展到11人，2008年12月陈国华任党组书记，刘金祥任机关党支部书记。

认真落实党风廉政建设目标责任制，积极开展廉政教育和廉政文化建设活动，努力建设文明、和谐、廉洁机关。

气象文化建设 坚持政治学习有制度、文体活动有场所、电化教育有设施，职工文化生活丰富多彩。

开展文明创建规范化建设，统一制作政务公开栏、学习园地、法制宣传栏和文明创建标语等宣传用语牌。建有图书阅览室、职工学习室、健身器材运动场，拥有图书3500册。档案管理规范化。与科协等部门在“3·23”世界气象日或科普活动期间组织科技宣传，普及气象知识。积极参加市组织的文艺汇演和健身活动，职工的业余生活丰富多彩。

荣誉 1985—2008年宜城市气象局共获集体荣誉64项。2003年和2006年两次被湖北省委省政府授予“全省文明单位”。2004年，被中国气象局授予“局务公开先进单位”称号。

1985—2008年，宜城市气象局个人获奖共132人(次)。

台站建设

1956年建站时仅有平方两间。1969年迁站时建平房十二间。1999年再次迁站时建起二层业务值班室。现有办公楼1栋720平方米，测报值班室1栋240平方米，车炮库150平方米，职工宿舍1栋1200平方米。修建了500多平方米草坪，栽种了风景树，绿化率达到了46%，硬化了980平方米路面。

从2003年开始，改造了业务报值班室，建成地面气象卫星接收小站、AMS-Ⅱ型地面自动观测站、县级气象服务终端、县(市)级天气预报制作系统、天气预报会商系统，组建了比较完善的局域网络，逐步完成了业务系统的规范化建设。

宜城气候站建站时站房和观测场(1956—1970年),其中:1为民房,2为站房。

1983年6月拍摄的宜城气象观测场。左上为“贡堰”,中间柏杨树后为“权角堰”。

2000年建成的太平观测场

荆州市气象台站概况

荆州市位于湖北省中南部，江汉平原腹地，现辖2区、3市、3县，面积14067平方千米，人口636万。

气象工作基本情况

管理体制 在荆州市各地气象台（站）建站初期，多由湖北省气象局和当地政府双重领导，以湖北省气象局领导为主。20世纪70年代初期，普遍改为军管，由当地人民武装部领导。文化大革命结束后，改为由地方政府领导为主。1981年，全国实行机构改革，气象部门先后改为部门和地方双重管理的领导机制，由部门领导为主，一直延续至今。

所辖台站 荆州市气象局下辖6个县（市、区）气象局，代管荆州市人工影响天气办公室。全市设3个国家基本气象站（荆州、监利、洪湖），3个国家一般气象站（公安、松滋、石首），1个国家农业气象试验站（荆州农试站）。

人员结构 全市气象部门在职人员：1997年（行政区划变动后）155人。2008年，全市编制控制数113人，在职人员111人，其中本科学历39人，大专学历37人，中专及以下学历35人；高级职称11人，中级职称52人。全市离退休人员93人。

历史沿革 清光绪三十一年（1905年），日本驻沙市领事馆在沙市临江路六码头御河坪进行气象观测。1935年国民政府设立江陵、监利、沙市测候所，这3个测候所于1938年6—8月先后裁撤。1952年6月—1959年3月，相继建立钟祥（1952年6月）、京山（1959年3月）等12个气象站和荆州气象台。因行政区划变动，荆门站于1987年划出，天门、仙桃、潜江站于1994年划出，钟祥、京山站于1996年划出。1987年荆州农业气象试验站在江陵气象站挂牌。1985年，成立荆州地区人工降雨办公室。

文明创建 截至2008年底，荆州市所属气象局均建成县级以上文明单位，其中省级文明单位1个，地市级文明单位3个，省级文明行业1个。荆州市气象局1994年建成省级文明单位，1997年建成市级文明创建工作先进系统，2001年建成省级最佳文明单位后已连续4届保持荣誉。

气象法规 气象执法工作于1992年正式展开。重点开展建筑防雷设施监管和施放升空氢气球行政审批工作。原荆州地区行署、荆州市人民政府先后下发了《关于进一步加强气象工作的通知》(荆行发〔1992〕130 号)、《关于进一步加快我市地方气象事业的通知》(荆政发〔1998〕10 号)。荆州市人民政府办公室先后下发了《关于加强施放庆典氢气球安全管理工作的通知》等 3 个文件;荆州市气象局分别与荆州市公安局、荆州市建设委员会联合下发了《关于加强非生产性用氢售氢管理工作的通知》(荆公消〔2000〕5 号)和《关于加强建设项目防雷工程设计施工验收工作的通知》(荆建设发〔2004〕82 号)文件。

主要业务范围

地面气象观测　1905—1920 年、1935—1938 年,荆州有测候所气象观测资料记载。荆州气象站于 1953 年开展气象观测工作。全市现有 6 个气象观测站承担全国统一观测项目任务。

3 个国家一般站观测发报内容:云、能见度、天气现象、气压、气温、湿度、风向风速、降水、雪深、日照、蒸发(小型)、地温、电线积冰和 GPS/MET(监利无此观测项目)。每天 08、14、20 时 3 次定时观测,向湖北省气象局拍发省区域天气加密电报。

3 个国家基本站观测发报内容:除一般站的项目外,增加酸雨和 E-601B 大型蒸发观测,荆州同时承担辐射计和闪电定位仪的观测任务。常规地面观测每天进行 02、08、14、20 时(北京时)4 次定时观测,拍发天气报;进行 05、11、17、23 时补充定时观测、拍发补充天气报告。荆州、监利站承担航空报和危险天气报的发报任务。

2003 年开始建设区域加密自动气象站,2008 年建成 119 个,其中:单要素站 32 个,两要素站 30 个,四要素站 48 个,五要素站 3 个,国家气象观测站 6 个,实现地面气压、气温、湿度、风向风速、降水、地温自动记录。

农业气象观测　各台站 1957—1960 年开展农业气象观测。1981 年后,江陵站(现荆州农试站)、洪湖站承担农业气象观测任务。农业气象观测内容为:粮食作物(水稻、小麦)、经济作物(油菜、棉花)的生长状态和农业气象条件,土壤湿度。观测内容和方法主要执行国家气象局编写的《农业气象观测规范》。

气象预报　建站初期,根据单站气象要素变化、物象特征、天空状况和天气谚语等预报信息,制作 24 小时单站补充天气预报。20 世纪 60 年代进入"图、资、群"时期,大量统计分析气象资料,制作各种简单预报图表,外推后期天气。20 世纪 70 年代,统计预报方法、经验指标法、简易天气图预报模型等得到了应用。20 世纪 80 年代至 90 年代中期,进行天气图分析、气候分析、数理统计分析。20 世纪 90 年代后期以来,建成 VSAT 单收站和 MICAPS 系统,所属县级气象站对上级指导预报加以解释订正。卫星云图、雷达和加密自动站资料在短期短时预报中发挥了一定作用。

气象服务　20 世纪 50—60 年代,气象服务由为国防建设服务转向为地方经济建设服务为主,服务内容主要是气象资料、48 小时以内的短期天气预报。20 世纪 70—80 年代,以农业和防汛抗灾服务为重点,专业气象有偿服务逐步展开。20 世纪 90 年代开始,气象服务主要分为决策服务、公众服务和专业专项服务几部分。现在采用电视、电台、报纸、网络、手机短信、"12121"自动答询、电子显示屏等服务方式发布气象预报,及时提供短时天气警报和预警信号。1990 年开展升空气球广告和防雷服务。1997 年开展电视天气预报和"121"天气自动答询电话服务。2002 年开展手机气象短信和影视宣传气象服务。2004—

2005 年,"121"电话气象服务先后升位为"12121"。2007 年 5 月,荆州全市"12121"实行集约经营。

农业气象服务始于 1959 年,开展水稻、棉花、小麦等主要农作物的农业气象鉴定及农业气象预报,"文化大革命"期间停止。1981—1984 年完成全市农业气象资源调查和区划。1989 年开展荆州农业气象情报服务网络建设,"农气网"服务产品深受乡镇欢迎,被中国气象局誉为"荆州模式"。

人工影响天气 人工影响天气工作始于 1974 年,初以土火箭为主,现为"三七"高炮和新型火箭替代。全市现有高炮 6 门、火箭 2 具。人工影响天气作业由过去的人工观测云层、"三七"高炮发射碘化银发展到如今用气象卫星、多普勒天气雷达探测手段指挥高炮和车载式火箭作业。

荆州市气象局

机构历史沿革

历史沿革 荆州气象站 1953 年 6 月由中国人民解放军建立,站址位于荆州城互助街 38 号。1954 年 6 月迁至荆州城老南门外(现荆州区御河路 132 号),观测场位于北纬 30°20′,东经 112°11′,海拔高度 32.6 米,属于国家基本站。1958 年 7 月扩建为荆州气象台。1958 年 12 月成立荆州地区气象局,与气象台合署办公。1994 年 11 月更名为荆沙市气象局。1997 年 1 月更名为荆州市气象局。2004 年 1 月,观测场迁至荆州城西门外(现荆州区荆秘路 111 号),位于北纬 30°21′,东经 112°09′,海拔高度 31.8 米。

管理体制 1953 年 6 月至 1954 年 1 月,属荆州军分区管理。1954 年 1 月至 1958 年 10 月由湖北省气象局和荆州地区行政公署双重领导,以省气象局领导为主。1958 年 11 月至 1962 年 5 月以荆州地区行政公署领导为主。1962 年 6 月至 1971 年,属湖北省气象局管理。1972 年至 1981 年 1 月,以荆州地区行政公署领导为主,其中 1971 年至 1973 年,属荆州地区革命委员会管理,以军分区领导为主,业务上受湖北省气象局指导。1981 年 1 月实行由湖北省气象局和荆州地区行政公署(现为荆州市人民政府)双重领导,以湖北省气象局领导为主的体制。

人员状况 荆州市气象局在职人员:1954 年(建站)。1958 年(建局)32 人,1981 年(体改)59 人。2008 年,编制控制数 58 人,在职人员 54 人,其中本科学历 26 人,大专学历 17 人;高级职称 9 人,中级职称 27 人;离退休人员 39 人。

内设机构 现内设职能科室 3 个:综合办公室(计划财务科)、业务管理科(政策法规科)、人事教育科(监察审计室、离退休办公室、精神文明建设办公室);直属事业单位 5 个:市气象台、市财务核算中心、市公众气象服务中心、市农业气象中心;地方批准成立的机构 2 个:市人工影响天气办公室、市防雷中心。

名称及主要负责人变更情况

职务	时间	负责人
荆州气象站	1953.06—1958.11	丁根应
荆州地区气象局	1958.11—1959.09	丁根应
荆州地区气象局	1959.10—1961.04	杨永保(主持工作)
荆州地区气象局	1962.12—1966.05	朱绍发
荆州地区气象局	1966.05—	韩生勤
荆州地区气象局	1972.12—1980.06	王建国
荆州地区气象局	1980.06—1980.12	张承焕(主持工作)
荆州地区气象局	1980.12—1992.04	王　敏
荆州地区气象局	1992.04—1994.02	陈晓元(主持工作)
荆州地区气象局	1994.02—1994.11	杨正祥(主持工作)
荆沙市气象局	1994.11—1995.08	杨正祥(主持工作)
荆沙市气象局	1995.08—1999.04	杨正祥(副局长、党委书记主持工作)、夏国荣
荆州市气象局	1999.04—2006.03	杨正祥
荆州市气象局	2006.03—	童哲堂

气象业务与服务

荆州地处湖北省中南部,江汉平原腹地,长江自西向东横贯全市,属典型的亚热带季风气候,灾害性天气频发,尤以暴雨、雷电、冰雹、大风、干旱、阴雨雪为最重。

1. 气象综合观测

气象观测　清光绪三十一年(1905 年),日本驻沙市领事馆在沙市临江路六码头御河坪进行气象观测,站址位于北纬 30°18′,东经 112°15′。每日观测 3 次(06、14、22 时),其项目有气压、气温、降水、风速、天气现象等。观测时间为 1905 年 1 月至 1920 年 2 月,其观测资料均有记载。

1935 年成立荆州气象测候所,每日观测 3 次(06、14、21 时),观测项目为气温、湿度、雨量、蒸发、风力、风向、云量、能见度及天气状况等。抗日战争爆发后,于 1938 年 6 月裁撤。

1953 年,中国人民解放军在荆州建立气象站,主要为军航、民航等国防建设服务,站址位于江陵县(现荆州区)城关北纬 30°24′,东经 112°04′。1954 年 1 月移交当地政府,1954 年 6 月站址迁至江陵县城关郊外。每天进行 4 次定时(02、08、14、20 时)气象观测和 4 次补充定时(23、05、11、17 时)气象观测,编发 8 次天气观测报告(2006 年 6 月前为 7 次,23 时不发报),参加亚洲区域气象资料交换。同时承担军事、民航部门航空报和危险报的发报任务。2004 年 1 月将站址迁至荆州城西郊(北纬 30°21′,东经 112°09′),相继增加闪电定位、辐射、酸雨、GPS/MET 等观测项目。

1999 年 10 月,ZQZ-CⅡ型自动气象站建成,11 月 1 日开始试运行;2001 年 1 月 1 日自动气象站正式单轨运行。观测项目有气压、气温、湿度、风向风速、降水、地温等,观测项目全部采用仪器自动采集、记录，替代了人工观测。

2003 年开始建设区域气象观测网和专业气象观测网，组建间距 5～10 千米，2008 年底建成加密自动观测站 15 个。2005 年建成闪电定位观测站，2006 年建成酸雨观测站，2008 年建成微波辐射观测站和 GPS 观测站。

1976 年使用 711 测雨雷达。2001 年 6 月，可移动式多普勒天气雷达投入使用。

气象信息网络 1984 年通过荆州至武汉有线电传报路获取区域实况图及数值预报传真图。1986 年，全市建成气象甚高频辅助通信网。1991 年建成武汉数字化雷达远程终端显示系统。1992 年 1 月开通荆州至武汉长途微波专用话路，实现图、话、数据的传输。1992 年建成荆州地区气象局 NOVELL 局域网。1996 年建成荆州市气象局到省气象局的公共数据交换网。1997 年完成荆州“9210 工程”卫星通信建设项目和县气象局计算机远程工作站。1999 年在全市、县气象局建成气象卫星 VSAT 地面工作站。目前荆州市气象信息网络由广域网和局域网组成，能提供 WWW、FTP、数据库等多种气象信息网络服务。

2. 气象预测预报

短期天气预报 建站初期，根据单站气象要素变化、物象特征、天气谚语等气象信息，制作 24 小时单站补充天气预报。20 世纪 60 年代，利用各种预报图表，外推后期天气。20 世纪 70 年代，用简易统计预报方法、经验指标法、天气图预报模型等工具制作预报。20 世纪 80 年代至 20 世纪 90 年代中期，建立了在 PP 法、MOS 法技术路线下的统计实用工具以及天气学预报模型。《荆州地区大到暴雨短期预报方法》1980 年获得湖北省气象局科技进步二等奖；《中尺度天气气候分析及甚短期天气预报》1990 年获湖北省气象局科技进步一等奖；《荆州历年短期预报工具方法指标集成》1995 年获荆州市科技进步二等奖；《荆州地区暴雨方法研究》1997 年获湖北省气象局二等奖。

1998 年 MICAPS 系统建成后，多种天气预报应用系统平台建成并应用，进入了以数字预报产品为基础，引进预报员经验的新的天气预报技术时期。通过设立自立课题和申请湖北省气象局课题，采取分散和集中攻关方式先后完成了以暴雨为重点的各种预报工具和方法，如汛期暴雨预报方法、高低温预报方法、风的预报方法以及雾的预报方法等。

中期天气预报 建站至 20 世纪 80 年代初期，主要依赖于历史气象资料，通过数理统计中的相似法、阴阳历叠加、相关分析等手段制作周天气预报和旬天气预报。20 世纪 80 年代中期至 20 世纪 90 年代初期，通过气象传真接上级业务部门中期天气预报，结合本地气象资料，应用数理统计方法制作旬天气预报，作为内部参考资料。20 世纪 90 年代中期以后，中期天气预报作为服务的内容之一延续下来，在预报方法上主要应用欧洲数值预报中心、T213 和日本等数值预报产品。上级业务部门不考核中期预报质量。

长期天气预报 长期天气预报有：年度、春播、汛期、夏收、梅雨、盛夏、秋季、冬季等 8 种预报，其中春播、汛期是重点。长期天气预报从 20 世纪 70 年代后期开始制作。经过省、地气象局多次会战，建立了一套长期预报特征指标和工具，主要运用数理统计和常规气象资料图表及天气谚语、韵律关系、海气关系、阴阳历叠加等方法，在上级气象台的指导下制作具有本地特点的订正预报结论。对地市级长期预报上级业务部门不考核，因服务需要延续下来，并不断在加强。

3. 气象服务

决策气象服务 20世纪50—60年代，提供1～2天天气预报。20世纪70—80年代，提供1至3天天气预报、旬天气预报、关键季节天气预报、长期天气预报、重大天气过程服务简报以及防汛抗灾专题报告并到防汛指挥部现场服务。20世纪90年代以后，除提供长、中、短气象情报外，主要以《天气服务简报》、《重大气象信息专报》、《专题气象报告》、《气象灾害预警信号》、《中期天气预报》、手机短信等多种内容和手段开展服务。1998年长江发生特大洪水，荆州市气象台亲临防汛前线指挥部，提供重大气象现场服务。

公众气象服务 20世纪50—60年代，服务内容简单，手段单一，通过电台向公众发布天气预报；20世纪70—80年代，通过电台、报纸、电视等发布预报。20世纪90年代以后，通过电视、电台、报纸、网络、手机短信、"12121"自动答询、电子显示屏等发布气象预报；及时提供短时天气警报和预警信号。

专业与专项气象服务 20世纪80年代后期，成立了荆州地区气象局咨询服务部，初步开展专业气象有偿服务。1988年建成天气预警报通信系统，用户通过接收机收到发射机广播的气象信息。1990年成立气象服务科。1994年成立气象服务中心、影视中心、防雷中心、气象广告中心，在以前服务的基础上增加了电视天气预报、"12121"声讯电话、避雷设施的安装、检测和监审、施放氢气球广告管理等多项专业服务。对辖区内的重点项目提供专题论证报告。

2006年9月21日荆州市气象台业务人员参加荆州市应急演练

气象科普宣传 每年"3·23"世界气象日都要到广场进行宣传气象知识。每年接待大批来自大、中、小学的学生参观气象业务工作平台。将气象科普知识、气象服务知识内容制作成课件到学校和相关培训会上进行宣讲。2008年投入近万元建设的气象科技长廊，已成为荆州市青少年科技辅导基地，省市科委领导到现场进行了观摩。

科学管理与气象文化建设

行业管理 1992年以来，荆州市政府办公室下发了关于施放氢气球安全管理的通知。荆州市气象局与公安局、建委先后联合下发了《关于用氢售氢安全管理》和《关于加强防雷建审的通知》。每年整顿中心城区氢气球广告市场，依法查处无证经营。

政务公开 气象行政审批办事程序、气象服务内容、服务承诺、气象行政执法依据、服务收费依据及标准等向社会公开。

健全内部规章管理制度，2007年4月修订印发了《荆州市气象局管理制度汇编》。

局财务账目每年接受上级财务部门年度审计，并将每月的财务账目和科技服务收支账目向职工公布。

党建 1953年6月至1957年8月,设立党支部。1980年12月至1984年7月,党支部改为党组。1984年7月,党组改为党委至今。其中1999年5月,市气象局新建立党总支,下设2个党支部。2008年9月,总支下设3个党支部。至2008年底,市气象局设党委1个,党总支1个,党支部3个,党员总数55人。

局工会主席一直由副局长或副县级干部兼任。

气象文化建设 坚持以人为本,弘扬自力更生、艰苦创业的精神,深入持久地开展文明创建工作,共出台各种制度42种。

多次选送职工到南京信息工程大学等单位学习深造。全局干部职工及家属子女无一人违法违纪。12次被地方有关部门评为"社会治安综合治理先进单位"、"计划生育工作先进单位"。

组织"献身气象事业"、"青春在平凡岗位上闪光"、宣传"湖北气象人精神"演讲比赛。开展"为人民服务,树行业新风"活动。

荆州市气象局建站以后经历了两次大的创业。1973年,开始第一次创业,扩大了气象编制,先后新招收职工11名,修建三层的办公大楼1栋,面积450平方米。1992年,单位资金短缺,严重制约着气象事业发展,气象人开始第二次创业。成立了劳动服务公司,办起了招待所和涂料厂,不断出台修定完善改革方案,市场不断扩大。

荣誉 1978—2008年,荆州市气象局共获集体荣誉98项,其中获省部级集体荣誉12项。1997年以来,连续6次被市委、市政府授予"文明创建工作先进系统";2001年以来连续4次被省委、省政府确认为"最佳文明单位"。1994年荆州市气象局被省政府授予"气象为农业服务先进单位"。1998年被中国气象局、省气象局分别授予"防汛抗洪气象服务先进集体"。1999年被市委、市政府授予"抗洪英雄集体"。2008年被中国农林水利工会全国委员会授予"劳动奖状"。

1978—2008年,荆州市气象局个人获奖共351人(次),其中获省部级奖有18人(次)。

台站建设

台站综合改善 2004年,修建了新地面气象观测场、值班室。建成健身房、图书阅览室(现拥有图书4500册)、老干部活动室和室外小型运动场所等。2008年下半年,在荆州区气象局旁征地面积1.6万平方米,新建1栋12层楼高的荆州市天气雷达楼,建筑面积3200平方米。

荆州市气象局现有面积2.9万平方米。局机关行政办公楼1栋,建筑面积2600平方米;气象业务科技综合楼1栋,建筑面积1998平方米;职工住宅楼5栋,共72套住房,建筑面积6610平方米。

园区建设 近六年来,通过向省气象局申请、向地方政府争取和市气象局自筹的办法,共筹集资金100余万元,改造了院内的供电增容设施、电线线路、院内水泥路面和下水道。院内修建了3350平方米的草坪、花坛,30平方米的观赏鱼池,栽种雪松、柏树、棕榈、水杉、玉兰、翠竹等树木花草1500多株,全局绿化面积率达到了65%。硬化了近3100平方米路面,其中,路面刷黑有1040平方米,使机关大院变成了风景秀丽的花园。

荆州区气象局

荆州区(原江陵县)是国务院首批公布的24座历史文化名城之一,历史悠久,地名始见于战国楚印,秦已建县。属北亚热带季风气候,四季分明、降水充沛,农业气候兼有南北热带、温带的特征,适宜多种气候生态型生物生长繁衍。

机构历史沿革

历史沿革 1975年8月恢复江陵县气象站,在江陵县农业局办公。1982年成立江陵县气象局。1996年江陵县撤县建区时,更名为荆州区气象局。1987年成立荆州农业气象试验站,1993年5月升级为国家一级农业气象试验站。

管理体制 1975年8月—1982年4月由湖北省气象局和江陵县政府双重领导,以地方领导为主。1982年4月全国实行机构改革,气象部门改为部门和地方双重管理的领导体制,以部门垂直管理为主,这种管理体制一直延续至今。

名称及主要负责人变更情况

名称	时间	负责人
江陵县气象站	1975.08—1978	黄智敏
江陵县气象站	1978—1980.03	朱均甫
江陵县气象站	1980.04—1982.09	黄智敏
江陵县气象局	1982.10—1988.03	王国藩
江陵县气象局	1988.04—1996.02	黄智敏
荆州区气象局	1996.03—1997.02	黄智敏
荆州区气象局	1997.03—1999.03	熊守权
荆州区气象局	1999.04—2000.03	程明华
荆州区气象局	2000.04—2006.03	汪孝清
荆州区气象局	2006.04—	周守华

人员状况 1993年升级为国家一级农业气象试验站,定编22人,2000年减编为15人。2006年业务技术体制改革中定编为9人。现有在编职工9人,其中大学学历4人,中专学历5人;高级专业技术人员2人,中级专业技术人员3人,初级专业技术人员4人;50岁以上的有2人,40~49岁的有5人,40岁以下的有2人。

气象业务与服务

1. 气象业务

作物观测 1980年开始开展中稻观测,1981年增加了小麦、棉花观测。1982年开展油菜观测,1990年取消,2009年恢复。1985年开展早稻、晚稻观测。1989年由于种植制度的变化，将早稻和晚稻观测取消，改为一季中稻观测。2000 年增加玉米观测，观测方法按照湖北省气象局业务处制定的《农业气象简易观测方法》执行。同时，开展农气旬报编发、农作物报表制作以及农业灾害调查、农业气象试验等多项业务工作。共有 6 人次被中国气象局授予"质量优秀测报员"。

土壤湿度观测 1981 年开展土壤湿度每月逢 8 作物地段观测。2003 年增加逢 8 固定地段观测。2004 年增加逢 3 加密地段观测。2006 年开展了土壤湿度自动监测。

物候观测 1981 年开展物候观测，观测的项目有木本植物（旱柳、榆树）、草本植物（蒲公英、车前草）、动物（青蛙、大雁、布谷鸟）以及气象水文观测等。2003 年取消了一些项目，仅保留了旱柳、蒲公英、车前草观测。

水产观测 1985 年到 1991 年，开展了水体溶氧量、水温、透明度、鱼体生长速度等项目的观测。2008 年在荆州农业气象试验站能力建设项目中，新增一套多参数水质监测系统，24 小时自动监测水温、溶解氧、pH、电导、浊度、蓝绿藻等要素。

生态观测 2007 年成立中国气象局荆州生态与农业气象试验站，重点开展农田生态系统的气象监测与研究。在水稻试验田修建了 10 米的梯度观测塔。2 米处安装 IRR-P 红外测温仪，自动监测稻田冠层温度。1 米、2 米、4 米、10 米高度分别安装了 HMP45C 温湿度传感器，测量农田近地面层温湿度梯度特征。1 米、10 米处安装风速传感器，测量农田近地面层风速和风向。2 米处安装了一套涡度相关系统，测量三维风速、大气 CO_2 密度和水汽密度。

自动气象站 2003 年 7 月，在荆州区马山镇、李埠镇完成 ZQZ-CⅡ1 型自动气象站安装并投入运行。之后在太湖、菱角湖、纪南、川店、弥市、郢城、八岭等乡镇、农场建立了 13 个气象自动监测站，初步建成 7 千米格距"地面中小尺度气象灾害自动监测网"。

气象信息接收 1982—1996 年，气象站利用收音机收听武汉区域中心气象台和上级以及周边气象台站播发的天气预报和天气形势。1996 年以后，利用气象网络应用平台，接收从地面到高空各类天气形势图和云图等数据，为气象信息的采集、传输处理、分发应用、会商分析提供支持。

气象信息发布 1986 年前，主要通过广播和邮寄旬报方式向全县发布气象信息。1986 年建立气象警报系统，面向有关部门、乡（镇）、村、农业大户和企业等开展天气预报、警报信息发布服务。2006 年以后利用手机短信每天 2 时次发布气象信息。2004 年 8 月起，建立荆州区兴农网，发布农业、气象、政务等各类信息。

2. 气象服务

农业气象科研 荆州区气象局每年向中国气象局、湖北省气象局申请科研项目。2002 年完成农气测报软件开发，在全省推广。2003 年完成农业气候第三次区划。2004 年—2007 年完成"江汉平原农田涝渍灾害监测预警研究"。2005 年完成中国气象局科技扶贫项目"涝渍地高效种植模式示范与推广"。2007 年完成"农业气象实时业务系统"开发。与长江大学、创想作物研究所合作，开展棉花、油菜品种对比试验、优质大粒蚕豆引种试验、单元农田水分平衡状态监测研究、湿地棉花、夏大豆、油菜三种旱作物持续渍水生育敏感期试验等。先后参与了湖北省重大科技计划"四湖地区综合开发及生态对策研究"，国家科技部下达的中日技术合作专项计划"中国江汉平原涝渍地综合开发"等项目研究。主持或参与的课题获省部级、地(市)、省厅(局)级以上科技成果、科技进步奖20余项,其中获省部级科技进步(成果)奖8项。

荆州区气象局历年主要科研获奖情况

序号	时间	项目名称	获奖情况
1	1984.10	棉花不同种植行向的田间小气候鉴定与生育状况关系的研究	湖北省气象局科技成果三等奖
2	1986.08	光照强度对小麦产量影响的研究	湖北省气象局科技成果三等奖
3	1988.12	江陵县农业气候区划	湖北省农业资源区划优秀成果一等奖
4	1989.07	江汉平原杂交晚稻气候适应性研究	荆州地区(市)科技进步二等奖
5	1989.07	在PC-1500上利用汉字显示列"菜单"的方法进行农业气象观测计算和编报研究	荆州地区(市)科技进步三等奖
6	1989.12	"麦菇棉"新种植制度的食用菌田间栽培气象调控技术研究	湖北省气象局科技进步一等奖
7	1991.12	平湖小区农业发展整体优化模式研究	荆州地区(市)科技进步一等奖
8	1992.12	优质蔬菜塑料大棚微气象条件研究	荆州地区(市)科技进步二等奖
9	1993.04	平湖小区农业发展整体优化模式研究及区域综合开发	湖北省政府星火科技类三等奖
10	1994.03	四湖地区资源环境评价与生态结构农业布局调整研究	湖北省科技进步二等奖
11	1994.12	蔗、菌、猪、鱼系统优化组链的农业气象条件研究	湖北省气象局科技进步三等奖
12	1994.12	荆州地区农业气象情报网	湖北省气象局科技进步一等奖
13	1996.07	湖北省荆州地区主要粮棉作物气候型病虫害流行气象条件及对策研究	湖北省气象局科技进步二等奖
14	1996.11	荆州地区农业气象情报服务	中国气象局科技进步四等奖
15	1999.12	月鲤人工繁殖及基地建设	荆州市科技进步二等奖
16	2002.12	涝渍地农业示范小区整体规划及综合整治开发研究	湖北省科技进步二等奖
17	2003.12	江汉平原涝渍地综合开发研究	湖北省科技进步一等奖
18	2004.08	涝渍地种植制度与高效农业模式研究	荆州市科技进步一等奖
19	2005	涝渍地排水改良技术研究	湖北省科技进步二等奖
20	2007	基于作物的农田排水指标及排水调控研究	湖北省科技进步三等奖

农业气象服务 1975年8月30日发出了"1975年双季稻孕穗扬花期农业气象展望",正确做出了秋寒偏迟预报。每年具体开展春播期、麦收期、双抢期、双季晚稻孕穗扬花期、夏粮夏油播种期、5—9月汛期农用天气预报。在主要作物生育期的5—9月开展每旬农用天气预报。在农业气象预报上开展了作物重要生育期预报、作物产量预报、杂交水稻"三系"父母本播插期预报、鱼苗孵化安全期预报、鱼泛塘预报、作物气候性病虫害的预报。每年向各级党政领导(直至村)发送自办服务刊物《农业气象》13到22期,并通过直接送达、江陵县电台广播、电话、邮寄等方式发布预报。2006年以来,开展了农事气象短信服务、"12121"农业气象声讯服务。每周进行一次农情调查,新增加《病虫害发生气象条件等级预

报》、《重要农业气象预报》和《重大农业气象灾害预报》等多种服务材料。

决策服务 在为领导决策服务上不定期的写出农业气象建议,如1981年江陵县气象站向县委写了"双季稻不宜大刀砍的建议",被县委主要领导加按语下发各公社管理区,当年县委还转发了气象站中稻孕穗扬花防高温、晚稻抽穗防秋寒的农业气象建议。

地方区域经济科技开发服务 1980年开始,参加了湖北省多个重大科技开发项目,在治理江汉平原四湖"水袋子"、农业湿地高效种养模式的系列开发、保障粮食安全、气候性病虫害发生的气象条件及对策、鱼苗孵化与成鱼泛塘灾害指标的探索、过度围湖造田引起局地气候劣变的对策等方面,开展了扎实的气象服务工作。开展了农业气象实用技术如地膜栽培草莓、黑米糯一栽两收、麦菇棉间套等实用技术,当地党政领导组织乡镇干部群众参观推广。1990年、1996年分别被中国气象局授予科技兴农、科技扶贫二等奖。

新农村建设服务 近几年在为"三农"气象服务上,努力向生态领域拓展。向社会提出遏制过度围湖造田,进行必要退田还湖(殖),并与农民一道试验、示范、开发了诸如"麦/瓜//黄豆—稻"、"麦//平菇/棉"、"鱼、猪、鸭"同境共生等10多种生态立体种养模式。研究气候变化所产生的极端气象灾害,诸如盛夏低温冷害对粮食中稻安全、棉花早衰的影响,稻飞虱的危害新特点等问题。与长江大学结合,开展农田水利建设与气象、稻田生态、气象社会公益功能方面的探索。

人工影响天气 2001年6月,荆州市荆州区政府办公室成立区人工影响天气工作领导小组,领导小组下设办公室,同年7月荆州区政府拨款购置人工增雨BL-1型火箭炮1门。2002年6月荆州区委机构编制委员会批复成立荆州区人工影响天气工作办公室,定编2人。

科学管理与气象文化建设

法规建设与管理 荆州区气象局在《中华人民共和国气象条例》颁发以后,积极向市领导和社会各界宣传。在地方的大力支持下,征用了一些土地,有效防止了气象探测环境被"蚕食"与破坏,多次请人大给予检查监督。

2000年以来,荆州区气象局认真贯彻落实《中华人民共和国气象法》、《气象探测环境和设施保护办法》、《人工影响天气管理条例》、《防雷减灾管理办法》等气象法律法规规章。注重农业气象探测环境保护,在单位公示台站探测环境,将气象探测环境和设施保护的标准报送当地人民政府及其规划部门备案。

党建 1959—1962年只有1名党员,组织关系隶属于县农业局党支部。1975—1982年有党员2人,组织关系隶属于县农业局党支部。1982年10月成立江陵县气象局党支部,有党员3名。1983年、1985年、1987年、1988年各发展党员1名。1999年6月发展党员2名。现有党员9名。

气象文化建设 本着"先治坡,后治窝;先服务,后为己"的原则,积极开展双文明创建活动。提出了"小实体,大网络,全方位,创一流"的江陵气象人精神,促使业务、科研、服务成绩显著。1989年被中国气象局授予"全国气象部门双文明建设先进集体",1993年被提升为国家一级农业气象试验站,1994年被湖北省政府授予"气象为农业服务先进单位",1998年被湖北省委、省政府授予"文明单位"称号。在地(市)、省厅(局)、县(区)级,获得各种荣誉奖励达百余项。

全局干部职工无一例违法违纪案件，无一人超生超育。

参加区(县)委、政府组织的《奉献杯》竞赛活动，成为全区(县)唯一的八连(年)冠；组织职工积极参加县绘画、书法、诗词、文艺竞赛，多次获奖。

台站建设

台站综合改善 在五年的时间内，对局机关的环境面貌和农业气象观测业务系统进行了改善。2003年、2004年通过向湖北省气象局申请基础设施综合改善工程资金和争取地方资金，共投入40万元，修建了综合楼，改造维修办公楼，建成了现代化农气观测业务机房，土湿自动观测站等多项业务工程。

2007年又征地20亩，现占地面积38亩，2.5万多平方米，办公楼1栋515平方米，综合楼1栋520平方米，职工宿舍1栋1040平方米。

农田生态监测站(2007)

单位全景(2005年)

园区建设 2003—2005年，分期分批对局机关院内的环境进行了绿化改造，重新修建装饰门房，在院内修建了草坪和风轮形花坛，花坛内设有健身器材，栽种了观测和观赏树木和花草，规划整修了道路，修建了鱼塘护坡、设置了不锈钢围栏，全局绿化率达到了60%。

公安县气象局

公安县具有悠久的历史，西汉高祖五年(公元2002年)建县，名孱陵县。东汉建安十四年(公元209年)，左将军刘备领荆州牧，立营油江口，人称刘备为左公，故改孱陵为公安，现隶属湖北省荆州市。

机构历史沿革

历史沿革 1957年3月，建立公安县气候站，站址在公安县城区斗湖堤安全区内(原城关乡瓦池社郊外)。先后2次迁站。1961年10月1日,观测场迁到离原站250米处(原公安县中级师范学校)。1975年1月站址从原城关乡瓦池社(郊外)迁至现公安县斗湖堤镇(郊外)长江路36号。1960年公安县气候站更名为公安县人民委员会气象科。1961年撤销气象科,成立公安县气象站,1967年更名为公安县气象服务站,1968年6月改名为公安县革命委员会气象站,1975年成立公安县革命委员会气象科,1981年1月更名为公安县气象局,实行局站合一。2006年7月1日改为国家气象观测二级站。观测场位于北纬30°04′、东经112°13′,海拔高度38.4米。

管理体制 1957年3月至1971年5月,由湖北省气象局和公安县政府双重领导,以湖北省气象局领导为主。1971年6月至1982年4月,由以省气象局领导为主改为以地方领导为主,其中,1971年6月至1972年12月,公安县气象科由人民武装部军管,成立公安县气象科革命领导小组。1978年1月成立公安县气象局。1982年4月,全国实行机构改革,气象部门改为部门和地方双重管理的领导体制,由部门领导为主,即垂直管理,这种管理体制一直延续至今。

名称及主要负责人变更情况

名称	时间	负责人
公安县气候站	1957.03—1958.12	陈显孝
公安县气象站	1959.01—1961.08	张官廉
公安县气象服务站	1961.09—1970.06	位学贵
公安县气象站	1970.07—1971.10	陈明华
公安县气象站	1971.10—1975.12	张颜芳
公安县革命委员会气象科	1976.01—1977.12	王国藩
公安县气象局	1978.01—1978.12	毛卓云
公安县气象局	1979.01—1982.10	王国藩
公安县气象局	1982.11—1984.02	鲁长庭
公安县气象局	1984.03—1985.02	张家荣
公安县气象局	1985.03—1986.08	邵万喜
公安县气象局	1986.09—1988.09	陈晓元
公安县气象局	1988.10—1992.03	张家荣
公安县气象局	1992.04—1994.08	李光祥
公安县气象局	1994.09—	刘士杰

人员状况 1957年建站时3人。2006年8月湖北省气象局核定编制为7人。现有在编职工7人,编外人员1人。

现有7名气象编制在职职工中,大专学历3人,中专学历4人;中级专业技术人员5名,初级专业技术人员2人。50岁以上3人,40～49岁2人,40岁以下2人。

气象业务与服务

1. 气象综合观测

观测机构 1957年3月至1960年9月为公安县气候站,有工作人员3名。1960年10月扩建为公安县人民委员会气象科，1961年成立气象站，定编4～5人，1982年1月实行局站合一，成立地面气象测报股。1999年1月更名为公安县气象台，局、台共有工作人员7名。

观测时次 1957年3月1日至2006年6月30日，每天有08、14、20时3次观测；夜间不守班。观测项目有云、能见度、天气现象、气压、气温、湿度、风向风速、降水、雪深、日照、蒸发、地温等。

发报内容 天气报内容有云、能见度、天气现象、气压、气温、风向风速、降水、雪深等；重要天气报的内容有暴雨、大风、雨凇、积雪、冰雹、龙卷风等。编码执行中央气象局制发陆地测站定时绘图天气观测报告报告电码(GD-01)。1957年3月1日至1967年12月，编气象旬报。1963年1月1日向湖北省防汛抗旱总指挥部(3065)拍发雨量报，同时每天08、14、20时向荆州地区气象局拍发小图天气报告。1965年4月增加向荆州地区防汛抗旱指挥部(4920)拍发雨量报。重要天气报内容有暴雨、大风、雨凇、积雪、冰雹、龙卷风等。

县气象站编制的报表有气表-1、气表-21。2000年11月通过162分组网向省气象局转输原始资料，停止报送纸质报表。

观测系统 20世纪90年末，县级气象现代化建设开始起步。2004年12月，县气象局ZQZ-CⅡ1型自动气象站建成，2005年1月1日试运行。自动气象站观测项目有气压、气温、湿度、风向风速、降水、地温等，观测项目全部采用仪器自动采集、记录，替代了人工观测。2007年1月1日，自动气象站正式投入业务运行。

2005年4月至2008年5月，先后在乡镇建成4个单要素、5个两要素和7个四要素自动气象站。

2. 气象预报预测

短期天气预报 1958年6月，开始利用单站辅助简易天气图制作补充天气预报。1963年1月起通过专用广播频道抄收省气象台预报和气象电码绘制地面、高空天气图，制作短期补充天气预报。1978年按照上级业务部门要求，对本站资料进行统计整理，绘制九线图，三线图等6种图表，从中寻找规律，找指标，辅助作出短期预报。

中期天气预报 20世纪80年代初，通过传真接收中央气象台，湖北省气象台的旬、月天气预报，再结合分析本地气象资料，短期天气形势、天气过程的周期变化等制作一旬天气过程趋势预报。中期天气预报作为专业专项服务内容，上级业务部门不予考核。

长期天气预报 主要运用数理统计方法和常规气象资料图表及天气谚语、韵律关系等方法，作出具有本地特点的补充订正预报。

制作长期天气预报在20世纪70年代中期开始起步。20世纪80年代贯彻执行中央气象局提出的“大中小、图资群、长中短相结合”技术原则，组织力量，多次会战，利用数理统计方法建立一整套长期预报方法，这套预报方法至今仍在使用。

长期预报产品有：春播预报、汛期(5—9月)预报、年度预报、秋播预报。

到20世纪90年代后期，上级业务部门不再考核长期预报，因服务需要，每年还在适时发布本地长期预报。

3. 气象服务

公益服务 1962年通过县广播站对外发布天气预报。1988年5月，购置20部无线通讯接收装置，安装到县防汛抗旱办公室（简称防办）、县农业委员会（简称农办）和各乡镇（场），建成气象预警服务系统，正式使用预警系统对外开展服务。每天上、下午各广播一次，服务单位通过预警接收机定时接收气象服务信息和实时资料。

1994 年 7 月，建起县级业务系统，进行试运行。此系统于 1996 年 12 月正式开通使用（传真图接收同时进行）。1998 年 9 月停收传真图，预报所需资料全部通过县级业务系统进行网上接收。2000 年 4 月 1 日，地面卫星接收 VSAT 小站建成并正式启用。此后，在县防汛抗旱指挥部办公室（简称县防办）安装接收终端。

1998 年 5 月，与公安县广播电视局协商，在电视台播放公安县天气预报，预报信息由气象局提供，县气象局建成多媒体电视天气预报制作系统，将自制节目录像带送电视台播放。

2009 年，通过移动通信网络开通了气象预警服务短信平台，以手机短信方式向全县各级领导发送气象信息。提高了气象灾害预警信号的发布速度，有效的应对了突发气象灾害，避免和减轻了气象灾害造成的损失。

科技服务 1985 年开始推行气象有偿专业服务。气象有偿专业服务对象主要是向全公安县各乡镇（场）和相关企事业单位，为他们提供短、中、长期天气预报和气象资料，一般以旬天气预报为主，短期预报作补充订正。

1997 年 6 月，同电信局合作正式开通“121”天气预报自动咨询电话，同时对外开展服务。2006 年 5 月“121”咨询电话由荆州市气象局实行集约经营。2005 年 1 月，“121”电话升位为“12121”。

2000 年 1 月，县政府办公室发文，将防雷工程从设计、施工到竣工验收等环节，全部纳入气象行政管理范围。2003 年 12 月，公安县人民政府法制办批复确认公安县气象局具有独立的行政执法主体资格，成立行政执法队。2004 年，县气象局被列为县安全生产委员会成员单位，负责全县防雷安全的管理，定期对液化气站、加油站、民爆仓库等高危行业和部分建（构）筑物的防雷设施进行定期检测，对不符合防雷技术规范的单位，责令进行整改。

年度安全检测现场

人影服务　1980年5月，县政府发文同意成立人工降雨办公室，挂靠公安县气象局。1996年8月经县政府同意，人降经费与工作机构相对独立，在气象局院内租房办公。

服务效益　公安县素有“百湖之县、洪水走廊”之称，防汛抗灾任务特别繁重。1998年出现百年不遇大洪水，导致内河水位持续上涨，大部分堤段需加筑子堤。由于气象部门及时准确提供降水、雨情资料，赢得抢筑子堤时间，保证了非蓄洪区安全。2004年7月16日，公安县气象站发布48～72小时内有大到暴雨、局部大暴雨的预报，公安县防汛部门针对前期雨水多，院内河流湖泊和大沟大渠渍水暴满这一特点，及时组织全县37处电站启排，三天内抢排渍水29万立方米，少淹农田45万亩。

科学管理与气象文化建设

法规建设与管理　重点加强雷电灾害防御工作的依法管理工作。公安县人民政府下发了《关于加强防雷减灾工作的通知》和《关于加强公安县建设项目防雷装置防雷设计、跟踪检测、竣工验收工作的通知》等有关文件。

通过户外公示栏、电视广告、发放宣传单等方式，向社会公开气象行政审批办事程序、气象服务内容、服务承诺、气象行政执法依据、服务收费依据及标准等。采取职工大会或在局公示栏张榜等方式，向职工公开干部任用、财务收支、目标考核、基础设施建设、工程招投标等内容。

健全内部规章管理制度。1996年4月，县气象局制定了《公安县气象局综合管理制度》，2001年经重新修订后下发。

党建　1971年成立党支部，有中共党员2人。现有党员8人。

群团组织由在职人员兼任。局工会主席由副局长兼任。

认真落实党风廉政建设目标责任制，开展多种廉政教育和廉政文化建设活动，努力建设文明机关、和谐机关和廉洁机关。

气象文化建设　坚持以人为本，弘扬自力更生、艰苦创业精神，深入持久地开展文明创建工作。政治学习有制度，文体活动有场所，电化教育有设施，职工生活丰富多彩。

把领导班子的自身建设和职工队伍的思想建设作为文明创建的重要内容，通过开展经常性的政治理论、法律法规学习，造就了清正廉洁的干部队伍，锻炼出一支高素质的职工队伍。多次选送职工到南京信息工程大学、中国气象局培训中心和公安县党校学习深造。全局干部职工及家属子女无一人违法违纪。

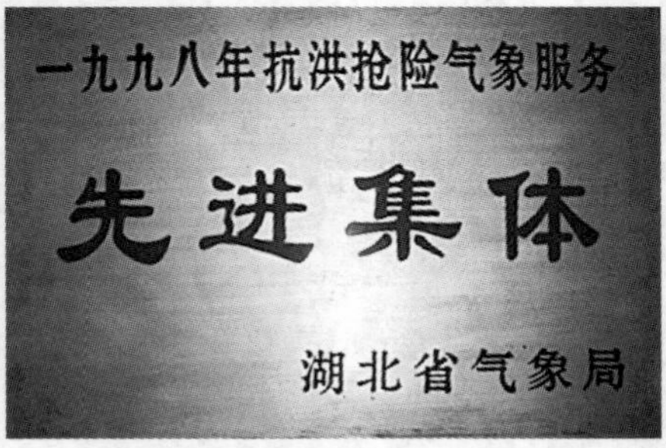

1998年获湖北省气象局抗洪抢险气象服务先进集体

开展文明创建规范化建设，改造观测场，装修业务值班室，统一制作局务公开栏、学习园地、法制宣传栏和文明创建标语等宣传用语牌。建设“两室一场”(图书阅览室、职工学习室、小型运动场)，拥有图书1000册。

荣誉　从1978年至2006年公安县气象局共获集体荣誉30项。个人获奖共50人(次)。1988年牟继承同志被评为全国气象部门“先进个人”，1998年徐裕凤同志被湖北省妇联授予“三八”红旗手称号。

台站建设

台站综合改善 2005—2008年4年时间内对局机关的环境面貌和业务系统进行了改造。2008年向湖北省气象局申请综合改善资金，硬化院内道路及美化院内环境；1998、1999两年分别向地方政府争取资金，建成了县级地面气象卫星接收小站、ZQZ-CⅡ1型地面自动观测站、县级气象服务终端等多项业务系统工程。

县气象局现占地面积8944多平方米，办公楼1栋460平方米，职工宿舍2栋1300平方米，车库2间60平方米。

园区建设 2000—2006年，分期分批对机关院内的环境进行了绿化改造，修建了2000多平方米草坪、花坛，栽种了风景树，全局绿化率达到了60%了；硬化了1200平方米路面，改造了业务值班室，建起了气象地面卫星接收站、自动观测站、决策气象服务、商务短信平台等业务系统工程，完成了业务系统的规范化建设。

1975年时台站面貌

2008年时观测场面貌

监利县气象局

监利县夏商时期属古南蛮国。现隶属湖北省荆州市。千年古镇容城镇是全县政治、经济、文化中心。

机构历史沿革

历史沿革 1956年11月1日，湖北省监利县气候站正式成立。1959年3月，更名为湖北省监利县气象站。1977年8月，监利县革命委员会气象局成立。1981年1月，改名为监利县气象局。1982年2月，由于气象部门实行双重管理体制，改名为监利县气象站。

1985 年 11 月，恢复监利县气象局。2006 年 7 月 1 日，监利县气象局由国家一般站升格为国家气象观测站一级站。观测场位于北纬 29°50′，东经 112°54′，海拔高度 30.0 米。

管理体制 建站至 1959 年 2 月隶属于湖北省气象局。1971 年 7 月，实行体改，气象建制属县革委会，实行县人武部和县革委会双重领导，并以军事部门为主。1973 年 8 月，县气象站改归县农办领导。1977 年 8 月，成立县革委会气象局。1981 年 1 月，改名为监利县气象局。1982 年 4 月，全国实行机构改革，改为部门和地方双重管理并以部门领导为主，即垂直管理，这种管理体制一直延续至今。

名称及主要负责人变更情况

名称	时间	负责人
监利县气候站	1956.11—1957.05	卜学焕
	1957.06—1958.02	解德普
	1958.03—1958.12	黄卓树
监利县气象站	1959.01—1959.12	杨先明
	1960.01—1960.08	李作仁
	1960.09—1961.08	王元鑫
	1961.11—1966.03	夏道发
	1966.04—1971.03	李明义
	1971.09—1977.07	蔡佐邦
监利县革委会气象局	1977.08—1980.12	蔡佐邦
监利县气象局	1981.01—1984.01	蔡佐邦
	1984.02—1985.02	邵万喜
	1985.03—1988.02	潘昭文
	1988.03—2001.01	邵万喜
	2001.02—	安开忠

人员状况 1956 年建站时 2 人。2006 年 7 月定编为 12 人。现有在职气象职工 10 人，人影在编职工 4 人，编外用工 2 人。

现有在职职工 16 人中，本科 2 人，大专学历 5 人；工程师 8 人，助理工程师 7 人；年龄 50 岁以上 3 人，40～49 岁 6 人，40 岁以下 7 人。

气象业务与服务

1. 气象综合观测

观测时次 1956 年 11 月 1 日，监利县气候站开始进行每天 4 次定时地面气象观测，夜间守班。1961 年 8 月 1 日，改为每天 3 次定时地面观测，夜间不守班。2006 年 7 月 1 日起，每天 4 次定时观测 4 次补充观测，夜间守班。观测项目有：云、能见度、天气现象、气温、湿度、风向风速、降水、雪深、日照、蒸发、地温、电线积冰等。2007 年 4 月，新增酸雨观测。

发报内容 1960 年 4 月开始拍发航危报，最初只发 OBSAV 汉口，1964 年 1 月增加 OBSMH 武昌。1966 年 3 月至 1993 年 4 月间还先后向 OBSMH 广州、OBSAV 当阳、OB-

SAV 孝感、OBSAP 武汉、OBSAV 宜昌拍发过航空报。1994 年 1 月起调整为 OBSAV 武汉(每天 06—18 时)1 份,迄今未变。

天气报内容有云、能见度、天气现象、气压、气温、风向风速、降水、雪深、地温等;航空报内容有云、能见度、天气现象、风向风速等。重要天气报内容有暴雨、大风、雨凇、积雪、冰雹、龙卷风等。旬月报内容有:温度、相对湿度、降水、日照、大风、积雪、蒸发、地温等。

现代化观测系统 2004 年 5 月 1 日,ZQZ-CⅡ型自动气象站建成。观测项目有气压、气温、湿度、风向风速、降水、地温等。2007 年 1 月 1 日,自动气象站单轨运行,替代人工观测。人工站仅 20 时对比观测。

2005 年 11 月—2008 年 11 月,在全监利县所有乡镇分三期建立 23 个区域自动站,其中:新沟、龚场、汪桥、桥市、尺八为雨量站,黄歇口、大垸、周老嘴、上车湾、朱河、福田寺 6 个乡镇为两要素站,其余乡镇为四要素站,能见度自动站安装在邻近长江的县水利局大院,全县气象监测网建成并投入运行。

2. 气象预报预测

1961 年 9 月,开始制作单站辅助天气预报。1963 年 1 月起,通过专用广播频道抄收气象电码绘制地面天气图。1978 年完成气表-1、伏、九、候资料的统计整理工作,编印《监利县重要天气预报经验汇集》,1982 年开始绘制简易天气图等 9 种基本图表,从中寻规律、找指标,辅助进行天气预报,预报水平逐步提高。

1985 年 1 月 1 日,气象传真机及传真图开始使用,利用传真图表独立地分析判断天气变化,开展模式预报。1985 年 2 月,甚高频电话开通,实现与地区气象局直接业务会商。2000 年 4 月,地面卫星接收 VSAT 小站建成,气象预报功能增强。近年来,主要依据上级指导预报进行订正预报,常规预报包括 24 小时、48 小时短期预报、一周中期趋势预报,旬、月长期预报以及适时预警预报和供领导决策的各类专项天气预报。

3. 气象服务

监利县南濒长江,东带洪湖,北依汉江干流东荆河,每年长江防汛任务异常繁重。加上全县河渠星罗棋布,逾 3000 平方千米国土,海拔高度在 23～30 米之间,一旦出现暴雨,境内极易形成渍涝灾害。

服务方式 1962 年通过监利县广播站向外发布天气预报。1988 年 7 月,使用预警系统对外开展服务,向全县专业用户提供实时天气预报广播。1995 年,通过监利县委办公室以传真形式向乡镇发送旬、月天气预报和重大灾害性天气预报。2000 年 1 月 1 日,电视多媒体天气预报正式开播,每天由县气象局制作后将录像带送电视台播放。2008 年 2 月,电视天气预报节目主持人亮相荧屏,节目由荆州市气象局气象服务中心代为制作。2004 年 2 月,"监利县兴农网"开通。2005 年起每年 5—10 月,在《监利农业科技》报头版开辟专栏为农业生产提供气象信息。2007 年 4 月,经与监利县移动公司协商,达成重要天气预报预警信息免费向全县移动用户发布的协议。1999 年 1 月,"121"自动答询电话正式开通;2001 年 6 月升级为数字系统。升级后的"121"共有 20 个接入、10 个拨出通道,辟有 10 个主信箱,若干个分信箱。2004 年 1 月,"121"电话升位为"12121"。2007 年 5 月,荆州全市

"12121"实行集约经营。

服务种类 1983 年开始推行气象有偿专业服务。气象有偿专业服务主要是为全监利县各乡镇(场)或相关企事业单位提供中、长期天气预报和气象资料，一般以旬天气预报为主。1987 年全面地开展了应用气象的科研与服务工作，开展了小麦、棉花产量预报、稻飞虱迁入量预报、5—10 月鱼泛塘短期预报。收集、整理、编印了《专业应用气象服务指标》。1990 年 8 月，开展避雷装置安全性能检测工作。2003 年 4 月，监利县人民政府对县安全生产委员会成员进行调整，县气象局首次列入县安全生产委员会成员单位，负责全县防雷安全的管理。

1980 年 6 月，气象局开展人工增雨作业。1988 年 7 月，监利县人民政府人工降雨办公室正式成立，归口县委农工部管理，挂靠县气象局。

为加油站进行防雷安全检测工作(2006 年)

服务效益 结合县情，多次针对性地开展决策气象服务。2004 年 7 月 14 日，发布了"未来 24 小时将有大到暴雨、局部大暴雨"的重要天气预报，建议开启全县所有排灌站向外排水。尽管次日全县普降暴雨，部分乡镇出现大暴雨，降水非常集中，但各乡镇提前采取了应对措施，极大地减轻了整个暴雨过程所造成的经济损失。1997 年 6 月，监利县气象局在红城乡实施人工增雨作业取得明显效果。2000 年 4 月，监利县境出现历史罕见春旱。监利县气象局先后三次赴旱情严重的网市镇进行人工增雨作业，使旱情得到缓解。

科学管理与气象文化建设

法规建设与管理 1994 年 6 月，监利县人民政府下发《关于加强避雷防护设施安全性能检测工作的通知》。2003 年 4 月 22 日，监利县人民政府颁发了《监利县防御雷电灾害管理办法》。

2003 年 3 月 28 日，监利县人大常委会在县气象局召开现场主任办公会议，专题听取监利县气象局关于《中华人民共和国气象法》贯彻情况及气象服务工作情况的汇报，监利县人大常委会全体主任成员对汇报情况进行了审议。

局务公开工作。对气象行政审批办事程序、气象服务内容、服务承诺、气象行政执法依据、服务收费依据及标准等，通过户外公示栏、电视广告、发放宣传单等方式向社会公开。干部任用、财务收支、目标考核、基础设施建设、工程招投标等内容采取职工大会或在局公示栏张榜等方式向职工公开。财务一般每半年公示一次，年底对全年收支、职工奖金福利发放、领导干部待遇、劳保、住房公积金等向职工作详细说明。干部任用、职工晋职、晋级等及时向职工公示或说明。

2001 年 3 月，《监利县气象局各股室职责目标及目标管理实施办法》和《机关管理制度》颁布实施，其后每年进行修订。

党建 建站初期，监利县气象局没有党员，没有成立党组织。1966 年 5 月至 1971 年 9 月，有一名党员参加县农业局党支部生活。1971 年 10 月，党员增加到 3 人，与县兽医站、县农科所联合成立党支部。1974 年 11 月正式成立中共监利县气象站党支部。2006 年 6 月，经县委组织部批准，成立中共监利县气象局党组，同时撤销中共监利县气象局党支部，安开忠同志任党组书记。2007年5月，经县委组织部批准，成立监利县气象局机关党支部和离退休党支部。近几年来，每年发展党员1～2名。现有党员18人，党员人数占全局职工总数的比例超过70%。

认真落实党风廉政建设目标责任制，积极开展廉政教育和廉政文化建设活动。开展了以“情系民生，勤政廉政”为主题的廉政教育。

气象文化建设 安开忠同志先后在《人民日报》、《诗刊》、《中国气象报》等报刊杂志发表多篇气象题材文学作品，1998年5月由其编著的《气象楹联选萃》一书由气象出版社出版发行，时任中国气象局局长温克刚同志为该书题词。

2005年11月，安开忠同志作为全国县级单位唯一代表赴南京参加由中纪委驻中国气象局纪检组举办的全国气象部门廉政文化建设研讨会，在会上作《气象部门加强廉政文化建设的思考》主题发言。

开展文明创建规范化建设，改造观测场，装修业务值班室，统一制作局务公开栏、学习园地、法制宣传栏和文明创建标语等宣传用语牌，拥有图书3000册。举办乒乓球、中国象棋等比赛，职工生活丰富多彩。召开“12121”用户座谈会，参与“科技宣传周”和“三下乡”活动，与监利县委农办联合举办农村气象信息员培训班，开展“气象服务下乡进村”主题活动。

荣誉 建站以来，监利气象局先后受到监利县委、县政府表彰的有15人次，受到荆州市气象局表彰的有19人次，受到荆州市委市政府表彰的有2人次，受到湖北省气象局表彰的多达58人次，受到国家气象局表彰和授予荣誉证书的有6人次。其中，黄英昌1984年创造气象测报连续3000个工作基数无错情，受到中央气象局表彰，并先后被监利县委、荆州地委授予优秀共产党员荣誉称号，被监利县政府授予劳动模范。

1964年春播天气预报质量列全省第一名，被湖北省气象局授予红旗单位。1983年获湖北省防汛气象服务奖。1998年、1999年，连续两年被湖北省气象局授予防汛气象服务先进单位，同时被县委、县政府、县人武部授予抗洪英模集体。2003年气象局党支部被县委授予全县“十佳基层党组织”光荣称号。同年在县人大组织的评议工作中，被评为“满意单位”。监利县气象局4次被荆州市气象局评为年度目标考核综合优秀达标单位。2005年，被荆州市委、市政府授予文明单位。2005年10月被中国气象局授予局务公开先进单位。2007年被湖北省委、省政府授予全省创建文明行业先进单位。同年局党组被中共监利县委授予先进基层党组织。

台站建设

台站综合改善 1956年建站伊始，监利县气候站有三间平房。1989年至2002年9月，先后三次进行综合设施改善。监利县气象局现占地面积6631平方米，办公楼1栋1063平方米，职工宿舍2栋共1804平方米，车库1栋100平方米。

园区建设 2002年至今，监利县气象局分期对机关院内的环境进行了绿化改造，规化整修了道路，硬化了1600平方米路面，在庭院内修建了3300多草坪和花坛，栽种了风景树，全局绿化率超过50%。

石首市气象局

石首因城北石首山得名，西晋太康五年（公元284年）建县。1986年8月8日撤县建市，结束了县制1700余年的历史。全市面积为1427平方千米。

机构历史沿革

历史沿革 石首县人民政府农建科于1954年5月在绣林镇牌楼堰东北岸创办农业气象观测场。1958年7月，成立石首县气象站。1959年1月1日正式开展工作。1961年11月，成立石首县人民委员会气象科，并改气象站为气象服务站，科、站合署办公。1962年被确定为国家一般气象站。1971年10月，改气象服务站为气象站。1978年6月，成立石首县革命委员会气象局，与县气象站合署办公。1981年1月，更名为石首县气象局。1984年2月，气象局改称为气象站。1985年11月，恢复县气象局名称，保留县气象站，实行局站合一。2006年8月1日改为国家气象观测站二级站。气象观测场位于东经112°24′，北纬29°42′，海拔高度35.7米。

管理体制 自建站至1963年2月，隶属石首县农业局领导。1963年3月，直属县人民委员会领导。1966年5月到1976年10月，气象服务站相继受县人民委员会、县抓革命促生产指挥部、县革命委员会、县人民武装部领导，期间还先后分属县革命委员会隶属的农业组、农村小组、农业科、农业管理办公室管理。1971年10月，气象站由县革命委员会和县人民武装部双重领导，并以人民武装部领导为主。1973年5月，气象站改归石首县革命委员会与省地气象部门领导，并以地方政府部门领导为主。1982年1月，改为气象部门与地方政府双重管理，以部门领导为主，这种体制一直延续至今。

名称及主要负责人变更情况

名称	时间	负责人
石首县气象站	1958.07—1961.07	吴文恕
石首县气象服务站	1961.08—1962.11	肖竣珊
石首县人民委员会气象科	1961.11—1962.11	刘明松
石首县气象服务站	1962.12—1966.04	张友堂
石首县气象服务站	1966.05—1970.06	黄泽津
石首县气象服务站	1970.07—1971.09	郑清泉
石首县气象站	1971.10—1978.05	郑清泉
石首县革命委员会气象局	1978.06—1980.10	郑清泉
石首县革命委员会气象局	1980.11—1980.12	阳前煜
石首县气象局	1981.01—1985.11	阳前煜
石首县气象局	1985.12—1991.12	杨正祥
石首市气象局	1992.01—1993.02	傅新华
石首市气象局	1993.03—2007.12	傅新华
石首市气象局	2008.01—	袁　见

人员状况 建站时2人。1962年6月定编5人。2006年，定编7人。现有在职干部职工9人，其中本科3人，大专6人，中级专业技术人员3人，初级技术人员6人；50～59岁3人，40～49岁3人，30～39岁2人，20～29岁1人。

石首市人工影响天气办公室1986年5月成立时定编3人。1993年12月定编4人，1998年12月定编6人。现有在编在职干部职工6人，其中4人为大专学历，高中学历2人；中级专业技术人员1人，初级专业技术人员5人；40～49岁2人，30～39岁4人。

气象业务与服务

1. 气象综合观测

观测时次 1959年1月1日至1961年11月，每天02、08、14、20时4次地面观测。1961年12月起至今，每天08、14、20时3次地面观测，夜间不守班。

观测项目 人工观测的项目有：云、能见度、天气现象、气压、气温、湿度、风向风速、降水、雪深、日照、蒸发、地温。2004年12月25日建成了ZQZ-Ⅱ1型自动气象站，2005年1月1日正式投入业务运行。自动站观测项目包括温度、湿度、气压、风向风速、降水、地面温度、草面温度。除深层地温和草面温度外都进行人工对比观测。2008年3月1日增加了电线积冰观测项目。

发报内容 天气报有云、能见度、天气现象、气压、气温、风向风速、降水、雪深、地温等；航空报有云、能见度、天气现象、风向风速等。重要天气报有暴雨、大风、雨凇、积雪、冰雹、龙卷风等。旬月报有：温度、相对湿度、降水、日照、大风、积雪、蒸发、地温等。

每月编制气表-1，每年编制气表-21。1997年1月，用微机制作报表。2001年1月1日，启用地面气象测报数据处理软件，向湖北省气象局传输原始资料，停止报送纸质报表。

现代化观测系统 1986年1月1日，使用PC-1500袖珍计算机，取代手工编报。2004年12月25日，石首气象站建立自动站。2007年1月1日，自动气象站单轨运行，替代人工观测。人工站仅20时对比观测。

2005年10月至2008年12月，建成单要素雨量自动站2个、两要素（温度、雨量）自动观测站5个、四要素（温度、雨量、风向、风速）自动观测站6个。1999年建成卫星单收站。2007年12月建成GPS水汽遥感站。

2. 气象预报预测

1956年，观测员根据测站气压变化制作的气压剖面图作短期预报和天气趋势预报。1961年吴文恕同志成功研制出“九线图”单站预报工具，在湖北省全面推广使用。1963年，全国气象部门在兰州召开预报工作会议，“九线图”天气预报方法在会上作了专题介绍。北京大学将“九线图”预报方法编入了气象教材。

20世纪60年代前，主要是收听天气形势和区域天气预报口语广播，结合测站天气要素的变化情况和群众看天经验加以补充订正，做出短期天气预报；20世纪60年代，按照中央气象局提出的“听、看、谚、地、商、资、用、管”八字方针开展预报；20世纪70年代后，主要依据20世纪60年代期间开展的"四基本"(基本资料,基本图表,基本方法,基本档案)建设所建立起来的一整套短、中、长期预报方法和天气图分析制作天气预报;20世纪90年代后期,建立了计算机终端,依靠接收预报指导产品,结合本地的预报指标制作补充订正预报,结束了人工分析天气图的历史。21世纪初,9210工程系统开通。从1956年制作天气预报起,根据服务需要,一直是短、中、长期天气预报并举,延续至今。

3. 气象服务

石首市属亚热带季风气候。年平均日照率40.0%,年平均气温16.5℃,年平均降雨量1185.3毫米,无霜期长达301天。寒暑适度,四季分明。

服务方式 建站初始,通过县广播站每天早晚两次播出天气预报,1959年起开始增播旬、月天气预报。1996年,石首市气象局在展"121"电话自动查询气象服务。2007年,电话自动答询气象服务实行集约经营,由荆州市气象局统一管理。

1998年4月1日,开展电视天气预报服务(2007年停播)。1998年5月1日,石首天气预报上湖北卫视台播出(2003年停播)。

1954年,开始为地方政府提供气象资料、短期和梅雨期、干旱等中长期预报。1958年后逐步增加到春播期、汛期、秋冬季的长期天气趋势预报和各种灾害性天气预警预报。20世纪90年代前,决策气象服务主要以书面文字发送为主,传递手段是派专人送达、邮寄或电话传递;2000年后,决策气象服务产品主要通过微机网络系统、传真、手机短信发布。

1986年4月开始有偿专业气象服务。1991年,石首市人民政府成立了市避雷安全检测领导小组,领导小组下设办公室,办公室由气象局局长管理。2008年3月4日,石首市正式挂牌成立"石首市安全防雷管理中心"(定编5人),为石首市气象局管理的事业单位。1992年开始从事氢气球广告宣传服务。

服务种类 开展的气象服务工作有:公众气象服务,决策气象服务,人工影响天气服务,防雷和氢气球施放宣传服务等。

4. 人工影响天气

1986年5月,石首县成立人工降雨办公室(2001年9月11日更名为石首市人工影响天气办公室),为副科级事业单位,归口石首农村经济委员会领导,与气象局合署办公。

2002年体制改革,农村经济委员会取消,人影办直属气象局领导。1986年5月至1998年2月,人影办主任由气象局副局长付新华(1993年任局长)兼任,1998年3月至今,王家发同志任主任。

人工降雨办公室成立时,配备1门单管"三七"高炮(2002年报废),1辆解放牌牵引车;2003年7月购置1门双管"三七"高炮;2004年8月购置1门火箭炮。

1986年6月9日晚8时30分,首次进行了人工影响天气作业。

科学管理与气象文化建设

法规建设与管理 1999年,石首市人民政府办公室下发了《关于切实加强防雷减灾工作的通知》。2002 年 5 月，湖北省政府下发了《湖北省雷电灾害防御条例》。2002 年 6 月，石首市人民政府随即制定下发了与《湖北省雷电灾害防御条例》相配套的《石首市防御雷电灾害管理暂行办法》。2005 年，石首市建设局、石首市气象局联合发布了《关于加强建设项目防雷工程设计施工验收工作的通知》。2008 年，石首市行政服务中心工作领导小组办公室下发了《关于进一步规范和完善行政审批联办制的通知》，文件明确规定了重大工程项目的工程施工图、防雷设施设计审查和工程竣工验收的办事程序。

2000 年 9 月成立了气象行政执法大队，开展气象行政执法工作。2008 年 3 月，石首市安全防雷管理中心成立后，制定了规章，规范了防雷监审程序。

健全内部规章管理制度。2000 年开始，实行了局务公开制度。建立健全了财务管理、业务工作管理、科技服务工作管理等内部规章制度。

党建 1976 年 3 月，建立了石首县气象站党支部。1981 年 3 月，成立了中共石首县气象局支部委员会。1986 年 8 月，撤县建市，改石首县气象局支部委员会为石首市气象局支部委员会；2008 年，成立石首市气象局党组。1976 年建立站党支部时，党员 3 人。1976 年 3 月—1981 年 2 月，党员人数发展到 6 人。1981 年 3 月—1986 年 7 月，党员人数增加到 9 人。1986 年 8 月—1991 年 12 月，党员 11 人。1992 年 1 月至今，党员为 12 人。全局党员干部无一违法违纪行为。

气象文化建设 1985 年起，相继开展了"五讲、四美、三热爱"、培育四有（有理想、有道德、有文化、有纪律）新人、"三讲"（讲学习、讲政治、讲正气）、"三个代表"重要思想、保持共产党员先进性、"八荣八耻"、学习实践科学发展观和职业道德、社会公德、法纪法规等学习教育活动。1988 年以来，连续十届被石首市委、市政府命名为"石首市文明单位"；2002—2004 年、2006—2008 年两届被荆州市委、市政府命名为"荆州市（地市级）文明单位"；2001—2004 年，连续两届被湖北省委、省政府授予"创建文明行业先进单位"。

1987 年以来，先后有 12 人通过电大、函授等形式取得大专以上学历（其中 2 人本科学历）。全局未出现任何不稳定因素和安全生产责任事故。20 世纪 80 年代初，建有图书室，整理规范了文书资料档案。2000 年以来，建立了室内活动室，购置了健身器材，创办了文明市民学校，每个办公室装备了电脑。

荣誉 1991 年，被湖北省气象局授予"抗洪救灾先进集体"；1998 年，被湖北省气象局授予"防洪抢险气象服务先进集体"；1999 年，被中国气象局授予"重大气象服务先进集体"。1978 年至 2008 年，有 1 人获得中国气象局表彰，6 人获得湖北省气象局的表彰，1 人获湖北省委、省政府表彰。

台站建设

台站综合改善 1958 年至 1963 年，因属农业局领导，气象站生活、办公与农业局在一起。1964 年，建造了 146 平方米砖瓦结构的平房 1 栋，1976 年修建 1 栋 154 平方米砖混结构的二层小办公楼。以后相继在 1982 年、1988 年、1997 年共建造了 3 栋宿舍楼，共 24 套，面积为 2334.9 平方米。1991 年建造了一栋 363.19 平方米的三层办公楼。2000 年，办公楼加建了 260.7 平方米。2000—2008 年，先后对宿舍楼、办公楼进行加固、翻盖、装璜和防水隔热处理，改造了业务值班室，完成了业务系统的规范化建设。

园区建设 1988年之前,6247平方米的气象局大院除房屋、树木、道路、观测场等占地3895平方米外,其余的2352平方米的面积都用于种植蔬菜。1988年,硬化院内地坪,此后逐年对大院环境进行改造,至2004年底,气象局院内环境有了极大的改善。人均绿化面积达40平方米以上。2004年,被石首市委、市政府评为"园林式单位"。

石首气象局旧貌(1983年)

石首市气象局新颜(2007年)

洪湖市气象局

洪湖,位于湖北省中南部,江汉平原东南端,素有"水乡泽国地,江汉鱼米乡"的美称。现隶属于湖北省荆州市。

机构历史沿革

历史沿革 1957年1月,洪湖气候站成立,站址在新堤镇庙台子。1957年11月开展农气观测。1961年11月观测场迁于原址西北方350米处。1964年10月观测场迁回原址。1965年11月停止农气观测。1967年1月地名更改为新堤镇红卫路。1979年6月观测场南移15米。1980年2月恢复农气观测。1988年1月由县改市,洪湖县气象局改名为洪湖市气象局,地址更名为洪湖市新堤赤卫七巷。1999年11月站址改为新堤爱国路3号。2005年1月1日站址迁至洪湖市新堤办事处新堤大道。2006年7月1日改为国家气象观测站一级站,观测场位于北纬29°49′,东经113°55′,海拔高度27.4米。

管理体制 从建站至1971年5月,由湖北省气象局和洪湖县政府双重领导,以湖北省气象局领导为主。1971年6月至1982年4月,由以湖北省气象局领导为主改为以地方领导为主。其中,1971年10月至1973年12月,县气象科属军管,归人武部领导,成立洪湖县气象科革命领导小组。1982年4月,全国实行机构改革,气象部门改为部门和地方双重管理的领导机制,由部门领导为主,即垂直管理,这种管理体制一直延续至今。

名称及主要负责人变更情况

名称	时间	负责人
洪湖气候站	1956.11—1957.09	陈光中
洪湖县气象站	1957.10—1960.12	周海荣
	1961.01—1962.05	范相清
	1962.06—1963.04	李哲梅
	1963.05—1968.03	谢惠玉
洪湖县气象服务站	1968.04—1968.11	谢惠玉
洪湖县革命委员会气象站	1968.12—1972.01	谢惠玉
洪湖县气象科	1972.02—1973.08	张卫国
洪湖县革命委员会气象科	1973.09—1974.10	张卫国
洪湖县气象站	1974.11—1979.01	周际堂
	1979.02—1979.12	谢惠玉
	1980.03—1981.01	杨铁生
洪湖县气象科	1981.02—1981.05	杨铁生
洪湖县气象局	1981.06—1982.11	杨铁生
	1982.12—1983.03	阮保洲
	1983.04—1983.12	蔡立全
洪湖县气象站	1984.01—1985.03	蔡立全
	1985.04—1985.10	吴庆刚
洪湖县气象局	1985.11—1987.12	吴庆刚
洪湖市气象局	1988.01—1998.08	刘可斌
	1998.09—	周明才

人员状况 1957年建站时2人,2006年8月定编为13人,现有在编职工13人。

现有在编职工13人中,大学本科学历5人,大专学历3人,中专学历5人;中级专业技术人员5人,初级专业技术人员8人;50～55岁1人,40～49岁9人,40岁以下的有3人。

气象业务与服务

1. 气象综合观测

观测机构 1957年1月至1960年10月为洪湖气候站,初建时2名工作人员,后增加至3人,开始地面气象测报业务。1957年11月增加农气观测业务,1965年11月停止农气观测工作,1980年2月恢复农气工作,成立地面气象测报股和农气股,定编为4～6人。1988年12月合并为业务科,有7名工作人员。

观测时次 1957年1月1日—2006年6月30日,每天有02、08、14时3次观测,夜间不守班。2006年7月1日起,每天有02、05、08、11、14、17、20、23时8次,每天夜班守班。地面观测项目有云、能见度、天气现象、气压、气温、湿度、风向风速、降水、雪深、日照、蒸发、地温等。农气观测项目:中稻、油菜、旱柳、意大利杨、莲等。

发报内容 天气报的内容有云、能见度、天气现象、气压、气温、风向风速、降水、雪深、地温等;重要天气报的内容有暴雨、大风、雨凇、积雪、冰雹、龙卷风等;旬月报的内容有温度、降水、日照、大风、积雪、蒸发、地温、中稻、油菜等。

洪湖县气象站编制月报表气表-1和年报表气表-21。2000年11月通过162分组网向省气象局传输原始资料,停止报送纸质报表。

现代化观测系统 ZQZ-CⅡ1型自动气象站于2004年12月1日开始试运行,2005年1月1日正式投入业务运行,自动气象站观测项目有气压、气温、湿度、风向风速、降水、地温、草温等。观测项目全部采用仪器自动采集、记录,替代了人工观测。2005年6月20日,安装了闪电定位仪,2007年12月28日GPS卫星定位系统建成。

乡镇自动雨量观测站陆续建成。2005—2008年,建成5个单要素、4个两要素、7个四要素自动观测站。

2. 气象预报预测

短期天气预报 1958年6月,洪湖县站开始制作补充天气预报,利用物候和天气谚语进行预报。1963年1月起,通过专用广播频道抄收气象电码绘制地面天气图。1978年完成气表-1、伏、九、候资料的统计整理工作,1982年开始绘制简易天气图等9种基本图表,从中寻规律、找指标,辅助进行天气预报,预报水平逐步提高。

1983年3月,气象传真机及传真图开始使用,利用传真图表独立地分析判断天气变化,开展模式预报。1989年5月,甚高频电话开通,实现与地区气象局直接业务会商。2000年4月,地面卫星接收小站建成,气象预报功能增强。近年来,主要依据上级指导预报进行订正预报,常规预报包括24小时、48小时短期预报,一周中期趋势预报,旬、月长期预报以及适时预警预报和供领导决策的各类专项天气预报。

中期天气预报 20世纪80年代初,通过传真接收中央气象台、湖北省气象台的旬、月天气预报,再结合分析本地气象资料、短期天气形势、天气过程的周期变化等制作一旬天气过程趋势预报。中期天气预报作为专业专项服务内容,上级业务部门不予考核。

长期天气预报 县气象站主要应用数理统计方法和常规气象资料图表及天气谚语、韵律关系等方法,作出具有本地特点的补充订正预报。

20世纪70年代中期开始制作长期天气预报。1980年按照中央气象局提出的"大中小、图资群、长中短相结合"技术原则,组织力量,多次会战,利用数理统计方法建立一整套长期预报的特征指标和方法,这套预报方法沿用至今。

长期预报主要有:春播预报、汛期(5—9月)预报、年度预报、秋播预报。

到20世纪90年代后期,上级业务部门不再考核长期预报业务,但因服务需要,仍在制作长期预报。

3. 气象服务

洪湖市地处长江中游,灾害性天气频发,尤以暴雨、洪涝、大风、冰雹、雷电、干旱为甚。

服务方式 1958年起开展县站补充预报,通过电话传送到广播电台,电话线路不通时,骑车送达。1983年3月接收传真天气图,利用传真图表独立地分析判断天气变化。1989年5月开通甚高频无线对讲通讯电话,实现与地区气象局直接业务会商,同时开通26个乡镇甚高频无线通话,建成气象预警服务系统,正式使用预警系统对外开展服务,每天上、下午各广播一次，服务单位通过预警接收机定时接收气象服务。

1988年，参加农业气象情报网，开展农情服务。1989年11月农气观测站点由二级站调整为一级站，作物观测由小麦、棉花调整为双季稻、油菜。1991年2月物候观测由小叶杨调整为意大利杨。

1994年7月，建起县级业务系统，1996年12月正式使用(传真图接收同时进行)。1998年9月停收传真图，预报所需资料全部通过县级业务系统进行网上接收。2000年4月1日，地面卫星接收VSAT小站建成并正式启用。

1997年7月1日，同电信局合作开通“121”天气预报自动咨询电话，同时对外开展服务。2005年1月，“121”电话升级为“12121”，2006年5月由荆州市气象局实行集约经营。2003年，建成多媒体电视天气预报制作系统。

2007年，通过移动通信网络开通了气象商务短信平台，以手机短信方式向全市各级领导发送气象信息。

服务种类 1985年开始推行气象有偿专业服务。1987年，洪湖县人民政府办公室转发《县气象局关于开展气象有偿专业服务报告的通知》。气象有偿专业服务主要是为各乡镇(场)或相关企事业单位提供中、长期天气预报和气象资料。

1987年9月，洪湖县人民政府人工降雨办公室成立，挂靠县气象局。

1997年8月，正式成立洪湖市防雷中心，将防雷工程从设计、施工到竣工验收等环节，全部纳入气象行政管理范围。2003年，洪湖市人民政府法制办，批复确认市气象局具有独立的行政执法主体资格，气象局成立执法队伍。2006年气象局被列为市安全委员会成员单位，负责全市防雷安全的管理，定期对液化气站、加油站、民爆仓库等高危行业的防雷设施进行检查，对不符合防雷技术规范的单位，责令进行整改。

服务效益 1998年8月21日8时，长江螺山水位达到34.95米，比1954年高出1.78米，比1996年高出0.78米，为历史罕见。气象局准确预报未来没有强降水并被市领导决策采纳，保住了大堤，减少了损失。

2007年8月洪湖市二十周年市庆，中央电视台《欢乐中国行》到洪湖市进行文艺演出，有几万人参加这次活动。8月20日向大会组委会及相关人员报告了27—28日无明显降水的天气预报，活动日当天洪湖周围县市都下了中到大雨，而洪湖市没有下雨，使得这次活动得以圆满完成。

科学管理与气象文化建设

法规建设与管理 对气象行政审批办事程序、气象服务内容、服务承诺、气象行政执法依据、服务收费依据及标准等，采取通过户外公示栏、电视广告、发放宣传单等方式向社会公开。干部任用、财务收支、目标考核、基础设施建设、工程招投标等内容则采取职工大会或上局公示栏张榜等方式向职工公开。财务一般每半年公开一次，年底对全年收支、职工奖金、福利发放、领导干部待遇、劳保、住房公积金等向职工作详细说明。健全内部规章管理制度。2001年1月制订了《洪湖市气象局目标考核细则及管理办法》。

党建 1961年以前没有党员。1961年—1971年9月有党员2人，编入农业局党支部。1971年10月建立起党支部。现有党员7人。

群团组织全是兼职。局工会主席由副局长兼任。

认真落实党风廉政建设目标责任制。局财务账目每年接收上级财务部门审计，并将结果向职工公布。

气象文化建设

开展经常性的政治理论、法律法规学习，造就出一支清正廉洁的干部队伍和高素质的职工队伍。多次选送职工到有关单位学习深造。全局干部职工及家属子女无一人违法违纪。

洪湖市气象局历经三次创业。1956 年 11 月建站时只有 1 间房，2 个人。第二次是 1979 年盖起了第一座办公大楼。1985 年开始实行气象有偿专业服务，开始第三次创业，建起了第一栋宿舍楼，改善了居住环境。

开展文明创建规范化建设，改造观测场，装修业务值班室，统一制作局务公开栏、学习园地、法制宣传栏和文明创建标语等宣传用语牌，建设“两室一场”，拥有图书 2000 多册。

每年在“3·23”世界气象日组织科技宣传，普及防雷知识，积极参加洪湖市组织的宣传活动。

荣誉　从 1995 年至 2008 年洪湖市气象局共获集体荣誉 28 项。1995 年《四湖地区农田防护林小气候效应研究》获荆州市人民政府三等奖。1991 年、1999 年被湖北省局授予“防风抗灾先进集体”。高级工程师周海荣所著的《小麦赤霉病流行的统计学模式及长期预报方法的研究》，获湖北省农牧厅技术改进二等奖。1985 年《农业气候资源区划》获湖北省气象局优异成果二等奖，技术进步二等奖。1990 年《精养鱼塘泛塘预报》获湖北省气象局科技进步二等奖。《江汉平原精养鱼塘泛塘规律的气候分析及防御对策》获湖北省科协优秀论文三等奖，1995 年获洪湖市政府优秀论文一等奖，1996 年获荆州市人事局、科委、科协优秀论文二等奖。

倪曙珍 1999 年被评为湖北省气象局先进工作者。

台站建设

台站综合改善　2003 年，观测场从闹市中心迁到郊外，共征地 10 亩，办公环境得到改善。气象局现占地 16 亩，办公楼 2 栋面积 1470 平方米，职工宿舍 2 栋 1780 平方米，综合楼 1 栋面积 453.07 平方米。

建起了气象地面卫星接收站、自动观测站、安装了闪电定位仪、GPS 卫星定位系统、决策气象服务、商务短信平台等业务系统。

1984 年 4 月洪湖气象局观测场

观测场全貌（2008 年）

洪湖气象局业务科技楼(2008 年)

松滋市气象局

松滋历史悠久,东晋咸康三年(公元 337 年)即建松滋县,距今已有 1671 年。此后,县辖区虽有变化,但“松滋”县名一直沿用至今。1996 年 5 月 18 日经国务院批准,撤县设市,松滋县更名为松滋市。现隶属湖北省荆州市。

机构历史沿革

历史沿革 1957 年 8 月,建松滋县气候站,站址在八宝区东岳农场,即北纬 30°12′,东经 111°44′,海拔高度 41.6 米。1958 年 1 月 1 日开展气象观测。1959 年 3 月改称松滋县气象站。1961 年 9 月,改为松滋县人民委员会气象科。1965 年 1 月,站址迁至新江口镇郊区至今。1970 年 3 月,改为松滋县革命委员会生产指挥组气象站。1971 年 7 月,改名为湖北省松滋县气象站。1973 年 10 月,更名为松滋县革命委员会气象科,同时保留气象站。1979 年 12 月,改称松滋县气象科。1982 年 5 月,更名为松滋县气象局。1984 年 2 月,改名松滋县气象站(正科)。1985 年 11 月,又改称松滋县气象局。1996 年 5 月改名为松滋市气象局。现址为城市中心,松滋市新江口镇五一路 5 号。1980 年被确定为气象观测国家一般站,2007 年 10 月 1 日改为国家气象观测站二级站,观测场位于北纬 30°11′,东经111°46′,海拔高度 69.5 米。

管理体制 从建站到 1971 年初,由气象部门和地方政府双重领导,以气象部门领导为主。1971 年初至 1982 年 1 月,以地方政府领导为主,其中,1971 年 6 月至 1972 年 12 月,由人民武装部军管。1982 年 1 月 27 日,改为气象部门与地方政府双重管理,以气象部门领导为主,这种体制一直延续至今。

名称及主要负责人变更情况

名称	时间	负责人
松滋县气候站	1957.08—1959.03	喻明哲
松滋县气象站	1959.03—1961.09	喻明哲
松滋县人民委员会气象科	1961.09—1966.11	喻明哲
松滋县人民委员会气象科	1966.12	罗良泉
松滋县人民委员会气象科	1967.01—1969.11	罗良泉
松滋县人民委员会气象科	1969.12—1970.02	吕世明
松滋县革命委员会生产指挥组气象站	1970.03—1971.02	吕世明
松滋县气象站	1971.03—1972.08	王承清
松滋县气象站	1972.08—1973.10	万先柱
松滋县革命委员会气象科	1973.10—1979.12	万先柱
松滋县气象科	1979.12—1982.05	万先柱
松滋县气象局	1982.05—1984.02	万先柱
松滋县气象站	1984.02—1985.11	肖学胜
松滋县气象局	1985.11—1996.05	肖学胜
松滋市气象局	1996.05—2008.01	肖学胜
松滋市气象局	2008.01—2008.07	伍嗣猛
松滋市气象局	2008.07—2008.11	肖学胜(主持工作)
松滋市气象局	2008.11—	周立新

人员状况 1958年建站时定编3人,1959年3月定编5人,1961年9月定编7人,1966年5月实有5人,1978年10人,1982年15人。现有在编人员10人,编外人员3人,离退休职工8人。

现有在编职工中,大学本科学历3人,大专学历2人,中专学历5人;高级气象工程师1名,气象工程师4名,初级专业技术职务5人;50～55岁5人,40～49岁2人,40岁以下3人。

气象业务与服务

1. 气象综合观测

观测机构 1958年1月至1961年9月为松滋县气象(候)站,员工3人。1966年5月5人。1978年3月设测报组。1982年2月改为测报股。1987年10月,实行预测合一,改称业务股。1996年5月,改为松滋市气象站。2000年1月,改为松滋市气象台。

观测时次 从1958年开始,每天有01、07、13、19时4次观测,项目有云、能见度、天气现象、气温、湿度、风向风速、降水、蒸发;1960年改为02、08、14、20时4次观测。其中,1959年1月增加日照观测,1960年11月增加气压观测,1961年1月增加地温观测,总低云量改为08、14、20时3次观测。1961年8月1日,观测项目全部改为08、14、20时3次观测。2008年2月增加电线积冰观测。

航危报 1970年1月20日至1991年12月31日,担负每天06—18时发往OBSAV当阳的航空报(每小时1次)和危险报任务。在此期间,还担任过荆门和武汉两个机场的发报任务。

发报内容 天气报有云、能见度、天气现象、气压、气温、风向风速、降水、雪深、地温等；航空报有云、能见度、天气现象、风向风速等。重要天气报有暴雨、大风、雨凇、积雪、冰雹、龙卷风等。旬月报有：温度、相对湿度、降水、日照、大风、积雪、蒸发、地温等。

每月编制气表-1，每年编制气表-21。1997 年 1 月，用微机制作报表。2001 年 1 月 1 日，启用地面气象测报数据处理软件，向省气象局传输原始资料，停止报送纸质报表。

现代化观测系统 2004 年 12 月，ZQZ-CⅡ1 型自动气象站建成。观测项目有气压、气温、湿度、风向风速、降水、地温等。2007 年 1 月 1 日，自动气象站单轨运行，替代人工观测。人工站仅 20 时对比观测。

2005 年 10 月至 2007 年 12 月，先后建成 11 个自动雨量站、4 个两要素自动气象站和 2 个四要素自动气象站。实现乡镇自动气象（雨量）站全覆盖。

2. 气象预报预测

短期天气预报 1958 年 1 月，开始制作县站补充天气预报。1984 年底前，靠收听广播和看云来预报短期天气。20 世纪 80 年代初，开展基本资料、基本图表、基本档案和基本方法达标工作。1999 年 1 月，取消手抄图。1999 年 6 月，用单收站（PCVSAT）资料制作短期预报。2000 年后，对上级指导预报作解释预报。

中期天气预报 1985 年 1 月，通过气象传真接收中央、省气象台旬月天气预报，结合本地气象资料、天气形势和数理统计方法等制作旬天气预报。20 世纪 90 年代中后期，上级业务部门不考核中期天气预报。

长期天气预报 制作长期预报启于 20 世纪 70 年代后期。20 世纪 80 年代，省、地气象局多次会战，建立长期预报的特征指标和工具，主要运用数理统计和常规气象资料图表及天气谚语、韵律关系、海气关系、阴阳历叠加等方法。

长期天气预报有：年度、春播、汛期、夏收、梅雨、盛夏、秋季、冬季等 8 种预报。

20 世纪 90 年代后期，对长期预报业务不考核，因服务需要，仍继续制作。

信息网络 建站之初，用手摇电话机，通过电信局与上级气象部门、机场等部门传递气象情报；制作预报的信息，主要靠收音机。1985 年 1 月 1 日—1993 年 10 月，使用气象传真机。1993 年 8 月，县级业务系统开通。1985 年 8 月—2000 年 12 月，用甚高频电话。1999 年 6 月 6 日，气象卫星单收小站（VSAT）投入运行，应用 Micaps 系统，实现人机交互。2001 年 1 月 1 日，启用荆州市县（市）级测报文件分析处理系统。2003 年 4 月 1 日，建设局域网，实现办公自动化。2004 年 6 月，启用 Micaps2.0 卫星数据处理软件。2007 年 6 月，使用湖北移动宽带。

3. 气象服务

松滋市地处长江中游南岸，属亚热带过渡性季风气候区。地形复杂多异，气候差异明显，灾害性天气频发，尤以暴雨、干旱、大风、连阴雨、雷电、冰雪为甚。

服务方式 20 世纪 80 年代前，服务方式是邮寄、电话、专人送达和松滋人民广播站播出等。1989 年 6 月，利用气象警报发射机，以无线广播形式开展服务。

1994 年 10 月 1 日，松滋县短期天气预报在松滋县电视台播出，当时只有语音和字幕。

1997年5月1日，松滋市天气预报在湖北电视台播出，播出时间近2年。1998年3月1日，自制节目录像带送松滋市电视台播放。2008年3月，荆州市气象影视中心集约，代为制作电视天气预报。

1997年5月30日，与松滋市电信局合作，开通“121”气象信息自动答询电话，2000年5月20日，升级“121”系统，设分信箱70个。2005年1月，“121”电话升位为“12121”。2007年5月，“12121”集约到荆州市气象局经营。

1999年6月，利用气象卫星单收站，为松滋市防汛抗旱办公室安装接收终端。2004年2月建立“松滋兴农网”。2005年1月，在乡镇和部分村开展农村气象志愿者工作。

2004年5月，与湖北移动松滋分公司合作，开通“企信通”气象短信平台，以手机短信方式向各级机关主要领导及企事业单位负责人，不定期发送气象信息，用户1210个。

服务品种 1985年前，气象服务是为党政机关及社会大众无偿提供天气预报和气象资料。1985年开始，逐步开展专业有偿服务。短期预报每天发布2次。《松滋农业气象》创办于1997年，农时关键期发布，每年17期。

1974年—1980年7月，用“土火箭”实施人工增雨，1980年7月—1982年1月改用“37型”高炮，炮位11个。1982年1月，人工影响天气工作与气象局脱钩，移交县农业委员会管理。

1994年，开展防雷设施年度检测、防雷工程设计安装、雷灾评估、调查工作。1996年成立松滋市防雷中心，定编4人。2007年开展防雷工程设计技术性审查、新建防雷工程跟踪检测、防雷技术咨询。

综合管理与气象文化建设

法规建设与管理 1985年后，气象探测环境逐渐受到破坏，在松滋县(市)政府部门的协调下，对其周围四个单位建筑物采取了变更设计方案，降层、移位等措施。2007年，荆州市气象局几次对松滋体苑小区执法。重点加强了雷电灾害防御的依法管理，防雷行政许可，技术服务在全市实施。1999—2008年松滋市政府办公室，市安全生产委员会办公室发文5个，公安局、安全生产监督局、劳动局、教育局分别与市气象局联合发文7个。2007年、2008年办理气象行政执法案件15件。

党建 1957年8月—1978年期间，气象科(站)先后与东岳农场、县电信局、科学技术委员会、农业委员会等单位，成立联合党支部。1979年，建立气象科党支部，万先柱任支部书记。1984年6月，李文铭接任。1987年3月，肖学胜任支部书记。2008年1月10日，荆州市气象局党委将其改为松滋市气象局党组，肖学胜改任党组书记。建站初期，单位没有党员，1978年3名党员，2008年底有10名党员(含离退休党员4人)。

党风廉政建设得到加强。建立健全单位财务、用车、职工待遇等管理制度，坚持阳光管理、局务公开。

气象文化建设 松滋市气象局经历了两个发展阶段。建站初期，恰逢三年困难时期，站址远离城镇，人手少、任务重、房屋简陋、设备原始。20世纪80年代中期，开展气象科技服务，改善职工居住条件。20世纪90年代中期，开源节流，以改善办公、居住条件，建成“花园式”院落。1997年5—6月松滋市委组织部、松滋市委政研室、松滋市纪委分别向全市发出《关于松滋市气象局廉政勤政艰苦创业事迹的通报》等通报，并号召全市学习气象局

"坐标比较法"、"目标激励法"、"开支紧缩法"的经验。《荆州日报》、《湖北日报》也作了相应报道。1998 年 1 月 1 日,《中国气象报》刊登《目标就是一面旗》,宣传松滋市气象局创建文明单位情况。2003 年 7 月 11 日,《荆州日报》刊登了《松滋市气象局力求"三满意"》的文章。

荣誉 1995—2008 年共获集体荣誉 72 项。1993—1996 年为县级文明单位,1997—2000 年为荆州市级文明单位,2001—2006 年连续三届被评为省级文明单位,受到省委、省政府表彰。1997 年 7 月被荆州市政府评为先进集体、中共荆州市委授予先进基层党组织,1997 年、1999 年、2002 年三届被评为湖北省气象部门明星台站,1997 年、1999 年两次被省人事厅、省气象局评为全省气象部门先进集体。

从 1983—2008 年,个人获奖共 118 人(次),发表论文 21 篇。1978 年 10 月,李文铭获全国气象部门先进工作者称号,出席了全国表彰大会,受到华国锋、叶剑英、邓小平、李先念、汪东兴等党和国家领导人接见,并合影留念。

台站建设

基础设施建设 1985 年以前,靠一条阶梯路与外界相通,相对高差在 20 米以上,汽车不能上,自行车靠肩扛,两排职工平房互不见对方。1985 年开始,借省气象局投资建职工住房的机会,挖运住宅区土方 5000 立方米,修建硬化上山汽车路,建职工住宅 12 套 932 平方米。1990 年和 1994 年,争取有关投资,分别建成办公楼、业务楼 680 平方米,车库 70 平方米,挖运土方 1.5 万立方米,硬化院内道路、修建花坛、栽树种草,花园式院落初步形成。1998 年,争取投资,对职工住房改造扩建,完善住房功能。

台站综合改善 2000 年,自筹资金 20 多万元,对院内环境进行综合改善(改造电网、修建门球场,裸露场地粘贴彩砖,购置室内外健身器材,改造办公楼)。2008 年,国家投资综合改善(含救灾)款 48 万元,改造装饰业务楼、改水和维修办公楼,配备了电脑、电话、空调等办公设备,建起了"企信通"短信平台、区域自动气象站、公众决策服务系统等业务服务工程。松滋市气象局已经成为一个清净、协调、和谐、秀丽的花园式单位。

1986 年前的职工宿舍、办公室(西边)

1999 年松滋市气象局全景

宜昌市气象台站概况

宜昌位于鄂西山区向江汉平原过渡的地带，地处长江中上游结合部，“上控巴蜀、下引荆襄”，素称“川鄂咽喉”，下辖西陵区、伍家岗区、点军区、猇亭区、夷陵区、秭归县、远安县、兴山县、长阳土家族自治县、五峰土家族自治县、宜都市、当阳市、枝江市5个城区、3个县级市和5个县，地势自西向东逐级下降，属北亚热带季风湿润气候。

气象工作基本情况

历史沿革 宜昌气象观测始于1882年，宜昌海关于1882年7月设立测候所，由稽查员和港务办事员观测记录雨量。1934年冬，国民政府救济水灾委员会第五工程局（江汉工程局）在当阳建立雨量站，1935年1月在宜昌、五峰建立测候所，1936年2月宜昌测候所迁移至巴东。1951年7月，湖北省军区在宜昌建立气象站，1956年建立高空综合探测站，1956—1957年在远安、五峰县设立气候站，1958年先后有兴山、宜都、当阳、长阳、秭归建立气候站，以后随地方行政区划的变更建立枝江、宜昌县气象站。1992年建立三峡气象站，2000—2002年在三峡坝区新建坛子岭气象站、三斗坪气象站、苏家坳气象站。2008年底，全市有高空气象探测站1个，国家基本气象观测站4个，国家一般气象观测站10个，区域自动气象站136个，酸雨观测站4个，辐射观测站2个，雷电探测站1个，水汽监测站1个。

管理体制 宜昌各县气象局（站）自建站到1982年除业务属气象部门管理外，人、财、物等归地方管理，其中1971—1973年属军队管理。1982年以后先后实行以气象部门为主、气象部门和地方政府双重领导的管理体制。

1951年7月—1953年12月，宜昌气象站隶属中国人民解放军建制，由省军区气象科和宜昌军分区双重领导，以省军区气象科领导为主；1954年1月—1958年8月，宜昌气象站隶属省气象局和宜昌专署双重领导，以省气象局领导为主；1958年至1962年6月，除业务属气象部门管理外，人、财、物等统归地方党政领导；1962年6月至1969年属宜昌专署和湖北省气象局双重领导，以省气象局领导为主；1970—1973年实行军事管制，以宜昌军分区领导为主；1973—1980年，属宜昌地区革命委员会领导，其中1978年10月宜昌地区革命委员会撤销，恢复宜昌地区行政公署，受宜昌行署和省气象局双重领导，以行署领导为主；1980年12月，宜昌地区气象局改由省气象局和宜昌行署双重领导，以省气象局领导为主的管理体制，延续至今。

文明创建 1996年，全市9个县（市）气象局，8个为地（市）、县（市）级文明单位。2005年全市气象部门有3个省级文明单位，1个省创建文明行业先进单位，4个市级文明单位，2个县级文明单位。目前全市气象部门全部建成文明单位。

主要业务范围

地面观测 宜昌地面观测始于1951年7月20日。1986年，湖北省气象局在当阳市建设自动气象站中继站，枝江市、远安县设立端站，配有气温、湿度、气压、风向、风速、雨量六要素。由于该系统稳定性较差，站网运行时间不长就先后终止。2001年宜昌建设自动气象站，2002年建成10个县市站及三峡坝区14个自动气象站。宜昌酸雨观测站1992年开始观测。2007年5月新建五峰、兴山、秭归3个酸雨观测站。到2008年有宜昌、五峰2个辐射观测站。

气象预报 1958年，县气象站通过收听广播，利用群众看天经验和农谚，预报24小时晴雨。1962—1963年，县气象站陆续配备短波收音机，接收省气象广播电台的广播，手工绘制500百帕、700百帕、850百帕高空天气图和地面简易天气图、宜昌区域小天气图。20世纪70年代后期至20世纪80年代前期，用数理统计方法制作天气预报，县气象站重点进行基本资料、基本图表、基本档案、基本方法等四项基本建设。20世纪80年代初，县气象站陆续配备传真接收机，直接接收中央气象台的传真广播和省气象台的二级传真广播，能量预报方法和MOS预报在一些县气象站推广应用。1992年，计算机陆续进入气象站，县气象站通过地区气象台的计算机局域网调取各类气象信息，用于预报业务。

人工影响天气 宜昌1959年开始试验人工影响天气工作，1972年开展飞机人工降雨，1974年开展人工防雹。1976年兴山县气象局自制土火箭，1975—1978年，宜昌、兴山、远安、长阳、秭归、五峰等县先后购置土火箭发射架和火箭弹开展土火箭防雹和增雨，1980年改为高炮开展防雹增雨。1989年成立宜昌市人工降雨防雹办公室，1992年成立宜昌市人工影响天气办公室。1978—2002年，宜昌、远安、长阳、五峰、兴山、秭归、当阳、枝江气象局先后配置和购买“三七”高炮，2002年秭归县气象局购买火箭1具，各县原用的土火箭作业方式被取代。2002年底，全市所辖9个县市均建立人工影响天气机构。至2008年，全市气象部门有35个人影固定作业点、17个流动作业点；高炮41门、车载火箭发射架11具；人影管理和作业指挥人员20多人，作业人员112人。

气象服务 1957年，宜昌地区气象台承担国家和国际气象组织的气象情报交换任务。五峰县气象站承担国家和亚洲区域气象情报交换任务。兴山、长阳、远安、五峰、宜都等县气象站为民航和空军飞行提供天气情报。1959年，各县先后开始农业气象观测。当阳、秭归、长阳县气象站承担国家农业气象测报任务。兴山、秭归县气象站担负亚热带丘陵山区气候资源考察任务。全区各台站承担宜昌地区农业气候资源考察和农业气候区划任务。1978年以后，宜昌气象工作涉及农业、工业、国防、交通运输、林业、水利、电力、科研、重要工程建设以及城建、环保和人民生活等各个领域。

宜昌市气象局

机构历史沿革

历史沿革 1951年7月20日，湖北省军区派人来宜昌建立湖北省军区宜昌气象站。1954年移交给地方，改名湖北省宜昌气象站。1958年9月，升格为宜昌专署气象台。后因宜昌专署撤销，成立宜都工业区行署，宜昌专署气象台改名为宜都工业区行署气象台。1961年5月，气象台改名宜昌专署气象服务台。1961年8月，成立宜昌专署气象局，与原宜昌专署气象服务台合并，统称为宜昌专署气象局。1968年1月，宜昌专署气象局改名为宜昌地区气象局。1968年12月至1969年，局的机构撤销，保留地区气象台的名称。1973年4月，恢复宜昌地区气象局，实行局、台合一。1978年10月，宜昌地区气象局更名为宜昌行署气象局，仍实行局、台合一。1981—1983年，气象台改为局属科级单位，承担天气预报、高空、地面探测业务工作。1984年1—7月，撤销地区气象局，保留宜昌地区气象台名称，属正处级单位。1984年7月，恢复地区气象局的名称，实行局、台合一。1992年3月31日，宜昌地区气象局更名为宜昌市气象局，沿用至今。

宜昌市气象局建站时位于当时市郊的桃花岭宜昌军分区院内，东经111°05′，北纬30°42′，海拔高度65.0米；1954年7月，迁至市郊的东山公园昭宗祠，海拔高度133.4米；1956年10月，迁至市郊东湖乡太平园，海拔高度69.7米；1971年1月，迁至现址宜昌市东山山顶白龙井路3号，东经111°18′，北纬30°42′，海拔高度131.1米。

宜昌市气象局建站时仅有地面观测组，目前设综合办公室、人事教育科、业务管理科、政策法规科4个科室和宜昌市观象台、宜昌市气象台（宜昌市决策气象服务中心）、三峡气象服务台（三峡气象水文中心）、湖北省信息技术保障宜昌分中心（宜昌市人工影响天气办公室综合科）、宜昌市公众气象服务中心、宜昌市防雷中心、宜昌市气象局后勤服务中心、宜昌市气象局财务核算中心8个直属事业单位。

主要负责人变更情况

姓名	职务	任职时间
厉德和	站长	1952年—1953年12月
于纯斌	站长	1954年1月—1955年3月
马士杰	站长	1955年4月—1959年8月
	副台长	1959年9月—1961年6月
何村芳	台长	1961年7月—1961年9月
于继周	副局长兼台长	1961年10月—1973年3月
	局长	1973年4月—1981年6月
王家瑞	局长	1981年7月—1995年12月

续表

姓名	职务	任职时间
雍绍林	局长	1996 年 1 月—2005 年 11 月
陈少平	局长	2005 年 12 月—

人员状况 1951 年建站时只有 3 人。1956 年有职工 14 人。1978 年有职工 38 人。2008 年底有职工 93 人；其中公务员 17 人，事业单位职工 76 人；研究生学历 1 人，大学本科学历 38 人，专科学历 21 人；高级工程师 15 人，中级专业技术人员 36 人，初级专业技术人员 34 人；35 岁以下 18 人，35～45 岁 22 人，45 岁以上 53 人。

气象业务与服务

1. 气象观测

地面观测 建站初期观测气压、气温、湿度、风向、风速、降水、能见度、蒸发量、云状及云量、天气现象、地面状况；1953 年 1 月 1 日起，增加地温观测和日照观测项目；1956 年 11 月增加辐射平衡观测；目前观测气压、气温、湿度、风向、风速、降水量、蒸发量、日照、积雪深度、雪压、电线积冰、地温、云、能见度、天气现象、辐射、酸雨。

1954 年开始使用自记雨量计，1956 年开始使用辐射平衡观测仪，1958 年增加日转型气压、气温自记仪器，1959 年增加日转型自记湿度计，1968 年 5 月配备 EL 型电接风向风速仪，1992 年 1 月换用 EN 型测风数据处理仪，2002 年自动气象站正式运行，主要气象要素观测均实现自动化。

1951 年 7 月 20 日至 8 月 31 日，每天 08、14、20 时发报三次，1951 年 9 月增加 02 时次的发报，1952 年 2 月增加 04、06、10、12、16、18 时的补充绘图报，1954 年 1 月补充绘图报改为 05、11、17、23 时，现在，每天编发 02、08、14、20 时 4 次绘图天气报和 4 次补充绘图报。1954 年 1 月 1 日起，每年 3 月至 10 月，每日编发 14 次航空天气报，11 月至 12 月每日编发 11 次航空天气报；1955 年 8 月 1 日起航空天气报每天 03 时至 22 时每小时 1 次，1980 年 1 月 1 日取消编发航空天气报。1954 年 5 月编发汛期及枯水期雨量报。1955 年 4 月 1 日开始每月 4 日定时编发气候月报。1962 年 1 月 1 日起每月 1 日、11 日、21 日编发气象旬报。

高空探测 宜昌高空探测站始建于 1954 年 6 月 1 日，初期开展经纬仪高空测风业务，测定高空风向风速；1956 年 1 月开展高空气象综合探测业务，除测风向风速外，增加高空气压、气温、湿度的探测。2006 年前使用 701 测风雷达，2006 年 L 波段二次雷达—电子探空仪探空系统投入业务使用。宜昌高空探测站是国内 8 个（含香港）全球气候观测系统（GCOS）定点观测站之一，资料参与全球交换。

雷达 宜昌天气雷达业务始于 1975 年。1975—1981 年应用 711 型模拟天气雷达，1982—1992 年应用 713 型模拟天气雷达，1992—2001 年应用 CTL-713C 型数字化天气雷达，2001 年至今应用 CINRAD/SA 型新一代多普勒天气雷达。

卫星 1995 年 4 月宜昌建成卫星云图中规模利用站系统，采用国家气象局卫星中心研制的静止卫星接收设备和处理设备。同年 8 月，在三峡气象服务中心建成卫星云图中规模利用站系统。2001 年 5 月，宜昌对原卫星云图接收系统进行更新并投入业务运行。2007 年，建成 DVBS 和风云二号卫星资料接收利用终端，实现风云二号 C/D 双星资料接收、处理和利用。

闪电定位 宜昌闪电定位系统于 2004 年 8 月建成，对区域内雷暴的发生、发展和移动方向及其它活动特性实现了实时监测，由数据处理中心和 3 个探测子站组成，数据处理中心安装在气象台，3 个探测子站分别位于宜都市、远安县、兴山县气象局。2006 年宜都市探测子站搬到宜昌市，远安县探测子站搬到荆门市，兴山县探测子站搬到神农架。

2. 气象信息网络

20 世纪 70 年代末，宜昌市气象资料的收集主要依靠邮电部门的公众电路，气象资料的获取主要通过电报广播、语音广播、传真广播等手段。1988 年，开始利用甚高频电话传递地区范围内小天气图。1991 年开通宜昌到武汉的气象电路。1993 年，宜昌市气象局建成微机局域网（Novell 网），主服务器挂接 7 个工作站，试通宜昌—武汉的微波高速数传，实现与省气象台的网络联结。1996 年，宜昌市采用公共分组数据交换网作为省、市间的气象传输信道，市、县之间气象资料的传输采用电信线路的程控拨号方式。1995—1997 年宜昌建成 9210 工程 VSAT 小站。2001 年重新建设市气象局局域网，而后不断进行升级改造。2006 年建成以省气象局为中心、宜昌市气象局为分中心覆盖全部县气象局的省—市—县三级 SDH 高速宽带气象通信广域网。

3. 气象预报

宜昌气象预报业务始于 1958 年，经历了八字措施（听、看、地、谚、资、商、用、管）—图（天气图）、资（历史资料）、群（群众看天经验）结合—数理统计—数值预报四个阶段。1958 年，宜昌气象站由高空观测员、地面观测员组成的预报研制组开始"单站补充预报"工作。最初只制作未来 24 小时的晴雨天气预报。20 世纪 60 年代初，制作未来 10 天的天气预报，在重要农事季节，开展早稻育秧期天气预报、麦收期天气预报等农事天气预报。20 世纪 60 年代中期，开始制作月天气、3—9 月旱涝趋势、春播期天气、汛期天气、秋播期天气、冬季天气的预报。20 世纪 80 年代中期，开展专题、专项气象预报工作。

20 世纪 70 年代中期，主要是绘制天气图表，运用天气学方法和模式指标方法作预报。1975 年开展天气雷达探测业务。从 20 世纪 80 年代起，逐步使用欧洲中心、日本的数值预报产品。从 20 世纪 80 年代中期起，开展数值预报产品解释应用方法的研究。1987—1990 年，参加了省地县三级 MOS 配套试验，应用"灰色预测模型"进行降水、温度预报的试验，研制了春季强对流、夏季暴雨、秋季阴雨、冬季寒潮等短期预报专家系统。1995 年利用卫星云图开展短、中期预报业务。2002 年，开通宜昌至国家气象中心、武汉气象中心的电视天气预报可视会商系统。

4. 农业气象

1991 年，宜昌市气象局成立农业气象科，加强对各县农业气象工作的管理和指导，同时开展塑料大棚农业气象试验工作。1992 年，农业气象科更名为农业气象服务站。1995

年改为农气站。2002 年撤销农气站。2006 年，宜昌市气象局和恩施州气象局联合成立鄂西南生态与农气分中心，主要承担鄂西南区农业气象试验、农业气象适用技术开发示范、推广工作。现有 6 个农气站（秭归、夷陵、当阳、建始、来风、利川）为试验基地，开展生态与农业气象观测和试验，研究农业气象防灾减灾适用技术，提供农业气候趋势预报及各种作物产量预报。

5. 气象服务

公众气象服务 1958 年开始制作短期 24、48、72 小时的天气预报，通过宜昌市有线广播站对外广播。1960 年以后陆续制作旬天气预报，重要农事季节天气预报，打印成书面材料送到宜昌地委，行署及农业部门，重要天气预报用电话报告或当面向地委行署领导汇报。1993 年，宜昌天气预报在中央电视台午间新闻气象节目播出，1998 年自行制作电视天气预报节目录像带，开始有了用文字对农时、农事的指导和对市民出行、穿衣的提示。2007 年 10 月，开始由主持人播报电视天气预报，开通生活气象、旅游气象、交通气象、名企气象、气象直播等节目。20 世纪 90 年代，开通“121”气象服务咨询电话和气象短信服务业务，2005 年“121”电话升位为“12121”。2001 年 6 月，宜昌天气雷达灯光颜色显示天气。目前，通过广播、电视、报纸、网络、“12121”电话和短信平台、灯光显示等多种形式提供气象服务。

决策气象服务 主要通过电话、传真、短信、专题报告、现场服务等方式向各级党、政、军领导和决策部门提供决策服务产品。1996 年汛期，沮漳河出现三次特大洪峰，市气象局为市委、市政府指挥抗洪抢险斗争，立足抗洪不分洪提供了科学的气象依据，被宜昌市委、市政府、市军分区记集体二等功。1997 年，市气象局为三峡工程实现大江截流提供准确及时周密的气象保障服务，赢得三峡总公司的赞誉，被中国气象局表彰为全国气象部门“重大气象服务先进单位”。1998 年市气象局在三峡工程工地、清江隔河岩电厂、长江大堤枝江段三个抗洪主战场同时开展抗洪气象服务，为取得抗洪斗争的全面胜利做出了突出贡献，获得省委、省政府和省军区授予的集体一等功，同时被中国气象局、省气象局授予“抗洪抢险气象服务先进集体”，被宜昌市委、市政府评为“抗洪抢险先进单位”。2003 年 5 月三峡初期蓄水，2004 年 7 月上旬三峡出现历史罕见的大范围强对流天气，2005 年 7 月上旬三峡过境洪水、清江特大洪峰、强暴雨叠加的防洪汛情期间，市气象局均提供了准确、优质的气象服务，先后 2 次获省气象局“重大气象服务先进集体”。2008 年低温雨雪冰冻灾害、4 月 19 日兴山特大滑坡、8 月 14—15 日沮漳河洪水，都提前准确发布预报，为全市防御气象灾害赢得了主动，被评为 2008 年低温雨雪冰冻灾害应急气象服务先进集体。

专业与专项气象服务 1984 年，宜昌市气象台开展专业气象服务，为农业、水利、水电部门提供中长期天气预报服务和气象资料服务。1987 年，市气象局开展防雷检测、施放气球等有偿专业气象服务。1995 年，成立宜昌市防雷中心，开展防雷技术和工程服务。2001 年，成立宜昌市避雷装置检测所，将原防雷中心承担的防雷装置检测任务分离出来，交由新成立的宜昌市避雷装置检测所承担。2003 年，成立宜昌市天地雷电防护有限公司，从事防雷工程设计和施工技术服务。2004 年底开始防雷装置审核和竣工验收工作。1970 年开展葛洲坝水利枢纽工程气象服务。1985 年以来，相继为隔河岩电站施工和水库调度、高坝洲电站施工和水库调度及清江开发公司提供气象服务。1993 年为长江三峡水利枢纽工程开展气象服务。1990年以来,多次为三峡国际旅游节、龙舟拉力赛等活动制作短中期专题天气预报,在活动开幕式和闭幕式都派出预报人员到现场开展气象服务。专业服务已经扩展到交通、电信、水利、电力、商业、保险、国防等各个行业。

6. 气象科普

宜昌市气象局1993年开始自立科研课题,完成自立科研项目110多项,10多项成果获奖,其中获中国气象局科学研究与技术一等奖1项,省政府科技进步三等奖2项。先后在各种刊物上发表论文120多篇,参与论文汇编24卷,获奖论文70余篇。截至2008年,全市气象部门有9人被评为全省气象部门青年新秀,有1人被评为第六届全国优秀青年气象科技工作者。2008年,宜昌国家气候观象台副台长毛成忠(正科级)参加中国第25期南极科考。

开展世界气象日纪念活动、全国科技活动周和全国科普日活动、送气象科技下乡和进社区活动以及青少年气象科技活动,向社会公众普及气象科学知识。宜昌市、县气象局每年接待3000多人次参观,登记在册的气象志愿者有500多人。宜昌市气象局多次被宜昌市科协评为"全市科普工作先进单位",宜昌市气象学会多次被评为"先进气象学会"。

法规建设与管理

法规建设 从2005年开始,每年与市安全生产监督管理局联合下发《关于加强我市防雷减灾工作的通知》,对重点防雷单位组织防雷安全专项检查,发现问题督促整改。2007年与市教育局联合下发《关于进一步加强学校防雷安全工作的通知》。2008年与市旅游局联合下发《关于加强我市旅游景区防雷安全工作的通知》500份。

行业管理 2003年5月,市气象局在宜昌市行政服务中心设立气象行政审批窗口,开始受理防雷装置设计审核、竣工验收和施放气球活动行政许可项目的审批。2000年成立执法办公室,2006年设立政策法规科,成立行政执法大队。每年举办全市气象执法人员培训班,邀请法制专家和职业律师讲授法律及执法知识。聘请常年法律顾问,指导和规范执法行为。利用《三峡日报》、《三峡晚报》等媒体宣传气象法律法规,发布气象行政执法公告。2006—2008年,查处违反防雷条例案件100多件、破坏气象探测环境案件2件、违规施放气球案件10多件。

党建与气象文化建设

党建 1951年,宜昌气象站建站时,没有中共党员。1955年4月先后从外地调进两名党员,编入宜昌专署农业局党支部。1961年,建立中共宜昌专署气象局支部委员会。1982年1月,成立中共宜昌地区气象局党组。1994年2月3日,建立市气象局党总支,下设机关支部委员会、三峡气象服务中心支部委员会、离退休干部支部委员会、白云经济开发公司支部委员会。2002年,建立中共宜昌市气象局机关委员会、机关纪律检查委员会。气象局党委下设机关支部委员会、业务支部委员会、产业支部委员会、三峡服务中心支部委员会、离退休干部支部委员会。2008年,宜昌市气象局有党总支1个,党支部6个,党员71人,在职党员42人。

气象文化建设 1986年,宜昌市气象局开展双文明台站创建活动。1991年,开始文明单位创建活动，成立领导小组，实施“阳光工程”，建设“民主之家”；实施“人心工程”，建设“温暖之家”；实施“教育工程”，建设“文明之家”。先后建成篮球场、乒乓球室和老年活动室、职工之家、阅览室、宣传栏、多功能活动厅，举办舞会、文娱晚会、歌咏比赛和体育比赛，参加省市各种比赛和活动。现有图书阅览室1个(35平方米)，藏书1050册；气象观测科普基地1个；老干部活动室1个(50平方米)；篮球场1个；门球场1个；室外健身器材9套；乒乓球台2个。2002年推行政务公开和局务公开，先后在市气象局网站和政务公开栏及市政府网站公开政务和局务。每年与市气象局机关科室、直属单位和县市气象局签订党风廉政责任书，开展反腐倡廉宣传教育月活动。

市气象局先后获得省部级先进单位10余次，厅局级先进单位100多次。1994年市气象局机关建成省级文明单位，1998年建成省级最佳文明单位，2002年全市气象部门建成市级文明系统。2005年以来，先后被评为全国精神文明建设先进单位、全国气象部门政务公开先进单位、全国气象部门先进集体、全国模范职工之家，连续四届被评为省级最佳文明单位和市级文明系统，连续十余年获得全省气象部门目标考核优秀达标奖。2006年、2008年被评为宜昌市直属机关群众满意机关、宜昌市直属机关综合目标考核优胜单位。全市有6个气象台站被命名为湖北省气象系统“明星台站”。

主要荣誉 1984年，宜昌市气象局获国家气象局“重大气象服务先进奖”。1990年，被国家气象局授予“汛期气象服务先进集体”。1991年，被国家气象局和省委、省政府分别授予“防汛抗灾先进集体”。1994年，被省政府授予“气象为农业服务先进单位”。1997年，被中国气象局授予“汛期气象服务先进集体”，1998年，被省委、省政府、省军区授予“抗洪集体一等功”。

2001年，雍绍林被中国气象局人事部评为“全国气象系统先进工作者”。2006年，龙利民被全国妇联评为“全国三八红旗手”。

人物简介

雍绍林 男，出生于1946年12月，中共党员，高级工程师。

1965年8月参加工作，1968年8月毕业于空军第三高级专科学校气象专业，大学本科学历，毕业后在昆明空军机场从事气象预报工作。1979年9月从部队转业到当阳县气象局，从事气象预报工作，1984年任当阳县气象局局长。1985年10月调入宜昌地区气象局任副局长，1996年1月至2005年12月任宜昌市气象局党组书记、局长。

雍绍林锐意进取，勇于开拓，求真务实，在气象事业改革的浪潮中，带领干部职工抓改革，促发展，狠抓职工队伍建设、气象现代化建设、气象基础业务建设、台站基础设施改善和气象科技产业发展，全力做好气象服务，推动全市气象工作迈上新台阶，使宜昌市气象局多次受到中国气象局、湖北省委、省政府、湖北省气象局的表彰。他本人先后被中国气象局授予“重大气象服务先进个人”，被湖北省气象局授予“抗洪抢险气象服务先进个人”，被宜昌市委、市政府授予“抗洪抢险先进个人”，被原宜昌市直农业战线党委授予“优秀党务工作者”，被市委评为“优秀基层思想政治工作者”和“优秀共产党员”。实行工作人员年度考核以来，他连续九年被省气象局确定为优秀等次。2001年，荣获人事部和中国气象局联合表彰的全国气象部门先进工作者称号。

台站建设

建站初期，办公楼和生活值班用房全为茅草房。1956 年，建设砖瓦房三排。1971 年建成行政办公楼 866.94 平方米，1981 年行政办公搬至新建的 713 雷达楼，原办公楼改为职工宿舍。1974 年建成 711 雷达楼 644.86 平方米，现为宜昌国家气候观象台办公楼。1997 年建成气象培训中心，现为气象宾馆。1998 年建配电房 86 平方米。2002 年建成 15 层的多普勒雷达塔楼，并改造行政办公楼 2870 平方米。2004 年建柴油发电机房 32 平方米。2007 年建制氢房143 平方米。2008 年建设职工生活值班用房 900 平方米。宜昌市气象局现占地 90 余亩，办公区、住宅区相对独立。修建有凉亭、花坛、草坪 5400 平方米，栽种了花草树木，被市绿化委评为绿化工作先进单位，并被指定为宜昌市绿化重点单位。

宜昌市气象局现观测场

宜昌市气象局 2001 年 6 月 1 日正式投入使用的新一代天气气雷达大楼(三峡风云塔)

夷陵区气象局

宜昌市夷陵区即原宜昌县，古称“夷陵”，因“山至此而夷，水至此而陵”得名，位于湖北西部，系鄂西山区向江汉平原过渡地带。2001 年 7 月 28 日，宜昌县撤县建区，称宜昌市夷陵区。

机构历史沿革

始建情况 1970 年前，宜昌县直机关位于宜昌市城区内，无县属气象机构。1959—1961 年间曾设气象站，隶属县水利局，负责简单的气象情报服务工作，无观测记载和预报服务。1970 年 8 月，随着县直机关迁建到小溪塔镇，县政府强烈要求并投资，委派闫建民、陈贻竹、望开勤等筹建宜昌县气象站。选址小溪塔南面山顶(张家岩上)，观测场海拔高度 115.2 米，东经 110°19′、北纬 30°46′，总占地面积 8937 平方米。地面气象观测场(16 米×20 米)从建站至今没有迁址，地址名称从早期宜昌县城关镇(小溪塔)南面山顶变更为现在宜昌市夷陵区小溪塔东湖四巷 153 号。

领导体制与机构设置 1971 年 8 月，宜昌县气象站以县人武部领导为主。1976 年 6

月，成立宜昌县气象科，由县革命委员会领导，归口县农办。1978 年 1 月，宜昌县气象科改为宜昌县气象局，保留宜昌县气象站的牌子。1983 年，实行以部门领导为主的双重管理体制，即垂直管理单位，延续至今，在地方隶属农口。1984 年 7 月，县气象局改称气象站，1988 年 6 月，恢复宜昌县气象局名称，保留宜昌县气象站名称，为正科级单位。2001 年 7 月，宜昌县撤县建区，宜昌县气象局(站)更名为宜昌市夷陵区气象局。

人员状况 1971 年建站初期 3 人，1978 年增加到 11 人。现有职工 23 人，中共党员 10 人。其中：在编在职 10 人(含内退 2 人)，退休 7 人，聘用合同工 6 人。所有职工中工程师 13 人，大专以上学历的职工占 1/3 以上。在编人员中 35 岁以下 1 人、35～45 岁 1 人、45～55 岁 7 人、55 岁以上 1 人。

主要领导人更替情况

姓名	行政职务	任职时间
闫建民	负责人	1970.11—1972.1
吴志珊	副局(站)长	1972.1—1984.5
娄云霞	副站长	1984.5—1985.11
张　麟	副站长	1985.11—1988.7
	局长	1988.7—2001.8
胡宝松	局长	2001.8—2004.7
刘云鹏	副局长	2004.7—2005.10
	局长	2005.10—

气象业务与服务

宜昌市夷陵区气象局(站)从早期单纯的地面气象观测和简单的县站预报服务，逐步发展到现在气象观测信息自动化、区域自动站多点信息数据采集、实时气象监测预警、农业气象观测、天气气候及影响评价和冰雹、雷电等气象灾害防御，以及精细化个性化的气象科技服务业务，基础气象业务日益完善，气象服务能力不断增强。

1. 气象业务

气象观测 1971 年 1 月 1 日，开始进行每日 3 次(北京时 08、14、20 时)定时观测。观测内容包括云、能、天、压、温、湿、风、地温、降水、日照、蒸发等项目)，夜间不守班。1973 年 5 月开始使用虹吸雨量自记仪器；1976 年 1 月开始使用气压计、温度计、湿度计自记仪器，增加 0.4～3.2 米直管地温和冻土观测；1978 年开始使用 EL 型电接风向风速自记仪器(2008 年 3 月换 EN 型自记风)；1983 年 4 月增加遥测雨量计。1971—1976 年间，曾在土门、桥边、樟村坪和雾渡河、分乡高中等地设气象哨，进行气象观测。1984 年 1 月开始编发天气小图报，1986 年 6 月开始使用 PC-1500 计算机编发气象电报(OBSWH-3)。1986 年增加农业气象观测(柑橘、水稻、自然物候)。1991 年 3 月至 2001 年 12 月，测报业务调整，天气现象只记符号，不计起止时间，不参加上级业务考核。1992 年，湖北省参加全国气象系统地面、高空测报比赛的集训队先后在宜昌县气象局进行封闭式集训。2002 年 1 月，重新参与测报业务考核。2001 年 7 月开始自动气象站建设，2002 年 1 月正式投入业务运行。

人工站与自动站平行观测、发报，报表以人工站为主。2005 年 1 月 1 日开始，采用 OSSMO 2004 版本测报业务软件观测编报、报表制作。2006 年 1 月 1 日开始，只进行 08 时、20 时 2 次人工定时观测，保留雨量自记仪器，取消白天守班和 14 时定时观测，天气现象可不连续观测。实时气象报告由自动气象站上传的实时数据文件代替，不再编发加密天气报告和重要天气报告等气象报告，但仍需继续编发气象旬月报。2007 年 1 月 1 日恢复白天守班，天气现象连续观测，定时人工观测时次为北京时 08、14、20 时 3 次，恢复承担的天气加密报、热带气旋加密报、重要天气报和气象旬(月)报等编报任务。2008 年 1 月开始电线结冰观测。2004 年 10 月，气象原始资料移交湖北省气象局档案馆。2005 年开始建设区域自动气象观测站，截至 2008 年底共建自动站 22 个。

气象信息网络 1986 年 8 月前，通过邮电通信发气象电报；同年 8 月 10 日开始使用甚高频无线电话发报。1971—1986 年间，手工抄收气象广播，绘制简易天气图；1996 年 7 月停止抄收气象广播。1986 年采用气象预警报接收机为社会提供天气预报服务和灾害性天气预警报。1994 年 4 月建成县级业务系统，通过程控拨号方式从宜昌地区气象台网上调取气象图像、图形资料和预报指导产品；同年 6 月，完成羊角山、秀水坪、天府庙等防雹站甚高频通讯联网建设。1995 年 1 月，宜昌县电视台开始播报《天气预报》。1997 年 3 月 23 日，县气象局建立多媒体电视天气预报制作系统，宜昌县电视台《天气预报》开始播出由县气象局制作的分乡(镇)预报；4 月 18 日，开通“121”天气预报自动答询系统。1999 年 12 月 21 日，建成 VSAT 地面气象卫星接收小站。2002 年 1 月 1 日，ZQZ-CⅡ型自动气象站投入业务运行。2003 年进行气象综合业务系统规范化建设，实现了业务一体化与资源共享；同年 12 月开通夷陵兴农网。2006 年 8 月改用中国移动光纤传输地面气象资料。2008 年等效雷达项目建设中，建立了移动电话短信息预警发布平台，装备了车载移动多要素自动气象站设备。

气象预报 1975—1982 年，着眼于服务地方经济建设，结合辖区调查资料，开展县站气象预报业务建设。1983 年健全预报服务基本资料、基本图表、基本档案和基本方法，特别是娄云霞同志对历史冰雹个例的分析，在预报服务和防雹减灾中发挥了较好作用。1980 年、1984 年分获宜昌地区汛期长期预报、春播预报总分第一名。

1986 年前主要利用简易天气图和九线图等方法，制作县气象站天气预报，通过广播电台发布辖区预报。1986 年后，常规预报主要依靠上级指导产品作传递预报，结合辖区天气气候特点适当补充和订正。近年来，主要依托网络气象信息特别是实时雷达观测，重点开展临近天气预报和预警服务。

农业气象 1982—1983 年，开展了农业气候区划工作。2002 年，完成了《夷陵区猕猴桃专题气候区划》。1986 年 8 月 1 日，作为业务技术体制改革试点单位，开始对农业气象观测业务，固定观测：柑橘、中稻(产量预报监测)；非固定观测：自然物候和土壤湿度。1989 年 11 月列入省农业气象观测站网，属于省二级农业气象观测站。1991 年 7 月 10 日，宜昌县柑橘试验站挂牌。发挥农气观测资料作用，开展柑橘气象试验与研究，宜昌县柑橘花期、幼果期气象灾害预警与减灾对策研究成果，获得了宜昌县人民政府 1996 年度科技进步一等奖，并应用到了生产实践。2005 年开始开展柑橘销售期专题气象服务，将主产区、销售地区及运输路线上各种气象信息，集成到夷陵兴农网上，方便了橘农、客商。1994 年在《华中农业大学学报》发表了《温州蜜柑早期生理落果第一峰点与气象条件关系》(被《世界农业科技信息索引》收录)。2000 年参与了《气候变化对三峡地区农业生态条件的影响(国家青年基金项目)》研究工作。1994 年 1 月 1 日,农气观测(柑橘、水稻)执行新规范。2000 年 1 月 1 日停止水稻、自然物候观测,增加玉米观测,并执行《简易农气观测方法》。2004 年 6 月 15 日起,每月逐旬逢 8、逢 3 日按规定进行土壤湿度测定,向武汉中心气象台发报。逢 3 测定深度 50 厘米,2 个重复;逢 8 测定深度 50 厘米,4 个重复。同年 12 月 30 日,柑橘观测品种由温州蜜柑(尾张)调整为温州蜜柑(龟井)。现有农业气象观测项目:柑橘、玉米和土壤湿度。

2. 气象服务

公众气象服务 通过广播、电视、报纸、网络等媒体,在第一时间向社会提供灾害性天气预警、农业气象情报等有价值的气象信息,始终把为农业、农村服务放在首位,突出人工防雹和农业气象特色。遇有关键性、转折性天气时,与夷陵电视台一起制作专题气象服务节目;遇有突发性重要天气时,通过夷陵电视台飞字幕和短信息,及时向社会通告。

决策气象服务 1984 年 5 月 9 日冰雹天气、1984 年 7 月黄柏河流域连续性特大暴雨、1990 年 7 月 17 日突发性暴雨过程、1994 年 7 月 24—25 日西南部特大暴雨、2007 年 7 月 19 日局部突发性暴雨过程和 2008 年 1 月冰雪天气等重大天气服务过程中,为地方党委政府组织抗灾救灾建言献策,发挥了较好的决策参谋作用。1983 年开始作年度气候影响评价,1989 年、1993 年获全省评比一等奖。

专业与专项气象服务 1973 年在全省首先进行了土火箭防雹试验,1974 年应用土火箭防雹作业。1975 年 2 月 28 日,成立宜昌县人工防雹降雨办公室,设羊角山、秀水坪防雹作业点。现拥有 5 门“三七”高炮、2 套火箭发射装置(1 套移动)。1990 年开始开展避雷设施安全性能检测工作,2003 年开始履行防雷装置设计审核、竣工验收的气象行政管理和气象科技服务职能。

气象科技服务与技术开发 1984 年开始资料、预报等有偿专业气象服务。1986 年采用气象预警报接收机为辖区内重点单位和重点企业提供天气预报服务和灾害性天气预警报。1990 年开始施放升空氢气球,兴办兰天日用化工厂。1994 年开展综合经营活动。1997 年底挂牌宜昌县气象科技服务中心,组成专职气象科技服务队伍。1998 年开始防雷工程技术服务。

2008 年羊角山人工防雹站

气象科普宣传 2008 年 1 月 1 日,改版电视《天气预报》栏目。参与了服务“三农”的《农家之友》和服务公众的《百姓零距离》等专栏电视节目录制工作。

法规建设与管理

法规建设 2000 年以来,围绕辖区的防灾减灾、气象信息发布、气象探测环境保护等,加强社会宣传,明确了雷电灾害防御工作行政管理职能。向社会公布气象行政服务的法规依据、办事程序、时效承诺等。2001年修订《宜昌市夷陵区气象局规范化管理制度》。2002年实行聘用合同制改革。2006年编制《宜昌市夷陵区重大气象灾害预警应急预案》。2007年推行岗位设置管理。2008年，夷陵区政府办公室就突发性灾害天气预警信息协调工作下发文件。

社会管理 目前，夷陵区气象局是夷陵区安全生产委员会、旅游发展委员会、防汛抗旱指挥部、森林防火指挥部、中小学校舍安全工程领导小组、地质灾害防御责任单位等成员单位。担负着全区雷电灾害防御等行政管理职责。1998年，《县政府办公室关于进一步加强防雷工作的通知》正式将全县防雷工作归口县气象局管理。2003年2月开始按照《夷陵区防雷监审组织工作程序》，开始进行新、改、扩建建筑(构)物防雷监审工作。

党建与气象文化建设

1. 党建工作

支部组织建设 1971年10月建立中共宜昌县气象局支部(第一任支部书记：吴志珊)，党员人数由建站时的2人到现在10人(其中，退休党员4人)。娄云霞同志曾连续两届当选中共宜昌县委候补委员。1987—2008年间，气象局党支部11次被区委表彰为先进基层党组织。1992年，成立宜昌县气象局团支部(支部书记：熊永军)。2008年，获得省气象局“三自先进集体”。

党风廉政建设 近年来，开展了干部作风集中整治(2004年)、保持共产党员先进性教育(2005年)、“双争”活动(2006年)、机关效能建设(2007年)和争创满意机关(2008年)等活动。1989年制定《宜昌县气象局廉政制度》，1992年制定《宜昌县气象局党支部工作制度》和《宜昌县气象局党员民主评议考核制度》。

2. 气象文化建设

精神文明建设 从20世纪80年代“五讲四美三热爱”活动，到2001年公民道德教育和近年来的社会主义荣辱观、党员先进性教育等，夷陵区气象局始终重视干部职工特别是党员干部的思想教育，用理论武装人、用事业激励人，促进人的全面发展，建立了精神文明建设长效机制。

文明单位创建 1986年首次被县委县政府表彰为“两个文明建设”先进单位。1992年局党支部提出了“八五”期间达到地级文明单位的目标，1995年被市委市政府授予“文明单位”，1998年被省委省政府授予1996—1998“文明单位”。2002年度，被夷陵区文明委授予全区“文明行业最佳文明窗口”。

文体活动 1988年开始坚持每年举行一次围棋、中国象棋、跳棋、桥牌、羽毛球、乒乓球、拔河等文化体育活动为主的马拉松运动会。1989年以来，参加了“祖国万岁”演讲、“职业道德”歌咏比赛、文艺调演和“全民健身运动会”等活动，多次获得组织奖、道德风尚奖。2002年开始每两年主办一届“夷陵气象杯”桥牌赛。在2008年参加宜昌市桥牌乙级联赛中获得第二名，晋级市桥牌甲级队。1989年成立宜昌县气象局工会(工会主席：周开树)，2007年局工会组织获得区“先进职工之家”称号。

3. 荣誉

集体获得的主要荣誉 1992年，获得“全国先进气象站”（国家气象局）；1995年，获得“汛期气象服务先进单位”（湖北省气象局）；1997年，获得“发展地方气象事业先进县市”（省人民政府）；1997年，获得全省首批“明星气象台站”（湖北省气象局）；1996—1998年度，获得省级文明单位称号（省委、省政府）；2002年，被评为全省气象部门明星台站（湖北省气象局）；

2001—2002年度和2003—2004年度，获湖北省创建文明行业先进单位（湖北省委、省政府）；

1995、2003—2004年度、2005—2006年度和2007—2008年度获市级文明单位称号（宜昌市委、市政府）。

获得综合表彰的先进个人

吴志珊：1990年优秀共产党员（中共宜昌县委员会）。

娄云霞：1982年全省气象部门先进工作者（湖北省气象局）；1987年先进工作者（宜昌县人民政府）；1988、1989年优秀共产党员（中共宜昌县委员会）。

张麟：1992年全省气象部门优秀站（局）长（湖北省气象局）；1999年全省气象部门先进工作者（湖北省人事厅、气象局）。

黄大荣：2000年宜昌县劳动模范（宜昌县人民政府）。

刘天喜：1989年宜昌县劳动模范（宜昌县人民政府）。

向祖珍：1991年优秀共产党员（中共宜昌县委员会）。

周开树：1995年宜昌县劳动模范（宜昌县人民政府）。

林敬颂：1991年宜昌县劳动模范（宜昌县人民政府）。

刘云鹏：1998年全市气象部门先进工作者（宜昌市人事局、气象局）。

台站建设

基础设施 筹建宜昌县气象站时，工作生活条件十分艰苦。靠一条羊肠小道把各种物资器材背到山顶，生活、办公都在一间芦席棚里。1971年9月，修建一栋土木结构（干打垒）房屋，用于办公和住房；1977年初，建成简易公路小型汽车通达县气象站。1980年8月县政府投资1万元修建平房宿舍9套；1984年3月县政府投资4万元新建三层办公楼和局长宿舍2套，办公、住宿条件大为改善。1990年部门与地方共同投资硬化上山公路，改善了气象站的交通条件；4月购置北京吉普箱式小货车。1991年3月省气象局与县政府共同投资20万元，建成12套职工宿舍。1997—2006年间购置小型轿车2台、轻型货车2台。1995年、2002年分别对三层办公楼、水电基础设施等进行过两次大的维修和改造。2003年，完善综合气象业务一体化工作室硬件设施建设，档案升级改造（省一级），配置密集档案架。2008年区财政投资25万多元进行气象现代化装备建设。

园区建设 早期以经济园林（柑橘）为主，绿化率达60%以上；近期增加了植物种类，基本实现了“春花、夏凉、秋实、冬绿”。2005年、2006年安装户外健身器材、上山小路路灯等设施。2008年，结合新业务办公楼的规划设计，按照园林式办公生活环境要求，对区气象局庭院进行了全面、系统的规划，设计绿化率68%、容积率0.24，保护现有樟树、桂花树等大型乔木，逐步按照规划设计进行园区建设和完善。2008年从分乡运回含震旦角石（反映了 4.4 亿年前古生物气候)的石灰岩一块(重 3.4 吨),作为新业务办公楼建设重要的科普文化装饰。

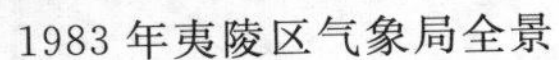
1983 年夷陵区气象局全景

2008 年夷陵区气象局工作区

宜都市气象局

宜都市位于长江中游南岸,东经 111°27′,北纬 30°23′,版图面积 1357 平方千米,其中耕地面积 32 万亩,山林面积 127 万亩,水域面积 13 万亩,辖 10 个乡、镇、街道办事处,127 个村,总人口 38.2 万人。宜都地势西南高东北低,地貌以丘陵为主,有长江、清江、渔洋河三条主河流,还有大小溪河 39 条,均属长江水系。

机构历史沿革

历史沿革 宜都县气象站于 1958 年 6 月筹建。1959 年 1 月 1 日正式建成并开展地面气象观测工作,属国家一般气候站,位于宜都县陆城镇南郊,占地面积 5176 平方米,观测场位于东经 111°27′,北纬 30°23′,规格为 16 米×20 米,海拔高度 74.1 米。

1959 年 1 月 1 日,宜都县气象站属地方管理。1961 年 8 月至 1966 年 5 月,宜都县气象站改名为宜都县气象科。1968 年 1 月,成立宜都县气象科革命领导小组,1969 年 2 月,由宜都气象科改名为宜都气象站。1971 年 3 月,更名为宜都县气象站,根据鄂革〔1971〕141 号文件,实行由军事部门和县革命委员会双重领导,以军事部门为主,属县人武部领导。1973 年 8 月,宜都县气象站更名为宜都县气象科。1974 年 1 月,根据鄂革〔1973〕118 号文件,调整气象部门管理体制,县气象科由革命委员会领导,隶属县委农业办公室管理。1978 年 12 月,宜都县气象科改称宜都县气象局,气象站保留,隶属农林系统。气象局内设天气预报股、地面气象测报股、局办公室。1980 年 5 月,成立宜都县人工增雨领导小组。领导小组下设办公室,办公地点为县气象局。1982 年 6 月,县气象局管理体制改为地方党委、政府和上级业务部门双重领导,以上级业务部门管理领导为主。1984 年 7 月,根据国务院办公厅国办发〔1983〕22 号文件精神,宜都县气象局更名为宜都县气象站,保留正科级单位待遇。1987 年 11 月 30 日,国务院批准撤销宜都县,建立枝城市,宜都县气象站更名为枝城市气象站。1988年6月根据国气人字〔1985〕304号文件精神，恢复枝城市气象局名称，实行局站合一，气象局内设两股一室，代管人工增雨办公室工作。1998年6月11日，国务院批准将枝城市更名为宜都市。枝城市气象局随之更名为宜都市气象局至今。

2006年1月1日宜都国家气象观测站一般站改为宜都国家气象观测站二级站，2008年11月恢复为国家气象观测站一般站。

名称及主要负责人变更情况

姓名	职务	任职时间
徐保录	站长	1959.1—1959.8
黄传林	站长	1959.8—1961.7
李飞起	负责人	1961.7—1963.3
陈荣贵	组长	1963.3—1969.2
魏彬卿	负责人	1969.2—1971.7
曾祥楷	负责人	1971.7—1973.8
李飞起	负责人	1973.8—1975.2
吴光彬	科长	1975.2—1978.12
	局长	1978.12—1984.7
孙士型	副站长	1984.7—1985.7
	站长	1985.8—1988.6
	局长	1988.6—1998.11
贺有春	副局长	1998.12—2004.3
	局长	2000.4—

人员状况 1959年1月至1961年8月，有管理和业务人员6人，无内设机构，只有3～4名业务人员维持日常的业务工作。1969年2月至1973年8月，有管理和技术人员9人。1979年1月至1994年12月，管理和业务人员10人，其中技师1人，助理工程师7人。现有在编职工7人，聘用制人员4人。现有在职职工中，大专以上学历5人；中级专业技术职称人员3人，初级专业技术人员3人；50岁以上的3人，40～50岁3人，40岁以下5人。

气象业务与服务

1. 气象观测

地面观测 1959年1月，承担北京时间07、13、19时3次定时观测任务，编发小图报，夜间不守班。1961年8月，改为北京时间08、14、20时3次定时观测。2006年1月开始，进行北京时间08、20时2次人工定时观测，取消白天守班和14时定时观测。2007年1月开始，按照《地面气象观测规范》恢复白天守班，北京时间08、14、20时3次定时人工观测。观测的项目执行《地面气象观测规范》。建站初期使用维尔达风向风压器。1961年8月起使用轻便式风向风速仪，1974年9月开始使用电接风向风速计(EL型)自记仪器。1965年3月开始气压观测，气压表海拔高度76.3米。1976年承担拍发本站气象旬、月报任务。1978年1月安装虹吸雨量计和温、湿度计，1983年4月安装遥测雨量计。1986年开始使用PC-1500计算机编发气象电报(OBSWH-3)。2008年1月，按上级业务部门的要求开展电线积冰观测。

编制的报表有 3 份气表-1，向湖北省气象局、宜昌市气象局各报 1 份，本站留底 1 份。2000 年 11 月通过 162 分组网向湖北省气象局传输原始资料，停止报送纸质报表。2005 年 1 月开始，采用 OSSMO 2004 版测报业务软件观测编报、报表制作。1959 年 3 月至 1986 年 12 月，为宜昌土门机场和当阳空军机场提供预约航空天气报告和危险天气通报。

气象观测现代化 1981 年根据气象观测业务的工作需要，中央气象局向全国所有的基层气象站配发了 PC-1500 袖珍式计算机，观测数据的处理也实现了自动化。1994 年 6 月微机运用于气象观测业务。1995 年 1 月微机投入预报业务使用，1999 年 12 月建成 VSAT 小站。2002 年 1 月 ZQZ-CⅡ型地面气象综合有线遥测仪正式运行与人工站并行对比观测，2004 年 ZQZ-CⅡ型地面气象综合有线遥测仪单轨运行，正式执行新版《地面气象观测规范》和《自动气象站业务规章制度》。2004 年投资 10 多万元进行了规范化建设，建成了业务一体化室，实行了办公微机网络化。2005 年 1 月，使用地面气象测报业务系统软件 2004 版，执行《地面气象测报业务系统 2004 版操作手册》。2006—2008 年进行加密自动气象（雨量站）网建设，现有单要素雨量站 9 个，两要素（雨量、温度）站 1 个，四要素（温度、雨量、风向、风速）站 1 个。

2. 气象预报预测

1961 年 8 月开始进行订正预报，主要靠收听上级业务部门播发的天气预报，结合本站压、温、湿的变化情况制作短、中期天气预报，并通过宜都县广播站对外发布。20 世纪 70 年代末期加强了预报业务建设，对本站所用基本资料、基本图表、基本档案和基本方法进行了全面整理和挖掘，形成了符合本地气候特点的一套天气预报制作的工具和方法。1984 年 7 月县气象站配备了专用气象传真接收机，以后还陆续配备了甚高频电话、天气预警警报器等先进设备，每天定时接收北京气象中心输出的北半球欧亚大陆各时次、各层次的天气图、一些预报辅助图资料以及日本卫星云图传送的卫星云图资料和武汉中心气象台播发的中南地区雷达回波等资料，还通过甚高频电话随时与地区气象台联系，及时掌握天气系统的变化情况，提高了晴雨预报及灾害性天气预报准确率。

1965 年 4 月开始制作发布旬、月天气预报。春播预报、汛期预报（5—9 月）、年度预报、秋季预报。常规的主要是春播预报和汛期预报。其他根据用户需要制作。县级长期天气预报制作，主要运用数理统计方法和常规气象资料图表及天气谚语、相似、韵律关系等方法制作本地的预报。1999 年 9 月，宜都市气象局建成 VSAT 小站，随时能了解到各种气象信息，结合宜昌市气象台先进的雷达回波资料提高了宜都市气象站 24 小时短期晴雨预报准确率和 24 小时短期灾害性天气预报准确率。

3. 气象信息网络

1986 年 8 月前，通过邮电通信拍发气象电报，8 月开始使用甚高频无线电话发报。1989 年，借助宜昌地区气象台的发射信号，应用气象预警接收机为辖区内的重点单位和重点企业提供天气预报服务和灾害性天气预警报。1994 年建成县级业务系统，通过程控电话拨号方式从宜昌地区气象台调取气象图像、图形资料和预报指导产品。1999 年 12 月，建成了 VSAT 地面气象卫星接收小站，应用气象综合信息处理系统(MICAPS)获得更为丰富的气象图像、图形资料。2005 年，开通了宜都市政府办公网，采用光纤接入。2006 年 8 月，地面气象资料传输改用中国移动光纤传输。

4. 气象服务

公众气象服务 从建站开始到 1979 年底，通过宜都县广播站对外发布短中期天气预报，口头或电话向县委、县政府报告关键性、转折性天气预报，协助政府、指导公众做出正确的决定。1981 年 6 月为适应宜都县农业区划工作的需要，宜都县气象站在石羊山、梁山、帽子尖等地设立气象观测哨所和县气象站，同时对丘陵、半高山和高山地区进行了气象梯度对比观测，为掌握全县丘陵、半高山和高山地区气候资源的时空分布状况获取了宝贵的数据。1997 年 1 月，宜都市气象局引进湖北省气象局电视天气预报制作系统，分乡镇制作和发布天气预报，1998 年开通“121”天气预报语音自动答询系统。2004 年建成宜都兴农网网站，开展综合信息服务。

决策气象服务 1998 年 8 月长江流域发生了罕见的特大洪水，宜都市气象局根据上级业务主管部门发布的指导性的天气预报，结合本地的实际准确及时地向市委、市政府及防汛办报送水情和雨情情报，为地方党委政府组织抗洪救灾谏言献策，发挥了较好的决策参谋作用。2000 年后逐步拓展服务领域，除常规服务产品外，有专题气象信息、重要气象信息、各种灾害性天气预警等服务产品，采用传真、网络、手机短信、政府办公网络、专题汇报等多种渠道开展服务。还开展气候分析影响评价、论证等服务工作。宜都市气象局积累气象观测资料，整理出版了《宜都气象资料》，为编写《宜都农业气候手册》、《宜都农业气候区划报告》及工农业生产、大型项目的建设设计论证，科学研究等方面发挥了作用。

专业与专项气象服务 1980 年 5 月 9 日宜都县革命委员会以宜都革文〔1980〕32 号文件，成立宜都县人工降雨领导小组，县革命委员会拨专款从省人降办购回高炮 1 门，开始了宜都县的人工降雨工作。1981 年夏旱，县气象站在潘湾黄猫山进行人工降雨实验获得成功。1990 年，市人民政府拨款 8 万元从湖北省人降办又购回“三七”双管高炮 2 门，定点在聂河和九河水库开展人工降雨工作。1999 年 3 月，宜都市人民政府又拨款 8 万元购回“三七”单管高炮 3 门，定点于红花套、高坝洲、松木坪等地。至此宜都市拥有用于人工增雨的高炮 6 门，炮点 5 个，从业人员 20 人。2006 年 7 月，宜都市人民政府投资 20 万元，购置车载火箭发射装备 1 套。

1985 年开始开展专业气象有偿服务。主要服务内容有：旬、月主要降水及冷空气活动过程、雨量、平均气温、极端气温等；春播期、汛期、梅雨期预报，连阴雨、高(低)温预报、暴雨、大风等灾害性天气预报等；服务单位有厂矿、企业、部分行政事业单位。

1988 年 9 月开始筹办防雷装置安全性能检测工作，1989 年正式开展全市防雷装置安全性能检测的技术服务工作。1998 年 8 月成立宜都市气象科技服务中心，防雷检测工作逐步规范，同时开始了防雷工程的设计、施工和图纸审核、竣工验收专项技术服务工作，2006 年 4 月此项工作进入宜都市行政服务中心气象局行政审批服务窗口受理，该项工作步入规范化、常规化。

科学管理和气象文化建设

法规建设和管理　2000年,《中华人民共和国气象法》、《湖北省实施〈中华人民共和国气象法〉办法》、《湖北省气象行政执法管理办法》等气象法律法规颁布以来,宜都市气象局重点结合辖区内防灾减灾、气象信息发布、气象探测环境保护等,加强了社会宣传,明确了雷电灾害防御工作的行政管理职能,建立健全了与之相适应的气象管理运行机制和气象行政审批事项。2005年11月宜都市人民政府办公室下发《关于加强防雷设施安全管理的通知》,要求凡新建、扩建、改建的建(构)筑物、场地及设施,都必须向市气象局申请防直击雷、感应雷设施的设计(论证)审核。未经市气象局审核或审核不合格的,不予办理施工许可证,建设单位不准开工。要严格执行国家有关防雷技术规范,定期检查防雷设施安全。2004年宜都市气象局与宜都市建设局联合下发文件,明确气象探测环境和设施纳入城市建设规划保护。

建站以来各项管理制度逐步修订完善,2008年底将原来制定的各项规章制度又进行了全面的修改完善,并汇编成《宜都市气象局气象服务工作管理手册》,分发职工人手一册。主要内容包括重大气象灾害预警应急预案、汛期气象服务的组织领导、业务管理、人工影响天气、行政管理、党务管理、局务公开等各项管理制度。2008年7月制定修改了重大气象灾害应急预案,制定了《宜都市气象信息及预警信号发布与传播管理办法》。

党建　建站初期至1972年为党小组,正式党员2人,1972年经宜都县委员会农村政治部批准,成立宜都县气象站党支部,曾祥楷同志任书记,以后历届党组成员随着领导班子的调整而进行换届选举调整,局长、书记一肩挑,没有设置专职党支部书记。现有正式党员10人,预备党员1人,其中退休党员5人。认真落实党风廉政建设目标责任制,积极开展廉政教育和廉政文化建设活动,努力建设文明机关、和谐机关和廉洁机关。于1985年、2001年、2005年、2009年在党内认真开展"整顿党的作风"、"三讲"、"党员先进性教育"、"学习实践科学发展观"等活动,加强领导班子的自身建设,加强党员党性教育和职工队伍的思想建设。

气象文化建设　宜都市气象局2000年以来,建设了标准篮球场,配备了健身设施,建起了职工活动室、阅览室,建立了政务公开栏,加强文明创建阵地建设。2003—2008年度连续三届被宜昌市委、市政府授予"文明单位"称号。

表彰和奖励　1978年,吴光彬被中国气象局表彰为"农业学大寨,工业学大庆"先进个人。

台站建设

建站初期仅3间土坯平房。1965年修建砖混结构业务办公楼一层11间236.28平方米,1985年修建砖混结构职工宿舍一栋五层770平方米,基本解决了职工住宿问题。1990年及2000年分两次建起了三层局办公楼514平方米,干部职工的住宿、办公条件得到了改善。2004年7月自筹资金购置桑塔纳轿车1辆,解决了气象行政管理、科技服务的交通问题。

建站以来,院内环境、附属设施逐步完善。2000年以来,宜都市气象局分期分批对院内环境进行了改造,规划修整了道路,建设了标准篮球场和健身设施,建起了职工活动室、阅览室,改造装修了业务办公楼,完成了业务系统的规范化建设,修建草坪、花坛,种植了观赏植物,使机关环境变成了秀丽的花园。

宜都市气象站旧貌(1963年)

宜都市气象局观测场及工作区(2008年)

宜都市气象局业务一体化室(2008年)

宜都市气象局规划图

枝江市气象局

枝江位于长江中游,荆江之首。早在6000年前,枝江地域上就有了原始的社会部落。周朝时枝江称丹阳,秦朝时,因长江至此分枝而得名枝江,国土面积1310平方千米。枝江县气象科(气候服务站),于1964年4月开始在枝江县筹建,12月24日建成。站址位于枝江县城关镇东部张家坡,1983年5月地名改为马家店镇胜利路6号,1996年11月改为马家店胜利路10号。观测场位于北纬30°26′,东经111°45′,规格16米×20米,海拔高度50.0米。初期工作用房8间135平方米,占地面积2.45亩。建站以来,曾先后有霍俊亭、翁立生、刘志澄、崔讲学等省局主要领导到枝江县检查指导气象工作。

机构历史沿革

历史沿革 枝江县气象科从成立至1971年8月,由当地政府领导为主。期间气候服务站改称气象服务站。1971年9月改称湖北省枝江县气象站,由县武装部管理。1973年1月改为枝江县革命委员会气象科,1978年12月,改称枝江县革命委员会气象局,1981年1

月更名为枝江县气象局，此期间以当地政府领导为主。1983 年 1 月气象部门体制改革，收归部门管理。1984 年 5 月，枝江县气象局改成枝江县气象站，1985 年 6 月恢复气象局名称。1996 年 7 月枝江撤县建市，更名为枝江市气象局。内设机构为综合办公室、业务服务股、科技服务股。2001 年后内设机构为综合办公、业务服务股、防雷中心。2006 年 1 月站名改为枝江市国家气象观测站二级站。2008 年 11 月站名恢复为枝江市国家气象观测站一般站。

名称及主要负责人变更情况

名称	时间	主要负责人
枝江县气象科(气候服务站)	1965.1—1965.12	陈达明
枝江县气象科(气象服务站)	1966.1—1966.4	陈达明
枝江县气象科(气象服务站)	1966.5—1970.2	韩廷宝
枝江县气象科(气象服务站)	1970.3—1971.8	夏　清
枝江县气象站	1971.9—1972.12	张必发
枝江县革命委员会气象科	1973.1—1977.10	廖开池
枝江县革命委员会气象科	1977.11—1978.11	韩廷宝
枝江县革命委员会气象局	1978.12—1980.12	韩廷宝
枝江县气象局	1981.1—1982.8	韩廷宝
枝江县气象局	1982.8—1984.4	涂新琏
枝江县气象站	1984.5—1985.7	贺速洲
枝江县气象局	1985.8—1991.1	朱宗炳
枝江县气象局	1991.2—1992.3	贺速洲
枝江县气象局	1992.3—1996.6	周明杰
枝江市气象局	1996.7—2000.7	周明杰
枝江县气象局	2000.8—2005.5	方　方
枝江县气象局	2005.6—2007.12	杨在银
枝江县气象局	2008.1—	王运龙

人员状况　建站时只有 2 人，1978 年底在编人员达到 8 人。2006 年气象部门业务技术体制改革，核编为 7 人。现有在编人员 10 人，聘用合同工 4 人，退休职工 6 人。曾在枝江市气象局工作过的正式员工达 42 人次。现在职 10 人中，大专学历 3 人，本科学历 2 人，中专学历 3 人。中级专业技术职称人员 6 人，初级专业技术人员 1 人。50 岁以上人员 4 人，40～50 岁人员 3 人，40 岁以下 3 人。在职职工中党员 5 人，预备党员 1 人，退休人员中党员 3 人。

气象业务与服务

1. 气象测报业务

地面观测　1965 年 1 月 1 日正式开展地面观测，承担 08、14、20 时 3 次定时观测，1965 年 3 月开始观测气压。2006 年 1 月 1 日取消气压、气温、湿度、风等自记仪器和相关自记记录，取消14时人工定时观测和天气现象起止时间、出现方位的记录，分夜间、白天两栏只记出现天气现象符号，14时总、低云量、云状、能见度作“—”处理，年报中平均总、低云量及其量别日数均按“—”处理。从2006年12月31日20时起，按照《地面气象观测规范》中一般气象站的有关要求进行观测，恢复白天守班，天气现象连续观测，观测项目按现行任务执行，定时人工观测次数为08、14、20时3次，恢复承担的天气加密报、热带气旋加密报、重要天气报和气象旬月报，不再编发05—05时雨量报。2008年2月1日起，增加电线积冰观测项目。其他观测项目执行《地面气象观测规范》。建站后，气象月、年报表手工编制一式3份报送上级气候资料室，留底1份。1989年6月停止向上级气候资料室报送月、年气象报表，只报月简表。1990年3月气象报表由省气象局资料室制作。2004年气象原始观测记录开始移交省气象局资料室。

测报业务现代化建设 1965年1月用轻便风向风速器观测风，2月份开始用维尔德风向风速器观测，1969年8月25日起使用电接风向风速计(EL型)。1994年6月16日换用EN型测风数据处理仪。1974年9月安装自记记录。1978年1月安装虹吸雨量计和温、湿度计。1983年4月安装遥测雨量计。1987年6月前人工编发报，1987年6月后使用PC-1500袖珍计算机，用“OBSWH-3”程序记录编发报。1995年8月微机运用于气象观测业务、编发报、制作报表。2001年10月安装自动气象站设备(ZQZ-CⅡ型)，实行双轨运行，2002年以人工观测为主，2003年以自动站观测为主。2004年自动站作正式记录。除云、能见度、日照、蒸发和天气现象外，其他项目均由仪器自动采集记录。

2006—2008年开始区域自动气象(雨量)站网建设，其中建有单要素雨量站8个，两要素站1个，四要素站2个，五要素站2个，分别安装在各乡镇政府或学校以及百里闸泵站、鲁家港水库、胡家畈水库、高速公路等地。2005—2006年，相继进行了业务规范化建设，建成了业务一体化室。

2. 气象预报预测

短期短时预报 1965年3月开始用收音机抄收省台广播的高空及地面探测资料及上级预报信息，人工绘制分析天气图表，看天制作短期补充订正预报。20世纪70年代末加强了预报业务建设，对所用基本资料、基本图表、基本档案和基本方法进行了全面整理和挖掘，形成了符合当地气候特点的一套短期72小时天气预报制作工具和方法，延用到20世纪90年代末期。1986年开始使用数字预报产品，1999年后取消了纸质天气图，天气预报业务全部转移到以MICAPS为主的工作平台上进行，预报人员以数值预报为基础，结合其他资料和预报员经验作出短期天气预报，利用卫星云图、雷达回波图和自动站资料制作短时预报。

中长期预报 1965年4月开始制作发布中期天气预报。预报制作主要是接收上级预报指导产品，结合本地气象资料、短期天气形势、天气变化规律，制作旬、月天气趋势预报。长期预报主要有春播预报、汛期预报(5—9月)、年度趋势预报、秋季预报。长期天气预报制作，主要运用数理统计方法、常规气象资料图表及天气谚语、相似、韵律关系等方法。

3. 气象信息网络

1986年1月使用传真机、收音机接收各种气象信息。1987年6月配备甚高频电话并作为气象辅助通信网进行通信、发报和灾害性天气联防、天气会商。1999 年 12 月建成 VSAT 小站和多普勒雷达终端站，组建计算机局域网，接收上级各种气象产品。

4. 气象服务

决策气象服务 建站初期到 20 世纪 70 年代末，短期、短时重大灾害性天气预报，用电话或口头向县委、政府报告。中、长期预报通过蜡纸刻印后邮寄或送达相关部门和领导手中。1990 年 6 月创办《枝江气象》不定期刊物，印发到县委、县政府及乡镇。2000 年开始制作专题气象信息、重要气象信息，各种灾害性天气预警信息等服务产品，通过电话、传真、网络、短信、专题汇报等多种渠道开展服务。针对重点工程建设项目开展气候分析影响评价、论证等服务工作。1974 年 9 月编辑出版《枝江县天气谚语汇集》。1977 年 7 月编辑出版了《枝江县农业气候手册》。1976 年印发《枝江县主要作物关键期和气候特点示意图》。1981—1983 年开展农业气候区划工作，形成了《枝江县农业气候资源调查报告》初稿和气候志初稿，1987 年 10 月载入《枝江县农业区划报告汇编》。

公众气象服务 建站初期主要有短期天气预报，通过县广播电台和农村有线广播播出。1997 年 8 月开始制作电视“天气预报”节目，通过人工送带、宽带网等方式传输给广播、电视台多个频道同步播出。2003 年 12 月建成“枝江市兴农网”站，开展综合信息服务。2008 年 11 月筹建了农村气象志愿者队伍 405 名，编撰印刷了 450 本“气象志愿者学习宣传资料”，枝江县气象局建立了气象信息手机短信发布平台，向气象志愿者和行政村以上领导干部 800 多人发布气象信息。

专业专项服务 1985 年开始与相关企业签订有偿服务合同，针对不同行业、不同部门或单位的需要提供有针对性的短期、中期和长期天气预报。1986 年开始对砖瓦厂和相关企业开展气象警报服务，建立了气象预警报服务系统，安装预警报接收机最高达 50 部。1988 年开始对外提供农业气象情报、气象资料、天气证明等有偿服务。1990 年开展庆典气球施放有偿服务。1991 年正式开展全市防雷装置安全性能检测技术服务工作，2001 年 1 月成立枝江市防雷中心，开始了防雷工程的设计、施工和图纸审核、竣工验收专项技术服务工作，2008 年 11 月此项工作由枝江市行政服务中心气象局行政审批服务窗口代为受理。1990 年开始对外承接防雷工程的设计和施工，2007 年正式成立宜昌天地雷电防护公司枝江分公司。1997 年 7 月开发“121”天气预报自动答询电话。1979 年 7 月用土火箭进行人工增雨作业，2001 年 8 月 7 日用“三七”高射炮实施人工增雨作业。2001 年 10 月枝江市成立了“人工影响天气工作领导小组”，办公室设在气象局。2002 年 7 月枝江市政府投资购置“三七”双管高射炮 1 门，2007 年 5 月枝江市政府投资购置车载火箭发射装备 1 套。

枝江市气象局人工影响天气服务现场

服务效益 气象服务工作在为地方经济建设和为地方领导指挥防灾减灾决策中发挥了积极重要的作用。2004年4月25日、5月2日、6月3日分别实施了3次作业，发射炮弹140发，受益农田面积100万亩次，解除了旱情。1998年长江出现了百年不遇的大洪水，气象局全体职工不怕疲劳、坚守岗位、连续作战，为枝江市委、市政府指挥抗洪抢险的正确决策提供了及时、准确的科学依据。

法规建设和管理

法规建设 2001年枝江市建设委员会、枝江市气象局联合下发《市建委、市气象局关于加强防雷工作管理的通知》(枝建字〔2001〕18号)文件，要求新、扩、改建工程的建设项目必须向防雷中心申请审核。2005年9月明确防雷装置设计审核、竣工验收审批职能由气象局负责(枝府办发〔2005〕43号)。2006年《市政府办公室关于加强全市防雷安全装置建设管理工作的通知》(枝府办发〔2006〕26号)规范了防雷安全装置设计、审核、施工监督和竣工验收工作范围和程序，进一步明确了气象局防雷安全的行政管理职能。

管理 建站以来各项管理制度逐步修订完善，2008年5月将原来制定的各项规章制度进行了全面的修改完善，汇编成《枝江市气象局气象服务工作管理手册》。主要内容包括重大气象灾害预警应急预案、汛期气象服务的组织领导、业务管理、人工影响天气、行政管理、党务管理、局务公开等各项管理制度。2008年7月制定修改了重大气象灾害应急预案，制定了《枝江市气象信息及预警信号发布与传播管理办法》。1979年向枝江市政府提出要加强气象探测环境保护，得到政府领导支持。1982年12月—1983年7月，在政府的支持下责令县公路段、县人民银行影响探测环境的超高层建筑撤除。2004年明确气象探测环境和设施纳入城市建设规划保护(枝建函〔2004〕29号文件)。2001年开始加强施放升空氢气球单位资质认定和行政许可、防雷工程专业设计和施工资质管理及防雷行政审批。开展了天气预报和气象信息发布管理。2001年3月制定了气象政务公开实施方案，对气象行政审批办事程序、气象服务内容、行政执法依据、服务承诺、收费依据及标准等，采取公示栏、网上公告、印发宣传单、电视广告等向社会公开。

党建与气象文化建设

党建 1979年前气象局中共党员属农业局党支部。1979年2月枝江县委农村工作部批准成立枝江市气象局党支部。由县直属机关委员会管理。1986年5月县机关委员会批准成立气象站支部委员会。1987年气象局党支部转入县委农工部，1988年9月成立农业战线党委，气象局党支部由农业战线党委管理。2001年农业战线党委撤销，气象局党支部转入市直机关工作委员会领导。2005年成立气象局党组，历届党组成员随着领导班子的调整而调整。现有正式党员8人，预备党员1人，入党积极分子1人，其中退休党员3人。先后发展党员5人。在2001—2008年间气象局党(支部)组和党员个人多次获得“先进基层党组织”、“五好基层党组织”“优秀共产党员”光荣称号。李晓鸿曾当选为枝江县第八届党代表，周明杰曾当选为枝江市第二届党代表。1987年制定了党内组织生活制度，1989年印发《关于保持机关自身廉洁的规定》，建立了党风廉政责任制。1985年、2001年、2005年在党内开展"整顿党的作风"、"三个代表"、"党员先进性教育"等活动。干部任用、财务收支、目标考核、基础设施建设等重大事项均通过职工大会、局公开栏向职工公布。2002 年 5 月与老干局联合发文聘请了退休干部为义务气象监督员。

气象文化建设 枝江市气象局一贯深入扎实开展文明创建工作,加强文明创建阵地建设。建设了图书阅览室、职工学习及市民教育活动室、小型健身运动场。建立了局务公开栏。2001 年 1 月 7 日在枝江广场举行《中华人民共和国气象法》颁布实施一周年宣传庆典活动。制作宣传站牌 4 块,利用"3·23"世界气象日和安全生产月活动以及开展气象知识专题讲座、召开座谈会、接纳中小学生参观等多种形式,普及防雷、气象知识。组织干部职工参加枝江市直机关组织的文艺、体育活动。

荣誉 建站以来,枝江市气象局集体、个人荣获了不少荣誉。1998 年被湖北省气象局授予"抗洪抢险气象服务先进集体",1980 年被湖北省气象局授予"地面测报先进单位",1997—2008 年度连续 6 届被枝江市委、市政府命名为"文明单位"或"双文明单位"。2003—2008 年度连续 3 届被宜昌市委、市政府授予"文明单位"称号。2000 年、2003 年被湖北省气象局连续 2 届命名为"明星台站"。王少何 1981 年 8 月—1985 年 12 月被选送西藏阿里地区支援气象工作。段祖文、龙大洋、彭菊曾当选为枝江市政协委员。

个人主要荣誉情况

姓名	获奖时间	授奖机关	获奖项目及称号
龙大洋	2003.2.14	枝江市委、市政府	劳动模范
张时清	1983.2	湖北省气象局	先进工作者
胡永桂	1989.11	枝江市委、市政府	劳动模范

台站建设

建站初期土地面积仅 2.45 亩,到 1987 年 4 月共征地扩充土地 5 次,达到 12.77 亩。1992—2002 年因民政局和农业局建设需要,经协商出让零星土地 1.1 亩。现实有土地 11.67 亩。

建站初期仅砖混结构平房 8 间 153 平方米。1975—1986 年修建砖混结构业务办公楼 3 层 11 间 364 平方米,建砖混结构职工宿舍楼 2 栋 596 平方米,购 541 部队工地营房 433.66 平方米,期间修筑了围墙和门房 23 平方米。1992 年 11 月建平房 13 间 200 平方米,1995 年修建大门、观测场护坡等。1994 年 8 月撤除建站时的平房,修建了砖混结构职工宿舍 2 层 280 平方米,1997 年 8 月修建砖混结构业务办公楼 2 层 414.55 平方米。2001 年 7 月 23 日撤除部队旧营房,建 2 层砖混结构宿舍楼 288.8 平方米。2002 年 6 月职工集资修建砖混结构宿舍楼 6 层 950 平方米。

1990 年将院内场地、道路硬化。同年 9 月改造供水管道,2001 年 11 月建设气象广场及配套工程,将办公楼进行了装修。2007 年 9 月购置健身器材修建健身场地。2008 年 6 月对院内供水、供电设施进行改造。1997 年 7 月购置昌河小面包车一辆,2002 年 12 月自筹资金购置普通桑塔纳小矫车一辆。2007 年 5 月购置皮卡车一辆,解决了气象行政管理、科技服务、人工影响天气的交通工具问题。

20 世纪 70 年代末的枝江市气象局

枝江市气象局 1980 年购买部队工地营房解决职工住房

2001 年改造后的枝江市气象局

当阳市气象局

当阳位于湖北省中西部，地处沮、漳河中下游、大巴山脉东麓、荆山山脉以南，是鄂西山地向江汉平原的过渡地带，跨东经 111°32′～112°04′，北纬 30°30′～31°11′，东部与荆门市交界，南部以荆州市江陵区、枝江市为邻，西部与宜昌市夷陵区接壤，北部与远安县为邻。南北最大纵距 76.5 千米，东西最大横距 51 千米，总面积 2159 平方千米。

机构历史沿革

始建情况　1958 年 10 月，根据鄂农办字第 626 号文件，在当阳县长坂区东群一队征地近 2 亩，筹建当阳县气象站。1959 年 1 月 1 日，当阳县气象站正式建成并开始观测。1964 年 11 月，根据省人民委员会〔64〕鄂政字第 370 号文件，在东群公社新民 8 队（熊家山）征地 18.6 亩建立新站。1965 年 1 月 1 日，迁到新站至今。观测场规格为 16 米×20 米，位于北纬 30°49′，东经 111°47′，海拔高度 91.8 米。

领导体制与机构设置　1959 年 1 月 1 日，成立当阳县气象站，设有测报组，隶属于县农业局。1963年4月，成立当阳县气象科，由县人民委员会领导。1966年10月撤销当阳县气象科，恢复当阳县气象站，设有测报组、预报组，再次隶属于农业局。1970年9月至1972年3月改由县武装部领导。1972年4月至1976年9月改由县农业科领导。1976年10月，成立当阳县革命委员会气象科，隶属于县革委会。1978年11月，成立当阳县气象局，设有测报股、预报股、农气股，归属县人民政府领导。1983年3月，更名为县气象站，由部门和地方双重领导，一直延续至今。1984年设有行政股、测报股、预报股、农气股。1988年6月，更名为当阳县气象局，同年10月，撤县设市，更名为当阳市气象局(站)。1972年1月1日—2006年6月30日为一般气象站；2006年7月1日—2008年11月30日为国家气象观测站二级站；2008年12月1日改为为国家一般气象站。现设有综合办公室、业务股、科技服务中心(防雷减灾所)、人工影响天气办公室。

人员状况 1958年筹建当阳县气象站有3人，1978年底职工10人，2008年底职工12人，其中聘用4人。现有职工中，大学学历1人，大专学历6人，中专学历4人，高中学历1人；中级专业技术人员7名，初级专业技术人员5人；50～55岁3人，40～49岁4人，30～40岁2人，30岁以下的有3人。

主要领导更替情况

负责人	职务	任职时间
尤开发	站长	1959.1—1962.5
付承巍	负责人	1962.5—1963.4
陈善敦	副科长	1963.4—1966.10
翁寿年	负责人	1966.11—1971.10
陈善敦	副局长	1971.11—1981.10
陈立志	局长	1981.10—1984.2
雍绍林	局长	1984.2—1985.10
赵海生	负责人	1985.11—1987.5
关湫芸	局长	1987.6—1995.9
双庆荣	局长	1995.9—2008.1
刘仁进	局长	2008.1—

气象业务与服务

从建站至今，先后有地面、农气观测、天气预报三大气象业务工作。从一般的天气预报服务发展到公众、决策、专业与专项气象服务和气象科技服务与技术开发、气象科普宣传。1991年1月开始从事避雷装置安全性能检测。1993年微机运用于气象业务。1999年8月人工影响天气首次在向家草坝水库开展作业。1999年12月安装“VSAT”卫星单收站并投入使用。2001年安装ZQZ-CⅡ型自动气象站设备，2004年8月至11月进行规范化建设，建成业务一体化室，“等效雷达”、“兴农网”、“人影指挥系统”项目落成。2005—2008年建各乡镇区域自动站13个并投入使用。

1. 气象业务

气象观测 1959年主要是观测,制作报表,1960年5月增加发报任务,每天02、08、14、20时四次定时观测,1961年改为每天08、14、20时三次定时观测。1960年发预约航空报一年,并增加小图报及雨量报。1962年1月开始用福丁式气压表进行气压观测记载,具体项目有:温度、湿度、风及降雨、日照、蒸发和能、云、天的观测记录。新场地的观测工作从1965年1月1日正式开始记录,并对新旧两地的温度、湿度、风、降水四个项目对比观测。1965年3月测定观测场地的南北方位、观测场海拔高度为91.8米,气压表感应部分海拔高度为91.5米。1974年1月1日使用温度计、湿度计。1974年5月1日使用气压计、自记雨量计。1975年3月1日使用风向风速仪。1982年1月使用遥测雨量计,1986年6月使用高频电话向宜昌气象台发报。1987年6月前人工编发报、制作报表。1987年6月后使用PC-1500袖珍计算机,用“OBSWH-3”程序记录编报。1997年1月1日微机制作地面气象记录报表正式运行。2001年安装ZQZ-CⅡ型自动气象站设备,观测项目有气压、气温、湿度、风向风速、降水、地温,观测项目全部采用仪器自动采集、记录,替代了人工观测;2002—2003年平行观测;2004年1月1日单轨运行至今。

气象预报 1961年5月正式开展短期、中期、长期天气预报业务。从建站到20世纪80年代前期,短期预报的结论制作靠收听省气象广播电台的信息和看天,结合抄填分析天气图加农谚,利用点聚图和九线图资料。中长期预报靠选择预报因子的数理统计知识,用回归方程、周期分析、相关相似方法作预报结论。1982年8月1日开始接收传真天气图,利用传真图表分析制作各类预报产品。1991年5月运用电视天气预报画面制作系统,9月开通“121”天气预报电话自动答询系统。1993年10月开通县级业务系统,接收上级台预报指导产品分析制作气象预报至今。

气象通信 20世纪60—70年代,用手摇磁式电话机向邮电局报房发报。1982年8月1日ZSQ-123型气象传真机投入业务使用。1986年6月使用无线高频电话向宜昌气象台发报,接收和传送气象信息。进入20世纪90年代使用计算机网络通信,确保了气象信息的畅通无阻。

农业气象 1962年6月增加了农业气象观测(1966年9月根据省气象局要求停止观测),观测项目有小麦、水稻、棉花。1975年3月组成农业气象调查小组,对全县14个公社进行了农业气候调查,选择了33个观测点,进行对比观测,同时收集了大量农谚和天气气候演变的气候资料。由关漱芸、姚昌舟共同编写了《当阳县农业气象手册》草稿。1981年1月开展全县农业气候区划,成立农气小组,开展农业气象观测及服务工作。经过一年的努力,由于成绩显著被评为全省农业气象服务先进单位。

2. 气象服务

公众气象服务 坚持“主动、热情、及时、准确”的服务理念。从建站到现在,最初是通过有线广播电台向大众广播气象服务信息,用钢板腊纸刻、油印机印气象服务资料,发展到现在利用电视台、电话自动答询、计算机网络传输与扫描传真、手机短信、电子显示屏等先进的传输设备,提供优质快捷的气象服务。在内容上有长、中、短期天气预报、气象灾害预警发布、火险等级预报等。

决策气象服务　1987 年 5 月 21 日，向穿心乡提供未来有强降水的天气预报，5 月 25 日该乡降了 153 毫米的大暴雨，乡党委、政府根据预报作好了防汛抗灾准备，并着重对玉泉水库大坝采取安全措施，从而避免了大坝崩溃。暴雨过后，又发布无强降水的预报。乡政府决定减少防汛人员、财力投资，集中抗灾恢复生产。1996 年汛期，给市政府提供专题预报 6 次，为防汛指挥部每小时提供雨情，成功地预报了三次过程降水间歇、两次大暴雨。起到很好决策参谋作用，被湖北省气象局授予"防汛抗灾气象服务先进集体"。

专业与专项气象服务

①人工影响天气　1999 年 7 月，购置"三七"高炮 3 门，成立了当阳市人工影响天气领导小组，办公室设在气象局，由气象局组织人员开展人工影响天气工作。同年 8 月 13 日首次在向家草坝进行人工增雨作业。2005 年增添火箭发射装置。

②防雷工作　1991 年 3 月正式开展。发展到 2008 年受检单位已达三百余家，检测接地点近四千余处。1999 年 5 月成立当阳市防雷减灾所，业务范围扩展到设计、安装避雷设施等。

③施放庆典气球　现拥有一支专业技术资格的队伍、必备的交通工具和物资器材、充足的氢气和彩色气球。平均每年为庆典活动施放庆典气球 20 余次 300 多个。

④专业有偿服务　1985 年根据国办发〔1985〕25 号文件精神，开始有偿专业服务，主要是为全市各乡镇、相关企事业单位提供短、中、长期天气预报和气象资料，利用无线气象警报发射机每天 08 时、17 时两次定时发布气象信息。1991 年 6 月至 1994 年 12 月开展多种经营，成立当阳市气象劳动综合服务部，购买打字、复印机 1 套，租赁商业门店 1 间，从事电脑打字、复印有偿服务。

气象科普宣传　每年的"3·23"世界气象日、安全生产日、法制宣传日，利用悬挂标语、发放宣传品、展览站牌，到学校、进工厂、上电视、下农村多种形式，广泛宣传气象科普知识、法律法规、突发气象灾害预警信号及防御指南。

法规建设与管理

1. 气象法规建设

气象法规建设　全面贯彻实施《中华人民共和国气象法》、《湖北省实施〈中华人民共和国气象法〉办法》、《湖北省气象行政执法管理办法》等法律法规，健全了与之相适应的气象管理运行机制和气象行政审批事项。

规章制度建设　2005 年 8 月 1 日起执行《关于防雷装置设计审核竣工验收审批职能的通知》(当气发〔2005〕9 号)。2007 年 10 月 1 日起施行《市气象局关于气象执法"四制"的通知》(当气发〔2007〕17 号)。汇编了《市气象局气象行政执法责任制有关制度》。建立健全了党风廉政责任制、学习制度、财务制度、车辆管理制度，政务公开制度等。

2. 社会管理

行业管理　2004 年市规划局将探测环境保护纳入城市规划中。2005 年 3 月市政府下文明确防雷管理职能，2007 年气象局正式履行防雷管理职能。就气象法的贯彻落实，先后接受省、宜昌市、当阳市人大领导来局检查指导。2006—2008 年先后与市安监局、教育局各中小学学校联合下文加强防雷装置安全检测。

政务公开 从 20 世纪 90 年代初开始对气象服务内容、收费依据、行政办事程序、气象执法依据、服务承诺等，采取了网络和政务公开方式向社会公开。以后增加了机构职能类、政策法规类、计划报告类、业务工作类、预算执行情况及财务经费使用情况五大类的公开。

党建与气象文化建设

1. 党建工作

党组织建设 从建站至 1962 年有中共党员 1 人，1965 年至 1979 年 8 月有中共党员 3 人，党小组组长陈善敦。1979 年 9 月正式成立党支部委员会，支部书记赵海生，中共党员 5 人。1984 年 8 月，建立气象局党组，党组书记雍绍林，支部书记赵海生，有中共党员 8 人。1996 年 1 月党组书记双庆荣，支部书记余柱发，中共党员 13 人。2003 年至 2008 年设党组一个，党组书记双庆荣；设党支部两个，机关党支部书记唐大清，老年党支部书记曹敦立，共有中共党员 15 人。

党风廉政建设 从 2000 年至今，宜昌市气象局领导与当阳市气象局领导、当阳市气象局领导与班子成员层层签订党风廉政责任书。建立了党风廉政责任制和廉政档案，严格做到重大事件向组织报告、接受上级领导以及群众的监督，建立健全了各种反腐倡廉制度。1985 年、2001 年、2005 年、2008 年开展了“整顿党的作风”、“三讲教育”、“党员先进性教育”、“情系民生，勤政廉政”等加强党员干部思想、作风、反腐倡廉建设等活动。

2. 气象文化建设

精神文明建设 从 20 世纪 80 年代初开始以“讲文明、讲礼貌、讲卫生、讲秩序、讲道德，”做到“心灵美、语言美、行为美、环境美”为文明建设主要内容，每届向市文明办提出创建文明单位的申请，成立创建领导小组，制定实施方案，开展经常性的创建活动，使文明创建工作深入扎实地开展到如今。在此期间，10 人次获当阳市级先进个人，9 人次获当阳市级模范党员，1 人获优秀党务工作者，1 人获湖北省人事厅、湖北省气象局先进工作者。

文体活动 1995 年、1997 年、2000 年、2003 年、2005 年、2008 年度获当阳市老年人桥牌赛第一名。1997 年 5 月气象代表队选送的男声独唱“透过开满鲜花的月亮”在全市“文明之光”文艺汇演中荣获三等奖。2007 年 9 月气象局参赛的舞蹈“两棵树”获当阳市第三届“关公杯”文艺汇演三等奖。现建有 4 套户外健身器材，单杠、双杠、乒乓球、羽毛球、老年桥牌活动室、图书阅览室等活动场所。

3. 荣誉

集体主要荣誉 1993 年 1 月获“全省气象部门先进集体”；1996 年 9 月获“全省防汛抗灾气象服务先进集体”；1996 年度获“宜昌市气象局精神文明建设优秀达标单位”；1998 年、2001 年、2008 年获宜昌市爱国卫生运动委员会卫生先进单位；1999 年 2 月获当阳市委、市政府“两个文明建设先进单位”;2000 年 2 月获“全省气象部门明星台站”;2000 年 9 月获宜昌市委、市政府“文明单位”;2003 年 2 月获“全省气象部门明星台站”;2006 年 1 月荣获“全省气象部门老干部‘三自’先进集体”。

个人主要荣誉情况

姓名	获奖时间	授奖机关	获奖项目及称号
双庆荣	2000 年 2 月	湖北省气象局、人事厅	省气象部门先进工作者
唐大清	1991 年 2 月	当阳市委、市政府	1990 年度市劳动模范
曹良桂	1987 年 2 月	当阳县委、县政府	1986 年度县委、县政府模范
	1990 年 1 月	当阳市委、市政府	1989 年度市委、市政府“双文明”建设劳动模范
余柱发	1994 年 3 月	当阳市委、市政府	1993 年度劳动模范
	1995 年 2 月	当阳市委、市政府	1994 年度劳动模范
曹敦立	1989 年 2 月	当阳市委、市政府	1988 年度劳动模范
	1993 年 2 月	当阳市委、市政府	1992 年度劳动模范
曹良金	1987 年 2 月	当阳县委、县政府	1986 年度县委、县政府模范
	1988 年 2 月	当阳县委	1987 年度县委优秀共产党员
徐国志	1978 年 10 月	国家气象局	气象部门“双学”先进个人

台站建设

台站综合改善 1958 年 10 月筹建时借用东群公社房屋五间,约 80 平方米,用于办公和住宿。1964 年由省气象局拨款 1.3 万元建办公室及住房计 150 平方米。1974 年 3 月由省气象局拨款 1.7 万元建住房 200 平方米。1977 年 7 月自筹资金建房 150 平方米。1979 年省气象局拨款 6 万元建造办公楼房 540 平方米。1990—1991 年拆除旧办公平房 1 栋 8 间,建职工宿舍楼 1 栋四层640 平方米。1995—1996 年进行基础设施环境改造,由地方政府、气象部门、职工集资方式投资达 130 多万元,装修办公楼、新建宿舍楼一栋五层 10 套共 1277 平方米。2001 年投资 5 万多元,安装 30 千瓦变压器 1 台,更换供电线路。2004 年投资 20 万元规范化建设和 28 万元办公楼危房改造。2007 年投资 3 万多元自来水管网改造。2008 年投资 3 万多元维修道路、围墙,确保了水、电、路的畅通。

1980 年当阳市气象局旧貌

2008 年当阳市气象局新貌

园区建设 从20世纪90年代末到现在，种植各种花卉树木30多个品种1000多棵，草坪绿化面积达80%，环境优美，空气新鲜，花香鸟语。2001年自制单、双杠、购置乒乓球桌。2002年建羽毛球场，桥牌活动室。2005年安装庭院式路灯20盏，装监控器摄像头4处。2006年修建健身场地60平方米，购置健身器材4件。

远安县气象局

远安县地属湖北省宜昌市，西汉建元元年（公元前140年）置县，位于鄂西山地向江汉平原的过渡地带。由东向西，分别与荆门、当阳毗连，与宜昌为邻，与保康、南漳接壤。远安县是黄帝之妻嫘祖的故里，楚文化发祥地之一。地势西北高、东南低，以沮河为界，沮西以山地为主，沮东以丘陵为主。总面积1752平方千米，辖鸣凤、洋坪、荷花、旧县、花林寺、茅坪场、河口六镇一乡。

机构历史沿革

始建情况 1956年6月，开始筹建远安县气象站。1956年12月6日，湖北省远安县气候站建立，位于远安县城关镇南门外南门郊畈（北纬31°04′，东经111°29′），观测场海拔高度108.7米。1965年1月1日，迁于远安县城关镇东门外郊（北纬31°04′，东经111°38′），观测场海拔高度115.0米。

领导体制与机构设置 1956年12月6日，远安气候站隶属于湖北省气象局。1959年，隶属于县人民委员会。1962年5月1日，根据县人委指示，成立远安县气象科，科站合署办公。1966年因“文革”气象科自动撤销改称远安县气象站。1971年8月隶属于远安县人民武装部领导。1973年隶属于远安县革命委员会。1980年7月10日成立远安县气象局，与站合署办公，设测报组和预报组，隶属于远安县人民政府。自1982年1月1日起，县气象部门的现行体制改为地（市）气象局和当地政府双重领导，以地（市）气象局领导为主的体制。1984年改为县气象站，属县直一级单位（科局级）。内设行政股、预报股、测报股。1988年恢复为县气象局，保留县气象站，实行局站合一。现设办公室、业务股、宜昌市防雷中心远安分中心、避雷检测所和科技服务股。

人员状况 1956年建站时只有6人，1978年有8名工作人员，1985年有14名工作人员。2006年8月定编为7人，现有在编职工7人，聘用临时工3人。现在职职工10人中，大专3人、中专6人、本科1人；在编人员中50岁及以上4人，40～49岁2人，39岁以下1人；工程师4人、助工2人。

名称及主要负责人变更情况

名称	时间	主要负责人
远安县气候站	1956.12.6—1962.5.1	钟国清
远安县气象科	1962.5.1—1966	钟国清

续表

名称	时间	主要负责人
远安县气象站	1966—1971	钟国清
远安县气象站	1971—1980.7.10	张贤国
远安县气象局	1980.7.10—1981	张贤国
远安县气象局	1981.9.4—1984.2	朱彦详
远安县气象站	1984.2—1992.1	陈贻望
远安县气象局	1992.2—1994.8	张玉秋
远安县气象局	1994.8—1999.4	周述党
远安县气象局	1999.4—	周茂松

气象业务与服务

1. 气象观测

观测机构 建站时人员少，只有气象观测业务，1958年开展预报业务时由测报人员承担，一直到1980年才设测报组，1984年改测报组为测报股。1994年预、测合一成立业务股，定编3人。

观测时次 1957年1月开始每天四次定时观测(01、07、13、19时)。1960年1月1日，改为三次观测(07、13、19时)，1961年8月改为三次观测(08、14、20时)夜间不守班。

观测项目 有气温、湿球温度、水气压，相对湿度、云量、云状、能见度、降水量、天气现象、蒸发量、雪深、风向风速、地面温度、5～20厘米地温、日照，1959年8月1日观测气压。现有观测项目包括：自动观测、人工观测。主要观测要素：云、能见度、天气现象、气压、气温、湿度、风向风速、地温、降水、蒸发、日照、电线积冰等。

航危报 1961年开始拍发航空天气报。1979至1994年每天04—20时向省民航和当阳等军用和民用机场(OBSAV 当阳、OBSAV 荆门、OBSAV 宜昌、OBSMH 武汉)拍发航空天气报。1985年12月26停止向OBSAP武汉、OBSAV宜昌拍发航空天气报和危险天气报。

气象报表 从正式工作之日起，按月、年将观测到的气象要素实况，编制成气象记录月(年)报表一式3份，本站留底1份，上报省、市气象局资料室各1份。1990年3月开始，气象资料月(年)报表向湖北省气象资料室报送原始数据，由资料室在CCS-400电子计算机上完成统计加工、打印输出工作。2004年10月，将1958—2000年的全部气象原始资料档案移交湖北省气象局气象档案馆。

观测仪器变更 1968年6月1日使用电接风向风速自记，1977年10月1日使用气压、气温、雨量自记。1978年7月1日使用EL型风速自记。1985年1月1日，配备PC-1500袖珍计算机。1978年1月安装虹吸雨量计和温、湿度计。1983年安装遥测雨量计。2001年11月建起了ZQZ-CⅡ型地面自动观测站。观测的项目有气温、相对湿度、气压、风向风速、地面温度、浅层地温和降水，实行24小时连续观测。2002年以人工观测为主。2003年以自动观测为主。2004年1月1日，实行自动气象站单轨运行，取消人工器测项目，停止压、温、湿、地温、风五项人工观测项目。2005年7—11月，在望家、荷花、旧县、河口、晓坪水库、马渡河、友谊水库建起了地面自动观测站。1994年6月，工作站配备了PC-

386微机，并通过无线电高频和甚高频、程控电话等多种通信手段，组成了远安县与宜昌市气象台的局域网相连接的远程终端，实现县到市气象信息的网络化服务。

现已建区域站共10个，7个单位要素雨量站、2个两要素自动站和1个四要素区域自动站。观测设备及仪器有：干湿球温度表、最高温度表、最低温度表、气压表、电接风向风速仪，地面温度表、地面最高温度表、地面最低温度表、曲管地温表(5厘米、10厘米、15厘米、20厘米四支浅层地温表)、雨量筒、日照计和蒸发皿等。

2. 气象预报

1958年6月开始制作短期24、48、72小时天气预报，1962年开始制作一旬的天气预报，1963年开始制作长期天气预报，有年度、春播期、汛期、冬季天气预报。从建站到1973年，短期预报的制作主要是收听加看天，每天按时抄收湖北省气象广播电台的天气预报广播，利用农谚、点聚图、九线图资料，结合当天天气状况分析制作出未来三天的预报。1974年加强了预报业务建设，利用农谚的启示，应用相似、韵律关系等方法制作天气预报，1976年开展预报业务建设，建立基本资料、基本图表、基本档案和基本方法，同时运用数理统计方法制作了一套预报工具。如利用150、205天的韵律制作的天气尺和统计方法研制的《最佳指标群概率做逐日降水预报》、《多指标综合概率预报逐日降水》预报工具以及地区气象台的雷达回波，在天气预报中起到了积极的作用。1984年，配备无线气象传真接收机，停止抄收武汉中心气象台广播的850、700、500百帕高空天气实况，改用北京气象中心播发的08时三层高空实况传真资料，用于分析天气系统，做出天气预报。1993年10月县级业务系统正式开通，无纸化分析制作气象预报。1999年建起PCVSAT单收站，2005年建成了宜昌多普勒天气雷达终端，随时查看雷达资料，及时开展短时天气预报服务。

3. 农业气象

1961年至1962年配合湖北省气象局在远安太平山开展了立体气候考察，在不同高度进行了气象要素的对比观测，1975年开展了农业气候普查，编写出农业气候手册，1982年开展了农业气候区划工作，完成了农业气候区划报告。针对当时远安出现的柑橘种植热，编写了远安县柑橘适宜种植的气候条件分析。

4. 气象服务

公众气象服务 从1958年开展预报工作以来，每天下午填写天气预报单送县广播站广播，同时还报送县委、县政府及农业部门。1962年以后陆续制作的中、长期天气预报，使用腊纸、钢板刻，油印机印，邮寄有关部门。每当天气出现异常，都要事前写出专题气象分析报告，报送县委县政府，关键时刻局领导亲自到县委、县政府汇报。1966年、1972年县内出现旱情，在旱情刚露头时便向县领导报送了旱情分析与未来天气预报及建议，为领导指导抗旱提供了依据。1969年为了给“三线”建设提供服务，远安县气象站整理刻印了1957—1969年的气象资料提供给零六六基地，受到了基地领导的好评。1988年利用甚高频电话向县内乡镇广播，有的乡镇还配有对讲机可直接与县气象局对讲，1996年8月1日与县邮电局共同开通了“121”电话气象服务业务。1998年10月起，开始制作电视天气预报节目，通过人工送带，远安县电视台每天晚上在新闻后2次播发。2004年，建成了远安兴农网。目前，采用传真、网络、手机短信、政府办公网络、专题汇报等多种渠道开展服务。

决策气象服务 自1958年县气象站开展天气预报工作以来，始终把决策气象服务放在各项工作的首位，一旦有重大灾害性天气出现，及时向县委、县政府直接汇报，发挥气象部门在防汛抗旱中的作用，尽可能的避免或减少天气对农业、企业等带来的损失。1990年8月14日晚，县内出现了罕见的特大暴雨，6个小时下了418毫米，暴雨发生前县气象站做出预报，当降水强度猛，城区水深到达1米，短时降水已有80毫米时，气象局领导及时向县委主要领导汇报"今晚降水将超过200毫米，主要雨量集中在城区"的预报结论，为县委领导及时指导抗洪提供了依据。1998年出现罕见的洪涝灾害，沮河流域的水势过猛，县气象局提前预报，县委、县政府及时做出应急反映阻止了沮水入城。

人工影响天气 1972年大旱，宜昌地区组织了飞机人工增雨，县气象站派人前往远安老君乡观测云天变化，为当阳空军提供气象信息，飞机在远安上空适时开展了作业。1976年远安县建立了人工降雨办公室，8月7日在茅坪场开展人工增雨试验(土火箭)。1977年6月26日在荷花瓦屋大队开展了人工防雹作业(土火箭)，1978年5月开展高炮作业。现有3门高炮，分别购置于1993年、2000年、2003年，分布在荷花、河口、茅坪场。有双管"三七"高炮2门，单管"三七"高炮1门。1984年县内出现干旱由于适时开展人工增雨防雹作业，缓解了灾情，受到领导和群众好评，为此《宜昌日报》7月25日、8月8日、9月18日报导了远安县人工增雨作业情况和作业人员的先进事迹。

气象科技服务 1985年在积极做好公益服务的基础上，根据国务院办公厅国办发〔1985〕25号文件精神，积极开展专业有偿服务，根据用户的需要针对性的制作一些专业、专项预报。1988年5月5日一次成功的降水预报，使县砖瓦厂在露天存放的300万块砖坯无一损失。冰冻预报为该厂延长生产时间，该厂除全面完成当年任务外，还为次年多生产300多万块砖坯。1994年根据宜府办发〔1993〕69号文件精神，建立远安县避雷装置安全性能检测所，开展防雷技术服务。1991年开展施放庆典气球服务。

法规建设与管理

1. 法规建设

远安县气象局根据《中华人民共和国气象法》、《湖北省实施〈中华人民共和国气象法〉办法》、《湖北省气象行政执法管理办法》等相关法律，开展执法工作。2006年防雷检测进入远安县行政服务中心气象局行政审批服务窗口，要求凡新建、扩建、改建的建筑物、场地及设施，都必须向县气象局申请防直击雷、感应雷设施的设计(论证)审核。2008年将原来制定的各项规章制度再次进行了全面的修改完善。主要内容包括重大气象灾害预警应急预案、汛期气象服务的组织领导、业务管理、人工影响天气、行政管理、党务管理、局务公开等各项管理制度。

2. 社会管理

自2006年11月15日省气象局局务会议审定通过《湖北省气象行政执法管理办法》以来，气象局严格履行法律赋予的责任，加强了行业管理工作。县气象局执行有关法律规范，对防雷工程专业设计或施工资质管理、施放气球单位资质认定、施放气球活动许可制度等实行社会管理。

党建与气象文化建设

1. 党建工作

1956年12月至1966年，有中共党员1人（钟国清）。从1966年到1988年，党员人数增至9人。1956年至1984年，党支部只设书记（无支委）。1983年以前参加农业局党支部活动，1983年6月建立中共远安县气象站支部委员会，朱彦祥任支部书记。1993年4月至1996年5月，张玉秋任气象局支部书记。1996年5月至1999年4月，周述党任气象局支部书记。1999年4月，由周茂松任党支部书记。现设党支部1个，党员10人。

2. 气象文化建设

远安县气象局始终坚持以人为本，弘扬自力更生、艰苦创业精神，深入持久地开展文明创建工作，政治学习有制度、文体活动有场所、电化教育有设施，文明创建工作跻身于全市前列。2004年11月远安县正式实施《远安气象局规范化建设与管理实施方案》。

领导班子自身政治思想建设与职工素质建设同时抓，多次选送职工到气象学校学习，全局干部职工及家属子女无一人违法违纪，无一例刑事案件，无一人超生。

3. 荣誉与奖励

集体荣誉

单位	获奖时间	授奖机关	获奖项目及称号
远安县气象局	1988	远安县政府	“双文明”建设先进单位
	1998.1	远安县政府	县级文明单位
	2001.1	远安县政府	县级文明单位
	2001.1	宜昌市气象局	市级文明单位
	1988.8	湖北省气象局	“双文明”建设先进集体
	1990.4	湖北省气象局	思想政治工作先进集体
	1997.3	远安县政府	县级文明单位
	1991.10.11	湖北省气象局	防汛抗灾气象服务“先进集体”

个人荣誉　1979年2月，陈贻望被远安县委、县政府表彰为“先进工作者”；1989年4月，张玉秋被国家气象局表彰为“‘双文明’建设先进个人”。

台站建设

1956年，投资3000元建设5间平房，1965年向上级申请15000元进行改建搬迁，1976年、1984年、1990年分别多次对办公、职工宿舍等环境改善，2001年向县委、县政府申请综合改善资金20多万元，建设多项工程。从20世纪80年代后期开始，城市建设快速发展，使气象站由郊外变成城市中心区，观测环境遭破坏，大部分要素的观测受到严重影响，2008

年远安县气象局向市气象局申请改善观测站项目,已动工开建。目前,院内绿化面积占总用地面积5700平方米的40%。2006年县气象局为职工建设文化设施,配备健身器材6套,建设40平方米的职工活动室、13.5平方米的图书阅览室。

远安县南门畈老气象站现貌

远安县南门畈气象站现貌

秭归县气象局

秭归县位于三峡大坝坝上库首,面积2427平方千米,人口39万,是伟大爱国诗人屈原的故乡,属亚热带大陆型季风气候。

机构历史沿革

始建情况 气象站始建于1958年,位于归州镇彭家坡村四组,北纬31°00′,东经110°36′,海拔高度240米,1959年4月1日开始观测。1965年1月1日迁到归州镇城北半山坡建设街178号,北纬31°00′,东经110°41′,海拔高度150.5米。因三峡大坝的兴建,1997年12月1日茅坪大气观测场建成,位于"求雨堡"西端,北纬30°50′,东经110°58′,海拔高度295.5米,1998年1月1日正式开展气象观测、发报和编制报表。2006年4月确定为国家气象观测一级站。2008年11月24日改为国家基本气象站。

领导体制与机构设置 建站初期归属县农业局领导。1971年3月隶属县人武部。1974年1月归口县农办。1975年4月改为县农业科二级单位。1981年8月23日成立气象局。1982年4月3日收归业务部门领导为主,延续至今。

1963年1月1日开始设立天气预报和地面气象观测组。1982年10月,内设天气预报、地面气象观测、农业气象三个业务股和局办公室。1998年9月搬迁茅坪后,内设基础业务股、气象服务股、行政管理综合办公室、避雷装置安全性能检测所。1999年5月经县编委批准设立防雷中心,为县气象局二级单位。2008年4月成立宜昌天地雷电防护公司秭归分公司,撤销避雷装置安全性能检测所。1976年6月19日,成立人工降雨防雹领导小组,下设办公室,办公设在县农业科,1981年办公室改设县气象局。

人员状况 1958年建站时只有2人,1961年底10人,1981年14人,2006年定编13

人。现有在编在岗职工10人,地方人影编制3人,外聘职工6人。气象在编10人中,大专学历8人,中专学历2人;中级专业技术人员7名,初级专业技术人员3人;50～55岁3人,40～49岁2人,40岁以下的5人。

主要领导更替情况

负责人	职务	任职时间
胡兴发	县气象站站长	1958—1961.8
边　震	县气象服务站站长	1961.9—1971.3
严天友	县气象站站长	1971.3—1972.10
陈凤泉	县气象站站长	1972.11—1974.9
王福清	县气象站站长	1974.10—1981.9
王福清	县气象局局长	1981.9—1987.6
黄代旺	县气象局局长	1987.6—1996.12
程品运	县气象局局长	1996.12—2003.3
杜九三	县气象局局长	2003.3—

气象业务与服务

1. 气象业务

地面观测　1959年4月1日起,每天进行01、07、13、19时4次气候观测。1960年7月31日起,改为北京时间02、08、14、20时进行。1961年10月担负国家航、危报任务。1962年2月1日停止晚上02时气象观测,7月停发航、危报。1966年5月开始拍发北京、丹江等六个单位的雨情报。1972年8月增发气象旬、月报。1973年1月至1981年1月拍发当阳、宜昌04—18时预约航空报和固定航危报。1984年1月1日02时起执行新的气象电码。1987年6月开始使用计算器和PC-1500微机。1995年1月开始用电脑制作报表。1997年用气象信息网络制作传输报表资料。2000年1月1日,Ⅱ型遥测自动站开始平行观测。2006年7月1日起正式按国家一级观测站业务标准进行运行。2007年6月1日正式开展酸雨观测、发报。2005—2008年在全县乡镇建设自动雨量站12个、四要素自动站3个、六要素自动站1个。

气象信息网络　初期气象信息传输主要用有线电话向邮局发报,再由邮局转发到所需单位。接收天气信息主要使用收音机,定时接收省台的语言广播。1984年10月开始使用无线传真机接收机,接收长沙、武汉、北京所发送的天气图及相关气象信息。1987年6月使用甚高频电话和单边带进行通信。1988年3月发布天气信息开始使用气象警报发射和接收机,为所需用户服务。1999年12月建成VSAT小站、应用气象综合系统(MICAPS)和电信宽带,建成局域网。2002年开通党政信息专网。2008年4月开通建成秭归县政府门户网气象局网页。2007年6月开通移动光纤通信专线。

气象预报　1962年12月正式制作发布天气预报。初期使用收音机为接收气象预报信息资料的工具,方法是收听加看天,收编天气谚语114条。从1981年开始制作九线图、点聚图、找指标作为预报工具,制作短期、春播、汛期、冬播天气预报,抄录地面、高空小图报资料。1984 年 10 月配备天气图传真接收机,取代了收音机,用接收到的信息和本站指标进行订正预报。1996 年开始使用微机向市气象局调取各种气象信息,县气象站天气预报在省、市气象台天气预报的基础上进行订正。1999 年 12 月建成 VSAT 小站,建立县级气象服务 MICAPS 终端和县级数字化的天气预报制作系统。

农业气象 1962 年 10 月,开展小麦物候期观测,翌年春停止。1963—1980 年先后组建了 7 个气象哨。1978 年印发《秭归县农业气候手册》。1980 年开展温州密橘、甜橙、桃叶橙、锦橙和玉米生育期观测。1982 年 1 月开展冬季逆温层的气候考察工作。1983 年 4 月 1 日开始在彭家坡正式进行柑橘生育期、土壤湿度和物候期观测。1981—1983 年开展农业气候区划工作,印发《秭归县农业气候区划》。1984 年编印《秭归县气象志》。1985 年 3 月将农业气象观测任务调整为生育期观测为主,保留非固定地段的土壤湿度观测,维持至今。1989 年 11 月被确定为省二级农气观测站。

2. 气象服务

公众气象服务 1962 年 12 月开始制作天气预报,利用县广播站对外广播发布,每天早上 7 时和晚上 7 时在县广播站播出 2 次。后来将天气预报、天气警报信息使用气象警报接收机推广到村和所需企业。1997 年 11 月开通"121"自动答询系统。1997 年 11 月至今,开展了电视天气预报服务,将过去单一的县站预报,发展到制作全县所有乡镇和周边县市所在地的预报,每天在县广播电台和电视台 2 次播出。

决策气象服务 建站初期到 20 世纪 70 年代,将短期灾害性天气预报口头或电话向县委、县政府报告。20 世纪 80 年代将《秭归天气预报》定期印发到县委、县政府及乡镇。2000 年以后,增加了专题气象信息、重要气象信息、各种灾害性天气预警等服务产品,采用传真、网络、手机短信、专题汇报等多种方式开展服务。1998 年春季倒春寒、夏季暴雨洪涝、秋季少雨,先后制作 18 次《专题气象信息》,汛期主动收集长江上游雨情,准确提供未来的天气和水情,在长江封航 53 天时间里,为县领导指挥救灾,成功组织"翻坝运输"发挥了积极作用,被省气象局评为"1998 年抗洪抢险气象服务先进单位"。

专业专项气象服务 1985 年开展有偿气象服务,初期只是简单的提供资料收费。后来将天气预报和灾害天气警报信息使用气象警报接收机推广到所需企业。2000 年至今为县林业局提供森林高危火险气象等级预报服务。2001 年至今开展了旅游气象服务。1996 年至今,为县电力公司提供天气信息、水情和人工增雨服务。

人工影响天气及气象科技服务 1977—1979 年,先后建立了 6 个防雹点。主要使用土火箭进行防雹降雨试验。1981—2002 年先后在磨坪、梅家河、两河、泄滩、周坪、杨林、芝兰、罗家建成 8 个固定人工防雹增雨站。2002 年购置人工增雨流动火箭发射系统 1 套,开展人工增雨流动作业。1990 年开展避雷装置安全性能检测服务。1996 年移民迁建以来为 130 多个单位开展了防雷系列化服务,每年对全县 140 多个公共场所建筑物、计算机网络和易燃易爆场所的防雷设施开展常规检测。从 1987 年至今开展了庆典气球服务。

气象科普宣传 20 世纪 90 年代末至今,利用每年县直有关部门送科技下乡的机会向农民发送气象科普资料 1000 多份。每年在开展安全月活动中,与安委会其他成员单位一起走上街头，向群众发送气象防灾减灾宣传资料，讲解气象法规及气象防灾减灾安全知识。每年“3·23”世界气象日在电台、电视台开展气象法规和防灾减灾知识宣传。在秭归县政府门户网站上开辟了气象法规和气象防灾减灾知识的宣传栏目。

法规建设与管理

1. 气象法规建设

1995年11月12日，县政府办公室主持召开有劳动、建设、公安、气象、广播、水电、保险、邮电等单位参加的防雷办公会，下发秭政发〔1995〕83号文件，规定各成员单位在防雷工作中的责任。2001年2月22日，与县公安局消防大队联合下发《关于开展防雷设施安全性能检测的通知》。同年7月，县政府办公室下发《关于切实加强防雷减灾工作的通知》，县安委会转发了市安委会《关于做好雷电灾害防御工作的通知》。2007年7月，县气象局、县安全生产监督管理局和县教育局联合下发《关于加强学校防雷安全工作的通知》。2008年县政府办公室下发《关于进一步加强防雷减灾工作的通知》。

2. 社会管理

2004年1月1日，在县行政服务中心设立气象行政审批窗口，对防雷设计、审核、跟综检测、竣工验收、气象探测环境保护、气象信息发布、人工影响天气和施放氢气球等开展行政审批，对气象行政审批事项和办事程序在县行政服务中心网站上向全社会进行公示和承诺。近几年，每年对在建工程、公共场所和易燃易爆场所开展防雷安全检查。2007年6月，对宜昌天发庆典礼仪公司在县体育馆施放氢气球20个，作业人员无资格证的违法事实，根据有关法规对该公司罚款1000元，没收气球20个。同年8月8日上午，县体育局未经许可在县长宁广场擅自施放系留氢气球2个，对此按一般执法程序进行了行政警告处理。2008年10—12月，得知“君临天下”商住楼群将建在县气象观测场东南角，与观测场相距约60米，根据有关法规及时与县建设规划部门和业主单位协调，将规划18层改为12层，有效保护了探测环境。

党建与气象文化建设

1. 党建工作

党组织建设 1971年前，党员2人，归口县主管部门党支部。1972年，党员增至3人，归属县人武部机关党支部。1974年1月，成立党支部，陈凤泉任支部书记。1975年秋，气象站党支部撤销，并入县农业科支部。1979年8月，成立县气象站党支部，王福清任支部书记。1974—2005年发展党员11名。1987年黄代旺任支部书记，1996年12月程品运任支部书记，2003年3月杜九三任支部书记。截至2008年12月31日，在职党员8人，党组织多次被县委和县直机关工委评为“先进党组织”和“五好基层党组织”。

党风廉政建设 建立了党风廉正责任制，于1985年、2001年、2005年在党内认真开展

“整顿党的作风”、“三讲教育”、“党员先进性教育”等活动。从2004年3月起，宜昌市气象局党组任命了副科级纪检监察员，参与局领导班子事务决策，对气象局的大事、要事进行监督。开展党务、政务双公开。2006年10月19—20日，在全省气象部门党风廉政建设会上介绍了秭归县气象局党风廉政建设的先进经验。

2. 气象文化建设

气象文化 开展文明创建规范化建设，统一制作政务公开栏、学习园地、法制宣传栏和文明创建宣传用语牌，建有图书阅览室、职工学习室、乒乓球活动室、篮球场和羽毛球场，拥有图书3200册。1999年12月通过国家二级档案鉴定。1984年县气象局代表队代表秭归县参加屈原杯桥牌赛，1985年1月1日承办了首届“神鱼杯”桥牌赛，并获冠军。2006年秭归气象桥牌队代表秭归县参加宜昌市第二届运动会，取得第四名。近几年来，每年主办一次职工体育比赛活动，积极参加县直机关运动会。

荣誉 1978—2008年，获得省、市、县各种集体荣誉奖励199次，1999—2008年连续五届被评为省、市、县三级“文明单位”。1990年脐橙生态适应性研究获省人民政府“科技进步二等奖”。1994年被省人民政府评为“气象为农业服务先进单位”。先后被省气象局评为“1998年抗洪抢险气象服务先进单位”、“1999年防汛抗旱气象服务先进集体”、“2000年全省气象部门‘明星台站’”、“2001年文明示范单位”、“2001年重大天气气象服务先进集体”和“2001年精神文明创建工作先进集体”。1982—2008年职工先后126人次获得表彰。

台站建设

在老县城归州镇占地面积3001.5平方米，1987年前职工住房340平方米，没有标准套房，办公室5间，地面气象观测场16米×20米，观测场的北边、东边和南边被县水厂、县广播站综合楼和县法院职工宿舍楼所遮挡，观测环境、职工办公和生活条件相当差。1987年8月，省气象局拨款8万元建职工宿舍10套，改善了职工生活和办公条件。

1995年4月21日，因三峡工程建设确定迁建秭归县气象局。1996—1998年迁建筹款239.6万元，其中移民补偿49万元，中国气象局投资170.6万元，省气象局对口支援10万元，职工集资购房10万元。县政府划拨职工办公、生活建房用地3807.3平方米，划拨观测用地7450.1平方米。迁建从1997年5月15日开工到1998底，完成了职工办公，宿舍、观测场、观测值班室等功能性恢复建设。1998年9月26日整体搬迁到新县城，搬迁新建办公、职工宿舍综合办公楼1栋3328.46平方米，仿古姊妹双亭测报值班室83平方米，车炮库123.1平方米，栽种风景树和草坪600多平方米。2002年自筹资金7万元建起了气象局院大门。2004年自筹180多万元新建了秭归县人工影响天气培训综合楼2182.44平方米，建标准篮球场和羽毛球场各1个，栽种柑橘4000平方米，绿化率达到50%，极大地改善了职工办公和生活条件。

秭归县气象局现观测场环境

秭归县气象局现办公、职工宿舍综合楼、培训中心综合楼

兴山县气象局

兴山县位于长江中游，鄂西山区边陲，跨东经110°25′～111°06′，北纬31°04′～31°34′。东与宜昌接壤，西邻巴东，南与秭归毗连，北为神农架林区，东北连接保康县。兴山县属亚热带大陆性季风气候。春季冷暖多变，雨水较多；夏季雨量集中，炎热多伏旱；秋季多阴雨；冬季多雨雪、早霜。由于地形复杂，高低悬殊，气候垂直差异大，这种特殊的气候特征为多种植物的生长提供了适宜的条件，故有“山上皑皑霜雪，山下桃红李白”之说。

机构历史沿革

始建情况 兴山县气象站始建于1957年7月，站址位于古夫区龙珠乡夫子镇龙头寨（山顶），东经110°44′，北纬31°21′，观测场海拔高度300米。1959年1月1日迁往高阳镇东侧大岭头（山顶），东经110°46′，北纬31°21′，海拔高度275.5米。2002年1月1日，因三峡水电工程建设移民，由高阳镇迁至古夫镇丰邑坪（石坝子），东经110°44′，北纬31°21′，海拔高度263.2米。2006年1月，兴山县气象观测站由一般站调整为国家一级气象观测站，2008年11月调整为国家基本站。新观测站于2008年5月开始建设，2008年12月31日，观测站由丰邑坪石坝子迁往古夫镇老林湾，东经110°44′，北纬31°21′，海拔高度336.8米。

历史沿革 兴山县气象站成立于1957年7月，初名为兴山县夫子岩气候站，隶属于兴山县人民委员会领导。1972年11月14日更名为兴山县气象站，隶属于兴山县人民武装部主管；1973年4月，划归兴山县革命委员会（兴山县革委会）主管。1973年8月31日成立兴山县气象服务科，隶属于兴山县革委会领导。1978年11月23日改为兴山县气象局，隶属兴山县人民政府领导，内设测报股、预报股，行政办公室。1982年11月1日，实行上级气象部门和县人民政府双重领导、以上级气象部门为主的管理体制。1984年2月27日，县气象局改称气象站。1985年11月4日，恢复县气象局名称，保留县气象站，实行局站合一。2006年1月，兴山气象站调整为兴山国家气象观测站一级站，由3次定时观测改为8次定时观测，按原国家基本站要求开展观测业务，局内设业务服务股、科技服务中心、行政办公室、人工影响天气办公室。2008 年 11 月，调整为兴山国家基本气象站。

人员状况 建站时 3 人。1978 年定编 14 人，实际 16 人。现有职工 8 人，其中，20～30 岁 2 人，31～40 岁 3 人，41～50 岁 1 人，51 以上 2 人；中专学历 1 人，大专学历 4 人，本科学历 3 人；技术员 2 人，助理工程师 3 人，工程师 3 人；党员 4 人。

主要领导更替情况

姓名	职务	任职时间
万 鹏	站长	1957.7—1965.4
林天河	站长	1965.4—1971.10
乔荣坤	站长	1971.10—1979.5
向光圣	局长	1979.6—1981.6
乔荣坤	局长	1981.7—1984.6
柴进银	局长	1984.7—1994.11
谢喜东	局长	1994.12—1999.6
王运龙	局长	1999.7—2007.12
唐 军	局长	2008.1—

气象业务与服务

承担的主要工作任务有：地面气象观测、航空危险报、天气预报、人工影响天气、气象科技服务和气象行政执法。

1. 气象业务

气象观测 建站初期，使用的观测仪器是陈旧的苏式装备，均为人工观测，开展的观测项目有：气温、湿度、风向、风速、云、能见度、天气现象、降水、蒸发、最高气温、最低气温、日照、雪深，为 4 次定时观测（北京时 01、07、13、19 时）。1959 年 1 月开始地面温度和浅层 5～20 厘米地温观测，同时开始使用温度、湿度自记仪器。1960 年 1 月 1 日改为 3 次观测（北京时 07、13、19 时），1961 年 8 月 1 日改为 3 次观测（北京时 08、14、20 时），同时温湿自记停用。1977 年 10 月 1 日温湿自记恢复使用，同时增加气压、雨量自记项目。1981 年 1 月 1 日增加 EL 型风速自记仪器，1982 年 4 月 1 日，开始使用遥测雨量计，1986 年 1 月 1 日起，PC-1500 计算机正式投入地面测报业务应用。2001 年 11 月，建立Ⅱ型遥测站，进行平行观测，自动站观测项目为干湿球、气压、风向风速、雨量、浅层地温（0～20 厘米）。2004 年 1 月 1 日正式实现自动气象观测单轨运行并开始执行新的《地面气象观测规范》。2006 年 1 月 1 日因观测站调整为国家一级站，观测时次改为 8 次（北京时 02、05、08、11、14、17、20、23 时），观测时间变为 24 小时值班制。截至 2007 年 12 月 31 日，在全县八个乡镇建设了 13 个无人值守的区域自动气象站，2008 年 10 月将高阳、高岚和榛子三个自动气象站升级为四要素区域自动气象站。

1984 年 1 月起，地面气象记录月报表开始由省资料室统一审核。1990 年 3 月，地面气象报表实施微机编制,1997年12月开始用微机制作报表。

从1980年10月10日至1998年12月31日,先后承担为武汉、当阳、宜昌、荆门军用机场04—20时和武昌民用机场04—18时的航危报服务,1999年1月1日至今一直承担当阳军用机场08—18时航危报服务任务。

气象信息网络 建站初期,气象电报主要通过邮电局转发到上级气象部门和军队相关部门。1958年6月至1984年9月,获得气象信息的主要方式是通过收音机收听武汉中心气象台的广播。1984年10月开始使用气象传真机,接收08时高空实况天气图和北京气象中心发布的数值预报产品。1985年5月1日起,停收武汉中心气象台语言广播的850、700、500百帕高空实况资料,改用北京气象中心播发的实况传真图。1987年6月,使用甚高频电话通信和单边带通信。1999年12月23日,建成PCVSAT地面单收小站,实现了气象信息的卫星通信,实时接收地面、高空实况资料、卫星云图和包括国家气象中心、欧洲气象中心、日本、美国等国的数值预报产品。2006年8月,开通了省市县SDH光纤网。

气象预报 1958年6月开始制作短期72小时天气预报、中期(旬)及长期天气预报,并通过广播、电视台和手机短信平台对外发布。20世纪50年代末至20世纪80年代初期,预报结论的制作主要是人工抄填天气图、绘制九线图和根据农业生产谚语,对通过收音机接收到的上级指导预报进行补充修整。20世纪80年代中后期到20世纪90年代末通过传真机和VSAT地面单收小站开始接收中央气象台的高空天气图、卫星云图和中外数值天气预报产品,并结合数理统计法、相关相似法制作适用于当地的短期和中长期的预报,并开始制作电视画面天气预报、专业专项预报和专题气象信息。进入21世纪,主要借助数值预报产品与兴山县气象局业务人员开发的落区预报法相结合,研制出了适用于当地小气候的综合预报产品,预报准确率得到很大提高。

农业气象 1981年8月—1983年11月完成了兴山县农业第二次区划。1981年8月—1982年6月,完成有关资料的整理,总结兴山县主要灾害性天气,划出三个气候带,三个雨量区,完成粗线条区划工作。1982年7月—1983年11月,完成本县的对比观测、野外调查、资料收集、整理分析和区划报告编写。对全县农业气候垂直差异、灾害性天气等进行了调查、考察、访问、搜集邻县气象台站和县内气象哨点资料并整理分析,在粗线条结束后又重新订正了光、热、水资源的分布,完成了高山苞谷抗灾稳产和低山柑橘冻害及发展分布两个专题报告,编写出了《兴山县农业气候区划报告》,为全县农业的合理布局、恰当调整生产结构、因地制宜地布置耕作制度和作物品种提供了气候依据。

1983年4月1日,兴山县气象局参加由国家气象局、区划局、湖北省气象科学研究所组织的亚热带山区多种经济气候考察,对全县7个考察点(畜牧良种场、青华、高华农科所、榛子和平、高桥共大、夏橙研究所)持续三年进行考察,至1986年4月1日全部结束,共获资料数据1823904个,观测记录簿231本,月报表540份。开展夏橙、锦橙、中华猕猴桃等多种经济作物的生育期、病虫、管理、物候观测考察,形成农气观测簿5本,农气报表10份,为兴山县的柑橘规划提供了科学依据。2002年2月—2002年5月,兴山县气象局组织完成了《兴山县烟叶种植专题区划》的编写。

2. 气象服务

公众气象服务 1958年以来，每日制作发布短期48小时内天气预报，通过兴山有线广播和电台向公众播发，人工报送到县委、县政府以及县抗旱防汛指挥部。1997年兴山县气象局与兴山县邮电局合作开通“121”天气预报自动咨询电话，同年5月在兴山县有线电视台开通电视天气预报，播出时间安排在地方新闻后播出。2007年9月，增加手机气象短信发布平台，并逐步在各乡镇、防汛办和企业安装电子显示屏，每日定时发布72小时天气预报。

决策气象服务 1958年以来，一直为县委、县政府提供防灾减灾气象服务，以及对重点工程、重大活动提供气象保障工作。

为重要天气过程做好决策服务：1984年7月26日，高岚、三阳两区出现特大暴雨，兴山县气象局提前向防汛部门和乡镇发布了暴雨警报，使得受灾区域无人员伤亡，受到各级党委、政府和省、地气象部门的表彰。2000年兴山县出现了历史罕见的冬、春、初夏连旱，2001年5—9月全县出现大范围的严重干旱，兴山县气象局及时对气象资料和气象信息进行专题分析，制作专题气象预报，为政府领导提供抗旱救灾决策依据，并利用卫星云图、雷达回波成功实施了人工增雨作业，极大的缓解了全县旱情。2007年“5·31”特大暴雨，全县多处出现塌方和房屋倒塌，由于兴山县气象局发布的预警信息准确及时，未出现人员伤亡。2008年“4·19”高阳镇特大泥石流，兴山县气象局提前2天发布暴雨预警并为县委、政府科学指挥防灾救灾提供决策准确的预报服务，确保了高阳镇小学910名师生以及高阳镇小河村37户179人的生命财产安全，为此兴山县委常委、副县长舒刚和纪委书记岳新梅于4月20日专程到兴山县气象局慰问值班人员并充分肯定了气象服务工作。

为重点工程和重大活动提供气象保障服务：1994年8月7—8日，全县普降大到暴雨，兴山县气象局提前24小时做出了预报，使县重点在建工程古洞口电站采取了预防措施，避免了人员伤亡，将经济损失降到了最低限度。2003年5月16日和7月9日、2007年6月19日至22日、2008年8月15日对古洞口大坝是否分洪提供了正确的决策服务，既确保了大坝安全，又保证了大坝下游十几万人民群众的生命财产安全。

专业与专项气象服务 为农业、工业、国防、交通运输、林业、水利、电力、科研提供气象服务。1980—1983年、1985年、1990年分别为兴山县飞机播种派专人现场提供气象服务，保障飞行安全，造林30多万亩。1988年兴山县气象局与苍坪河电站、猴子包电站、湘坪电站、高岚电管站、黄粮电管站、铁合金厂、硫铁矿等15个单位签定服务合同，开展有偿专业服务。1998年经兴山县委编办批准，成立兴山县防雷减灾中心，负责全县的防雷装置设计、安装及检测技术服务工作。1999年开始进行防雷装置设计及安装工作，2000年开始，对兴发化工集团、石油公司、民爆仓库等单位开展防雷检测工作。2002年9月28日，圆满完成了新县城落成庆典的预报服务及落成庆典设升空气球服务工作。2003年12月，注册成立了兴山县气象科技服务中心。2008年4月，兴山县气象局与兴发集团签署了古洞口库区车载式人工增雨系统和水库调度系统的专业气象服务协议，购买车载火箭增雨系统1套，在古洞口库区建设了3个自动雨量站。

人工影响天气 1976年8月7日，开展人工增雨试验（土火箭）。1977年6月26日开展人工防雹作业(土火箭),1980年5月开始使用“三七”高炮进行人工防雹和增雨工作。1980年7月、1991年10月、1993年8月、1996年6月和2006年4月分别增加“三七”高炮共5门,2007年5月增加火箭发射架,用于人工增雨作业。2008年9月,兴山县委召开人工影响天气专题办公会议,决定在全县新增4个防雹站,截至2008年12月31日,全县拥有10门“三七”高炮、1具火箭发射架和1具流动火箭发射架组成的宜昌市最大的人工影响天气网络。1981—2008年共开展防雹增雨作业737次,耗弹32158发,累计受益面积1267万亩。

法规建设与管理

2000年起,每年3月和6月开展气象法律法规和安全生产宣传教育活动。2004年开始,在兴山县行政服务中心设立气象窗口,承担气象行政审批职能,规范天气预报发布,实行氢气球等低空漂浮物的施放审批制度。2008年11月,兴山县人民政府下发《关于加强全县新建(构)筑物防雷装置设计审核施工监督及竣工验收建设管理工作的通知》(兴政办发〔2008〕46号),进一步规范了全县建筑物防雷设计审核程序,同时也促进了气象行政许可和行政执法水平的提高。

党建与气象文化建设

1. 党建工作

1979年7月1日成立兴山县气象局党支部,向光圣、乔荣坤、柴进银、谢喜东、王运龙同志先后担任党支部书记。2004年成立兴山县气象局党组,王运龙、唐军同志先后担任党组书记。截至2008年12月31日,全局共有党员10人,其中,在职党员8人,大专以上学历6人,工程师4人,助理工程师1人。

认真落实党风廉政建设目标责任制,积极开展廉政教育活动和廉政文化建设活动,扎实开展政务公开,使党风廉政建设逐步得到加强。

2. 气象文化建设

文化建设 2002年,通过兴山新县城的搬迁,兴山县气象局业务办公基础设施和职工居住环境得到明显改善,建成职工活动室、图书室,添置了乒乓球桌、羽毛球、象棋、围棋、电视、DVD等体育、娱乐活动器材,图书室藏书达到5000册以上。同时,在软件建设上进一步规范,2006年,组织了文明建设管理工作制度汇编,形成了比较完善的管理手册,使得文明建设和管理工作制度化、规范化。

文明创建 1985年,兴山县气象局党支部在“两个文明”建设中做出显著成绩,被中共兴山县委组织部评为先进党支部,档案管理、保密工作被评为先进单位。1984年被兴山县委、县政府授予“文明先进单位”,1999年兴山县委、县政府授予“文明单位”,2002—2007年连续三届被兴山县委、县政府授予“文明单位”,2005—2008年市委、市政府两届授予“文明单位”,2005年被兴山县委、县政府授予“三个文明”建设先进单位。

3. 荣誉

集体荣誉

单位	获奖时间	授奖机关	获奖项目及称号
兴山县气象局	1978 年	中央气象局	气象先进集体
兴山县气象局	1984 年	国家气象局	全国抗洪气象服务先进集体
兴山县气象局	1991 年	湖北省气象局	抗洪气象服务先进集体
兴山县气象局	1998 年	宜昌市气象局	防汛抗洪先进集体
兴山县气象局	2005 年	湖北省气象局	重大气象服务先进集体
兴山县气象局	2008 年	兴山县人民政府	烟叶生产先进单位

个人荣誉 1987 年,张贵昌被湖北省气象局表彰为“双文明”建设先进个人。张贵昌 3 次、朱正荣 1 次、任茂军 1 次、王运龙 1 次、邬昀 1 次被表彰为兴山县先进个人。

台站建设

2002 年由于三峡工程建设,兴山县气象局随兴山县城整体搬迁至古夫镇,局机关的办公环境和生活环境得到了显著改善。办公用房建于 2002 年只有 1 层,位于气象局住宅楼一楼,建筑面积 480.2 平方米,实际使用面积 400 平方米。为解决办公用房紧张,提升办公环境,规划的新的综合楼办公楼正在申报中。新观测站于 2008 年 5 月开始建设,观测场面积由原来的 320 平方米扩大至 625 平方米,观测环境得到显著改善,2008 年 12 月 31 日正式投入运行。

兴山老县城高阳镇东侧大岭头的老观测站全貌,现已拆迁。

2002 年兴山新县城观测站全貌

兴山国家基本气象站观测场全景(2008 年)

长阳土家族自治县气象局

长阳是"巴人"的故乡。长阳建县，远溯2千余年，西汉建立，建县初始，名佷山县。两晋而下，县名多有改变，后易名"长杨县"。唐易"长杨"为"长阳"。1984年12月，长阳土家族自治县(简称自治县，下同)成立。

机构历史沿革

始建情况 1959年长阳气象站建立，站址在县城北山头，观测场位于北纬30°28′，东经111°11′，海拔高度140.6米。1978年8月重新测定观测场海拔高度为142.6米。

机构设置与领导体制 1962年2月，成立长阳县气象科，属县人委领导。1966年6月，成立长阳县气象服务站，属县农办领导。1969年6月，气象服务站并入农业服务站，为农业局二级单位。1971年7月，成立长阳县气象科，归人武部领导，1972年9月属县农办领导。1976年9月，气象科改为气象站，归农业局领导。1982年4月，气象站升为县直一级单位，为部门和地方双重领导体制，以部门领导为主，这种管理体制一直延续至今。1984年12月更名为长阳土家族自治县气象站。1988年6月，气象站更名为气象局。1980年被确定为气象观测一般站，2006年1月1日改为国家气象观测二级站，2008年12月31日又改为国家气象观测一般站。

1957年湖北省气象局在长阳建立火烧坪气象观测站，1960年撤销。1975年11月1日，长阳县气象站重建火烧坪气象观测站，主要为当地铁矿业服务，1977年1月撤销。

人员状况 1959年建站时3人，1965年底5人，1978底13人。2006年8月定编为7人。现有在职职工11人，其中气象编制7人，地方编制(人影)3人，临时工1人。在职职工11人中，大专学历10人，中专学历1人；中级专业技术人员5名，初级专业技术人员4人；50～55岁4人，40～49岁2人，40岁以下5人；土家族3人，汉族8人。在职党员5人。

名称及主要负责人变更情况

名称	负责人	时间
长阳县气象站	向克宣	1959.3—1962.2
长阳县气象科	刘振堂	1962.2—1965.10
长阳县气象科	孙朝文	1965.10—1966.3
长阳县气象服务站	孙朝文	1966.3—1972.9
长阳县气象科	林再华	1972.9—1975.11
长阳县气象站	董礼宁	1975.12—1985.11
长阳土家族自治县气象站	李本德(副局长)	1985.12—1988.6
长阳土家族自治县气象局	李本德	1988.6—1988.9
长阳土家族自治县气象局	董礼宁	1988.9—2002.1
长阳土家族自治县气象局	何顺武	2002.1—2007.12
长阳土家族自治县气象局	颜复新	2007.12—

气象业务与服务

自治县地处长江中游南岸，武陵山的南岭余脉，属温暖湿润季风气候，地貌西高东低，海拔最低 48.7 米，最高 2259.3 米，气候的垂直差异远比水平差异大，表现为山区气候多样性独特的气候特点。以暴雨、冰雹、洪涝、干旱、大风、雷击等气象灾害为甚。

1. 气象观测

观测机构 1959 年长阳气象站成立时，有 3 名工作人员，年底调入 2 人，同时担任天气预报和测报工作。1962 年测报定编 6 人。1975 年成立测报组。1984 年 10 月更名为地面气象测报股，定编 5～7 人。2002 年机构改革，测报股定编 3 人。

观测时次 1959 年 3 月 1 日到现在，每天观测 3 次(北京时间 08、14、20 时)，夜间不守班。观测项目有云、能见度、天气现象、气压、气温、湿度、风向风速、降水、雪深、地温、蒸发等。1959 年 3 月开始观测使用维尔达风压器，1968 年 5 月 31 日停止使用，6 月 1 日起，使用电接风向风速器，1980 年 1 月 1 日执行新规范，开始使用风向风速自记、翻斗式和虹吸式雨量计、温度计、气压计，2004 年 1 月 1 日，使用中国气象局 2003 年 11 月版《地面气象观测规范》和《地面气象综合遥测站 4.0 版》自动站数据接收软件，增加 02、08、14、20 时 4 次海平面气压，自动站单轨运行。

航危报 1962 年 1 月 04—17 时，相继分别向 OBSAV 宜昌，OBSAV 当阳、OBSMH 广州、武汉、荆门拍发航空危险报。同时向武汉发小图报。1995 年 1 月 1 日，停发所有航危报。2000 年向武汉拍发加密报告电码(GD-05)，停发小图报。1983 年开始向武汉发重要天气报和灾害性天气报。每月向省气象台发月报 1 次，旬报 3 次。

县气象局编制的报表有 3 份气表-1，向省、市气象局各报 1 份，本站留底 1 份。1999 年 11 月通过 162 分组网向省气象局转输原始资料，停止报送纸质报表。

2. 气象信息网络

建站初至 1986 年 8 月信息传输、地面气象观测发报一直用手摇式电话，1986 年 9 月起先后配备高频电话，PC-1500 袖珍计算机，用于传递气象信息及观测数据处理和编报。1994 年微机投入使用，用于业务系统。2001 年 10 月，省气象局投资，建成 ZQZ-CⅡ型自动气象站，2002 年 1 月 1 日，自动气象站与人工观测平行运行。2003 年 11 月 1 日起，地面气象观测人工、自动气象站双轨运行，发报、报表以自动气象站记录为主。

2005 年 7 月，县政府拨款，全县 11 个乡镇安装 SL3-1 型单要素自动雨量站。2008 年底，在火烧坪、天柱山、白氏坪建成 ZQZ-PG 型风向风速多要素自动站，2009 年 1 月 1 日正式运行。全县单要素雨量站和多要素自动气象站达到 20 个。

3. 气象预报

1960 年 1 月，县站开始作补充天气预报，1963 年 4 月开始制作发布旬、月天气预报。预报制作主要接受上级的预报产品，结合分析本地气象资料、短期天气变化特点制作长期天气趋势预报。常规天气预报主要有春播(3—4 月)预报、汛期(5—9 月)预报。其它预报根据用户需求制作，主要用数理统计方法和常规气象资料图表结合天气谚语、相似、韵律关系等方法制作本地天气预报。1981年起，对基本资料、基本图表、基本档案和基本方法进行了整理归档。同时，对中、长期预报作了大量工作，制作了一套有价值的预报工具，延用到1993年。2001年起，转发市气象台长、中、短期预报指导产品，根据当地气候特点，县气象局主要是做好订正、补充天气预报。

1985年以前，抄收省气象局广播的高空、地面天气图，经分析后作出预报，1985年1月1日正式开始接收北京气象中心播发的850百帕、700百帕、500百帕三层高空和14时地面要素实况，结合山区特点，利用传真图认真分析天气形势，做出天气预报。1987年7月，与宜昌市气象局甚高频对讲通讯电话开通，实现直接预报会商。

4. 农业气象

农业气象观测 1962年，开始小麦物候观测，1964年3月，增加玉米农业气象观测，1965年停止农业气象观测。1981年4月起，对玉米、马铃薯、茶叶、柑橘、大气进行平行观测和土壤湿度测定，1985年起对10种动、植物进行物候观测。1986年减为四种物候观测。1989年撤销所有农业气象观测。

农业气象情报和预报 1981至1989年，开展了农业气象情报和农业气象预报服务，以《农气简报》形式向县委、县政府及县直涉农单位和各乡镇发布。1975年12月，《长阳县农业气候手册》编写出版，1984年12月完成《长阳县农业气候区划报告》。

5. 气象服务

公众气象服务 自开展天气预报业务起，公众气象服务主要是通过县广播站发布天气预报，1998年1月1日起，建成多媒体电视天气预报制作系统，与县广播电视台达成协议《长阳新闻》结束后播放长阳天气预报。1999年6月，开通“121”天气预报自动咨询系统，2002年10月该系统实行集约经营。2006年1月，“121”电话升格为“12121”。2003年3月，开展手机短信预报产品订制服务。2004年8月，建立起灾害性天气预报手机短信预警服务平台，在全省推广。1994年10月，增设县级业务系统，停收传真图，天气预报所需资料全部通过县级业务系统网上接收。1999年9月28日，VSAT接收小站建成并正式使用。

决策气象服务 1962年县气象站开始制作订正预报，改革开放后，县气象局把决策气象服务放在各项工作的首位，重大灾害性、专题天气预报和重要天气预报直接向县委、县政府主要领导及防汛抗旱指挥部汇报。2004年起，县气象局用政府网、商密网、兴农网、手机短信将灾害性和重要天气预报发布到县、乡镇、村各级负责人。对清江隔河岩、高坝洲两电站，沪蓉西高速公路，宜万铁路，西气东送等工程提供了及时地决策气象服务。

专业与专项气象服务 1978年，长阳县人工降雨办公室成立，挂靠县气象局。初始用自制土火箭开展人工降雨工作。1980年，“三七”高炮取代土火箭，1986年县政府决定，将高炮调走。1996年3月，县政府拨款购置了3门“三七”高炮，落实人影编制3名(地方编)，2006年，购回火箭发射装置1台，用于电站人工增雨。

2005年起，县气象局负责全县防雷安全管理，定期为加油站、煤矿等易燃易爆场所开展检测。1984年，县气象局第一次利用探空氢气球开展庆典服务，1991年改用塑胶气球。

2006年开始，国家体育总局连续四届在长阳清江库区举办“公开水域公开游泳比赛”，2007年4月由中央电视台主办的“山歌好比清江水”山歌比赛也在长阳举办，县气象局都提供了及时、准确的专项气象服务和庆典气球服务。

气象科技服务与技术开发 1984年开展气象资料、气象预报有偿专业服务，先后为隔河岩水电站及有关企、事业单位提供气象资料和天气预报服务。1991年，气象科技服务起步，承担人工影响天气、专业气象、防雷技术、升空气球庆典服务。

服务效益 1969年7月11日，一场百年不遇的大洪水席卷而来，县城被淹3米多深，气象站于7月10日分别作出暴雨局部大暴雨的预报，建议迅速撤离县城人员，尽快组织抢险救灾，由于撤离及时，县城尚未死伤1人。1998年6—8月，全县先后降8场暴雨，由于天气预报及时，清江隔河岩库区超水位蓄水2米多，缓解了长江洪水错锋压力。2008年8月15日，日降雨量211.2毫米，县气象局14日发布专题预报，15日发布暴雨红色预警，全县防汛救灾主动、及时，损失降到最低限度。1984年农业气候区划任务完成，二十多年来，长阳气候区划成果广泛运用于全县农业结构调整和各行各业经济建设中，如高山反季节蔬菜、柑橘生产布局、药材种植等。

法规建设与管理

法规建设 长阳土家族自治县编制委员会《关于成立长阳土家族自治县避雷装置安全性能检测站的通知》(〔1990〕13号)下发后，县气象局先后与劳动、公安、消防、安全局等单位联合发文，明确了长阳防雷安全检测的职责和任务。长阳土家族自治县人民政府下发了《关于做好全县防雷设施安全性能检测工作的通知》(长政办发〔2001〕78号)，县气象局、安全局联合下发《关于加强我县防雷减灾工作的通知》(长气字〔2005〕8号)，县气象局、城建局联合下发《关于对建筑设施安装避雷装置和进行安全性能检测的通知》(长气字法〔1992〕03号)和《关于对建设项目防雷工程审核、施工监督、竣工验收的通知》，规范了防雷市场的管理。2006年12月，县政府法制办批准确认县气象局具有独立的行政执法主体资格，并向社会公布。为5名干部办理了行政执法证。同时成立了执法队伍。

行业管理 《关于将气象探测环境纳入城建规划的函》(长气函〔2005〕1号)文件中，城建局批复：“同意将气象探测环境纳入相关建设规划的审批要件。高度关注，严格审批”。县气象局、城建局根据《关于加强气象探测环境和设施保护的通知》(长气发〔2007〕13号)，2007年，对黄龙苑商住楼超高建设影响气象观测环境立案执法，依法进行了处理。2008年5—9月，对“玉龙山庄”和“江天一色”商住楼进行了限高执法。2001年3月和2003年3月，县气象局分别制定了《防雷管理办法》。2006年，成立行政服务中心气象窗口，专门对建设项目防雷和升空气球进行审批，气象行政许可的管理得到落实。气象行政审批办理程序，气象服务内容，气象行政执法，服务收费依据及标准等及时向社会公开。

党建与气象文化建设

1. 党建工作

党支部建设 1959年3月至1962年4月，没有中共党员。1962年5月至1966年6月有党员3人(吴玉卿、刘振堂、孙朝文),编入农办党支部。1966年6月至1980年11月有党员5人(吴玉卿、孙朝文、唐金员、林再华、董礼宁),编入农业局党总支。1978年5月,气象站成立党支部,董礼宁任党支部书记。1980年12月,农业局副局长魏浚泉兼任党支部书记;1985年12月李本德任气象站党支部书记,1988年6月至1988年9月李本德任局党支部书记;1989年3月至2002年1月董礼宁任党支部书记;2002年5月—2007年11月何顺武任党支部书记;2007年12月,颜复新接任党支部书记。在职党员5人,退休党员3人。建站以来,先后有7名职工加入中国共产党。

党风廉政建设 2002年开始,党风廉政目标责任制进一步落实。在开展党风廉政教育中,认真组织党内外职工学习中纪委及县纪委文件。开展"共产党员先进性"和"情系民生、勤政廉政"教育,勤政、廉政与机关作风、效能建设相结合,建立和谐发展、科学发展气象事业机制。气象局财务每年接受上级财务年度审计和物价部门的审查,审计结果向职工公布。干部任用、财务收支、目标考核、基础设施建设、工程招标等内容采取职工大会或在局公示栏向职工公布。财务一般半年公示一次,年底对财务收支及住房公积金等向职工详细解答。干部任用,职工晋级、晋职等及时向职工公示。

2. 气象文化建设

1959年长阳气象站成立,把领导班子的自身建设和职工队伍的建设放在各项工作的首位,以文明创建为主要内容,通过"社会主义思想教育"、"五讲四美"、"三讲"、"邓小平理论"、"三个代表"重要思想及"科学发展观"和法律法规的学习,提高了干部和职工的思想理论水平。2003年开始,除1人外,91%的干部职工完成大专学业。全体干部职工及家属子女无一例"超计划生育"、"刑事案件"、"一票否决权","违法违纪"现象发生。

1993年县气象局着手精神文明建设,成立精神文明领导小组、文明创建进入规范化程序。两次改造观测场,三次装修业务值班室,制作局务公开栏、党员活动栏、学习园地、规章制度上墙等。2008年,对县气象局50年的档案进行规范化整理,机关档案工作目标管理升至省二级。"门前三包"年年被评为合格以上。近几年,县气象局先后被县安全生产、国防动员、森林防火、防汛应急预警处理、防灾减灾、地质灾害防治、中小学校安全等委员会、领导小组列为成员单位。

3. 荣誉

集体荣誉 1984年至2008年长阳气象局荣获集体荣誉39次。至1995年以来,连续7届被县委、县政府授予"县级文明单位"称号,1997年以来连续6届被中共宜昌市委、市政府授予"市级文明单位"称号。1998年被省气象局授予"抗洪抢险先进集体"。1999年被县综合治理委员会授予"安全文明单位"。2007、2008连续2年被宜昌市气象局授予"最佳优秀达标单位"。1990年长阳气象局脐橙实验基地获省科委科技进步二等奖。

个人主要荣誉

姓名	获奖时间	授奖机关	获奖项目及称号
董礼宁	2000.06	长阳县委	优秀共产党员
	2001.06	长阳县委	优秀共产党员

续表

姓名	获奖时间	授奖机关	获奖项目及称号
刘定国	1996.10	长阳县委、县政府	抗洪救灾个人三等功
李荣法	1985.06	长阳县委	优秀共产党员
	1998.4	宜昌人事局、气象局	全市气象部门先进工作者
	1998.06	长阳县委	优秀共产党员
王天学	1993	长阳县委、县政府	先进工作者
何永炎	1976.10	宜昌市气象局	先进工作者
	1979.10	长阳县政府	劳动模范
刘德菊	1990	长阳县委、县政府	先进个人
	1997	长阳县委、县政府	劳动模范

台站建设

长阳县气象局台站环境面貌历经四次建设：1959 年、1962 年建 2 栋集住宿、办公为一体的土木结构房；1978 年动工兴建一栋 392 平方米的工作生活综合二层楼；1985 年、1992 年省气象局拨付 20 万元，拆除 20 世纪 60 年代土木结构危房，相继建成一栋五层及一栋二层职工宿舍楼；2005 年，国家和地方投资 110 万元，职工、单位筹资 75 万元，共计 185 万元，拆除 1985 年、1992 年职工宿舍楼，建成一栋 2280 平方米的集住宿、办公为一体的综合气象科技楼。2002 年 8 月，购皮卡车 1 辆，2008 年配帕拉丁小车 1 辆。现占地面积 4669 平方米，其中办公室、测报值班室 736 平方米，职工宿舍 1938 平方米，车库 2 间共 50 平方米，门房、库房 2 间共 40 平方米。

长阳气象站旧貌（1962 年）

长阳县气象局新颜（2006 年）

五峰土家族自治县气象局

五峰土家族自治县位于鄂西南山区，地跨东经 110°15′至 111°25′，北纬 29°56′至 30°25′。元、明、清初隶属容美土司，清雍正十三年（1735 年）废土司设长乐县。1914 年更名五峰县，1984 年撤原制设五峰土家族自治县，现是湖北省特困县。

机构历史沿革

始建情况 1956 年，湖北省气象局在五峰筹建县气象站，1957 年 2 月正式建成，站址位于城关郊宝塔坡山腰，海拔 908.4 米，地处北纬 30°11′，东经 110°41′，为国家发报站。1980 年被确定为国家基本气象站，2006 年 1 月改为国家气象观测站一级站。1994 年 1 月 1 日观测场迁址到五峰镇万马池 9 号后山，海拔 619.9 米。地处北纬 30°12′，东经 110°40′，观测场为 16 米×25 米，2005 年 4 月扩建为 25 米×25 米的标准观测场。建站时为国家艰苦台站，1984 年 6 月定为五类艰苦台站，1988 年 1 月定为四类艰苦台站。

机构设置与领导体制 五峰县气象站于 1958 年更名为五峰中心气象站，1966 年改为五峰县气象服务站，1971 年 8 月更名为五峰县气象科，1979 年改为五峰县气象局，1984 年 12 月更名为五峰土家族自治县气象局。建站至 1971 年，县气象局以县政府管理为主，部门管理为辅；1971 年 8 月至 1973 年，实行以人武部领导为主的双重领导；1974 年至 1983 年，以县政府领导为主，部门管理为辅；1983 年以后，改为地方党委、政府和上级业务主管部门双重领导，以上级气象主管机构领导为主。1974 年，县气象站测报和天气预报实行分班，成立测报组、预报组。现下设办公室、业务股、服务股、防雷中心。

人员状况 1957 年建站时，只有 8 人，年龄均在 35 岁以下，7 人中专学历，1 人初中以下学历。1978 年 12 人。1990 年，人员最多，为 20 人。现有在编职工 7 人，聘用人员 7 人。在编人员中大专学历 3 人，中专学历 3 人，初中以下学历 1 人；中级职称 3 人，初级职称 3 人；中共党员 5 人；汉族 4 人，土家族 3 人；年龄在 35 岁以下的 1 人，36～45 岁的 3 人，45 岁以上的 3 人。

名称及主要负责人变更情况

名称	时间	主要负责人
五峰县气象站	1957.2—1958.12	涂　松
五峰中心气象站	1958.12—1959.2	涂　松
五峰中心气象站	1959.2—1964.12	侯光福
五峰中心气象站	1965.12—1966.3	程振铎
五峰气象服务站	1966.3—1971.12	毛鑫余
五峰县气象科	1971.12—1972.10	黄少发
五峰县气象科	1971.12—1979	毛鑫余
五峰县气象局	1979—1982.11	毛鑫余
五峰县气象局	1982.11—1984.12	张明华
五峰土家族自治县气象局	1984.12—1993.12	张明华
五峰土家族自治县气象局	1993.12—2007.12	颜复新
五峰土家族自治县气象局	2007.12—	何顺武

气象业务与服务

1. 气象观测

观测项目 1957年2月开始进行每天02、08、14、20时4次观测,观测项目包括空气温度、空气湿度、风向风速、降水、云、能见度、天气现象、蒸发等。1957年7月开始气压观测,同年8月开始日照观测。1959年7月1日至1961年12月开展了土壤湿度、农作物及物候观测。1962年1月1日至1963年3月31日、1980年1月1日至今进行浅层地温观测。1967年1月21日至1972年1月4日撤销02时的观测,1972年1月5日恢复02时的观测。2006年1月1日开始进行每天02、05、08、11、14、17、20、23时8次的气象观测。2007年6月1日增加酸雨观测。2008年2月新增电线积冰观测。

航危报 1958年5月1日—1993年12月31日每天04—20时固定(21—03时为预约发报)向OBSMH重庆、武汉、宜昌拍发航危报(1967年将武汉的航危报改为05时开始拍发),1966年1月起增发OBSAV成都航危报,1969年1月增发OBSAV当阳、荆门航危报。1992年减少了荆门的航危报,1994年停发所有航危报。

发报内容 自建站正式工作之日起,向武汉中心气象台拍发05、08、14、17时定时天气报告(OBSER),1972年1月增发20时天气报。2006年1月1日起增加02、11、23时的天气报。1957年2月向省气象台拍发旬(月)报。1981年4月15日开始拍发雨量报,1983年11月1日起拍发重要天气报告。

天气报发报内容包括云、能见度、天气现象、气温、气压、风向风速、降水、雪深、地温等,航空报内容有云、能见度、天气现象、风向风速等,当出现危险天气时,拍发危险报。

气象报表 自建站开始就编制气表-1和气表-21,向国家、省、市气象局报送1份,本站留底1份。1988年11月开始,五峰站气象资料月(年)报表只向湖北省气象局报送原始资料,由省气象局完成统计加工、打印,并返回五峰站1份。1998年开始计算机制作月报表,报省气象局审核后,根据审核查询意见修改后存档。五峰站的气象资料由省气象局整编,整编了1957—1970年、1961—1970年、1957—1980年、1961—1980年及1971—1980年的资料。五峰站于1973年整编了1957—1972年的气候资料。2004年所有原始气象资料均送省气象局保管。

现代化观测系统 1958年开始,先后在县内建立了8个气象哨,进行了一段时间的观测。1972年2月开始使用EL型电接风向风速仪,1992年1月使用EN型测风数据处理仪。1988年1月开始,使用PC-1500袖珍计算机编发气象报,气象观测资料上报改手工编发地面气象观测报告为计算机编发地面气象观测报告。1983年4月至1995年启用遥测雨量计。1994年微机开始在测报上投入使用。1999年11月建立ZQZ-CⅡ型有线遥测气象站,除云、能见度、日照、蒸发和天气现象外,其他项目均由仪器自动采集记录。气象观测数据的整理、计算、编报和上报均采用微机处理,2002年3月遥测站正式运行。

2005年7月起在县内建设区域气象观测站,共建站14个。其中单要素站9个、两要素站3个、四要素站2个。

2. 气象信息网络

2000 年 11 月 1 日前，所有报文均采用口述电文通过邮电局传送，从该日起测报报文形式从“162”分组交换网上传。1986 年架设单边带，与宜昌气象局联系、发报。1999 年 9 月建立了卫星地面接收站（PCVSAT），同时建成了计算机局域网，2005 年 9 月电文通过 VPDN 传送，2007 年通过 SDH 发报。

3. 气象预报

1958 年 6 月 13 日，五峰气象站开始制作单站补充修订天气预报。1981 年 6 月，县气象站配备气象传真接收机，利用接收的天气传真图，用模式（MOS）法制作预报。20 世纪 70 年代，气象站能制作发布 3—4 月春播期天气预报、5—9 月汛期长期天气预报、3—9 月长期天气预报、每旬旬报及一些专业、专项的天气预报。1998 年底，正式使用 MICPAS 系统，1999 年 9 月，取消了纸质天气图，天气预报业务全部转移到以 MICAPS 为主的工作平台上进行。

4. 农业气象

1975 年，组织开展气候调查，形成了《五峰县农业气候手册》，1981—1983 年进行的农业气候区划工作，形成农业气候资源调查报告。

5. 气象服务

公益服务和决策服务　县气象局制作的短期预报通过电话报县广播（局）站广播，中、长期天气预报、重要天气信息通过纸质材料、传真、政务通讯网传（送）到县委、县政府、县防汛办、各乡镇。1997 年 9 月，开始分乡镇制作电视天气预报，通过县电视台播出。2001 年 8 月电视天气预报系统升级为非线性编辑，节目通过送或互联网传到电视台播出。1998 年，开通“121”天气预报语音自动答询系统，2002 年 10 月“121”实行了宜昌市的集约经营，2005 年“121”答询电话升位为“12121”。1990 年 2 月在全县范围内开展森林火险、城市火险预报接收工作，建立以气象预警报接收机为主的服务通讯网。2004 年 1 月正式开通五峰兴农网。同年 6 月开始全县地质灾害气象等级的预报，并在电视天气预报中播出。2005 年在县政府的大力支持下，建立了与宜昌市气象台雷达联网的远程雷达终端。2005 年开始与各通讯公司联系建立气象信息发布平台，目前已覆盖县、乡（镇）、村三级。2007 年 6 月 22 日，五峰西部乡镇出现了强降水，傅家堰和牛庄 12 小时雨量分别达 236.2 毫米和 211.9 毫米，五峰气象局于 6 月 20 日、21 日，连续发布强降水预报，22 日凌晨，值班员及时将监测信息向县防汛办作了汇报，并通知了有关服务单位。在建工程马渡河水电站指挥部在接到信息后，在洪水到来之前迅速撤出了施工人员，避免了人员伤亡事故。

专业和专项服务　1977 年 8 月，成立五峰县人工降雨领导小组，办公室设在县气象局。1977 年，县气象局开展了土火箭人工降雨工作。1980 年、1981 年，湖北省人工降雨办公室给五峰县气象局调来 2 门“三七”高炮，1999 年购买 1 门“三七”高炮。2003 年 8 月，成立五峰土家族自治县人工影响天气办公室，2006 年 7 月，得到县政府和其他部门的支持，购置车载人工增雨火箭发射架 1 套，适时开展人工增雨作业。1990 年，在全县开始了避雷检测工作。1998 年 5 月，成立五峰土家族自治县防雷中心，开展对全县的液化气站、加油站、炸药库、鞭炮仓库等易燃易爆场所和金融、保险、学校等计算机管理系统的防雷装置检测、防雷工程施工跟踪检测和雷电灾害评估等工作。

气象科技服务 1960 年开始为农、林、水利部门无偿提供气象资料。1983 年 3 月开始向宜都县香客岩水电管理处提供年度预报、汛期天气长期预报、中期(旬)天气预报、气候简报。1984 年开始气象科技有偿服务，内容主要有气象资料、中长期天气预报及重大灾害性天气预报、升空气球释放等。1997 年开展了为水电企业的专业气象服务，为五峰锁金山电厂安装了遥测雨量计，派专人进行每天两次雨量观测，同时为锁金山电站开展人工增雨工作。1997 年开始制作电视天气预报后，县气象局在电视天气预报中插播广告，并保持至今。2004 年 10 月 16 日是五峰土家族自治县成立 20 周年县庆日，县气象局共施放升空气球几十个、小气球一千多个、礼炮 20 响，安全的完成了这次庆典任务，得到了县领导的充分肯定。

气象科普宣传 每年在“3・23”气象日，组织开展气象科技知识的宣传，普及气象、防雷知识，接受群众咨询，并在县广播站开辟了几期气象知识专题宣传，获得中国气象局气象科普宣传先进集体称号。

气象法规建设与管理

法规建设 2004 年 12 月，与县城建局联合下文《关于加强气象探测环境和设施保护的通知》，加强气象探测环境的保护。2005 年 12 月，县人民政府办公室下发《关于明确防雷装置设计审核竣工验收审批职能的批复》，同意县建(构)筑物防雷装置的设计审核、施工监督和竣工验收工作交由县气象局负责组织实施。2006 年 11 月，县人民政府第二十七次常务会议，同意将防雷装置设计审核、竣工验收作为建设工程审批的前置条件，纳入建设工程项目报建审批程序，由县气象局承担防雷装置设计审核、竣工验收等方面的管理职能。2006 年制定了《五峰土家族自治县突发气象灾害预警应急预案》。

社会管理 县气象局与县劳动人事局于 1990 年 6 月联合发文，在全县建立避雷装置安全性能检测制度，避雷装置的具体检测，由气象局负责实施，县劳动人事局给予支持和对被检测单位实施监督。2003 年，与县公安局联合下发了《关于全县计算机系统安装防雷设施的通知》，并组成联合工作组，分阶段对全县计算机信息系统的防雷安全进行了检查、整改。2005 年起，县内新建建筑物防雷设施的报建图审、跟踪检测和竣工验收、施放气球的许可等工作逐步进行。2007 年 8 月 17 日，县气象局与县教育局联合下发《关于进一步加强学校防雷安全工作的通知》，成立专班，在全县范围开始对学校进行防雷检测。

党的建设与气象文化建设

1. 党建工作

建站时有中共党员 1 名，1957 年至 1972 年气象局与农业局为一个党支部，1972—1973 年与县邮电局为一个支部，1973 年成立党支部，汪永发担任支部书记，1976 年张明华接任支部书记，1993 年成立气象局党组，1993 年 5 月颜复新任党组书记工作，何顺武任机关党支部书记，到2008年底有正式党员7人。

为保证党风廉政建设各项任务全面落实，气象局支部将目标细化，分解到人，做到责任明确、分工明确。在党风廉政建设责任制工作中，强化制度建设；注重监督检查，发现问题及时整改。将党风廉政建设责任制落实情况纳入年度目标考核，严格责任追究，党风廉政建设责任制得到了全面落实。加强政(局)务公开，对气象行政审批项目、办事程序、收费依据及标准等内容采取户外公示栏等形式对外公开，对局内的干部任用、财务收支、基础建设等采用会议、公示栏等形式进行公开，接受群众监督。

2. 气象文化建设

1993年底迁站时在无资金的情况下，自己动手搬迁，自己动手搬运材料、修建围墙、平整观测场、安装仪器等。1995年成立县气象局文明创建领导小组，文明创建工作在单位扎实开展，并形成经常化、制度化、规范化。局党支部把改善环境面貌作为文明创建的重要内容，号召全体职工发扬自力更生、艰苦奋斗的传统，积极争取地方政府支持，使财政投入逐年增加。

3. 荣誉与人物

集体荣誉 从1980年到2008年，五峰气象局共获集体荣誉87项。自1997年首次被宜昌市委、市政府授予“文明单位”后，加大创建力度，连续六届获市级文明单位。2003年6月，湖北省委、省政府授予五峰气象局“2001—2002年度文明单位”、“2001—2002年度创建文明行业工作先进单位”。2003—2004年度、2005—2006年度连续被省委、省政府确认为“文明单位”。2003年2月，湖北省气象局授予五峰气象站为“明星台站”。2005年获中国气象局“全国气象部门局务公开先进单位”。

个人荣誉

姓名	获奖时间	授奖机关	获奖项目及称号
宋宝铃	1964	省政府	劳动模范
成章刚	1988	湖北省气象局	双文明先进个人
	1989.4	国家气象局	双文明先进个人
贺速洲	1982	湖北省、宜昌地区气象局	先进个人
颜复新	1998.04	宜昌市气象局、市人事局	先进工作者
	1999.06	五峰县委	优秀党员
	2000.06	五峰县委	优秀党员
王运龙	1982	五峰县委	先进工作者
	1983.1	宜昌地区气象局	先进个人
	1994.6	五峰县委	优秀党员
曹　俊	1990	宜昌地区气象局	两学先进个人
谭　军	1992.6	湖北省气象局	优秀气象工作者
	1988.	五峰县委	劳动模范
	1994.5	五峰县委	劳动模范

人物简介

宋宝玲 女，籍贯天津，1956年毕业于北京气象学校，1960年12月到五峰县气象站从事地面测报工作，业务工作十分出色，1963年测报成绩在宜昌专区气象部门中排名第一，湖北省排名第二；自己患有心脏病还坚守在海拔1000米的高山上进行生产劳动，解决了蔬菜问题，还种了部分粮食作物，解决了全站同志的生活。1964年被湖北省政府评为省级劳动模范。

台站建设

五峰县气象站是艰苦台站，1957年建站时修建了石木结构平屋1幢8间，建筑面积165.12平方米。其中工作室3间，宿舍5间，水源受季节影响大，经常无水吃，因无公路，生活等各类物资均是从县城人工背上站，生存条件艰难。

1974年3月，修建330平方米石木结构职工宿舍。

1983年，在五峰镇万马池9号修建了10套职工宿舍。

1987年8月，省气象局划拨吉普车一辆，用于接送职工上下班，结束了生活生产物资肩扛背驮的历史。

1992年7月，在万马池9号扩建业务办公楼，1993年6月竣工，行政、预报办公搬到新业务楼值班。

2001年1月，进行局内环境房屋改造。

2004年1月，购买一辆帕萨特小轿车。

2004年7月20日，投资25.28万元的观测场扩建项目开工，2005年4月底完工，观测场面积扩建为25米×25米。

1963年的五峰县气象站

2005年4月，修建综合楼2层，建筑面积310平方米，并重建大门。12月20日全部完工，总投资达到32万元。

近年来，有计划地加大硬件建设力度，修建了局内院墙、大门、花坛，平整、硬化了道路、地坪，建起了多功能活动室，添置了卡拉OK和空调设备，美化了生活环境，丰富了职工业余生活，局容、局貌有了很大改观。

2006年五峰县气象局观测场全景

五峰县气象局现业务一体化室

十堰市气象台站概况

十堰市位于湖北省西北部，汉江中上游，与鄂、豫、陕、渝四省市交界，总面积 2.4 万平方千米，人口 350 万。十堰是东风汽车的摇篮，拥有世界文化遗产道教圣地武当山，亚洲第一大人工淡水湖、南水北调中线工程的调水源头和核心水源区丹江口水库。

十堰市地处秦巴山区南北气候过渡带，属亚热带季风气候，气象灾害频繁，尤其以干旱、局地强降水、冰雹及衍生的泥石流、山体滑坡、山洪等灾害所造成的损失最为严重。

气象工作基本情况

历史沿革 十堰市气象局现辖丹江口市、郧县、郧西县、房县、竹山县、竹溪县等 6 个县(市)气象局(站)及十堰市气象台、十堰天气雷达站等台站，建站时间分别为：丹江口 1958 年 7 月、郧县 1952 年 7 月、郧西县 1956 年 9 月、房县 1958 年 1 月、竹山县 1955 年 6 月、竹溪县 1957 年 10 月、十堰 1966 年 4 月，十堰天气雷达站 1992 年 4 月建成投入业务试运行。竹溪县气象局为六类艰苦台站，十堰天气雷达站为四类艰苦台站。神农架林区气象站 1972 年建站，原属郧阳地区气象局管理，1990 年 1 月起划转为湖北省气象局直管。

管理体制 1968 年以前，由地方和部门双重领导，以部门领导为主。1968 年至 1980 年，由地方和部门双重领导，以地方领导为主，其中 1971 年 7 月至 1973 年 7 月由军事部门和当地革命委员会双重领导，以军事部门为主。20 世纪 80 年代初，气象部门管理体制改革，郧阳地区气象局于 1981 年、各县气象局(站、科)于 1982 年先后改为部门和地方双重领导，以部门为主的领导体制。

人员状况 全市气象部门 1978 年底共有职工 134 人(含神农架林区气象站 10 人)。2008 年底共有职工 259 人，其中在职职工 197 人，包括气象编制 120 人、地方编制 49 人、编外用工 28 人；离退休职工 62 人，包括气象编制离休 1 人、退休 56 人、地方编制退休 5 人。在职人员中，硕士研究生学历 1 人、本科学历 51 人、大专学历 42 人，高级专业技术人员 16 人、中级专业技术人员 61 人。

党建与文明创建 全市气象部门基层党组织有党总支 1 个，党支部 10 个，党员 134

人，其中在职党员 96 人。

全市气象部门 7 个创建单位，现建成省级最佳文明单位 1 个、省级文明单位 3 个、市级文明单位 2 个、县级文明单位 1 个，1999 年起连续四届被授予市级文明系统。

主要业务范围

地面观测 十堰地面气象观测始于 1952 年 7 月 1 日，同日郧阳气象站（现郧县气象站）作为国家基本气象观测站开始观测。1999 年开始建设地面自动气象观测站，至 2006 年全市 7 个站均建成自动观测站，实现了气压、气温、湿度、风向风速、降水、地温自动记录。全市基层台站的气象资料按时上交到省气象档案馆。2005 年开始建设区域自动气象观测站，至 2008 年底共建 122 个，其中 2008 年 8 月建成武当山高山自动气象站。

全市现有地面气象观测站 7 个，其中郧西为国家基准气候站，十堰、房县为国家基本气象站，丹江口、郧县、竹山、竹溪为国家一般气象站。

气象预报预测 全市气象台站建立后，即开始制作补充订正天气预报。1983 年县气象局装备传真机后，利用传真机提供的天气形势图，结合本地气象要素演变图（九线图）制作短期补充预报。2005 年起县气象局主要制作短期短时补充预报。县气象站从 20 世纪 70 时代开始制作长期预报，各台站均建立了一套集天气谚语、韵律关系、气象要素及相关物理量特征变化为一体，运用数理统计方法制作的长期预报指标。1997 年后，随着气象资料卫星接收系统的建成和气象信息综合分析处理系统（简称 Micaps）的业务运行，天气分析预报接收的信息资料大量增加，以数值天气预报为基础，以人机交互工作站为主要工作平台，实现了精细化和无纸化作业。

气象服务 全市气象部门主要服务内容和方式有为领导机关提供决策服务，通过电视、电台、报纸、“12121”电话、手机短信、电子显示屏开展公众服务，针对不同用户需要开展专业专项服务及防雷技术服务，基本覆盖包括党政部门、城镇、农村、企业在内的社会各个层面。

农业气象 全市有农气观测站 3 个，郧西、房县为一级农气观测站，竹溪为二级农气观测站。1991 年市气象台开始承担全市小麦、水稻、玉米三种作物的产量预报业务，每月定期进行农气情报服务。

人工影响天气 十堰是湖北省四大人工影响天气基地之一。1973 年 8 月，郧阳地区气象局在郧县长岭公社首次开展“三七”高炮人工降雨作业即获成功。1974 年 4 月，郧阳地区革委会成立郧阳地区人工降雨领导小组，下设办公室，其后各县市人工影响天气机构相继成立。全市市县两级人影机构、编制、经费全部得到当地政府落实，现有人工影响天气高炮 41 门，火箭发射架 20 台，固定作业基地 46 个，专业作业队伍 91 人，常年开展人工增雨（雪）、消雹作业，多次开展人工消雨（雪）试验，每年人影防灾减灾经济效益过亿元。

十堰市气象局

机构历史沿革

历史沿革 十堰市气象局建于1966年4月29日，始称湖北省郧阳专员公署气象台，台址为郧县城关镇小东门内徐家坪。1967年10月迁入十堰市五堰老虎沟口办公。1968年2月更名为郧阳地区气象台，成立郧阳地区气象台革命领导小组，1971年6月郧阳地区气象台革命领导小组撤销。1973年10月成立郧阳地区革命委员会气象局。1978年11月更名为郧阳地区气象局。1984年1月按国家气象局要求不再设地区气象局，只设郧阳地区气象台。1984年6月恢复郧阳地区气象局，保留郧阳地区气象台。1987年10月郧阳地区气象台更名为十堰气象台。1994年11月因地市合并郧阳地区气象局更名为十堰市气象局。

经过2006年业务技术体制改革，十堰市气象局现内设综合办公室（计划财务科）、业务管理科（政策法规科）、人事教育科（监察审计科、文明办、老干办）3个机关科室，下设十堰市气象台、十堰天气雷达站、十堰市公众气象服务中心（十堰市专业气象服务台）、十堰市气象局后勤服务中心、十堰市气象局财务核算中心、十堰市人工影响天气工作办公室、十堰市防雷中心7个直属事业单位。

1968年1月1日，郧阳地区气象台按一般气候站开始观测采集气象资料，观测场东经110°47′，北纬32°39′，海拔高度256.5米。1997年12月地面气象观测场迁到市人民公园东山头，经度110°46′30″，纬度32°39′20″，海拔高度286.492米。2006年7月1日起，由一般气候站调整为国家基本气象观测站。

管理体制 1966年4月至1967年，由地方和部门双重领导，以部门领导为主。1968年至1971年6月，由地方和部门双重领导，以地方领导为主。1971年6月至1973年10月由郧阳军分区和郧阳地区革委会双重领导，以郧阳军分区领导为主。1973年10月起由郧阳地区革委会领导。1978年11月起由郧阳地区行署领导。1981年1月1日起改为由湖北省气象局和郧阳地区行署双重领导，以湖北省气象局领导为主的管理体制。

名称及主要负责人变更情况

名称	时间	主要负责人
郧阳专员公署气象台	1966.04—1968.02	王自勤
郧阳地区气象台	1968.02—1970.10	王自勤
郧阳地区气象台革命领导小组	1970.10—1971.06	郭松龄
郧阳地区气象台	1971.06—1973.10	政委支庆发、台长郭松龄
郧阳地区革命委员会气象局	1973.10—1978.11	郭松龄
郧阳地区气象局	1978.11—1984.01	郭松龄

续表

名称	时间	主要负责人
郧阳地区气象台	1984.01—1984.06	郭松龄
郧阳地区气象局 郧阳地区气象台	1984.06—1987.10	郭松龄
郧阳地区气象局 十堰气象台	1987.10—1988.04	郭松龄
郧阳地区气象局	1988.04—1993.06	李竹青
郧阳地区气象局	1993.06—1994.02	邹煌生(主持工作)
郧阳地区气象局	1994.02—1994.11	魏　华
十堰市气象局	1994.11—1999.04	魏　华
十堰市气象局	1999.04—2002.05	陈家奎
十堰市气象局	2002.05—2002.09	周　明(主持工作)
十堰市气象局	2002.09—2005.12	齐反修
十堰市气象局	2005.12—	李东华

人员状况　1966 年建台时有职工 16 人。1978 年底有职工 41 人。2008 年底有职工 115 人，其中：机关公务员 17 人、直属事业单位气象编制在职人员 54 人、地方编制在职人员 13 人、编制外用工 7 人、离休 1 人、气象编制退休 22 人、地方编制退休 1 人；88 名在职职工中，硕士研究生学历 1 人、大学学历 39 人、大专学历 31 人，高级专业技术人员 16 人、中级专业技术人员 33 人。

气象业务与服务

1. 气象综合观测

地面观测　1968 年 1 月 1 日至 2006 年 6 月 30 日，08、14、20 时 3 次定时观测，观测项目有云状、云量、能见度、天气现象、气压、气温、湿度、风向风速、降水、雪深、日照、蒸发、电线积冰、浅层地温和深层地温，向省台编发 08、14、20 时 3 次小图报、旬月报、重要天气报和 05 时雨量报，编制月报表(气表-1)和年报表(气表-21)。1986 年采用 PC-1500 微机编发气象报业务，1995 年 11 月采用计算机编发气象报、制作报表及网络传输报表资料。1997 年 1 月起，停止向湖北省气象局抄送纸质气表-1，自打印 1 份报表存档并将资料读入磁盘长期保存。2006 年 7 月 1 日起，实行 24 小时昼夜守班，02、05、08、11、14、17、20、23 时 8 次定时观测并编发天气报告、旬月报、重要天气报告。2007 年 3 月新增酸雨观测。2007 年 9 月新增 E-601B 型蒸发观测。2008 年初增设场景监控系统。

2005 年 9 月建成 ZQZ-CⅡB 型自动气象站，同时开始试运行，气压、气温、湿度、风向风速、降水、浅层地温、深层地温、草温等全部采用仪器自动采集、记录，2008 年 1 月 1 日正式投入业务运行，可自动生成传输各气象要素的分钟、小时、日、月、年数据文件。2005—2008 年，在武当山、方滩、长坪塘、柏林、黄龙、茅塔、大川、小川、鸳鸯等乡(村)建成区域加密自动观测站 13 个，其中 2008 年 8 月建成武当山高山自动气象站。

天气雷达探测 1975年初，湖北省气象局配给郧阳地区气象局711移动式天气雷达1部，1991年退役。1990年初，由国家气象局匹配714 C常规数字化固定式天气雷达，1992年初建成并投入业务试运行，1994年8月7日实现与武汉雷达联网，1995年5月正式投入业务运行，参加全省雷达实时联网观测拼图实验。1998年安装无线扩频设备，实现了雷达站至市气象局之间的点对点数据通信。十堰新一代天气雷达2004年9月立项，2007年1月完成设备调试并投入业务运行，代替714 C天气雷达业务。

闪电定位探测 2006年2月20日，由全省统一布点，在十堰地面气象观测场内安装ADTD型闪电定位探测子站，主要监测本地及附近地区的雷电活动情况。实时监测的原始资料数据，通过IP专线直接上传到湖北省气象局和国家气象信息中心及大气探测技术中心。

GPS监测 2007年12月26日，由全省统一布点，在地面气象观测场外西边安装GPS/MET站，主要监测分析本地区大气层的水汽含量情况。实时监测的原始资料数据，通过IP专线地址直接上传到湖北省气象局。

2. 气象信息网络

2004年9月21日，向武汉中心气象台移交各站2000年12月31日以前的所有原始气象记录资料档案。2008年9月9日，向湖北省气象档案馆移交各站2001年1月1日至2006年12月31日的所有原始气象记录资料档案。

20世纪60—70年代末，利用摩尔斯无线电报机收听气象电码，人工译码填绘天气图。20世纪80年代初，先后利用电子管单边带、晶体管单边带接收气象电码。20世纪80年代中期，用Z80型传真接收机接收日本和欧洲气象中心的数值预报图，用T1000型大规模集成电路打字机接收气象报文。1986年开始使用计算机填图，直到2000年取消纸质天气图。1994年初建成NOVELL局域网，逐步扩充实现省—市—县信息网络互联和气象资料共享。1995年5月开通9210工程十堰VSAT小站，负责接收主站广播的气象信息数据和向主站发送本地收集的气象数据。1995年9月18日，NOVELL局域网通信工作站正式运行。1995年底，建立福泉山无线数传中继站。1997年1月起，地面气象观测、报表制作、资料传输业务全部实现微机化。2002年至今使用光纤网络连接技术，直接接收和传输气象资料信息。2004年初，建成远程电视会商/会议系统。

3. 气象预报

1994年以前，天气预报制作主要建立在高空和地面天气图资料分析的基础上，辅以数值预报产品传真图、卫星云图演变监测资料。1995年天气预报制作转为以数值预报、卫星云图、天气雷达资料和有关预报信息产品的分析应用为主。1997年后，随着气象资料卫星接收系统的建成和气象信息综合分析处理系统（简称Micaps）的业务运行，信息资料载体由纸质天气图转为计算机，天气分析预报主要在计算机上完成，预报业务实现无纸化作业。天气预报实现以天气学方法为主转为以数值天气预报为基础，以人机交互工作站为主要工作平台，综合利用卫星云图、天气雷达资料等各种气象信息和先进的预报技术方法的技术路线。

4. 农业气象

1991年,市气象台开始承担全区(市)的小麦、水稻、玉米的产量预报业务,每月定期进行农气情报服务,主要有上月气候对农作物影响评价,下月天气预报和农事生产及防灾措施建议等。1992年,建立"两网一员"(农气情报网、预警监测网和兼职气象员),每月定期收集和制作3～4次农气情报。

5. 气象服务

公众气象服务 主要通过电视、电台、报纸、"12121"电话、手机短信等开展公众气象服务。1993年初,市政府出资9万元,十堰市天气预报上中央电视节目。1995年从福建省气象局引进多媒体天气预报制作系统,开始自己制作电视天气预报节目。1998年引进中国气象局华风影视中心开发的非线性天气预报编辑制作系统。2008年引进新一代非线性天气预报编辑制作系统,实现了气象节目主持人现场解说天气。十堰电视天气预报节目现已实现多台多套播出。

1986年开始天气预报自动答询机。1995年引进"121"天气预报自动答询系统,实现了电脑检测滚动答询。2000年自主开发"武当121"天气预报自动答询系统,实现分信箱自动答询,同时在十堰电信的基础上增加东风电信作为运营商。2003年引进新一代"121"天气预报答询系统,同时增加中国移动、中国联通两家运营商。2007年对系统进行了升级,由1号信令升级为7号信令。2004年开始在全市推广和发展气象短信用户。2004年建成十堰兴农网,全方位开展为农服务。

决策气象服务 常年为地方党委、政府及有关部门提供气象信息和安全生产建议,为地方重点工程建设、重大社会活动进行气象保障服务。服务项目主要有重要天气监测信息、重要天气过程预报、重大活动专题专项天气预报、气候趋势预测(包括年度、季节、汛期、秋汛期、春播期、麦收期气候趋势预测)、农业气象情报等。服务方式主要为汇报、服务材料、电话、传真、手机短信。1997年开通地方政府决策气象服务终端。

专业专项气象服务 1988年开始推行有偿专业服务,主要通过邮寄方式提供中长期天气预报。1992年开始使用气象预警机,逐渐增加短期及短时天气预报服务。1996年通过拨号上网连接的方式,为大的专业服务用户安装气象服务终端。2004年通过网络开展服务。2006年开发建成十堰市专业气象服务网站。目前专业气象服务对象涉及到烟叶、水电、电力、林业、交通等多种行业。

1985年5月,郧阳地区人工降雨办公室成立,为区级事业单位,归属地区气象局管理。1998年4月,更名为十堰市人工影响天气工作办公室,并建立了市政府领导、市气象主管机构管理的领导管理体制及市政府财政投入机制。十堰城区现有人影高炮1门、火箭2套,常年开展人工增雨(雪)、消雹作业。

1990年开始开展防雷检测技术服务。十堰市机构编制委员会1996年11月批准成立十堰市防雷中心(十堰市防雷工程质量检测所)。1997年12月首次通过了省技术监督局的防雷检测计量认证。2000年4月获得中国气象局颁发的防雷工程专业设计、专业施工乙级资质。2003年5月停止开展防雷工程专业设计和施工业务,由十堰市防雷科技有限公司承担。2005年正式开展新建建筑物防雷装置设计技术审查、防雷装置跟踪和验收检测工作。

科学管理与气象文化建设

法规建设与管理 1997年5月6日，十堰市政府下发《关于保护气象设施和气候资源的通告》，对气象探测环境保护，天气预报制作和发布，人工影响天气实施，防雷设施论证、设计、安装和年度审验，施放气体作升空动力的物品管理等作出了明确规定。1998年，市政府办公室下发《关于切实加强全市防雷减灾工作的通知》，对防雷工作作出了明确规定。2005年3月，市政府办公室下发《十堰市防雷减灾管理实施细则》，进一步规范了防雷工作，市防雷中心正式开展新建建筑物防雷装置设计技术审查、防雷装置跟踪和验收检测工作。2002年7月18日，十堰行政服务大厅成立，气象行政审批进入办公，负责防雷装置设计审核、防雷装置竣工验收、大气环境影响评价使用气象资料的审查、施放气球单位资质的认定、施放气球作业活动的审批等五项行政审批。2005年，十堰气象探测环境保护在规划部门备案。2007年按国家基本气象站探测环境保护执行标准变更备案。2008年11月，市政府办公室下发《关于加强气象探测环境和设施保护工作的通知》。1995年、2000年、2003年、2007年先后制定和修订完善《十堰市气象局内部管理制度汇编》。

党建 1966年底有党员3名。1971年10月建立郧阳地区气象台党支部，支庆发任支部书记。1974年11月建立中共郧阳地区革委会气象局党支部，郭松龄任支部书记。1978年底有党员15名。1979年11月设立郧阳地区气象局党组，郭松龄任党组书记。1984年2月建立党委，郭松龄任党委书记，下设行政、业务两个党支部，刘灼亭任行政支部书记，王自勤兼任业务支部书记。1989年7月李竹青任党委书记。1994年2月魏华任党委书记。1999年4月陈家奎任党委书记。2002年9月设立十堰市气象局党组及机关党总支，齐反修任党组书记，欧静任机关党总支书记，下设机关、业务、产业、老干部四个党支部。2005年12月李东华任党组书记。1973年以来共发展党员35名，2008年底共有党员66名，其中在职48名。1986年被郧阳地委授予先进党委，1997年被省气象局党组授予“五好”领导班子，2008年被十堰市委授予首届市直机关党建工作先进单位。

对党风廉政建设实行目标管理，签订责任书，一级抓一级，层层抓落实。每年开展反腐倡廉宣传教育月活动。2001年起在全市气象部门推行政务公开和局务公开。2001年被十堰市委授予党风廉政建设先进集体。

气象文化建设 20世纪80年代，以“五讲、四美、三热爱”活动为载体，开展精神文明建设。20世纪90年代以来，大力弘扬“讲奉献、务实效”的十堰气象人精神，以“一年两会、一季两课、一月一活动”和气象服务“五满意”活动为载体，深入持久地开展文明创建活动。

荣誉 1966—2008年，十堰市气象局共获得地厅级以上集体荣誉117项。其中：1994—1995年度首次获得省级文明单位称号；1996—2008年连续六届获得省级最佳文明单位称号；2000年12月被中国气象局授予全国气象部门双文明建设先进集体；2001年7月被中国气象局命名为全国气象部门文明服务示范单位；2002年4月被中央文明办、国务院纠风办命名为全国创建文明行业示范点；1995年、1999年、2001年3次被中国气象局授予重大气象服务先进集体。

1966—2008年，十堰市气象局职工共获得地厅级以上荣誉203人次。其中受到中国(国家)气象局表彰的有：欧静(1989年全国气象系统双文明先进个人)；魏华(1996年全国气象部门双文明建设先进个人)。

台站建设

1967年10月，郧阳专员公署气象台迁入十堰时仅有平房4栋28间，面积700平方米。1977年建成1栋1700平方米的4层办公楼，2000年6月拆除后建设十堰气象科技大厦，2004年底建成。十堰市气象局机关大院现占地4763.55平方米，有家属楼5栋住房82套，建筑面积7430平方米。

十堰地面气象观测站占地面积6207.5平方米。2007年完成道路、观测场、业务用房的综合改造，现有业务值班平房1栋，建筑面积120平方米。

十堰新一代天气雷达站征地97亩，站址用地3525平方米。现有1992年建成的714C雷达塔楼1栋，建筑面积540平方米；2006年建成的新雷达塔楼1栋，建筑面积1347平方米。修建有专用上山公路7.5千米。

20世纪70年代末郧阳地区气象局办公楼全景

2004年建成的十堰气象科技大厦全景

郧县气象局

郧县古称麇子国，西汉在郧域置长利县，西晋太康五年(公元284年)改为郧乡县，元十四年(1277年)改为郧县，明成化十二年(公元1476年)设郧阳府，1952年12月郧阳襄阳合并称郧阳县，1965年7月郧襄分治更名为郧县。

机构历史沿革

历史沿革 1952年7月，湖北军区郧阳气象站成立，站址在郧阳小东门内徐家坪。1954年1月交地方领导，更名为郧阳气象站。1959年1月成立郧阳气象科，科站合一。1966年4月，成立郧阳专员公署气象台。1967年10月，郧阳专员公署气象台迁入十堰。1968年8月，更名为郧县气象站革命领导小组。1971年1月站址迁到郧县新城代家沟。1971年12月开始军队管理。1973年12月军队管理结束，更名郧县革命委员会气象科，实行科站合一。1978年8月更名为郧县革命委员会气象局，局站合一。1981年4月更名为郧县气象局（站）。

1952年7月被确定为国家基本站，1991年7月改为国家气象观测一般站，2006年7月改为国家气象观测站二级站，2008年12月改为国家气象观测一般站。观测场位于北纬32°51′，东经110°49′，海拔高度201.9米。

管理体制 建站至1953年12月，属湖北郧阳军分区领导。1954年1月—1966年4月，由湖北省气象局和郧县政府双重领导，以地方领导为主。1966年5月—1968年7月，由郧阳专员公署气象台领导。1968年8月—1971年11月，由湖北省气象局和郧县政府双重领导，以地方领导为主。1971年12月—1973年11月，由县人武部领导。1973年12月—1982年4月，由湖北省气象局和郧县政府双重领导，以地方领导为主。1982年4月，改为部门和地方政府双重领导，以部门领导为主的管理体制，沿袭至今。

名称及主要负责人变更情况

名称	时间	负责人
湖北军区郧阳气象站	1952.07—1952.12	邵循适
	1953.01—1953.12	胡明知
湖北省郧阳气象站	1954.01—1955.08	张世杰
	1955.09—1958.02	葛文法
	1958.03—1958.12	王自勤
湖北省郧阳气象科（站）	1959.01—1966.04	王自勤
湖北郧阳专署气象台	1966.04—1968.08	王自勤
湖北省郧县气象站革命领导小组	1968.09—1970.09	李延明
湖北郧县气象站	1970.10—1973.11	何清厚
郧县革命委员会气象科（站）	1973.12—1978.07	何清厚
郧县革命委员会气象局（站）	1978.08—1981.02	何清厚
郧县气象局（站）	1981.03—1987.02	何清厚
	1987.03—1990.12	李延明
	1991.01—2001.03	张绪亮
	2001.04—2003.03	汪　明
	2003.04—	汪志兴

人员状况 1952年7月建站时只有2人。1978年19人。2008年12月底有在职职工27人，其中，气象在编职工9人，人影编制职工12人，编外用工6人；大学学历3人，大专学历8人，中专学历2人；中级专业技术人员10名，初级专业技术人员9人；50～60岁15人，40～49岁7人，40岁以下5人。

气象业务与服务

1. 气象预报预测

短期天气预报 1957年6月开展短期天气预报，1958年11月，开展补充天气预报，主要采用"收听"加"看天"的方式，即收听武汉中心气象台的预报结合本地天象、物象分析制作预报。1981年6月开始使用123传真机，接收北京及日本、欧州的气象传真实况、预报、物理量、云图等，结合当地天气气候特点，进行短期天气预报。1987年1月传真机图代替手抄气象资料。1999年5月取消纸质天气图，天气预报业务全部转移到以MICAPS为主的工作平台，预报人员以数值预报为基础，结合其他资料和经验作出短期天气预报；利用卫星云图、雷达回波图和自动站资料制作短时预报。

中长期天气预报 1958年1月开展中期天气预报，1960年5月开展长期天气预报，主要运用数理统计和常规气象资料图表及天气谚语、韵律关系等方法，分别作出具有本地特点的补充订正预报。20世纪80年代初，通过传真接收中央气象台、省气象台的旬、月天气预报及年度天气预报，结合本地气象资料、短期天气形势、天气过程的周期变化等制作一旬天气过程趋势预报。中期天气预报主要有旬天气预报和"春运"、"高考"期间天气预报；长期预报主要月预报、春播、夏收、秋收秋播、汛期(5—9月)、年度预报。

2. 气象综合观测

地面观测 1952年7月1日，每天06、09、12、15、18、21时6次实测，00、03时2次自记订正观测，观测项目有气压、气温、湿度、风向风速、云、能见度、天气现象、最低草温、降水、蒸发、地面状态、积雪等，同年8月增加北京时02、08、14、、20时4次地面天气报告观测。1953年4月增加地温观测，5月增加日照观测。1967年1月改为3次观测，1969年8月恢复4次定时观测，1991年7月再次改为3次观测。编制的报表有4份气表-1、气表-21，向国家气象局、省、地(市)气象局各报送1份，本站留1份。2000年7月，地面测报业务由邮局传输改为从市气象台统一收集传输。

现代化观测系统 1986年1月使用PC-1500计算机编报部分气象记录。2005年8月建成ZQZ-CⅡ型自动气象站，除云、能见度、天气现象、日照外，其余观测项目全部采用仪器自动采集、记录，2008年1月1日起，实行自动站单轨运行。2005年10月，建成5个单要素区域自动气象观测站。2006—2008年，先后建成14个区域自动气象观测站，其中4个ZQZ-A型两要素站，6个ZQZ-A型四要素站。

航危报 1956年7月，每天24小时向西安民航台、汉口空司拍发航空报。1957年1月1日至1988年11月，每天24小时向西安、成都、郑州、武昌、广州、兰州、临潼、武功、汉口、光化和北京等间断或连续拍发固定和预约航空、危险报。当出现危险天气时，5分钟内向所有需要航空报的单位拍发危险报。1988年12月取消航危报。

农业气象观测 1953年3月开展农业气象观测,1966年1月取消农业气象观测,同年在全县各区建立气象哨点。1981年4月开展水稻观测。1982年1月再次开展农业气象观测。1981年3月开展农业气候区划工作。1983年开展气候评价。1991年7月取消农业气象观测。

3. 气象服务

郧县地处秦、巴山脉崇山峻岭之中,汉江穿腹而过,是丹江库区和南水北调中线工程水源区。郧县天气气候复杂多变,灾害频发,主要气象灾害有干旱、洪涝、大风、冰雹、暴雨、连阴雨等。

公众气象服务 1996年1月前,主要通过广播站发布天气预报。1996年2月,由县气象局提供天气预报信息,电视台制作电视画面,在县电视台播放天气预报。1998年11月,县气象局建成多媒体电视天气预报制作系统,将制作好的录像带送电视台播放。2002年5月,电视天气预报节目制作系统升级为非线性编辑系统。

1998年4月,县气象局开通"121"天气预报自动答询系统。1999年12月,"121"升级为多信箱播音。2001年3月,全市"121"答询电话实行集约经营。2005年1月,"121"电话升位为"12121"。

1995年4月,郧县气象局开通与市气象台的微机网络服务终端,预报资料通过网络调用,停收传真图。1999年4月,建成VSTA卫星小站MICAPS业务工作平台。2003年12月,开通IP-VPDN气象业务专用网络。

2005年8月,县气象局建立手机气象短信平台,向全县副科以上的领导干部发送气象短信息。2007年向全县各水库、电站、交通运输、200多所学校的负责人群发气象短信息。2008年向全县村级干部、气象志愿者群发气象短信息,气象短信进村入户。2008年7月,在气象短信发布平台基础上建立郧县突发公共事件应急预警信息发布系统。

决策气象服务 主要采用电话、电子邮件、文字材料或向县委、县政府主要领导口头汇报等形式开展决策服务。2007年12月28日,央视"激情广场"栏目组在郧县举办大型演唱会,县气象局向县委、县政府提供及时、准确、周到的重大决策气象服务,受到县委、县政府表彰。

专业与专项气象服务 1985年3月,开展专业有偿服务,主要通过电话和邮寄资料为全县各乡镇(场)及相关企事业单位提供中、长期天气预报和气象资料,以旬天气预报为主。1990年4月开展甚高频电话,服务单位通过预警机定时接收气象预报,1991年5月建成郧县甚高频电话气象预警服务系统。

1973年8月,郧阳地区气象局在郧县长岭公社首次开展"三七"高炮人工降雨工作获得成功。1976年7月,郧县革命委员会人工降雨办公室成立,设在气象科。1982年4月分设县人工降雨办公室,1996年更名为郧县人工影响天气工作办公室,1997年4月县人影办与气象局合并。1977—1979年,县人影办借用高炮加土火箭实施流动增雨防雹作业,1980年4月配备第一门高炮,1986年7月省人影办将1部"711"车载雷达调配给郧县使用。20世纪90年代后期,县委、县政府提出大力开发空中水资源,实施"兴水强县、兴水富民"战略，加快人影建设力度，实现人影作业覆盖全县的目标。1997 年 6 月，县委办、政府办下发《关于成立鄂西北人工增雨防雹实验基地建设领导小组的通知》，此后郧县人影事业发展迅猛。1997 年购回 WR-1B 型火箭，1996—2004 年按“一门炮二亩地三间房”标准先后建成 6 个固定炮点人影工作站，截止至 2008 年底，全县拥有人影作业高炮 10 门、火箭 1 架。

1996 年 7 月成立郧县防雷装置安全性能检测所。2000 年 6 月成立十堰市防雷中心郧县办事处，2008 年更名为郧县防雷中心。1998 年 5 月，郧县政府下发《关于切实加强全县防雷减灾工作的通知》，将防雷工程从设计、施工到竣工验收，全部纳入气象行政管理范围。2001 年 6 月，县气象局与县安委会联合下发《关于加强雷电灾害防御工作的通知》，明确县防雷装置安全性能检测所负责全县防雷安全的管理，定期对液化气站、加油站、民爆仓库等高危行业和非煤矿山的防雷设施进行检查。

科学管理与气象文化建设

1998 年 3 月，郧县政府下发《关于切实加强全县防雷减灾工作的通知》。2005 年 6 月县政府下发《关于公布继续实施的行政许可事项及实施机关的决定》，批准郧县气象局行政许可事项为防雷装置设计审核和竣工验收；同月，县政府下发《关于公布第一批保留的行政审批事项及审批机关的通知》，郧县气象局两项审批事项为气象台站观测环境保护审定和施放气球单位资质及施放气球作业活动的审批。现有 9 人获行政执法证，3 人获行政执法监督证。

对气象行政审批办事程序、内容、气象行政执法依据、服务收费依据及标准等，采取了户外公示栏、电视广告、发放宣传单等方式向社会公开。干部任用、财务收支、目标考核、基础设施建设等内容则采取职工大会或在局公示栏张榜等方式向职工公开。

党建与文明创建　建站至 1971 年 2 月，仅有党员 2 名，编入县农办党支部。1971 年 12 月，成立中共郧阳气象站党支部，王世清任支部书记，之后一直由单位主要负责人担任。2002 年 2 月设立党组，张绪亮任党组书记。2002 年 4 月，县气象局党支部更名为机关党支部，汪明任支部书记。2004 年 4 月汪志兴任党组书记，龚云霞任支部书记。现有党员 19 人。

2001 年 9 月，制定《郧县气象局工作规则》。2001 年起，每年开展反腐倡廉宣传教育月活动，采取组织革命传统教育、党风政纪、法律法规知识竞赛、观看警示教育片等形式开展廉政文化建设活动。2005 年 6 月被县委授予“党风廉政建设先进集体”。郧县气象局文明创建活动始于 1985 年，1986 年 2 月被授予县级文明单位。1992 年 9 月被授予市级文明单位。

荣誉　郧县气象局共获厅级以上集体荣誉 55 项。其中 1992 年 9 月被郧阳地委、行署授予“双文明”单位；1996 年 9 月，被十堰市委、市政府授予 1994—1995 年度文明单位，1996—2008 年连续六届保持市级文明单位称号。

郧县气象局先后有 63 人次受到上级表彰。

台站建设

郧县气象站建站时仅有砖木结构房屋 10 间，建筑面积 438 平方米。1981 年 3 月，兴建

1幢五层办公和职工住宅综合楼。1995年，兴建1幢二层办公楼，建筑面积322.9平方米。2007年，兴建新办公楼1栋，建筑面积546平方米。

郧县气象局1981年建设的办公与职工住宅楼

2002年郧县气象局办公及生活区

2007年11月建成的郧县气象局新办公楼

郧西县气象局

郧西县地处湖北省西北边陲，历史悠久，夏商时为梁州东域，汉置长利县，明成化十二年(公元1476年)设郧西县。

机构历史沿革

历史沿革 1956年9月，在郧西县城关镇校场坡建立郧西县气候站，1957年1月1日正式开展气候观测。1959年1月29日改为郧西县气象站。1961年8月16日改为郧西县气象科。1966年3月23日改称郧西县气象服务站。1970年1月改称郧西县革委会气象科,7 月恢复为郧西县气象站。1978 年 11 月 1 日改为郧西县革委会气象科。1980 年 6 月 16 日改称郧西县气象局。1984 年 8 月 28 日更名为郧西县气象站。1986 年 5 月 9 日恢复郧西县气象局,保留郧西县气象站,实行局站合一。现位于郧西县城关镇西安大道 220 号。

1989 年 1 月 1 日正式开展国家基准气候站业务工作,观测场位于北纬 33°00′,东经 110°25′,海拔高度 249.1 米。

管理体制 1956 年 9 月—1957 年 12 月,行政隶属县人民委员会,业务隶属襄阳地区气象局,以上级业务部门领导为主。1958 年除业务隶属上级气象部门外,人、财、物统归县人委领导。1962—1965 年,由县人委和襄阳地区气象局双重领导。1966—1971 年 8 月,归县革委会领导。1971 年 9 月—1973 年 7 月,由军事部门和县革委会双重领导,以军事部门管理为主。1973 年 8 月实行以地方政府领导为主的管理体制。1975—1977 年,行政隶属县革委会、县农委领导,业务隶属郧阳地区气象局领导。1978—1981 年,收归郧阳地区气象局直接管理。1982 年实行地方党委和上级业务部门双重领导,以上级业务部门领导为主的管理体制,一直延续至今。

人员状况 1957 年建站时有 4 人。1978 年底在册职工 10 人。2008 年底在职职工 21 人,退休职工 2 人。在职 21 人中,研究生学历 1 人,本科学历 3 人,专科学历 8 人;中级专业技术人员 6 人,初级专业技术人员 11 人;50～55 岁 5 人,40～49 岁 4 人,39 岁以下 12 人。1957—2008 年,共有 77 人在郧西气象局(站)工作过。

名称及主要负责人变更情况

名称	时间	负责人
郧西县气候站	1956.09—1959.01	胡成禄
郧西县气象站	1959.01—1961.08	张学仕
郧西县气象科	1961.08—1965.03	张学仕
	1965.03—1966.03	胡成禄
郧西县气象服务站	1966.03—1968.10	胡成禄
郧西县农业科学服务站革委会	1968.10—1970.01	胡成禄
郧西县革委会气象科	1970.01—1970.07	胡成禄
郧西县气象站	1970.07—1971.08	胡成禄
郧西县气象站	1971.08—1974.12	胡成禄
郧西县气象站	1974.12—1975.11	梅松贵
郧西县革委会气象科	1975.11—1978.11	王文绪
郧西县革委会气象科	1978.11—1980.06	王文绪
郧西县气象局	1980.06—1984.05	王文绪
	1984.05—1984.08	张年喜
郧西县气象站	1984.08—1986.05	张年喜
郧西县气象局	1986.05—1990.12	张年喜
	1990.12—2001.04	贾大成
	2001.04—	陈明秀

气象业务与服务

1. 气象业务

气象测报　1957年1月1日，正式开始地面气象观测，为国家一般观测站，4次天气观测，观测项目有风向风速、气温、湿度、降水、积雪、天气现象、能见度、云状、云量、地面状态。1958年3月18日开始低温观测，并向省气象局发绘图、雨量报、气候报。1960年8月1日改地方时为北京时4次观测。1961年8月1日改为3次观测。1989年1月1日，改为24次定时观测，增加雪深、雪压、深层地温、冻土、电线积冰等观测项目，向省气象局编发08、14、20时定时天气报和05、17时补绘报、重要天气报。2006年7月1日起增加02时定时报和11、23时补绘报。2008年6月1日起，增发雷暴、视尘障碍现象(霾、浮尘、沙尘暴、雾)重要天气报。

1989年1月1日—1991年12月31日，04—19时承担武汉航空报任务，04—22时老河口航空报任务。2004年1月1日起，承担老河口每日06—18时航空报任务。

1986年3月1日开始使用PC-1500计算机；1993年1月开始采用计算机制作报表，月报表资料实行网络上传。2000年发报方式由电话改为网络传输，2002年10月建成CAWS600型自动气象观测系统，2003年1月1日投入使用。

农业气象　1957年10月开始农气观测业务，观测项目有：棉花、水稻、土壤湿度、物候以及土壤冻结等，并编发农气旬报。1961年12月停止农业气象观测。1990年10月1日按国家一级农气基本观测站正式开展工作，观测项目有：冬小麦、中稻、固定地段50厘米土壤湿度测定和六种动、植物物候观测，并向国家、省气象局发农气旬报、制作报表，同年开展年度气候影响评价业务。2007年起增加逐月气候评价。

气象信息网络　1981年通过传真机接收北京和日本的传真图表。1988年4月20日开展甚高频电话"VHF"工作。1990年以前抄收武汉语言广播获取14时地面天气图和08时500百帕、700百帕、850百帕天气图。1994年12月16日安装雷达终端设备，通过MODEM拨号上网接收市气象局雷达资料。1999年5月8日安装卫星接收系统VSAT单收站。2003年9月18日接通电信宽带互联网。2005年10月建成郧西气象网站。2006年建成SDH专线宽带网。

气象预报　建站后主要通过收听广播、看天气、走访老农制作天气预报。20世纪70年代接收武汉中心台天气气候概况以及周边地区预报，开展短、中、长期预报。1980年开始预报工具、方法、模式和指标"四基本"建设，加强灾害性、重要天气过程的基本档案建设。1981年使用传真图表制作预报。1994年通过雷达终端设备，调取卫星云图等各种预报产品。1999年建立了以MICAPS为工作平台的新的天气预报业务技术流程。2008年开展MICAPS3.0本地业务化应用和数值预报订正释用。

2. 气象服务

公众气象服务　建站初期每天人工送预报结论到县广播站。1958年1月用市内电话每天2次向广播站发布未来48小时天气预报。1988年4月20日开展甚高频电话联络。

1990 年对外开展预警信息服务。1996 年 7 月 1 日电视天气预报栏目正式开播。1997 年 6 月 26 日“121”自动答询系统开通。1998 年 8 月开始制作多媒体天气预报节目，2001 年底制作系统升级为非线性编辑系统。

决策气象服务 20 世纪 80 年代中期以前，主要通过电话向县委办、政府办、防汛办等相关部门报送重要天气情报，之后增加文字材料。2005 年开始通过电子邮件、政务网等渠道发送。2008 年 5 月开通气象预警信息发布平台，以手机短信方式向各级领导发送气象预警信息。

人工影响天气服务 1979 年 5 月 20 日，县委、县革委会研究决定成立郧西县人工降雨指挥部。1986 年 3 月 29 日，成立郧西县人工降雨办公室，1997 年 12 月 16 日更名为郧西县人工影响天气办公室，负责本地人工影响天气管理工作。目前全县拥有增雨防雹高炮 10 门、火箭 3 套，作业经费列入县财政预算。30 年来，共实施防雹增雨作业 293 场(次)。

重大气象服务效益 1997 年 7 月 18 日，郧西城关地区遭遇特大暴雨袭击，14 个乡镇 21.6 万人受灾，县气象局服务及时、主动，被中国气象局授予“重大气象服务先进集体”。2007 年 8 月 9 日，郧西马安遭遇特大暴雨，县气象局提前发布重要天气通报和暴雨预警信号，及时通报雨情趋势，县委县政府根据预报信息及时安全转移群众 3.7 万人，无一人伤亡，湖北省防汛抗旱指挥部在总结时指出：“水库下游受威胁的群众及时转移，无一人伤亡，首先要得益于气象预警的提早发布”。

法规建设与气象文化建设

法规建设 1998 年 9 月 11 日，郧西编办批准成立郧西县防雷工程质量检测所，履行本辖区内的防雷安全管理职能。1998 年 11 月 10 日，县政府出台《关于切实加强全县防雷减灾工作的通知》。1999 年 9 月 9 日，县政府印发《关于进一步规范防雷设施管理工作的通知》。2002 年制定了郧西县防雷工程质量检测所质量手册。2006 年 3 月 14 日，县政府转发《十堰市防雷减灾管理实施细则》。2001 年，县政府法制办为气象局办理了行政执法证和执法监督证。2006 年初成立行政执法办公室，同年开始防雷行政执法工作。

1986 年 8 月 6 日，县政府下发《关于加强基准气候站观测环境保护的通知》。2002 年、2007 年先后两次就探测环境保护到县城建规划部门备案。依法办理气象探测环境周边建房行政审批手续 14 家，先后制止破坏探测环境行为 8 起。

党建 1956 年 9 月建站时仅有党员 2 名。1975 年设立郧西气象局党支部，王文绪任支部书记，1987 年梅松贵任支部书记，1989 年高富智代理主持党支部工作，1993 年贾大成任支部书记，2001 年 4 月陈明秀任支部书记。2002 年建立郧西县气象局党组，陈明秀兼任党组书记。自设立局党支部以来，共发展 14 名党员。先后 4 次被县委授予“先进党支部”；2 次被郧阳地委授予“思想政治工作先进单位”；3 次被市气象局党委授予“五好领导班子”。

气象文化建设 1985 年开始创建文明单位，按照“不停步、上台阶、无终点”的创建目标，开展“文明股室、文明职工、文明家庭”创建活动。积极参加县万米长跑、篮球联赛、知识竞赛、歌咏、演讲、论文写作与交流、郧西解放 60 周年气象发展成果展示等文体活动。有图书阅览室(图书 1500 册)、健身房(健身器材 6 套件)、多媒体教学设备、荣誉室、乒乓球和羽毛球标准场地。

荣誉 1973—2008年，郧西县气象局共荣获集体荣誉46项。1997年12月被中国气象局授予“重大气象服务先进集体”；1998年1月被省人事局、省气象局授予“全省气象部门先进集体”；2003—2008年连续三届被省委、省政府授予文明单位；2005年9月被中国气象局授予“局务公开先进单位”。

1982—2008年共有62人荣获个人荣誉。1991年张年喜被授予湖北省劳动模范。

人物简介

张年喜 男，湖北省武汉市人，1946年2月出生，1964年8月湖北省气象学校毕业分配到郧西气象站工作，1971年6月调县农机公司，1975年10月调回气象站，1979年12月入党，1990年12月调郧阳地区气象局。

张年喜在郧西气象局工作23年，1984年5月—1990年12月任主要负责人。郧西恶劣的气候条件及特大气象灾害造成的损失，使张年喜立志提高气象业务服务本领。他首先主攻灾害性天气预报，高效优质地为工农业生产提供服务。他深入全县所有乡镇调查走访，获得大量一手资料，为提高天气预报准确率打下基础。1984年9月8日，他根据资料分析，做出了“24小时内我县境内有暴雨灾害性天气出现”的预报结论，县委根据预报结论命令沿江四个乡镇紧急疏散搬迁，9日12时洪峰通过夹河、羊尾、天河等集镇，沿江乡镇无一人伤亡，免遭财产损失数百万元。其次主攻关键农事季节、中长期预报，为农业生产当参谋。1986年4月，他根据当年春季气候特征分析，作出了“1986年盛夏我县有较大伏旱灾害性天气出现”的结论，为县委、政府决策作参考，使旱情损失降低到最小程度。第三是主攻高炮作业成功率，为农业减灾夺丰收服务。张年喜兼任人降办第一任主任，爬山涉水千余里，选定作业点，亲临一线指挥作业，保证了作业效果。张年喜集指挥员、战斗员于一身，展现出了一个优秀气象工作者的风范。

台站建设

1989年6月建成1087平方米的三层职工住宅楼1栋。1992年建成使用面积600平方米的综合楼。2004年新建办公楼1栋，2005年落成投入使用。2008年对台站围墙、观测场外护坡、围栏、楼房外墙、供水(电)线路等进行恢复、加固、粉刷处理，绿化、硬化、美化面积3000平方米。

1978年郧西县气象局办公楼旧貌

2005年建成投入使用的郧西县气象局新办公楼

竹溪县气象局

竹溪县位于湖北省西北部边缘，建县已有2200多年的历史。西汉高祖五年（公元前202年）建武陵县，明成化十二年（公元1476年）置竹溪县，以境内竹溪河而定名，沿袭至今。

竹溪县属北亚热带季风气候，自然灾害以旱灾为首，次之为局部水灾和冰雹灾害，区域内"南涝北旱、十年八涝"。

机构历史沿革

历史沿革 1957年10月1日，创建竹溪县气候站，与县农业局合署办公。1957年10月开始地面气象观测，观测场位于北纬32°19′，东经109°41′，海拔高度448.3米。1960年3月改名为竹溪县气象服务站。1970年3月，改为县革委会生产指挥组气象站。1973年10月，成立县革委会气象科，气象站保留。1974年7月1日，更名为竹溪县革命委员会气象局。1980年4月，更名为竹溪县气象局。1985年1月，改为竹溪气象站。1986年5月复称竹溪县气象局至今。

1987年6月观测场向西平移100米，海拔高度降低0.1米。2005年8月，自动气象观测站建成，观测场由16米×20米改造为25米×25米标准观测场。2006年7月1日，竹溪县气象站由国家一般气候站改为国家气象观测站二级站，2008年12月31日改为气象观测国家一般站。

管理体制 1957年10月至1982年，隶属地方政府和省气象局管理，以地方政府管理为主，其中1971—1973年实行军队管理。1982年1月起，改为上级气象部门和地方政府双重领导，以上级气象局领导为主的管理体制，延续至今。

人员状况 1957年建站时有职工3人。截至2008年12月31日，在岗职工12人，其中：气象编制6人、人影编制2人、防雷编制3人、编外用工1人；大学学历2人、大专学历7人、中专学历3人；中级专业技术人员5人、初级专业技术人员6人。

名称及主要负责人变更情况

名称	时间	负责人
竹溪县气候站	1957.10—1960	周　勇
竹溪县气象服务站	1960—1971	
竹溪县气象站	1971—1974	王明孝
竹溪县革命委员会气象局	1974—1981.02	陈武贵
竹溪县气象局	1981.02—1983.10	詹乐喜
	1983.10—1987.04	张　毅
	1987.04—1997.04	乔堂成
	1997.05—	刘玉平

气象业务与服务

1. 气象业务

地面气象观测　1957年10月1日起，开展云、能见度、天气现象、风向风速、温度、湿度、降水、蒸发、地温、雪深等常规观测任务，承担每天01、07、13、19时4个时次的气候定时观测任务，08、14、20时3次天气报、不定时重要天气报和旬(月)报等气象电报拍发任务和气表-1、气表-21的编制工作，所有电报均通过电话经邮局转发。1960年8月改为02、08、14、20时4个时次定时观测。1987年5月，PC-1500微型机应用于电报编发工作，结束了手工编报的历史。1994年12月，配发了第一台计算机，气象观测资料的处理实现微机化。2005年9月1日，ZQZ-CⅡ1型自动气象站试运行，2008年1月1日正式运行，除云、能见度、天气现象、日照和蒸发项目外，其它观测项目均实现自动观测。地面气象观测业务完成人工向自动观测转变，电报拍发也由电话转报变为网络直发。2005年在全县建设区域加密自动观测站，2007年完成全县16个乡镇自动站的建设任务，建成由1个中心站、2个四要素站、3个两要素站和10个单要素站组成的区域自动观测站网。

农业气象观测　20世纪60年代开始农业气象观测，先后开展水稻、玉米、小麦等作物观测、动植物物候观测、土壤墒情测定等项目的观测、发报和报表编制工作。1990年调整为每月逢8日进行10～50厘米土壤水分测定、水稻作物生长发育期观测，每旬(月)拍发农业气象电报，开展区域内农业气象灾害情报调查、收集，制作发布区域农业气象情报、区域农业区划评估调查报告。2001年增加每月逢3日土壤水分测定和编发电报任务。

天气预报　建站后开始对外发布长、中、短期天气预报，气象资料的收集和获取依靠收听电码报文，人工完成填图绘图工作，制作天气预报。20世纪80年中期配备ZSQ-1B型、CZ-80型气象图片传真机，直接接收各类天气图表资料。1988年4月甚高频电话接入郧阳地区气象通讯网，实现地、县气象局实时信息互通。1994年底，远程终端信息系统安装成功，通过拔号网络接入市气象局服务器，方便快捷地获取各类气象资料和714C天气雷达资料。1999年7月，气象卫星综合应用业务系统(9210工程)竹溪VSAT小站(CIMS)投入业务运行。2007年十堰多普勒天气雷达竹溪县级终端建成，同年(WFOS)预报服务平台本地化使用。

2. 气象服务

公众气象服务　1990年4月，利用已建成的甚高频电话无线网络，组建竹溪县预警信息服务网。1996年甚高频电话服务系统停止使用。1997年6月，“121”气象电话自动答询系统开通，随时为社会各界提供中、短期天气预报，2001年3月完成全市集约服务。1998年购进天气预报影视制作系统，开始自行制作电视天气预报节目，通过电视台向社会各界发布全县天气预报，2002年电视天气预报节目制作非线性操作系统投入运行。2006年竹溪县气象手机短信预警信息发布平台建成，开始对外发布气象预警信号。2008年底与县林业局合作，组建竹溪县林火预测预报站，通过天气预报节目对外发布森林火险等级预报。

决策气象服务 1979年起，定期发布年、季、月长期天气预报，供各级领导和有关部门参考；定期发布旬、周报，及时向领导机关和有关部门提供实时天气资料和中短期天气趋势预报。农时关键季节不定期发布专题预报。遇到关键性、转折性、灾害性天气，及时向县委、县政府和有关部门汇报天气变化情况，发布灾害性天气预警信息。2005年7月10日，竹溪县南部山区出现特大暴雨，县气象局准确预报暴雨时间、落区、强度，县委、县政府据此果断决策，紧急转移4000多人，没有造成人员伤亡和直接财产损失，创经济效益5000万元。

专业与专项气象服务 1985年以后，竹溪县气象局逐步开展长中短期预报、灾害性天气预警、人工增雨和消雹等专业有偿服务。服务手段由电话、纸质材料发展到电话、传真、网络、电子邮件、手机短信等，服务面也由最初的向砖厂提供天气预报发展到面向农业、林业、交通、地质等多部门、多层面。

1979年5月，竹溪县委、县革委会成立竹溪县人工降雨指挥部，负责区域内人工增雨和消雹工作，归县农业委员会管理。1986年3月成立竹溪县人工降雨工作办公室，1997年12月16日更名为竹溪县人工影响天气办公室，同时由县农委划归气象局管理，人工影响天气工作经费列入地方财政预算，核定事业编制2名。2007年4月，竹溪县政府投资40万元，完成天宝乡炮点基地建设。2008年完成其它标准化作业炮点建设，购置火箭发射架4套。现拥有5门火箭、3门高炮、6个标准化作业阵地。

1992年，在全县开展防雷工程安全检测，并逐步开展防雷工程设计、安装、跟踪检测服务。1996年开展庆典科技服务，对外有偿提供彩拱门、升空氢气球，并承担区域内升空氢气球的管理。

法规建设和社会管理

1998年7月2日，竹溪县政府办公室转发县气象局的《关于加强全县防雷工作的报告》，明确气象防雷工作职责，规范县域内防雷技术服务市场。1998年成立竹溪县防雷工程质量检测所，管理防雷技术服务工作。2007年7月组建十堰市防雷科技有限公司竹溪分公司。1981年第一次就气象探测环境保护工作向地方政府备案，2005年4月再次在县建设局备案，正式将探测环境保护纳入社会管理范畴。

党建和文明创建

党建 竹溪县气象局1987年建立党支部，乔堂成任支部书记，1997年起刘玉平担任支部书记。2002年设立竹溪县气象局党组，刘玉平任党组书记。1987—2008年共发展6名新党员。截至2008年底，有党员10人，其中在职党员7人，女党员1人。

竹溪县气象局常年开展廉政文化建设进台站、进班子、进支部、进岗位、进家庭的“五进”活动，通过党报党刊、电化教育教材、组织干部职工收看录像、党风演讲比赛、廉政文化知识测试、廉政文化座谈会、讲党课等活动，促进部门党风廉政建设和反腐败工作。

文明创建 竹溪县气象局坚持把两个文明建设与党建、社会治安、综合治理、干部思想作风建设等结合起来，抓“五好班子”建设，开展“青年文明号”争创活动。20世纪80年代后期，逐步增添文体设施，建设图书阅览室和各类活动场所。节假日组织全局干部职工开展登山、乒乓球、羽毛球等文体活动，并积极参加县万米长跑、知识竞赛、才艺展示等活动。自1995年开展文明创建活动以来，一直被县委、县政府授予县级文明单位，2002年被市委、市政府授予市级文明单位。

台站建设

竹溪县气象局建站初期只有几间平房，占地面积500平方米。1985年2月住宅楼竣工，同年4月新建两层办公楼投入使用。1991年12月拆除旧楼建新办公楼，1992年7月完工。1996年10月新建1幢住宅楼。2005年对办公楼进行维修。目前全局有2幢住宅楼和1幢办公楼，占地面积2588.5平方米。

20世纪80年代竹溪县气象局面貌（1982年4月拍摄）

竹溪县气象局新貌（2006年6月拍摄）

竹山县气象局

竹山县地处北亚热带季风气候区，地形复杂，南高北低中凹，垂直差异大，雷暴、洪涝、风雹、干旱、低温阴雨、冰冻、虫兽等灾害频繁发生。

机构历史沿革

历史沿革 竹山县气象局始建于1955年6月，始称竹山县气候站，1965年改为竹山县气象服务站，1968年改为竹山县气象站革命领导小组，1971年称竹山县气象站，1975年称竹山县革命委员会气象局，1986年改为竹山县气象局。站址位于竹山县城关镇北大街1号，占地面积3586.88平方米，观测场海拔高度307米，东经110°14′、北纬32°14′。

管理体制 建站到1982年，隶属地方政府和省气象局管理，以地方政府管理为主，其中1971—1973年实行军队管理。1982年1月起，管理体制改为上级气象部门和地方政府双重领导，以上级气象局领导为主，延续至今。

名称及主要负责人变更情况

名称	时间	负责人
竹山县气候站	1955.06—1956.08	熊庭琨
竹山县气候站	1956.09—1957.08	段光泽
竹山县气候站	1957.09—1961.10	甘志勋
竹山县气候站	1961.11—1964.12	马刘成
竹山县气象服务站	1965.01—1967.12	马刘成
竹山县气象站革命领导小组	1968.01—1970.12	马刘成
竹山县气象站	1971.01—1974.12	马刘成
竹山县革命委员会气象局	1975.01—1976.12	马刘成
竹山县革命委员会气象局	1977.01—1981.03	张友琏
竹山县革命委员会气象局	1981.04—1985.12	何家志
竹山县气象局	1986.01—1987.11	何家志
竹山县气象局	1987.12—1991.05	王大文
竹山县气象局	1991.06—1995.12	张诗平
竹山县气象局	1996.01—1999.03	周明利
竹山县气象局	1999.04—	操儒成

人员状况　建站时有职工3人。1978年底有职工8人。2008年底有职工22人，其中在职17人，退休5人；在职17人中：气象编制6人，地方编制6人，编外用工5人；大学本科学历6人，专科学历1人；中级专业技术人员2人，初级专业技术人员7人。

气象业务与服务

1. 气象业务

地面测报　竹山县气象(候)观测从1958年起才有正式的文字记录。1963年定为一般气候观测站，每天进行08、14、20时3次定时观测，观测项目有云、能见度、天气现象、气压、空气的温度和湿度、风向和风速、降水、日照、蒸发、地面温度(含草温)、雪深、浅层地温、深层地温、冻土、电线积冰、辐射、地面状态、雪压、森林火警等，为西安、光华机场发航危报。2006年建成自动气象站，2007年1月起实行人工、自动同步观测，以自动观测为主。2005—2008年建设18个区域自动气象雨量站，其中单要素站7个、两要素站7个、四要素站4个。

天气预报　建站后开始对外发布长、中、短期天气预报，气象资料的收集和获取依靠收听电码报文，人工完成填图绘图工作，制作天气预报。20世纪80年代中期配备ZSQ-1B型、CZ-80型气象图片传真机，直接接收各类天气图表资料。1988年4月甚高频电话接入郧阳地区气象通讯网，实现地、县气象局实时信息互通。1998年11月天气预报业务全部转移到以MICAPS为主的工作平台，预报人员以数值预报为基础，结合其他资料和经验制作天气预报。中长期预报主要制作旬报、春播期、汛期、夏收、秋季、冬季预报。

2. 气象服务

公众气象服务　1997年投入资金80余万元，改造升级气象服务设施和系统，开通了"121"自动天气答询系统。1998年建成电视天气预报制作系统。基本实现了业务现代化。1999年建起了卫星接收小站。2002年建起了县领导称之为"千里眼"和"顺风耳"的森林火警监测网，至今共提供森林火警信息30条，其中2003年发现火灾6起。2007年开通短信平台发布系统。

决策气象服务 利用固定电话、手机短信、“12121”信息平台、有线电视等途径和形式，全天候24小时滚动播出，为县领导决策提供第一手信息资料。2008年6月6日，县气象局预测大庙乡、得胜镇、麻家渡镇、双台乡、楼台乡将出现强对流天气，会引发狂风、暴雨、冰雹等气象灾害，立即向县委、县政府汇报，并通过电话、电报、电视、手机短信等方式向全县广大干部群众发布气象灾害预警信息。当日晚组织双台、吉阳、牌楼、楼台4个炮点开展消雹作业，共发射炮弹110发，有效保护了人民群众生命和财产安全，县政府通报表彰并奖励县气象局现金2万元。

专业与专项气象服务 1997年成立竹山县防雷中心，配备先进装备和科技人员，全面开展雷电防御工作，依法开展防雷装置常规检测、防雷工程行政审批、防雷装置隐患整改。竹山县气象局1976年在城关安置土火箭作业点，1986年组建竹山县人工影响天气工作办公室，属正科级全额拨款地方事业单位，归竹山县气象局统一管理。20世纪80年代后期，先后购置高炮12门，车载式火箭炮2门，设置13个作业炮点，配备炮手36人。竹山县委、县政府核定全额拨款编制，每年作业维持经费按每门炮4万元包干列入财政预算，投入保障机制在全市居前列。

科学管理与气象文化建设

法规建设与管理 1998年竹山县政府下发《关于切实加强防雷减灾工作的通知》，规范防雷工作秩序。1999年竹山县气象局与县公安局联合下发《关于进一步加强防雷安全检测工作的通知》，2001年与县安监局联合下发《关于加强雷电灾害防御工作的通知》。2007年竹山县政府下发《关于加快全县气象事业发展的通知》。

运用行政执法手段，加强探测环境保护、施放气球管理、防雷等气象行政管理。2006年立案查处破坏探测环境案1起，2007、2008年各查处未经审批擅自施放气球案1起，2006—2008年共立案查处防雷装置设计未经审核擅自施工案12起，申请法院强制执行5起。

对职工关心的热点和难点问题进行公开，对一年一度的财务审计情况进行公开，并向职工说明。2005年1月对局内的各项管理制度进行补充细化。

党建 1955—1976年有党员3人。1977年2月，成立竹山县气象站党支部，张友琏任支部书记，1981年2月何家志任支部书记，1996年6月周明利任支部书记，1999年3月操儒成任支部书记。2002年5月成立竹山县气象局党组，操儒成任党组书记，侯开钦任支部书记。2008年底有党员11名，其中预备党员1名。

气象文化建设 把职工教育放在首位，每周五组织全体干部职工集中学习，大力支持职工参加函授及短期培训，把爱学习的职工推到主要的工作岗位，让广大干部形成你追我赶、互相学习、争做工作佼佼者的浓烈氛围。

荣誉 1999—2008年，竹山县气象局连续五届被十堰市委、市政府授予文明单位，连续七年获得全市气象部门年度目标考核综合优秀达标奖。2005年、2007年被省委、省政府授予全省创建文明行业先进单位。

建站以来多人获得“全省优秀气象观测员”称号，其中2008年有3人获得。

台站建设

1987、1990、2002 年建住宅楼 3 栋，建筑使用面积 2500 平方米。1998 年新建办公楼 1 栋 640 平方米。2007 年对办公楼进行装修，添置办公设备，建设一体化室和会议室，并对院内环境进行整体改造，建设仿古围墙、种植花草树木、硬化场地和道路。

1980 年竹山县气象局办公平房

1998 年新建竹山县气象局办公楼

现在的竹山县气象局观测场

房县气象局

房县古为梁州域，西周以前为彭部落方国，春秋为防渚，战国为房陵，秦置房陵县，贞观十年改为房州，明洪武十年降州为县，始称房县，因其山林四塞，巩固有如房室而得县名。

房县地处鄂西北山区，属北亚热带季风气候区，地势西高东低，南陡北缓，中为河谷平坝，山多坪少，大体可概括为“八山一水一份田(地)”，最高海拔 2485.6 米，最低海拔 180 米，高差悬殊，立体气候明显，气象灾害频繁，尤以干旱、暴雨、冰雹、大风、雷电、霜冻、雪灾为甚。

机构历史沿革

历史沿革 1957年夏季，省气象局派员筹建房县气象站，年底建成。1958年1月1日正式开始工作。1992年转址新建，同年至1993年12月进行对比观测，1994年正式启用，形成局站分离的模式，新观测场位于房县城关镇花宝村6组，东经110°45′46″，北纬32°01′49″，海拔高度426.9米。

建站到2006年7月1日为国家基本气象站，2006年7月1日改为国家气象观测站一级站，2008年12月31日恢复为国家基本气象站。

管理体制 1958年1月1日以上级业务部门领导为主。1958年11月18日，归属县人委领导。1959年7月18日成立房县人民委员会气象科，与县气象站合署办公。1962年6月4日，由当地党委政府和上级气象部门双重领导，以上级气象部门领导为主。1964年11月由县农业局代管。1971年7月29日，由军事部门和县革命委员会双重领导，以军事部门为主。1973年7月28日，成立房县气象科，由县革命委员会领导。1974年1月1日，成立房县革命委员会气象科，气象站保留。1979年11月19日改气象科为气象局，站保留，局站合一。1982年6月1日，管理体制改为省、市气象局和当地政府双重领导，以省、市气象局领导为主，一直延续至今。

人员状况 1958年底有职工10人。1978年底有职工16人。现有在职职工18人，其中本科学历6人，大专学历10人，中专学历2人；工程师5人，助理工程师11人，技术人员2人。

名称及主要负责人变更情况

名称	负责人	职务	任职时间
房县气象站	赵中道	副站长	1958.01—1958.11
	邓鼎元	第一副站长	1958.12—1968.01
	邓鼎元	革命领导小组组长	1968.01—1971.07
	林才久	军代表(人武部参谋)	1971.07—1973.12
	刘广进	副科长	1974.01—1978.12
	邓鼎元	副局长	1979.01—1980.01
	赵中道	站长	1980.02—1980.11
房县气象局	万常青	局长	1980.12—1981.11
	喻家华	局长	1981.12—1982.05
	赵中道	站长	1982.06—1986.08
	柳长海	局长	1986.09—1987.05
	陈江红	副局长	1987.06—1988.08
	孙希宇	副局长	1988.09—1990.10
	周茂银	局长	1990.11—1997.07
	王伟东	局长	1997.08—2003.03
	张　峰	副局长	2003.04—2005.03
	张　峰	局长	2005.03—

气象业务与服务

1. 气象业务

地面测报 1958年1月，中央气象局指定房县气象站为国家发报站，担任4次气候观测（地方时01、07、13、19时）和8次绘图与补绘天气报告、固定和预约航危报及汛期雨量电报。1960年7月31日，原4次气候观测改为北京时02、08、14、20时。1961年4月4日，改8次天气观测为05、08、14、17时4次。1972年7月7日，4次天气观测改为02、05、08、11、14、17、20时7次。2006年1月，7次天气观测改为02、05、08、11、14、17、20、23时8次，通过OBSER报类标志向武汉发送地面天气报。1999年11月1日试用自动气象站，2000年1月1日正式使用，增加深层地温和草（雪）面温度的观测，保留各种自记仪器和20时人工观测。1997年1月1日试用601蒸发，并进行对比观测，2002年正式使用，同时取消小型蒸发皿；2008年1月30日起只在结冰期间启用小型蒸发皿。2006年7月1日起进行酸雨观测。2008年2月1日开始电线积冰观测。2008年底安装太阳辐射仪器，将于2009年开始太阳辐射观测。2005年10月开始建设区域自动气象站，全县共建站21个，其中单要素站6个，两要素站9个，四要素站6个。

1972年1月1日开始，每日08、14时向地区台拍发小天气图电报，1972年3月20日由辅助发报站改为主要发报站。1981年向武汉、老河口、当阳等飞机场拍发航危报，2003年12月31日停止该任务。2008年6月1日增加雷暴和视程障碍发报。

从建站到20世纪80年代初期，以人工观测、记录、编发气象报为主。1985年使用日本生产的PC-1500计算机进行编报。1994年使用台式386电脑。1999年遥测Ⅱ型自动站建成投入使用，观测项目全部采用仪器自动采集、记录，替代了人工观测，所有资料通过网络直接传输到上级业务部门，不需手工抄录和邮寄纸质报表。

20世纪80年代初的房县气象观测值班室

农业气象 1958年1月1日开始农业气象观测，1959年1月开始农业气候调查工作，

1960年冬终止农业气象观测。1977年开展全县农业气候调查工作。1980年1月恢复农业气象观测。目前农业气象观测项目有:小麦、玉米、水稻、物候(小叶杨、水杉、悬林木、垂柳)和土壤湿度。

天气预报 1958年8月18日开始制作并对外发布单站补充天气预报。1981年配备自动传真收片机,通过传真机、定频机、收音机等接收中央、省、市气象台的资料,再结合本地气象资料和天气过程的周期性变化进行综合分析后制作天气预报。20世纪90年代末,随着计算机的普及应用和PCVSAT卫星地面接收小站的建成使用,通过MICAPS业务平台进行综合分析处理。2005年建成房县天气预报业务系统。2007年雷达终端更新换代,从地面到高空对天气的变化进行立体式监控。

2. 气象服务

决策气象服务 常年为地方党政领导、政府有关部门提供气象信息和安全生产建议,为地方重点工程建设、重大社会活动进行气象保障服务。2005年8月14日,房县出现特大暴雨,房县气象局成立灾情应急气象保障服务小组,及时将雨情通报、收集到的灾情、未来天气预报以文字材料报送到县委、县政府、防汛办等有关部门,并每天向救灾小组发送4次6小时一次的短时预报,根据房县气象局的预报,抢险救灾领导小组用开挖排洪替代原定的爆破坝体泄洪,缓解了郑湾水库险情,确保了大坝下游的人民生命财产安全。2007年开展的农业虫害预警预报服务,受到地方政府的肯定,并在中国气象报进行报道。2006年房县气象局与移动公司联系开通手机短信气象决策服务平台,以手机短信群发的方式向县委、县政府及乡镇领导发送气象短信息;2007年初增加了全县各大中型水库电站、交通运输、国土、林业、农业及学校负责人的手机号码;2008年增加了村级干部和气象志愿者的手机号码,气象短信发布到村一级的领导。

公众气象服务 1958年9月3日开始通过邮局以文字材料的形式将天气预报发送到各部门,并通过县广播站对全县人民播报天气。1991年,在重要的农事季节,由房县电视台根据气象站提供的预报制作播出电视天气预报。1998年建成多媒体电视天气预报制作系统,将自制节目录像带送电视台播放。2002年电视天气预报制作系统升级为非线性编辑系统,每天把制作好的天气预报通过网络直接发送到县广播电视台播出。1998年与电信局合作开通"121"天气预报电话自动答询系统;2001年1月"121"答询电话实行全市集约经营;2005年6月"121"电话升位为"12121"。

专业与专项气象服务 专业有偿服务开始于1985年,主要以信函形式向水利、电力、农业、交通、建材等单位提供中长期天气预报和气象资料。1990年,利用甚高频无线电话每天上午和下午各播报一次天气,服务单位通过预警接收机收听天气预报。1997年开展防雷技术服务。2006年12月5日完成房县干法水泥厂的环境影响预测与评价报告,开创房县气象环境影响评估的先例。20世纪70年代开始人工影响天气试验,由省人工降雨办公室统一指挥,武汉空军协助。1972年8月24日下午,武汉空军派来3架飞机,在青峰、沙河两个区进行人工降雨。1980年7月28日成立房县人工降雨领导小组,下设办公室,办公地点设在房县气象局。1981年正式开展高炮增雨作业,1992年增加8门高炮,分别布设在8个乡镇,2001年添设火箭发射架1台,2008年6月新增车载式移动火箭1套,同年地方人影编制增加至 3 人。

科学管理与气象文化建设

法规建设与管理 1997 年 3 月 20 日，房县人民政府办公室转发《房县气象局关于加强全县防雷工作报告的通知》，明确了防雷工作管理、防雷检测范围和内容、防雷设施的设计、安装、维修、检测收费等。2004 年房县防雷中心开始对防雷装置设计审核和竣工验收出具专门的检测报告。2005 年 4 月，房县建设局对气象探测环境和设施保护范围和标准制作了观测场现状平面图和房县气象观测站环境控制图，将气象探测环境保护工作纳入了城市建设规划。

切实加强政务和局务公开，对气象行政审批办事程序、气象服务内容、服务承诺、气象行政执法依据、服务收费依据和标准等，通过户外公示栏、电视公告、宣传单等方式向社会公开。干部任用、财务收支、目标考核、基础设施建设、工程招投标等内容采取职工大会、局公示栏张榜、网上发布消息等方式向职工和社会公开。

党建 从建站到 1971 年只有 1 名党员，参与县主管部门的组织活动。1972 年党员增加至 6 名，成立气象站党支部，支部书记林才久(军代表)，1974 年支部书记刘广进，1979 年支部书记邓鼎元，1991 年支部书记周茂银，1997 年支部书记王伟东。2002 年 5 月成立房县气象局党组，王伟东任党组书记，2005 年 5 月张峰任党组书记。2008 年底共有党员 13 人。

房县气象局党支部围绕廉政文化进机关、进台站、进家庭，积极开展廉政教育和廉政文化建设活动，没有任何违法违纪案件发生。

气象文化建设 1995 年开始文明创建工作，增加学习园地、局务公开栏、法制宣传栏等宣传阵地，现拥有图书近 3500 册。2005 年新建篮球场、羽毛球场、室内乒乓球台、图书阅览室、职工活动室等文化设施。多次选送职工到南京信息工程大学、省气象局和县党校进行学习深造。每年“3·23”世界气象日组织科技宣传，普及气象知识和防雷知识，积极参加全县组织的文艺会演和文体活动。

荣誉 1963 年房县气象站获全省预报工作质量第六名；1980—1981 年荣获全省春播期预报天气预报第二名；1981 年荣获全省旬报天气预报第二名。2000 年被省人事厅、省气象局联合命名为“全省气象部门先进集体”，同年被省气象局命名为全省气象部门“明星台站”；2001 年被省气象局命名为“文明服务示范单位”；1997—2007 年连续六届被中共十堰市委、市政府命名为市级文明单位；1999—2008 年连续五届被中共湖北省委、省政府命名为省级文明单位。2008 年被省气象局授予“湖北省重大气象服务先进集体”。

台站建设

1989 年湖北省气象局划拨 12 万元，建成三层职工住宅楼 1 栋。1990 年观测站转址新建，1991 年底完工。1995 年省气象局拨款 30 万元，建成临街六层气象综合楼 1 栋。2005 年底建成六层气象防灾减灾业务办公楼 1 栋，总建设面积 6000 平方米，办公面积达 2000 平方米。

1982 年房县气象观测场

房县气象局观测场(2005 年)

2005 年房县气象局新办公楼落成

丹江口市气象局

丹江口市春秋战国时称均陵，秦灭楚国置县武当，隋唐改称均州，民国初年改为均县，1983 年改为丹江口市。

丹江口市属于北亚热带季风气候，灾害性天气频发，尤以干旱、暴雨、局地洪涝、大风、暴雪为甚。

机构历史沿革

历史沿革 丹江口市气象站于 1958 年 7 月组建，位于原均县城东门楼上，1960 年迁至龙口镇。1961 年 7 月均县、光化合并，并入光化县气象站。1962 年 6 月分县，年底在丹江口肖家沟建站，1963 年 1 月 1 日起正式开展气象观测，同年秋天成立均县人委会气象科。

1971年7月改称湖北省均县气象站，1972年年底迁至丹江口市大坝办事处深沟路东坡。1973年9月成立均县革命委员会气象局，1982年4月改称均县气象局，1983年1月更名为均县气象站（正科级），同年8月均县改为丹江口市，均县气象站更名为丹江口市气象站。1986年5月更名为丹江口市气象局。

1980年1月前为国家一般气候站。1980年1月被确定为国家气象观测一般站。2006年7月1日改为国家气象观测二级站。2008年12月31日改为国家气象观测一般站。观测场位于北纬32°34′，东经111°31′，海拔高度133.4米。

管理体制 1963年以前，气象站由县农业局代管。1963年1月—1971年6月，由郧阳地区气象局与均县人民政府双重领导，以郧阳地区气象局领导为主。1971年7月—1982年3月，由郧阳地区气象局领导为主改为以地方领导为主，其中1971年7月—1973年7月，以县人武部领导为主。1982年4月改为气象部门和当地政府双重领导、以部门领导为主的管理体制，延续至今。

人员状况 1958年建站时只有2人。1978年年底职工13人。2008年年底在职职工17人，其中编外用工5人，在职职工中，大学本科学历4人，专科学历5人，中专学历8人；中级专业技术人员8人，初级专业技术人员9人。

名称及主要负责人变更情况

名称	时间	负责人
均县气象站	1958.07—1962.12	由农业局代管
	1963.01—1963.09	张绍宏
均县人委会气象科	1963.09—1968.04	张绍宏
	1968.05—1969.11	未明确
	1969.12—1970.06	王建光
	1970.07—1971.06	未明确
均县气象站（军管）	1971.07—1972.07	肖道生（指导员）
均县气象站	1971.12—1973.08	曹树仁
均县革委会气象局	1973.09—1980.10	曹树仁
	1980.10—1982.03	周启望
均县气象局	1982.04—1982.12	周启望
均县气象站	1983.01—1983.08	周启望
丹江口市气象站	1983.09—1984.04	周启望
	1984.05—1986.04	刘文明
丹江口市气象局	1986.05—2001.03	刘文明
	2001.04—2003.03	周　勇
	2003.04—	胡达龙

气象业务与服务

1. 气象观测

观测时次 1963年至今，每天08、14、20时3次定时观测，观测项目执行《地面气象观测规范》。

发报 每天编发08、14、20时3个时次的定时天气加密报，除草面温度外均为发报项目。1981年1月1日—1984年6月30日，每天04—18时向老河口市发航空报；1983年1月1日—4月30日，每天06—16时向南阳发航空报；当遇有危险天气时，5分钟之内向需要航空报的单位拍发危险报。1983年11月开始向省气象局发重要天气报。

现代化观测系统 2005年8月，丹江口市气象局建成ZQZ-CⅡ型自动气象站，除云、能见度、日照、蒸发和天气现象外，其他项目均由仪器自动采集记录，2008年1月1日正式投入业务运行。

2005年10月开始建设区域自动气象观测站，已建站19个，其中单要素站9个、两要素站4个、四要素站6个。

2．气象预报

短时短期预报 丹江口市短期天气预报业务始于1963年，主要是收听湖北气象语言广播加观天。1982年，配置气象传真机，运用欧州气象中心与北京气象中心模式预报成果指导本地短期预报。1998年11月，天气预报业务全部转移到以MICAPS为主的工作平台上进行，预报人员以数值预报为基础，结合其他资料和经验制作短期天气预报；利用卫星云图、雷达回波图和自动站资料制作短时预报。

中长期天气预报 中期预报始于1982年，主要制作逐旬天气过程预报。1999年1月起增加周天气预报。长期预报（短期气候预测）始于20世纪70年代中期，主要制作春播期、汛期、夏收、秋季、冬季预报。

3．气象服务

服务方式 建站开始到1988年，县气象站制作完天气预报后，通过电话传到县广播站，由县广播站对外广播发布预报。1988年开通甚高频无线通话，开通到市委、政府、各乡镇与专业服务单位。1991年9月丹江口市气象预警通讯系统建成开通，并投入业务运行，每天早上、下午各广播一次，1997年7月该系统停止使用。1995年12月，建成丹江口市气象服务局域网，服务终端直接开通到市委书记、市长和市委、政府办公室。2007年4月，建成气象预警信息短信发送平台，以手机短信的方式向全市各级领导、服务单位、种（养）植（殖）大户发送气象信息。

1995年8月，经与市电视台协商，开播丹江口市天气预报专题节目，由市气象局通过电话向电视台提供天气信息，由电视台制作电视节目。1998年1月，市气象局建成多媒体电视天气预报制作系统，自制节目录像带送电视台播出。2002年1月，电视天气预报制作系统升级为非线性编辑系统，同年2月1日起，《丹江口日报》开辟24小时天气预报专栏，2003年12月31日，《丹江口日报》停刊，天气预报专栏停登。2004年8月，经与丹江口广播电台协商，天气预报在广播电台中播出。

1997年3月，与市邮电局联合开发的“121”天气预报自动咨询电话开通。2001年1月全市“121”天气答询电话实行集约经营，服务器由十堰市气象局维护。2005年1月，“121”电话升位为“12121”。

服务种类 1982年在全省县级台站中第一家推行气象有偿专业服务，服务对象主要是全市工矿企业、砖场、水电站、柑橘种植场等企业，服务内容主要是提供旬天气预报、长期预报与气象资料。

1972年8月，成立均县人工降雨办公室，归气象局管理。1977年5月，成立均县人工降雨领导小组及办公室，研制土火箭于1978年投入作业试验，1977年6月开展高炮人工增雨作业。1984年4月，人工降雨办公室划归均县农业委员会管理(所属3名工作人员同时调出)，1992年2月划归水利电力局管理。1997年7月，原市人工降雨办公室由市水利电力局划归气象局管理，更名为丹江口市人工影响天气工作办公室。之后，建成2个固定作业基地，添置1部流动作业车，技术装备更换为4套WR-1B型火箭。

气象工作人员研制小火箭(1977年10月)

1997年5月，成立丹江口市防雷中心，同时加挂防雷工程质量检测所，负责全市雷电防护管理工作，隶属市气象局。2007年7月，组建十堰市防雷科技有限公司丹江口分公司。

服务效益 丹江口市气象局撰写的《丹江口库区“湖泊效应”在柑橘栽培中的利用》，为丹江口市争取到柑橘生产基地县起到了重要作用。1982年7月28日—29日丹江突遇暴雨，官山、六里坪等地出现大暴雨，气象站于27日、28日分别作出了大雨、暴雨的预报，并及时通知党委、政府做好防范工作，避免了一场大灾害发生，受到了中央气象局的奖励。1991年12月，首届武当武术文化节在老营隆重举行，气象保障服务成绩卓著，时任市长张二江提议，市政府破例奖励气象局。1995年丹江口市发生特大干旱，气象服务再立新功，受到了湖北省气象局奖励。2005年8月14日晚丹江口市境内官山、盐池河受特大暴雨袭击，市气象局14日下午发布暴雨警报，并建议防汛部门启动防汛预案、组织防洪抢险，由于气象信息发布及时，防汛预案启动较早，各种防范措施得当，全市受损较小，丹江口市委、政府致函湖北省气象局，为丹江口市气象局请功。

气象科普宣传 每年在“3·23”世界气象日组织科技宣传，向市民宣讲气象灾害常识与防灾避灾知识。每年接受市区内小学生到气象局参观，并安排专人负责讲解。2008年7月，购买雷电灾害的危害与预防知识挂图和光碟150套，与市科协联合在市大坝中学举行赠送仪式，并将宣传挂图及光碟发送到全市123所学校。

科学管理与气象文化建设

行政执法 重点做好防雷、施放庆典气球许可、气象探测环境保护等行政执法工作。建立了探测环境保护备案制度，2002年3月，与规划部门一起制作市气象局探测环境保护图，2005年、2007年分别在规划部门与建设部门对探测环境进行备案，规范了观测场周围建设的控制区域。2003年，市政府法制办为气象局办理了行政执法证和执法监督证，气象局于年底组建了执法队伍，2005年初成立了行政执法办公室，先后制止破坏探测环境的行为3起，擅自发布天气预报信息案件2起。

党建 1962年至1971年6月，气象站只有党员2人，属农业局支部。1971年7月成立气象站党支部，肖道生任支部书记；1972年7月—1980年10月曹树仁任支部书记；1982年11月—2001年6月，刘文明任支部书记；2001年7月—2002年5月周勇任党支部书记。2002年5月23日成立气象局党组，周勇任党组书记，同月成立气象局机关党支部，陈庆平任支部书记。2003年5月胡达龙任局党组书记。现有党员10人，退休党员2人。

1972年成立团支部，曹树仁兼任团支部书记；1980年李青云任团支部书记；2001年12月刘志勇任团支部书记；2007年5月改选黄玲英为团支部书记。

气象文化建设 弘扬"热爱气象事业、真诚奉献社会、服务优质高效、共创一流水平"的丹江气象人精神。积极参与地方举办的庆"七一"文体活动、十堰市气象部门演讲比赛、象棋乒乓球比赛等。每年举行1～2次文体活动，丰富职工的业余生活。加强图书室建设，拥有图书2500多册。规范和完善单位内部各项管理制度，推进局务、政务公开，每年与上级主管部门与地方党委签订党风廉政责任状，没有出现违法违纪现象。继1994—1995年度首获十堰市级文明单位称号后，已连续7届获此殊荣；2001—2002年、2003—2004年、2005—2006年、2007—2008年度连续四届获得省级文明单位称号。

荣誉 1978—2008年，丹江口市气象局共获集体荣誉98项。1994年3月被省政府授予"气象为农业服务先进单位"称号；1998年1月，被省人事厅、省气象局授予"全省气象部门先进集体"，被省气象局命名为"全省气象部门明星台站"；1994、1995、1996、2005年被省气象局授予"重大气象服务先进集体"。

丹江口市气象局自建立以来，共有58人次受上级表彰。

台站建设

1972年迁站前，新建观测场，整修了道路。1991年5月湖北省气象局确定丹江口市气象局为全省首批基层台站基础设施综合改善试点单位，同年9月动工建设。1992年10月，丹江口市气象局新办公楼竣工投入使用。1993年以后，每年都美化改造台站环境。1997年重修观测场。2001年装修办公楼。2004筹资30多万元修建业务一体化工作室，更新办公桌椅，添置高性能微机与投影仪等现代化设备。

1980年观测场与值班室

丹江口市气象局工作区(2008年)

孝感市气象台站概况

孝感市位于湖北省东北中部，地处桐柏山、大别山之南，长江以北，汉江以东，现辖孝南区和云梦、大悟、孝昌、汉川、应城、安陆6个县(市)，全市土地面积8910平方千米，总人口521.76万。孝感属亚热带大陆性季风气候，雨量充沛，四季分明，无霜期较长，是农业气候条件比较优越的地区。同时又是旱涝、低温、阴雨、风雹等灾害频发地区。

气象工作基本情况

历史沿革 1956年9月建立湖北省孝感气候站。此后，相继建立了应山(广水)、安陆、汉川、应城、大悟、黄陂、云梦气象站。1983年，黄陂划归武汉市管理。2001年，广水划归随州市管理。1995年建立孝昌县气象局。全市现辖大悟、安陆、孝昌、云梦、应城、汉川6个县(市)气象局，孝感国家基本气象站为孝感市气象局直属事业单位。

管理体制 1956—1973年，全市气象部门管理体制经历了地方政府管理、军队管理、军队与地方政府双重管理的演变；1974—1979年，以地方政府领导为主，业务受上级气象部门指导；1980年体制改革以后，实行以气象部门为主、气象部门和地方政府双重领导的管理体制。

人员状况 全市气象部门建站初期有在职职工25人，1978年在职职工69人，2008年在编人数为103人。其中大专学历44人、本科学历15人；中级职称48人、高级职称5人。

党建与文明创建 全市气象部门现有党员91人，设党总支部委员会1个，党支部9个，其中有1个离退休老干部党支部。在文明创建活动中，孝感市气象部门于2000年起，连续四届被孝感市委、市政府命名为“文明系统”，全市气象部门现有省级文明单位3个，市级最佳文明单位1个，市级文明单位2个，县级文明单位1个。

探测环境保护 2007—2008年，孝感市气象局指导大悟县气象局、安陆市气象局开展气象行政执法工作，对大悟县气象局周边居民私建商用住房开展行政执法，对安陆市气象局周围的高大树木等进行了砍伐，尽量避免对探测环境的影响。

主要业务范围

地面观测 孝感气象观测始于1956年的孝感气候站。全市现有地面气象观测站7

个,其中 2 个国家基本气象站,5 个国家一般气象站。全市共有区域自动气象站 87 个,其中单要素(雨量)站 41 个,两要素(雨量、气温)站 11 个,四要素(雨量、气温、风向、风速)站 35 个。

国家一般气象站承担全国统一观测项目任务,内容包括云、能见度、天气现象、气压、气温、湿度、风、降水、雪深、日照、蒸发(小型)、电线积冰厚度与重量观测、地温(距地面 0、5、10、15、20 厘米)和深层地温(距地面 40、80、160、320 厘米),每天 08、14、20 时 3 次定时观测,向湖北省气象台拍发省区域天气加密电报。

孝感、大悟两个国家基本气象站每天进行 02、08、14、20 时(北京时)4 次定时观测,拍发天气电报;同时进行 05、11、17、23 时补充定时观测,拍发补充天气报告。大悟、汉川、安陆气象局还承担为武汉、孝感拍发航空报和危险报任务。2005 年,孝感建成三维闪电定位观测系统,2007 年孝感、大悟增加酸雨观测,2007 年 9 月孝感建成 GPS/MET 水汽观测系统。2008 年孝感、汉川建成视频监控服务系统。

2001 年开始建设地面自动观测站,改变地面气象要素人工观测的历史,实现地面气压、气温、湿度、风向风速、降水、地温(包括地表、浅层和深层)自动记录。至 2007 年,全市 7 个台站均建成自动观测站。全市基层台站的气象资料按时按规定上交到省气象局档案馆。

气象预报服务 全市气象台站建立后,即开始制作补充订正天气预报。1983 年县局装备传真机后,主要靠接收北京的气象传真和日本的传真图表,并利用传真图表结合本地气象要素演变图(九线图)制作短期补充预报。1987 年,架设开通甚高频无线对讲通讯电话,实现地—县气象局直接业务会商。2005 年起根据业务技术体制改革的要求,县局主要根据省、市气象台的指导预报制作短期短时补充预报。

人工影响天气 孝感人工影响天气活动起始于 20 世纪 70 年代中期。2006 年,孝感市气象局投入科研资金和组织技术力量,开发了人工影响天气作业指挥系统。人工影响天气技术也由过去的单一依靠人工观测云层,发展到利用气象卫星、多普勒天气雷达等先进探测手段,形成与车载式火箭、"三七"高炮作业相结合的新局面。截至 2008 年底,全市共购置 5 台车载式移动火箭和 3 门"三七"高炮。

孝感市气象局

孝感地处长江中游,属中纬度亚热带温湿季风区大陆性气候。灾害性天气频发,尤以旱涝、低温、阴雨、风雹为甚。

机构历史沿革

历史沿革 湖北省孝感气候站始建于 1956 年 9 月。1959 年 10 月成立孝感专署气象站。1968 年更名为孝感县气象局。1973 年 10 月设立孝感地区气象局。1984 年 6 月,实行局台合一，更名为孝感市地区气象局。1993 年 10 月，孝感地改市，孝感地区气象局随之更名为孝感市气象局。2002 年机构改革，孝感市气象局内设 3 个职能科室，4 个直属单位，地方编制机构 1 个。孝感地面观测站原址位于现孝感市园林路 38 号，1980 年 1 月 1 日，改名为孝感气象观测站，为国家一般站。1983 年 12 月 31 日，搬迁至孝感市三军台，站址位于北纬 30°54′，东经 113°57′，海拔高度 25.5 米，观测场为 16 米×20 米。2006 年升级为国家观测站一级站。2008 年 12 月改为孝感国家基本气象站。

名称及主要负责人变更情况

名称	时间	负责人
湖北省孝感气候站	1956.09—1957.12	张绩先
湖北省孝感气候站	1958.04—1959.10	郑效良
孝感专署气象台	1959.10—1962.11	熊幼清
孝感专署气象局	1962.12—1968.05	张学勤
孝感县气象站	1968.06—1973.09	刘广义
孝感地区气象局	1973.10—1978.10	刘大信
孝感地区气象局	1979.03—1980.11	张学勤
孝感地区气象台	1980.12—1983.12	张学勤
孝感地区气象台	1984.01—1984.06	何静安
孝感地区气象局	1984.06—1985.11	何静安
孝感地区气象局	1985.12—1993.10	刘钊周
孝感市气象局	1993.10—1994.11	刘钊周
孝感市气象局	1994.12—2003.12	童恒元
孝感市气象局	2003.01—	陈家忠

人员状况 1956 年建站时只有 3 人。1978 年在职职工 25 人。2006 年定编 51 人，现有在职职工 46 人，聘用 9 人，其中参照公务员管理有 16 人；大学本科学历 9 人，大专学历 19 人，中专学历 10 人；高级职称 4 人，中级职称 17 人；50～59 岁 18 人，41～49 岁 20 人，40 岁以下 8 人。

气象业务与服务

1. 气象服务

孝感市气象局始终坚持以经济社会需求为主导，把决策服务、公众服务、专业气象服务和气象科技服务融入到经济社会发展和人民群众生产生活。

服务方式 1958 年 9 月，开始收听湖北省气象台预报结合本地天象、物象分析制作预报。20 世纪 60 年代初报务员用莫尔斯电台抄收天气电报，预报员主要用手工填绘 08 时东亚高空天气图和地面天气图，抄收湖北省气象台的天气形势和天气预报广播。1982 年配备无线电传打字机，报务员由手工抄报改为电传打字机接收天气电报。1983 年装备传真接收机，接收传真天气图、物理量分布图。1986年建成甚高频气象辅助通信网。1987年购进苹果型计算机，引进软件。1993年建立省地间计算机远程无线、有线通信网络(DEC-NET网)，获取数字化雷达、气象卫星云图等各类图像、图形、数据资料，在此基础上，建立了孝感市气象台微机局域网(NOVELL网)、孝感地级预报业务系统。1997年新建"气象卫星综合业务系统(9210工程)"，建立了以MICAPS系统为依托的天气预报业务工作平台，预报人员通过微机网络系统快速获取国家气象中心、武汉气象区域中心下发的实时天气图、卫星云图、雷达回波图和我国及欧洲、美国、日本的数值预报产品等各类气象资料，并通过预报工作平台对获取的产品资料进行自动加工、分析、处理，制作客观天气预报。2000年新建气象卫星广播接收系统PCVSAT单收站，可获取大量亚欧高空地面资料、卫星云图资料、数值预报产品以及上级的指导预报等气象资料。2004年2月建立省—市气象宽带网系统，取代原省—市地面气象公用分组数据交换网。2004年8月安装卫星遥感资料广播应用系统(SDVBS)地面接收站，同年12月孝感—武汉气象中心建成气象远程视频会商系统并投入业务运行。

1958年通过有线广播站播发天气预报。1997年起，每日在电视上播发天气预报节目。1998年开通"12121"固定电话气象信息查询业务。2002年起在《孝感晚报》上发布24小时天气预报。2002年开始进行"121"电话气象信息查询业务集约化管理。2003年开通了"兴农网"网站。2004年7月"12121"气象信息电话查询平台集中在孝感市气象局平台上集约运行。2004年9月开展手机气象短信服务。

服务种类 1958—1976年，开展气象预报、情报、资料服务和农业气象服务。在"文革"期间，大批气象技术人员被下放劳动，但农业气象服务始终没有中断。20世纪80年代初、中期，除继续为各级政府指挥生产和组织防灾抗灾，为人民日常生活提供气象公益服务外，还根据社会特殊需要，逐渐开展有针对性的气象专业专项服务。1980—1984年，以探索有偿科技服务为主，象征性地收取服务费用。

1985年设立气象科技服务机构。1985—1990年，推广应用天气预警报接收机，天气预警报接收机在当时属较先进的信息传输手段。20世纪90年代后，科技服务快速发展，逐渐形成决策服务、公众服务、专业服务等多种类型服务。

1997年4月成立孝感市防雷中心，经市编委批准为正科级事业机构，并取得湖北省气象主管机构认定的防雷检测资质证。2000年9月成立孝感市天虹气象防雷服务中心，并进行了工商注册，同时取得湖北省气象主管机构颁发的乙级《防雷工程专业设计资质证》、《防雷工程专业施工资质证》，从事防雷工程设计、施工的服务工作。

服务效益 气象服务在抗御1996年、1998年洪涝和2000年严重春旱、2001年夏秋特大干旱等气象灾害中起到了重要的决策参谋作用，为最大限度减少灾害损失作出了积极贡献。1999—2001年，孝感出现历史上少见的严重干旱，给农业生产和人民生活带来极大影响，全市气象部门依靠科技手段，在干旱期间，积极开展高炮人工增雨作业，共动用9门高炮，累计作业160次，发射人工增雨炮弹共计5400余发，作业累计受益面积5100平方千米，为孝感抗旱减灾作出了突出的贡献。2002年10月孝感市举办了"全国《董永与七仙女》邮票首发式暨首届孝感文化艺术节"活动，开幕式的天气提前预报且十分准确，保障了活动顺利进行，孝感市气象局获活动"贡献奖"。

2001 年 8 月 7 日，人工影响天气作业现场

2. 气象预报预测

1958 年 9 月起，开展单站补充天气预报。20 世纪 80 年代初到现在，逐步形成短时天气预报、短期天气预报、中期天气预报和长期天气预报等不同时效的天气预报。

短期天气预报 利用高空地面实况资料、卫星云图、数值预报等资料，在武汉中心气象台短期指导预报的基础上，结合本地的预报方法、工具和气象资料，制作 72 小时订正预报。

中期天气预报 利用数值预报和武汉中心气象台 4～7 天滚动预报和旬报，结合本地预报方法、工具和历史资料，短期天气形势，天气过程的周期变化等制作一周(旬)天气趋势预报。

长期天气预报 运用数理统计、常规气象资料图表及相似预报等方法，在上级指导预报的基础上，制作具有本地特点的补充订正预报，长期天气预报主要有：月、年、春运期、春季、汛期、梅雨期、主汛期、盛夏期、秋季和冬季气候趋势预测以及春播、小麦扬花灌浆、夏收、农业生产双抢、晚稻扬花和秋播关键期天气预报等。

3. 气象综合观测

地面观测 1956 年 9 月 1 日至 1961 年 7 月 31 日，每天有 01、07、13、19 时 4 次观测。1961 年 8 月 1 日起，每天有 08、14、20 时 3 次观测，夜间不守班。2006 年 7 月 1 日起，每天有 02、08、14、20 时 4 次定时观测和 05、11、17、23 时 4 次补绘观测。观测项目有：云、能见度、天气现象、气压、气温、湿度、风向风速、降水、雪深、日照、蒸发、地温等。

发报内容 天气报的内容有：云、能见度、天气现象、气压、气温、风向风速、降水、雪深、地温等；重要天气报的内容有：暴雨、大风、雨凇、积雪、冰雹、龙卷风等。

孝感国家基本气象站编制的报表有 4 份气表-1，4 份气表-21。2000 年 11 月起通过网络向省气象局转输原始资料，停止报送纸质报表。

农业气象 1958 年成立孝感地区农业试验站，观测冬小麦、马铃薯、红苕、蚕豆、黄豆等作物，后因“文革”和城市发展，试验站于 1966 年撤销。1974 年建立双峰山气象哨，开展早、晚稻生育期观测和小麦阴坡、阳坡对比观测，1987 年撤销。1979 年恢复农业气象观测。1983 年至今开展物候观测。1982—1985 年开展土壤湿度观测(固定地段)。1986 年起编写全年气候评价。1989 年起开展产量预报工作。

现代化观测系统 1985 年观测站启用 PC-1500 微型计算机进行观测发报。1997 年启用奔腾 486 制作报表。2001 年 12 月建成自动气象站，2004 年 1 月 1 日自动气象站正式投入业务运行。观测项目全部采用仪器自动采集、记录，替代了人工观测。自动站观测项目有:气压、气温、湿度、风向风速、雨量、地温(地面和浅层)等要素。2005 年 8 月建成三维闪电定位仪。2007 年 9 月建成 GPS/MET 水汽观测系统。2008 年 6 月建成视频监控服务系统。至 2008 年底，孝南区共建设 13 个区域气象观测站，其中单要素站 8 个、两要素站 1 个、四要素站 4 个。

科学管理与气象文化建设

法规建设与管理 孝感市气象依法行政工作始于 1997 年，孝感市政府先后出台了《孝感市实施〈湖北省气象管理办法〉细则》、《市人民政府办公室关于进一步加快发展我市地方气象事业的通知》等规范性文件，并将气象工作纳入了市政府目标责任考核体系。

孝感市气象行政执法工作始于 2000 年颁布实施《中华人民共和国气象法》后。2000 年以来，孝感市贯彻落实了《中华人民共和国气象法》及其配套的《湖北省实施〈中华人民共和国气象法〉办法》、《湖北省雷电灾害防御条例》等法律法规，市普法办还将《中华人民共和国气象法》列入了 2000 年全市普法的内容之中。2002 年起，孝感市人大每年都组织开展全市气象法律法规贯彻落实情况的专题执法与调研活动，以督促各项气象法律法规的贯彻落实。2002 年市政府行政服务中心设立气象窗口，承担气象行政审批与气象服务事项办理职能。2002 年设立政策法规科，2006 年成立执法大队。2006 年孝感市气象局、孝感市建设局、孝感市规划局以及孝感市安监局四部门联合下发了《关于加强建设项目防雷工程设计审核、施工监督、竣工验收工作的通知》。现孝感市气象局取得湖北省行政执法证、湖北省监督行政执法证人员共有 19 名。

2004 年起对气象行政审批办事程序、气象服务、服务承诺、气象行政执法依据、服务收费依据及标准等内容向社会公开。并坚持通过上墙、网络、黑板报、办事窗口及媒体等渠道开展政务公开工作。

党建 1956 年建站至 1978 年没有建立党组织，期间党员在孝感地区农业局党支部过组织生活。1979 年 3 月成立孝感地区气象局党支部，张学勤任党支部书记。1996 年 3 月成立孝感市气象局总支委员会，下设三个支部，党总支书记肖维宗。至 2008 年底，党总支有党员 40 人，下设机关、科技服务、老干部三个党支部，肖维宗一直连任党总支书记。1999—2001 年、2003 年、2005 年，被孝感市市直机关工作委员会评为“先进基层党组织”。

认真落实党风廉政建设目标责任制，积极开展廉政教育和廉政文化建设活动。2000—2008 年，为规范党员干部行为，先后制定党风廉政、政务公开、财务管理规章制度 26 项。2001 年，被孝感市直机关工作委员会授予党风廉政建设“先进单位”。2005 年，被中国气象局授予“局务公开先进单位”。

气象文化建设　1993年起，开展争创文明单位活动，建设了规范化的“两室一场”，现拥有图书5000册。组织干部职工学习和贯彻《公民道德建设实施纲要》，大力倡导“爱国守法，明礼诚信，团结友善，勤俭自强，敬业奉献”的道德规范。1999年起，每年组织全市气象部门开展演讲比赛、文体比赛等活动。1999年11月，获得孝感市市直机关工作委员会乒乓球女子团体赛第四名。2003年9月，在全省气象部门组织开展的“做文明公民树气象新风”演讲比赛中，荣获二等奖。2004年2月，在全省气象部门“弘扬气象文化，展示文明风采”文艺演出中，孝感市气象局自编自导自演的小品《余大妈相女婿》获得特等奖。

2006年5月，孝感市气象台和孝感国家基本站被孝感市文明办、孝感市教育局、孝感团市委联合命名为“首批孝感市中小学生思想道德教育社会实践体验活动基地”。2007年1月被孝感市科协命名为“首批科普教育基地”。

在文明创建活动中，孝感市气象局加强了与国际气象组织之间的学习交流活动。1990年7月28日，阿拉伯国家气象考察团共7人，在湖北省气象局局长翁立生陪同下，对孝感地区气象局进行参观考察；1993年5月17日，世界气象组织考察团共35人，在国家气象局副局长马鹤年陪同下，对孝感地区气象局进行参观考察；1996年5月16日，拉美18国气象考察团共19人在国家气象局副局长颜宏陪同下，到孝感市气象局考察参观。

1996年5月16日，拉美多国考察团到孝感市局考察（左一为中国气象局副局长颜宏）

荣誉　1983年孝感市地区气象台被省气象局授予“先进单位”；1998年被孝感市委、市政府、孝感军分区授予“抗洪救灾集体二等功”；2001—2008年连续4次被湖北省委、省政府授予“文明单位”；2000—2007年连续4次被孝感市委、市政府授予“文明系统”；2005年被中国气象局授予“局务公开先进单位”；2007年被孝感市委、市政府授予“目标管理工作先进单位”；2008年被孝感市委、市政府、孝感军分区授予“抗洪救灾先进集体”。

1979—2008年间，孝感气象局共获个人奖励126人（次），其中张学智、金传富被湖北省气象局评为“先进个人”；陈家忠先后两次被孝感市委、市政府评为“先进工作者”；刘绍方被孝感市委、市政府评为“先进工作者”。

台站建设

台站综合改造 孝感市气象局为局站分离台站。业务办公楼始建于1975年，1987年和2002年分别进行了两次改扩建。

位于三军台的孝感国家基本气象站，于1999年新建了一栋二层高的业务值班楼，建筑面积为167平方米。2008年按新型台站建设要求，对站内进行了全面规划、综合改造。将影响探测环境的业务值班楼拆除，新建了一栋业务值班室平房，建筑面积260平方米，观测站四周新建了透视院墙，修建了院内水泥道路。

截至2008年底，孝感市气象局在城区园林路有两处院落，位于园林路口的一处院落占地面积1.3亩，建有1栋(20套)建筑面积1550平方米的职工宿舍。局办公楼所在院落占地面积7.8亩，有办公楼1栋，建筑面积1340.1平方米；职工宿舍2栋(35套)，建筑面积2957.5平方米；1985年建的车库及活动室等其他功能用房1栋，面积552平方米。2006年对院内职工用水用电进行了改造，修建了两座钢筋蓄水池，将80千伏安的变压器更换为250千伏安的变压器，并建了配电房。

观测场旧址(1989年)

孝感市气象局观测场(2008年)

园区建设 孝感市气象局按照总体规划要求，采取逐步完善的办法，对院内环境进行绿化改造。现建有水泥道路210米，修建花坛36个，栽种了风景树，绿化率达到48%。另外，局院内有安装健身器材的健身场一个，半场篮球场一个，羽毛球场一个，自行车棚1个，铺设有120平方米草坪砖的停车场1个。整个院落小巧别致。

孝昌县气象局

孝昌县于1993年6月15日经国务院批准组建，总面积1200平方千米，辖12个乡镇，2个专属经济区。人口65万。现隶属湖北省孝感市，县城花园镇是全县政治、经济、文化中心。

孝昌县地处长江以北，大别山南麓，江汉平原北部；大别山与江汉平原的交汇地带，属亚热带湿润性季风气候。灾害性天气频发，尤以暴雨、干旱、大风、冰雹、雷电、大雪为甚。

机构历史沿革

历史沿革 1995年1月20日,孝感市气象局成立孝昌县气象局筹建工作组,筹建孝昌县气象局,1995年2月8日,孝昌县委常委(扩大会)通过了《关于成立孝昌县气象局的决议》。1995年5月18日,孝昌县政府举行孝昌县气象局挂牌仪式。1995年10月,湖北省气象局下发了《关于设置孝昌县气象局的通知》(鄂气人发〔1995〕61号)。1995年5月18日—2002年9月,孝昌县气象局在花园镇昌盛街租用240平方米的民房办公。2000年12月28日,位于县城站前一路的孝昌气象局综合楼破土动工,2002年9月,孝昌气象局综合楼竣工,气象局有了正式的办公地点。2006年7月1日,中国气象局正式批准成立孝昌县国家气象观测站二级站,2006年9月21日,县气象局与在花园镇洪畈村征地8亩,建设气象观测站。2006年12月31日,孝昌县国家气象观测站观测场和业务室建成并投入业务运行。2008年12月31日改为国家一般气象站。观测场位于北纬31°15′06″,东经114°00′01″,海拔高度51.6米。

管理体制 自孝昌县气象局成立至今,管理体制为部门和地方双重管理的领导体制,由部门领导为主,即垂直管理。

主要负责人变更情况

名称	时间	负责人
孝昌县气象局	1995.5—	李水清

人员状况 1995年建局时有5人。2006年8月定编为7人。截至2008年12月31日,有在编职工6人,聘用人员2人。

现有在编职工6人中,大专学历3人,中专学历3人;中级专业技术人员4名,初级专业技术人员2名;50～55岁2人,40～49岁3人,40岁以下的有1人。

气象业务与服务

1. 气象服务

孝昌县气象局坚持以经济社会需求为牵引,把决策气象服务、公众气象服务、专业气象服务和气象科技服务融入到经济社会发展和人民群众生产生活。

服务方式 1995年5月,正式开始天气预报警报服务工作,用电话接收省、市气象台的指导预报服务产品,再分发给县委、县政府等服务部门,取得较好的服务效果。1997年7月,县气象局建成非线性编辑系统多媒体电视天气预报制作系统,将自制节目录像带送县电视台播放。

1998年10月,气象局同电信局合作,正式开通“121”天气预报自动答询电话。2004年4月根据孝感市气象局的要求,全市“121”答询电话实行集约经营,主服务器由孝感市气象局建设维护。2005年1月,“121”电话升位为“12121”。此后,由于固话受拨号升位和手机短信及手机直接拨打等多重影响,“12121”答询电话服务逐显萎缩。

2004年9月，为更好地为农业生产服务，建起了“孝昌县兴农网”，并在全县各镇、场开通了信息站，促进了全县农村产业化和信息化的发展。

2008年7月，为了更及时准确地为县、镇、村领导服务，通过移动通信网络开通了气象商务短信平台，以手机短信方式向全县各级领导发送气象信息。为有效应对突发气象灾害，提高气象灾害预警信号的发布速度，避免和减轻气象灾害造成的损失，利用全县公共场所安装的电子显示屏开展了气象灾害信息发布工作。

服务种类 在继续做好公益服务的同时，推行气象有偿专业服务。气象有偿专业服务主要是为全县各乡镇或相关企事业单位提供中、长期天气预报和气象资料，一般以旬天气预报为主。

1999年7月，孝昌县人民政府人工影响天气领导小组办公室成立，挂靠县气象局。

2006年3月，孝昌县气象局、孝昌县建设局、孝昌县安监局联合下发了《关于加强建设项目防雷工程设计审核、施工监督、竣工验收工作的通知》文件，规范了全县防雷减灾工作的统一管理，提高了建筑工程项目防御雷电灾害的能力。对建(构)筑物、重要的计算机设备和网络系统、电力、通信、广播电视设施，以及易燃、易爆物品和化学危险物品的生产、储存设施和场所、重要储备物资的库储场所等定期进行检查，对不符合技术规范的单位，责令进行整改。

服务效益 气象服务在当地经济社会发展和防灾减灾中发挥作用。2008年8月28—30日，孝昌县普降特大暴雨，3日总雨量达520.6毫米。孝昌城区严重渍水，县气象局地处县城低洼地区，水深0.8米。面对历史罕见的连续大暴雨，孝昌县气象局反应迅速、组织严密、超前预报、服务主动，共发布暴雨短期预报重要气象信息2期和暴雨预(警)报11次，汇报本地和上游县市雨情8次，提供专题气候分析材料3份，为县委、县政府组织部署防汛抗洪工作提供了准确的天气预报和气象情报，发挥了重要的决策参谋作用，最大限度地减少了暴雨洪涝灾害损失，受到地方党委政府的充分肯定和人民群众的普遍赞誉。

1999—2001年，孝昌县遭受了百年不遇的连续三年大旱。根据需要，孝昌县气象局适时有效地组织开展了人工增雨作业，累计作业43次，安全发射人雨弹1800余枚，累计受益面积达2500余平方千米。据抗旱部门统计，增加降水累计800多万立方米，节约抗旱投入近千万元，挽回经济损失近亿元。

2. 气象预报预测

短期天气预报 1995年，孝昌县气象局主要接收省市台的指导天气预报，开始作补充订正天气预报。建立预报服务业务技术档案。

中期天气预报 通过网络接收中央气象台、省气象台的旬、月天气预报，再结合分析本地气象资料、短期天气形势、天气过程的周期变化等制作一旬天气过程趋势预报。

长期天气气候预测 长期预报主要有：春播预报、麦收期预报、汛期(5—9月)预报、年度预报、秋季预报。

3. 气象综合观测

地面观测 2007年1月1日正式开始业务运行，每天有08、14、20时3次定时观测，夜间不守班。观测项目有云、能见度、天气现象、雪深、日照、蒸发、气压、气温、湿度、风向风速、降水、雪深、日照、蒸发、地温等。2008年2月15日起开始电线积冰观测。

气象电报 每日08、14、20时3次定时观测后向市台发送加密观测电报,每月向市台发月报1次,旬报3次。不定时向武汉中心气象台编发重要天气报。

发报内容 天气报的内容有云、能见度、天气现象、气压、气温、风向风速、降水、雪深、地温等;重要天气报的内容有暴雨、大风、雨凇、积雪、冰雹、龙卷风等,2008年5月起又新增雷暴、视程障碍等项目。

孝昌县气象局编制的报表有2份气表-1和2份气表-21。向省、市气象局各报送1份,本气象局留底本1份存档。报送省气象局的气象观测报表为电子数据报表。

现代化观测系统 2007年1月,县气象局ZQZ-CⅡB型自动气象站建成,开始试运行。经过两年与人工站的对比观测,2008年底正式投入单轨业务运行。自动气象站观测项目有气压、气温、湿度、风向风速、降水、地温等,观测项目全部采用仪器自动采集、记录,替代了人工观测。

2005年6月,区域自动气象站开始建设,当年建成LT&E-R型自动雨量观测站6个;2006年建成ZQZ-AW型两要素自动观测站2个;2008年建成了ZQZ-A型四要素自动观测站4个,并投入运行,服务地方防灾减灾。

科学管理与气象文化建设

法规建设与管理 重点加强雷电灾害防御工作和施放升空氢气球的依法管理工作。1997年,孝昌县编委发文成立孝昌县防雷中心(孝机编〔1997〕16号),逐步开展建筑物防雷装置,新建(构)筑物防雷工程图纸审核、设计评价、竣工验收,计算机信息系统等防雷安全检测。2008年6月,防雷行政审批工作纳入县政府行政服务中心审批办证运行。

加强气象政务公开工作。对气象行政审批办事程序、气象服务内容、服务承诺、气象行政执法依据、服务收费依据及标准等,采取了通过户外公示栏、电视广告、发放宣传单等方式向社会公开。

加强和健全内部规章管理制度。先后制定了《气象局管理制度》、《党风廉政责任制》等各项规章制度。通过制度管人束事,单位从没有出现违法、违纪、违规现象和安全责任事故。

党建 1995年6月,建立孝昌县气象局党支部,李水清同志任支部书记。现有党员4人。

气象文化建设 通过开展经常性的政治理论、法律法规学习,造就了清正廉洁的干部队伍,锻炼出一支高素质的职工队伍。近几年来,全局干部职工及家属子女无一人违法违纪,无一例刑事民事案件,无一人超生超育。

文明创建扎实开展,阵地建设得到加强。积极参加省市组织的各项活动,开展规范化建设,改造观测场,装修业务值班室,统一制作局务公开栏、学习园地、法制宣传栏和文明创建标语等宣传用语牌。

荣誉 1999年以来2次被湖北省气象局表彰为重大气象服务先进集体。

台站建设

孝昌县气象局为局站分离,局机关占地面积3800平方米,地面观测站占地面积5500平方米。2002年,在省市主管部门和孝昌县委、县政府的关心、支持下,筹集建设资金30万元,建成1200平方米的综合办公楼。2006年向县政府申请资金8万元、自筹资金20万元,新征地5500平方米,新建简易观测场和业务值班室,2007年1月投入使用。

2008年,争取国家建设项目投资65万元、自筹资金8万元,对观测场和业务值班室进行了较高标准的改造和完善。

2002年建设的孝昌气象局综合办公楼

2006年建设的孝昌气象观测场

云梦县气象局

云梦县建县于南北朝时期的西魏大统十六年(公元550年),得名于古云梦城。

云梦县地处长江中游,属亚热带湿润性季风气候。灾害性天气频发,尤以暴雨、干旱、寒潮、大风、冰雹、大雪、雷电为甚。

机构历史沿革

历史沿革 1959年1月,云梦县气象站成立,站址在云梦县城关镇城北李岗村。1966年1月1日,迁站到云梦县城关镇城北云台区。1970年7月1日,云梦县气象服务站再次迁站到云梦县城关镇城郊东方二道堤上。1966年1月,云梦县气象站更名为云梦县气象服务站。1978年10月,云梦县气象服务站更名为云梦县气象局。1984年5月,又更名为云梦县气象站。1986年4月再次更名为云梦县气象局。2005年12月,地面气象观测场在城关镇城郊东方二道堤上原位置向东侧平移20米。2006年7月1日改为国家气象观测站二级站。2008年12月31日改为国家一般气象站。观测场位于北纬31°02′,东经113°41′,海拔高度32.2米。

管理体制 自建站至1971年2月,由湖北省气象局和云梦县政府双重领导,以省气象局领导为主。1971年3月至1982年12月，由以省气象局领导为主改为以地方领导为主，其中1971年3月至1972年12月由人武部军管。1982年12月，气象部门改为部门和地方双重管理的领导体制，由部门领导为主，即垂直管理，这种管理体制一直延续至今。

名称及主要负责人变更情况

名称	时间	负责人
云梦县气象站	1959.1—1961.9	王洪义
	1961.10—1962.12	许士兴
	1963.1—1964.12	魏阳义
	1965.1—1965.12	朱永崇
云梦县气象服务站	1966.1—1970.12	朱永崇
	1971.1—1975.12	赵福和
	1976.1—1978.9	申金义
云梦县气象局	1978.10—1979.12	伏书贵
	1980.1—1982.12	贾汝馥
	1983.1—1984.4	伏书贵
云梦县气象站	1984.5—1986.3	伏书贵
云梦县气象局	1986.4—1994.11	伏书贵
	1994.12—2001.9	邹齐猛
	2001.10—	陈燕云

人员状况 1959年建站时只有2人，2006年8月定编为7人。截至2008年12月31日在编在册职工10人，聘用4人。

现有在职职工10人中，大专学历4人，中专学历6人；中级专业技术人员4名，初级专业技术人员4人；50～55岁5人，40～49岁3人，40岁以下的有2人。

气象业务与服务

1. 气象服务

云梦县气象局坚持把决策气象服务、公众气象服务、专业气象服务和气象科技服务融入到经济社会发展和人民群众生产生活之中，积极开展气象服务。

服务方式 1959年开始利用收音机接收湖北省气象信息中心播出的气象信息资料，人工填绘天气图进行分析，单纯的天气图加经验的主观定性预报，并将天气预报信息用电话传输到县广播站广播，开展天气预报服务。1983年5月改为天气图传真接收工作，主要接收北京的气象传真和日本的传真图表，利用传真图表开展天气预报，取得较好的预报效果。1987年7月，架设开通甚高频无线对讲通讯电话，实现地县气象局直接业务会商。1989年9月，县政府投资在全县12个乡镇及县防汛抗旱办公室、部分砖瓦厂布设无线通讯接收装置，建成气象预警服务系统对外开展服务，每天上、下午各广播一次，服务单位通过预警接收机定时接收气象服务。

1995 年 3 月，县电视台向社会公众播放云梦天气预报，天气预报信息由气象局通过电话传输至广播电视局，天气预报节目由电视台制作。1999 年 4 月，县气象局建成多媒体电视天气预报制作系统，将自制节目录像带送电视台播放。2004 年 5 月，电视台电视播放系统升级，电视天气预报制作系统升级为非线性编辑系统。

1997 年 2 月，开通"121"天气预报自动答询电话。2003 年 1 月 1 日，"121"自动答询电话升位为"12121"。2004 年 7 月，全市"12121"自动答询电话实行集约经营，主服务器由孝感市气象局建设维护。

1998 年 6 月地面卫星接收小站建成并投入使用。2000 年 6 月，云梦县气象局建成县级业务系统，预报所需资料全部通过该系统进行网上接收。2004 年 8 月 25 日，为了更好地为新农村建设服务，建成了"云梦县兴农网"，并在全县各乡镇开通了信息站，促进了全县农村产业化和信息化的发展。

2008 年 5 月，开通了气象商务短信平台，以手机短信方式向全县各级领导发送气象预报信息。2008 年 6 月，为有效应对突发气象灾害的防御，提高气象预警信息的及时发布速度，避免和减轻气象灾害造成损失，在全县各乡镇安装电子显示屏开展气象灾害信息发布工作。

服务种类 在积极做好公益气象服务的同时，1985 年开始在全县各乡镇及相关企事业单位推行气象有偿专业服务，气象有偿专业服务内容提供中、长期天气趋势预报和气象资料。

1997 年 10 月 6 日，云梦县机构编制委员会下发了《关于成立云梦县避雷检测所的批复》(云机编办字〔1997〕第 2 号)。县避雷检测所属县气象局二级单位，负责对全县建(构)筑物的防雷装置，厂矿企业以及易燃易爆场所等高危行业的防雷设施进行定期检测。2002 年规范对全县防雷工程从设计、施工、竣工验收，进行行业行政管理。同年 10 月，云梦县气象局成立行政执法队伍，5 名干部办理了行政执法证。2006 年 5 月，气象局被列为县安全生产委员会成员单位，进一步明确负责对全县防雷安全的管理职能。

2004 年 4 月 14 日，云梦县人民政府下发了《关于成立云梦县人工影响天气领导小组的通知》(云政办发〔2004〕22 号)。2008 年 3 月，县政府投入 3 万元经费购置火箭炮 1 门。2007 年 11 月 21 日首次在倒店乡进行了人工增雨作业。

服务效益 气象服务为当地防灾抗灾减灾发挥作用。2008 年 1 月 12 日至 2 月 1 日，云梦县出现了有气象历史记录从未有的连续长达 21 天低温、暴雪、冰冻冷害特大灾害天气。24 小时最大暴雪量达 10.8 毫米，积雪日连续长达 21 天之久，日最大积雪深度达 18 厘米，日平均气温连续 21 天降至零下，日最低气温极值零下 11℃，电线积冰恶劣现象持续。其间，正是云梦县伍洛镇特色农业大棚冬藜蒿移栽后返青生长的关键时期。在这次重大气象灾害出现前 72 小时，云梦气象局作出了准确预报，并向云梦县政府及相关部门不断跟踪开展了有针对性的气象专项服务。因蒿农提前落实防范措施，大棚冬蒿生长发育基本正常，并在春节期间正常上市，气象防灾减灾服务创经济效益 2000 余万元。

2008 年 8 月 29—30 日 40 小时内云梦县各乡镇降水量均超过 250 毫米，半数以上乡镇超过 300 毫米，个别乡镇超过 350 毫米，境内府河、漳河、汉北河全部超警戒水位，防汛排涝抗灾形势十分严峻。云梦县气象局提前作出了准确预报，县防办迅速组织，紧急调度，根据预报建议提前48小时开启全县所有排渍涵闸和泵站昼夜抢排,组织干群巡查护堤和加固筑垸进行抗灾自救,让灾害损失减少到了最低,避免经济损失达5000万元。

2. 气象预报预测

短期天气预报 1959年1月1日,县站开始制作补充天气预报。在20世纪80年代初期,县站基本建设一套较为成熟、独立的短期预报工具框架,即预报基本资料、预报基本图表、预报基本档案和预报基本方法。

中期天气趋势预报 20世纪80年代以来,根据中央气象台、省气象台的旬、月天气趋势预报和孝感市气象台的指导预报,结合分析本地气象资料,短期天气形势,天气过程的常规周期演变等制作一旬天气趋势预报。

长期天气趋势预报 主要运用数理统计方法韵律关系和常规天气资料图表,结合本地谚语、物理现象及相关物理模糊周期变化特征,作出具有本地特点的补充长期天气趋势预报。

3. 气象综合观测

地面观测 1959年1月1日开始,每天有08、14、20时3次定时观测,夜间不守班。观测项目有:云、能见度、天气现象、气压、气温、湿度、风向风速、降水、雪深、日照、蒸发、地温等。

发报内容 1959年1月1日开始,每天有08、14、20时3次,向武汉定时拍发。重要天气报不定时向武汉拍发。每月定时向省台发(旬)月。天气报的内容有:云、能见度、天气现象、气压、气温、风向风速、降水、雪深等;重要天气报的内容有大风、雨凇、积雪、冰雹、雷暴、大雾、龙卷风等。

县气象局编制报表有3份气表-1。2007年1月通过162分组网向省局转输原始资料,停止报送纸质报表。

现代化观测系统 2004年12月,县气象局ZQZ-CⅡ型自动气象站建成,2005年1月1日开始试运行。自动气象站观测项目有:气压、气温、湿度、风向风速、降水、(深、浅层)地温、草温等,观测项目全部采用仪器自动采集、记录,替代了人工观测。2007年1月1日,自动气象站正式投入业务运行。2006年5月开始,先后在全县12个乡镇建成自动雨量观测站,2007年6月,分别在道桥镇、伍洛镇、曾店镇、义堂镇四地建了两要素和四要素自动观测站。

科学管理与气象文化建设

法规建设与管理 加强雷电灾害防御工作的依法管理工作。云梦县人民政府1999年下发《关于进一步加强防雷管理工作的通知》,2006年下发《关于切实加强防雷减灾管理工作的通知》等文件,孝感市人大法制工作委员会同云梦县人大2006年6月13日到云梦气象局专门检查落实《湖北省雷电灾害防御条例》贯彻落实情况。为规范云梦县防雷市场的管理,充分发挥了防雷减灾作用,云梦县政府2006年8月29日和2008年12月10日分别召开云梦县防雷减灾管理工作会议和云梦县建筑物防雷减灾专题工作会议,防雷行政许可和防雷技术服务正逐步规范化。

加强气象政务公开。对气象行政审批程序、气象服务内容、服务承诺、气象行政执法依据、服务收费依据及标准等，通过公示、电视广告、发放宣传单等方式向社会公开。干部任用、职工考评、财务收支、目标考核、基础设施建设，工程招投标等内容采取职工大会或上局公示栏向职工公开。

健全内部管理规章制度。2001 年制定了《云梦县气象局综合管理制度》，内容包括调查研究制度、检查督办制度、信息发布制度、财务管理制度、档案管理制度、机关管理制度、廉政建设制度、学习制度等。

党建 1959 年 1 月至 1970 年 12 月，有中共党员 1 人，编入县农业局党支部。1971 年至 1972 年为军管，编入县人武部党支部。1973 年 1 月又编入县农业局。1980 年 2 月，县气象局成立党支部，贾汝馥任支部书记，1982 年 12 月伏书贵任支部书记，1994 年 11 月邹齐猛任党支部书记，2001 年 10 月陈燕云任支部书记。现有党员 9 人。

党风廉政建设得到加强。认真落实党风廉政建设目标责任制，积极参入地方政府廉政教育和自身廉政文化建设活动。财务账目多次接受检查审计，完全杜绝财务违规现象。

气象文化建设 云梦县气象局把领导班子的自身建设和职工队伍的思想建设作为文明建设的重要内容，通过开展廉政教育和政治理论、法律法规文化知识学习，打造了坚强有力清政廉洁的干部团队，锻炼出一支有高素质的职工队伍。局机关现拥有图书阅览室、职工学习室、文体活动室。2004 年被孝感市委、市政府评为“市级文明单位”。2008 年 11 月 12 日，举办了庆改革开放 30 周年暨云梦县气象局建站 50 周年职工文体比赛活动。

荣誉 从 1978 年至 2008 年，云梦县气象局共获集体荣誉 52 项，个人获奖共 113 人（次）。

台站建设

台站综合改善 1994 年向云梦县政府和湖北省气象局争取资金，征地 6 亩，用于新建办公楼。1998 年向云梦县政府争取 18 万元，建成了县级地面气象卫星接收小站、县级气象服务终端等多项业务基础设施。2003—2005 年分别向云梦县政府、湖北省气象局、国家气象局争取资金共 86 万元，先后三次共征地 4.0 亩，规划进出道路，改造观测场环境，完成了观测场平移和业务系统的规范化建设。2007 年又向省气象局争取 30 万元，向云梦县政府争取匹配资金 10 万元改造装修了危房。对局办公楼进行了维修以及对机关院内进行了硬化、绿化。

云梦县气象局现占地面积 5140.7 平方米，总建筑面积 1744.6 平方米。其中办公楼 1 栋 540.0 平方米，职工宿舍 1 栋 1000.6 平方米，综合用房 1 栋 204.0 平方米。

庭院建设 2003 年至 2008 年，云梦县气象局分期对机关的环境进行改造。构筑透视围墙 144 米，新建了门房，规划了进出道路，修建了草坪和花坛，栽种了风景树，对办公楼和迎街门面进行了全面装饰，改造了业务值班室，完成了业务系统的规范化建设。全局绿化率达到了 60%，硬化率达 50%，机关院内面貌大变样。

云梦县气象站2001年观测场

云梦县气象局现状

大悟县气象局

大悟县，原名礼山县，于1933年由湖北黄陂、黄安、孝感及河南罗山四县边陲组成。1949年4月6日解放，隶属孝感行政公署。1952年9月10日，改名为大悟县。

大悟县地处鄂东北西部，位于大别山脉西端与桐柏山脉相接地带，属副热带季风气候。灾害性天气频发，尤以暴雨、干旱、山洪、大风、冰雹、雷电、大雪为甚。

机构历史沿革

历史沿革 1959年2月1日，建立大悟县气象观测站并正式开始业务运行，站址在大悟县城二郎店竹林湾。1962年10月1日，站址迁至大悟县城二郎店朝天晒。1966年1月6日，大悟县气象站改名为大悟县气象服务站，1972年1月15日改名为大悟县气象站。1978年9月1日，站址迁至大悟县城关镇西岳庙，站址改为大悟县城关镇府前街西60号。1979年8月21日改名为大悟县革命委员会气象局。1981年2月8日改名为大悟县气象局，1984年5月9日改名为大悟县气象站，1986年12月15日恢复为大悟县气象局。2006年7月1日，由国家一般气象站升格为国家基本气象站。观测场位于北纬31°34′，东经114°07′，海拔高度74.9米。

管理体制 1959年2月—1962年5月，属孝感行政专署气象局领导，隶属大悟县农业局代管。1962年6月—1971年5月由大悟县革命委员会和孝感行政专署气象局双重领导。1971年6月—1973年6月，气象部门实行军管，由大悟县人武部领导为主。1973年7月—1982年3月，由孝感地区气象局和大悟县农业委员会双重领导，以地方领导为主。1982年4月，改为部门和地方双重管理的领导体制，由部门领导为主，即垂直管理，这种管理体制一直延续至今。

名称及主要负责人变更情况

名称	时间	负责人
大悟县气象站	1959.2—1962.10	郑效良
大悟县气象站	1962.11—1968.4	肖邦春
大悟县气象站	1968.5—1971.8	张孝靖
大悟县气象站	1971.9—1971.10	杨志如
大悟县气象站	1971.11—1975.4	张光耀
大悟县气象站	1975.5—1978.3	李如信
大悟县气象站	1978.4—1982.11	杨烈功
大悟县气象局	1982.12—1984.5	杨焕民
大悟县气象局	1984.6—1986.10	万品爵
大悟县气象局	1986.11—1995.11	李　锋
大悟县气象局	1995.12—1996.4	蔡林仙
大悟县气象局	1996.5—1997.4	赵定汶
大悟县气象局	1997.5—	包　涛

人员状况　1959年2月建站时只有4人。2006年8月定编为13人。现有在编职工10人，聘用6人。

现有在职职工10人中，大学学历1人，大专学历4人，中专学历1人；中级专业技术人员4名，初级专业技术人员5人；55～60岁3人；50～55岁3人，40～49岁5人，40岁以下7人。

气象业务与服务

1. 气象服务

大悟县气象局坚持以经济社会需求为牵引，把决策气象服务、公众气象服务、专业气象服务和气象科技服务融入到县域经济社会发展和人民群众生产生活。

服务方式　1982年5月正式开始天气图传真接收工作，主要接收北京的气象传真和日本的传真图表，利用传真图表独立分析判断天气变化，取得了较好的预报效果。1987年10月，架设开通VHF甚高频无线对讲通讯电话，实现与孝感地区气象局直接业务会商。1990年6月，大悟县气象局正式使用预警系统对社会公众开展服务。

1998年12月，大悟县气象局与大悟县广播电视局开通了电视天气预报栏目，天气预报信息由气象局提供，电视节目由电视台制作。2001年升级为多媒体电视天气预报制作系统，大悟县气象局将自制节目录像带专送大悟县电视台播放。2007年10月，大悟县电视台电视播放系统升级，电视天气预报通过网络传输至大悟县电视台播放。

1997年6月22日，大悟县气象局同大悟县电信局合作，正式开通了“121”天气预报自动答询电话。2004年4月全市“121”自动答询电话实行集约经营，主服务器由孝感市气象局建设维护。2005年1月，“121”自动答询电话升位为“12121”。

1994年7月，大悟县气象局建起县级业务系统并试运行，1996年12月正式使用。

1998年9月停收传真图，预报所需资料全部通过县级业务系统进行网上接收。2000年4月1日，地面卫星接收小站建成并正式启用。2004年9月，建起了“大悟县兴农网”，并在全县各乡镇开通了信息站。2008年，通过移动通信网络开通了气象商务短信平台，以手机短信方式向全县各级领导发送气象信息。

服务种类 1985年2月开始推行气象专业有偿服务，主要为全县各乡镇或企事业单位提供中、长、短期天气预报和气象资料，一般以旬天气预报为主。

1980年5月，大悟县成立人工降雨领导小组，办公室设在县气象局。省政府于1980年5月、1981年6月先后下拨给大悟县人工降雨“三七”高炮2门，炮弹2200发，另拨款2万余元，建成炮库2间，炮弹库1间。

1999年3月，大悟县气象局开展防雷设施年度检测工作。2006年3月，大悟县气象局、大悟县建设局、大悟县安监局联合下发了《关于加强建设项目防雷工程设计审核、施工监督、竣工验收工作的通知》，规范了全县防雷减灾工作的统一管理，提高了建筑工程项目防御雷电灾害的能力。

服务效益 气象服务为县域经济社会发展和防灾减灾发挥着重要作用。

1996年7月，大悟县先后普降四场特大暴雨，7月1—20日总雨量达752.6毫米，约为历史同期降雨量的5倍。县气象局及时、准确地做出了订正预报，为县委、县政府主要领导正确决策起到了积极的参谋作用，做到了防而有备。全县132座中、小型水库未倒一坝，未损一库，未死一人，直接减灾效益达3000多万元。

1999—2001年，大悟县遭受了百年不遇的连续三年大旱。大悟县气象局适时有效地组织开展了人工增雨作业，累计作业32次、安全发射人雨弹2000余枚，累计受益面积达3000余平方千米。据抗旱部门统计，增加降水累计1100多万立方米，节约抗旱投入近千万元，挽回经济损失近亿元。

2004—2008年，大悟县气象局选定在县域内仙居顶山上开展风力资源考察观测，经过4年多的观测资料分析，被上级主管部门和专家评定为“风力资源丰富区”。中国电力投资公司河南分公司拟装机10万千瓦、投资10亿元，2008年10月18日已在仙居顶开工建设大型风力发电厂。

2. 气象预报预测

短期天气预报 1963年，大悟县气象局开始作补充天气预报。20世纪80年代初开始基本资料、基本图表、基本档案和基本方法(即“四基本”)建设，共抄录整理55项资料，共绘制简易天气图等9种基本图表。

中期天气预报 20世纪80年代初，通过传真接收中央气象台、湖北省气象台的旬、月天气预报，再结合分析本地气象资料，短期天气形势，天气过程的周期变化等制作一旬天气过程趋势预报。

长期天气预报 长期天气预报在20世纪70年代中期开始起步，80年代贯彻执行中央气象局提出的“大中小、图资群、长中短相结合”技术原则，组织多次会战，建立了一整套长期预报的特征指标和方法。主要运用数理统计方法和常规气象资料图表及天气谚语、韵律关系等方法，分别作出具有本地特点的补充订正预报。长期预报主要有：春播预报、麦收期预报、汛期(5—9月)预报、年度预报、秋季预报。

3. 气象综合观测

地面观测 1959年2月1日开始地面观测业务,1960年1月1日起气象观测资料列入行业档案。1959年2月1日至2006年6月30日,每天有08、14、20时共3次观测;2006年7月1日起,每天有02、05、08、11、14、17、20、23时共8次观测。观测项目有云、能见度、天气现象、气压、气温、湿度、风向风速、降水、雪深、日照、蒸发、地温等。2008年2月15日起开始电线积冰观测。

航危报 1960年4月1日至1970年1月1日,每天06—18时向OBSAV武汉、OBSAV孝感2个单位发预约航空(危险)报,1973年1月22日起,航危报定为固定。1984年7月1日起只向OBSAV武汉拍发06—18时的航危报。1989年3月1日起,航空报时段改为08—18时。

发报内容 每月向省台发月报一次,旬报3次。1983年11月开始向北京、武汉两地编发重要天气报,每天02、08、14、20时4次定时发报,另加不定时和两种预约报。

天气报的内容有云、能见度、天气现象、气压、气温、风向风速、降水、雪深、地温等;航空报的内容只有云、能见度、天气现象、风向风速等。当出现危险天气时,5分钟内及时向所有需要航空报的单位拍发危险报;重要天气报的内容有暴雨、大风、雨凇、积雪、冰雹、龙卷风等,2008年5月起又新增雷暴、视程障碍。

编制的报表有3份气表-1,3份气表-21。2000年11月通过162分组网向省局转输原始资料,停止报送纸质报表。

现代化观测系统 20世纪90年代末,县级气象现代化建设开始起步,2004年12月,县局ZQZ-CⅡB型自动气象站建成,2005年1月开始试运行,2007年1月1日正式投入单轨业务运行。自动气象站观测项目有气压、气温、湿度、风向风速、降水、地温等,观测项目全部采用仪器自动采集、记录,替代了人工观测。2005年6月,开始建设乡镇自动气象观测站,至2008年底共建成13个站。

科学管理与气象文化建设

法规建设与管理 重点加强雷电灾害防御工作和施放升空氢气球的依法管理工作。1997年,大悟县编委发文成立大悟县防雷中心,逐步开展建筑物防雷装置、新建(构)筑物防雷工程图纸审核、设计评价、竣工验收、计算机信息系统等防雷安全检测。1999—2001年2月,与县建设局联合办公开展防雷工程图纸审核。2002年6月,防雷行政审批工作纳入县政府行政服务中心审批办证运行。

加强政务公开。对气象行政审批办事程序、气象服务内容、服务承诺、气象行政执法依据、服务收费依据及标准等,采取了通过户外公示栏、电视广告、发放宣传单等方式向社会公开。干部任用、财务收支、目标考核、基础设施建设、工程招投标等内容则采取局务会、职工大会或上局公示栏张榜等方式向职工公开。

健全内部管理制度。先后制定了《党风廉政责任制》、《局务公开制度》、《气象局管理制度》、《不文明行为处罚办法》等各项规章制度。通过制度管人束事,单位从没有出现违法、违纪、违规现象和安全责任事故。

党建 1987年5月12日，建立大悟县气象局党支部，李锋同志任支部书记。1994年5月蔡林仙同志接任支部书记。1997年5月至今包涛同志任支部副书记。现设党支部1个，党员8人。1997年起，6次被县委授予“先进党支部”称号。

认真落实党风廉政建设目标责任制，积极开展廉政教育和廉政文化建设活动。2002年起，连续7年开展党风廉政教育月活动。2005年起，每年开展作风建设年活动。2006年起，每年开展局领导党风廉政述职报告和党课教育活动，并层层签订党风廉政目标责任书，推进惩治和防腐败体系建设。

气象文化建设 始终坚持以人为本，弘扬自力更生、艰苦创业精神，深入持久地开展文明创建工作，政治学习有制度、文体活动有场所、电化教育有设施，职工生活丰富多彩，文明创建工作跻身于全市先进行列。

积极开展规范化建设，改造观测场，装修业务值班室，统一制作局务公开栏、学习园地、法制宣传栏和文明创建标语等宣传用语牌。建设“三室一场”(图书阅览室、职工学习室、职工活动室、小型健身场)，图书阅览室拥有图书3000余册。

荣誉 1988年至2008年大悟县气象局共获集体荣誉52项，其中获地市级以上表彰12次：2001年被孝感市委、市政府表彰为“抗旱服务先进单位”；2001年以来4次被省气象局表彰为重大气象服务先进集体；2001年以来4届连续8年被孝感市委、市政府命名为“文明单位”；2003年被湖北省文明委命名为“创建文明行业示范点”；2005年被中国气象局表彰为“局务公开先进单位”。

从1985年至2008年，大悟县气象局个人获奖共72人(次)。其中包涛同志2008年被孝感市人民政府表彰为劳动模范，被大悟县委、县政府表彰为大悟县首届“十佳勤政廉政标兵”。

台站建设

台站综合改善 大悟县气象局占地面积1万平方米。1997年向湖北省局申请综合改善资金，新建了500平方米的综合楼，1998年8月建成并投入使用。2000年，由大悟县政府拨款及自筹资金共20万元，购置了人工增雨高炮1门、建成了地面气象卫星接收小站、改造了业务一体化室，添置了部分业务电脑等设备。2003年前后，先后争取湖北省气象局以工代赈资金13万元、自筹资金6万元，装修、改造、购置完善了生活、办公设施。

庭院建设 2008年，争取国家建设项目投资42万元、自筹资金8万元，对以进出道路为主的院内基础设施进行了较高标准的改造和完善。新征土地0.5亩，硬化进出道路3条，建设围墙300多米，挖运土石方4000多立方米，购置健身器材6台套，环境面貌得到了改善。一个崭新的气象台站面貌展现在大悟这块红色的土地上。

大悟县气象局综合办公楼

汉川市气象局

汉川市历史悠久，南北朝·北周保定元年(公元561年)置县名甑山，公元977年改名汉川县，得名以汉水横贯全境。1997年11月撤县建市，改名汉川市。

汉川市地处汉江下游，属亚热带温湿季风区大陆气候，四季分明，光、热、水等气候资源丰富，冬冷夏热显著，渍涝、干旱是影响全市的主要自然灾害。

机构历史沿革

历史沿革 1958年10月，汉川县气象站开始组建，站址位于城关镇环城公社新闸中队，1961年3月，迁到汈东顾家岭，1964年1月，站址迁到汉川县城关镇南门外麻布垸。1965年12月，汉川县气象站更名为汉川县气象服务站。1970年11月，由于兴修汉川泵站河道，汉川县气象服务站迁至城关镇北门外刘家垸。1972年1月，汉川县气象服务站改名为汉川县气象站。1979年4月，汉川县气象站更名为汉川县革命委员会气象局。1981年2月，又改名汉川县气象局，1997年11月撤县建市，汉川县气象局更名为汉川市气象局。2006年7月确定为国家气象观测站二级站，2008年12月改为国家一般气象站，观测场位于北纬30°39′，东经113°51′，海拔高度25.0米。

管理体制 建站至1971年8月以前，由湖北省气象局和汉川县政府双重管理，以地方管理为主；1971年8月至1973年8月由县人武部军管，业务上受湖北省气象局管理；1973年8月至1981年由孝感地区气象局和汉川县政府双重领导，以地方领导为主；1982年起，实行由上级气象部门和地方政府双重领导，以气象部门为主的管理体制，隶属孝感市气象局管理，并一直延续至今。

名称及主要负责人变更情况

名称	时间	主要负责人
汉川县气象站	1958.10—1961.9	武光旭
	1961.10—1965.11	周仲仿
汉川县气象服务站	1965.12—1971.7	周仲仿
汉川县气象站	1971.8—1973.8	李振忠
	1973.9—1978.12	胡鸿烈
汉川县革命委员会气象局	1979.1—1980.7	涂炳合
	1980.8—1981.1	胡鸿烈
汉川县气象局	1981.2—1984.5	胡鸿烈
	1984.6—1994.8	苗德泽
	1994.9—1995.2	涂成斌
	1995.3—1997.8	周文等
	1997.9—1997.10	周建祥
汉川市气象局	1997.11—	周建祥

人员状况 1958年10月建站初期只有3人,1978年14人,2006年定编7人,2008年底在职职工12人。

在职职工中,大学2人,大专2人,中专8人;中级专业技术人员10名,初级专业技术人员1人;50～55岁4人,40～49岁7人,40岁以下1人。

气象业务与服务

1. 气象服务

服务方式 1961年3月开始接收武汉中心气象台广播的地面图资料,利用汉川县广播站的有线广播对外发布天气预报。1983年,正式用传真机接收天气图及数值预报分析图等,主要接收北京气象传真和日本的传真图表。1986年,开通与孝感地区气象局甚高频无线对讲通讯,同年投资2万元购置40部天气预警接收机,利用甚高频无线对讲通讯,建成气象预警服务系统,其接收装置主要安装到县防汛抗旱指挥部、县农委、各乡镇场及有关乡镇企业,每天上、下午各广播一次。1993年7月,建起武汉信息分发服务系统(WIDSS)终端,能获取数字化雷达、气象卫星云图等各类图像、数据资料。1994年4月停收传真图。2000年新建了气象卫星广播接收系统PCVSAT单收站。2003年4月,建设开通了"汉川市兴农网"。2004年完成了以上级台站宽带网为依托的地面数据通讯计算机网络。

1997年7月开通"121"天气预报自动答询电话,2004年7月起孝感市各县市局"121"答询电话实行集约经营管理,2005年1月"121"电话升位为"12121"。1998年11月,建成多媒体电视天气预报制作系统,天气预报信息和节目由气象局制作,在汉川电视台播放。

服务种类 1985年开始推行气象专业有偿服务,主要为全县各乡镇场和相关企事业单位提供中长期天气预报和气象资料,一般以旬天气预报为主,并设立了专业气象服务机构。1990年在全县范围内开展了避雷装置安全性能检测。1993年起开展庆典气球施放服务。1998年和2000年汉川市人民政府办公室两次发文,进一步明确了气象部门的防雷检测职能。2003年汉川市气象局列入汉川市安全生产委员会成员单位,负责全市防雷安全管理。2004年4月,汉川市机构编制委员会办公室发文(川机编办〔2004〕7号),同意成立汉川市防雷中心。

服务效益 1998年汛期,汉川出现特大洪涝灾害。6月份,汉川市气象局就预报"梅雨期雨量偏大,有渍涝灾害发生",据此市政府立即作出开机提排,空库迎汛的决定。7月20日、7月28日,汉川市气象局准确作出暴雨预报,市政府根据预报,全面部署防汛抗洪工作,确保汉川取得了抗洪抢险的重大胜利。

2. 气象预报预测

短期天气预报 1961年3月,县站开始通过收听省气象台语言广播发布的天气形势及天气图资料,结合本站资料综合分析制作短期天气预报。20世纪80年代初期,开展基本资料、基本图表、基本档案和基本方法建设,对建站后的各种灾害性天气个例进行建档,对气候分析材料、预报方法使用效果以及灾害性天气调查材料进行检验归档,对每月的预报质量分析报表、预报技术材料建立业务技术档案。

中长期天气预报 1965年起，根据武汉中心气象台的旬、月天气预报，结合本地资料、短期天气形势等制作中期天气预报。1983年起通过传真接收中央气象台和武汉中心气象台的旬、月天气预报，参考本站资料等一并制作。中期预报主要有旬天气预报、月天气趋势预报。长期天气预报主要是运用数理统计方法和常规气象资料图表结合本地天气谚语、韵律关系等方法作出补充订正的预报，长期天气预报主要有春播期天气预报、汛期(5—9月)天气趋势预报、冬播期天气趋势预报及年度天气趋势预报。

3. 气象综合观测

地面观测 1959年1月正式开始观测，1959年1月1日至1960年7月31日定时观测时次为01、07、13、19时4次。1960年8月1日起改为08、14、20时3次定时观测，夜间不守班，但05时给孝感地区气象台发送雨量报。观测项目有：气温、气压、湿度、风向风速、云、能见度、天气现象、降水、日照、蒸发、地温、雪深等。1963年2月至1977年2月进行农业气象观测。1967年2月本站决定风向观测由16个方位改为8个方位观测，1970年1月重新恢复16个方位观测。

航危报 1970年1月20日起每天04—20时向OBSAV(武汉)、OBSAV(孝感)和OBSAV(北京)拍发固定航空(危险)天气报告，1989年5月起只向OBSAV(武汉)拍发08—18时的航危报，1968年3月10日起，每月向省气象台和孝感气象台编发上、中、下旬气象旬报共3次，其中下旬含当月月报，1983年11月至1985年12月，向北京、武汉两地编发重要天气报分别为定时(08、14、20时)和不定时两种。

发报内容 航空报内容有：云、能见度、天气现象、风向风速，当出现危险天气时，向所需航空报单位发危险报。天气报内容有：云、能见度、天气现象、气压、气温、风向风速、降水、雪深、地温等；重要天气报编发内容有暴雨、大风、雨凇、积雪、冰雹、雷暴、龙卷风等。

编制的报表有气表-1、气表-21。2007年1月通过微机网络向省气象局输送原始资料，停止纸质报表的报送。

现代化观测系统 2004年，AMS-Ⅱ型自动气象站建成试运行，2008年1月正式投入业务运行，自动气象观测项目有：气压、气温、降水、风向风速、地温等，观测项目全部采用自动仪器采集、记录、传输。2002年在马口、里坛、刘格、新堰先后建成遥测雨量观测站，2005年4月，在南河、庙头、新堰、刘隔、二河、新河等六个乡镇建成单要素自动观测站，在杨林、中洲建成两要素自动观测站，2007年至2008年，在马口、马鞍、分水、垌塚、汈汊、沉湖、麻河等地建成四要素自动观测站。

科学管理与气象文化建设

法规建设与管理 2003年，汉川市人民政府法制办批复确认汉川市气象局具有独立的行政执法主体资格。2006年4月，汉川市人民政府下发《关于切实加强防雷减灾管理工作的通知》，进一步明确将防雷设施的设计、施工、竣工验收全部纳入气象行政管理范围，同年在市政府行政服务中心设立气象服务窗口，履行气象行政审批职能，气象行政许可和防雷技术服务步入规范化管理。

积极推进气象政务公开。对气象行政审批办事程序、气象服务、气象承诺、气象行政执法依据以及服务收费标准等内容，通过户外公示栏、电视等方式向社会公开。对干部任用、晋职晋级、财务收支、目标考核、基建维修、工程招投标等采取召开职工大会或上局公示栏公示。

建立健全局规章制度。对小车管理、职工脱产学习、职工休假、考勤考核、业务及财务管理等均制定了较严格的制度。

党建 1958年10月至1961年9月有党员2人，县气象站、农科所、原种场、农校合并成立党支部，周仲仿任副书记。1961年10月至1971年编入县农业局党支部，1972年成立局党支部，由军代表李振忠任指导员，1973年9月胡鸿烈任支部书记，1979年1月涂炳合任支部书记，1980年8月胡鸿烈再任支部书记，1984年6月苗德泽接任支部书记，1995年3月周文等担任支部书记，1997年8月周建祥任党支部书记。现有党员11人（含离退休党员4人）。

长期以来，积极参与上级气象部门和地方党委组织的党章、党规、法律法规的学习和培训，将作风建设纳入常态化管理。2000年起每年与市委签订党风廉政目标责任书，局主要负责人每年底作述职述廉报告，局财务每年接受上级财务部门年度审计，并将结果向干部职工公布。

气象文化建设 2000年以来，通过开展争创“四个一流”、学习“三个代表”重要思想和保持共产党员先进性学习教育、思想作风建设等活动，职工队伍整体素质得到了进一步提高，全局干部职工及家属子女无一人违法违纪，无一例刑事、民事案件发生。积极开展和参与上级部门组织的内容丰富、形式多样的体育健身、技能比赛、知识演讲和爱心捐助等活动，2004年，由湖北省气象局组织、汉川市气象局与孝感市气象局等共同演出的情景小品《佘大妈相女婿》获省气象局汇演特等奖。

文明创建阵地得到加强，统一制作局务公开栏，学习园地，法制宣传栏和文明创建标语等宣传用语牌，建设了“两室一场”，极大地丰富了干部职工的生活。

荣誉 1978年至2008年，汉川市气象局共获集体荣誉8项，其中1991年和1998年分别被湖北省气象局授予“防汛抗灾气象服务先进集体”和“抗洪抢险气象服务先进集体”；3次被孝感市委、市政府授予“文明单位”，2004年被孝感市委、市政府授予“最佳文明单位”。

从1978年至2008年，汉川市气象局个人获奖共80人(次)。

台站建设

汉川市气象局现占地面积为4075.9平方米。1985年由省气象局拨款8万，兴建了一幢面积600平方米的四层宿舍楼，1993年由当地政府和湖北省气象局共同出资，兴建一幢420平方米的四层办公楼，2005年向湖北省气象局申请台站综合改善资金15万，兴建一幢综合楼等配套项目。2001年到2008年分别向汉川政府和湖北省气象局争取82万元资金，建成了县级地面卫星接收小站、AMS-Ⅱ型地面自动观测站、县级气象服务终端和乡镇场自动雨量观测站等多项业务工程，对局内环境进行了绿化改造和整治，在院内修建了花坛和草坪，栽种了观赏树木，整修了300多米长的院外道路，改造和装修了办公室、会议室和业务值班室，使机关院内变成了环境优美的花园。

1978 年汉川气象站全貌

汉川市气象局现状全景图

汉川市气象局总体规划效果图

应城市气象局

应城为古蒲骚之地，南朝宋孝武孝建之年(公元 454 年)析安陆县南境置应城县。现隶属湖北省孝感市。境内有得天独厚的全国五大高温温泉——汤池温泉，与石膏、岩盐并称应城“三宝”。

应城市地处鄂中丘陵与江汉平原过渡地带，属亚热带季风气候。四季变化显著，灾害性天气多发，如暴雨、干旱、大风、大雪、雷电等。

机构历史沿革

历史沿革　1959 年 1 月 15 日应城县人民委员会气象科成立，站址在应城县红旗公社七星管理区赵畈村。1960 年 11 月更名为应城县气象站。1972 年 10 月，更名为应城县革委会气象站。1975 年 11 月迁址至应城县红旗公社七星管理区古城村。1980 年 10 月成立应城县气象局。1986 年 5 月 27 日应城撤县建市，应城县气象局更名为应城市气象局，地址为应城市古盐路附 1 号。观测场位于北纬 30°57′，东经 113°34′，海拔高度 30.40 米。

管理体制 建站至 1971 年，由应城县农业局代管。1972 年更名为应城县革委会气象站，由应城县人民武装部军管。1973—1982 年由地方主管，1983 年实行气象部门和地方政府双重管理，以气象部门管理为主，隶属孝感市气象局，并一直延续至今。

名称及主要负责人变更情况

名称	时间	负责人
应城县人民委员会气象科	1959.01—1971.12	许谋抽
应城县革命委员会气象站	1972.01—1973.11	王云益
	1973.12—1980.12	董金元
应城县气象局	1981.01—1984.11	华火元
	1984.12—1986.04	蔡如贞
应城市气象局	1986.05—1994.12	蔡如贞
	1995.01—	张大平

人员状况 1959 年建站时 4 人，2006 年定编为 8 人，现有在编职工 10 人，聘用 2 人。

在编职工 10 人中，本科学历 3 人，专科学历 6 人，中专学历 1 人；高级职称 1 人，中级职称 6 人，初级职称 3 人；50～55 岁 1 人，40～49 岁 6 人，35～40 岁 2 人，35 岁以下 1 人。

气象业务与服务

1. 气象服务

服务方式 1959 年建站时开始发布天气预报，1961 年开始接收武汉中心气象台广播的地面图资料，主要通过应城县广播站的有线广播每天上、下午播报 2 次。1964 年增加农气综合观测，主要进行小麦、棉花、水稻、芝麻等作物的生育期观测，目测土壤湿度，向省气象台发气象旬报。1965 年农气观测中断，1980 年农气业务恢复观测。1981 年同步接收正式开始，主要接收天气图，为天气预报的准确判断，提供了较好的依据，同年 12 月停止。1986 年，开始启用甚高频电话，传递气象电报和各种信息。1991 年 WERDS 开通，1994 年停止。1994 年天气预报在应城市电视台上播出，天气预报制作具体到乡镇，使气象信息传送到千家万户。

1996 年 8 月，气象局同电信局合作正式开通“121”天气自动答询系统。2005 年根椐孝感气象局的要求，“121”天气自动答询系统实行集约经营，主服务器由孝感市气象局建设维护。2005 年 2 月“121”电话升位为“12121”。

1998 年 10 月，安装了气象信息综合分析处理系统（卫星单收站），通过卫星直接接收云图和各种天气图、数值预报等。

2005 年 5 月开始，通过“孝感气象”宽带网络发报。2006 年建成移动专用宽带网，自动站实时数据通过移动宽带每小时向省气象局网络中心上传。

2007 年通过移动通信开通气象商务短信平台，以短信息发送的方式，为市、乡镇（办事处、场）、村提供及时准确的气象服务。

2008 年对部分乡镇（办事处）、市直局安装气象电子显示屏 8 块，通过气象短信平台发送预报、灾害预警信号、防雷须知等气象信息。

服务种类 1986 年开始推行气象有偿专业服务，主要为全市和乡镇（办事处、场）相关企业个体养植户提供中、长期天气预报和气象资料。

1998 年 12 月 20 日，应城市编制办下发文件（应机编〔1997〕06 号），批准成立应城市避雷装置制作检测所，归口应城市气象局领导和管理。从 1998 年开始，应城市避雷装置制作检测所按照省、市有关文件规定，在全市范围内开展防雷安全管理、防雷装置检测及防雷工程验收工作。

2005 年应城市人民政府人工影响天气工作办公室领导成立，办公室设在应城市气象局，主任由贾殊兼任。同年，市人民政府拨款 11 万元，购买了人工增雨火箭 1 门，为开展人工影响天气作业创造了条件。

服务效益 气象服务在应城市的经济发展和防灾减灾中发挥了重要的作用。例如 2008 年 1 月，我市出现百年不遇的低温雨雪冰冻灾害天气，在灾害性天气发生前的 1 月 9 日，应城市气象局就发布了“12 日开始，我市将有一次明显的雨雪天气过程”的预报，这一重大天气过程，累计降雪量达 39.8 毫米，24 小时最大暴雪量达 10.7 毫米，积雪日连续长达 20 天之久，日最大积雪深度达 19 厘米，日平均气温连续 20 天降至零下，日最低气温极值零下 10.0℃，电线积冰恶劣现象持续。低温雨雪冰冻天气期间，应城气象局坚持每天滚动式发布未来一周内的天气趋势预报，准确地预报出 4 次大的降雪过程。同时，通过发短信、向市领导当面汇报等方式进行决策服务，避免经济损失 3000 多万元。

2．气象预报预测

短期天气预报 短期天气预报主要预报未来 24～72 小时的天气。1959 年 1 月，县气象站开始通过收听省气象台语言广播发布的天气形势及天气图资料，结合本站资料综合分析制作短期天气预报，20 世纪 80 年代初期，开展台（站）基本资料，基本图表，基本档案和基本方法建设，根据本站预报业务的需要，对建站后的各种灾害性天气个例进行建档，对气候分析材料、预报方法使用效果以及灾害性天气调查材料进行检验归档，对每月的预报质量分析报表，预报技术材料以及上级各类预报业务方面的材料建立业务技术档案。

中期天气预报 根据本站的观测资料，并参考中央气象台、湖北省气象台的旬、月天气趋势预报和孝感市气象台的指导预报、短期天气形势、天气过程的常规周期演变等，制作与发布各种时效的天气预报。

长期天气预报 主要运用数理统计方法韵律关系和常规天气资料图表，结合本地气候特点、物理现象及相关物理模糊周期变化特征，作出具有本地特点的补充长期天气趋势预报。长期天气趋势预报主要有：春播（3—4 月）天气趋势预报；汛期（5—9 月）天气趋势预报；秋季天气趋势预报。

3. 气象综合观测

地面观测　1959年1月15日至1975年，每天01、07、13、19时4次观测。1975年起改为08、14、20时每天3次观测。观测项目有云、能见度、天气现象、气压、气温、湿度、风向风速、降水、雪深、日照、蒸发、地温等。

发报内容　天气报的内容有云、能见度、天气现象、气压、气温、风向风速、降水、地温等；重要天气报的内容有暴雨、大风、冰雹、龙卷风等。

应城市气象局编制报表有3份气表-1。向省气象局、地(市)气象局各报1份，本站留底1份。2007年1月通过162分组网向省气象局转输原始资料，停止报送纸质报表。

现代化观测系统　2004年12月，县(市)气象局ZQZ-CⅡ型自动气象站建成，并开始试运行。自动气象站观测项目有气压、气温、湿度、风向风速、降水、(深、浅层)地温、草温等，2006年12月，自动气象站正式投入业务运行。

2005年起，先后在12个乡镇建成4个单要素、3个两要素和5个四要素区域自动气象观测站，每小时自动向湖北省气象局发送气象观测资料。

科学管理和气象文化建设

法规建设管理　应城市气象局重点加强《湖北省雷电灾害防御条例》的实施工作。2003年应城市人民政府办公室发文，将防雷工程设计、施工到竣工验收，全部纳入气象行政管理范围。2003年10月应城市人民政府法制办批复确认应城市气象局具有独立执法主体资格，并通过培训考试为5名干部办理了行政执法证，气象局执法队伍成立。2005年气象局被列为市安全委员会成员单位，负责全市的防雷安全管理，同年政府发文成立“应城市避雷装置检测制作所”，定期对加油站、液化气站、化工厂、民爆仓库等危险行业的防雷设施进行检测，对不符合防雷技术规范的单位，由应城市气象局执法队责令其整改。

加强气象政务公开　从2003年起开展了政务公开工作，对内设立公开栏，对外设立公开板。公开板内容包括机构设置及职能，文明单位创建目标，防雷装置检测、收费项目标准，依法行政依据和范围，气象专业服务收费项目标准。公开栏内容包括年度预、决算，工程发包，人事任免，年度计划，重大事项决策，目标管理，职工福利，固定资产状况，气象服务质量等。

党建　1981年以前，应城市气象局无党支部。1981年成立应城县气象局党支部，华火元任支部书记。1984年蔡如贞任支部书记。1995年至今张大平任支部书记。

团组织负责人一直无专人任职，都是兼职。局工会主席先后由蔡如贞、张大平、高先进等人兼任。局团支部书记先后由贾殊、王芬兼任。妇联工作先后由杨润琴、黄玲英兼任。

党风廉政建设工作得到加强。建立了党风廉政建设责任制，制定了保持共产党员先进性长效机制，建立了党员民主评议制度、党员联系群众制度、党建目标管理制度、政治学习制度、发展党员规划制度、政务公开制度以及领导廉政承诺制度。

气象文化建设　按照科学发展观的要求，始终坚持以人为本，积极进取，勇于开拓，艰苦创业，深入持久开展文明创建工作，保证政治学习有制度、文化活动有场所、电教教育有设施，建成“两室一场”（图书室、学习室、运动场），拥有图书3000多册。

应城市气象局把领导班子的自身建设和职工队伍的思想建设作为文明创建的主要内容，通过开展政治思想教育、法律法规学习，提高了干部职工的素质。通过开展娱乐活动，丰富干部职工的生活，增强气象团队的凝聚力，促进和谐庭院发展。1999年至2006连续四届被湖北省委、省人民政府评为“文明单位”，先后两次被评为“文明小区（庭院）”。

荣誉 2001年应城市气象局第一次被湖北省委、省政府评为“文明单位”。此后2003—2004年度、2005—2006年度、2007—2008年度连续被湖北省委、省政府授予“文明单位”。

应城市气象局“省级文明单位”、“明星台站”荣誉照片

台站建设

1989年以前，本站职工工作生活在一幢二层楼中。为改善职工生活环境，1989年至1992年，先后建了两栋职工住宅楼，达到了每位职工都有一套住所。1997年，与驻地古城村协作，硬化了职工出入的全长700多米的道路，解决了职工出行难的问题。2001年、2004年先后两次对办公楼改造装新，办公环境明显改善。2005年接通了市区自来水，彻底解决了职工长期饮用硬度超标井水的问题。1997年至2004年，先后对院内场地硬化，观测场改造，院内种上了花草树木，美化了工作和生活环境。

应城气象局现占地面积5亩，有1栋400平方米的办公楼，2栋800平方米的职工宿舍，1栋400平方米的工作间。

应城市气象局观测场

应城市气象局办公楼

安陆市气象局

安陆市位于湖北省的东北部，隶属于湖北省孝感市，总面积1355平方千米，人口62.5万人。安陆属于北亚热带季风气候区，年平均降雨量1100毫米，年平均气温为16.0℃，是我国光、热、水条件配合比较好的地带，有利于农作物的生长、发育。但安陆市也存在洪涝、雷雨、大风、干旱等气象灾害。

历史沿革 1956年10月安陆气候观测站建立，担负气候观测任务。1966年1月1日改为安陆县气象站。此后经历了安陆县气象站、安陆县气象服务站、安陆县气象科等历史时期。1987年安陆撤县建市，更名为安陆市气象局。台站地址位于安陆市城东村。观测场位于北纬31°16′，东经113°42′，海拔高度53.7米。

管理体制 自建站至1959年8月，由湖北省气象局和安陆县人民政府双重领导，以省气象局领导为主；1959年9月划归县农业局管理；1960年11月实行气象部门与地方政府共管；1967年1月安陆县气象站再次划归县农业局管理；1973年改为安陆县人民革命委员会领导，属于地方建制；1980年12月至今，实行部门和地方双重领导，以部门管理为主的管理体制。

名称及主要负责人更替情况

名称	时间	负责人
安陆气候观测站	1956.11—1959.8	葛隆仁
安陆县气象站	1960.11—1960.12	王鸿义
安陆县气象站	1961.1—1961.6	王鸿义、肖春芬
安陆县气象站	1961.7—1961.12	许士兴
安陆县气象站	1962.1—1962.4	葛隆仁
安陆县气象站	1962.5—1966.12	方日东
安陆县气象服务站	1967.1—1970.12	方日东
安陆县气象服务站	1971.1—1971.8	李在和
安陆县气象服务站	1972.2—1973.4	查光富
安陆县气象科	1973.4—1976.10	查光富
安陆县气象科	1976.10—1977.12	周永宽
安陆县气象科	1977.12—1981.2	郑嘉铭
安陆县气象局	1981.2—1983.12	刘钊周
安陆县气象局	1983.12—1987.9	肖维宗
安陆市气象局	1987.9—1992.1	肖维宗
安陆市气象局	1992.4—1998.5	苏长华
安陆市气象局	1998.5—	汪天国

人员状况 1956年台站成立时有在职职工2人。2008年定编为7人，实有在编职工9人，地方编制4人，临时工2人。

现有在编职工9人中，大学学历1人，大专学历4人，中专及以下学历4人；工程师3人，助理工程师2人。

气象业务与服务

1. 气象综合观测

地面观测 1958年11月1日至2008年12月30日，观测时次采用北京时08、14、20时3次，夜间不守班。观测项目有云、能见度、天气现象、气压、气温、湿度、风向风速、降水、雪深、日照、蒸发、地温等。

发报内容 1958年11月1日起，每天08、14、20时向湖北省气象局发天气报告；遇有重要天气时编发重要天气报；每月向省气象台发月报1次，旬报3次。1972年7月1日开始承担武汉、孝感航危报。每天06—18时向武汉、孝感发固定航空(危险)报。2004年1月1日起只向孝感拍发08—18时的航危报。

现代化观测系统 20世纪90年代末，县级气象现代化建设开始起步。2001年10月，县气象局自动气象站建成，11月1日开始试运行，2004年1月1日正式投入业务运行。2005年8月至2008年，在全市共建成13个区域自动观测站。

2. 气象预报预测

短期天气预报 1970年，开始作补充天气预报。1982年以来，根据预报需要共抄录整理55项资料、共绘制简易天气图等9种基本图表。

中期天气预报 20世纪80年代初，通过传真接收中央气象台和省气象台的旬、月天气预报，再结合分析本地气象资料、短期天气形势、天气过程的周期变化等制作一旬天气过程趋势预报。后此种预报作为专业专项服务内容，上级业务部门对县站制作中期预报不予考核。

长期天气预报 安陆气象局制作长期天气预报在20世纪70年代中期开始起步，20世纪80年代为适应预报工作发展的需要，建立一整套长期预报的特征指标和方法。主要运用数理统计方法和常规气象资料图表及天气谚语、韵律关系等方法，分别作出具有本地特点的补充订正预报。到20世纪90年代后期，上级业务部门对长期预报业务不作考核，但因服务需要，这项工作仍在继续。

3. 气象服务

服务方式 1983年开始天气图传真接收工作。1986年，建设开通甚高频无线对讲通讯电话，实现与地区气象局直接业务会商。1987年，安陆市政府拨款购置20部无线通讯接收装置，安装到市防汛抗旱办公室、市农业委员会和十八个乡镇，建成气象预警服务系统。1988年，正式使用预警系统对外开展服务。

1993年，安陆市气象局建立起县级业务系统并进行试运行，1996年12月正式开通使用。1997年停收传真图，预报所需资料全部通过县级业务系统进行网上接收。2000年，地面卫星接收小站建成并正式启用。此后，安陆市相继在市防汛抗旱指挥部安装接收终端。2004年，建成了“安陆市兴农网”，并在全市各镇开通了信息站，促进了全市农村产业化和信息化的发展。1997年，安陆市气象局同电信局合作正式开通“121”天气预报自动答询电话。2004年7月，全市“12121”自动答询电话实行集约经营，主服务器由孝感市气象局建设维护。1998年,安陆市气象局建成多媒体电视天气预报制作系统。2008年,通过移动通信网络开通了气象商务短信平台,以手机短信方式向全市各级领导发送气象信息,同年在市防汛办、市民政局、市水利局及八个乡镇安装了电子显示屏,利用这些电子显示屏开展了气象灾害信息发布工作。

服务种类 1970年开始制作天气预报,截止到2008年,先后利用广播、甚高频电话、"121"电话、电视天气预报、短信平台、电子显示屏等公共媒体,开展日常天气预报、天气趋势、农业气象等公众气象服务。

20世纪80年代前以口头或传真方式向市委市政府提供决策服务,20世纪90年代逐步制作《重要天气报告》、《气象内参》、《气象信息与动态》、《汛期天气形势分析》等决策服务产品。

1985年,专业气象有偿服务开始起步,利用传真、警报系统、影视、手机短信等多种手段,面向各行业开展气象资料、预报产品有偿服务。1990年起,为各单位建筑物避雷设施开展安全检测;1999年起,全市各类新建建(构)筑物按照规范要求安装避雷装置;2006年起,将防雷工程从设计、施工到竣工验收,全部纳入气象行政管理范围。1992年起,开展庆典气球施放服务。

1976年开始人工影响天气服务,当年6月由孝感行政公署、安陆县人工影响天气办公室负责,在雷公人民公社进行首次人工增雨作业,作业工具为高炮和自制土火箭。2001年8月1日,安陆市人民政府拨款从广州军区购置4门"三七"高炮,并在赵棚、接官、雷公、李店四乡镇设置了4个炮点。2008年8月市政府投资购置人工增雨火箭1架。

服务效益 1998年安陆市出现了洪涝灾害,4—8月共降≥50毫米暴雨7次、降≥100毫米大暴雨1次,安陆市先后迎战3次洪峰,其中以8月8日洪峰为最猛烈,解放山河闸8月8日8时30分下泄流量达2800立方米/秒,安陆市气象局于8月6—8日分别作出大到暴雨、局部大暴雨过程预报,建议防汛办尽快组织抗洪抢险、抢排渍水,安排生产自救,将灾害损失降到最低。1999—2001年,安陆出现了历史上少见的严重干旱,给农业生产和人民生活带来极大影响,气象人员依靠科技手段,在干旱期间,积极开展高炮人工增雨作业,2001年8月7日在安陆雷公镇作业成功,降雨量达30毫米,同时在赵棚镇、接官乡开展了作业,为市委市政府节约抗旱资金200万元。

科学管理与气象文化建设

法规建设与管理 2005年4月,安陆市规划管理局下发了《关于市气象局申请在城市规划与设计中依法对气象探测环境及设施保护备案的函的答复》(安规函〔2005〕1号),对安陆市气象探测环境及设施依法予以保护。2006年,安陆市气象局、安陆市建设局、安陆市安全生产管理局联合下发了《关于加强安陆市建设项目防雷工程设计审核、施工监督、竣工验收工作的通知》(安气办〔2006〕18号),规范了安陆市防雷市场的管理,提高了防雷工程的安全性。

加强气象政务公开。对气象行政审批办事程序、气象服务内容、服务承诺、气象行政执法依据、服务收费依据及标准等,采取了通过户外公示栏、电视广告、发放宣传单等方式向社会公开。干部任用、财务收支、目标考核、基础设施建设、工程招标等内容则采取职工大会或上局公示栏张榜等方式向职工公开。

健全内部规章管理制度。1996 年制订了《安陆市气象局综合管理制度》,2001 年进行了修订完善。

党建 1973 年成立中共安陆县气象科支部,有党员 4 人,周永宽任支部书记。1980 年改为中共安陆县气象局支部,先后由郑嘉铭、刘钊周、肖维宗任支部书记。1987 年安陆撤县建市,先后由吴大润、汪天国任支部书记。2006 年 4 月成立安陆市气象局党组,汪天国任党组书记,同时保留中共安陆市气象局支部。2008 年底共有党员 11 人。

认真落实党风廉政建设目标责任制,积极开展廉政教育和廉政文化建设活动。2002 年度安陆市气象局被安陆市委、市政府评为"党风廉政建设先进单位"。

气象文化建设 安陆市气象局把领导班子的自身建设和职工队伍的思想建设作为文明创建的重要内容。近几年来,对政治上要求进步的党支部进行重点培养,条件成熟及时发展;全局干部职工及家属子女无一人违法违纪,无一例刑事民事案件,无一人超生超育。

文明创建阵地建设得到加强。开展文明创建规范化建设,改造观测场,装修业务值班室,统一制作局务公开栏、学习园地、法制宣传栏和文明创建标语等宣传用语牌。建设"两室一场"(图书阅览室、职工学习室、小型运动场),拥有图书 3000 册。

荣誉 1995—1996 年度,安陆市气象局第一次被湖北省委、省政府授予"文明单位"。此后,又连续 6 次被湖北省委、省政府授予"文明单位"。

从 1994 年到 2004 年,安陆市气象局个人获奖 51 人次。

台站建设

近十余年,安陆市气象局积极争取资金对局机关的环境和业务系统进行了改造,使得局里的基础设施大为改善。1996 年 10 月 6 日安装了卫星云图远程接收终端设备。2000 年、2001 年通过向湖北省气象局和地方争取资金,先后建立了Ⅱ型自动气象站、地面气象卫星接收小站、雷电监测系统副站 Micaps 系统等多项业务系统,使得台站的业务水平有了很大的提高。2003 年 6 月观测场围栏改成不锈钢围栏。2006 年 10 月,观测场由原来的 16 米×20 米扩大为 25 米×25 米,改造了业务室值班室,逐步完成了业务系统的规范化建设。2008 年 10 月砍掉了观测场南侧的树木 100 余棵,优化了探测环境,使得单位成了风景秀美的花园。

安陆市气象局现占地 5166 平方米,有 1 栋 540 平方米的办公楼,1 栋 12 套共 862 平方米的职工宿舍楼,1 栋车库。

观测场新貌(2008 年)

安陆市气象局办公楼(2008 年)

荆门市气象台站概况

荆门市位于鄂中，处荆襄要道。现辖沙洋县、京山县、钟祥市、东宝区、掇刀区、屈家岭管理区。国土面积12404平方千米。总人口291.07万人。

气象工作基本情况

历史沿革　1952年6月15日，湖北军区司令部在钟祥县城关镇西北隅的古阳春台上筹建湖北军区钟祥气象站，隶属中南军区气象处，这是荆门现有三个台站中建站最早的一个站。1957年12月，荆门气候站成立。1958年10月，京山气候站成立。1987年12月，荆门市气象局由正科级单位升格为正处级单位。1997年1月，由于行政区划调整，原属于荆州市气象局管理的京山县气象局、钟祥市气象局划归荆门市气象局管理。

荆门市境内曾先后建立沙洋气象站、五三农场（现名屈家岭管理区）气象站、冷水机场气象台、荆门宏图飞机制造厂气象台（已经撤销）。

人员状况　1957年荆门建站时仅有职工4人，1978年有职工14人。2008年底在编职工74人，其中地方编制人员24人。在职人员中，大学学历27人，大专学历23人；高级专业技术人员2人，中级专业技术人员23人，初级专业技术人员22人；50～59岁18人，40～49岁27人，40岁以下29人。

党建与文明创建　截至2008年底，有党支部3个，党员51人，其中在职职工党员38人。

全市气象部门共建成省级文明单位2个，市级文明单位1个。

管理体制　荆门现有的三个站在管理体制的变化上各不相同。荆门和京山从建站开始很长一段时间，除业务领导以气象部门为主外，其他以地方领导为主；钟祥气候站由湖北军区司令部派人筹建，属军队建制，一年后转由省气象局领导。1970年1月至1979年12月三个站都以地方领导为主，其中1971年7月至1973年7月由军事部门和当地革命委员会双重领导，以军事部门为主。20世纪80年代初，气象部门管理体制改革，钟祥于1981年底、荆门及京山于1982年改为部门和地方双重领导，以部门为主的双重领导体制。

主要业务范围

地面观测 荆门地面气象观测始于1952年建立的湖北军区钟祥气象站。

全市地面气象观测站3个，其中1个国家基准气候站（钟祥），2个国家一般气象观测站（荆门、京山）。区域自动气象站70个，包括单要素（雨量）站26个，两要素（雨量、气温）站35个，四要素（雨量、气温、风向、风速）站8个，多要素站1个。

国家一般气象观测站承担全国统一观测项目任务，每天08、14、20时3次定时观测。钟祥气象局增加E-601大型蒸发观测。每天进行24次定时观测，并拍发02、08、14、20时（北京时）天气电报和05、11、17、23时补充天气报告。

钟祥和京山2002年、荆门2005年开始建设地面自动观测站，实现地面气压、气温、湿度、风向风速、降水、地温（包括地表、浅层和深层）自动记录。

荆门气象站1970年1月20日向汉口、当阳、宜昌固定发24小时航危报，1972年7月，增发荆门固定0—24时航危报。1986年4月将24小时固定航危报调整为04—23时航危报，1986年12月，取消航危报。钟祥气象站1954年开始拍发固定和预约航危报，1981年开始停止所有航危报的观测和发报。

其他观测项目 2003年8月28日，荆门714-S数字雷达投入业务试运行。2006年3月，建成荆门闪电定位观测子站，向省局传输实时探测资料。2008年4月21日，建成GPS/MET水汽观测站，向省气象局传输实时探测资料。

气象预报预测 1974年以前，以收听省气象台天气预报为主，还成立了公社气象哨和老农看天小组，开展物候气象观测，把群众看天经验和气象观测资料进行分析，得出预报结论。1974年开始使用高空天气图、地面天气图、本站气象要素等分析天气趋势。20世纪80年代后期，开展了MOS预报方法。1997年，安装了气象卫星云图接收设备和卫星通信综合业务系统（9210工程），数值预报产品的应用占主导地位。2003年雷达资料在临近预报中发挥重要作用。

气象服务 荆门地处湖北中部，全市水资源十分丰富，境内大小河流900多条，形成以汉江中下游、漳河、长湖和府环河为主的四大水系，连接着58座湖泊、556座大中小型水库和12.15万口堰塘，旱、涝频发，防汛抗旱任务繁重。荆门市各级气象部门主要通过电视、电台、传真、电话、“12121”天气预报自动答询系统（2006年之前为“121”）、手机短信、兴农网、荆门气象门户网站、电子显示屏等提供公众气象服务、决策气象服务，针对各行业用户开展专业专项服务及防雷技术服务。

农业气象 全市仅钟祥观测站进行农气观测。1959年7月在双桥原种场设立农业气象观测点。1966年冬由于文化大革命而中断观测12年。1979年春恢复农业气象工作。

物候 1980年，钟祥观测站开始对杏树、刺槐、梧桐、楝树及家燕、蚱蝉（知了）、青蛙等自然物候进行正式观测记载。20世纪90年代后期逐步停止了杏树、刺槐、梧桐、楝树的观测。目前只有家燕、蚱蝉、青蛙三种动物的观测。

人工影响天气 1973年，荆门县人工降雨领导小组从沙市棉纺厂借用2门从军队退役的高炮进行人工增雨作业，拉开荆门人工影响天气的序幕。之后荆门、钟祥、京山陆续配备1～2门高炮。1993年荆门市政府投资新购置作业高炮1门，并投资30万元，在荆门市掇刀区团林镇建立了全省第一个人工增雨基地。2005年，全市共装备新型火箭发射架4架，作业高炮5门，作业专用牵引车2辆。建成了由1部714-S数字化天气雷达、1套静止卫星接收系统、3个气象观测站、70个区域自动天气观测站(雨量站)组成的人影监测网络；开通了市—县2兆宽带网，完成了作业指挥中心的改造；配备了笔记本电脑和台式计算机、专用服务器、大屏幕液晶显示器等硬件设施。

1973年—2008年的36年间，荆门市人工影响天气办公室共开展人工增雨作业201次，发射炮弹6833发，火箭弹83枚。

荆门市气象局

机构历史沿革

历史沿革 1957年12月1日，由省气象局新建荆门气候站。1959年3月，根据荆门县人民委员会指示改名为荆门县气象站。1966年2月5日，改名为荆门县气象服务站。1968年10月22日，成立荆门县气象站革命领导小组。1971年12月，改为湖北省荆门县气象站。1973年9月13日，成立荆门县气象科。1980年9月23日，改名为荆门县气象局。1984年1月，成立荆门市气象局。1987年11月13日，荆门市气象局升格为正处级单位，实行局、台合一。2001年12月，机构改革，市气象局内设办公室、业务管理科、人事教育科三个职能科室，荆门市气象台、荆门市公众气象服务中心、荆门市气象科技应用中心、荆门市气象局后勤服务中心、荆门市财务核算中心5个直属事业单位。地方编制机构2个：荆门市防雷检测所、荆门市人工影响天气办公室。

荆门气象观测始于1957年12月1日的荆门气候站，地址荆门县城关北门外(郊外)。因修建铁路，于1971年2月迁往荆门县城关北门外(火车站正西面)。因城市建设发展，2008年1月迁往荆门市十里牌林场王坡分场，位于北纬31°00′，东经112°07′，观测场地海拔高度为191.9米，现为国家一般气象站。

荆门市境内曾先后建立沙洋气象站(2002年停止观测)、易家岭(现名屈家岭管理区)气象站、冷水机场气象台、荆门宏图飞机制造厂气象台(已经撤销)。

人员状况 1957年建站时只有4人。1978年在职职工14人。1987年升格时有20人。截至2008年12月定编37人，现有在编职工31人，地方编制人员12人，聘用4人。

现有在编职工43人中，大学学历22人，大专学历12人，中专学历6人；高级专业技术人员2人，中级专业技术人员9名，初级专业技术人员12人；50～59岁9人，40～49岁15人，40岁以下19人。

名称及主要负责人变更情况

名称	负责人	职务	任职时间
荆门气候站	倪捷元	筹建组负责人	1957.10—1958.12
荆门气候站	邢宜堂	站长	1958.12—1959.3
荆门县气象站	邢宜堂	站长	1959.3—1960.4
荆门县气象站	李顺福	站长	1960.5—1960.7
荆门县气象站	李世森	副站长	1962.4—1962.8
荆门县气象站	魏安本	站长	1962.11—1964.6
荆门县气象站	范定国	副站长(主持工作)	1965.8—1966.2
荆门县气象服务站	范定国	副站长(主持工作)	1966.2—1968.10
荆门县气象站革命领导小组	王森高	负责人(主持工作)	1971.7—1971.12
荆门县气象站	王森高	负责人(主持工作)	1971.12—1973.9
荆门县气象科	王森高	副科长(主持工作)	1973.9—1978.3
荆门县气象科	曹文源	科长	1978.10—1980.9
荆门县气象局	刘善益	局长(正科)	1981.3—1983.1
荆门市气象局	曹文源	局长	1984.2—1984.11
荆门市气象局	张修杰	局长	1984.11—1987.12
荆门市气象局	孙先健	局长(正处)	1987.12—1989.6
荆门市气象局	张修杰	副局长(主持工作)	1989.6—1992.3
荆门市气象局	张修杰	局长	1992.3—2003.12
荆门市气象局	丁俊锋	局长	2003.12—2004.11
荆门市气象局	墙登云	副局长(主持工作)	2004.11—2005.12
荆门市气象局	童哲堂	副局长(主持工作)	2005.12—2006.3
荆门市气象局	胡国超	局长	2006.3—

气象业务与服务

1. 气象观测

地面观测 1957年12月至1960年7月，地面气象观测采用地方平均太阳时，1960年8月1日起，统一改用北京时。1957年至1960年7月，每天观测4次(01、07、13、19时)，1960年8月至1971年3月，每天观测3次(08、14、20时)。1971年4月至1986年3月，每天观测4次(02、08、14、20时)。1986年4月开始，每天观测3次(08、14、20时)。观测的项目执行《地面气象观测规范》。

发报 每天编发08、14、20时3个时次的定时天气加密报，除草面温度外均为发报项目。1970年1月20日向汉口、当阳、宜昌固定发24小时航危报，1972年7月，增发荆门固定0—24时航危报。1986年4月将24小时固定航危报调整为04—23时航危报，1986年12月，取消航危报。

气象观测现代化 2003年8月28日荆门714-S数字雷达投入业务试运行。2005年4月，首次安装了FY-2静止卫星接收系统。卫星云图接收机24小时跟踪接收云图，半小时

1次。接收的资料有红外云图、水汽通量图等。2005年开始建设地面自动观测站,实现地面气压、气温、湿度、风向风速、降水、地温(包括地表、浅层和深层)自动记录。2006年3月,建成荆门闪电定位观测子站,向省气象局传输实时探测资料。2008年4月21日,建成GPS/MET水气观测站,向省气象局传输实时探测资料。

2. 气象预报预测

1960年开始制作的天气预报,以收听湖北省气象台天气预报为主,结合本地群众看天经验(天气谚语、方法等)和气象观测资料进行分析,得出预报结论,向全县发布补充订正天气预报。

自1974年起,用高空实况天气图资料,结合地面天气图、本站气象要素,分析天气趋势,作出短期(1～3天)天气预报。20世纪80年代后期,开展了MOS预报方法,即对数值预报格点资料进行模式统计的预报方法。1997年,安装了气象卫星云图接收设备和卫星通信综合业务系统(9210工程),建立了微机MICAPS预报工作站,在日常预报业务工作中,数值预报产品和释用产品的应用已占主导地位。

3. 气象信息网络

1984年3月,配备气象无线电传真设备,组建地、县无线电传真网。

1985年12月,"VHF"(甚高频电话)在荆门气象站安装调试成功,疏通了荆门与周边气象台站的通信渠道。

1999年气象卫星地面接收站(VSAT)建成开通使用,取代了原来的气象传真机,获取天气预报资料、图表更加方便快捷,准确清晰,信息容量更大。省市通信通过X.25分组交换网实现。2004年建成省地可视会商系统,2005年建成省市县三级SDH骨干网,增强了气象通信的可靠性、稳定性和及时性。

4. 气象服务

决策服务 荆门市气象部门决策气象服务产品包括重要天气报告、专题气象服务材料、一周天气预报、一周农用天气预报、常规天气预报、短时天气警报、气候月报、农气旬报等。服务方式是通过传真、手机短信等途径将服务产品及时发送到各级党委政府领导和决策部门手中。

气象服务在防灾减灾决策中发挥重要作用。2007年汛期,荆门市出现了7次暴雨天气过程,发生了有气象记录以来最严重的洪涝灾害,全市降水量达到常年同期的3倍以上。荆门市气象局共向荆门市委、市政府、市防汛抗旱指挥部及有关部门发布《专题气象服务》17期、《梅雨气象服务》5期、《重要天气报告》7期、《气象灾害预警》24次,为荆门市委、市政府指挥防汛救灾提供了准确及时的决策依据,有效减轻了灾害损失。

公众服务 公众气象服务以荆门电视天气预报节目、荆门兴农网、"12121"自动答询电话和手机气象短信等为载体,及时发布公众气象服务产品。1995年12月1日,开通了"121"天气预报电话自动答询系统;2004年12月,服务号码调整为"12121"。1996年6月,荆门电视天气预报节目在荆门电视台开播;2004年初,将天气预报节目主持人推上了荆门电视荧屏。2003 年，开通了气象短信服务。

专业与专项服务 专业气象服务是公共气象服务的重要组成部分。20 世纪 90 年代初以来，先后与漳河水库工程管理局、市林业局、市交通局、市教育局、市环保局、市卫生局、市安检局、沙洋马良监狱农场等单位签订了气象服务合作协议，常年发布汛期天气预报、农事天气预报、森林火险等级预报、城市环境监测预报，及时开展春运气象服务、高考气象服务、学校防雷安全服务等专业专项气象服务。

2004 年自春季开始，荆门市降水明显偏少，到 5 月中下旬全市农田出现了严重干旱。为了缓解旱情，漳河水库管理局正在大流量地向灌区农田放水。5 月 24 日为晴天，当日下午，经过认真会商和分析，荆门市气象台得出了"25 日白天多云转小到中雨，26 日有大到暴雨，之后一直到 31 日为间歇性降水天气"的预报结论，并立即通过传真、电话等方式将这一信息发给漳河水库管理局，漳河水库管理局根据气象部门的预报及时进行流量调度，避免了灌溉农田受淹、渠道破堤，同时避免了水资源浪费，为水库管理部门节约了大量资金。

5. 农业气象

1958 年 5 月 23 日，根据湖北省气象局台站科指示，增加农作物观测（棉花、水稻）。1966 年 4 月停止农业气象观测。1983 年起制作《荆门气候影响评价》，着重评价有利气候条件对农业的增产效益和不利气候条件造成的损失。2007 年起增加逐月气候评价。

科学管理与气象文化建设

法规机构建设 2002 年以前，荆门市气象局没有正式成立气象依法行政管理机构。2002 年 10 月 29 日，法规科正式成立，与办公室合署办公。随着气象行政执法工作的开展，2006 年 5 月 29 日，正式成立荆门市气象局气象行政执法大队。

法规建设与管理 重点加强雷电灾害防御工作的依法管理工作。荆门市气象局积极争取市政府支持，加强与有关部门的合作与联系，制定出台了一系列加强防雷管理的文件。1996 年 4 月 29 日，荆门市人民政府下发了《荆门市防雷设施管理办法》（荆政发〔1996〕11 号）。1999 年 7 月 14 日，荆门市人民政府办公室下发了《关于切实加强防雷减灾工作的通知》（荆政办法〔1999〕79 号）。2000 年 12 月 7 日，荆门市人民政府下发了《关于印发荆门市防雷工程管理办法》（荆政发〔2000〕43 号）的通知。2007 年 6 月 26 日，荆门市人民政府办公室下发了《关于进一步加强防雷减灾工作的通知》（荆政办法〔2007〕21 号）。

行政审批 2001 年，荆门市气象局正式在荆门市政府行政审批中心开设气象行政审批窗口，通过户外公示栏、电视广告、发放宣传单等方式向社会公开气象行政审批办事程序、气象服务内容、服务承诺、气象行政执法依据、服务收费依据及标准等。

党建 荆门气候站建站初期，没有中共党员。1974 年 12 月 21 日，荆门县气象科已有 3 名党员，成立气象科党支部。1987 年 12 月 30 日，成立荆门市气象局党组。同时，保留机关党支部。截至 2008 年底，机关支部已有党员 28 人，其中退休党员 5 人。机关党支部履行着对党员进行教育和管理的责任，坚持民主评议党员；发展党员以及党费的收缴和管理等工作。支部委员会由党员大会选举产生，支委均为兼职。

1988 年 9 月，童哲堂任共青团荆门市气象局支部书记。

1987年11月，成立荆门市气象局机关工会，工会主席由分管工会工作的市气象局领导兼任。

没有成立专门的妇女组织，妇女工作由工会女工委员兼任。

1988年4月，成立荆门市气象学会，孙先健任第一任理事长。至2008年底已经历四届。

制定了党风廉政责任制，明确了各级领导班子对党风廉政建设应承担的责任。明确了党组书记对本部门的党风廉政建设负总责。建立了党风廉政建设考核制度和党风廉政建设报告制度以及责任追究制度。

气象文化建设 荆门市气象局始终坚持以人为本，弘扬自力更生、艰苦创业精神，深入持久地开展文明创建工作，做到了政治学习有制度、文体活动有场所、电化教育有设施，走出了一条具有自身特色的精神文明创建之路。

开展文明创建规范化建设，统一制作局务公开栏、学习园地、法制宣传栏和文明创建标语等宣传用语牌。建有荣誉室、图书室、气象科普室、活动室、篮球场。每年组织乒乓球、篮球、登山比赛，丰富职工业余文化生活。

荣誉 1957—2008年荆门市气象局共获市厅级以上集体荣誉53项。1994年，被湖北省政府表彰为“气象为农业服务先进单位”；1999—2000年度、2001—2002年度、2003—2004年度被湖北省委、省政府授予“文明单位”称号；2005年，荆门兴农网荣获中国气象局“2005年中国农村综合经济信息系统气象为农服务优秀奖”；2007年，荆门市气象台荣获中国气象局“2007年重大气象服务先进集体”荣誉称号。

1957—2008年，荆门市气象局个人获奖共81人(次)。其中叶德兰1978年被中国气象局表彰为“全国气象部门先进工作者”；胡永喜1996年被中国气象局授予“全国气象部门双文明先进个人”称号。

台站建设

1957年建站初期，荆门气候站占地面积不足1300平方米，只有1栋砖木结构的平房，没有供水供电设施。1971年荆门县气象站只有不到60平方米的办公平房。1985年，荆门市气象局建设1栋3层办公楼，建筑面积630平方米。1994年，原办公楼扩建装修，在原来3层的基础上加盖1层。2003年在掇刀区深圳大道东端建成雷达业务办公楼1栋，其中办公楼6层，塔楼15层，建筑面积3008平方米。为了改善气象探测环境，2007年在掇刀区十里牌林场王坡分场半边山征地7000平方米，修建了25米×25米新观测场。至此，荆门市气象局由综合办公区、观测场、人影基地、生活区四个点构成，共计占地面积18631.04平方米。经过多年的绿化改造，修建草坪和花坛、种植风景树，还修建了篮球场，硬化了道路，雷达业务办公楼的配套设施大大改善，办公区环境整洁美观，建设成一个花园式的气象台站。雷达大楼成为荆门南大门的标志性建筑。

京山县气象局

机构历史沿革

历史沿革 1958年10月京山县气候站成立，站址在京山县新市镇刘家岭（北纬31°01′，东经113°07′）。1965年12月改为京山县气象服务站，1971年8月改称京山县气象站。1973年8月，设立京山县气象科。1981年1月改称京山县气象局，与气象站合署办公。1984年2月，县气象局改称县气象站，1985年11月恢复县气象局名称，保留气象站，实行局站合一。2008年12月31日20时，在新市镇文峰村三组（北纬31°00′，东经113°08′）新建的气象观测站开始观测记录，原观测场改为区域自动站，行政办公和职工住宅不动。

管理体制 1958年10月，由京山县人民委员会领导。1962年6月改由省气象局和县政府双重领导，以省气象局领导为主。1969年1月由京山县革命委员会领导。1971年8月由县人民武装部和县革命委员会双重领导，以军事部门领导为主。1973年8月恢复由县革命委员会领导。1981年1月由京山县人民政府领导。1982年2月改为上级气象主管部门和县人民政府双重领导，以上级气象主管机构为主。

主要负责人变更情况

姓名	职务	任职时间
梁树松	站长	1958.12—1964.9
杨铁生	副站长	1964.9—1972.1
袁瑞祥	党支部书记（主持工作）	1972.1—1974.11
	站长	1974.11—1979.4
金钧山	科长	1979.4—1981.1
	副局长	1981.1—1984.3
张修杰	副站长（主持工作）	1984.3—1984.11
朱大成	站长	1984.11—1985.11
	局长	1985.11—1997.12
雷德祥	局长	1997.12—2002.12
王文举	副局长（主持工作）	2002.12—2004.3
	局长	2004.3—

人员状况 1958年有4人，1978年14人，2008年有19人，其中气象编制人员13人（含退休5人），编外用工1人，人工影响天气办公室5人。党员11人，其中在职党员7人。

在14名在职职工中,50～59岁5人,40～49岁7人,40岁以下2人;大学本科学历1人,大专学历5人,中专学历5人,中级专业技术人员7人,初级专业技术人员6人。

气象业务与服务

1. 气象综合观测

观测机构 1958年至20世纪70年代初期为气象观测站,只有3～4名工作人员。1976年为地面气象观测组,1982年更名为测报股。1995年测报股与预报股合并为业务股,工作人员3～5名。

观测时次 1959年3月,观测时制和次数为地方平均太阳时01、07、13、19时4次。1960年8月,将观测时制改为北京时01、07、13、19时4次,9月改为北京时02、08、14、20时每日4次观测。1961年8月改为北京时08、14、20时3次观测。1980年1月开始执行全国统一观测项目:气压、气温、湿度、降水、风向风速、云、能见度、天气现象、雪深、地温、日照、蒸发。从1980年2月改为北京时每天02、08、14、20时4次观测。1986年4月,恢复08、14、20时3次定时观测。

天气电报 从建站开始,每天07时和13时(1960年9月改为08、14时)定时向地区气象台编发小图报。1966年9月停发小图报,只发08—08时雨量报。1972年5月改为06—06时雨量报,1972年8月起发气象旬(月)报。1980年5月恢复向地区发小图报。1983年4月起向省、地气象台拍发小图报。1999年3月改称为加密天气报告。2000年5月开始,发报时次改为08、14、20时3次。

重要天气电报 从1959年起,一直编发重要天气报告(1983年前称危险天气通报)。报告内容有大风、暴雨、积雪、冰雹、雨凇和龙卷。

航危报 1970年拍发武汉、孝感两地每日04—20时(1972年改为01—24时)航危报。1984年7月增加04—20时应山的航危报。1989年5月发报时间改为08—18时。1993年3月停发航危报。

报文传输 1959年起,电码由邮电局用无线发报机传至地区气象台。1988年改由甚高频电话向省、地气象台发报。1995年改用微机网络直接传输。

报表制作 1959年3月开始,编制气象月报表、年报表。1999年7月,地面气象记录月报表封面、封底以V文件格式传输。2001年1月向省局传输原始资料,停报报表。

综合观测系统建设 1969年10月,使用EL型电接风向风速计,1979年9月增配EL型电接风记录器,1992年被EN型测风数据处理仪替代。1979年12月,新增自记温度计和毛发湿度计。1980年3月新增虹吸式雨量计。1985年4月新增翻斗式遥测雨量计,是年10月,使用PC-1500袖珍计算机,1991年更换成486型微型计算机,以后逐年升级换代。2001年12月自动气象站正式投入运行。自动气象站观测项目有气压、气温、湿度、风向风速、降水、地温等,全部由仪器自动采集,记录。

2005年底,13个乡镇建起了自动雨量观测站。2007年在八字门水库和屈家岭管理区建起了四要素自动气象站,在绿林寨开展风力发电考察。

2. 气象预报预测

短期天气预报 以收听湖北省气象台天气预报为主，20 世纪 60 年代中期至 20 世纪 70 年代初，成立了公社气象哨和老农看天小组，开展物候气象观测，把群众看天经验与气象观测资料进行分析，发布补充订正天气预报。

从 1974 年起，抄收绘制东南亚区域 500、700、850 百帕和地面天气图，1980 年完成了基本资料、基本图表、基本档案和基本方法(即四基本)业务建设。初步建立起各种天气预报工具 60 多套、预报指标 2000 余条。基本形成了“图”(天气图)、“资”(本地预报工具、方法、指标及档案等资料)、“群”(群众看天气经验)相结合的预报方法体系。1985 年接收收传真图后，“MOS”预报方法运用而生。1999 年用卫星资料取替了传真图，2005 年接收雷达资料作临时预报。

中期天气预报 接收省、市气象台的旬(月)天气预报，再结合本地气象资料，短期天气形势，天气过程的周期变化等制作下一旬(月)的趋势预报。进入 21 世纪后，中期天气预报主要是利用省、市气象台的预报结论做服务。

1960 年 4 月，京山县气象站老农看天小组

长期天气预报 长期预报主要有：春播期预报、汛期预报、年度预报、秋季预报。主要预报方法是运用数理统计和常规气象资料图表及天气谚语、韵律关系等方法，作出补充订正预报。

在 20 世纪 70 年代中期开始做长期天气预报，20 世纪 80 年代落实“大中小、图资群、长中短相结合”的技术规则，参加会战，建立了一整套长期预报的特征指标和方法。到 20 世纪 90 年代后期，停做长期天气预报。

3. 气象服务

公众气象服务 建站以来，天气预报一直由县广播站播报。1997 年建成开通“121”电话自动答询系统，2003 年由荆门市气象局集约化管理。1998 年开始编辑制作电视天气预报，2004 年停播。2006 年开始由县电视台制作文字气象节目。2003 年 12 月京山县兴农网建成开通。2006 年开通县政府商密网和气象商务短信平台。

决策气象服务 1980 年以前以口头或电话传真方式向县政府提供气象信息。其后逐步开发了中长期天气预报、天气形势与分析、重要天气报告等决策服务产品。1981 年开展农业区划调查，1984 年开展柑橘种植考察，这两个项目，均获荆州地区科技成果三等奖。2007 年 7 月 13 日京山县城区发生百年一遇的特大暴雨，日降水量达 296.4 毫米，造成了京山县有记载以来最为严重的洪涝灾害。县气象局提前 3 天预报“未来三天全县境内有一次强降水天气过程”,13 日凌晨 2 时,发布暴雨预警信号,县委、县政府根据这些信息迅速组织人员抢险,转移人员,避免了人员伤亡。2007 年和 2008 年连续两年获全省重大气象服务先进单位。

气象科技服务 1984 年开始推行气象有偿服务,利用传真、邮寄、预警系统、声讯、影视、手机短信等手段,面向各行各业开展气象科技服务。1990 年 8 月,京山县避雷设施防护安全检测领导小组成立,对避雷装置进行安全性能检测;1999 年改为京山县防雷检测所,开展防雷工程的设计施工工作。2005 年 10 月将防雷工程从设计、施工到竣工验收,全部纳入气象行政管理范围,并对重点工程建设项目开展雷电灾害风险评估。1992 年开始施放庆典氢气球服务。1978 年,成立人工降雨办公室(现称人工影响天气办公室),由县气象局代管,开展人工增雨工作。2005 年和 2006 年为绿林鸳鸯溪漂流实施人工增雨有偿服务。

科学管理与气象文化建设

法规建设与管理 认真履行《中华人民共和国气象法》等法律法规赋予的防雷、施放庆典气球、气象探测环境保护等职责。1999 年县气象局有 10 人办理了气象行政执法证,制止了几起无资质施放氢气球活动。

1996 年后,依照《中华人民共和国气象法》处理了京山县新市镇粮食交易所和京山县国宝桥米公司建房影响气象观测环境的问题。2008 年按照法定程序由京山县轻机集团出资,对气象观测场进行整体搬迁。县建设局对新建的京山国家气象观测站探测环境保护技术规定备案,县建设设计院起草制定了京山县国家气象一般站探测环境保护专项规划。

1997 年至 2004 年,县政府办公室每年下发《关于加强防雷工作的通知》,2006 年防雷行政审批工作进入县行政服务大厅办理,2007 年县政府下发了《关于加强我县防雷工作的意见》,将防雷设施图纸审核和工程竣工验收纳入工程建设项目开工和验收的前置条件。防雷行政许可和防雷技术服务逐步规范化。

气象政务公开 对气象行政审批程序、气象服务内容、服务承诺、气象行政执法依据、服务收费依据及标准采用宣传栏和宣传单等方式向社会公开。干部任用、财务收支、目标考核、基本设施建设等内容则采取职工大会或上局务公示栏等方式向职工公开。干部任用、职工入党、晋级等及时向职工公示或说明。

内部管理制度 20 世纪 80 年代对机关工作、气象业务、财务管理、资料文书档案等事项作了具体规定。2000 年以来,经过进一步补充修订,形成了《京山县气象局气象综合业务系统管理手册》和《京山县气象局综合管理制度汇编》。内容包括业务、服务、党建、人事、行政机关、档案管理、计划生育、学习培训、休假、财务、福利等各个方面。

党建 1971 年前,京山县气象站党员在县人委机关参加党组织生活。1972 年 4 月建立中共京山县气象站(局)支部委员会。历届党支部书记有袁瑞祥、金钧山、张修杰、朱大成、雷德祥、王文举。2005 年 4 月成立中共京山县气象局党组,辖京山县气象局机关支部委员会,气象局党组书记和机关支部委员会书记均由王文举担任。

1983 年 12 月京山县气象局工会工作委员会成立,由方秉祥负责,1987 年 6 月改由蒋本栋负责，1994 年 5 月方秉祥任京山县气象局工会副主席，负责工会工作。1998 年后工会工作由分管机关的副局长兼管。

1983 年成立京山县气象学组，1991 年 11 月京山县气象学会正式注册登记。学会工作一直由分管业务的副局长负责。

2000 年以来，认真落实党风廉政建设责任制，开展廉政教育和廉政文化建设，每年组织观看警示教育片，开展“一把手”谈廉、述廉活动。建立重大事项议事制度、财务管理与审计制度、政务公开制度等。

气象文化建设 2003 年以来，把班子自身建设和职工队伍的思想建设作为文明创建的重要内容，职工活动丰富多彩。局工会组织乒乓球、羽毛球、自行车、象棋等比赛和春节联欢活动，组织并参加各类演讲、书画和文体活动。朱大成和侯光清成为湖北省书法家协会会员。2007 年朱莉莉等职工表演的舞蹈《小女婿》代表湖北省气象部门参加全国气象部门文艺汇演，获得优秀奖。

2007 年，京山县气象局职工朱莉莉等三人表演的《小女婿》参加全国气象部门汇演，获得优秀奖。

2008 年京山县气象局作为全省气象文化建设的示范单位，一年时间内建起了篮球场、羽毛球场、室内外健身器材、职工活动室、阅览室、气象科普室、荣誉室、新建了观测场和业务一体化室，装修改造了会议室和办公楼，制作了学习园地、法制宣传栏、气象文化长廊、观测环境保护警示标志。添置了电脑、摄像机、照相机、投影仪等宣传工具。

荣誉 2007 年被省委、省政府授予“文明行业先进单位”。2008 年被定为全省基层气象台站建设试点单位和全省气象文化建设试点单位，并被评为省级文明单位。

台站建设

台站综合改善 1958 年建站时建房 120 平方米。1972 年建房 120 平方米。1980 年建房 500 平方米。1987 年建 4 层住宅楼 16 套 1185.7 平方米。1990 年建成 4 层 378 平方米办公楼，并修建围栏、院大门和门房等。2001 年建 3 层办公楼面积 620 平方米。2008 年在京山县新市镇文峰村三组征地 12 亩，建起了新的气象观测站。

1958 年京山县气象观测站全景图

2008 年新建的观测场

园区建设 2005—2008 年对院内进行了综合改造，基础设施全部达标，院内绿化面积达 72%，2007 年被京山县政府评为园林式单位。建起了气象卫星接收站、等效雷达系统、自动观测站、气象服务平台、人工影响天气作业指挥系统、商务短信平台、电子显示屏等业务系统工程。

钟祥市气象局

钟祥市历史悠久，源远流长，从现在上溯到公元前 704 年，有文字记载的历史长达 2700 多年。位于东经 112°07′～113°00′，北纬 30°42′～31°36′。地处中纬度地区，属北亚热带季风气候，四季分明、气候温和、湿润、光照充足、雨热同季。

钟祥市气象局座落在郢中镇古阳春台上。占地面积 10340 平方米。位于东经 112°34′，北纬 31°10′，海拔高度为 65.8 米。

机构历史沿革

历史沿革和管理体制 1952 年 6 月 15 日，湖北军区司令部派遣徐林森、杨铁生两人在钟祥县城关镇筹建气象站，同年 8 月 1 日正式开始观测，名称为湖北军区钟祥气象站，隶属中南军区气象处。1954 年 10 月，根据 1953 年 8 月 1 日中央军委和政府的联合命令，湖北军区钟祥气象站由军队建制转为地方建制，隶属湖北省气象局领导，名称为湖北省钟祥气象站。1957 年，湖北省钟祥气象站更名为钟祥县气象站。1961 年 9 月 26 日，成立钟祥县人民委员会气象科。1971 年 7 月，实行由军事部门和县革命委员会的双重领导，并以军事部门为主的体制，隶属县人民武装部领导，省、地气象局负责业务管理。1977 年 9 月 14 日，成立钟祥县革命委员会气象局，与气象站合署办公，保留气象站。1981 年 12 月 27 日，改为地方党委和上级业务部门双重领导，以上级业务部门为主的管理体制。1984 年 3 月，钟祥县气象局改称为钟祥县气象站，属县直正科级单位。1985 年 11 月，更名为钟祥县气象局。1987 年 1 月 1 日，被定为国家基准气候站，名称为钟祥国家基准气候站。1992 年 8 月钟祥撤县建市，钟祥县气象局更名为钟祥市气象局。1997年2月1日，钟祥市气象局隶属关系由荆州市气象局改为荆门市气象局管理，人员编制核定为16人。1998年12月10日，成立钟祥市防雷检测所。

人员状况 建站初期有5人，1958年发展到13人，1961年精减职工后，整个60年代一直保持7～8人，1972年开始增加职工，1978年达到19人，1982年人数骤增到41人，1985年，职工人数降至32人。1997年2月1日，根据文件精神(鄂气人发〔1997〕17号)钟祥市气象局人员编制核定为16人。2006年8月定编为15人。2008年底有18名在职职工，其中人影编制5人，防雷编制2人。

现有在职职工中，大学学历4人，大专学历6人；中级专业技术人员7名，初级专业技术人员4名；50～59岁4人，40～49岁6人，40岁以下8人。

名称及主要负责人变更情况

单位名称	姓名	职务	任职时间
湖北军区钟祥气象站	靳春牛	站长	1952—1953.10
湖北省钟祥气象站	马世杰	站长	1953.10—1955.03
湖北省钟祥气象站	邵循适	副站长	1955.03—1957.01
钟祥县气象站	朱叔平	副站长	1957.01—1961.12
钟祥县人民委员会气象科	杨自动	副科长	1961.12—1965.07
湖北钟祥气象站	马佩龙	站长	1965.07—1972.01
钟祥县气象站	程连振	站长	1972.01—1977.09
钟祥县革命委员会气象局	赵忠义	局长	1977.09—1981.07
钟祥县革命委员会气象局	王道盛	副局长	1981.07—1984.03
钟祥县气象站	张卫东	站长(正科级)	1984.03—1984.10
钟祥县气象站	杨树强	站长(正科级)	1984.11—1986.12
钟祥县气象局	胡永喜	局长	1986.12—2001.04
钟祥市气象局	董光英	局长	2001.04—2004.03
钟祥市气象局	张忠云	局长	2004.03—

气象业务与服务

自1952年6月15日建站以来，由单纯的地面气象观测发展到天气预报、农业气象、人工影响天气等多项工作。目前增加GPS水汽观测、区域自动雨量站等业务。地面气象观测项目有温度、湿度、气压、风向风速、降水、蒸发、日照、地温(含地面温度、浅层地温和深层地温)、雪深、雪压、冻土、电线积冰。

1. 气象业务

地面气象观测 1952年8月1日开展地面气象观测业务。1952年9月26日开始，每天北京时间02、08、14、20时进行基本定时绘图天气观测和发报。1954年1月1日起，执行我国第一部气象观测规范，并实行24小时守班制。1954年12月1日开始，增加05、11、17、23时4次补助绘图天气观测报和06—07、09—13、15、16、18、19、21时航空报及危险报。1955年9月开始，每旬旬末向武汉中心气象台拍发气候旬报。1956年6月开始每旬旬末向武汉和北京拍发气候旬报。此外，自1954年12月1日起至1980年12月31日止，先后向北京等17个地方拍发过固定和预约航危报。1980年1月增加雪压和电线积冰观测。1981年停止所有航危报的观测和发报。1987年1月1日，增加冻土和直管地温的观测。1997年2月1日正式使用E-601B型蒸发器观测。2000年10月建成了地面测报自动站。2002年1月1日自动气象站正式投入使用，实现人工观测和自动观测并轨运行。2006年7月1日地面气象测报增加23时发报，编发气候月报。

短期天气预报 1958年8月开始了单站补充天气预报工作，基本上是收听各种气象广播，绘制地面简易实况图，查阅各种资料，绘制点聚图、曲线图、剖面图，向当地发布天气预报。1974年开始，增加08时700百帕、500百帕高空实况图，1979年增加850百帕高空实况图。1981年增加传真接收北京气象中心播发的各种天气图，利用统计和各种天气模式作出季度、月、旬短期天气预报，并向上级业务部门反映灾害情报和收集效果。2000年2月建立卫星接收天气预报系统，预报人员以数值预报为基础，结合其他资料和预报经验作出短期天气预报。

中长期天气预报 中长期天气预报起始于1962年，中期预报主要制作逐旬天气预报。长期预报主要是制作春播期、汛期、秋播期趋势预报预测。

气象现代化建设 建站开始，地面观测记录和编报为人工操作。1986年地面测报配备了PC-1500袖珍计算机，用于编制天气观测报告。1989年建立了预警系统，配备气象警报发射机一台，共有接收机60台。1992年9月用微机制作气象月报表。1999年建成了气象卫星接收站，实现了气象资料的实时传输与处理。2000年购置了网络服务器等设备，接入了因特网，建立了气象卫星服务工作站，在部分乡镇、水库安装了气象卫星接收系统网络终端，并建成局域网，短期预报实现了无纸化操作。2004年建立了汉江中游雷达系统钟祥工作站。2006年10月建成了GPS大气水汽探测系统。

区域自动雨量站 根据省气象局业务主管部门要求，在各乡镇场库陆续建设了26个自动雨量观测站。2005年6月30日，钟祥局定为雨量自动站分中心站，全市计划建设21个站点，已建东桥、长寿、石牌3个站点，并正式投入运行；2006年8月在全市14个乡镇建成了自动气象站，在旧口、张集、洋梓、柴湖、冷水、九里、文集、官庄湖、双河、长滩等乡镇安装两要素雨量观测站；2007年10月在9个大中型水库安装完成了两要素和四要素雨量站，其中温峡、石门、峡卡河安装四要素雨量站，黄坡、铜钱山、洪山寺、北山、陈坡、龙峪湖等水库安装两要素雨量站。乡镇场库自动雨量站观测数据均采用仪器自动采集、记录，采集的数据通过中国移动通讯网上传。

农业气象 1959年7月在双桥原种场设立农业气象观测点。1962年春，观测点由双桥迁至皇庄公社星星大队。主要观测项目有水稻、棉花、小麦、油菜等农作物以及土壤湿度的测定。1966年冬至1978年，由于“文化大革命”而中断观测12年。1979年春，恢复农业气象工作。1980年被国家气象局确定为国家农业气象基本观测站。对杏树、刺槐、梧桐、楝树及家燕、蚱蝉(知了)、青蛙等自然物候进行正式观测记载。20世纪90年代以后期逐步停止了杏树、刺槐、梧桐、楝树的观测,目前只有家燕、蚱蝉、青蛙三种动物的观测。1990年1月1日取消棉花观测,增加中稻的产量预报,土壤湿度由固定地段调整为非固定地段,深度为50厘米。1997年9月停止土壤湿度观测。2001年取消杏、刺槐、楝树、梧桐的物候观测任务。2002年7月钟祥站新增为土壤墒情监测点,8月份开始进行土壤湿度测定。2005年5月29日观测场北面建成了农业气象土壤水分自动观测站。2007年停止土壤水分自动观测站。

2. 气象服务

决策气象服务 20世纪90年代前,市气象局主要是通过电话、文字材料或向市委市政府主要领导口头汇报等形式开展。

2000年市气象局建立MICAPS卫星地面站接收系统,在市防汛指挥部和各大中型水库建立气象信息传递微机终端,各级领导通过终端直接看到天气预报产品和卫星云图。2002年荆门雷达钟祥工作站建成,可以直接调看雷达回波图,增强了预报信息的直观性,提高了对灾害性天气的监测和预警能力。

气象服务在防灾减灾中发挥了重要作用。2008年钟祥市出现了五十年一遇的特大低温冰冻天气,市气象局密切注视天气变化,及时将各种天气信息以《重要天气报告》的形式向市委、市政府汇报,同时将天气信息以政府商密网、短信平台、“12121”、电视等多种形式提供给各级政府和广大百姓,使这次低温冰冻灾害天气的损失降到了最低限度。

公众气象服务 20世纪90年代以前,公众气象服务主要是通过县广播站发布天气预报,1996年市电视台成立,随即和市广播电视局达成协议,共同开发天气预报直播系统,同年8月由市气象局制作的电视天气预报在电视台播出。1997年与市电信局达成合作协议,“121”天气预报自动答询系统正式开通。2006年“121”电话升位为“12121”。2007年,“12121”由荆门市气象局集约经营。

专业专项服务 专业有偿服务开始于1986年,服务对象主要为电力、交通、农业、水利、砖瓦行业以及各乡镇农业办公室,服务方式主要是向用户提供中长期天气预报和气象资料。1989年建立了预警信息广播平台,气象局每天3次定时广播天气信息,各用户定时收听气象天气信息。目前,公众气象服务主要是通过广播电视、“12121”声讯、兴农网、互联网公众服务平台等提供气象信息服务。

兴农网 2003年7月1日,钟祥市气象局发挥科技优势、网络优势、人才优势和信息优势,建成了钟祥兴农网。兴农网是由地方政府主管,农办牵头,气象局承办,涉农部门协办的综合性、开放性、互动式网站。主要开办农业新闻、市场信息、科技兴农、政策法规、气象服务、钟祥概况、乡镇风采、企业掠影、便民服务等栏目。在全市23个乡镇场库建立了兴农网信息站。钟祥气象局“兴农网”建设工作得到湖北省气象局肯定,并在全省气象部门基层台站进行推广。

人工影响天气 1975年,开始试制土火箭进行人工降雨。1977年,荆州地区气象局下拨2门“三七”高炮进行人工降雨。1985年,正式成立了钟祥县人工降雨办公室,定编6人。2000年3月8日,更名为钟祥市人工影响天气办公室。2005年8月,购买了用于人工增雨作业用的CF4-1B型火箭发射架。

法规管理与气象文化建设

法规建设与管理 在气象行政执法中，钟祥市气象局着重做好气象探测环境保护与雷电灾害防御工作。根据《中华人民共和国气象法》和《气象探测环境和设施保护办法》的规定，结合钟祥国家基准气候站的实际情况，加大气象探测环境保护的宣传力度，依托建设局、钟祥城市规划管理处完成了钟祥市气象探测环境保护专项规划。

1990 年 8 月，钟祥县政府钟政办发文(〔1990〕26 号)，县政府成立了避雷防护设施安全性能检测工作领导小组。从 1994 年起开展防雷检测技术服务，起步阶段主要是开展防雷装置安全性能检测，逐步发展为防雷工程设计安装。1998 年 12 月成立了钟祥市防雷检测所，2000 年取得计量认证证书。2001 年取得防雷检测资质证书，现在的防雷技术服务项目有防雷装置设计审核、竣工验收和防雷工程等工作。2007 年下发了《钟祥市人民政府关于进一步加强防雷减灾工作的通知》(钟政办发〔2007〕72 号)，市气象局分别与市安监局、消防大队、教育局联合开展了关于在易燃易爆、危化场所、加油站、学校进行防雷专项检查和整治工作。根据国务院 412 号文件精神，2003 年进入市行政服务大厅开展防雷装置设计审核和竣工验收的行政审批工作。

气象政务公开 对气象行政审批办事程序、气象服务内容、服务承诺、气象行政执法依据、服务收费依据及标准等，采取了通过户外公示栏、媒体公告、发放宣传单等方式向社会公开。干部任用、财务收支、目标考核、基础设施建设、工程招投标等内容则采取职工大会或上局公示栏张榜等方式向职工公开。财务每半年公示 1 次，年底对全年收支、职工奖金福利发放、领导干部待遇、劳保、住房公积金等向职工作详细说明。干部任用、职工晋职、晋级等及时向职工公示或说明。建全内部规章管理制度，2005 年 7 月重新修订完善了《钟祥市气象局综合管理制度》，主要内容包括民主决策、政治学习、财务管理、计划生育、环境卫生、党风廉政建设、治安综合治理、宣传报道等。

党建工作 1954 年以前，站内有 2 名党员，组织生活在县人武部进行，1954 年至 1961 年 8 月，气象站维持 1～2 名党员，其组织生活在县委会内，1961 年 9 月至 1972 年 2 月。党员 1～2名，与县农业局、机械局一个党支部，1972 年 3 月气象站成立党支部，党员 5 人，1980 年气象站党支部发展到 10 人，2003 年至今有党员 16 人，在职党员 12 人，退休党员 4 人。

党风廉政建设 认真抓好党风廉政建设，贯彻落实党风廉政建设目标责任制，积极开展廉政教育和廉政文化建设活动。努力建设文明机关、和谐机关和廉政机关。

气象文化建设 狠抓“三个文明”建设，把气象文化建设融入到“三个文明”建设当中，做到年初有目标，年终结硬账；政治学习有制度、文体活动有场所、电化教育有设施，开展“文明科室”、“文明楼栋”、“和谐家庭”评比活动和台站规范化建设，制作了局务公开栏、学习园地、气象探测环境保护宣传栏、文明创建宣传栏和气象文化知识宣传栏，建成职工活动室，图书阅览室，篮球场和健身场所。

把领导班子建设和干部职工的思想素质建设放在首位，经常开展政治理论、法律法规知识、党风廉政等一系列学习教育活动，10 年来，先后有 12 人次参加了南京信息工程大学再教育学历培训。全局干部职工及其家属子女无一人违法违纪和超生超育，无一例刑事民事案件。

荣誉 2001年、2003年被荆门市委市政府评为“最佳文明单位”;2004年被省政府命名为“省级文明行业先进单位”;2004年局档案目标管理晋升为省特级;2005年被中纪委驻中国气象局纪检组表彰为“全国气象部门局务公开先进单位”。2005—2006年度、2007—2008年度连续两届被省委、省政府授予省级文明单位;2008年被中国气象局表彰为2007—2008年度“全国气象部门创建文明台站标兵”。

建站以来,有19人次被中国气象局授予“质量优秀测报员”称号。1996年胡永喜被中国气象局授予“全国气象部门双文明建设先进个人”称号。11人(次)荣获省气象局“优秀工作者”称号。2次荣获“集体百班无错情”。105人(次)获得个人百班无错情。

台站建设

五十多年来,从一间简陋的小茅屋,到现在的钢筋水泥的单元楼,从竹片围栏和简易观测场到现在的具有现代化观测技术的气象设施,都经历了一个从无到有、从小到大、从简单到复杂、从手工操作到现在的电脑一体化自动观测程序的发展过程。1982—1989年省气象局拨专款修建观测场三级护坡。1984年修建了办公楼,2002年改造维修了行政办公楼和业务一体化室。2006年,修建了气象局大门,硬化了道路100多米。

2008年钟祥市气象局全景图

鄂州市气象台站概况

鄂州历史悠久，自春秋战国以来，始为东楚首府，继为鄂邑、鄂郡、鄂县，其间两度为帝王都城。三国时期，东吴立国60年，鄂州作为其国都和陪都，其先后达45年之久，与建邺（今南京市）并称“东都”和“西都”。两晋迄于宋辽，鄂州时为郡治，时为州府，始终是长江沿岸的政治和军事重镇。在历史上，鄂州是鄂东南的重要商埠，亦是这一区域的政治、经济和文化中心。

气象工作基本情况

台站变迁 鄂州市气象局的前身为鄂城县气象站，创建于1959年1月，位于庙鹅岭村四组，北纬30°24′，东经114°49′，海拔高度32.1米；1963年迁至路口农场，北纬30°24′，东经114°24′，海拔高度21.6米；1967年8月29日，因为职工生活不便，将站址迁回城关镇小南门外庙鹅岭村四组原址；1979年，迁到庙鹅岭大队一队（吴家嘴），北纬30°24′，东经114°53′，海拔高度21.3米；1989年9月1日，将观测场基础加高2米，海拔高度23.3米。1997年7月1日，迁至位于西山街办小桥村十三组（吕家嘴），北纬30°22′，东经114°52′，海拔高度31.3米的新观测场，并开展观测业务。2002年3月，气象局整体搬迁到西山街办小桥村十三组新址办公。

管理体制 自鄂城县气象站成立以来，先后五易其名：1973年，鄂城县气象站改名为鄂城县气象科；1975年改为鄂城县气象局；1984年5月，设置鄂州市气象站；1984年12月，设置鄂州市气象局，实行局站合一。

1959年至1964年，行政由县农业局代管，业务隶属于黄冈地区气象台；1965年至1970年，行政隶属关系没变，业务划归咸宁地区气象台管；1971年由县人武部管，1972年撤销军管，恢复原领导关系；1973年行政归口政府办公室，业务关系不变；1981年1月1日气象部门开始收编，实行地方和部门双重领导，以气象部门管理为主。1982年收编工作启动。1984年5月，设置鄂州市气象站，正科级机构。1984年12月，经湖北省气象局党组批准，设置鄂州市气象局，实行局站合一，正科级机构。

1987年12月，建立鄂州市气象台，实行局台合一，机构级别由正科级升为正县级，人员编制23人。2001年机构改革，人员编制核定为22名。市气象局内设3个职能科（室）：

综合办公室(与计财科、政策法规科合署办公)、业务管理科、人事教育科(与监察审计科、离退休干部办公室、精神文明建设办公室合署办公);地方批准成立的鄂州市人工降雨办公室设置在市气象局;4个直属正科级事业单位:鄂州市气象台、鄂州市专业气象服务台(鄂州市气象影视制作中心、鄂州市气象信息网络服务中心)、鄂州市气象局后勤服务中心、鄂州市气象产业管理中心;地方批准成立的鄂州市防雷中心由市气象局负责管理。

2006年,鄂州市气象局机构编制进行调整,调整后的人员编制为27名,其中市气象局机关9名,直属事业单位18名。内设3个职能科(室):综合办公室(计划财务科)、业务管理科(政策法规科)、人事教育科(监察审计科、离退休干部办公室、精神文明建设办公室);4个直属正科级事业单位:鄂州市气象台、鄂州市公众气象服务中心、鄂州市气象科技服务中心(鄂州市专业气象台)、鄂州市气象局后勤服务中心(鄂州市气象局财务结算中心)。

名称及主要负责人变更情况

名称	时间	负责人
鄂城县气象站	1959—1964	王海泉
鄂城县气象站	1964—1966	王上元(副站长主持工作)
鄂城县气象站	1966—1973.8	洪亨斌
鄂城县气象科	1973.8—1975	洪亨斌(副科长主持工作)
鄂城县气象局	1975—1978.3	洪亨斌(副局长主持工作)
鄂城县气象局	1978.3—1983.7	陈正新
鄂城县气象局	1983.7—1984.5	王同元(副局长主持工作)
鄂州市气象站	1984.5—1984.12	王同元(副站长主持工作)
鄂州市气象局	1984.12—1985.12	王同元(副局长主持工作)
鄂州市气象局	1985.12—1987.12	王同元
鄂州市气象局(正处)	1987.12—1988.8	张学连(副局长主持工作)
鄂州市气象局	1988.8—2002.11	张学连
鄂州市气象局	2002.11—2003.12	陈国平(副局长主持工作)
鄂州市气象局	2003.12—2006.1	陈国平
鄂州市气象局	2006.1—	曹宏开

人员状况 1959年建站时只有5人。2006年4月定编27人。现有在编人员24人,聘用人员12人。

现有在职人员36人中,大学学历14人,大专学历11人,中专学历6人,高中学历5人;高级专业技术人员1人,中级专业技术人员9人,初级专业技术人员20人;55岁以上1人,50~55岁3人,40~49岁10人,30~39岁13人,30岁以下9人。

气象业务与服务

鄂州市气象局地处长江中游,属北亚热带季风气候区,季风气候明显,四季分明,自然灾害主要有暴雨、干旱、大风、冰雹、雷电、大雪、春秋季连阴雨等。

1. 气象业务

综合气象观测 1959年1月1日，鄂州开始有气象记录；1960年1月1日，按地方时每天有07、13、19时3次观测；1960年5月，将地方时改为北京时，1960年8月，改为08、14、20时观测；观测项目有：云、能见度、天气现象、气温、气压、湿度、风向风速、降水、雪深、日照、蒸发、地温等。2004年1月1日，正式启用40、80、160、320厘米的深层地温观测。2008年3月，开始增加电线结冰观测。

天气报内容有云、能见度、天气现象、气温、气压、风向风速、降水、雪深、地温等。气表-1共3份，气表-21共4份。向国家气象局、省气象局、地（市）气象局各报送1份，本站留底本1份。1989年11月1日，开始使用新的电接风向风速计（EL）型，新的电接风向风速计从原观测场移到宿舍楼房平台，风速感应距平台高6.4米，平台距地面高15.2米。1998年5月26日，测报专线拨号入网，直接向省气象通讯台发报。2004年1月1日，ZQZ-CⅡ自动气象站投入业务运行；自动气象站观测项目有气压、气温、湿度、风向风速、降水、地温、深层地温等，观测项目采用仪器自动采集、记录，替代了人工观测。2005年8月，征地1.5亩，建成SAFIR3000甚高频三维闪电定位系统；实时监测湖北省内发生的雷暴活动。2005年8月，建成极轨卫星数据接收处理系统（DVBS）。2005年，建成10个自动雨量站。

2006年11月，在梁子岛建成一个多要素自动气象站。2006年12月，全市建成17个区域加密自动气象观测站，其中单要素站9个，四要素站8个，在全市范围内构成10千米×10千米的地面气象要素观测网络。

气象信息网络系统 1983年9月1日，使用传真机接收天气图，主要接收北京的气象传真和日本的传真图表，利用传真图表独立地分析判断天气变化，取得较好的预报效果。1988年4月，接收发射铁塔安装成功，架设开通甚高频无线对讲通讯电话，实现与地区气象局直接业务会商。1988年6月2日，WIDSS武汉远程终端正式开通，通过终端能收到武汉中心气象台发布的武汉雷达资料和卫星云图。1997年4月15日，公用数据交换网开通，实现与省气象通讯台专线调用资料和发报；利用省—市宽带网络系统，传输日常气象观测资料、城镇天气预报等上行资料；补调下行气象资料。同年，PCVSAT卫星地球小站安装调试完成。1997年12月9210工程计算机到位，实现从卫星接受气象数据。

PCVSAT小站（气象部门称9210工程，国家1992年10月立项）能通过卫星通讯技术，接收北京中心发布的地面高空常规资料，各类气象卫星资料，国家气象中心和欧州、美国、日本等国家的气象要素预报、形势预报、中长短期天气预报产品，武汉中心气象台指导预报等。

2003年7月5日，2兆SDH气象业务宽带网建成开通。2006年1—12月，通过VPN网络系统，自动上传气象资料（辅助）；开通Notes网络系统，实现网上办公；通过Internet与其它网站连接，广泛接收各种信息资料，实现与政府办公网站连接；利用鄂州兴农网为政府和各乡镇、以及各服务用户提供服务，实现气象服务的网络传输。

气象预报 1959年1月，县站开始作补充天气预报。1978年11月，预报、测报分开，成立预报组、测报组，执行统一考核标准，1982年，根据预报需要共抄录整理资料55项、绘制简易天气图等9种基本图表。在基本档案方面，主要对建站后有气象资料的各种灾害性天气个例进行建档，对气候分析材料、预报服务调查与灾害性天气调查材料、预报方法使用效果检验、预报质量月报表、预报技术材料、中央省地各类预报业务会议材料等建立业务技术档案。在20世纪80年代初期，上级业务部门非常重视基层的业务基本建设，要求每个台站的基本资料、基本图表、基本档案和基本方法(即四基本)必须达标。

1983年9月1日，开始使用传真机接受天气图。主要接收北京的气象传真和日本的传真图表，利用传真图表独立地分析判断天气变化，结束手工填绘天气图的历史。1991年9—10月配备SUN-386微机各2台，启用地级系统。2004年6月24日，天气预报可视会商系统正式开通；2004年9月，鄂州市气象局牵头开发的湖北省市级天气预报业务系统软件通过省局专家组验收，在全省推广使用。

中期天气预报 20世纪80年代初，通过传真接收中央气象台，省气象台的旬、月天气预报，再结合分析本地气象资料，短期天气形势，天气过程的周期变化等制作一旬天气过程趋势预报。目前，一旬预报作为专业专项服务内容，上级业务部门对本站制作中期预报不予考核。

长期天气预报 20世纪70年代中期开始起步，20世纪80年代为适应预报工作发展的需要，按照中央气象局提出的“大中小、图资群、长中短相结合”技术原则，组织力量，多次会战，建立了一整套长期预报的特征指标和方法，并沿用至今。长期预报主要有：春播预报(3—4月)、汛期(5—9月)预报、年度预报、秋季预报、冬播气象预报。到20世纪90年代后期，上级业务部门对长期预报业务不作考核。

2. 气象服务

截至2008年，气象服务已经初步建成公众气象服务、决策气象服务、专业气象服务和科技气象服务工作流程。1988年以前，气象对外开展服务主要是通过邮寄、电话、讲课、面对面的方式为主。1988年以后随着科技的发展，方式、方法、手段不断增多。

公众服务 1997年1月1日鄂州天气预报首次在中央电视台一套午间新闻节目后播出。1997年1月1日鄂州市气象局利用天气预报制作系统制作的天气预报节目在鄂州市电视台播出。2000年2月天气预报节目非线性编辑系统升级；2001年1月1日鄂州天气节目实现实时录音。2004年7月8日鄂州市天气预报节目改版升级，由湖北省气象影视中心负责制作，实现主持人播报天气。

1997年10月27日，“121”电话16路天气自动答询系统开通，将电信、移动、联通、铁通四家通讯公司集合在一起，通过电信线路16对线开展天气预报电话自动答询；2000年、2003年2次升级改为数字电路32对，2005年1月“121”升级为“12121”，2006年4月移动公司单独建立一套“12121”电话咨询系统，拨打率迅速提高。

2003年2月1日，开通湖北气象灾害预警短信，手机短信由鄂州气象台制作，湖北省气象公众服务中心统一发布。2008年建成气象预警服务短信直发平台，为海事部门、防汛部门、全市乡(镇)、村领导直接提供气象预警短信服务。

决策气象服务 1996年7月，鄂州市防汛指挥部成功安装气象微机终端。建立集MICAPS(2.0版)、气候资料检索、雷达卫星图像产品、数值预报、国家和省气象台指导预报、邻近气象台预报和短期气候公报、多轨道服务产品、本地预报服务产品制作、灾害性天气预警系统等功能于一体的工作平台。利用政府网、商务网、手机短信，为政府领导提供决策服务。

专项服务 专业气象有偿服务开始于1985年，服务对象主要为电力、交通、建材、民政、环保、农业、水利以及大型厂矿、企业等单位，服务方式主要是以信函形式向用户提供中长期天气预报和气象资料。1988年7月4日气象预警电台正式开播，使用预警系统开展服务，气象台每天2次定时广播，服务单位通过预警接收机收听天气预报。2004年3月23日，市委副书记孙永平和副市长夏航为鄂州兴农网信息服务中心揭牌，专业用户以网络服务为主。

防雷服务 1997年1月31日，成立鄂州市防雷中心，为鄂州市气象局直属事业单位，编制5人。2001年10月15日，鄂州市防雷中心首次开展在建工程防雷建审和检测。2002年11月30日，鄂州市防雷中心通过计量认证。

人工降雨服务 1993年鄂州市政府批准成立鄂州市人工降雨办公室，挂靠市气象局，定编3人；1994年8月6日，人工降雨工作人员在长农试炮；1995年7月24日，人工增雨作业正式开始；2003年6月23日，鄂州市人工影响天气办公室通过资质评审。

法规建设与管理

行政执法 2003年2月，成立鄂州市气象局行政执法大队，有行政执法人员9名，其中专职执法人员1名，兼职执法人员6名，执法监督人员2名。2007年，根据工作需要，新增执法人员4名。执法人员全部持证上岗。2006年1月，设立鄂州市气象局政策法规科，与业务科合署办公。

防雷管理 2006年11月13日，鄂州市人民政府办公室发布《关于切实做好防雷减灾工作的通知》(鄂州政办发〔2006〕83号)。2007年1月，制定《鄂州市气象局行政执法责任追究实施细则》、《行政执法人员岗位职责》、《政策法规科、执法大队管理制度》等规章制度。

施放气球管理 2000年7月《湖北省实施〈气象法〉办法》出台后，管理逐步规范，2003年7月《通用航空飞行管制条例》颁布实施，施放气球实行依法管理。

2006—2008年，对《鄂州市气象局行政职权目录》、《行政职权依据》、《行政许可流程》进行起草和修订，编印《规章制度汇编》、《行政许可服务指南》，并向社会公开。

党建与气象文化建设

1. 党建工作

党支部建设情况：1959年，有党员1人，与农业局在同一个党支部活动，；1963年，参与路口农场党支部活动，1967年，参与县人武部党支部活动；1974年成立气象局党支部，有党员4人，1980年12月，有党员8人。2008年12月，党员人数达到20人。

党组建设情况：1987年12月，鄂州市气象局升格后，成立鄂州市气象局党组，历任的党组书记分别是：张学连、陈国平、曹宏开。

党风廉政建设 1998 年开始，每年与局机关科室、直属单位签订党风廉政责任状，加强党风廉政建设；成立反腐倡廉工作领导小组，明确班子成员的分工和责任，做到一级抓一级，层层抓落实。2001 年开始，每年开展反腐倡廉宣传教育月活动，采取组织革命传统教育，党风政纪、法律法规知识竞赛，观看警示教育片等形式开展廉政文化建设活动；组织观看反腐倡廉题材教育片，立足教育，着眼防范，筑牢党员干部的思想道德防线；严肃财经纪律，做到财务专款专用，从源头上治理腐败。2002 年开始推行政务公开和局务公开，每半年由纪检组长向上级党组汇报单位一把手党风廉政方面的表现。从源头防治腐败，没有任何违法违纪案件发生。

2. 气象文化建设

鄂州市气象局创建文明单位活动始于 1995 年，同年被授予鄂城区文明单位，1997 年升级为市级文明单位，2001 年升级为省级文明单位。文明创建工作始终坚持以人为本，把提高干部职工综合素质放在首位。2000 年开始机关规范化管理，出台了第一本全员管理的规章制度《十奖十罚》；2001 年 1 月出台了包括议事篇、管事篇、财务篇、奖惩篇的 4 篇 17 个规章制度，并汇编成《鄂州市气象局管理手册》。

气象科普展厅

加强气象文化阵地建设，建成了鄂州气象网站、政务公开栏、文明创建宣传栏、科普文化阅览室、廉政文化长廊、篮球场、羽毛球场、乒乓球室。同时开展经常性的文体竞赛，活跃职工文化生活。

3. 荣誉

2001—2008 年，连续四届被省委、省政府授予“省级文明单位”；2001 年被湖北省气象局授予争创“五好领导班子”先进集体；2002 年，荣获全省“明星台站”和“十佳观测场”称号；2005 年被湖北省气象局评为精神文明创建先进单位；2006 年被鄂州市市直机关工委、鄂州市文明办授予“文明高效机关”称号；2007 年被鄂州市创建园林城市领导小组办公室命名表彰为“鄂州市园林单位”；2006—2008 年被鄂州市安全委员会表彰为全市安全生产先进单位。

2000 年，张学连被湖北省人事厅、湖北省气象局联合授予“先进工作者”称号。

台站建设

1959 年租民房一间为办公室；1963 年 4 月迁至路口农场，建 100 平方米的办公生活用房；1967 年 9 月将站址迁回原址，建办公生活用房 220 平方米；1979 年 7 月 1 日观测站新站址迁到新址吴家咀，工作条件得到改善，建有 1 栋 2 层的工作用房，1 栋 2 层 2 单元 8 套职工宿舍，建筑面积共 1000 平方米，职工食堂 100 平方米。土地面积 3334 平方米。

1995年，由于城市的发展，观测环境遭到破坏，1997年观测站址迁到小桥村十三组，征地3.84亩，建标准观测场1个；2003—2008年，先后沿观测场东边和北边4次追加征地，用地面积达到16亩，办公面积2250平方米，职工过渡用房1100平方米。

旧办公楼(1984年拍摄)

新办公区、篮球场

黄冈市气象台站概况

黄冈市位于湖北省东部，现辖7县2市2区，面积17446平方千米，人口730.98万。黄冈属亚热带大陆型季风气候，光热水资源丰富，多有暴雨、干旱、低温连阴雨（雪）、雷电、大风等气象灾害。

气象工作基本情况

历史沿革 1954年，湖北省气象科在新州张渡湖农场建立黄冈第一个气候站，1955年9月张渡湖农场气候站迁至黄冈专署所在地黄冈县黄州镇，成立黄冈气候站。此后，相继成立了龙感湖（1955）、麻城、英山、浠水、红安、阳新（1956年）、黄梅、广济、蕲春、罗田、新洲、鄂城（1959年）气象站。1965年9月阳新、鄂城划归咸宁专区，1979年鄂城划属黄冈地区，1983年，新州划归武汉市，鄂城升格为省辖市改称鄂州市，鄂州市气象局隶属省气象局领导。1982年体制改革，龙感湖农场气象站只接受气象部门业务指导，行政归属农场管理。1987年广济撤县建立武穴市，广济县气象局相应改称武穴市气象局。1997年团风县气象局成立。

管理体制 1968年以前，由地方和部门双重领导，部门领导为主。1970年1月至1979年12月以地方领导为主，其中1971年7月至1973年7月由军事部门和当地革命委员会双重领导，以军事部门为主。20世纪80年代初，气象部门管理体制改革，地区气象局于1980年、县气象局（站、科）于1982年先后改为部门和地方双重领导，以部门为主的双重领导体制。

人员状况 全市气象部门1959年在职84人，1978年146人，2006年定编131人，2008年底在编职工128人，聘用地方编制人员27人。在职人员中，大学学历40人，大专学历57人；高级专业技术人员7人，中级专业技术人员54人，初级专业技术人员88人；50～59岁37人，40～49岁57人，40岁以下61人。

党建与文明创建 全市气象部门有党总支1个，党支部13个，党员144人，其中在职职工党员89人。全市气象部门共建成市级文明单位7个，省级文明单位3个。2003年起连续三届被评为市级文明系统。

主要业务范围

地面观测　黄冈地面气象观测始于1954年建立的新洲张渡湖农场气象站。

全市有地面气象观测站10个，其中1个国家基准气候站（麻城），1个国家基本气象站（英山），8个一般气象站（黄冈、团风、红安、浠水、罗田、蕲春、武穴、黄梅）。区域自动观测站136个，包括单要素（雨量）站51个，两要素（雨量、气温）站26个，四要素（雨量、气温、风向、风速）站59个。

2006年，麻城市气象局增加闪电定位，英山县气象局增加酸雨观测，2007年黄冈增加GPS观测，2008年，红安、武穴增加太阳辐射观测。麻城、英山、黄冈、武穴等气象局还承担为军事民航部门拍发航空报和危险报任务。1989年，黄冈、武穴停止这项业务。

1999年开始建设地面自动气象观测站，至2006年，全市10个台站均建成自动观测站，实现了气压、气温、湿度、风向风速、降水、地温自动记录。全市基层台站的气象资料按时上交到省气象档案馆。

气象预报预测　全市气象台站建立后，即开始制作补充订正天气预报。1983年县局装备传真机后，利用传真机提供的天气形势图，结合本地气象要素演变图（九线图）制作短期补充预报。2005年起根据业务技术体制改革的要求，县局主要制作短期短时补充预报。

为适应服务农业生产和防汛抗旱的需要，县气象站从20世纪70年代开始制作长期预报，地区气象局多次组织全区预报会战，各台站均建立了一套集天气谚语、韵律关系、气象要素及相关物理量特征变化为一体，运用数理统计方法制作的长期预报指标。为提高预报预测准确率，从1973年开始，每年举办黄冈气象部门春播期（3—4月）、汛期（5—9月）长期天气预报讨论会（1998年改称短期气候预测研讨会）。

气象服务　黄冈地处长江中游北岸，大别山南麓，长江流经南部215.5千米，境内有倒水、举水、巴水、浠水、蕲水和华阳河等六大水系和1005座水库，特定的地理环境和多暴雨洪涝的气候带，造成防汛任务繁重。气象部门主要服务方式有为领导机关提供决策服务，通过电视、电台、“12121”电话、手机短信、电子显示屏开展公众服务，针对不同用户需要提供专业专项服务及防雷技术服务。

农业气象　全市有农气观测站3个，麻城、英山为一级农气观测站，蕲春为二级农气观测站。1981—1989年，开展农业气候区划工作，完成了地区和各县的《农业气候区划报告》编制。《黄冈地区农业气候区划报告》获湖北省农业区划二等奖。

人工影响天气　黄冈进行人工增雨试验开始于1974年。1980年，成立地区人工降雨办公室，组织指挥协调全区人工增雨。1982年，省人工降雨办公室调拨高炮4门，配置在麻城、蕲春、红安等县。1992年，新购置双管“三七”高炮11门，实现每县市至少有1门人降高炮，并在武穴市气象局设立了人工降雨高炮检测所，检测所受省人工降雨办公室委托，负责黄石、咸宁、鄂州、黄冈四地市的高炮年检业务。1998年，人工降雨办公室改为人工影响天气办公室。2007年起，黄梅等7县（市）装备了人影火箭，黄冈市气象局建成了人影业务系统，全市人影工作步入规范化、业务化轨道。

黄冈市气象局

机构历史沿革

历史沿革 黄冈气候站成立于1955年9月，站址设在黄冈县黄州镇红沙咀。1958年10月扩建为黄冈专区气象台，1960年2月设立黄冈专区气象局，同年12月气象局并入农业局，1961年11月专署决定再设立气象局。1971年11月设立黄冈地区革委会气象台，1973年设立黄冈地区革委会气象局。1984年地区气象局改称为气象台，同年6月恢复地区气象局，实行局台合一。1996年5月黄冈地改市，黄冈地区气象局更名为黄冈市气象局。2002年机构改革，市气象局内设办公室、业务管理科、人事教育科、政策法规科4个职能科室和市气象台、市公众气象服务中心、市气象科技应用中心、市局财务核算中心5个直属事业单位；地方编制机构2个(市防雷中心、市人工影响天气办公室)。黄冈自建站以来一直为一般气象观测站，2006年7月改为国家气象观测站二级站，2008年12月改为一般气象观测站。观测场首建于黄州镇红沙咀，1959年9月迁至黄州镇东门外，2006年6月迁至东湖渔场，位于北纬30°27′，东经114°53′，海拔高度21.4米。

主要负责人变更情况

名称	时间	主要负责人
黄冈气候站	1955.9—1958.9	肖兆祥
黄冈专区气象台	1958.10—1960.1	徐映初
黄冈专区气象局	1960.2—1963.1	宋耀龙
黄冈专区气象局	1963.1—1971.11	韩　峰
黄冈地区气象台	1971.11—1973.7	宋耀龙
黄冈地区气象局	1973.8—1981.7	宋耀龙
黄冈地区气象局	1981.7—1993.11	陈才田
黄冈地区气象局	1993.11—1996.5	徐勉真
黄冈市气象局	1996.5—2006.1	徐勉真
黄冈市气象局	2006.1—	陈国平

人员状况 1955年建站时只有2人，1958年建台时有19人，1960年建局时21人，1978年27人，2006年定编53人，2008年底在编职工52人，聘用地方编制职工3人。

现有大学学历30人，大专学历21人；高级专业技术人员6人，中级专业技术人员21人，初级专业技术人员25人；50～59岁13人，40～49岁23人，40岁以下16人。

气象业务与服务

1. 气象观测

地面观测 1955年9月至1961年7月，每天进行02、08、14、20时4个时次地面观测；1961年8月起改由每天08、14、20时3个时次。观测的项目执行《地面气象观测规范》。

发报 每天编发08、14、20时3个时次的定时天气加密报，除草面温度外均为发报项目。1960年起每天04至20时向武汉发航空报。当遇有危险天气时，5分钟之内向所需要航空报的单位拍发危险报。1983年11月开始向省气象局发重要天气报。

气象观测现代化 建站之初，地面观测记录和编报为人工操作，1980年开始先后使用风、雨量、气压、温度自记设备，1985年起应用PC-1500计算机编报，1992年改由微机编报和制作报表。2006年观测场迁至现址后，安装了ZQZ-CⅡB型自动气象站，除云、能见度、日照、蒸发和天气现象外，其他项目均由仪器自动采集记录。

2006年起市气象局在黄州区建设区域气象观测站，共建站5个。其中单要素站1个，两要素站1个，四要素站3个。黄冈局地警戒天气雷达系统建于2006年，装备714-S测雨雷达，每年2—10月开机观测，主要监测强对流天气和指挥人工影响天气作业。

2. 气象预报预测

短期短时预报 黄冈气候站成立后，即开展单站补充天气预报。预报方法主要是“收听”加“看天”，即收听武汉中心气象台的预报结合本地天象、物象分析制作预报。1958年10月，开始采用天气图预报方法制作天气预报。1978年配备电传打字机，报务员由手工抄报改为电传打字机接收天气电报。1983年，装备了123传真机，预报人员利用收到的传真天气图、北京B模式物理量产品图，用模式(MOS)法制作预报。1992年取消电传打字机收报和填图业务，改由自动填图机打印天气图，1999年，取消了纸质天气图，天气预报业务全部转移到以MICAPS为主的工作平台上进行，预报人员以数值预报为基础，结合其他资料和预报员经验作出短期天气预报；利用卫星云图、雷达回波图和自动站资料制作短时预报。

中长期预报 中长期预报起始于1959年，中期预报主要制作逐旬(10天)天气过程预报，1990年起逐渐转为7天逐日预报。长期预报(短期气候预测)主要是制作春播期、汛期、秋播期趋势预报预测。

3. 气象信息网络

1986年建成省—地—县三级VHF甚高频通信网，这是黄冈气象部门第一次实现省地县气象通信。1986年建成武汉数字化雷达系统联网，雷达远程终端，在全省地市气象部门中第一家应用远程终端技术。从1992年开始，先后建成武汉气象中心气象信息分发系统(WIDSS)黄冈工作站、计算机局域网(NOVELL)。1995年地县计算机通讯系统建成。1997年建成黄冈气象卫星综合应用系统(VSAT小站即9210工程)。1999年全市气象部门“9210”工程PC、VSAT小站全部建成。省市通信通过X.25分组交换网实现。地—县通过PSDN拨号上网实现。2004年建成省—地可视会商系统，2006年建成省—市—县三级

SDH 骨干网，增强了气象通信的可靠性、稳定性和及时性。

4. 农业气象

1959 年设立农业气象试验站，1962 年 5 月撤销。1980 年底，设立农气观测站，进行早稻、晚稻、油菜、小麦生育期观测和物候观测，开展杂交稻气候适应性试验和制作农作物产量预报。1989 年农业气象观测业务移交到蕲春县气象局，农作物(水稻、小麦、油菜)产量预报业务保留至今。1989 年开始开展年度气候影响评价业务，2007 年起增加逐月气候评价。

5. 气象服务

决策服务 20 世纪 90 年代以前主要是通过电话、文字材料或向领导机关口头汇报等形式开展，1999 年市气象局在市防汛指挥部建立了气象信息传递微机终端，防汛指挥员可通过终端直接看到天气预报产品和卫星云图、雷达回波图等适时资料，增强了预报信息的直观性。

气象服务在防灾减灾决策中发挥重要作用。1991 年 7 月 10 日，地区防汛指挥部依据市气象局 24 小时内有暴雨的预报，命令白莲河水库八孔大闸全部泄洪，保证了水库安全。1998 年，长江中下游发生自 1954 年以来最大的全流域型洪水。黄冈台在 2 月份就作出“今年汛期雨量在 1000 毫米以上”的短期气候预测，提出“警惕 54 年型洪水”，为市委市政府按“54 年型洪水”部署防汛抗灾，夺取“98”抗洪胜利起到了重要的技术保证作用。2008 年出现五十年一遇的持续低温雨雪冰冻天气，市气象台提前 5 天作出将有持续一周大到暴雪的预报。市长刘雪荣在《重要气象报告》上批示各地要迅速做好应急工作，采取有效应对措施。这次服务工作得到正在黄冈进行春节慰问的中国气象局王守荣副局长和陪同的黄冈市委任振鹤副书记的充分肯定。

公众气象服务 黄冈成立气象台后，公众服务主要为通过黄冈县广播站发布天气预报。1993 年，与市广播电视局达成协议，每天《黄冈新闻》结束后播放气象台制作的天气预报。1997 年，建成多媒体电视天气预报制作系统，将自制节目录像带送电视台播放。2000 年，电视天气预报节目制作系统升级为非线性编辑系统，电视天气预报节目改由虚拟主持人播报。1999 年起，气象局与各通信公司分别合作开通“121”天气预报咨询电话，2005 年 1 月，“121”电话升位为“12121”。2003 年起气象局又与各通信公司合作开展气象手机短信服务。2008 年建成气象预警服务短信直发平台，为全市县、乡(镇)、村领导直接提供气象预警短信服务。

专业专项服务 专业气象有偿服务开始于 1985 年，服务对象主要为电力、交通、建材、农业、水利等单位，服务方式主要是以信函形式向用户提供中长期天气预报和气象资料。1988 年起使用预警系统开展服务，气象台每天 3 次定时广播，服务单位通过预警接收机收听天气预报。1998 年起通过微机终端向市供电局提供专项服务。

1994 年起市气象局开展防雷技术服务，起步阶段主要为开展防雷设施，逐步发展为防雷工程设计安装。现服务项目有防雷装置设计审核、施工跟踪检测、工程峻工验收、防雷装置定期检测，雷击灾害风险评估等项目。2003 年为鄂黄长江大桥设计安装防雷工程，被大桥工程建设指挥部评为优质服务单位。

科学管理和气象文化建设

法规建设和管理 2000年7月，经黄冈市政府批准，市建设委员会、市气象局联合下发《关于做好防雷减灾工作的通知》(黄建文〔2000〕083号)，要求防雷工程和建设项目要同时规划，同时设计、同时施工、同时验收，施工过程接受市、县防雷中心的监督管理。同年8月市政府办公室发文(黄政办发〔2008〕80号)通知成立黄冈市防雷减灾工作领导小组，领导小组办公室设在气象局。2006年3月，市政府下发《关于切实加强防雷减灾管理工作的通知》(黄政办发〔2006〕21号)，将防雷装置设计审核、跟踪检测，竣工验收列入当地行政服务中心窗口管理。2002年市气象局成立政策法规科和气象行政执法大队，开展气象依法行政管理工作。2007年黄冈市人大常委会组织了贯彻落实气象法律法规专项大检查，2008年市气象局与市教育局联合开展中小学防雷大检查。2008年1月市政府下发了《关于进一步规范气象灾害预警信息处置程序的通知》，市政府应急办评审通过了《黄冈市重大气象灾害预警应急预案》，并纳入到市政府公共事件应急体系。

党建 1958年黄冈专区气象台成立时仅有党员1人，1978年有党员16人，1972年成立黄冈市气象局党委及机关、气象台2个支部，党委书记宋耀龙。1980年撤销党委，成立地区气象局党组，党组书记先后由宋耀龙、陈才田、徐勉真担任，现任书记陈国平。1980年机关、气象台两个支部合并为地区气象局党支部，李栋年、杨振辉、徐勉真先后担任支部书记。1998年，市气象局成立党总支及局机关、气象台、防雷中心、老干4个党支部，总支书记先后由夏四汝、石学尧担任。1972年以来共发展党员18人，2008年12月全局有党员49人，其中在职职工党员34人。党建工作重点抓党章学习和党员先进性教育，2007年被黄冈市直工委授予“党建工作先进单位”。

1998年开始，市气象局每年与局机关科室、直属单位和县市气象局签订党风廉政责任状，2001年起每年开展反腐倡廉宣传教育月活动，采取组织革命传统教育，党风政纪、法律法规知识竞赛，观看警示教育片等形式开展廉政文化建设活动，2002年起在全市气象部门推行政务公开和局务公开，从源头防治腐败，没有任何违法违纪案件发生。

气象文化建设 黄冈气象局创建文明单位活动始于1987年，同年被授予地直文明单位，1996年升级为地级文明单位。文明创建工作始终坚持以人为本，把提高干部职工综合素质放在首位。提出以开展“决策服务让领导满意、公众服务让社会满意、专业服务让用户满意、专项服务让部门满意、指导服务让基层满意”的气象服务“五满意”活动，以优质服务扩大气象部门知名度。2002年起在职工中开展弘扬老一辈气象人艰苦创业、无私奉献的精神，凝炼新时期“气象人精神”活动，造就了一支爱岗敬业、勤奋工作的职工队伍。

气象文化阵地建设得到加强。统一规划制作政务公开栏、文明创建宣传栏、学习园地，建有文明市民学校、图书阅览室、老干活动室、乒乓球室，每年组织乒乓球、棋牌、拔河竞赛，活跃职工文化生活。

荣誉 黄冈市气象局共获市厅级以上集体荣誉48项，1998年获“抗洪抢险先进集体”，被黄冈市委、市政府、黄冈军分区记“集体二等功”；2004年被中国气象局授予“依法行政工作先进集体”，2001年起连续四届获省级“文明单位”。1999年被市委市政府授予“党风廉政建设先进单位”，2002年被市政府授予“行政监察工作先进单位”，2003年被黄冈市人大常委会授予“人民群众满意单位”。2000 年市气象局党组被市委授予“优秀班子”。

黄冈成立气象局先后有 87 人次受到上级表彰，“98”抗洪，柯咏松荣立一等功，李国民荣立二等功。

台站建设

黄冈气候站始建时仅有茅草房三间，扩建为气象台时也只有简陋平房 3 排 15 间。台站环境改善经历了三个阶段：1976 年，建起一栋 1000 平方米的 3 层办公楼。1996 年，在原办公楼基础上扩建装修，建成一体化业务工作室和多功能会议室，办公用房建筑面积扩大到 2025 平方米。2002 年，黄冈市政府立项建设天气雷达系统，市气象局以此为契机，在黄州高新开发区珠明山村建起了一栋 13 层的综合办公楼，建筑面积达到 3871 平方米。为解决观测环境受城区建设影响的问题，2006 年气象观测搬迁到距原站址 2500 米处新观测场，形成有工作区、观测场、宿舍区“三点一线”，共计占地面积 146621 平方米。经过多年的绿化改造，修建草坪和花坛、种植风景树，宿舍区绿化率达到 65%，办公区环境整洁美观，雷达大楼成为黄州高新开发区一道新的亮点。

黄冈市局新观测场

黄冈市气象局新办公大楼

红安县气象局

红安县地处大别山南麓丘陵地区，属亚热带季风气候，灾害性天气频发，尤以干旱、暴雨为甚。这里是著名的革命老区，“红四方面军”和“红二十五军”的诞生地，在这块土地上，诞生了董必武、李先念两任国家主席，走出了韩先楚、秦基伟、陈锡联等 223 名将军，是名副其实的“中国第一将军县”。

机构历史沿革

历史沿革 红安县气候站 1956 年 12 月成立，站址在城关南门河引路山，位于北纬 31°17′，东经 114°33′。海拔高度 62.0 米，1958 年 12 月更名为红安县气象站，1960 年 11 月更名为红安县气象服务站，1962 年 1 月更名为红安县气象科，1962 年 7 月更名为红安县气象服务站，1971 年 10 月更名为红安县气象站，1978 年 4 月更名为红安县革委会气象科，1982 年 4 月更名为红安县气象局，沿用至今。

1980 年 1 月 1 日，由于观测环境受到影响，迁站到红安县城关东门外师姑洞“郊外”(北纬 31°17′，东经 114°37′)，距原址直线距离 1000 米。观测场海拔高度 74.3 米，水银气压表海拔高度 76.9 米。2004 年 2 月 1 日，观测场经过改造，增加自动站观测，新观测场正式启用，观测场海拔高度 74.3 米，水银气压表海拔高度 79.2 米。1980 年被确定为一般气象站，2006 年改为国家气象观测站二级站，2008 年又改为国家一般气象站。

管理体制 建站至 1971 年 5 月，实行气象部门和红安县政府双重领导，以气象部门领导为主。1971 年 6 月至 1982 年 4 月，改为县政府领导为主。其中，1971 年 6 月至 1972 年 12 月，县气象站由人武部军管。1982 年 4 月，气象部门实行机构改革，改为部门和地方双重管理的领导体制，以部门领导为主，并一直沿续至今。

名称及主要负责人变更情况

名称	时间	主要负责人
红安县气候站	1956.12—1958.12	廉　博
红安县气象站	1958.12—1960.11	廉　博
红安县气象服务站	1960.11—1962.1	廉　博
红安县气象科	1962.1—1962.7	廉　博
红安县气象服务站	1962.7—1971.8	廉　博
红安县气象站	1971.8—1978.2	帅修荣
红安县革委会气象科	1978.2—1981.4	钟思永
红安县气象局	1981.4—1984.3	龚敦望
红安县气象局	1984.3—1988.11	徐谋训
红安县气象局	1988.11—1995.3	周仿樵
红安县气象局	1995.3—1996.5	刘洪志
红安县气象局	1996.5—1999.12	程定芳
红安县气象局	1999.12—	钟细福

人员状况 1956 年建站时只有 2 人，2006 年定编为 7 人，现有在编职工 7 人，地方编制 7 人。现有在职职工 14 人中，大学学历 1 人，大专学历 2 人，大专在读 2 人，中专学历 9 人；中级专业技术人员有 2 人，初级专业技术人员有 12 人；50～55 岁 2 人，40～49 岁 2 人，40 岁以下 10 人。

气象业务与服务

1. 气象综合观测

观测机构 1956 年 12 月成立红安气候站，当时只有 2 名工作人员，1957 年成立地面气象测报组，人员 4 名。1982 年 6 月更名为地面气象测报股，定编 2 人。1999 年 1 月更名为红安气象局气象台，有3名工作人员。

观测内容 1956年12月1日至1960年7月31日，每天02、08、14、20时4次定时观测，1960年8月1日起每天08、14、20时三次定时观测，观测项目有：云、能见度、天气现象、降水量、蒸发量、气温、气压、湿度、风、0～20厘米地温、日照。

2004年2月1日，自动站开始投入业务运行，进行两年的平行观测，增加了40～320厘米地温观测项目。2008年4月起增加电线积冰观测项目，2008年11月增加太阳辐射观测项目。

每天3次向黄冈市气象局及湖北省气象局报送加密天气报，内容有云、能见度、天气现象、降水量、蒸发量、气温、气压、湿度、风、雪深、地温等。当遇有重要天气时，向湖北省气象局发送重要天气报。2008年6月重要天气报增加雷暴、雾、霾、浮尘、沙尘暴等内容。每月3次向湖北省气象局发送旬月报。

报文传输 红安气象站建站时条件艰苦，每天02、08、14、20时4次通过地区气象局向省气象局报送小图报，使用电话机传输报文。1960年8月1日起，每天08、14、20时3次发报，1986年配备了VHF型甚高频电话，通过地区气象台向省气象台转发报文，1996年又改为电话机传输报文。2008年改为计算机网络传送报文。气象电报传输实现了网络化、自动化。

气象报表制作 红安气象站建站后制作地面气象观测月报表、年报表，用手工抄写方式编制。从1991年1月开始使用微机打印气象报表，向上级气象部门报送磁盘。2000年11月通过地县通信网络向省气象局传输原始资料，停止报送纸质报表。

观测现代化建设 1986年1月1日起，红安气象站配备了PC-1500袖珍计算机，使用PC-1500计算机取代人工查算和编报。1996年开始使用计算机查算和编报，并制作报表。2004年建成ZQZ-CⅡ型自动气象站，测报业务OSSMO软件于2004年2月1日投入业务运行，除云、能见度、天气现象、日照、蒸发仍为人工观测外，其余项目为自动观测。

2. 气象预报预测

短期天气预报 1960年，红安县气象站开始制作补充天气预报。从1978年开始每天利用收音机收听、抄录、制作地面天气图、高空天气图、省台预报结论，结合本地气象资料制作出24、48小时天气预报。20世纪80年代初改为无线传真机接受天气图等资料，每日15时制作预报。1999年开始建设9210工程，使用卫星天线、计算机接收处理天气图、卫星云图、数值预报等气象资料，2000年，该系统升级为地面卫星接收小站Micaps系统。2000年至今，开展常规24小时、未来3～5天预报。同时，开展灾害性天气预报预警业务，制作供领导决策的各类重要天气报告。

中期天气预报 20世纪80年代初，通过无线传真机接收中央气象台和省气象台旬、月天气预报，结合本地气象资料，天气形势、天气过程的周期变化等制作出一旬天气预报。

长期天气预报 红安县气象站主要运用数理统计方法和常规气象资料图表及天气谚语、韵律关系等方法，分别制作出具有本县特点的补充订正预报。县气象站制作长期天气预报在20世纪70年代中期起步，逐步建立起一整套长期预报的特征指标和方法，一直沿用至今。长期预报主要有：春播期预报（3—4 月），汛期预报（5—9 月），秋播期预报（10—11 月）。

3. 气象服务

服务方式 20 世纪 80 年代初，红安县气象局主要通过电话向县领导及有关部门做气象服务。1988 年，红安县气象局在上海购置 20 部无线通讯接收装置和发射主机，分别安装在防汛抗旱办公室、县农业委员会和各乡镇场，建成了县级气象预警服务系统。1988 年，正式使用预警系统对外开展服务，每天下午广播一次，服务单位通过预警接收机定时接收气象服务。

1997 年 10 月，红安县气象局购买计算机和专业非线性编辑软件，开发出电视天气预报节目，并与县广播局达成协议，在红安县电视台播放红安天气预报。天气预报节目由县气象局制作，节目录像带送电视台播放。

1998 年 6 月，红安县气象局同电信局达成协议，购买计算机及软件系统，与电信局合作开通了“121”天气预报自动答询电话，2004 年 5 月全市“121”自动答询电话实行集约经营。2005 年 1 月，“121”电话升位为“12121”。2005 年 9 月，建起了“红安兴农网”。

2005 年 4 月，红安县气象局在全县 10 个乡镇建成了自动雨量观测站，2007 年 5 月建成八角庙温度、雨量两要素站，2008 年 6 月又建成了天台山温度、雨量、风向、风速四要素站。自动观测站的建立为监测全县天气，为气象服务的精细化奠定了基础。

2006 年，红安气象局规范了服务产品，开发了“重要天气报告”、“专题气象服务”、“气象简报”、“旬天气预报”等服务产品，定期或不定期由专人向县委县政府报送服务产品，2008 年进一步规范了灾情收集调查及上报程序，配备了照相机，应用灾情直报软件上报灾情。

2008 年，为了更好地为县、镇、村领导服务，红安县气象局通过移动通信网络开通了气象短信平台，以手机短信方式向全县各级领导发送气象信息。

服务种类 在做好公益服务的同时，红安县气象局于 1985 年开始推行气象有偿服务，为乡镇及相关事业单位提供中、长期天气预报，主要以旬天气预报为主。

1978 年，红安县气象局开始使用土火箭进行人工降雨试验，1979 年开展了高炮人工降雨作业，1980 年 6 月，红安县人民政府人工降雨办公室成立，挂靠县气象局，为副科级单位，办公室主任由县气象局副局长兼任。1991 年县政府为人工降雨办公室定编 2 人。红安县人工降雨办公室在全县设置 5 个炮点，干旱年份积极开展人工降雨作业。2008 年装备了人工影响天气火箭架及火箭炮发射车。

1991 年，红安县气象局开展防雷技术服务，服务内容包括防雷检测、工程设计、施工、竣工验收等。2003 年 8 月，成立防雷服务中心，定期对液化汽站、加油站、学校、高大建筑物及各单位计算机系统的防雷设施进行检查，对不符合防雷技术规范的单位，责令整改。

服务效益 2001 年红安县出现了春旱、伏旱连秋旱的特大旱情，红安部分地区发生了人畜饮水困难。红安气象局人工影响天气办公室于 7 月中旬奉命组成 3 个作业组，分别在城关、觅儿、八里 3 个炮点开展人工影响天气增雨作业。8 月 15 日作业后，全县普降暴雨，其中城关镇降水量达80.5毫米，极大地缓解了红安的旱情，创造经济效益2000万元。8月16日县委书记林全华代表县委县政府到炮点慰问作业人员，红安电视台对此作了专题报道。

2008年8月28日—30日，红安县连续3天降暴雨，其中28日降雨量达237.1毫米，为红安历史上1日最大降雨量，过程降雨量358.9毫米。8月28日下午5时，县气象台预报8月28日晚至30日有大到暴雨，局部大暴雨的天气过程，并向县委县政府发布《重要天气报告》，建议抢排渍水，防范山洪、泥石流暴发。气象预报准确，使红安县灾害损失降至最低。中央电视台气象频道进行了专题报道。

社会管理与气象文化建设

法规建设和管理　红安县气象局狠抓雷电灾害防御工作的管理，2000年被红安县人大常委会授予“执法工作先进单位”，2001年被红安县人民政府授予“行政执法主体资格合格单位”。2003年与县建设局联合下发了《关于加强建筑物防雷工作的通知》，规范了红安县防雷减灾工作的管理。

社会管理　依照《中华人民共和国气象法》、《湖北省实施〈中华人民共和国气象法〉办法》和《气象探测环境保护办法》的规定，2008年10月，红安县气象局对观测场东面正在超高建设的私房建设进行了执法，责令其停止了工程建设，保护了气象探测环境。

内部管理　从1996年开始，红安县气象局每年制定《红安县气象局气象事业目标任务及实施方案》，主要内容有局领导的分工，防雷建审、检测、施工、验收管理办法，气象有偿服务管理办法，气象台工作任务，业务值守班制度，目标考核制度，会议制度，小车管理制度，财务、福利制度等。

党建　建站初期只有党员2人，编入县农业局党支部，1971年8月成立县气象站党支部，由帅修荣任书记，1978年由钟思永接任书记，1981年4月成立县气象局党支部，由龚敦望任书记，以后陆续由徐谋训、周仿樵、程定芳、钟细福担任书记。2008年全局有党员7人，现任支部书记钟细福。

气象文化建设　红安是革命老区，红安气象局领导班子把“发扬老区精神”、“继承先烈革命传统”作为文明创建的重要内容，每年清明节组织干部职工到烈士陵园扫墓，观看革命烈士事迹展览，对干部职工进行一次革命传统教育，并先后开展“三个代表”重要思想、保持共产党员先进性、科学发展观学习，提高了广大干部职工的政治思想觉悟。

红安县气象局1998—1999年、2003年先后被中共红安县委、红安县人民政府授予“文明单位”，2004年被中共黄冈市委、黄冈市人民政府授予“文明单位”、“文明创建工作先进单位”。

荣誉　1978—2008年红安县气象局共获得集体荣誉73项，2000年分别被湖北省气象局授予全省气象部门“先进集体”和“明星台站”称号，2008年被湖北省气象局授予“全省重大气象服务先进集体”。1978年至2008年红安县气象局个人共获奖112项，刘洪志1985年被湖北省气象局表彰为“全省气象部门先进个人”。沈守清于1986年被共青团湖北省委授予全省“新长征突击手”称号。

台站建设

2004年1月，对观测场进行了改造并建成了自动气象站。投资55万元的新办公楼于2005年1月建成。2006年6月，拆除旧平房宿舍，建成2层别墅式住宅12套。红安县气象局现占地面积22亩，办公楼1栋250平方米，职工宿舍楼2栋1000平方米，别墅式住宅12套2500平方米，车库炮库1栋100平方米。

2004年红安县气象局观测场

2005红安县气象局新办公楼

罗田县气象局

机构历史沿革

历史沿革 罗田县气象站，建于1958年6月，1959年1月1日开始正式地面观测工作，站址位于县城北城岗（山顶）。观测场位于北纬30°47′，东经115°24′，海拔高度105.8米。1961年9月更名为罗田县气象科；1962年5月更名为罗田县气象站（属县农业局管辖）；1968年1月更名为罗田县革委会生产指挥组气象站；1970年5月更名为罗田县革委会农业局气象站；1971年12月更名为罗田县气象站（县人武部管辖）；1973年更名为罗田县革委会气象局；1977年更名为罗田县农业局气象站；1980年6月更名为罗田县气象局；1984年1月至今实行部门和地方双重领导，以部门为主的管理体制。

人员状况 1958年建站时4人，1999年定编7人，现有部门编在职职工6人，地方编在职职工2人，离退休4人，党员11人。

名称及主要负责人变更情况

名称	时间	负责人
罗田县气象站	1958.6—1961.2	乔淑芳
罗田县气象科	1961.2—1961.12	田　广
罗田县气象站	1962.1—1964.11	乔淑芳

续表

名称	时间	负责人
罗田县气象站	1964.12—1966.7	武学来
罗田县革委会生产指挥组气象站	1966.7—1971.3	张国华
罗田县气象站	1971.3—1972.5	徐维国
罗田县革委会气象局	1972.6—1977.8	方普先
罗田县农业局气象站	1977.9—1978.11	闫德仁
罗田县农业局气象站	1978.12—1979.9	袁焕堂
罗田县气象局	1979.10—1984.8	邹亚超
罗田县气象局	1984.9—1996.3	杨鹏飞
罗田县气象局	1996.3—	叶胜利

气象业务与服务

1. 气象业务

气象观测 罗田气象站为国家一般气象站，每天观测3次(08、14、20时)，发报任务有08、14、20时小图报、旬月报、重要天气报、不定时加密报。1959年1月—1960年7月观测时次为4次(01、07、13、19时地方时)，夜间不守班；1960年7月观测时次改为3次(08、14、20时北京时)，1962执行新规范，增加气压观测；1967—1970年文革中自行取消蒸发、地温观测，风向由十六方位改为八方位；1970开始使用EN型电接风；1971年恢复蒸发、地温、风等正常观测；1987年5月1日开始使用PC-1500微型计算机查算和编制报文；2004年1月ZQZ-1型自动气象站建成，2004年2月1日正式运行，至2008年建成单要素站6个、两要素站2个、四要素站7个。2008年3月1日开始电线积冰观测。

气象信息网络 电话、信件是最初的信息传送方式；1984年配备了气象传真接收机接受气象资料；1986年配备了甚高频电台；1990年使用微机接受卫星云图；1998年"9210"卫星接收系统建成；2004年使用ADSL宽带传输；2006年建立光纤传输。2001年以前地面观测资料由罗田县气象局自行管理，2002年气簿-1、压、温、湿、风等资料移交省气象局档案馆，每五年移交一次。

气象预报 建站开始就发布短期天气预报，1964年开始发布逐月长期天气预报、春播期天气预报和汛期天气预报。1990年业务技术体制改革，罗田气象局预报主要订正省市预报。根据气象服务的需求，仍在继续制作和发布春播期及汛期长期预报，主要运用概率统计、多因子分析、数理统计等方法。

2. 气象服务

公众气象服务 建站之初至20世纪80年代中期服务手段单一，由县广播站对全县发布天气预报；1987年开始安装警报接收机，建成了气象预警服务系统，每天上、下午播报两次；1998年5月气象局和电信局合作开通"121"天气预报自动查询系统，2005年1月"121"

升级为“12121”，拨打率稳定；1999年县气象局建成多媒体电视天气预报制作系统，天气预报信息由气象局制作成录像带，送电视台在罗田本地频道播放，2004年后由气象局提供气象信息，电视台制作。2008年气象服务短信平台建立，以手机短信形式向县、乡、村干部发送气象信息。

决策气象服务 罗田地势南低北高，每年洪涝、干旱、雷电、大风、低温冻害等灾害频发。1984年，罗田气象局通过气候调查，结合罗田南低北高的地理特点，提出大河岸以北地区不宜种植双季水稻的决策服务，被县政府采纳改双季稻连作为麦、稻连作，避免了二季稻寒露风的危害，减少了成本投入，提高了单产。1987年7月罗田县出现暴雨天气，水库库容急增，在是否溢洪的关键时候，气象局作出未来48小时无强降水、雨势减弱的预报，为县委县政府作出关闸蓄水决策提供了科学依据，为此多蓄水三千万立方米，相当一座中型水库的蓄水量，为此被国家气象局授予“重大雨情气象预报服务奖”；1991年7月上旬，罗田县发生连续暴雨到大暴雨灾害性天气，气象局对这次灾害性天气过程预报服务准确，被湖北省气象局授予“抗洪救灾气象服务先进集体”，分管副局长被县委县政府记大功一次。

专业与专项气象服务 罗田县气象局于1982年开始开展专业有偿气象服务，根据各企事业单位的不同要求提供有针对性的气象服务。1991年罗田开始人工降雨作业。2000年8月大旱，气象局连续一个月进行人工增雨作业，为罗田抗旱保丰收作出突出贡献，县政府奖励十万元。

1989年，罗田县气象局参与鄂豫皖三省气象部门在大别山贫困地区开展的气象科技扶贫协作工作，罗田气象局承担了代料栽培食用菌最适宜气象条件技术推广实验任务。经过两年多的反复试验、多次技术攻关，掌握了代料栽培食用菌最适宜气象条件技术，1990年采取技术承包服务，现场指导服务，培训人才服务，菌种保险服务，产销“一条龙”服务等多种服务形式，把这一技术推广应用到邻近黄冈、浠水、英山等县的18个乡镇、2000余专业户。这一项目获湖北省气象局科技扶贫进步二等奖。

罗田县于1991年成立人工降雨指挥部，1991—1992年购置2门高炮，2008年购买1具火箭发射架和运输车。

罗田气象局于1988年开展防雷技术服务。特别是在2000年《中华人民共和国气象法》颁布后，防雷技术服务由初始阶段的避雷设施检测扩大到避雷设计安装，避雷装置图纸审核，雷击灾害评估。

法规建设与管理

气象法规建设 围绕雷电灾害防御这一重点，先后下发了《关于进一步加强建设项目防雷管理工作有关问题的通知》(罗气字〔2006〕6号)，县气象局与县安监局、县旅游局联合下发了《关于进一步做好大别山国家森林公园各旅游景区防雷安全工作有关问题的通知》(气发〔2007〕6号)，县气象局与县消防大队联合下发了《关于进一步加强建设项目防雷管理工作有关问题的通知》等文件，强化了防雷措施，规范了防雷管理工作程序，严格防雷行政执法，防雷工作步入规范化管理轨道。

社会管理 2000年1月《中华人民共和国气象法》颁布实施后，依据法律规定，罗田县气象局加强社会管理职能，依法履行天气预报发布、灾害天气预警信息发布、气象和雷电灾害防御等行政管理工作。2000 年 3 月，县编办批复成立罗田县防雷中心，为独立法人单位，隶属县气象局，负责全县雷电灾害防御管理工作。成立了行政执法队，坚持文明执法，按程序执法。在 2005 年罗田县组织的执法单位行风评议中，罗田县气象局被评为第一名。

实行气象政务公开 对气象服务内容、气象行政审批办事程序及相关执法依据、服务收费依据及标准等，通过户外公示栏、电视广告、宣传单等媒介向社会公开，2006 年气象行政许可纳入罗田县行政服务中心综合管理，实行网上办理相关行政许可手续。

党建与气象文化建设

1. 党建工作

支部组织建设 1973 年以前，县气象站党员编入农业局党支部，1973 年成立气象局党支部，由闫德仁任支部书记；1978 年 12 月袁焕堂任支部书记；1979 年 9 月邹亚超任支部书记；1984 年 9 月杨鹏飞任支部书记；1996 年 4 月叶胜利任支部书记。现有党员 11 人，支部书记为叶胜利。

党风廉政建设 2004 年起，每年开展党风廉政建设宣传月，局领导和中层干部签订廉政责任书，主要领导讲党课，推进惩治和预防腐败体系建设。2006 年以来，为规范职工行为，先后制定或完善工作、学习、服务、财务、党风廉政、卫生安全等六个方面的内部规章制度。

2. 气象文化建设

建站后，条件艰苦任务重，罗田气象人发扬自力更生、艰苦奋斗的光荣传统，自己动手养猪、种菜改善生活条件。1996 年新一届领导班子针对气象局特点，提出了“营造好环境，建设大家庭”的建局理念，坚持以人为本，充分发挥了职工的主观能动性和创造力，在生活上发扬团结互助精神。2006 年有一职工的弟弟得了癌症，单位组织了职工捐款给予帮助，并对其子女在学费上给予资助。对职工子女学习成绩优异的给予奖励。像这样领导的关怀、单位的温暖还体现在生活中的各个方面、点点滴滴之中，每有职工过生日，全局集中祝贺；遇有职工生病，领导带头上门看望；2004 年起每年都资助一位贫困学生。全局人人都把自己当作大家庭的一员，培养了干部职工及家属的爱心和责任心，增强了单位的凝聚力和向心力。

从 1996 年起开始争创文明单位活动。以文明活动为载体，加强职工精神文明教育，改善办公环境，改造观测场，建设业务一体化室，开办学习园地，建设“两室一场”，拥有图书 2000 册。积极参加和开展文体活动，2008 年与县农办等单位联合组队参加农口组织的“林业杯”篮球赛，参加县“锦绣天堂”论坛组织的采风和大别山放歌等活动，丰富了职工文化生活。

3. 荣誉

1987 年获国家气象局“重大雨情预报服务奖”，1991 年被湖北省气象局授予“抗洪救灾气象服务先进集体”，1992 年 3 月被省气象局授予“气象科技兴农扶贫先进单位”，2000—

2006年连续四届被黄冈市委、市政府授予“文明单位”。1990年杨鹏飞获“全国优秀气象站长”称号。

台站建设

建站初期只有两间简陋房屋，条件艰苦，气象人发扬自力更生、艰苦创业精神，自己动手养猪、种菜，改善生活条件。1980年建造了两层住宅楼；1987年建造了四层住宿楼；1992年新建400平方米办公楼，使用至今；2000年新建800平方米的住宿楼。2000年以来，共投入资金120多万元，对水、电、路、绿化、美化以及办公楼进行了全面的改造和维修，使站内绿树成荫，面貌焕然一新。2001年完成了业务值班室一体化建设。

罗田气象局全貌

英山县气象局

机构历史沿革

历史沿革 1954年春季，英山气候站开始筹建，站址在县城温泉镇南门外白石坳山顶。1956年10月15日英山气候站正式观测。1958年2月更名为英山县气象站。1974年12月1日更名为英山县革命委员会气象局。1984年5月更名为英山县气象站。1987年7月更名为英山县气象局。1980年被确定为气象观测国家基本站，2006年7月1日改为国家气象观测站一级站，2008年12月31日改为国家气象观测基本站。观测场位于北纬30°44′，东经115°40′，海拔高度123.8米。

建制 建站至1958年夏，由湖北省气象局和英山县政府双重领导，以省气象局领导为主。1958年6月至1980年4月，由以省气象局领导为主改为以地方领导为主（其中，1969年6月至1975年12月，县气象局由人武部管理）。1982年4月，全国实行机构改革，气象部门改为部门和地方双重管理的领导体制，由部门领导为主，即垂直管理，延续至今。

建站员工合影（1954年）

名称及主要负责人变更情况

名称	时间	负责人
英山气候站	1954. 春—1958.2	张全福
英山县气象站	1958.3—1963.3	张全福
英山县气象站	1963.4—1969.6	王海泉
英山县气象站	1969.7—1969.12	胡金松(代管)
英山县气象站	1970.1—1973.12	胡　波
英山县革命委员会气象局	1974.1—1976.10	胡　波
英山县革命委员会气象局	1976.11—1983.11	张解菊
英山县气象站	1984.5—1987.7	汪普生
英山县气象局	1987.7—1996.3	乐胜奇
英山县气象局	1996.3—2005.4	赖国安
英山县气象局	2005.4—2008.2	王建中
英山县气象局	2008.3—	李晓华

人员状况　1954 年建站时只有 7 人。2006 年 8 月定编为 14 人。现有在编职工 14 人，聘用 2 人。

现有在职职工 16 人中，大学学历 2 人，大学在读 1 人(函授)，大专学历 7 人，大专在读 3 人(函授)；中级专业技术人员 3 人，初级专业技术人员 11 人；50～55 岁 4 人，40～49 岁 2 人，40 岁以下的有 10 人。男职工 11 人，女职工 5 人。

气象业务与服务

1. 气象综合观测

观测机构　1955 年 6 月至 1958 年 2 月为英山气候站，当时有 7 名工作人员。1958 年 2 月更名为英山县气象站。1959 年 11 月为地面气象测报组，定编为 4～6 人。1982 年 6 月更名为地面气象测报股，定编为 5～6 人。1999 年 1 月更名为英山县气象局气象台，有 8 名工作人员。

观测时次　1956 年 11 月 1 日至 2006 年 6 月 30 日，每天有 02、08、14、20 时 4 次定时观测，05、17 时 2 次补充绘图报观测；2006 年 7 月 1 日起，每天另加有 11、23 时 2 次补充绘图报观测；每天夜间守班。观测项目有云、能见度、天气现象、气压、气温、湿度、风向风速、降水、雪深、日照、蒸发、地温等。2006 年 4 月 1 日开始草温观测，2007 年 5 月 1 日起增加酸雨观测项目，2008 年 3 月 1 日增加电线积冰观测项目。

航危报　1956 年 11 月 1 日至 1989 年 12 月 31 日，每天 24 小时向 OBSAV(指为军航拍发的航危报报头)武汉、南京，OBSMH(指为民航拍发的航危报报头)武昌、合肥 4 个单位发固定航空(危险)报，其中先后于北京、广州、安庆、六安、孝感、黄山开展预约报业务。2004 年 1 月 1 日起只向 OBSAV 南京拍发 04—22 时的航危报。每月向省台发旬月报 3 次。1983 年 11 月开始向武汉编发重要天气报，每天 02、08、14、20 时 4 次定时发报，另加发不定时和两种预约报。

发报内容　天气报的内容有云、能见度、天气现象、气压、气温、风向风速、降水、雪深、地温等;航空报的内容有云、能见度、天气现象、风向风速等。出现危险天气5分钟内向所有需要航空报的单位拍发危险报;重要天气报的内容有暴雨、大风、雨凇、积雪、冰雹、龙卷风等。

农业气象　1980年起,开展农业气象业务,观测内容是对小麦、水稻、油菜等农作物进行物候观测,并于每月8日进行土壤取土观测,2008年增加茶叶生长观测。1975—1978年,在桃花冲林场、吴家山林场建立农村气象哨,开展气象和物候观测并提供服务。1982—1983年,完成《英山县农业气候资源和区划》编制,《英山县农业气候区划报告》中对茶叶等林特作物进行专题气候条件分析,提出本县宜大力发展茶叶生产的建议,为英山县建成全省茶叶大县提供了重要的气候依据。2008年开展茶叶专项观测以来,为英山县茶叶无性系繁殖提供各项专业观测数据,直接提高22%的茶叶无性系繁殖率。

现代化观测系统　1987年10月开始使用PC-1500编发气象报,结束手工编发气象报。2000年11月停用PC-1500,使用地面气象观测软件系统。1999年10月,县局AMS-Ⅱ型自动气象站建成,11月1日开始试运行。自动气象站观测替代了人工观测。

1998年建成了县级地面气象卫星接收小站、县级气象服务终端等业务系统并投入使用。2005年8月,在孔坊乡、杨柳镇、桃花冲、伍冲村首先建成自动雨量观测站并运行。2006年8月,投资3万元在石头嘴镇、方家嘴乡、雷家店镇、陶河乡、百丈河乡、长冲茶场建成运行ZQZ-A型温度、雨量两要素自动观测站,同年9月1日开始试运行。2007年投资4.8万元在张家嘴水库、红花水库、詹家河水库建成温、雨、风向风速四要素自动观测站并投入使用。

2. 气象预报预测

1958年7月,县站开始作补充天气预报。1981年5月正式开始天气图传真接收工作,主要接收北京的气象传真和日本的传真图表,利用传真图表独立地分析判断天气变化,再结合分析本地气象资料、短期天气形势、天气过程的周期变化等制作一旬天气过程趋势预报,后此种预报作为专业专项服务内容。

县气象站制作长期天气预报在20世纪70年代中期开始起步,1980年通过参加地区气象局组织的预报会战,建立了一套长期预报的特征指标和方法,这套预报方法一直沿用至今。

3. 气象服务

公众气象服务　1993年10月,气象局与县广播电视局协商在电视台播放英山天气预报,天气预报信息由气象局提供,电视节目由电视台制作。预报信息通过电话传输至广播局。1998年4月,县气象局建成多媒体电视天气预报制作系统,将自制节目录像带送电视台播放。

1997年6月,气象局同电信局合作正式开通"121"天气预报自动咨询电话。2004年5月起全市"121"答询电话实行集约经营,主服务器由黄冈市气象局建设维护。2005年1

月,“121”电话升位为“12121”。

决策气象服务 20世纪90年代,气象局主要采取向县委县政府发送旬月天气预报,灾害性、转折性等重要天气,向政府领导及相关部门开展电话告知及上门服务方式。2007年,通过移动通信网络开通了气象预警短信平台,定期以手机短信方式向全县各级领导发送气象预报信息,2009年增加发送不定期气象灾害预警信息。

专业气象服务 1985年开始推行气象有偿专业服务。2007年被黄冈市气象局定为农村公共气象服务试点县,针对英山县支柱产业——茶叶开展专业气象服务,同年在英山县屏峰茶厂、长冲茶场建立茶叶专业服务观测点,开展茶叶生长状况测定、产业结构分析、农业气象病虫害观测调查等服务内容。

1991年7月,英山县人民政府人工降雨办公室成立,挂靠县气象局,添置“三七”高炮1门,建立人工增雨作业点2个(金铺镇、石头嘴镇)。人影作业自1991年开始的18年内共开展人工增雨作业83次,作业成功率达到90%,有效的缓解了当地的旱情。

1993年开展防雷技术服务,主要承担全县范围内的建构筑物防雷设施安全性能检测和防雷设施安装工作,2002年开始将防雷工程从设计、施工到竣工验收,全部纳入气象行政管理范围。

服务效益 2003年6月英山县普降暴雨,张家嘴水库达到警戒水位,在是否溢洪的关键时刻,水库现场指挥的县委副书记叶俊甫根据县气象局降水过程将停止的预报,果断作出不溢洪的决定,避免了溢洪造成的经济损失。英山县每年4月20日举办茶叶节,气象服务保障获得了县委县政府领导高度评价。

科学管理与气象文化建设

法规建设与管理 2002年5月,英山县人民政府办公室下发《英山县建设工程防雷项目管理办法》(英政办发〔2003〕10号),将防雷工程从设计、施工到竣工验收,全部纳入气象行政管理范围。2003年12月,英山县人民政府法制办批复确认县气象局具有独立的行政执法主体资格,并为7名干部办理了行政执法证。2006年7月与县建委、规划局达成工作协议,联合行文《关于加强英山县建设项目防雷装置防雷设计、跟踪检测、竣工验收工作的通知》(英建发〔2006〕11号)等有关文件,对全县范围内的建(构)筑物纳入气象行政许可。

加强气象政务公开,对气象行政审批办事程序,气象服务内容、服务承诺,气象行政执法依据、服务收费依据及标准等,采取了通过户外公示栏、电视广告、发放宣传单等方式向社会公开。

2002年探测环境保护纳入英山城市规划,2003年阻止两起周边房屋开发,2008年拆除了一栋在建的违反探测环境保护楼房。

党建 1956年10月至1960年5月,有中共党员1人(王全福),编入县农业局党支部。1960年6月至1970年5月编入物资局党支部。1970年6月成立英山县气象站党支部,由陈佑宏任支部书记。1976年11月由张改菊接任支部书记,1984年4月由汪普生接任支部书记。1996年3月由赖国安接任支部书记,2005年6月由王建中接任支部书记,2008年有党员12人(在职党员7人、离退休党员5人),支部书记为李晓华。

党风廉政建设 英山县气象局历来重视党风廉政建设,认真落实党风廉政建设目标责任制，积极开展廉政教育和廉政文化建设活动，努力建设文明机关、和谐机关和廉洁机关。局财务账目每年接受上级财务部门年度审计，并将结果向职工公布。

气象文化建设 英山县气象局长期开展爱岗敬业教育活动，涌现了一批在平凡岗位上为气象事业发展作出突出贡献的干部职工。胡金松同志撰写的《云的观测》被编入1979年版《地面气象观测规范》。1995年湖北气象局发文，在全省气象部门开展向英山县气象局职工傅雨农同志学习的活动，以表彰傅雨农同志身患癌症，仍坚持工作在科技服务一线的先进事迹。

深入持久地开展文明创建工作，积极动员全局动手改造观测场，离退休职工主动承担园区内花坛日常管理维护，组织资金装修业务值班室，统一制作局务公开栏、学习园地、法制宣传栏和文明创建标语等宣传用语牌。建设"两室一场"（图书阅览室、职工学习室、小型运动场），拥有图书近2000册。2003—2008年连续三届被评为市级最佳文明单位。

荣誉 从1978年至2006年英山县气象局共获集体荣誉92项，其中，1984年被国家气象局授予"全国气象部门农业气候资源调查和农业气候区划先进集体"，1987年英山县气象局测报股被省局授予"集体百班无错"，1997、2000年分别被省气象局授予"防汛抗旱气象服务先进集体"、"重大天气气象服务先进集体"。2005年被中国气象局授予"局务公开先进单位"。

共获个人奖项126人（次），其中，郝新华1986获得全省气象部门"双文明"先进个人，赖国安1998年荣立二等功。

台站建设

综合改善 1991年前英山县气象局业务、办公场所均为土木结构的平房，1991年湖北省气象局投入综合改善资金12万元，建造砖混结构3层480平方米的业务综合楼；2008年争取国家项目资金41万元，建成一栋3层业务中心楼，同时对观测场周边环境进行综合改善。

办公楼全景

英山县气象局现占地面积5653平方米，2栋办公楼共840平方米，3栋职工宿舍共1500平方米，1栋车库、炮库共120平方米。

园区建设 2000—2003年，英山县气象局分期分批对机关院内的环境进行了绿化改造，规划整修了道路，在庭院内修建了草坪和花坛，修建了1200多平方米草坪、花坛，栽种了风景树，全局绿化率达到了65%，硬化了800平方米路面，使机关院内变成了风景秀丽的花园。气象业务现代化建设也取得了进展，建起了气象地面卫星接收站、自动观测站、决策气象服务、商务短信平台等业务系统工程。

浠水县气象局

浠水县位于湖北省东部，自古浠水七省通衢之要道。为亚热带季风湿润气候，冬季低温少雨，夏季炎热多雨，秋季凉爽干燥，春季温度多变，四季分明。

机构历史沿革

历史沿革 浠水县气象站是1956年10月底在县城戴家山建成的25米×25米气候观测站，11月开始观测。1961年气象观测场迁到县农科所。1964年又迁到城关西面山，观测场为16米×20米，海拔高度30米，东经115°12′，北纬30°28′。

建制 建站初期为气候站，1979年12月改为气象站，1980年确定为国家一般气象站。管理体制也经过几次变更。建站初期各项工作由省气象局直接领导管理。1956年下放到地方，由县农业局代管。1972年由县人武部管理。1974年移交县政府管理，属县直一级单位。1982年气象部门体制改革，改由黄冈市气象局和浠水县政府双重领导，以市气象局为主的管理体制。1988年由县气象站改称县气象局。局内设有办公室、业务股、气象服务中心。

名称及主要负责人变更情况

名称	起止时间	负责人
浠水县气象站	1956.10—1958	万俊勋
浠水县气象站	1958—1963	曾宪法
浠水县气象站	1963—1972	李恩松
浠水县气象站	1972—1974	周　拯
浠水县气象站	1974—1978.11	李恩松
浠水县气象站	1978.12—1982.6	张子初
浠水县气象局	1982.7—1984.5	张子初
浠水县气象站	1984.6—1987.2	夏启炎
浠水县气象站	1987.3—1991.5	雷海斌
浠水县气象局	1991.5—1999.1	雷海斌
浠水县气象局	1999.2—	闫金东

人员状况 建站以来人员变动情况频繁，共有34人次调动，由初建站2人，增至现在22人。其中退休8人，在职14人。高级专业技术人员1人，中级技术人员9人，初级技术人员6人，中级工2人。大专以上学历10人。年龄50～59岁3人，40～49岁2人，30～39岁4人，30岁以下5人。

气象业务与服务

1. 气象业务

浠水县气象局主要业务有地面测报和天气预报。1974年以前预报、测报轮流值班，1974年成立预报组，后改为预报股。专门机构专人制作预报，1988年预报股测报股合并为业务股，后改为气象台，实行预报、测报大轮班。

地面气象观测 浠水县气象站是国家气象局规定的一般气象站。观测任务是云、能见度、天气现象、风向风速、雨、蒸发、雪等，灾害性气象资料收集、发报、编制报表、资料整理等。地面观测项目有气压、气温、湿度、地温(0、5、10、15、20厘米)、云量、云状、日照、降水、蒸发、积雪深度、风、霜等天气现象的记录。属08、14、20时的3次观测站，夜间不守班。

浠水县气象观测场地东西宽16米，南北长20米，百叶箱温度表底部距地面高度1.5米，雨量器口离地面70厘米。气象仪器有，水银气压表、干湿球温度表、曲管地温表、最高最低地温表、湿度表、气压自记仪、温度自记仪、风向风速器、雨量自记仪、日照计、雨量器、蒸发皿等。

浠水县气象局观测场(2008年拍摄)

区域气象观测站 2006—2008年在全县各乡镇安装了15处区域自动气象站。观测气温、雨量、风向、风速四个要素的有9个；观测温度、雨量两要素的有3个；观测单要素的有3个，自动站建设被县科委评为科技进步三等奖。

气象预报预测 1967年以前主要通过收听省气象台指导预报，结合本地气象要素变化，制作短期预报。1967年开始无线接收省气象局的语言广播，以人工抄报方式收听08时的500百帕、700百帕、850百帕高空形势图和14时地面天气图，结合本地单站要素时间剖面图，九线图，压、温、湿曲线图，建立模式工具作出预报。1985年上级气象部门为县气象局配备了传真接收机。预报人员根据传真接收到的地面高空天气图及预报产品做预报。1991年浠水县拨款2万元，购微机一台。浠水县气象局在全省第一宗开通武汉数值化雷达远程终端，预报工具增加了雷达回波图。1996 年实现与黄冈市气象局网络联结。1999 年建成卫星小站。2005 年建成宽带网，可接收到上级气象台各类预报指导产品，并制作短期短时预报。

浠水县气象局长中期天气预报始于 1967 年，在省、市气象台指导产品的基础上，用数理统计、韵律关系、概率统计等方法制作 3—5 月春播预报、5—9 月汛期预报、9—10 月秋寒预报。还发布了 3～7 天中期预报。高级工程师宋福全在工作中总结出“用多因子逼近法”制作汛期预报，预报趋势效果很好，被评为县科技进步一等奖、湖北省气象局科技进步三等奖。

2. 气象服务

预报服务 20 世纪 80 年代以前，主要通过文字材料和口头汇报方式向县领导和相关部门提供长中短期预报，并通过县广播站定时广播 24 小时天气预报。20 世纪 90 年代后，短期预报通过电视“12121”自动答询电话及时向社会发布。“12121”年拨打次数均达 60 万次以上。2004 年通过兴农网服务“三农”。2007 年 1 月 15 日，县气象局预报有大到暴雪，县政府据此采取防御措施，有效地减轻了雪灾损失，中央电视台“聚焦三农”栏目对这次服务过程作了专题报道。

建立气象哨 1977 年在全县有方位代表性的洗马、华桂、竹瓦、巴河四个乡镇建立了气象哨。开展了压、温、湿、降水、日照、风等气象要素观测业务。气象哨最长的维持了 8 年，最短的维持了 3 年，使为农业服务更具有代表性。由于人员经费无着落，后来相继取消。

预报、警报接收系统 1988 年浠水县政府下发 52 号文件，在全县建立预报警报接收系统。经过宣传推广，全县乡、镇、场和县领导及有关部门安装了预警接收机 52 台。用户可及时收听天气预报、气象情报和气象信息。

人工增雨 1993 年由县政府投资购置了“三七”双管高炮 1 门。县政府成立了人工降雨领导小组，人工降雨办公室设在气象局。从 1993 年起共实施增雨作业 23 次，共发射炮弹 713 发。

防雷技术服务 从 1991 年开始对高层建(构)筑物及易燃易爆设施进行防雷设施的安装，对已安装的 500 余处防雷设施每年检测 2 次。对银行、移动、电力、电信等有计算机网络的重点单位进行计算机防雷检测服务。

科学管理与气象文化建设

1. 法规建设与管理

气象法制建设 2006 年县政府办下发《切实加强防雷减灾工作的通知》(浠政办〔2006〕15 号)，2007 年下发《加强气象工作的通知》(浠政办〔2007〕2 号)，2008 年下发《关于实施浠水建设项目防雷工程管理有关问题的通知》(浠政办〔2008〕2 号)和《印发浠水县房地产建设行政审批和税费征收办法的通知》，(浠政办〔2008〕22 号)，2007 年浠水行政服务中心下发《关于印发推行行政审批及行政服务事项流程管理实施方案的通知》，这些文件对防雷社会管理作出了具体规定。县气象局成立了执法队，依照法律法规进行了社会管理，使全县实施防雷行政许可和防雷技术服务初步规范化。

气象灾害应急管理 建立健全了浠水县气象灾害应急响应体系。县政府成立气象灾害应急和人工影响天气两个领导小组，领导小组办公室设在县气象局。县气象局编制气象灾害应急预案，由县政府签发到水利、广播电视、电力、交通、国土、财政等13个部门及16个乡镇(场)。与全县16个乡镇(场)签订了协议，并培训649个村级气象信息员。

政务公开 在县行政服务中心设立了窗口，办理气象行政审批手续。并用户外公示栏、电视广告、发放宣传单等方式向社会公开审批办事程序，气象服务内容，服务承诺，执法依据、收费标准等。

2. 党建

1958—1963年，中共党员为1人(曾宪法)，1964—1972年党员仍为1人(李恩松)，1972—1974年党员仍为1人(周拯)，1974—1978年党员增至2人(李恩松、陶水先)，1962年6月至1984年5月党员增至5人，成立了第一届气象局党支部，张子初任支部书记。1984年6月至1999年1月党员为6人，雷海斌任支部书记。1999年1月至2008年党员为8人，闫金东任支部书记。

党风廉政建设得到加强，严格遵守中纪委关于领导干部廉政自律的有关规定，认真落实党风廉政建设责任制，按要求每年开展"讲廉、述廉、评廉"活动。支部一班人带头廉洁自律执行制度不走样，使支部的凝聚力、战斗力不断增强。2007年被县委、县政府评为党风廉政建设先进单位。

3. 气象文化建设

浠水县气象局始终坚持以人为本，不断提高干部职工的综合素质。有6人取得气象函授大专文凭，有3人获得党校大专毕业证书，经常开展测报技能、网络、财会、防雷、人工降雨、执法等培训。

加强文明创建阵地建设，不断改进工作、生活、学习环境，实现办公设备现代化，每人配备1台电脑。新建图书阅览室，干部职工活动中心，购置电教设备。参加县科技下乡宣传，科普下乡活动，到广场宣传气象知识和防雷知识。丰富干部职工业余文化生活，精神文明素质得到了提高。

浠水县气象工作人员送科技下乡

开展创建文明单位，建设安全小区活动，县气象局计划生育办证率、节育率和独生子女率都达到了100%。社会治安、综合治理工作做到了无刑事、民事案件发生，无打架斗殴，无赌博行为。从解决职工困难，增加职工收入入手，制订激励机制，充分发挥干部职工的积极性，职工住房条件不断改善。家庭之间团结和睦，相互尊重，相互帮助。在干部职工中进行了“八荣八耻”的教育，使大家形成了良好的思想道德观念。局内出现了单位和谐、家庭和睦的局面。

4. 荣誉

浠水县气象局从1983—2008年共获得集体荣誉奖项52次。2000年起，连续三届被黄冈市政府授予文明单位。2007年被市委、市政府授予最佳文明单位。2000年、2002年、2004年、2005、2007年被浠水综合治理委员会授予社会治安综合治理先进单位。个人获得各类奖项56次。其中陶水先1980年被县委、县政府评为先进工作者。

台站建设

1956年浠水县气象局仅有3间住房和50平方米的工作室，1964年建职工住房和办公用房150平方米，1978年建成3层职工宿舍300平方米，1988年建成4层八套职工住房500平方米。1992年建成3层办公楼，建筑面积250平方米。1990年由原铁丝网观测场围栏改为钢筋围栏。2003建自动站时年又改为不锈钢围栏。2004年投资100万元建成一体化业务工作室，硬化场地和路面，植树种草栽花，机关大院环境优美。由于县城建设规模扩大，观测环境受到破坏，2008年，经省气象局批准迁移观测场，已征地20亩，正在兴建中。

蕲春县气象局

机构历史沿革

历史沿革 1926年，北洋政府期间，在蕲春县域蕲州设立气象站，是当时湖北省境内4个气象站之一。开展气象业务一年后至北伐战争胜利停办。1931年国民政府期间，恢复蕲春县气象站，开展气象业务2年，因时局动荡再次停办。

1958年7月，蕲春县农业局成立蕲春县气象站。站址建在漕河镇董家垸，1959年1月1日正式开展气象业务。自建站以来，因城镇建设影响，观测场址先后搬迁4次。1961年1月由董家垸迁往漕河镇上街头；1965年1月由上街头迁往吴庄；1971年5月由吴庄迁往水厂路6号；1983年1月迁至漕河镇吴庄大道149号。位于北纬30°14′，东经115°23′，海拔高度35.1米。

建制情况 蕲春自建站至1972年8月，隶属县农业局；1972年9月，气象站从县农业局划出，属县副局级单位；1979年3月，气象站升格为一级单位，单位名称更名为蕲春县气象局；1982 年 1 月，体制改革，实行以气象部门为主、气象部门和地方政府双重领导的管理体制。

名称及主要负责人变更情况

名称	时间	负责人
蕲春县气象站	1958.7—1963	宋时熙
蕲春县气象站	1963—1964	骆英贤
蕲春县气象站	1964—1965.12	张玉和
蕲春县气象站	1966.1—1970.12	吴国和
蕲春县气象站	1971.1—1972.8	骆水春
蕲春县气象站	1972.9—1983.3	申丑酉
蕲春县气象局	1983.4—1984.5	黄火生
蕲春县气象局	1984.6—1988.11	胡新生
蕲春县气象局	1988.12—1990.11	周文生
蕲春县气象局	1990.12—2003.12	余必容
蕲春县气象局	2004.1—	申晓村

人员状况 1958 年建站时有 5 人，现有气象在编职工 7 人，聘用 3 人，共有在职职工 10 人。其中，大学学历 3 人，大专学历 2 人，中专学历 3 人；中级专业技术人员 3 名，初级专业技术人员 7 人；50～55 岁 3 人，40～49 岁 2 人，40 岁以下的有 5 人。

气象业务与服务

1. 气象业务

地面观测 1959 年 1 月 1 日至 1960 年 5 月，观测时间为 01、07、13、19 时，每天观测 4 次。1960 年 5 月 1 日起，改为 02、08、14、20 时观测。同年 6 月 1 日，改为 08、14、20 时观测，天气现象观测分夜间段（20—08 时）和白天段（08—20 时），02 时气象要素（压、温、湿、风向风速、降水）用自动记录代替。观测项目有云、能、天、压、温、湿、风、降水、蒸发、日照、浅层地温、积雪、电线积冰等。1970 年 1 月—1980 年 12 月，承担预约航危报观测任务，1981 年 1 月起取消航危报，改发地面天气报和重要天气报。

自动站建设 2004 年 1 月，蕲春县气象站建成了 ZQZ-CⅡ型自动气象站，于 2 月 1 日投入业务运行。2004 年 2 月至今，单要素和多要素区域自动气象站延伸至各乡镇和大中型水库重点区域，大气探测范围格点加密。现建立 18 个自动气象站。其中，6 个单要素（雨量）自动站主分布在大同、花园等大、中型水库；2 个两要素（雨量、温度）自动站分布在蕲州、管窑长江沿岸大型抽水泵站，7 个四个要素（温度、雨量、风向、风速）自动站分布青石、刘河等重点乡镇。

信息网络 1985—1994 年，配备 ZSQ-1 天气传真接收机接收北京、欧洲气象中心以及东京的气象传真图。1987 年 5 月，首次应用“VHF”甚高频通讯设备，实现与市气象局直接业务会商，并承担黄梅、武穴、英山站报文中转。1999 年 6 月，建立 VSAT 小站，接收各类天气形势图和云图、雷达等数据，为气象信息的采集，天气会商分析提供技术保障。2002 年后，宽带网和内网建成，构建了气象信息上传、接收、发布等一体化网络服务平台。

气象预报 1963—1969 年，在用土方法的同时，结合本站资料制作 24 小时天气预报和长期（季度）预报。1970 年起，开始制作中期天气预报和各月及春播（3—4 月）、汛期（5—9 月）、秋播（10—11 月）、冬季（12—2 月）的长期气候趋势和中期预报。2000 年后，在开展常规预报的同时，开展灾害性天气预报预警业务和各类重要天气报告、特色（药材）农业专项预报、县重大活动预报等。

农业气象 1973 年前，分别在张塝镇、彭思镇、青石镇建立农村气象哨，开展气象和物候观测并提供服务，1984 年取消。1978—1980 年，在檀林镇田桥管理区、青石镇桐梓太平管理区设哨开展山区梯度对比气象观测。1979—1981 年，完成《蕲春县农业气候区划》编制。1988 年，湖北省二级农气站由黄冈迁至蕲春，主要承担农作物生育期、物候观测任务，1994 年取消物候、小麦农作物观测任务。

2. 气象服务

公众气象服务 1970 年前，用黑板报方式提供气象信息。1974—1983 年，利用农村广播站播报气象消息。1984—1993 年，由县广播局无线电台发播放气象信息；1994—1997 年，由县广播局无线电台和电视台同时播放气象信息；1993—1998 年 4 月，天气预报信息同时在无线电台和电视台对外发布，预报由气象局提供，节目由广播局制用字幕。1998 年 5 月后，县气象局多媒体电视天气预报制作系统建成后，电视天气预报节目录制成录像带送电视台播放。2006 年 7 月，电视台电视播放系统和气象局电视天气预报制作系统同时升级为非线性编辑系统。1997 年 3 月，开通“121”天气预报自动咨询服务。2002 年 2 月，“121”答询电话实行集约经营，预报信息由市气象台发布。2005 年 1 月，“121”电话升位为“12121”。2007 年开通气象短信服务平台，以手机短信方式向全县各级领导发送气象信息。2005 年利用兴农网传播气象信息。2007 年 5 月，在车站安装电子显示屏发送气象信息。

决策气象服务 1970 年前，主要以口头汇报或电话方式向县委县政府提供决策服务。1971 年后，开展各季节长期预报服务，通过纸质、网络等形式向地方发布《重要天气报告》、《专题气象信息》、《重大活动气象信息》。2005 年 6 月 13 日，蕲春县干旱十分严重，县委书记到气象局听取预报会商意见，并果断采取措施，抽长江水灌湖抗旱，5 天抽江水量 2320.29 万立方米，受益单位 4 个乡镇场，面积 4.3 万亩。

农业气象服务 1985—1986 年，在张塝镇田六村开展蕲北山区双季稻栽培气候变化及气候适应性课题试验，成果被县农业局采用。1986 年，开展优质稻——水葡萄稻繁育气候适应性试验推广。1995—1996 年，在蕲北山区狮子镇花园村、青石镇太平管理区、檀林镇枕头山村开展蕲春山区茄果蔬菜度夏栽培的适栽高度和最佳播期初探，课题试验成果于 1999 年被中国气象局、中国气象学会评为“全国气象科技扶贫”三等奖。1997 年“藤菜遮阳种植生姜的气象效应初探”推广试验，解决了蕲春油姜生产原料短缺和药用生姜供应问题。2005—2007 年，为开发蕲春特色经济，蕲春县气象局自选课题“蕲春中药材种植专题农业气候区划规范化种植推广"获湖北省科技厅"重大科技成果"奖，2008 年获黄冈市科技进步三等奖。2007 年起，为政策性农业保险开展气候评估鉴定。

专项气象服务 1980 年 7 月开始筹备人工增雨业务，现已配备人工增雨双管"三七"高炮 1 门和火箭发射装置 1 套，建立人工增雨作业基地 5 个。1993 年 10 月 8 日，利用中国湖北首届李时珍医药节暨第三届药交会，首次开展彩球服务。1993 年 9 月起，成立县避雷设施检测中心，对全县各单位建筑物避雷设施开展安全检测业务。与县消防大队、县建委设计院联合，逐步开展建筑物防雷装置，新建扩建(构)筑物防雷工程图纸审核、设计评价、竣工验收，计算机信息系统等防雷安全检测。2003 年 1 月开始，对县重大工程建设项目开展雷击灾害风险评估。2004 年 4 月，县安全生产委员会把防雷减灾安全列为重要专项检查内容。2008 年，完成全县中小学雷击、地质条件及防雷环境调查。1998 年，利用电视预报节目向各行各业开展广告业有偿服务。

气象科普宣传 2003 年和 2008 年，县实验小学和益才中学在县气象局建立气象科普实践教育基地。2005 至 2008 年，县气象局每年召开县种养大户信息技术交流会进行气象科普宣传。同时利用电视专题、气象简报、政务网站等渠道，实施气象科普教育。2005 年 12 月，中央电视台在蕲春县气象局拍摄《科技博览》"李时珍中药材气候适应性"专题节目并在中央台科技频道播放。2007 年 1 月 2 日，中央电视台拍摄的蕲春县气象台雪灾预报服务专题节目在中央电视台播放。

蕲春县实验小学学生到气象局接受气象科普教育

人民群众在世界气象日宣传中咨询气象知识

法规建设与管理

1. 气象行政执法

蕲春县认真贯彻落实《中华人民共和国气象法》、《湖北省气象条例》等法律法规。蕲春县安委会下发了《关于开展防雷安全检测的专项通知》(〔2003〕3 号)；同年 5 月，县政府领导在全县第 16 次安委会上提出把防雷减灾纳入安全生产重、特大事故为"0"的奋斗目标。2007 年 5 月，蕲春县安全生产委员会专门下发《关于加强防雷安全工作的通知》(〔2007〕8 号)。县教委与气象局联合下发《关于开展全县中小学防雷设施安全工作检查的通知》(蕲教宗〔2007〕33 号)。2000 年，县政府服务中心设立气象窗口，承担气象行政审批职能，规范天气预报发布和传播。2005 年，成立气象行政执法大队，5 名兼职执法人员均通过省政府法制办培训考核，持证上岗；2006—2008 年，与安监、建设、教育等部门联合开展气象行政执法检查。

2. 气象社会管理

1989 年，县气象局列入县防汛抗旱指挥部成员，负责气象信息服务和灾害评估工作。2006 年 8 月，出台《蕲春县气象灾害应急预案》并纳入县政府公共事件应急体系。2005 年至今，县气象局列入县安全委员会成员，负责全县防雷减灾工作。2006 年 1 月开始，人工影响天气领导小组办公室设在县气象局，负责日常工作。同年 4 月，县气象局列入县森林防火、春运领导小组成员，负责森林防火、春运气象信息服务工作。2008 年，县气象局列入县中药材种植开发领导小组成员，负责药材种植开发气候适应性分析。2003 年起，对气象行政审批办事程序、气象服务、服务承诺、气象行政执法依据、服务收费依据及标准等内容向社会公开。2005 年制定《局务公开工作操作细则》落实首问责任制、气象行政执法办法、气象电话投诉、财务管理等一系列规章制度，坚持各类制度、防雷设计审核流程图、防雷装置竣工验收流程图、施放气球审批流程图上墙公布。

党建与气象文化建设

1. 党建工作

党建　1959 年，有党员 1 人，编入县农业局党支部。1972 年后，有党员 2 人，因气象部门派驻军代表，党支部与人武部合并。1974 年气象站成立党支部，有党员 4 人，申丑酉任支部书记。1980 年起，黄火生、胡新生、周文生、余必容先后任支部书记，2008 年有党员 12 人，申晓村任支部书记。2005 年、2008 年蕲春县气象局获中共蕲春党建工作先进单位。

党风廉政建设　2005—2008 年，参与地方党委开展的党章、党规、法律法规知识的学习和测试。2002 年获蕲春县委“五好班子建设先进单位”；2005 年、2007 年分别获中国气象局“局务公开先进单位”。2007 年获蕲春县行风民主评议先进单位和行政执法先进单位。2008 年度获蕲春县人民政府“源头治理腐败先进单位”称号。

2. 气象文化建设

精神文明建设　1997 年起，开展争创文明单位活动，蕲春气象人坚持“人本、勤奋、精细、文明、和谐”为局训，管天为民建设一流台站。建羽毛球场、图书阅览室，每年组织文体活动，组织退休老同志旅游，单位和谐。2007 年，被湖北省委、省政府授予“创建文明行业先进集体”称号。2002 年至今，连续四届被黄冈市委、市政府授予“市级最佳文明单位”。

荣誉　1990—2008 年，县气象局获地厅级以上集体荣誉 9 项。其中，1998 年获中国气象局、中国气象学会授予“全国气象科技扶贫先进集体”。同年，湖北省人事厅、省人事局授予“明星台站”，省气象局授予“抗洪抢险先进单位”。1990—2008 年，全局个人获各类荣誉 59 人次，其中，王旺来连续 4 年(1998—2001 年)获蕲春县委、蕲春人民政府授予的“先进工作者“称号。

台站建设

蕲春县气象局(站)始建于1958年7月,1983年迁至现址,占地面积5亩,办公业务楼始建于1992年,2004年改造,建筑面积由原来370平方米增加到410平方米,观测场按16米×20米的规范标准建设。职工工作学习有一体化业务室、图书阅览室、党员活动室、职工学校、羽毛球场等硬件设施。局内环境优美,绿树成荫,办公环境先后受到湖北省气象局领导朱正义、刘志澄、崔讲学的高度评价。

气象办公楼

黄梅县气象局

黄梅县位于湖北省东端,为湖北、江西、安徽三省交界处。历史悠久,人杰地灵,是驰名中外的佛教禅宗圣地,是全国五大剧种之一——黄梅戏的故乡,是闻名全国的“楹联之乡”、“诗词之乡”、“武术之乡”。属北亚热带大陆性季风气候,光照充足,气候温和,雨量充沛,年均无霜期达258天,年平均温度为17.0℃,年降水量为1347.7毫米。

机构历史沿革

历史沿革 黄梅县气象站始建于1955年,站名为黄梅县气候站,地址在濯港区中路湾,观测场位于北纬29°58′,东经115°50′。1957年8月站址迁往孔垅严家闸龙感湖农场。1959年1月1日站址迁往城关镇西门外。1971年1月1日站址迁往城关镇北门外。1974年9月19日由城关北郊迁至城关南郊,北纬30°04′,东经115°56′,海拔高度19.6米。

建制情况 黄梅县气象站1955年10月1日正式开始地面气象观测,隶属县农业局。1971年10月,气象站由人民武装部领导。1972年10月,更名为黄梅县革命委员会气象站,由县农业局代管。1980年10月成立黄梅县气象局,下设气象测报股、天气预报股和办公室。1983年体制改革,实行气象部门和地方政府双重领导,以部门管理为主。

名称及主要负责人变更情况

名称	时间	负责人
黄梅县气候站	1955.10—1958.3	徐贤德
黄梅县气候站	1958.4—1958.12	伍伯福
黄梅县气象站	1959.1—1963.1	伍伯福

续表

名称	时间	负责人
黄梅县气象站	1963.2—1964.10	兰全福
黄梅县气象站	1964.11—1969.3	张全福
黄梅县气象站	1969.4—1971.9	林道应
黄梅县革委会气象站	1971.10—1980.9	林道应
黄梅县气象局	1980.10—1998.12	林道应
黄梅县气象局	1999.1—2008.3	李新明
黄梅县气象局	2008.4—	叶咏良

人员状况 1955年初建站时只有3个人。现有职工人数13人，在编9人，聘用4人，50岁以上有4人，40～50岁6人，40岁以下有3人；大专以上学历有9人，中专(高中)有4人；中级专业技术人员6人，初级专业技术人员7人。

气象业务与服务

1. 气象综合观测

气象观测 黄梅县气象站观测任务主要是地面气象观测。每天进行3次定时(08、14、20时)观测，观测项目有云、能见度、天气现象、气压、气温、湿度、风向风速、降水、日照、蒸发、雪深、地温(地面和浅层)等。2004年2月1日自动气象站开始试运行，除云、能见度、天气现象、日照、蒸发仍用人工观测外，其他均采用自动观测，2005年1月1日自动气象站正式投入业务运行。

气象电报 黄梅县气象站发报任务主要是08、14、20时向湖北省气象局发小图报、重要天气报、气象旬(月)报，汛期(4—10月)发5—5时的雨量报。1985年以前报文从邮电局报房传递，1985年至2008年2月用甚高频电话或电话向黄冈市气象台发报，2008年2月以后报文直接从气象内网发至黄冈市气象台。

资料归档 黄梅县气象站编制的报表有3份气表-1，3份气表-21。向省气象局、地(市)气象局各报送1份，本站留底本1份。1996年4月以前用纸质报表上报。1996年5月始，报表以电子文件报黄冈市气象局业务科。2006年以前的纸质原始记录，包括气簿-1，气压、气温、湿度、风、降水等自记纸，全部上交到湖北省气象局资料室。自动站资料通过通信网络每小时向省气象局上传原始资料。

区域观测站 全县共建区域气象观测站15个，其中单要素站8个，两要素站2个，四要素站5个。

2. 气象预测预报

20世纪90年代以前，通过收听省气象局的气象广播制作短期天气预报，依靠填图、画图，结合本站观测资料以及天空状况进行综合分析得出预报结论。1999年7月，地面卫星接收小站建成并正式启用，预报信息量增加，预报员根据接收到的雷达图、卫星云图及各种数值预报产品,结合本地天气变化订正省市气象台的预报。

中、长期预报主要是制作旬天气预报、春播期(3—4月)天气预报、汛期(5—9月)天气预报,有时根据需要也制作年度预报和秋季预报。20世纪70—80年代,黄冈市气象局经常组织预报会战,并非常重视"四基本"建设,黄梅县气象局汇编了一整套预报方法(包括长、中、短期预报),至今仍有使用价值。

3. 气象服务

广播电视天气预报服务 1998年以前,天气预报结论通过电话或文字报送到县广播电台或县电视台,由电台广播或电视台文字播出。1998年10月以后,黄梅县气象台每天将天气预报制作成录像带送到电视台播放。

电话自动答询 1997年9月,黄梅县气象局与县电信局联合开通了"121"电话自动答询系统,2004年黄冈市气象局对"121"实行集约经营,2005年2月"121"升级为"12121"。黄梅县气象局每天将早中晚3次(复杂天气增加次数)天气预报结论通过电信部门,实现每天24小时自动答询。

短信平台服务 2008年7月,通过联通通信网络开通了气象短信平台,以手机短信方式向全县各级领导发送气象信息。提高气象灾害预警信号的发布速度。

黄梅兴农网 2004年建成了黄梅兴农网站,遍及全县各个乡镇,每个乡镇配有一名信息员。2004年10月黄冈市刘树声副市长带领全市气象局局长来黄梅局就兴农网建设召开现场会,并参观了五祖镇白杨村的兴农网建设,五祖镇副镇长在会上发了言。黄梅兴农网主要有天气预报、时事新闻、供求信息、本地特色产品、旅游文化等版块,受到农民朋友的喜爱。

决策气象服务 黄梅县地势北高南低,上乡(城关以北)怕旱,下乡(城关以南)怕涝。各大水库调度取决于汛期雨量的多少,因此每年县领导就根据气象局的长期预报决定是蓄水还是排水。1983年汛期由于初夏雨量偏多明显,5—6月出现了5次暴雨,6月29日下了大暴雨(雨量126.2毫米),下乡内涝严重,长江水位超过警界水位,下乡的民众非常恐慌,纷纷向上乡转移,大路上挤满了向上乡转移的乡亲们,情况十分危急。在6月30日召开的全县紧急防汛抗灾会议上,气象局在这危急关头预报作出了"未来没有较大降水"的预报结论,县领导根据气象预报,作出"立足排渍排涝,人员不必北迁"的决策,维护了社会稳定。

人工影响天气 人工影响天气工作是从1978年开始,曾经试用过土火箭进行过人工降雨实验。购置了2门"三七"双管高炮和1架火箭发射架。1998年黄梅县成立人工影响天气办公室,由管农业的副县长任人工影响天气办公室领导小组组长,气象局局长任领导小组副组长兼办公室主任,办公室设在气象局。从1998—2007年共进行人工增雨作业45次,发射炮弹5000多发,为缓解旱情作

2003年人工增雨人员作业现场

出了贡献。2008年6月经县人大审议通过，由县政府投资5万元，在垅坪水库建设64平方米的人影基地，基地产权属于县气象局。人影基地的建成，为人影作业提供了可靠的安全保证。

防雷减灾 县气象局防雷减灾工作是从20世纪90年代初期开始，起初主要是进行建筑物的防雷装置检测、制作等。从2000年1月1日《中华人民共和国气象法》和湖北省气象局2005年8月1日《湖北省雷电灾害防御条例》颁布实施以后，防雷工作范畴扩大到防雷装置的设计审核、竣工验收、信号防雷等。

气象有偿服务 1982年开始，黄梅县气象局在全省率先开展气象有偿服务工作，服务对象主要是乡镇及砖瓦厂，也有一些企事业单位，与他们签订服务合同，根据服务需要进行气象服务，并收取一定的报酬。这项工作一直持续至今，在为社会服务的同时也使气象局得到实惠。

法规建设与管理

1. 气象行政执法

黄梅县气象局认真贯彻落实《中华人民共和国气象法》、《湖北省气象条例》等法律法规，有5名兼职执法人员通过省政府法制办培训考核合格，均持证上岗；2003—2008年与人大、安监、建设、教育等部门联合开展气象行政执法检查60余次。

2. 气象社会管理

施放气球 负责对本行政区域内施放气球活动的监督管理，监督管理与安全检查施放气球单位做好相关工作。

防雷管理 县气象局依据《中华人民共和国气象法》以及《湖北省雷电灾害防御条例》对县内的所有防雷设施进行检测，对新建、在建的建筑物的防雷设计进行审核，不合格的责令整改。

政务公开 气象局一直坚持政务公开，主要公开内容：单位管理职能、气象行政执法依据、服务收费依据及标准。

党建与气象文化建设

党建工作 1983年以前气象局没有党支部，编入黄梅县农工部支部，1983年成立了气象局党支部，林道应同志任支部书记。现有党员6人，李新明同志任支部书记。

气象文化建设 20世纪70—80年代，气象局条件比较艰苦，干部职工发扬勤俭节约、艰苦奋斗的精神，将气象局院内的的空地全部种上蔬菜和粮食作物，且也尝试了养殖业（养蛇），一些小型建设自已能做的就尽量不请人做，节约下来的钱可以改善一下职工的生活，1998年承包湖田60亩，从播种到收割干部职工自己下田劳动，1997—1999年自筹资金对气象局院内道路、下水道以及水、电进行了改造，使职工的工作和生活环境有了改善，始终坚持以人为本，深入持久地开展文明创建工作，单位干群关系、邻里关系融洽，经过几代气象人的不懈努力，形成黄梅县气象局艰苦奋斗，团结和睦、共谋发展的文化内涵。1995年黄冈市文明办的周杏坤主任来黄梅验收文明单位时，对县气象局的工作给予了高度的评价，称赞黄梅县气象局是艰苦单位文明创建的典范。

荣誉与人物　黄梅县气象局从1980—2008年共获集体奖项89个。从1995年起创建三届(次)省级"文明单位"，二届(次)省级最佳"文明单位"，1997年被授予全国气象系统"先进集体"，同年1997年被湖北省气象局授予"明星台站"。

获得省部级以下综合表彰的先进个人

姓名	时间	表彰单位	名称
邓九阳	1983年	黄梅县人民政府	劳动模范
张宏群	2003年	黄梅县县委、人民政府	劳动模范

人物简介

林道应　男，1939年出生于广东省揭阳市，1962毕业于广东省湛江市气象学校，同年被分配到黄梅县气象局工作。1969—1989年先后任气象站站长和气象局局长，1988—1989年被黄冈地委授予"优秀共产党员"，1989年4月被国家气象局授予"全国气象部门劳动模范"，同年6月被湖北省委授予湖北省"优秀共产党员"，9月被湖北省政府授予"劳动模范"。1993年被聘任为气象高级工程师，1996年任黄冈市气象局调研员(副处级)，1999年3月退休。

林道应同志从1962年参加工作至退休一直在黄梅站工作，在领导岗位近30年。他以极大的工作热情，敏锐的开拓精神，带领干部工精心经营着黄梅气象事业，他刻苦钻研气象业务、熟悉黄梅气候特点，积极主动为县领导当好气象参谋，在通信不便的年代，曾多次半夜上门到县长家汇报突发天气。在气象局他年龄最大，但工作起来总是走在最前面。林道应同志是广东人，改革开放使他的家乡发生了巨大的变化，家乡的亲属劝他放弃内地工作到沿海去工作并联系好了工作单位，但丰厚的工资待遇没有动摇他为黄梅气象事业作贡献的信念。

台站建设

台站综合改造　在20世纪80年代前，气象站办公室为10来间平房，1980年在平房旁边建了一栋4间的两层楼房，1991年建起了5间2层楼房即现在的办公楼，2000年又进行了装饰和扩建。2003年对观测场进行了扩建和改造，由原来的16米×20米改造成现在的25米×25米，2000年建成了县级地面气象卫星接收小站，2004年建起了ZOZ-CⅡ型地面自动气象观测站。气象局现占地面积9.9亩，1栋办公楼共378平方米，1栋职工宿舍共584平方米。

办公与生活条件改善　2000年对办公楼进行了装修和扩建，经过近几年的努力，办公条件有了较大改善，电脑、办公桌椅不断更新。职工待遇也不断提高，2008年黄梅县气象局职工待遇与县内其他平行单位比较有中等偏上的水平。

园区建设　自1998年到2008年，黄梅县气象局对气象局院内的环境进行了综合改善，整修硬化了院内的路和院外的大路，对庭院内进行了绿化改造，修建有花坛和草坪，栽种了风景树，并购置了一套健身器材，使局内面貌有了较大改善，气象局院内的环境成为附近一道亮丽的风景。

团风县气象局

团风县位于湖北省东部，大别山南麓，长江中游北岸。北部低山丘陵地势较高，南部平原地势较低。属亚热带大陆性季风气候，兼有南北过渡的气候特点，四季分明，冬冷夏热，雨量充沛，气候条件较为优越。温度、雨量等气象要素年际差异大，时空分布不均，暴雨、雷电等天气引发的气象灾害比较严重。

机构历史沿革

建制 团风县是1996年5月新成立的县。建县后，黄冈市气象局为团风县气象局的建立成立筹备组，1997年2月经省气象局批准成立团风县气象局。2004年，湖北省气象业务技术体改革，确定团风建设为国家气象观测站二级站，2008年12月改为国家一般气象站，2006年12月观测场建成，2007年1月1日正式运行。

团风县气象局观测站址位于团风县城北3.5千米的团风镇花园铺村，东经114°50′，北纬30°40′，海拔高度28.1米。

主要负责人变更情况

名称	时间	负责人
团风县气象局筹备组	1996.6—1997.2	易成功
团风县气象局	1997.2—1999.8	张宝成
团风县气象局	1999.8—2001.6	胡　晋
团风县气象局	2001.6—2008.12	刘洪志

管理体制 团风县气象局自建局开始，实行由上级气象部门和地方政府双重领导，以气象部门为主的管理体制。

人员状况 1997年建站初期有3人，现有气象编制7人，正式在编职工3人；聘用4人。其中，大学学历1人，大专学历3人；中级专业技术人员1人，初级专业技术人员3人；年龄50岁以上1人，40岁以下6人。

气象业务与服务

1. 气象观测

地面观测 2006年底，在县局观测场建成AZQ2-Ⅱ型自动气象站，2007年投入业务运行。自动站观测项目有气压、气温、温度、湿度、风向风速、降水、地温等。人工观测项目有云、能见度、天气现象、日照、蒸发。观测时次为每天 08、14、20 时 3 个时次。

发报内容 天气加密报的内容有云、能见度、天气现象、气压、气温、风向风速、降水、雪深、地温、电线积冰等，重要天气预报的内容有暴雨、雷暴、雾、大风、雨凇、积雪、冰雹、龙卷风等。

区域自动观测站 2005 年起在乡镇建设区域自动气象观测站，先后在贾庙建成单要素（降水）站 1 个，在淋山河、总路咀建成两要素（气温、降水）站 2 个，在王家坊、回龙山、马曹庙、方高坪、杜皮、但店、上巴河建成四要素（气温、降水、风向、风速）站 7 个，自动站资料通过移动公司 GPRS 上传到湖北省气象局信息保障中心。自动站环境保护由县气象局和所在乡镇共同负责。

2. 气象预报预测

气象预报 开展气象预报业务主要制作中期预报和短期气候预测。中期天气预报的主要内容为一旬内的晴雨天气过程，平均气温和极端最高、最低气温，旬降水量。短期气候预测有春播期（3—4 月）冷暖及降水趋势，汛期（5—9 月）及梅雨期（6—7 月）旱涝预测，秋播期（10—11 月）旱涝预测。预报主要采用因子指标法、数理统计法、概率等方法。2006 年 6 月开始通过电视台发布短期天气预报，预报内容有未来 24～48 小时内的晴、雨、最高最低气温和风向风速，天气预报的制作法是内网查阅武汉中心气象台发布的卫星云图、雷达回波图、各类数据预报产品和上级气象台的指导预报，分析制作本地订正预报。

3. 气象服务

公众气象服务 2006 年起，短期预报由县电视台制作成文字形式气象节目播放；2008 年 11 月，开始应用非线性编辑系统制作电视气象节目；开通“12121”自动答询电话，开展日常预报、天气趋势、生活指数、灾害防御、科普知识、农业气象等服务。2007 年开通气象短信平台，为全县各级领导提供 3～5 天和 24 小时气象手机短信。每年春运、高考、重要农事活动季节，重大活动时期为社会提供气象服务保障。

决策气象服务 以《重要天气报告》、《气象简报》、《气象信息与动态》、《汛期（5—9 月）天气形势分析》等决策服务产品向县委、县政府提供决策服务。在 1998 年特大暴雨洪涝和 2008 年初严重低温雨雪冰冻灾害中，准确预报了灾害天气过程，及时向党委政府和有关部门提供决策服务。在 2001、2002、2004、2006 年的干旱季节及时向县防汛指挥部提供气象信息，为县委县政府决策抽引长江水抗旱提供了准确的气象依据。2004—2008 年开展气象灾害预评估和气候评价。2007 年起在县政府突发公共事件预警信息发布平台发布预警 6 次，提供相关服务信息 40 次。

农业气象服务 不定期地开展农业气象服务业务，为《团风县地方志》、《团风年鉴》提供气候史料。2007 年起，为政策性农业保险开展保前、保中、保后气象评估鉴定。2006 年开展《地膜花生杂交稻马蹄气象条件研究》，为农业部门提供农业气象指标查询服务。

人工影响天气 团风气象局现有人影高炮 2 门，2000—2004 年先后开展人影作业 13 次，发射人雨弹 300 余发，2006 年，团风降水偏少，境内大中型水库蓄水量急剧下降，尤其是全县抗旱水源地的牛车河水库库容只及设计库容的五分之一，县气象局出动高炮适时开展人工增雨作业，效果明显，既缓解了旱情，又增加了水库的蓄水量，2006 年县政府颁发“嘉奖令”表彰人工影响天气工作。

防雷减灾 团风是雷击灾害频发地区，每年雷暴日数平均为 50 天，最多达 80 天雷击，灾害直接威胁着国家财务和人民生命财产安全，防雷减灾工作主要是开展全县范围内的楼房、加油站、液化气站、雷管库、炸药库等防雷设施的安装和检测。要求每一个检测点必须符合防雷技术规范的要求，对人民的生命财产负责，尤其是着力加强学校防雷设施的安装和检测，消除雷击隐患。建立雷电服务管理系统和雷电灾害与雷电防护服务档案。按照雷电防护标准和规范，开展防雷装置设计技术审查、防雷常规检测、防雷跟踪监测及验收检测，雷电灾害调查、鉴定，建设项目雷击风险评估等工作。

法规建设与管理

1. 气象行政执法

2000 年起，每年 3 月和 6 月开展气象法律法规和安全生产宣传教育活动。认真贯彻落实《中华人民共和国气象法》、《湖北省实施〈中华人民共和国气象法〉办法》等法律法规，县人大领导和法制委每年视察或听取气象工作汇报，县政府先后出台《关于加快气象事业发展的实施意见》（团政发〔2007〕3 号）等 4 个规范性文件，气象工作纳入县政府目标责任制考核体系。2001 年 3 月，县政府审批办证中心设立气象窗口，承担气象行政审批职能，规范天气预报发布和传播，与安监、建设、教育等部门联合开展气象防雷安全检查 10 余次。

2. 气象社会管理

建立健全气象灾害应急响应体系 2007 年 8 月，团风县政府印发《团风县重大气象灾害预警应急预案》并纳入县政府公共事件应急体系。2005—2007 年，县政府成立了气象灾害应急、防雷减灾工作、人工影响天气 3 个领导小组，在气象局设立办公室，负责日常工作。2008 年组建了 287 人的乡村气象信息员队伍，实现村村有信息员。2008 年初，团风遭遇严重雨雪冰冻灾害，县政府启动由县长签发的“气象灾害Ⅰ级响应预案”，气象局局长作为抗雪抗冻防灾临时指挥部成员常驻应急办参与决策。在防汛防旱工作中，为发挥气象部门第一道防线作用，县气象局主要领导担任县防汛防旱指挥部成员，承担气象防灾减灾管理职能。

加强防雷减灾管理 1997 年成立县防雷设施检测中心，2006 年县编委发文成立团风县防雷中心，逐步开展建筑物防雷装置，新建建（构）筑物防雷工程图纸审核、设计评价、竣工验收，计算机信息系统等防雷安全检测。编写完成《团风县农村防雷减灾管理办法》，报请县政府批准实施。

党建与气象文化建设

1. 党建工作

党支部建设 建局之初，编入县农业办公室党支部。2006 年 8 月，单独成立团风县气象局党支部，刘洪志同志任党支部书记。至 2008 年底，有党员 3 人。

党风廉政建设 团风县气象局十分重视党风廉政建设，为健全内部规章管理制度，各项工作进入规范化进程，先后出台制定了《团风县气象局综合管理制度》、《财务管理制度》、《卫生制度》、《值班员岗位制度》等一系列制度，以及财务收支目标考核、基本设施建设、计划生育、干部职工休假及奖励工资、医药费、会议制度等全面的规章制度，并得到积极落实。

政务公开 团风县气象局坚持把每年气象行政审批办事程序、气象服务、服务承诺、气象行政执法依据、服务收费依据及标准等内容向社会公开。

2. 气象文化建设

精神文明建设 2005 年起，开展“建设一流台站、争创文明单位”活动。团风县气象观测场地距城关近 5 千米的荒郊湖畔，工作条件艰苦，生活很不方便。2008 年初持续雨雪天气，交通中断，值班的同志连续 3 天靠方便面充饥，但无人叫苦，每天 24 小时坚守岗位。正是在这样的艰苦条件下，团风气象局干部职工凝炼了“爱岗敬业、团结奋进、开拓创新、管天为民”的气象人精神。2005—2008 年，先后开展“致富思源、富而思进”、“三个代表重要思想”、“保持共产党员先进性”等教育活动，锤炼出一支高素质的职工队伍。

荣誉 1998 年县气象局荣立抗洪“集体三等功”，2006 年县政府颁发“嘉奖令”表彰气象局人工影响天气工作，2006 年和 2008 年团风县气象局被黄冈市委、市政府评为“创建文明行业工作先进单位”。

台站建设

气象观测站建设 团风县委、县政府和省、市气象局高度重视团风气象事业的发展，对气象观测站建设更是给予了关注和支持，县委书记孙璜清曾 3 次带领建设局、土地局、规划局等相关部门为气象观测站建设选址，两次储备土地，最后督办落实在美丽的杨汉湖畔划拨土地 8 亩，2006 年 12 月建成团风县气象观测站，观测值班室 86 平方米，观测场按 25 米×25 米标准建设。

观测场业务楼全景

气象科技大楼建设 团风县气象局筹建期间，租用城关民房工作，2000 年，气象局搬至政府大楼 7 楼 2 间办公室。2008 年，上级气象部门投资 61 万，建成了团风县气象业务楼。业务楼建筑面积 429.6 平方米，建立了气象业务一体化作业室，观测平台、预报平台、人影平台、防雷中心、档案室以及图书阅览室、党员活动室、职工活动室等硬件设施，办公条件得到明显改善。

麻城市气象局

麻城建县始于隋开皇十八年(公元 598 年)，1986 年撤县设市，位于鄂东北部，著名的“黄麻起义”发源地，是鄂豫皖老革命根据地之一。

机构历史沿革

历史沿革 1956 年 7 月湖北省气象局投资，在麻城县宋埠镇西门外白骨墩建立湖北宋埠气象站。1958 年 9 月，在麻城县城关镇西门外狮子塘建立麻城县气象站，1959 年 1 月开始观测。宋埠气象站列为麻城县气象站的下属单位，只保留农气观测，其他业务转移到麻城县气象站。1982 年宋埠气象站撤销并入麻城县气象站，站址移交当地政府。20 世纪 80 年代后，城市扩容，站址改为麻城市龙池桥办事处气象路西巷 91 号(市区)，观测场位于北纬 31°11′，东经 115°01′，海拔高度 63.4 米。

名称及主要负责人变更情况

名称	时间	负责人
湖北宋埠气象站	1956.7—1958.12	汪英金
麻城县气象站	1959.1—1961.12	汪英金
麻城县气象站	1962.1—1967.2	胡代良
麻城县气象站	1969.5—1969.6	申自宏
麻城县气象站	1967.3—1969.4	任　毅
麻城县气象站	1969.7—1970.4	赵术松
麻城县气象站	1970.5—1973.9	董钱喜
麻城县革命委员会气象科	1973.9—1981.2	杨德钊
麻城县气象局	1981.3—1982.9	杨德钊
麻城县气象局	1982.9—1984.6	严建中
麻城县气象站	1984.7—1986.7	陶维荣
麻城市气象局	1986.7—2005.6	陶维荣
麻城市气象局	2005.6—2008.2	李晓华
麻城市气象局	2008.3—	王建中

管理体制 1958年按照文件(鄂农办字〔58〕第626号),气象体制下放地方,属县人委会办公室领导,1962年调整气象体制,改由当地政府和气象部门双重领导,并以上级气象部门领导为主,气象站由县政府办公室领导。1971年7月气象站属县人民武装部领导。1973年7月气象站属县革命委员会领导,更名为为麻城县革命委员会气象科。1982年6月,气象站改为地方和上级气象部门双重领导,以部门领导为主,延续至今。

人员状况 1956年建站时有8人,现有在岗人员19人,其中在编13人,聘用6人;本科学历1人,专科学历12人,中专学历1人;中级专业技术职称6人,初级专业技术职称9人;50岁以上3人,40～49岁5人,40岁以下11人;女职工6人,男职工13人;退休职工13人。

气象业务与服务

1. 气象业务

地面观测 麻城气象站属国家基准气候站,担负着为国防和经济建设服务的地面气象观测,24小时守班,每小时观测1次,发报任务为每天02、08、14、20时4次绘图报和05、11、17、23时补充绘图天气报以及航空报,按规定进行24小时地面气象要素观测。1973年开始地面气象报参加国际电路广播,1982年被确定为一级天气、航、危报站,1988年被确定为国家基准气候站,2006年改为麻城国家气候观象台,2009年改为麻城国家基准气候站。麻城气象站现有观测项目:云、能见度、天气现象、温度、气压、湿度、风向风速、降水、雪深、雪压、电线积冰、日照、E601蒸发、0～320厘米地温、闪电定位等项目。2002年10月建成CAWS600-B型自动站,2003年1月1日正式运行,自动观测的项目有气压、气温、湿度、风向风速、液态降水、0～320厘米地温、闪电定位、蒸发。人工观测云、能见度、天气现象、固态降水、雪深、雪压、日照、电线结冰等。每小时正点后10分钟内自动上传自动观测项目的分钟资料和正点人工观测项目资料。麻城国家基准气候站观测资料分自动站和人工站两种,分别制作月报表和年报表,发报资料取自动站资料,人工站和自动站双轨运行同时考核。

区域自动站观测 2005—2008年在全市19个乡镇和三个大型水库先后建设自动气象站22个(单要素站86个,两要素站6个,四要素站10个),初步形成地面中小尺度气象灾害自动监测网。

航危报 1956年10月—2008年12月有航危报任务,20世纪80年代服务单位达8个之多,24小时发报。2008年只有OBSAV武汉,发报时段06—20时。

气象预报预测 麻城市气象站1956年开始制作和发布天气预报,从1974年5月开始预报和测报分工,成立专门的预报预测机构,业务有短期天气预报、中期天气预报、长期天气预报。每日2次制作常规短期预报。每旬末制作未来十天的旬报,每年初春及汛前制作春播期和汛期天气趋势预报等。技术方法是应用天气图、传真图、气候背景概率统计、单站要素剖面图、点聚图、曲线图、天气谚语、韵律,结合本地资料订正上级台指导预报。

农业气象 麻城气象站的农业气象工作始于1957年,1962年取消,1979年恢复,1982年被确定为二级气候农气站,1988年确定为国家一级气候农气站。观测项目有棉花、小麦、水稻、物候观测和0～50厘米固定土壤湿度观测。《棉花农业气象鉴定》、《红蜘蛛与气象条件的关系》、《棉花蕾铃脱落的气象指标》等试验成果服务和指导了当时的农业生产，论文参加了1960年3月中国科学院召开的“农业气象学术座谈会”交流。1980—1984年开展的县域农业气候区划为指导麻城市农业生产提供了气候依据。1983年3月至1986年3月参加国家亚热带东部丘陵、山区农业气候合理利用研究科研协作课题。积累了龟山300米、500米、800米高度光、热、水、农作物、物候资料。

2. 气象服务

公众气象服务　1956年，采用在气象站屋顶竖小旗传递天气信息；1988年建气象预警电台、在服务单位安装预警接收机20部；1993年由县电视台制作文字形式气象节目；1995年开通“121”信息平台，2005年1月升位为“12121”；2003年开通“兴农网”；2007年开通手机气象预警平台。

决策气象服务　决策气象服务主要通过重要天气报告、专题气象服务、气象灾害预警信息、汛期天气预报以及旬月报等产品向政府及相关职能部门提供服务。在2008年初严重低温雨雪冰冻灾害中，准确预报灾害天气过程，及时向市委、政府和有关部门提供决策服务，为2008年4月“麻城市首届杜鹃文化节”而提供的专题气象服务得到了组委会的好评，预报员作为“麻城市首届杜鹃文化节”的先进个人受到表彰。

专业气象服务　麻城国家基准气候站在完成国家规定任务的基础上，配合地方经济建设需要，以防灾减灾为中心工作，在服务农业、科学种田、抗旱防汛、雷电防御等方面开展了多项专业服务。

人工增雨天气服务　1977年成立麻城县人工降雨办公室，是年在东河公社(今盐田河镇)首次开展土火箭人工增雨试验获得成功，1978年配合武汉国棉二厂“三七”高炮增雨。1980年增添“三七”高炮2门。2008年更新“三七”高炮，购置牵引式人影火箭车。

针对麻城山区干旱频发的气候特点，麻城气象局多次组织人工增雨作业，2000年人影办组织3个作业小分队，先后在龟山乡、福田河镇、长岭岗等乡镇流动作业，有效缓解了当地旱情，受到地方政府的好评，分管农业副市长杜泉源专程到炮点慰问。

防雷技术服务　麻城防雷技术服务始于1992年，1993年率先开展建筑物防雷设计审核。“黄冈市防雷减灾管理中心麻城分中心”2000年正式挂牌。有6人获得防雷检测资格证书，防雷中心取得丙级《防雷工程专业设计资质证》和《防雷工程专业施工资质证》。负责全市雷电防御的组织管理，每年或每半年对高层建筑、易燃易爆场所、物资仓储、通信和广播电视设施，工厂机电设备、电力设施、电子设备、计算机网络等防雷装置进行检测。

科学管理与气象文化建设

法规建设与管理　1997年市编制委员会发文成立麻城市防雷检测中心，2008年10月麻城市人民政府下发了《关于做好建筑物防雷减灾工作有关问题的专题会议纪要》，明确规定防雷装置设计审核、跟踪检测、竣工验收由气象部门管理。气象局也对气象行政审批的程序，气象行政执法依据、服务收费依据及标准向社会公示。防雷装置设计审核和竣工验收作为行政许可项目进入市行政服务中心。

党建工作　1956—1970年间，县气象站只有1名党员，1972年1月成立党支部，党员3

人，党支部书记张明福（1972 年 1 月—1973 年 7 月），此后杨德钊（1973 年 11 月—1982 年 9 月）、严建忠（1982 年 12 月—1984 年 6 月）、陶维荣（1984 年 6 月—2005 年 10 月）、李晓华（2005 年 10 月—2008 年 3 月）依次接任，2008 年底全局党员 15 人，其中在职 8 人，退休 7 人，王建中任党支部书记。

气象文化建设 麻城国家基准气候站历届领导班子始终重视气象文化建设，1994 年开始争创文明单位活动，坚持以人为本，深入持久地开展文明创建工作，把领导班子建设作为重点，大力提高干部职工综合素质。先后选送 15 人次参加提高专业学历教育。每年 6 月开展革命传统教育，参观烈士陵园，重温先烈精神。开展“三个代表”重要思想、“保持共产党员先进性”等教育活动，先后与市夫子河镇邹河村、上百米村、下百米村进行科技扶贫并对困难户结对帮扶。政治学习有制度，文体活动有场所，电化教育有设施。制作局务公开栏、学习园地、法制宣传栏和文明建设标语牌、改造观测场、装修办公室、建设图书室、电教室、篮球场、图书阅览室。1998 年被评为麻城市“文明单位”，2002 年升级为黄冈市“文明单位”，2004 年后二次评为黄冈市“最佳文明单位”。

荣誉与人物

集体荣誉 2005 年被湖北省委省政府授予“2003—2004 年度创建文明行业工作先进单位”；2003 年被湖北省气象局授予“明星台站”；气象局党支部 1995 年被麻城市委授予“五好党组织”；1986 年、1990 年、1991 年、1996 年、2004 年被麻城市委授予“先进党组织”；1987、1991、1997—2000 年被麻城市政府评为“先进单位”。

个人荣誉 1991 年刘武和获省级“劳动模范”光荣称号；赵术松（1958 年、1959 年、1961 年）、张天福（1979 年）、徐以础（1983 年）获县级劳模；1997 年胡大海评为麻城市“十佳青年”。

人物简介

刘武和 武汉市人，1950 年 7 月 22 日出生，1968 年初中毕业到麻城插队落户，1970 年调入麻城市火柴厂，1972 年作为优秀青年选派到麻城县气象站工作，1973 年推荐到南京大学学习，毕业后到麻城气象局工作。1983 年 7 月加入中国共产党。刘武和同志先后担任测报股长、预报股长、科技服务中心主任、办公室主任、副主任科员等职。2003 年退休，2005 年 2 月 27 因白血病逝世，终年 55 岁。

刘武和同志长期从事气象预报预测工作，他刻苦钻研气象业务，总结出一套适合麻城气候特点的天气预报指标，在多年的防汛抗旱气象服务中发挥了重要作用。他热爱本职工作，埋头苦干，不计名利，以“老黄牛”精神默默无闻工作在气象业务岗位上。他长期以中层干部身份担任气象局党支部委员，积极协助局领导开展思想政治工作，发挥了共产党员的先锋模范带头作用。1986—1991 年连续 5 年被评为麻城市优秀党员，1991 年被湖北省政府授予“劳动模范”称号。

台站建设

园区建设 1958 年迁站时，气象站只有几间砖瓦房，职工有的借住附近农民家；1984 年，气象站进行了大规模改建，建设职工宿舍 1500 余平方米；1997—1999 年麻城气象局对机关院内环境进行了改造，修建了新的办公楼、花坛、草坪和篮球场，硬化了院内路面，环境面貌得到明显改善。

设备更新 麻城气象局建站初就按国家基本站标准配齐全套面地常规仪器设备，大多是苏联进口仪器；1960年开始逐步更新为国产设备；1968年起换用国产电接风地面测风仪；1973年配发经纬仪测高空风；1983年启用遥控测雨量计；1985年配发了PC-1500用于计算和编发天气报；1992年开始使用长城“286”，后逐步更新换代；1997年增加大型蒸发E601-B；2001年建成县级“9210”单收站，1997年在全省率先开通县级“121”声讯台，2004年开通了麻城兴农网；2005—2008年建成区域自动气象站网。

目前气象局全貌

武穴市气象局

武穴市气象局位于武穴市石佛寺镇杨林村武石大道东侧，占地面积17亩，其中可用面积10亩，属国家一般气象站。

机构历史沿革

站址变迁 武穴市气象站始建于1959年，站址位于广济县红旗公社二里半大队胡二垸，位于东经115°30′，北纬29°52′，海拔高度19.2米，受城市建设规模扩大的影响，气象站址多次搬迁。1961年11月首次迁站，站址位于红旗公社红旗大队新农村；1965年1月再次迁站，站址位于武穴镇西北郊白鹤林；1980年1月1日，气象站迁址位于武穴镇西北郊叶家垴垸前；1988—2006年，地面气象观测场和观测站也搬迁了2次（1988年1月观测场迁至武穴镇西北郊余家埭垸；2003年1月迁至武穴镇西北郊外人武部民兵训练基地）；2007年1月1日，局站整体搬迁到武穴市石佛寺镇杨林村武石大道东侧。观测场位于东经115°32′，北纬29°52′，海拔高度31.2米。

历史沿革 武穴市气象局前身是广济县人民委员会气象科，1958年9月组建，1959年1月1日起正式开展气象业务工作。1960年11月，气象科更名为广济县气象站，由县农业局代管。1971年10月，气象站由县人民武装部领导，定名为广济县气象科。1972年10月，更名为广济县革命委员会气象站，由广济县农业局代管。1980年10月，成立广济县气象局，下设气象测报股，天气预报股和办公室。1983年根据国务院文件精神，其管理体制由地方政府单一管理改为上级部门垂直管理和地方政府管理的双重管理，以部门管理为主的领导机制，1987年12月10日，广济县撤销县级建制更名为武穴市，广济县气象局随之更名为武穴市气象局。2002年以来，根据业务服务和机关管理工作实际，局内下设有气象台、综合办公室、人工降雨办公室、法规科、防雷中心等职能管理机构。

主要负责人更替情况

单位名称	负责人	任职时间
广济县气象科	苏明臣	1958.9—1960.10
广济县气象站	董靖国	1960.11—1964.2
广济县气象站	江仕雄	1964.3—1968.3
广济县气象科	何祥照	1968.4—1972.1
广济县气象科	王春兰	1972.2—1972.9
广济县气象站	李志龙	1972.9—1979.2
广济县气象站	何祥照	1979.3—1980.10
广济县气象局	田云升	1980.11—1983.9
广济县气象局	何祥照	1983.9—1987.12
武穴市气象局	何祥照	1987.12—1994.8
武穴市气象局	毛继候	1994.9—1999.5
武穴市气象局	陶治华	1999.5—

人员状况　武穴市气象局现有在编在职的干部职工8人，聘用地方人影编制人员6人。在职人员中，大学学历2人，大专学历4人，中专学历6人，高中学历2人；高级工程师1人，工程师4人，助理工程师5人；50～55岁人员3人，40～49岁人员4人，40岁以下人员1人。

气象业务与服务

1. 气象业务

气象观测　自1959年1月1日建站以来，承担常规地面气象观测任务，具体地面气象观测项目有云、能、天、压、温、湿、风、降水、蒸发、日照、浅层地温、积雪、电线积冰等。1970年1月—1980年12月，承担预约航危报观测任务，1981年1月—1984年12月，承担国家局下达的酸雨观测试验任务，2003年9月建立了自动气象站，2008年6月起，增加太阳辐射观测任务。2006年10月—2008年6月，完成了全市14个气象自动区域站的建设任务，并承担起全市气象自动区域站的业务管理工作任务。

气象信息网络　2003年前，气象观测数据靠人工编报文，通过当地邮电部门发电报向上级报送。1985年前，预报信息资料通过收音机固定频率和时间人工收取，1985—1994年，通过气象传真收取亚洲和欧洲高空探测资料和环流分析资料及日本降水预报信息，1994年4月建立了气象无线微机接收系统，1999年6月建成了气象卫星地面站。2002年2月，建成宽带网，构建了气象观测、气象预报、气象服务等一体化信息网络平台。

气象预报 1963 年 1 月，正式开展气象短期预报业务，通过广播站发布未来 24～48 小时内天气预报。天气预报内容为未来 24～48 小时内的晴、雨、高低气温和风向风速，天气预报的制作方法是收听武汉气象中心发布的指导天气形势和预报，分析制作本地订正预报。1970 年春季，开始研制中期天气预报和各月及春播(3—4 月)、汛期(5—9 月)、秋播(10—11 月)、冬季(12—2 月)的长期气候趋势预报。中期天气预报的主要内容为一旬内的晴雨天气过程，平均气温和极端最高、最低气温，旬降水量。长期预报(短期气候预测)有春季趋势，预报汛期及梅雨期(6—7 月)旱涝预报，秋播期寒露风预报。预报主要采用因子指标法、数理统计法、概率等方法。20 世纪末，随着气象信息网络的发展，高空环流指数在长期预报研制中得以应用。

2. 气象服务

公众气象服务 1994 年及以前，公众气象服务的主要渠道是依托广播、电视和《武穴报》发布公众天气预报信息。1996 年 6 月，争取市委市政府政策支持，与电信部门合作，开通了“12121”专线电话气象公众天气预报热线服务。1997 年 6 月起，电视天气预报在武穴电视台有线、无线两套节目新闻后播出。2004 年 4 月—2006 年 12 月，依托宽带网，建立了武穴市兴农网站，在网站上发布天气预报。2007 年 1 月“武穴市兴农网”并入“武穴市政府网”后，每天在政府网站上发布天气预报。

决策气象服务 武穴地处长江之滨，北顶水库，中抱湖泊，南靠长江，多丘陵洼地。特定的地理环境，使武穴市既怕涝又怕旱，武穴市委市政府因此对决策气象服务要求特别高。1990 年，武穴市气象局成立决策气象服务领导小组，选派技术素质强、政治素质好的同志负责决策气象服务工作，并在日常服务中总结出一系列服务方法，即“长期预报超前服务、重大关键天气上门服务、转折天气及时服务、灾害天气跟踪服务、常规天气定时服务”。武穴市气象局因此连续十年被武穴市人民政府授予“服务三农先进单位”。

专业气象服务 20 世纪 70 年代中期，与武穴市农业局利用相关气象因子，制作小麦赤霉病发病趋势预报，1987 年 9 月被湖北省政府授予科技成果二等奖。20 世纪 80 年代初，开展农业气候区划，编制的“广济县农业气候区划”成果被国家气象局评为“农业气候区划成果三等奖”，被县科委评为科技成果二等奖。1984—1986 年组织科技人员，深入武穴市武黄湖渔场、梅川水库等单位实地进行水温考察，现场开展人工鱼苗繁殖气象服务，使两单位当年鱼苗产量比往年翻三番，取得百余万元的经济效益。“人工鱼苗繁殖与气象条件研究”1986 年被武穴市人民政府授予“科技成果三等奖”。1989 年 8 月，成立人工降雨办公室，1998 年更名为人工影响天气办公室。近二十年来，共开展人工增雨和防雹作业 103 场次，人工增雨和防雹作业成功率达 75%以上。1998 年 5 月两次防雹作业，均取得成功，为武穴市挽回经济损失达千万元，被省人影办授予“五好炮点”称号。“高炮人工消雹作业试验”被武穴市政府授予“武穴市第五届科技进步三等奖”。防雷技术服务始于 1994 年，主要承担避雷装置安全性能检测和防雷装置安装工作，从 2004 起承担防雷装置设计审核和竣工验收业务。

社会管理与气象文化建设

社会管理　武穴市人民政府根据武穴气象行政管理实际，相应出台了《关于切实加强防雷减灾管理工作的通知》(武政办〔2006〕24 号)、《关于加快气象事业发展的通知》(武政发〔2007〕14 号)等法规性文件。在武穴市政府法制办的指导下，成立了有 7 名行政执法人员组成的气象行政执法队伍，主要承担气象探测环境保护、气象预报发布管理、人影作业操作与安全、升空气球和防雷工程资质管理和防雷装置设计审核、竣工验收的行政许可等社会管理职能。并建立了气象行政执法责任制，行政执法责任追究制。

党组织建设　1958 年 9 月至 1960 年 10 月，有中共党员 1 人(苏明臣)，编入县人委会办公室党支部。1960 年 11 月至 1971 年 9 月，编入农业局机关党支部。1971 年 10 月至 1972 年 9 月，编入县人武部机关党支部。1972 年 10 月到 1980 年 9 月，编入农业局机关党支部。1980 年 10 月，单独成立广济县气象局后，正式建立党支部，田云升、何祥照、毛建候先后任党支部书记。至 2008 年底，有党员 12 人，现任书记陶治华。

党风廉政建设　武穴市气象局党支部十分重视党风廉政建设，制订了"支部民主生活会制度"、"支部议事规则"等党内生活制度，并先后完善了财务管理制度、大额支出审批制度、礼品收取登记制度、班子成员个人收入申报制度、财务定期公布制度、项目建设公示制度等。认真落实党风廉政建设目标责任制，积极开展廉政教育和廉政文化建设活动，努力建设文明机关、和谐机关和廉洁机关。

气象文化建设　在加强班子建设的同时，重视职工队伍思想建设，以创建文明单位来凝聚职工的智慧，以弘扬自力更生、艰苦奋斗精神来树立气象事业新形象。开展经常性的政治理论、法律法规、气象科技知识的学习，建立气象文化长廊、图书室、棋牌室等职工活动场所、电教化设施，职工生活丰富多彩，锻炼出一支高素质的气象科技队伍，全局干部职工及家属子女无一人违法违纪，无一例刑事民事案件。1996 年被武穴市委市政府授予文明单位，2000 年被黄冈市委市政府授予"文明单位"，2002 年被黄冈市委市政府授予"最佳文明单位"，湖北省委省政府授予"窗口服务行业文明单位"，2004、2006、2008 年连续三届被湖北省委省政府授予"文明单位"，2004 年被黄冈市委市政府授予"安全文明单位"。

荣誉　从 1978 年到 2008 年，武穴市气象局共获集体荣誉 89 项，其中 1982 年被国家气象局授予"全国气象部门农业气候资源调查和农业气候区划先进集体"，1995、1998 年分别被省气象局授予"防汛抗旱气象服务先进集体"、"重大天气气象服务先进集体"。荣获个人奖项 156 人次。

台站建设

武穴市气象局历经六次搬迁，2005 年 11 月 26 日受九江地震影响(站址距地震中心 23 千米)，办公楼震为 D 级危房。地震灾害发生后，湖北省气象局批复同意武穴市气象局整体搬迁至石佛寺镇，立项重建新气象站，武穴市政府也将其列入"十一五"发展规划。2006 年 3 月开始筹建，当年底完成 17 亩土地划拨、480 平方米办公作业室建设、观测场地建设的第一期工程，其中气象部门投资 80 万元，地方政府土地抵顶资金 136 万元。2008 年开始进行第二期工程建设，投资48万元，先后完成了新工作区护坡建设、钢化式围栏建设，自动伸缩门和门房建设，大院树木花草绿化、美化建设，门卫室和职工食堂建设等。

通过近三年的台站基础设施项目建设，新的规范化气象台站框架已经建成，经省市专家组检查验收为合格项目，并列入全省气象部门基层台站建设三个试点县市台站之一。

武穴市气象局观测场全貌(2007年)

武穴市气象局业务科技楼(2007年)

咸宁市气象台站概况

咸宁市位于湖北东南部，现辖4县1市1区，面积9861平方千米，人口286.08万。咸宁属亚热带大陆性季风气候，气候温和，降水充沛，日照充足，四季分明。

气象工作基本情况

历史沿革 1955年9月1日，崇阳县气象站成立并正式观测。1956年11月1日，建立嘉鱼县气象站。1957年1月至1959年2月，境内通山、咸宁、蒲圻（现赤壁市）、通城等县相继成立气象站。1965年8月成立咸宁专区，辖咸宁、嘉鱼、蒲圻、通山、通城、崇阳、阳新、鄂城、武昌9县，每县皆有气象站。1966年4月成立了咸宁地区专署气象台，同年10月正式开展业务运行，咸宁县气象站撤销，业务归并咸宁地区专署气象台。1975年武昌县气象站划归省气象局代管，1976年10月恢复咸宁县气象站，1979年鄂城气象站划归黄冈地区，1984年撤销咸宁县气象站，1997年阳新县气象局划归黄石市。2005年10月，经中国气象局批复，在崇阳县金沙建设华中区域大气本底站。

管理体制 1971年以前，气象部门实行地方政府管理，业务受上级气象部门指导；1971年3月至1973年9月，由地方政府和军队双重领导，以军队管理为主；1973年9月至1980年10月，转为地方同级革命委会领导，业务受上级气象部门指导；1980年10月后改为以气象部门为主气象部门和地方政府双重领导的管理体制。

人员状况 2006年定编110人。截至2008年底，在编职工109人，地方编制8人，临时用工15人，离休职工2人，退休职工42人。在编职工中，大专以上学历69人，其中本科学历32人；中级以上职称47人，其中高级职称6人。

党建与文明创建 至2008年底，全市气象部门共有党支部6个，党员81人，其中在职职工党员58人。全市气象部门共建成省级文明单位3个，市级最佳文明单位1个，市级文明单位2个，创建率达100%。

主要业务范围

综合观测 1930—1933年，湖北省建设厅和江汉工程局先后在嘉鱼、通城、崇阳、咸宁（现咸宁市咸安区）和通山等县建立雨量站。1955年6月，嘉鱼县设立航空哨。以后，按国家统一安排，布设气象台站，开展气象观测。至 2008 年底，全市共有地面气象观测站 7 个，其中 2 个国家基本气象观测站，4 个国家一般气象观测站，1 个区域大气本底站。全市共有区域自动气象站 76 个，其中雨量站 13 个，两要素站 27 个，四要素站 35 个，多要素站 1 个。1977 年 10—11 月，地县气象局进行气候资源考察。咸宁是全省开展风能观测较早、较好的地区之一。1996 年 12 月、1997 年 12 月，通山气象局在九宫山进行了专门的风能资源观测；1999—2004 年在九宫山进行了五年的风能资源观测，保证了全省第一个风电项目顺利建成投产。2004 年 10 月在通山大畈设立简易气象站，为内陆第一个核电站建设论证积累气象资料。2005 年底，咸宁建成了全省第一个 GPS/MET 站。2006 年初，咸宁站安装了二维闪电仪。2006 年至 2007 年金沙、通山、嘉鱼先后增设酸雨观测项目。2006 年 4 月开始金沙区域大气本底站前期科学考察观测，2007 年 11 月前期科学考察报告通过专家组论证。2006 年 9 月在崇阳县大湖山开始风能资源考察。2008 年，赤壁站、通城站、崇阳站增加了 GPS/MET 观测。

气象预报服务 咸宁天气预报的制作和发布始于 20 世纪 50 年代。当时主要靠抄收省气象台的气象广播电台播发的各类资料，绘制简易天气图并结合咸宁地形、天气特点及局部天气演变、测站资料和看天经验，做出天气预报。20 世纪 60 年代初中期，各地开始应用单站九线图作为基本预报工具之一。另外，通过收集群众看天经验进行天象物象观测，用于地方性天气预报的补充订正预报。1966 年 10 月，开始了咸宁地区级的气象预报工作。现在的气象预报服务，预报手段先进，服务方式全面。

咸宁市气象局

机构历史沿革

历史沿革 1966 年 4 月，咸宁地区专署气象台成立，地址位于咸宁地区温泉镇。地面观测为一般气象站，10 月正式进行地面气象观测，站址在气象台大院内（东经 114°20′，北纬 29°50′），海拔高度 63.9 米。1968 年 3 月成立咸宁地区气象台革命领导小组，1973 年 9 月易名为咸宁地区革命委员会气象局，1979 年 1 月改为咸宁地区行政公署气象局，1981 年 1 月改为咸宁地区气象台，同年 12 月改为咸宁地区气象局，1984 年 1 月改为咸宁地区气象台，1984 年 6 月恢复为咸宁地区气象局。1998 年 12 月咸宁地区撤地改市，咸宁地区气象局更名为咸宁市气象局。

咸宁气象站建站以来为一般气象观测站，2006 年 7 月改为国家气象观测站二级站，2008 年 12 月改为一般气象观测站。2008 年 1 月 1 日观测场迁至咸宁市咸安区马桥镇樊塘村（黑山茶场），位于东经 114°22′，北纬 29°52′，海拔高度 98.8 米。

人员状况 1966 年 4 月建台时共有职工 16 人，党员 3 人。2008 年底在编职工 55 人，聘用地方编制 2 人，临时用工 4 人，退休职工 23 人。在编职工中，大学本科学历 21 人，大学专科学历 19 人，中专及以下学历 15 人；具有副高级职称 5 人，中级职称 14 人，初级职称 15 人；中共党员 29 人，共青团员 8 人。

名称及主要负责人变更情况

名称	时间	负责人	职务
咸宁地区专署气象台	1966.11—1971.08	陈义祥	副台长，主持工作
咸宁地区气象台	1971.09—1974.02	王文焕	负责人，咸宁军分区军代表
咸宁地区革命委员会气象局	1974.03—1976.07	陈本源	副局长，主持工作
咸宁地区革命委员会气象局	1976.08—1979.04	陈惜礼	副局长，主持工作
咸宁地区行政公署气象局	1979.05—1984.01	杨炳昌	局长
咸宁地区气象台	1984.02—1985.11	刘钊周	台长
咸宁地区气象局	1985.12—1987.08	彭庭盛	副局长，主持工作
咸宁地区气象局	1987.09—1992.10	彭庭盛	局长
咸宁地区气象局	1992.11—2000.11	刘凝华	局长
咸宁市气象局	2000.12—2005.10	谭海华	局长
咸宁市气象局	2005.10—2006.07	肖本权	副局长，主持工作
咸宁市气象局	2006.07—	肖本权	局长

20 世纪 70 年代末，咸宁建站时负责人陈义祥在观测场留影，背后为观测值班室。

气象业务与服务

1. 气象观测

地面观测 1966 年 10 月，咸宁县气象站归并咸宁专署气象台，并增加直管地温观测，观测项目和要求按上级下发的规范执行。1980 年开始先后使用风、雨量、气压、温度等自记设备，1985 年起应用 PC-1500 计算机编报，1992 年改由微机编报和制作报表。2005 年安装了自动气象站，除云、能见度、日照、蒸发和天气现象外，其它项目均由仪器自动采集。

雷达 1978年由咸宁行署投资购进711型天气雷达设备，用于中小天气系统的探测。1989年711天气雷达自然淘汰停用。

其它观测 2005年12月底开始进行GPS/MET观测。2006年2月安装二维闪电定位仪并开始观测，2008年5月安装微波辐射计，主要观测水汽密度，探测高度达10千米。

2. 农业气象

农业气象 20世纪80年代初，负责全区农业气象业务管理工作，无具体农作物观测、监测任务。1981—1984年，参与并圆满完成《咸宁地区农业气候区划》研究工作。1990年正式承担小麦观测，水稻、油菜、物候监测任务，并开始拍发旬（月）报，制作农气月（年）报表、农作物产量预报。1991年6月设立农业气象业务服务科，开始为地方政府及有关部门提供农业气象情报、农事关键期预报服务等工作。随着咸宁市农业生产布局的变化，2002年8月增设土壤湿度观测，农业气象工作逐步调整为土壤湿度观测、水稻监测，停止物候观测，农业气象情报、预报服务工作照常开展。

3. 气象通信

气象站建站开始，主要依靠邮电部门的公众电路由气象台站将观测记录编码，通过当地电信局以天气电报方式发至指定地点集中编辑发出。

1966年咸宁地区专署气象台成立，以人工抄报方式收取经纬图天气报告和国内外高空风、探空报。1978年气象台配传真接收机，接收各类产品和信息。1987年建立各气象站甚高频辅助通信网，为传输气象资科和实施灾害性天气联防服务。1991—1992年，利用全省气象部门的专家系统接收雷达拼图、天气实况填图。1993年地区局开始建设NOVELL局域网。1997年6月地区局建成VSAT卫星小站，卫星电话投入应用。2003年VSAT站停用。2006年建成省市县三级SDH骨干网。2007年安装了PCVSAT U6新型卫星接收设备，安装了FY-2C和FY-2D的接收、处理和显示系统。

建台至1996年期间，观测员在简陋狭小的值班室学习和工作

4. 气象预报预测

短期天气预报 20世纪60年代，地区气象台的天气预报业务主要是通过手工填图，总结分析本地区的天气气候特点和规律，以此作为分片的预报依据。1978年，配备了117型传真收片机接收传真图资料，作为天气预报的参考依据之一。20世纪70—80年代前期，咸宁地区气象台普遍开展和加强了暴雨的预报研究，建立了本地区暴雨和大暴雨的预报模式和预报指标。1977年，咸宁地区气象台与武汉大学数学系教授李国平等合作，撰写

的《西太平洋台风路径预报方程》获得1978年全国科学技术大会三等奖。1987—1988年，咸宁地区气象台建立了气象专家系统并投入业务应用。1992年传真机停止使用。1997年11月建成了MICAPS预报工作站。至此，数值预报产品和释用产品的应用已占主导地位。1998年预报员开始试行持证上岗制度。2005年3月1日，市气象台安装雷达产品接收终端软件，其产品在短时临近天气预报中开始得到应用。2005年4月底，省、市电视天气预报会商系统建成并应用于日常的天气会商。

中长期天气预报 1966年随着专署气象台的成立，地区气象台也开始制作中期天气预报。1975年，咸宁作为成员单位之一，与鄂、湘、赣、皖四省的八个长江中游地市气象局发起成立了长江中游天气联防和协作区。20世纪80年代后期，谐波分析方法逐渐在地区气象台的中长期天气预报中采用，90年代，通过接收数值预报产品，并使用上级指导产品，还开展了中期数值预报产品的解释应用，形成了有本地区特色的中期天气预报服务产品。2002年，市气象台开始制作5天(后改为7天)的滚动天气预报。长期天气预报是在上级气象台的指导下，主要运用数理统计方法和常规资料图表及天气谚语、韵律关系等方法，作出春播期、汛期、秋播期的天气气候趋势预测。

5. 气象服务

公众气象服务 气象站建站不久即通过当地有线广播站向社会公众播送天气预报，20世纪70年代中期这种形式逐渐终止。1966—1979年，地区气象台在温泉镇中心花坛设黑板向公众发布天气预报。1992年开始，与咸宁电视台共同制作天气预报节目向社会播出。1997年4月，天气预报节目自主制作，录制后由电视台播出。1997年7月与电信部门共同建立了“121”电话天气预报自动答询系统。2003年12月开始用手机短信发布气象信息。2008年建立乡村决策气象服务系统，为全县乡村领导直接提供气象预警短信服务。

决策气象服务 20世纪50年代末到60年代中期，决策气象服务以农业生产为重点，主要提供情报、资料和关键农事季节的天气预报。20世纪60年代中后期，防汛抗洪成为决策气象服务的重点。服务方式在2000年以前口头汇报、电话、文字材料为主，以后充分利用计算机网络开展服务。

1983年7月10日，根据地区气象台24小时内只有小雨的预报，富水水库最终没有加大泄洪量，避免了因泄洪造成的巨大损失。1994年7月11日，阳新日降雨量达到540毫米，气象部门准确预报，为地方政府防洪抗灾提供了及时的优质服务，地县两级气象部门分别受到湖北省气象局和国家气象局的表彰。1998—1999年，咸宁地区气象部门为抗御长江全流域性洪水提供了优质的决策服务。2003年10月为第四届“竹文化节”服务受好评。2004年10月在通山大畈设立简易气象站收集资料，顺利地完成了前期的可行性研究报告。2008年初在抗御罕见的低温雨雪天气过程中，气象服务作出了贡献，市气象局被评为先进集体。

专业专项气象服务 1984年开始开展专项(专业)气象服务，服务对象主要有电力、电信长途传输、砖瓦、粮食仓储、交通、水利等，在所服务的单位安装有天气警报接收机。1990年8月首次开展防雷安全性能检测工作。1992年，与原地区电子仪器厂合作，研制了“多点遥测数值温度仪”，1993年中国气象局气象成果展示会上展出。1994年为啤酒生产提供专项服务，探索出啤酒生产的气象指标。1998年开始，专项（专业）服务进入保险行业。2008年起开展对杭瑞高速公路工程建设等重要工程的气象保障服务。

气象科普宣传 20世纪60—70年代，通过广播向社会宣传气象知识，90年代利用天气警报接收机向服务对象进行气象科普宣传。进入21世纪，科普力度加大。每年在“3·23”世界气象日、科技活动周、科普日等都要上街进行气象科普宣传活动，气象观测站和气象台也不定期对广大市民开放，在春播及秋收期间开展送气象科技下乡活动，使气象走进千家万户。2006年以前，学术交流活动不定期举行，从2007年开始，每年开展一次。

法规建设与管理

气象法规建设 2001年以后，气象法规建设得到加强。2005年8月，咸宁市人民政府办公室下发了《关于切实加强防雷减灾管理工作的通知》。2006年3月，咸宁市建设委员会和咸宁市气象局联合下发了《关于加强建设项目防雷装置设计审核、跟踪检查、竣工验收工作的通知》。2004年成立气象行政执法支队，开展气象依法行政管理工作。2007年12月，咸宁市人民政府办公室下发了《关于进一步加强气象探测环境保护工作的通知》，建立保护气象探测环境的联动机制，加大行政执法力度，依法及时查处有关违法案件。为咸宁市气象部门开展探测环境保护工作提供了有力的政策依据。2008年12月，咸宁市政府对咸宁市气象局《咸宁市重大气象灾害预警应急预案（送审稿）》作出批复，同意印发实施。

行业管理 2003年6月，成立了政策法规科，咸宁市人民政府法制办确认了气象局执法主体资格，依法履行本市区域内气象探测环境、气象信息发布、防雷、系留和升空气球等管理职能。2003年8月，在咸宁市行政服务中心设立了窗口，并指派专人在窗口负责气象行政许可审批工作。

政务公开 2003年起，在咸宁市行政服务大厅、局大院宣传栏制作了行政审批项目、政策依据、办事流程、申报材料、收费依据、承诺时限、举报电话等宣传展板，进行公示公告；在咸宁气象电子政务网上公告了气象法律、法规、规章以及办理防雷装置设计审核和竣工验收的有关工作流程。

党建与气象文化建设

党建工作 1966年4月有党员3名。1971年3月有党员5名。1980年10月有党员20名。截至2008年12月底，在职及退休职工中党员总数达到43名，设有机关党支部，党支部设组织、宣传、纪检、学习、青年工作、老干工作委员各1名。2007年，被咸宁市委授予市党建工作先进单位。

气象文化建设 1994年成立文明创建工作领导小组，并开始文明单位创建活动，同年被授予地级文明单位。1999年升级为省级文明单位，此后，连续5届保持此荣誉称号。

2000年以前，文化、体育设施较落后。2004年建设200平方米室外健身场1个，安装健身器材10部；2007年改建职工文化活动室1个，职工图书阅览室1间，藏书8千余册，建有文化宣传橱窗、政务公开栏及多块宣传标板。2008年改建篮球场、羽毛球场各1个。

1999—2008年，相继成立了关心下一代工作委员、老年书法协会、钓鱼协会、篮球队、羽毛球协会，每年都要组织一系列活动。2006 年以后，每年举办一次迎春联欢晚会，职工运动会，并积极参加、邀请其它单位开展文体联谊活动，加强气象与外界的交流和沟通。2008 年组队参加全市青年电视辩论赛，进入前八强。

荣誉

获得地方党委、政府及上级部门授予的主要荣誉

时间	荣誉名称	授予单位
1994 年、1998 年	文明单位	咸宁地委、行署
1998 年	抗洪抢险集体二等功	咸宁地委、行署、军分区
1999 年起连续五届	文明单位	湖北省委、省政府
1999 年、2000 年	先进基层党组织	咸宁市直机关工委
1999 年、2000 年	防汛抗旱气象服务先进集体	湖北省气象局
2000 年、2002、2004 年	文明机关	咸宁市直机关工委
2001 年、2004、2006 年	关心下一代工作先进集体	咸宁市关工委
2001 年、2002 年	重大气象服务先进集体	湖北省气象局
2002 年、2004、2007 年	老干部工作先进集体	湖北省气象局
2005 年、2006 年	综合目标考核特别优秀达标单位	湖北省气象局
2006 年、2008 年	最佳文明机关	咸宁市直机关工委
2006 年、2008 年	安全生产先进单位	咸宁市安全生产委员会
2006—2007 年度	党建工作先进单位	咸宁市委
2008 年	抗雪救灾恢复重建工作先进单位	咸宁市委、市政府
2008 年	人口和计划生育工作先进集体	咸宁市计生委
2008 年	低温雨雪冰冻灾害应急气象服务先进单位	湖北省气象局

1978 年，咸宁气象台获全国科学大会表彰后，职工欢庆时的场景

台站建设

1970年以前，有几排十分简陋的砖瓦结构平房，办公用房300平方米，住房600平方米，工作条件和生活环境较差。1979年建560平方米3层宿舍楼，1984年建1300平方米宿舍楼、150平方米职工食堂。1990年建1678平方米5层综合办公楼。1992年建1071平方米4层综合服务楼。1996年建2500平方米宿舍楼。1999年对气象局院内老宿舍楼进行了全面的维修改造。2003年修建了水泥路面、草坪、花坛、篮球场、健身园、车库，铺设天然气管道，完成水改和电改。2004年在贺泉公路杨下村征地18.87亩。2006—2008年，进行金沙区域大气本底站建设。2006年度利用中央财政资金68万元，对办公楼进行了装修改造。2008年完成数字电视转换，观测场迁至咸宁市咸安区马桥镇樊塘村（黑山茶场）。经过多年的努力，已建成了整洁美观、设施齐全，集工作、学习、生活于一体和谐文明的气象园区。

崇阳县气象局

机构历史沿革

历史沿革 1955年9月建立崇阳县气候站，直属湖北省气象局领导，站址位于崇阳县原城关镇揭家岭。1958年气候站下放为地方建制，归口县农业局。1959年1月迁到县城关北门农场。1961年1月因观测场地屡遭洪水淹没，严重影响业务工作开展，又迁至原城关镇西门岭。1961年12月更名为崇阳县气象站。1971年6月由崇阳县人武部接管。1974年2月成立崇阳县革命委员会气象科，隶属崇阳县革命委员会直接领导。1978年8月更名为崇阳县革命委员会气象局。1982年1月更名为崇阳县气象局。1984年5月改为崇阳县气象站，1986年3月又恢复为崇阳县气象局。观测场位于北纬29°32′，东经114°02′，海拔高度78.5米。

建制情况 崇阳县气象局领导管理体制几经变更。自建站至1971年5月，由湖北省气象局和崇阳县人民政府双重领导，以部门领导为主。1971年6月至1982年1月以部门领导为主改为地方领导为主。其中，文革期间实行军管。1982年2月，改为部门和地方双重管理的领导体制，由部门领导管理为主，延续至今。

人员状况 1955年建站时有3人。2006年8月定编为8人。截至2008年底，全局共有职工16人，其中在编职工9人，聘用地方编制1人、临时用工2人，离休1人、退休3人。

名称及主要负责人变更情况

名称	时间	负责人
崇阳县气候站	1955.09—1958.11	周泽文
崇阳县水文气象站	1958.11—1961.12	彭光彦,舒鹏
崇阳县气象站	1962.01—1966.05	彭光彦
崇阳县气象站	1966.05—1971.05	彭光彦
崇阳县气象站	1971.06—1974.02	郭明山
崇阳县革命委员会气象科	1974.02—1976.10	郭明山
崇阳县气象局	1976.10—1980.11	郭明山
崇阳县气象局	1980.11—1984.05	杜落生
崇阳县气象站	1984.05—1986.03	岑梅洽
崇阳县气象局	1986.03—1987.10	岑梅洽
崇阳县气象局	1987.10—1990.01	陈新军
崇阳县气象局	1990.01—1995.05	汪标锦
崇阳县气象局	1995.05—	肖康民

气象业务与服务

1. 气象业务

气象观测 1955年9月1日起,观测时次采用地方时08、14、20时每天3次观测,观测项目有云、能见度、天气现象、气压、气温、湿度、风向风速、降水、雪深、日照、蒸发等。1958年4月增加地面和浅层地温观测;1959年1月,增加压、温、湿自记仪器观测;1960年4月,增加雨量自记观测;1962年1月1日,增加气压观测,同时执行正式地面气象规范;1980年1月1日执行新《地面气象观测规范》;1981年6月开始,参加国内台风业务试验观测;1955—1987年,观测场为16米×20米,1988年改为25米×25米。

2002年建成全市第一个自动气象站。2005—2008年底,先后建成单要素雨量站2个,温度、雨量站5个,四要素站6个。2006年在大湖山建风能普查多要素站1个,2008年观测业务开展GPS定位观测,以及承担全县12个乡镇自动气象站数据汇集等业务。

信息网络 1980年前,气象站利用收音机收听武汉区域中心气象台和上级以及周边气象台站播发的天气预报和天气形势。1981—2000年,利用超短波双边带电台接收武汉区域中心气象信息,配备ZSQ-1(123)天气传真接收机接收北京、欧洲气象中心以及东京的气象传真图。1997年开通"121"(2005年1月升级为"12121")天气预报电话自动答询系统。1997年建立电视气象影视制作系统。2000—2005年建立VSAT站、气象网络应用平台。2004年建立崇阳兴农网站。2008年建立气象警报系统。

气象预报 1970年10月始,县气象站通过收听天气形势,结合本站资料图表每日早晚制作24小时内日常天气预报。2000年至今,开展常规公众服务预报。向各乡镇及相关部门单位提供未来3～5天和旬月报等短、中、长期天气预报服务,开展灾害性天气预报预警业务和供领导决策的各类重要天气报告等。

农业气象 1970年始，逐步开展农业气象业务。1976—1979年，在崇阳县国营农场建成专为农业试验田服务的气象哨，开展水稻试验气象观测并提供服务。1982—1983年，在县城正南方向的14500米处的棺材山建立高山气象哨，开展山区梯度观测，专为县政府决策发展柑橘生产提供气象资料普查数据。从1978年至现在，向县政府、涉农部门、乡镇寄发《气象月报》、《高温热害气候分析》、《农业产量预报》、《秋季低温预报》等业务产品。1984年11月，完成《崇阳县农业气候资源和区划》编制，获得由省农业区划办颁发的科技成果三等奖。1980—1990年，为《崇阳县地方志》、《崇阳年鉴》提供气候史料。1989年始，编写全年气候影响评价。

2. 气象服务

公众气象服务 从建站到1979年，制作各类长、中、短期天气预报和农时预报，利用农村有线广播站播报。关键期、灾害性、转折性天气简报，春播秋收及汛期预报等，采用邮寄方式传递，为各级领导及农民们当好“参谋”，服务大农业。从1992年起每年开展节日气象服务、庆典服务，为历届龙舟赛、全县中学生运动会、2007年崇阳百条龙灯会、中央电视台开拍《双合莲》等重大活动提供气象保障。

决策气象服务 20世纪80年代以简报、口头汇报、电话等方式向县委县政府提供决策服务。90年代逐步开发《重要天气报告》、《中长期天气趋势预报》、《旬报》、《汛期天气形势分析》等决策服务产品。在1998年防汛抗洪、2006年6月27日特大暴雨地质灾害和2008年初严重低温雨雪冰冻灾害中，准确预报灾害过程，及时向县委、县政府和有关部门提供决策服务。2006年，建立了县政府突发公共事件预警信息发布预案，并为全县11个部门发布涉及交通安全、公共卫生、地质灾害、农业病虫害等突发公共事件预警，2006—2008年，发布突出公共事件预警6次。2008年开展气象灾害预评估和灾害预报气象服务。

为新农村建设气象服务 1994年，崇阳气象工作得到湖北电视台《专题新闻》栏目介绍，2001年获全市农村工作先进单位。2008年，围绕构建农村新型气象工作体系，创新气象为“三农”服务模式，实施“农村气象防灾减灾”、“气象信息进村入户”、“气象科技扶贫”等多项工程，强化气象灾害防御社会化管理职能，开展新农村建设气象服务试点工作，被县委、县政府评为科技服务先进单位。

气象科技服务与技术开发 1985年3月专业气象有偿服务起步，面向各行业开展气象科技服务。1992年起开展庆典气球施放服务。1992年成立崇阳县人工增雨领导小组。1994年设立防雷装置安全性能检测办公室，开展建筑物避雷设施安全检测。2000年成立崇阳县防雷中心，开展防雷设施安全检测、设计、图纸审核、竣工验收等技术服务。2003年正式成立县人工影响天气办公室，配备人工增雨高炮3门、火箭发射装置1套，并在全县12个作业点开展抗旱、森林灭火、水库增容人工增雨作业。

气象科普宣传 1980年与县广播站联合设立气象知识专题讲座节目，并编写《气象谚语》向全县送发。2004年建立崇阳县实验小学气象科普实践教育基地。建立了8个气象科普示范村和12个乡镇“兴农网”宣传窗。2007—2008年，实施“百村千户”气象灾害防御培训工程，发展160名气象志愿者，实施气象科普入村、入企、入校、入社区。

法规建设与管理

行政执法 2000年起,每年开展气象法律法规和安全生产宣传教育活动。2001年3月,县政府审批办证中心设立气象窗口,承担气象行政审批职能,规范天气预报发布和传播,实行低空飘浮物施放审批制度。2002—2004年,参与行政审批制度改革,规范行政审批手续。2006—2008年,与安监、建设、教育等部门联合开展气象行政执法检查。2008年,成立气象行政执法大队,6名兼职执法人员均通过省政府法制办培训考核,持证上岗。

社会管理 1992年5月成立崇阳县防雷装置安全性能检测办公室,2000年成立崇阳县防雷中心,逐步开展建筑物防雷装置、新建建(构)筑物防雷工程图纸审核、设计评价、竣工验收、计算机信息系统等防雷安全检测。2002年县政府发文《崇阳县建设项目防雷工程设计审核、施工监督、竣工验收工作实施细则》(崇政发〔2002〕16号),明确气象局行政许可项目。2006年6月,崇阳县政府出台《崇阳县突发公共事件总体应急预案》,同年8月,出台《崇阳县气象灾害应急预案》,并纳入县政府公共事件应急体系。2007年逐步开展农村学校防雷减灾工作,防雷减灾、防雷管理步入规范化、制度化。2008年初,在遭遇严重雨雪冰冻灾害时,县政府启动由县长签发的"气象灾害应急预案",用紧急传真向全县各乡镇和6家重要部门转发,及时开展并承担冰雪灾害应急处置工作。在防汛防旱、森林防火及重大农业生产活动工作中,局主要领导担任县防汛抗旱、森林防火指挥部副总指挥,发挥部门作用,承担气象防灾减灾管理职能。

党建与气象文化建设

1. 党建工作

党支部建设 1972年6月,根据中共崇阳县直属机关委员会批复(〔1972〕019号),成立中共崇阳县气象站党支部,1974年2月成立中共崇阳县气象科支部委员会,1977年8月改为中共崇阳县气象局支部委员会。目前在职党员6人,占全局职工人数的60%,被县委组织部授予"优秀共产党员"称号达11人次。

中共崇阳县气象局党组织负责人变更情况

书记	任职时间	备注
郭明山	1972.06—1980.11	时任副局长
杜落生	1980.11—1985.01	时任局长
岑梅洽	1985.01—1987.10	时任副局长(全面负责)
陈新军	1987.10—1990.03	时任局长
汪标锦	1990.03—1995.07	时任局长
肖康民	1995.07—	时任局长

2. 气象文化建设

精神文明建设 1988年起,开展争创文明单位活动,建设一流台站,凝炼了崇阳气象人精神。2000—1995年起，每年组织职工参加县、省市气象局文艺演出、演讲比赛等活动，其中2002年参加全省气象部门演讲比赛中获第一名。1990—2000年在全县“千人评议机关服务基层”活动中，连续五年获“十佳服务单位”称号，并名列榜首。2008年，先后开展“致富思源、富而思进”、“三个代表”、“保持共产党员先进性”、“行政效能”等教育活动。

政务公开 2002年起对气象行政审批办事程序、气象服务、服务承诺、气象行政执法依据、服务收费依据及标准等内容向社会公开。2005年制定下发了《局务公开工作操作细则》，落实首问责任制、气象服务限时办结、气象服务义务监督、财务管理等一系列规章制度，坚持上墙、网络、黑板报、办事窗口等渠道开展局务公开工作。

集体荣誉 1993年，被中国气象局授予“全国气象服务先进集体”，1994年被省委、省政府授予“全省气象服务先进单位”。2003—2008年度，被省委、省政府连续3次授予“省级文明单位”。1992—1994年，荣获全市气象部门“综合考核优秀达标”三连冠。近8年来，连续被评为县“社会综合治理先进单位”，全县四五普法“十佳单位”、“平安单位”。

个人荣誉 从1978年—2008年30年中，受到中国气象局奖励1人，湖北省人事厅奖励1人，湖北省气象局奖励5人，咸宁市气象局奖励19人(次)，崇阳县劳模2人，崇阳县先进工作者28人(次)，百班无错奖22人(次)。

台站建设

1978年以前，仅有一幢1966年建成的210平方米平房，1972年建成的280平方米职工宿舍(瓦房)和32平方米的办公用房、9平方米的测报值班室(瓦房)。1980年部门和地方共同投资2万元改建成252平方米的办公用房(平顶房一层)，1986年，部门投资8万元，地方配套2万元，分别改建8套职工宿舍和办公楼加层252平方米，但基础设施仍很落后。2008年6月，完成了《崇阳县气象局2008—2012年的台站规划》。台站占地9.1亩，现观测场按25米×25米标准建设，成为集气象科普、气象观测、职工教育中心、卫星接收小站为一体的实践基地，被湖北省气象局授予“十佳观测场”。

崇阳县气象局观测场(2008年)

崇阳县气象局小区全景(2008年)

赤壁市气象局

赤壁古称蒲圻，1986年5月经国务院批准，有着1700多年沿革的蒲圻撤县设市，1998年6月更名为赤壁市。

机构历史沿革

始建情况 1958年12月，在蒲圻县城关镇西门外创建蒲圻县气候站，1959年1月1日正式开始业务运行。1981年迁至大桥大队张家山，现改名为赤壁市河北大道84号，观测场位于东经113°53′，北纬29°43′，海拔高度46.9米。

建制情况 1959年7月设蒲圻县气象科。1960年5月，咸宁、蒲圻合县，气象科改为蒲圻县气象站，同农业局组成联合支部。1968年8月气象科改称为蒲圻县革命委员会气象局，1971年5月，实行地方军队双重领导以军队领导为主，隶属县人武部领导。1973年9月，划规地方政府领导，改称为蒲圻县革命委员会气象科。1981年1月更名为蒲圻县气象局。1983年1月改为气象部门与地方政府双重领导，以气象部门领导为主。1984年5月改称为蒲圻县气象站。1986年3月，又改称为蒲圻县气象局，同年7月蒲圻撤县建市，改称蒲圻市气象局。1998年6月更名为赤壁市气象局。2006年7月1日改为国家气象观测站二级站，2008年12月31日改为国家气象观测一般站。

人员状况 1958年12月建站时，有职工4人。2006年8月定编为9人。现有在编人员8人，地方编制人员4人，临时用工3人，退休人员8人。

名称及主要负责人变更情况

名称	领导姓名	职务	任职时间
湖北省蒲圻县气候站	廖大材	负责人	1958.12—1959.06
蒲圻县气象科	廖大材	负责人	1959.07—1960.04
蒲圻县气象站	廖大材	负责人	1960.05—1965.09
蒲圻县气象站	贾仕杰	负责人	1965.09—1968.07
蒲圻县革命委员会气象局	贾仕杰	负责人	1968.08—1970.11
蒲圻县革命委员会气象局	梁卫群	负责人	1970.11—1972.02
蒲圻县革命委员会气象局	余恒发	负责人	1972.02—1973.08
蒲圻县革命委员会气象科	余恒发	负责人	1973.09—1980.12
蒲圻县气象局	胡　谦	局长	1981.12—1987.07
蒲圻市气象局	龚益武	局长	1987.08—2001.07
赤壁市气象局	肖本权	负责人	2001.08—2002.03
赤壁市气象局	王和平	局长	2002.03—2008.11
赤壁市气象局	张　艳	局长	2008.11—

气象业务与服务

1. 气象业务

气象观测 1959年1月1日开始为每天01、07、13、19时4次定时观测,夜间守班;1960年1月1日改为每天07、13、19时3次定时观测,夜间不守班;1960年8月1日至今改为每天有08、14、20时3次定时观测,夜间不守班。1979年7月1日至2006年10月15增加每年4—10月05时雨量观测。2007年1月1日起,恢复08、14、20时3次定时观测,夜间不守班。建站观测项目有云、能见度、天气现象、气温、湿度、风向风速、雨量、小型蒸发、日照、地温观测,1966年1月1日增加气压观测,2005年1月1日起增加深层地温和草温观测。

1972年7月至1982年4月先后增加温度自记、湿度自记、气压自记、雨量自记、遥测雨量计、电接风向风速仪等自记仪器。1993年1月1日,改EL型为EN型风向风速处理仪。2004年12月安装无锡产ZQZ-CⅡ1型自动气象站,2006年6月13日首次对自动气象站及传感器进行现场检定,之后每年检定一次。

从1960年4月1日起向武汉发04—20时预约航危报,1964年1月1日起向武汉发04—20时航危报,1972年9月1日起向武汉中心发气象旬月报,1979年1月武汉中心发雨量报和灾情报,1983年5月1日起每天08、14、20时向武汉中心发小图报,至2004年改小图报名称为加密天气报。编发气象旬(月)报,每月月报1次,旬报3次(报省气象台)。1983年11月开始编发重要天气报,发北京、武汉两地,定时4次,另加不定时和两种预约报。报表种类和份数3份。报送省气象局、地(市)气象局气表-1和气表-21,2000年11月通过162分组网向省气象局转输原始资料,停止报送纸质报表。

2006年12月31日20时(北京时)起正式实行单轨运行。从2007年1月1日起,上报的自动站数据文件和报表数据文件也按单轨运行的规定处理。2005年8月,在新店镇、赤壁干题建成自动雨量观测站。2006年8月,在中伙镇、神山镇等地建成了ZQZ-A型温度、雨量两要素自动观测站。2007—2008年,陆续在官塘镇、柳山湖镇等地建成了ZQZ-A型温度、雨量、风向、风速四要素自动观测站,并试运行。

气象信息网络 1982年起,县气象站根据预报需要共抄录整理55项资料、共绘制简易天气图等9种基本图表。主要对建站后有气象资料以来的各种灾害性天气个例进行建档,对气候分析材料、预报服务调查与灾害性天气调查材料、预报方法使用效果检验、预报质量月报表、预报技术材料、中央省地各类预报业务会议材料等建立业务技术档案。

气象预报 天气预报机构屡次变更。1958年6月为预、测合一。1976年1月改名为预报组。1982年6月更名为预报股。1995年2月更名为预报服务股。1999年1月更名为气象台(承担预、测任务)。

中短期天气预报从1958年6月开始作补充天气预报。从1982年5月1日起,正式开始天气图传真接收工作,结束了手工抄收各类天气图及气象资料的历史。1996年12月建成县级业务系统。1998年9月停收传真图。2004年建成县市气象业务一体化工作平台。

农业气象 1983年1月恢复农气观测,观测作物是中稻,并被省气象局指定为基本农气观测站，1985 年增加油菜观测，1989 年 1 月增加物候观测。1994 年 1 月根据省气象局文件调为省级农气监测站，停止物候观测，观测作物保留油菜。1995 年开始简易农业气象观测，观测作物为油菜。

2. 气象服务

公众气象服务 1958 年 6 月开展天气预报和气象服务工作。1960 年 1 月，靠人工抄收气象广播电台播发的气象资料，绘制简易天气图，结合本地测站资料和预报员经验，进行补充订正天气预报，通过县广播站对外发布。1982 年 2 月至 1983 年 8 月，完成了蒲圻县农业气候资源调查、分析和农业气候区划工作。1984 年开始，将年度气候评价纳入正常业务。

1989 年 11 月，在全市建成了预警系统。1992 年 2 月 1 日，赤壁市天气预报在湖北电视台发布。1996 年 9 月，建起了赤壁市气象实时业务系统。1996 年 12 月与电信局合作正式开通“121”天气预报自动答询系统。1996 年 4 月 1 日，建成天气预报多媒体制作系统。2008 年，通过移动通信网络开通了气象商务短信平台。

赤壁市气象科技人员深入田间调查农作物病虫害

决策气象服务 2001 年大旱，6—7 月出现了空梅，7 月 7 日抢抓有利天气先后在中伙铺镇进行了火箭人影作业，两次累计降水 50 多毫米，作业区影响面积达 400 平方千米，有效地缓解了旱情。2008 年 1 月 10 日至 2 月 2 日南方冰雪灾害性天气发生期间，全体干部职工坚持 24 小时值班，为市委、市政府领导抗击冰雪灾害提供准确及时预报信息，其间降水预报准确率达 100%，气温综合预报准确率为 79.2%。

专业与专项气象服务 1985 年 3 月，开始推行气象有偿专业服务。1988 年 6 月，市人民政府办公室转发了《县气象局关于开展气象有偿专业服务报告的通知》，对赤壁市气象有偿专业服务的对象、范围、收费原则和标准等内容进行了规范。1990 年 2 月，开始防雷检测服务。同年赤壁市气象局成立服务中心，开始开展防雷设施的安全性能检测和防雷工程安装施工。1992 年 2 月，开始电视天气预报服务。1996 年根据中国气象局和广播电影电视部联合下发的《关于进一步加强电视天气预报工作的通知》精神，建成了多媒体电视天气预报制作系统，制作天气预报节目，送电视台播放。1996 年 12 月，同邮电局合作开通“121”(2005 年 1 月升位为“12121”)天气预报自动咨询电话。此后又开通手机短信服务。

法规建设与管理

2003 年，被列为市安全生产委员会成员单位，负责全县防雷安全的管理，定期对液化气站、加油站、民爆仓库等高危行业和非煤矿山的防雷设施进行检查，对不符合防雷技术规范的单位，责令进行整改。2003 年，市人民政府法制办确认赤壁气象局具有独立的行政执法主体资格，开展全县的气象行政执法。2005年8月，赤壁市人民政府办公室下发了《赤壁市建设工程防雷项目管理办法的通知》，将防雷工程从设计、施工到竣工验收，全部纳入气象行政管理范围。

党建与气象文化建设

党建工作 1958年建站时无党支部，仅有党员廖大材同志主持工作。现有党员10人，退休职工中有党员4人。

1976—2008年党支部书记变更情况

姓名	时间
唐丕欣	1976.09—1982.02
胡　谦	1982.02—1986.04
龚益武	1986.04—2003.02
王和平	2003.07—2008.11

气象文化建设 赤壁市气象局把领导班子的自身建设和职工队伍的思想建设作为文明创建的重要内容，通过开展经常性的政治理论、法律法规学习，造就了清正廉洁的干部队伍，锻炼出一支高素质的职工队伍。开展文明创建规范化建设，改造观测场，装修业务值班室，统一制作局务公开栏、学习园地、宣传栏和文明创建标语等宣传用语牌。建设“两室一场”和职工之家，拥有图书2000多册。

荣誉 1984—2008年赤壁市气象局共获集体荣誉85项。1997年、2000年、2003年、2005年连续被省气象局命名为“明星台站”和“十佳观测场”。2003—2008年被咸宁市委、市政府评为“文明单位”、“最佳文明单位”。1998年被湖北省人民政府授予“气象为农业服务先进单位”。在2008年抗击冰冻雨雪灾害中，被赤壁市委、市政府授予“全市抗雪救灾恢复重建先进集体”。连续四年荣获咸宁市局“综合目标管理最佳达标第一名”。被市委、市政府和省、市气象局授予各类荣誉112人(次)。

台站建设

1981年迁至现址，占地面积10000平方米，始建时仅102平方米平房1栋，后加层扩建为360平方米的二层办公楼。1997年省气象局投资综合改善资金15万元，将房屋内外进行改造装修。1998—1999年地方政府和省气象局投资20万元，建成了县级地面气象卫星接收小站、AMS-Ⅱ型地面自动观测站、县级气象服务终端等多项业务工程。

2003年开始，对局院内的环境进行改造，修建装饰了门面综合楼；改造业务值班室，完成了业务系统的规范化建设；整修道路500平方米，重建挡土墙642立方米，更换冻裂水管280米。2005年将办公和生活用电纳入电力部门城网改造，更新全部进户电线；修建草坪和花坛1500多平方米，栽种风景树，绿化率达到60%，气象局院内风景秀丽。

赤壁市气象局全景(2008年)

嘉鱼县气象局

嘉鱼县历史悠久,西晋太康元年(公元280年)即建沙阳县,距今已有1728年,南唐保大十一年(公元953年)改为嘉鱼县,现隶属湖北省咸宁市。

机构历史沿革

始建情况 1955年6月,嘉鱼航空气象哨成立,哨址在县城鱼岳镇文庙山上。1956年10月,扩建为嘉鱼县气象站,站址迁至嘉鱼县城东门外丁家岭。1960年5月1日,站址迁到嘉鱼县城关南门外试验农场。1975年4月1日,又迁到县城东门外黄土岗,是年9月更名为嘉鱼县革命委员会气象局。1981年1月更名为嘉鱼县气象局。2002年1月1日,站址改为嘉鱼县鱼岳镇沙阳大道48号。1980年被确定为气象观测国家基本站。2006年7月1日改为国家气象观测站一级站,2008年12月31日改为国家气象观测基本站。观测场位于北纬29°59′,东经113°55′,海拔高度36.0米。

建制情况 建站至1971年5月,由湖北省气象局和嘉鱼县人民政府双重领导,以部门领导为主。1971年6月至1982年4月,由以部门领导为主改为以地方领导为主。其中,1971年6月至1972年12月,县气象科由人武部军管,成立嘉鱼县气象科革命领导小组。1982年4月,全国实行机构改革,气象部门改为部门和地方双重管理的领导体制,由部门领导为主,延续至今。

人员状况 1955年建哨时只有3人。2006年8月定编为13人。现有在编职工15人,聘用2人。在职职工17人中,大学学历4人,大专学历6人,中专学历7人;中级专业技术人员7名,初级专业技术人员8人;50～55岁6人,40～49岁5人,40岁以下的有7人。

名称及主要负责人变更情况

名称	时间	负责人
嘉鱼航空气象哨	1955.06—1956.09	解德普
嘉鱼县气象站	1956.10—1960.04	王晋卿
武昌县气象服务站嘉鱼分站	1960.05—1961.12	王晋卿
嘉鱼县气象服务站	1962.01—1966.11	王晋卿
嘉鱼县气象科	1966.12—1969.12	杨德锦
嘉鱼县气象科革命领导小组	1970—1972	刘碧春
嘉鱼县气象站	1970.11—1973.02	贺　锋
嘉鱼县革命委员会气象科	1973.12—1974.08	贺　锋
嘉鱼县革命委员会气象局	1974.08—1975.09	严章贵
嘉鱼县革命委员会气象局	1975.09—1981.01	严章贵
嘉鱼县气象局	1981.01—1984.05	严章贵
嘉鱼县气象站	1984.05—1986.03	陆叙昌
嘉鱼县气象局	1986.03—1988.02	陆叙昌
嘉鱼县气象局	1988.02—1991.08	蒋峻峰
嘉鱼县气象局	1991.08—1993.02	郑方东
嘉鱼县气象局	1993.02—2008.12	郑方东
嘉鱼县气象局	2008.12—	吴学鹏

气象业务与服务

1. 气象业务

气象观测　1955年6月至1956年9月为嘉鱼航空气象哨，当时有3名工作人员。1956年10月扩建为嘉鱼县气象站。1956年11月为地面气象测报组，定编为4～6人。1982年6月更名为地面气象测报股，定编为5～6人。1999年1月更名为嘉鱼县气象局气象台，有8名工作人员。

1956年11月1日至2006年6月30日，每天有02、08、14、20时4次观测；2006年7月1日起，每天有02、05、08、11、14、17、20、23时8次观测；每天夜间守班。观测项目有云、能见度、天气现象、气压、气温、湿度、风向风速、降水、雪深、日照、蒸发、地温等。

1956年11月1日至1989年12月31日，每天24小时向OBSAV(指为军航拍发的航危报报头)武汉、OBSAV孝感和OBSMH(指为民航拍发的航危报报头)武昌3个单位发固定航空(危险)报，另北京、长沙民航预约24小时航空(危险)报。2004年1月1日起只向OBSAV武汉拍发06—20时的航危报。每月向省气象台发月报1次，旬报3次。1983年11月开始向北京、武汉两地编发重要天气报，每天02、08、14、20时4次定时，另加不定时和两种预约报。

2000年11月通过162分组网向省气象局转输原始资料，停止报送纸质报表。20世纪90年代末，县级气象现代化建设开始起步，1999年10月，县气象局AMS-Ⅱ型自动气象站建成，11月1日开始试运行至2000年12月。2001年1月1日，自动气象站正式投入业务运行。

2005年8月，在陆溪、簰洲两镇首先建成自动雨量观测站。2006年8月，投资3万元在潘家湾镇、渡普镇等建成了ZQZ-A型温度、雨量两要素自动观测站。2008年8月，将陆溪、簰洲两镇的单要素自动雨量观测站更换成四要素自动站。

气象预报 1958年6月，县站开始作补充天气预报。20世纪80年代初，通过传真接收中央气象台、省气象台的旬、月天气预报，再结合分析本地气象资料、短期天气形势、天气过程的周期变化等制作一旬天气过程趋势预报。长期预报主要有春播预报、汛期(5—9月)预报、年度预报、秋季预报。到20世纪90年代后期，上级业务部门对长期预报业务不作考核，但因服务需要，这项工作仍在继续。

2. 气象服务

嘉鱼县气象局坚持把决策气象服务、公众气象服务、专业气象服务和气象科技服务融入到经济社会发展和人民群众生产生活。

1981年5月正式开始天气图传真接收工作。1987年7月，架设开通甚高频无线对讲通讯电话，实现与地区气象局直接业务会商，同时开通簰洲、潘湾和陆溪三地的甚高频无线通话。1989年9月，县政府拨款2.1万元购置20部无线通讯接收装置，安装到县防汛抗旱办公室、县农业委员会和各乡镇(场)，建成气象预警服务系统。1990年6月，正式使用预警系统对外开展服务。

1993年9月，气象局与县广播电视局协商同意在电视台播放嘉鱼县天气预报(天气预报信息由气象局提供，电视台制作)。1998年4月，县气象局建成多媒体电视天气预报制作系统，将自制节目录像带送电视台播放。2006年7月，电视台电视播放系统升级，电视天气预报制作系统升级为非线性编辑系统。

1997年6月，气象局同电信局合作正式开通“121”天气预报自动咨询电话。全市“121”答询电话实行集约经营。2005年1月“121”电话升位为“12121”。

1994年7月，县气象局建起县级业务系统，于1996年12月正式开通使用。1998年9月停收传真图，预报所需资料全部通过县级业务系统进行网上接收。2000年4月1日，地面卫星接收小站建成并正式启用。相继在县防汛抗旱指挥部办公室安装接收终端。2004年9月，建起了嘉鱼县兴农网站，促进了全县农村产业化和信息化的发展。

2007年，通过移动通信网络开通了气象商务短信平台，以手机短信方式向全县各级领导发送气象信息。利用全县公共场所安装电子显示屏开展气象灾害信息发布工作等。

1985年开始推行气象有偿专业服务。1988年6月，嘉鱼县人民政府办公室转发《县气象局关于开展气象有偿专业服务报告的通知》，对嘉鱼县气象有偿专业服务的对象、范围、收费原则和标准等内容进行规范。

1980年6月，嘉鱼县人民政府人工降雨办公室成立，挂靠县气象局。2005年6月经县政府同意，县农业开发办公室投入5万元，在官桥镇建设人影基地(炮库)，基地产权归县气象局。2008年5月，县政府拨款10万元购置人工影响天气火箭发射架和牵引车，同年10月，县农业开发办公室又拨款5万元，在渡普镇建设人影基地。

2003年1月，嘉鱼县人民政府办公室发文，将防雷工程从设计、施工到竣工验收，全部纳入气象行政管理范围。2003年12月，嘉鱼县人民政府法制办批复确认县气象局具有独立的行政执法主体资格，气象局成立行政执法队伍。2004年气象局被列为县安全生产委员会成员单位，负责全县防雷安全的管理，定期对液化气站、加油站、民爆仓库等高危行业和非煤矿山的防雷设施进行检查，对不符合防雷技术规范的单位，责令进行整改。

1998年出现百年不遇大洪水，8月1日晚，长江防汛堤防失守，嘉鱼簰洲湾堤防发生溃口。气象站于7月20—22日分别作出大到暴雨、局部大暴雨过程预报，建议防办尽快组织抗洪抢险、抢排渍水，安排生产自救，将灾害损失降到最低，创经济效益9000万元。2001年9月21—22日，嘉鱼县举行首届中国湖北簰洲湾螃蟹节。气象局在9月13日初步作出螃蟹节期间基本无雨的预报。5万多观众观看了螃蟹节精彩文艺演出。2006年6月降水45.9毫米，出现空梅，7月7日，人影办在官桥镇朱砂炮点进行人工增雨作业，受益面积80平方千米，增雨总量650万吨，创经济效益130万元。

法规建设与管理

气象法规建设　嘉鱼县人民政府下发了《嘉鱼县建设工程防雷项目管理办法》(嘉政办发〔2003〕10号)和《关于加强嘉鱼县建设项目防雷装置防雷设计、跟踪检测、竣工验收工作的通知》(嘉建〔2006〕11号)等有关文件。为规范嘉鱼县防雷市场的管理，提高防雷工程的安全性，嘉鱼气象局还争取县政府法制办的支持，编写出台了《嘉鱼县防雷工程设计审核、施工监督和竣工验收管理办法》，并在全县范围内实施。防雷行政许可和防雷技术服务正逐步规范化。

社会管理　对气象行政审批办事程序、气象服务内容、服务承诺、气象行政执法依据、服务收费依据及标准等，采取了通过户外公示栏、电视广告、发放宣传单等方式向社会公开。

党建与气象文化建设

党建工作　1956年10月至1960年5月，有中共党员1人，编入县委办公室党支部。1960年5月至1970年1月有党员2人，编入农林局党支部。“文革”期间的1970年1月至1971年10月，因气象科和邮电局同为军管单位，同编为一个党支部。1971年10月，气象科成立党支部，由贺峰任支部书记。1974年8月贺峰调邮电局，由严章贵接任党支部书记。1984年5月，局党支部书记由陆叙昌担任。1988年7月，气象局成立机关党支部，郑方东任书记。1990年1月，机关党支部撤销，恢复气象局党支部，由蒋俊峰任支部书记。1991年8月，蒋俊峰调咸宁地区气象局工作，由郑方东接任局党支部书记。现设党支部1个，党员11人，支部书记为郑方东。

气象文化建设　嘉鱼县气象局把领导班子的自身建设和职工队伍的思想建设作为文明创建的重要内容，开展经常性的政治理论、法律法规学习，造就了清正廉洁的干部队伍，锻炼出一支高素质的职工队伍。开展文明创建规范化建设，改造观测场，装修业务值班室，统一制作局务公开栏、学习园地、法制宣传栏和文明创建标语等。建设“两室一场”(图书阅览室、职工学习室、小型运动场)，拥有图书3000册，丰富职工的业余生活。每年在“3·23”

世界气象日组织科技宣传,普及防雷知识。

荣誉 1978—2006 年嘉鱼县气象局共获集体荣誉 57 项。1999—2000 年度,嘉鱼县气象局第一次被湖北省委、省政府授予“文明单位”。2001—2002 年度、2003—2004 年度、2005—2006 年度、2007—2008 年度又连续四次被湖北省委、省政府确认为“文明单位”。2005 年,还被中国气象局授予“局务公开先进单位”。被湖北省气象局、省人事厅评为全省气象部门先进集体;在 1998 年抗洪抢险斗争中,被咸宁地委、行政公署、军分区记为“集体二等功”。

从 1979—2008 年,嘉鱼县气象局个人获奖共 136 人(次)。其中熊自忠被团中央授予“新长征突击手”。

台站建设

1997 年向湖北省气象局申请综合改善资金 16 万元,装修改造了办公楼;1998、1999 两年又分别向地方政府和湖北省气象局争取十几万元资金,建成了县级地面气象卫星接收小站、AMS-Ⅱ型地面自动观测站、县级气象服务终端等多项业务工程。气象局现占地面积 1.1 万多平方米,办公楼 1 栋共 460 平方米,职工宿舍 3 栋共 1500 平方米,车库 1 栋共 150 平方米。

2000—2003 年,嘉鱼县气象局分期分批对机关院内的环境进行了绿化改造,完成了业务系统的规范化建设。修建了 2500 多平方米草坪、花坛,栽种了风景树,全局绿化率达到了 60%,硬化了 1100 平方米路面,使机关院内变成了风景秀丽的花园。

1977 年嘉鱼县气象局全景

1988 年嘉鱼县气象局全景

2006 年嘉鱼县气象局全景

通山县气象局

机构历史沿革

始建情况 1956年11月在通山县宋家祠农场建立通山县气候站，1957年1月1日正式开始业务运行。1967年1月1日迁至通山县通羊镇古塔社区电气小区38号。1968年1月改名为通山县农业局革命委员会气象站。1968年12月改名为通山县气象站。1973年11月5日由通山县革命委员会批准成立通山县气象科。1975年2月改名为通山县气象局。1984年5月更名为通山县气象站。1986年12月恢复气象局名称。2006年7月1日更名为通山县国家气象观测站一级站。2008年12月31日改为通山国家基本气象站。观测场位于东经114°30′，北纬29°36′，海拔高度76.1米。

建制情况 1956年11月，业务上隶属湖北省气象局，行政上由通山县农业局领导。1971—1973年10月，由县人武部军管，业务仍隶属省、地气象局。1973年11月5日，行政上隶属县农委。1982年4月，气象部门改为部门和地方双重管理的领导体制，由部门领导、垂直管理为主，延续至今。

人员状况 1956年建站时只有3人。2006年8月定编为13人。2007年定编12人。截至2008年12月，实有在编职工11人。

名称及主要负责人变更情况

局(站)名称	领导姓名	职务	任职时间
湖北省通山县气候站	洪族国	负责人	1956.12—1958.03
	程朝德	暂时负责人	1958.03—1958.05
	彭光彦	负责人	1958.05—1958.12
通山县气象站	程朝德	负责人	1958.12—1966.11
通山县农业局学委会气象站	李致永	指导员	1966.11—1968.11
通山县气象站革命领导小组	别必远	领导小组副组长	1968.11—1970.12
	陈新农	指导员	1970.12—1974.02
通山县气象科	张存敬	科长	1974.02—1975.02
通山县气象局	张存敬	局长	1975.02—1984.05
通山县气象站	魏阳义	站长	1984.05—1985.09
	朱穆清	副站长主持工作	1985.09—1988.11
通山县气象局	朱穆清	局长	1988.11—1992.12
	范德才	主持工作	1992.12—1993.09
	范德才	局长	1993.09—

气象业务与服务

1. 气象业务

气象观测 始建于1956年12月，1957年1月1日正式开始观测，每天有01、07、13、19时4个时次观测，夜间不守班；1960年1月1日改为07、13、19时3个时次观测，同年8月1日改为08、14、20时3次观测；1968年观测时间改为02、08、14、20时4个时次；1986年4月1日，由24小时守班改为04—20时值班，同年12月19日改为03—24时值班。2006年7月1日起，24小时守班。每天有02、05、08、11、14、17、20、23时8个时次观测。观测项目有云、能见度、天气现象、气压、气温、湿度、风向风速、降水、雪深、日照、蒸发、地温等。2008年增加601大型蒸发观测。

观测仪器 1972年7月起至1982年4月先后增加温度自记、湿度自记、气压自记、雨量自记、遥测雨量计、电接风向风速仪等自记仪器。1993年1月1日，EL型风向风速计停用，改为EN型风向风速处理仪。2004年12月安装无锡产ZQZ-CⅡ1型自动气象站。2006年6月16日首次对自动气象站及传感器进行现场检定，之后每年检定一次。

农气观测 1957年10月开始开展农气观测，观测作物是冬小麦。1958年5月、1959年3月和1962年3月，分别增加晚稻、早稻和中稻生育状况观测。1966年6月接省气象局指示，终止农气观测。1980年3月恢复，并被国家气象局指定为基本农气观测站，新增情报、旬月报、气候评价等任务。1986年1月根据文件(省气业字(85)037号)要求调为省基本站。1993年终止农气观测。

航危报 1969年增加航空报和危险报，每天24小时固定和不固定的向国家气象局发送绘图天气报告、雨量情报；向武汉空军司令部、民航发送航危报。1989年5月2日，航空报发报时间改为08～18时。

发报内容 天气报的内容有云、能见度、天气现象、气压、气温、风向风速、降水、雪深、地温等，正点后5分钟内发出；航空报的内容有云、能见度、天气现象、风向风速等，正点后3分钟内发出。当出现危险天气时，5分钟内及时向所有需要航空报的单位派发危险报；重要天气报的内容有暴雨、大风、雨凇、积雪、冰雹、龙卷风等，除降水在02、08、14、20时发报外，其他不定时发报，达到发报标准即可，此外降水还有2种预约报。

现代化观测系统 2005年1月1日，自动气象站正式投入业务运行，观测项目有气压、气温、湿度、风向风速、降水、地温等，并增加40～320厘米地温和草温传感器。2005年11月，南林桥、洪港、大畈等乡镇建成首批自动观测单要素雨量站。2006年7—8月，四要素站在九宫山风景区、燕厦、杨芳、黄沙、闯王5个乡(镇)建成，2008年3月大路、厦铺、横石等乡镇四要素站建成。同年10月，太平山、龟木窝四要素站建成。2009年5月7日全省首个自动观测水位站兼雨量站在望江岭水库坝顶建成。

气象预报 1958年1月，县气象站开始作补充天气预报。20世纪80年代初，通过传真接收中央气象台，省气象台的旬、月天气预报，再结合分析本地气象资料、短期天气形势、天气过程的周期变化等制作一旬天气过程趋势预报。后此种预报作为专业专项服务内容，上级业务部门不作考核。县气象站主要运用数理统计方法和常规气象资料图表及天气谚语、韵律关系等方法，分别作出具有本地特点的补充订正预报，主要有春播预报、汛期（5—9月）预报、年度预报、秋冬季预报。到20世纪90年代后期，上级业务部门对长期预报业务不作考核，但因服务需要，这项工作仍在继续。

2．气象服务

服务方式　1957年10月开展天气预报和气象服务工作。1958年1月，运用“图资群”方法，进行补充订正天气预报，通过县广播站向全县广播，先后在洪港、黄沙慈口等地建立气象哨。1982年2月至1983年8月，完成了通山县农业气候资源调查、分析和农业气候区划工作。1984年开始，将年度气候评价纳入正常业务。从1983年起对乡镇实行电话气象预报服务。1994年7月，建起县级业务系统并试运行，于1996年12月正式开通使用，1998年9月停收传真。2000年4月，地面卫星接收小站建成并启用。2004年9月，建起了通山县兴农网站，为全县农村产业化和信息化的发展服务。1997年6月，同电信局合作开通“121”天气预报自动咨询电话。2004年4月咸宁市气象局对“121”电话实行集约经营。2005年1月，“121”电话升位为“12121”。2000年5月，建成多媒体电视天气预报制作系统，2006年7月升级为非线性编辑系统。2008年，通过移动通信网络开通了气象商务短信平台，以手机短信方式向全县各级领导发送气象信息，利用电子显示屏开展气象灾害信息发布工作。

服务种类　1980年开始推行气象专业有偿服务，以旬天气预报为主，以电话和发传真形式进行。1996年5月，成立通山县人工影响天气办公室，挂靠县气象局。当时拥有双管“三七”高炮1门，2000年补充1门单管“三七”高炮，2004年8月添置1架车载火箭炮。

1999年开始进行全县的防雷检测工作。2003年开始开展全县的气象行政执法，县人民政府法制办批复确认县气象局具有独立的行政执法主体资格。

服务效益　1995年7月2日通山县出现历史上前所未有的连续性暴雨，小湄港水库破坝，通山局6月30日就作出了准确的预报，全县各乡镇防汛抢险工作准备充分，将灾害损失降到了最低限度。1996年开始，在九宫山的铜鼓包进行风能资源探测、考察，历时八年，为我国内陆地区首个风电项目——九宫山风电场的建设作出了应有的贡献。2000年5月，通羊镇港背方大桥建设中，做出了准确的中期预报，为大桥建设节省了数十万元的资金。2001年发生特大干旱，实施人影作业22次，耗弹659发，累计降雨量417.6毫米，影响区面积200平方千米，10个乡镇11万亩水田、8万亩旱地受益。2003年开始，进行大畈核

2007年11月，通山九宫山风电场正式投入商业运营

电站项目申报气象资料探测采集工作。2007年以来为核电专用公路建设提供的跟踪气象服务,受到县委、县政府的高度赞扬。2008年3月12日,实施人工增雨,成功扑灭北山林场发生的森林大火。

科学管理与气象文化建设

法规建设与管理 2003年3月,通山县人民政府下发了《县人民政府办公室关于加强建设项目防雷工程设计、施工和验收工作的通知》;县安全生产委员会下发了通安《关于切实加强全县防雷设备安全检查工作的通知》,并将气象局纳入安全生产成员单位;城建委下发了通建字《关于加强建设项目防雷减灾管理的通知》;公安局下发了通公发《关于开展全县计算机信息系统防雷安全检查工作的通知》;通过消防大队落实了全县易燃易爆场所的防雷安全检查。将防雷工程设计、施工和验收全部纳入气象行政管理范围。防雷行政许可和防雷技术服务正逐步规范化。

党建工作 1966年1月,通山县气象局开始有1名中共党员,到1972年2月负责人是中共党员;1972年3月—1974年7月经批准成立中共通山气象站党支部,军代表朱顺志兼书记;1974年7月—1984年6月为中共通山县气象科党支部,书记张存敬;1984年书记魏阳义;1986年3月—1988年12月范德才任书记;1988年12月至1993年4月朱穆清任书记;1993年4月至今,范德才任书记,全局有党员6名。

群团组织 1972年12月经通山县人武部批准成立共青团通山县气象站团支部,1981年4月经共青团通山县委组织部批准成立共青团通山县气象局支部,先后有毛彦林、贾艳玲、王能干、李晋生同志担任书记。局工会主席一直由副局长兼任,先后有范德才、李晋生、郭江峰等人兼任。青年团、妇联的工作由办公室负责兼管。

气象文化建设 通山局把领导班子的自身建设和职工队伍的思想建设作为文明创建的重要内容,全局干部职工及家属子女无一人违法违纪,无一例刑事民事案件,无一人超生超育。文明创建阵地建设得到加强。开展文明创建规范化建设,改造观测场,装修业务值班室,统一制作局务公开栏、学习园地、宣传栏和文明创建标语等宣传用语牌。建设"两室一场"和职工之家,拥有图书2000多册。

荣誉 从1984年至2008年通山县气象局共获集体荣誉65项。1988年被省气象局授予"科技进步三等奖";1994年被省气象局授予"汛期气象服务先进集体";1996年被省气象局授予"防汛抗洪气象服务先进集体";1996年被咸宁地委、行署、军分区授予"抗洪救灾集体二等功";2002年被国家气象局授予"气象科技扶贫二等奖";2005年被湖北省委、省人民政府授予"2003—2004年度创建文明行业工作先进单位";2001—2002年度被咸宁市委、市政府授予"文明单位";2005年被咸宁市委、市政府授予"2003—2004年度最佳文明单位";2007年被咸宁市委、市政府授予"2005—2006年度最佳文明单位"。从1984年至2008年,通山县气象局个人获奖共86人(次)。

台站建设

台站综合改善 县气象局占地面积6850.7平方米。1997年省气象局解决综合改善资金17万元，新建了一栋共504平方米3层办公楼；1998、1999年又分别向地方政府和省局争取十几万元资金，建成了县级地面气象卫星接收小站、AMS-Ⅱ型地面自动观测站、县级气象服务终端等多项业务工程。2001年新建2320平方米宿舍楼，户平均140平方米，解决了所有职工住房问题；2006年同武汉区域气候中心开展文明共建，投资50多万，于2007年修建了新大门、运动场、健身场，对办公条件和业务系统进行了改造，并完成了水改、电改。

园区建设 2003年开始，分期分批对气象局院内的环境进行了绿化、美好改造，整修了道路和门面综合楼，修建了草坪和花坛，改造了业务值班室，完成了业务系统的规范化建设。

通山县气象局办公楼（2004年）

通城县气象局

机构历史沿革

始建情况 通城气象站1958年开始组建，1959年2月正式开始观测。位于通城县隽水镇西门菜队，东经113°45′、北纬29°15′，海拔高度101.0米。1965年1月因城市建设影响，气象站由西门菜队迁至隽水镇郊外柳峦畈新屋（现址），离原址约1千米，经纬度未变，土地面积6500平方米，观测场海拔高度101.7米。2002年对观测场进行改造，海拔高度加高到102.6米，2006年7月改为国家气象观测站二级站，2008年12月改为一般气象观测站。

建制情况 1959年建站，直属武汉市气象台崇阳县气象站领导（崇阳、通城两县合并），气象、水文合署办公。1960年1月，气象、水文合并，故更名为崇阳县通城水文气象站。1960年12月年恢复通城县后，1962年因此更名为通城县气象服务站，隶属农业局管理，业务属孝感专署气象台领导。1966年4月业务属咸宁专署气象台领导。1971年以军队管理为主，实行地方和军队双重管理，直属通城县人武部领导。1973年12月更名通城县革命委员会气象科，改双重管理为地方领导。1976年更名通城县革命委员会气象局，1979年撤销成立通城县气象局。1982年体制改革，归属咸宁地区气象局领导。

人员状况 1959年建站时6人，其中中专学历2人。2006年定编11人，2008年底在编职工13人，临时用工1人，无离退休人员。在编职工中，大学学历2人，大专学历8人，中专及以下学历3人；中级专业技术人员5人，初级专业技术人员8人；50～59岁5人，40～49岁7人，40岁以下1人。

名称及主要负责人变更情况

负责人	站名	任职时间
李望保	武汉市气象台崇阳县气象站	1958.10—1959.05
龚逢新	武汉市气象台崇阳县气象站	1959.05—1959.11
	崇阳县通城水文气象站	
张美芳	崇阳县通城水文气象站	1961.02—1965.06
谢金先	通城县气象服务站	1971.03—1972.03
杜正先	通城县气象服务站	1972.03—1973.12
	通城县革命委员会气象科	
魏阳义	通城县革命委员会气象科	1965.11—1976.09
	通城县气象局	
苗福升	通城县气象局	1979.09—1984.07
李抗美	通城县气象局	1984.07—1986.01
汪标锦	通城县气象局	1986.01—1987.10
任习芝	通城县气象局	1987.10—1988.06
华学众	通城县气象局气象局	1988.06—1996.12
金汉江	通城县气象局	1996.12—2007.11
李晋生	通城县气象局	2007.11—

气象业务与服务

1. 气象业务

气象观测 1959年2月1日开始进行地面气象观测，执行气象观测暂行办法，每天01、07、13、19时4个时次观测，时制为地方时，夜间不守班。1960年1月1日开始每天07、13、19时3次观测，观测的项目有云、能见度、天气现象、空气温度、湿度、日照、蒸发（小型）、降水、风向风速（目测）、雪深。4月1日增加地面温度观测，7月1日停止。8月1日改观测时间为北京时间08、14、20时3次观测。1962年1月执行地面气象观测规范，8月目测风向风速改轻便式测风仪，9月恢复地温观测。1963年11月增加气压观测。1964年1月15日开始向武汉空军、武昌民航04—18时编发航空报，2005年终止。1972年9月向武汉中心气象台编发旬（月）报，同时启用EN型测风仪，自动打印测风数据。1985年实行PC-1500微机查算、编报。1998年实行计算机查算、编报和制作报表。2005年起步建立自动气象站，实行人工站和自动站双轨运行。2006年实行自动站单轨运行，自动站记录为主，气象资料和气象报全部实现网上传输。

区域自动站建设 2005年开始建立东冲水库、百丈潭水库自动雨量站。2006年建立了沙堆、关刀、麦市、塘湖、四庄等两要素（温度、降水）区域自动气象站，2007年建立马港、阔田四要素自动气象站。2008年10月建立GPS卫星接收系统，10月建立北港四要素自动气象站，同时在黄龙山建立了凤凰翅、天岳关风能考察四要素自动气象站。

气象预报 1960年开始制作补充天气预报。1980年开始使用传真接收气象资料和天气图业务，结束了多年来手工填图的历史。1981年7月15日—1983年10月15日参加国内台风业务试验。1999 年建立卫星通信网，采用 VSAT 通信技术，使天气监测和天气预报建立在现代科学的基础上，能接收卫星发送的天气云图、雷达回波图、高空和地面天气图。

2. 公众气象服务

1983—1986 年开展农业气候区划工作，1990 年以前主要对公社、区公所及县直有关单位，服务形式多采用邮局投递和会议分发。1987—1990 年使用甚高频和预警接收机开展气象服务。随着声讯业的快速发展，1997 年建立电话天气预报“12121”自动答询系统。1996—1998 年在通城电视台播放电视天气预报节目，之后又相继开通了通城兴农网及商务短信群发等天气预报服务方式。2001 年开始制作发送天气预报手机短信。2005 年中期和长期天气预报以及重大天气预报用传真发送。2006 年电视天气预报节目制作系统升级为非线性制作系统，实现动画制作，但未得到播放。2008 年通过乡村决策服务平台及时发布灾害性天气预警及天气预报。

2005 年，通城县气象局开展风能气象观测

3. 专业与专项气象服务

人工影响天气 1980 年湖北省气象局配备单管“三七”高炮 1 门，进行了首次人工增雨作业，1981 年成立通城县人工增雨工作机构，2003 年成立通城县人工影响天气办公室，办公室设在县气象局。1994 年，购进 1 门双管“三七”高炮。2005 年，县政府投资 10 万元购买了 1 套火箭发射架和 1 台工作车。2008 年单管高炮申请报废。

1985 年的伏旱、1988 年春旱、1992 年的伏秋连旱中，累计作业 10 余次，共计发射碘化银降雨弹 600 余发，累计增雨 500 多毫米，为缓解旱情，夺取农业丰收作出了贡献。2000—2001 年由于连续两年干旱，共组织高炮人工增雨抗旱作业 14 次，耗弹 389 发，累计受益面积 9000 万亩，连续两年受到咸宁市人工影响办公室的表彰。2006 年伏旱严重，百丈潭水库供应城镇饮用水非常紧张，运用火箭炮和高炮同时作业，一天内增加降雨 100 多毫米，缓解了旱情。

防雷技术服务 20 世纪 90 年代中期在全县范围内开始简单的防雷检测。2000 年 10 月起经通城县机构编制委员会批准，成立通城县雷电防护管理局，与气象局实行“一套班子两块牌子”并行工作。1999 年 4 月、2002 年 8 月通城县人民政府办公室先后发文，将防雷工程从设计、施工到竣工验收全部纳入气象行政管理范围。具有防雷设施的单位必须依法实行防雷装置检测。2004 年气象局被列为县安全生产委员会成员单位，负责全县防雷安全的管理，定期对液化气站、加油站、民爆仓库等高危行业和非煤矿山防雷设施进行检查，对不符合防雷技术规范的单位，责令进行整改。

气象法规建设与管理

1994年，通城县人民政府发文《关于加强防雷减灾工作的通知》，2002年通城县人民政府发文《关于进一步加强防雷减灾工作的通知》（隽政办法〔2002〕98号），明确了易燃、易爆场所和5层以上建筑物必须安装防雷设施并进行年度检测，同年县法制办为5名干部办理了执法证，并统一着装，由此气象执法工作开始起步。2005年4月通城县规划局就气象环境保护进行备案。

依照《湖北省实施〈气象法〉办法》，2000年开展施放氢气球管理与施放工作。2001年对湖南广告公司无资质在通城县施放气球一案，强制没收氢气瓶；2003年对通城县移动公司拒不接受防雷检测进行行政处罚。2008年成立通城县气象行政执法大队，加大建筑防雷执法力度，全年共查处5起建筑防雷装置设计未经审核擅自施工案。

党建与气象文化建设

1. 党建工作

党支部建设 刚建站时没有党员，1960年4月调入一名党员，1961年再调入一名正式党员，从此单位负责人由正式党员担任。1971年3月年，经中国人民解放军湖北省通城县人民武装部委员会批准成立中共通城县气象站支部，军代表苗福升同志兼书记，副书记由魏阳义同志担任。1973年12月经中共通城县革命委员会委组织部批准，成立通城县气象科支部。1976年改名通城县革命委员会气象局党支部。1979年成立通城县气象局党支部，书记由魏阳义同志担任。2008年11月支部换届选举产生3名支部委员，党员发展至8人。

党风廉政建设 领导班子在党风廉政建设工作中，认真落实党风廉政建设责任制，建立长效机制，积极开展党风廉政建设教育，营造了廉洁清明的政务环境，提高了班子的廉洁自律、拒腐防变的能力，取得了较好成绩。

2. 气象文化建设

精神文明建设 高度重视精神文明建设工作，加大精神文明建设投入，利用各种载体，采取多种形式，广泛、深入、持久地开展精神文明创建活动。迁站以来，对单位办公大院陆续进行了绿化、美化，建造了篮球场、乒乓球活动室、电脑教学室、图书阅览室、文明标志牌，购置各类科技书籍2千多册，硬化公路、活动场地。不断更新添置各种活动设施，积极参与社会活动和公益事业活动，连续三届荣获市级文明单位称号。

气象文化建设 按照建设“一流的装备、一流的技术、一流的人才、一流的台站”的要求，凝炼崇高的通城气象人精神，树立美好的气象人形象，营造团结和谐、开拓进取的良好氛围，建设具有鲜明特点的气象文化载体，满足广大气象工作者日益增长的精神文化需求。

加强气象文化基础设施建设，建设并完善包括气象宣传、报刊、网络、阅览室、展览室、职工活动中心等文化载体和文化活动场所，健全各类文化场所的管理制度，树立科学、高效的管理理念。建立健全以《中华人民共和国气象法》为核心的气象法规体系、单位规章和管理制度，把气象文化建设融入科学高效的管理理念之中，逐步完善气象文化建设和气象法规、管理制度相互补充和促进的协调机制，综合运用法规、行政、道德、教育、舆论等手段，更有效地引导气象职工的思想，规范气象职工的行为。

3. 荣誉

先后获得集体主要荣誉23次。1980年获全省春播短期降水预报第一名。1983年获全省春播期天气预报服务事例一等奖。1988年获得国家气象局重大灾害性、关键性天气预报服务奖。1995年度获湖北省气象局重大气象服务奖。1995年被湖北省气象局评为"防汛抗旱气象服务先进单位"。2001—2002年度、2003—2004年、2005—2006年度获咸宁市市级"文明单位"称号。

台站建设

1959年建站时条件非常艰苦，在几间简陋的瓦房办公，人员少，设备原始，没有职工宿舍，生活条件落后。通过30年来改革开放和历届气象人的艰苦创业，1988年建成办公楼，面积440平方米，共3层，高度11米。2003年湖北省气象局拨款30万，对办公大楼进行了全面装修，并增添部分办公设备和办公用品。1980年修建了职工住宿楼，总面积为570平方米，1989年单位、职工生活用水申请自来水公司立户改造，解决了职工多年来饮用井水问题。1997年对局大院环境进行了全面规划改造。2008年对单位、职工、居民供电线路进行分户，场地、公路进行了硬化，围墙加固等建设。

通城县气象局业务科技楼（2008年拍摄）

随州市气象台站概况

随州市位于湖北省北部，历史悠久，文化源远流长，以神农故里、编钟故国而著称。现辖1区(曾都区)1市(广水市)，国土面积9636平方千米，人口约258万。随州地处长江流域和淮河流域的交汇地带，属北亚热带季风气候，光热水资源丰富，年平均气温15.7℃，年平均降水量967毫米，主要气象灾害有暴雨、干旱、低温连阴雨(雪)、雷电等。

气象工作基本情况

历史沿革 1956年9月，湖北省气象局在随县城关镇寨湾乡祖师庙建立随县气候站，1957年7月在随县三里岗区长岗公社郑家台建立洪山气候站，一县两站。1958年11月两站分别更名为随县气象站和洪山气象站。随县气象站1981年1月改名为随县气象局，1983年改名为随州市气象局，一局两站。1986年1月洪山气象站撤销。2001年4月县级随州市气象局升格为地级市气象局，下辖广水市气象局(原属孝感市)，原县级随州市更名为曾都区，曾都区至2008年底未设气象机构。

管理体制 1956年随县气候站建立时，直属省气象局领导。1958年以后，除气象业务一直由气象部门(隶属现襄樊市气象局)管理外，行政管理体制历经多次变动。1958年人、财、物等归同级地方党政领导。1962年6月，随县气象站收归省气象局建制，1969年，归随县革命委员会领导。1971年7月开始，实行由各级革命委员会和军事部门双重领导，以军事部门为主的领导体制，由随县人民武装部军管。1973年7月，又实行以地方党政领导为主的管理体制。1983年，实行以上级气象部门和当地政府双重领导，以气象部门领导为主的管理体制。1991年12月，实行计划单列，除气象业务由襄樊市气象局代管外，其它由湖北省气象局管理。1994年随州市改为省直管市，由湖北省气象局直管。2001年4月随州市气象局升格为地级市气象局。

机构设置 随县气候站建站时只有单独的业务组。改革开放初期，机构组成基本完善，1981年设有办公室、测报股、预报股、农气股。地级随州市气象局成立后，职能不断拓展，结构不断优化，至2008年底，辖县市局1个，内设机构3个，直属事业单位5个，直属企业1个，地方机构1个。

人员状况 2008年定编47人，实际在编34人，聘用计划外合同工15人，地方编制2

人。在职工员中，本科学历 16 人，大专 7 人，中专 7 人，高中及以下 5 人；高级专业技术人员 1 人，中级 18 人；30 岁以下 7 人，50 岁以上 10 人。

党建 全市气象部门有党总支 1 个，党支部 4 个，共有党员 37 人，其中在职党员 25 人。

文明创建 随州市气象局和广水市气象局均为随州市级文明单位。

主要业务范围

地面气象观测 随州地区最早的气象观测始于 1935 年 1 月，国民政府江汉工程局在随县建立测候所，观测项目为气温、湿度、风向、风力、雨量、云量、能见度、蒸发量、天气现象等。每日 06、14、21 时观测 3 次。1935 年 7 月开始，随县测候所的天气报告参加全国气象广播，1937 年气象观测停止。

随县气候站 1956 年 12 月 1 日正式开展观测业务，为国家一般气候站，2006 年 7 月 1 日升级为一级站，承担国家基本气象观测站的观测发报任务。洪山气候站 1957 年 12 月 1 日开始观测，为一般气候站，1986 年 1 月 1 日停止观测。广水气象站 1959 年 1 月 1 日开始观测，为国家基本气象观测站，2006 年 7 月 1 日，改为国家一般气象观测站。

2005 年开始建设区域自动气象站，至 2008 年底共建区域站 46 个，其中单要素站 28 个，两要素站 14 个，四要素站 3 个，六要素站 1 个。

农业气象观测 随州农业气象业务始于 1959 年 3 月，1961 年正式建立随县农业气象观测站。1964 年，被中央气象局确定为全国农业气象基本观测站。1966 年 11 月至 1980 年 3 月农业气象业务中断。1980 年被重新确定为全省农业气象基本观测站，1981 年 4 月恢复农业气象业务。1989 年，被确定为国家农业气象基本观测站。

其他观测项目 2004 年 7 月 1 日，在曾都区天河口乡大风口建立风能资源观测点，安装自动记录仪每小时观测记录 1 次风向风速。2007 年 6 月闪电定位系统建成投入业务运行。2008 年 7 月 17 日，GPS 水汽探测仪投入业务运行。2007 年 6 月 20 日，正式开展酸雨观测。2008 年 12 月 8 日，开始太阳辐射观测。

气象预报服务 承担随州地区短期（短时、临近）天气预报、灾害天气警报、短期气候预测等信息产品的制作和发布；面向社会提供防灾减灾、应对气候变化气象服务、公众气象服务、农业气象服务、人工影响天气服务、突发公共事件应急气象保障服务等。

行政执法 依据《中华人民共和国气象法》等有关法律法规履行社会管理职能。主要行政许可事项有防雷装置设计审核，施工监督和竣工验收，防雷工程专业设计、施工、检测资质初审，升放无人驾驶自由气球或系留气球单位资质认定及活动审批等。

随州市气象局

机构历史沿革

历史沿革 随州气象局始建于 1956 年 9 月，为随县气候站，1958 年 11 月改名为随县气象站，1966年2月改名为随县气象服务站，1968年2月改名为随县气象站革命领导小组，1974年2月改名为随县革命委员会气象局。1981年1月改名为随县气象局，1983年改名为随州市气象局，1984年2月改名为随州市气象站，1986年12月恢复随州市气象局名称。2001年4月由县级升格为地级市气象局。

名称及主要负责人变更情况

名称	时间	负责人	职务
随县气候站	1956.09—1958.11	刘文灶	业务组长
随县气象站	1958.12—1959.01	万学沛	副站长
	1959.02—1961.04	黎法兴	业务组长
	1961.05—1961.12	林　森	副站长
	1962.01—1966.01	林　森	站长
随县气象服务站	1966.02—1968.01	林　森	站长
随县气象站革命领导小组	1968.02—1974.01	林　森	组长
随县革命委员会气象局	1974.02—1974.08	林　森	副局长
	1974.09—1979.02	李刞义	局长
	1979.03—1980.12	聂明升	局长
随县气象局	1981.01—1984.04	聂明升	局长
随州市气象站	1984.05—1986.11	黎法兴	副站长
随州市气象局	1986.12—1995.07	黎法兴	局长
	1995.08—2001.03	叶贵勇	局长
随州市气象局(正处)	2001.04—2003.11	唐仁茂	局长
	2004.11—	叶贵勇	局长

人员状况　20世纪70年代以前，只有职工6人。其后队伍逐渐壮大，1980年有职工20人。2008年定编40人，实有职工28人。现有职工中，大学学历15人，大专学历4人；高级专业技术人员1人，中级专业技术人员13人，初级专业技术人员10人；50～59岁6人，40～49岁8人，40岁以下14人。

气象业务与服务

1. 气象观测

地面观测场地　随州气象站建站时位于现随州市曾都区东城办事处双石巷15号，经纬度为东经113°23′、北纬31°43′，观测场海拔高度96.2米。2008年1月1日地面观测场迁至随州市曾都区何店镇谌家岭村一组，经纬度为东经113°20′、北纬31°37′，观测场海拔高度116.3米，距原址约12千米。

洪山气象站建立时位于现随州市大洪山风景名胜区长岗镇，经纬度为东经112°50′、北纬31°34′，海拔高度未测。1968年1月1日迁站至现曾都区洪山镇，经纬度为东经112°54′、北纬31°40′，观测场海拔高度135.5米，距原址约25千米。

观测项目 随县气候站1956年12月1日开始按照一般气候站规定的观测项目进行观测，1980年1月1日，执行国家一般站统一项目进行观测，1984年取消冻土观测。2006年7月1日开始承担国家基本站观测和发报任务。

观测时间和次数 1956年12月1日起，观测时制采用地方平均太阳时，观测在01、07、13、19时进行；1960年1月1日改为07、13、19时3次。1960年8月1日，改用北京时，改在每日08、14、20时观测。2006年7月1日改为02、08、14、20时4次观测。

航空天气观测 随县气候站建立开始就进行航空天气观测，观测项目有：云量、云状、云高、风向、风速、能见度等。航空危险天气观测项目规定为：雷暴或闪电、雷雨形势、大风等。1994年1月1日停止航空天气观测。

发报 从建站开始，随县气象站的各种气象电报都经电信局以电报形式发往有关单位。1991年，随州建成气象微机远程终端系统，采用电信线路的程控拨号方式传输气象电报和资料（航危报仍通过电信传输）。

1986年1月1日，PC-1500袖珍计算机在地面测报业务中得到应用，1992年后为486微型计算机取代。2006年1月开始，气象观测由人工改为自动观测，由计算机自动编发天气报。

2. 天气预报

1958年，随县气象站开始制作、发布本县的补充天气预报，预报业务由气象观测员承担。从1974年起，成立了以老观测员为主的预报组，逐步形成随县天气预报业务。中期和长期天气预报一直不作考核，其因服务需要，该业务一直没有中断。

短期天气预报 1958年开始制作和发布短期天气预报，主要靠抄收湖北省气象广播电台的形势预报、绘制简易天气图，结合本县天气特点及局地天气演变、测站资料和看天经验等。20世纪60年代，九线图得到推广应用，同时收集整理群众看天经验、进行天象物象观测。20世纪70年代后期至20世纪80年代前期，综合应用小天气图、九线图和能量廓线图等总结归纳预报指标。20世纪80年代初开始使用传真接收机接收中央气象台和省气象台的传真广播，能量预报方法和MOS预报得到推广应用，还重点进行了基本资料、基本图表、基本档案、基本方法等四项基本建设。1996年11月，建立静止气象卫星中规模接收站，接收日本气象同步卫星云图。2004年通过Micaps系统使用高分辨率卫星云图。

中期天气预报 20世纪60年代初期开始做旬天气预报，其方法是分析本地气象资料，寻找气象要素序列之间的相似、相关和天气过程的周期变化、韵律关系。20世纪90年代后期欧洲、日本和国家气象中心的数值预报产品在预报中得到广泛应用。

长期天气预报 20世纪60年代初期开始制作长期天气预报。主要是采用气候相关统计结合群众看天经验和天气谚语等；预报内容为本站月降水量和月平均气温。20世纪70年代中期，采用逐步回归、判别分析、最优分割法、方差分析、时间序列的自回归模型以及相关相似等数理统计方法；预报内容包括年度降水趋势，四季趋势预报。

短时天气预报 1999年，随州气象卫星综合应用业务系统建立后，利用卫星云图、雷达拼图，结合相关资料，制作灾害性天气短时预报。

3. 农业气象

农业物候观测　农业物候观测始于1961年,观测的作物种类主要有冬小麦、棉花和水稻。1982年省气象局确定随县农作物生育状况观测的作物为冬小麦、棉花和中稻。1985年农业物候观测调整小麦、水稻为固定观测任务,棉花为半固定任务。

自然物候观测　1964年湖北省气象局要求开始对野生植物、动物等进行观测,随县观测的物种有:梧桐、油桐、刺槐、桃、李、布谷鸟、雁、燕。1966年停止观测。1981年恢复观测,观测种类有:泡桐、梧桐、刺槐、加拿大杨、莲、蒲公英、家燕、蚱蝉、青蛙、蟾蜍。1990年观测项目调整为:泡桐、梧桐、刺槐、加拿大杨、杨柳树、柑橘、葡萄、莲。

土壤水份测定　1958年,在开展农业物候观测的同时,进行目测旱地土壤湿度。1962年正式开展土壤湿度测定,测定深度100厘米;1966年停测。1982年恢复每旬逢八和生育普遍期进行土壤湿度测定。1989年,土壤湿度测定确定为固定地段50厘米深度,观测地点在无灌溉条件的旱地上。1997年,随州土壤湿度测定为固定地段50厘米。

农业气象情报预报　1957年8月开始制作单站农业气象旬报。1959年开展农业气象预报,重点是灾害性天气预报服务。1985年,农业气象情报和预报工作正式纳入了气象业务考核,实现了业务化。

农业气候区划　1979年9月,随县气象局抽调技术人员开始专门从事农业气候区划工作,1982年10月9日正式提交《随县农业气候区划报告》,1982年11月4日,区划成果通过襄阳专区气象局鉴定(鄂气区划襄阳地区(市)鉴定第二号)。

农业气象试验研究　1986年,随州农业气象观测站开展了汕优63栽培技术气象条件观测试验。1987年,开展了气象条件对育雏成活率和生长速度的影响的研究。1990年,开展了工厂化蒸汽温室育秧技术气象条件研究。1992年与省气候中心合作开展了雏鸡生长与气象条件关系的试验研究。1992年,开展了鄂北岗地芝麻、棉花、小麦高产与抗旱剂一号配套技术应用研究。1993年,与省气候中心合作,在草店镇开展了反季节疏菜种植试验研究。

4. 气象信息网络

1958年10月,开始用收音机收听记录天气资料,1996年1月1日停止收听。1981年配备传真接收机接收传真图。1986年实现与襄樊气象局的VHF甚高频通信。1994年建成武汉气象中心气象信息分发系统(WIDSS)随州工作站,同年底气象卫星综合应用业务系统建成并投入使用,同时停止传真机的使用。1999年建成VSAT小站,2003年建成省市2兆SDH宽带网。2005年建成省地可视会商系统。

5. 气象服务

1958年,随县气象站开始开展气象预报、情报、资料服务和农业气象服务,改变了过去单纯进行气象观测、积累资料的局面。1984年开始,除继续为各级政府指挥生产和组织防灾抗灾,以及为人民日常生活提供公共服务外,还根据社会各部门的特殊需要,开展针对性更强的专业气象服务。20世纪90年代,形成决策服务、公众服务、专业服务等多种类型的服务。

决策气象服务 随州气象部门一直把决策气象服务放在首位，将防汛抗洪服务和为农业服务作为其中的重点。主要提供长期天气趋势预报、4—9月和梅雨期长期预报。防汛气象服务主要是汛期内的中、短期预报和气象情报，特别是汛期关键时刻的防汛决策预报。

公众气象服务 1958年，在随县有线广播站播发天气预报；1985年，随州电视台开设气象预报节目；1991年5月1日起，随州天气预报开始在湖北电视台播发。1997年4月1日至2000年1月31日，随州天气预报在中央电视台播发。1996年12月18日，市气象局与电信公司建立"12121"气象信息电话答询系统，移动、联通公司分别于2003年、2004年开通该服务。2003年，开通手机气象短信服务。

专业专项气象服务 随县气候站成立之初，坚持既为国民经济建设服务，又为国防服务的原则，积极为军事活动提供气象服务。每天04—22时向先后向武汉、孝感、当阳、应山、荆门等机场拍发1小时1次的航空天气报告和随时可能出现的危险天气通报（简称航危报），直到1994年1月1日停止。

20世纪80年代，为林业飞机播种、治虫等提供气象保障服务。1986年开始开展旅游气象服务，与有关部门开展了大洪山风景区气候资源考察。1990年开始，与保险部门合作开展保险业气象服务。1995年开始与市公安消防大队联合开展了火险等级预报气象服务。2001年12月，引进了"城市环境气象业务系统"和"医疗气象系统"，开展各种生活指数气象服务。2004年2月建成随州兴农网。

1989年开始，市气象局与市安全生产委员会联合开展避雷装置安全性能检测服务。

人工影响天气服务 1972—1973年，湖北省军区调拨2门高炮，在随县进行增雨定点试验。1974年，随县开展了土火箭防雹试验。1978年随县政府购买"三七"高炮2门，1981年增加2门，每年干旱季节都要进行增雨作业。1992年11月10日，随州市人工降雨高炮检修所正式成立，承担鄂北十堰、襄樊、孝感、黄冈等地市人工降雨高炮检修任务。1998年3月，购买WR-1B型增雨火箭发射架2架。

气象多种经营 1985年开始，随州市气象局开始从事多种经营，先后办起了种鸡场、种兔场、拉链厂、塑料板厂、面条加工厂，至1994年，上属项目先后全部停业。1995年成立蓝天实业公司，1997年公司停业。

科学管理与气象文化建设

随州气象事业创建以来，不断发展壮大，尤其是改革开放以来，加快发展步伐，逐步建成了比较现代化的业务服务体系。2006—2007年，市政府先后印发了《市人民政府关于推进气象事业发展的意见》、《市人民政府办公室关于进一步推进公共气象服务体系建设加强气象灾害防御工作的通知》、《市人民政府办公室关于切实加强防雷减灾管理工作的通知》，进一步推动了气象事业的发展。

1. 行政管理与制度建设

政务公开 对气象行政许可事项办事程序、服务承诺等，通过政府网站、户外公示栏、办事指南等方式向社会公开。2002年8月，在市政府行政服务中心设立气象窗口，实行了

“六公开”服务（指公开服务内容、政策依据、办事程序、申报材料、承诺时限、收费标准）和“六个一”的运行模式（一个窗口受理、审批、发证、收费、咨询，一条龙服务）。

局务公开 对干部任用、财务收支、目标考核、晋升职称、领导干部待遇、工程招标等内容通过局务公开栏或职工大会等方式公开。每年接受上级财务部门的年度审计，并公布审计结果。

制度建设 建立健全了科技、业务、服务、财务、劳动人事、行政执法、安全生产、局务公开、教育培训、信息宣传等一系列内部规章制度。

2. 党建

组织建设 随州气候站成立至1971年6月，只有一名党员，在县农业局过组织生活会，1971—1974年军管时期，在县人民武装部过组织生活会，1974年4月正式建立中共随县革命委员会气象局党支部，李明义同志任支部书记。1990年11月设中共随州市气象局党组。2001年4月设地级随州市气象局党组，2002年成立随州市气象局机关总支，下设2个党支部（机关支部和离退休支部），另设气象科技服务中心支部。2008年调整为3个支部（机关支部、事业单位支部和离退休支部）。2008年底共有党员28人。

党风廉政建设 积极开展廉政教育和廉政文化建设活动，制定并落实《随州市气象局党风廉政建设责任制规定》等制度，坚持领导干部一岗双责，实行“两公开一监督”，建立了党组和行政班子议事规则。2002年起，每年开展党风廉政教育月活动和局领导党风廉政述职报告和党课教育活动，并层层签订党风廉政目标责任书，经常组织观看警示教育片。

3. 气象文化建设

文明单位创建 1989年被市委、市政府授予文明单位，1998年被授予最佳文明单位，2002年被（地级）市委、市政府授予文明单位，2006年授予最佳文明单位。

气象文化建设 2002年，市气象局党组提出加强气象文化建设，把提高全体气象人的思想道德素质和科学文化素质作为气象文化建设的根本任务，开展各种学习活动、改进气象文化基础设施，凝炼了“准确高效、服务优质、开拓创新、强局兴业”的随州气象精神。还经常组织歌咏比赛、演讲比赛、体育比赛等活动，2008年参加湖北省气象局组织的纪念改革开放30年演讲比赛获二等奖。

4. 荣誉

1980年以来，共获集体荣誉21项，先后被湖北省气象局和随州市委市政府授予“重大气象服务先进集体”、“党风廉政建设先进单位”，“依法行政先进单位”等称号。1997年2月，省政府授予随州市政府“发展地方气象事业先进市县”称号。

先后有56人次受到上级表彰，有6人次获得中国气象局授予的“质量优秀测报员”和“优秀值班预报员”称号。

部分个人荣誉情况

时间	姓名	荣誉名称	授奖机关
1973 年	徐定乾	先进工作者	湖北省委、省革委
1974 年	施泽富	先进工作者	湖北省委、省革委
1982 年	吴宗贤	先进工作者	湖北省人事厅、气象局
1983 年	徐定乾	劳动模范	随州市委、市政府
	李卫军	劳动模范	随州市委、市政府
1985 年	徐定乾	劳动模范	随州市委、市政府
	李卫军	劳动模范	随州市委、市政府
1986 年	徐定乾	劳动模范	随州市委、市政府
	李卫军	劳动模范	随州市委、市政府
1998 年	叶贵勇	先进工作者	湖北省人事厅、气象局
2000 年	周泽民	先进工作者	湖北省人事厅、气象局
2003 年	李卫军	劳动模范	随州市政府

台站建设

基础设施 随县气候站建立时，仅有平房 3 间。在 60 多年的时间里不断发展壮大，2008 年底，随州市气象局由综合办公区、天气雷达站、气象观测站三部分组成，拥有 3 幢职工宿舍，1 幢办公楼，占地 14292 平方米。

现代化建设 1991 年 7 月 6 日，随州市气象雷达微机远程终端系统正式投入业务运行；1996 年 12 月，由市政府投资投资近 80 万元，建成随州气象卫星综合应用业务系统；2004 年 5 月，随州市气象局办公网络和业务一体化系统建成投入使用；2005 年 8 月 10 日，可视天气会商系统开通并投入使用；2006 年 1 月 1 日，随州市气象观测站由人工实现自动化；2007 年底，随州区域自动气象站网建成并投入业务运行。2008 年 12 月底，随州新一代天气雷达主体工程完工。

广水市气象局

素有“鄂北门户”之称的广水市，辖 17 个乡镇、办事处和 1 个省级经济开发区，国土面积 2647 平方千米，人口 91 万。广水历史悠久，在商朝以前属荆州，周朝为贰国，南北朝为永阳县，隋开皇十八年(公元 598 年)改永阳县为应山县，1988 年 10 月撤应山县，设广水市，现隶属湖北省随州市。广水市地处长江中游北岸，属亚热带湿润性季风气候。灾害性天气频发，尤以暴雨、干旱、大风、冰雹、雷电、大雪为甚。

机构历史沿革

历史沿革 1955年3月，在广水镇墩子山建立广水航空观察哨。1956年10月1日更名为广水气象站。1959年1月1日，应山气象站成立。1961年应山、广水两站合并，改名为应山县气象站。1977年4月设立应山县革命委员会气象局。1981年1月改称应山县气象局。1984年2月，县气象局改称为气象站。1985年11月，恢复县气象局名称，保留县气象站，实行局站合一。1988年10月，应山县撤县建广水市，应山县气象局改名为广水市气象局。

管理体制 自建站至1964年3月由县农业局代管。1964年4月至1967年2月隶属于应山县人委会领导。1967年2月至1970年5月由县革委会领导小组代管。1970年6月，实行军管，由县人武部和应山县革命委员会双重领导，以应山县人武部领导为主。1973年12月，撤销军管，隶属应山县革命委员会领导。1981年1月，隶属应山县人民政府领导。1982年6月，实行上级气象部门和地方政府双重领导、以上级气象部门为主的管理体制。2001年5月，广水市气象局由原来隶属于孝感市气象局改为隶属随州市气象局。

名称及主要负责人变更情况

名称	时间	负责人
广水航空观察哨	1955.03—1956.09	彭光彦
广水气象站	1956.10—1959.01	韩厚荣
应山气象站	1959.01—1961.09	付本清
应山县气象站	1961.09—1964.07	付本清
应山县人委气象科	1964.08—1967.02	徐　震
湖北省应山县气象站革命领导小组	1967.02—1970.05	晏继泉
湖北省应山县气象站	1970.05—1972.06	高大成
应山县革命委员会气象局	1972.06—1977.04	杨德意
应山县气象局	1977.05—1981.03	宋德安
广水市气象局	1981.04—1990.01	杨德意
	1990.02—1998.07	徐正义
	1998.08—2007.10	陈毅生
	2007.11—	朱东红

人员状况 1955年3月建哨时只有3人。现定编为7人，现有在编职工6人，编外用工5人。

现有在职职工6人中，大学本科学历1人，大专学历3人，中专学历2人；6人均具有工程师职称；55岁以上3人，49～55岁1人，40～49岁1人，40岁以下1人。

气象业务与服务

1. 气象服务

广水市气象局坚持以经济社会需求为牵引，把决策气象服务、公众气象服务、专业气象服务和气象科技服务融入到经济社会发展和人民群众生产生活。

服务方式 20世纪80年代以前，气象服务主要以送为主，后逐步向由电话、传真、信函等向电视、微机终端、互联网等发展。1990年4月，建立了气象预警报服务系统，在防汛办、农办及各乡镇、办事处（场）安装了气象预警服务接收机，服务单位通过预警接收机接收气象服务信息。

1992年10月，广水天气预报开始在广水电视台播发，天气预报信息由气象局提供，电视节目由电视台制作。1998年10月，市气象局建成多媒体电视天气预报制作系统，将自制节目录像带送电视台播放。1998年8月，气象局同电信局合作正式开通"121"天气预报自动答询电话。2003年1月根据省局要求，全市"121"电话由随州市局实行集约经营。

1997年12月，建成县级业务系统，1998年1月正式使用，预报所需资料全部通过县级业务系统进行网上接收。1999年9月地面卫星接收小站建成并正式启用。2004年9月，建立了"广水市兴农网"，并在全市各乡镇办事处开通了信息站。

1977年3月，应山县人工降雨领导小组办公室成立，挂靠县气象局。1993年4月和1996年8月，县政府先后投资11万元购买了"三七"双管高炮4门。

服务效益 气象服务在当地经济社会发展和防灾减灾中发挥作用。2006年5月4日，市气象局预报"未来48小时内广水将有一次大到暴雨天气过程"，除通过市电视台对公众发布外，还以书面形式向市委市政府作了专题报告，提醒在做好防汛工作的同时，要蓄水保水，预防后期干旱发生。5月4日20时至5日20时测站降水量为80.5毫米。2006年5月下旬到7月上旬，广水出现持续晴热干旱天气。7月2日到8月3日，分别在李店、骆店炮点成功实施了20次高炮人工增雨作业，累计发射炮弹325余发，作业区降水量比未作业区降水量多20倍以上。

2. 气象预报预测

短期天气象预报 1958年6月，开始作补充天气预报。1982年以来，根据预报需要共抄录整理55项资料、绘制9种基本图表。在基本档案方面，主要对有气象资料以来的各种灾害性天气个例进行建档，对气候分析材料、预报服务调查与灾害性天气调查材料、预报方法使用效果检验、预报质量月报表、预报技术材料等建立了业务技术档案。

中期天气预报 20世纪80年代初，通过传真接收中央气象台和省气象台的旬、月天气预报，结合分析本地气象资料、短期天气形势、天气过程的周期变化等制作旬天气趋势预报。

长期天气预报 主要运用数理统计方法和常规气象资料图表及天气谚语、韵律关系等资料，作出具有本地特点的补充订正预报。长期预报主要有：春播预报、汛期（5—9月）预报、年度预报、秋季预报。

20世纪80年代为适应预报工作发展的需要，进一步贯彻执行中央气象局提出的"大中小、图资群、长中短相结合"的技术原则，组织力量多次会战，建立一整套长期预报的特征指标和方法，一直沿用至今。上级业务部门对中长期预报业务不作考核，但因服务需要，这项工作一直在进行。

3. 气象综合观测

观测时次 1956年10月1日正式开始观测，观测时次为02、08、14、20时，夜间守班。2006年7月改为08、14、20时，夜间不守班。观测项目为：云、能见度、天气现象、气压、气温、风向风速、降水、雪深、地温等。1983年11月1日02时开始向武汉气象中心和北京气象中心发送重要天气报，重要天气报内容有暴雨、大风、雨凇、积雪、冰雹、龙卷风等。

航危报 建站时发武昌04—20时固定航危报，1961年增加武汉空司、武汉民航24小时航危报，1969年增加孝感24小时固定航危报，1975年7月15日增加荆门24小时固定航危报。1981年1月1日航危报全部取消。航空报观测内容为云、能见度、天气现象、风向风速等。当出现危险天气时，5分钟内及时向所有需要航空报的单位拍发危险报。

气象资料 建站后分别编制气表-21、气表-1、资料简表、异常气象年表等，报送国家气象局及湖北省、孝感地区气象局。2000年11月停止报送纸质报表，改由162分组网向省气象局传输原始资料。

自动气象观测系统 1999年10月，AMS-Ⅱ型自动气象站建成，11月1日开始试运行。气压、气温、适度、风向、风速、降水、地温等观测项目全部采用仪器自动采集、记录，替代了人工观测。2001年1月1日，自动气象站正式投入业务运行。

区域自动气象站网 2006年8月到2008年5月，先后建成自动站16个，其中单要素站9个，两要素站4个，四要素站3个。

科学管理和气象文化建设

1. 科学管理

法规建设与管理 重点加强雷电灾害防御工作的依法管理工作。2003年，气象局被列为市安全生产委员会成员单位，负责全市防雷安全的管理。2006年8月，广水市人民政府下发了《广水市雷电灾害防御暂行办法》，将防雷装置的设计审核、施工监督、竣工验收，全部纳入气象行政管理范围。2008年广水市人民政府下发了《关于进一步规范气象灾害预警信息处置程序的通知》。广水市气象局还争取市政府法制办的支持，编写了《广水市防雷工程设计审核、施工监督和竣工验收管理办法》。

政务公开 对气象行政审批办事程序、气象服务内容、服务承诺、气象行政执法依据、服务收费依据及标准，采取了通过户外公示栏、电视广告、发放宣传单等方式向社会公开。干部任用、财务收支、目标考核、基础设施建设、工程招投标等内容则采取职工大会或上局公示栏榜等方式向职工公示。财务一般每半年公示一次，年底对全年收入、职工奖金福利发放、领导干部待遇等向职工作详细说明，干部任用、职工晋职等及时向职工公示或说明。

制度建设 2005年6月，广水市气象局制定了各项制度汇编，主要包括党组、局务议事会、民主生活会、党风廉政建设、职工教育管理、机关工作管理、财务管理、学习、信访接待等制度。

2. 组织建设

党建 1955年3月到1959年1月，有中共党员1人（韩厚荣），编入县委办公室党支部。1959 年 2 月到 1964 年 9 月有中共党员 2 人，编入农业局党支部。1964 年 10 月到 1970 年 5 月有中共党员 2 人，编入人委会党支部。1970 年 6 月到 1971 年 8 月，与县人武部军事科同编为一个党支部。1971 年 9 月气象站成立党支部，由高大成任支部书记。此后徐正义、宋德安、杨德意、陈毅生分别任党支部书记。2002 年 6 月，成立中共广水市气象局党组，下设机关党支部，陈毅生任党组书记。2007 年 10 月朱东红任党组书记。现设党组一个，党支部一个，党员 9 人。

群团组织 由于人员少，群团组织一直无专人任职。局工会主席由副局长兼任，先后有徐正义、黄春安、陈毅生、朱东红等人兼任。局团支部书记先后由杨永芳、王传付、黄春安、陈毅生、朱东红等人兼任。妇女工作先后由熊振清、杨永芳、刘自莲、肖翠、杨政敏等人负责。

党风廉政建设 认真落实党风廉政建设目标责任制，积极开展廉政教育和廉政文化建设活动，努力建设文明机关、和谐机关和廉政机关。先后开展了以"情系民生，勤政廉政"为主题的廉政教育，组织观看了《忠诚》、《我的忏悔》等警示教育片。局财务账目每年接受上级财务部门年度审计，并将结果向职工公布。

3. 精神文明与气象文化建设

气象文化建设 始终坚持以人为本，弘扬自力更生、艰苦创业精神，深入持久地开展文明创建工作，政治学习有制度、文体活动有场所、电化教育有设施，职工生活丰富多彩。统一制作局务公开栏、学习园地、法制宣传牌和文明创建标语等宣传用语牌。建有"两室一场"（图书阅览室、职工学习室、小型运动场），拥有图书 2000 余册。

每年在"3·23"世界气象日组织科技宣传，普及防雷知识。积极参加市气象局组织的知识竞赛和户外健身，丰富职工的业余生活。

文明创建 广水市气象局把领导班子的自身建设和职工队伍的思想建设作为文明创建的重要内容，通过开展经常性的政治理论、法律法规学习，造就了一支高素质的职工队伍。1995 到 1996 年度，广水市气象局被广水市委、市政府授予"文明单位"。此后连续六届被孝感市委市政府、随州市委市政府授予"文明单位"。

荣誉 从 1978 年到 2006 年广水市气象局共获集体荣誉 40 项。1998 到 2001 年连续两届被湖北省气象局命名为"明星台站"。1992 年被省政府授予气象工作先进县市。2001 年被省气象局、省人事厅评为"全省气象部门先进集体"。2005 年，被中国气象局授予"局务公开先进单位"。

从 1978 年至 2006 年，广水市气象局个人获奖共 120 人（次）。其中杨永芳被中国气象局评为"先进工作者"。

台站建设

基础设施 1990 年投资 18 万元，兴建了综合办公楼；1992 年省气象局和广水市政府各投资 4 万元，完成了气象局大院水泥路面和围墙护坡建设；1999 年分别向地方政府和省气象局争取 10 万元资金，建成了县级地面气象卫星接收小站、AMS-Ⅱ型地面自动站、县级气象服务终端等业务工程。现占地面积 7300 平方米，拥有办公楼一幢 380 平方米，职工住宿舍 2 幢 2800 平方米，车库、炮库一幢 190 平方米。

广水气象观测场

建于 1990 年的广水市气象局办公楼

园区建设 2004 年至 2005 年，对机关院内的环境进行了绿化改造，拆除了所有破旧房屋，硬化了 1200 多平方米路面，规范整修了道路、护坡、围墙，改造了水、电基础设施，安装了健身器材，修建了 2000 多平方米草坪、花坛，全局绿化率达到了 60%。

恩施土家族苗族自治州气象台站概况

恩施土家族苗族自治州位于长江之滨，三峡腹地，西接重庆市，南邻湖南省，东北部与湖北省宜昌市接壤，素有世界硒都之称。全州辖恩施市、利川市、巴东县、建始县、宣恩县、咸丰县、鹤峰县、来凤县8个县市，2.4万平方千米，397万人口，其中土家族苗族占少数民族人口总数的52.6%。

气象工作基本情况

历史沿革 解放前，中美合作所曾在恩施进行过气象观测，但无资料记载。1950年由恩施航空站牵头，筹建恩施气象站，台站地址在恩施县飞机村城郊，1951年1月1日，正式开展地面气象观测发报业务。1953年，提出在全国实现"专区有台，县县有站"的发展要求。1953—1959年三年间，相继建成巴东、来凤、绿葱坡、走马坪、咸丰、利川、建始、宣恩、鹤峰九个气象站，恩施气象站扩建，升格为恩施专区中心气象站和恩施专署气象台并承担对地区气象部门的业务管理。

恩施市气象站1978年12月建成，1987年恩施市气象站交市农业局管理。绿葱坡气象站1957年1月1日正式开始工作，1998年1月1日撤销。走马坪气站建于1956年，1998年4月气象资料交由鹤峰县气象局保管后永久性撤销。

截至2008年底，恩施州气象局拥有国家基准气候站1个(恩施)、国家基本气象站4个(巴东、建始、利川、来凤)、国家一般气象站3个(宣恩、咸丰、鹤峰)。

人员状况 1960年全州有职工118人。1980年全州有职工166人。2008年定编为149人，在编在职人数152人，其中恩施州76人，利川11人，巴东13人，建始12人，来凤17人，宣恩8人，咸丰8人，鹤峰7人。退休人员55人；在职人员中大专以上学历83人，其中硕士研究生2人，本科31人；中级以上职称有73人，其中高级职称8人。

党建与文明创建 截至2008年，在职人员中有党员80人，占在职职工总数的52.64%，州局机关设有1个党总支、3个党支部；各县市局均设有党支部。

恩施州气象部门均设有篮球场，室内外健身器材，健身房、文化宣传栏、党员学习活动室、阅览室及老干活动室。截至2008年12月，恩施州气象部门共有省级文明单位1个(宣恩)，州级文明单位3个(州局、建始、咸丰)，县级文明单位3个(巴东、来凤、鹤峰)。

主要业务范围

恩施州气象业务门类齐全，6县2市承担的基础业务主要有高空探测、地面观测、农业气象、天气雷达、天气预报、人工影响天气、气象服务等业务。

探测业务 恩施州气象局承担高空探测任务，利用L波段测风雷达对高空进行气压、温度、湿度、风的观测，并同时向省气象台拍发高空气象报。基准站承担06—18时当阳军用机场的航危报任务。新一代天气雷达(CINRAD/SB)位于利川市石板岭，常年开机，每6分钟扫描1次并向湖北省气象局发送雷达回波资料。

气象观测站建设 农业气象观测站中有2个一级观测站(建始、利川)，1个二级观测站(来凤)。20世纪90年代末，县级气象现代化建设开始起步。

2008年12月，恩施州有酸雨观测站5个(恩施、巴东、建始、利川、咸丰)，太阳辐射观测站1个(建始)，GPS观测站1个(恩施)，闪电定位子站2个(恩施、巴东)。区域气象站103个，其中七要素站2个、六要素站1个、四要素站25个、两要素站37个、雨量站38个。

乡镇自动雨量观测站陆续建设。2005年8月，在全市境内共有区域自动气象站21个，其中，两要素站14个、四要素站5个、七要素站2个。

预报业务 全州气象预报系统目前已建立八大体系，即以多普勒天气雷达为主体的等效雷达联动体系；以大气监测为主体的地面遥测自动化体系；以天气预报为主体的大屏幕会商系统体系；以江、河、湖、库为主体的暴雨洪涝监测预警体系；以城市环境为主体的气象监测预警体系；以农业服务为主体的信息技术服务体系；以防雹减灾为主体的人工影响天气火力网体系；以行政办公为主体的互联网、局域网等现代化办公体系。

农业气象 每月开展气候分析和影响评价，适时对当地农业部门发布重要农业气象预报，按时向主管部门上报气候评价。逐步完善了农作物病虫害等级预报流程，完善了干旱预警流程，春播、夏收等作物生长关键期，有针对性的发布服务产品。同时按照《气象记录档案管理规定》要求，严格做好农业气象记录档案的收集和保管工作，无责任性事故。

气象服务 有公众气象服务、决策气象服务、专业气象服务、专题气象服务等。为水库电站(水布垭、老渡口、云龙河、罗坡坝、车坝水库、大龙潭、天楼地枕电站等)的工程建设、日常运行提供气象保障服务是恩施专业气象服务的重要任务之一。服务主要是1小时1次为电站提供实时气象预报和降雨资料；根据服务对象的要求制定气象服务方案，提供灾害性、关键性天气预测预报，开展防汛情况调查；对在建水库的服务，主要是根据工程进度、工程指挥部的特殊要求制定服务预案、防汛预案，保障建设安全、运行安全、汛期安全。

人工影响天气 1978年7月7日，恩施地区革命委员会成立地区人工降雨领导小组。领导小组下设办公室，挂靠地区革委会气象局。经过三十年的发展，截至2008年全州有固定防雹点54个，高炮56门，火箭发射架10部。作业点建设规范化，大部分作业点实现5通(即路、水、电、通讯、电视通畅)；建起两库1室1台(即炮库、火箭库、值班室、炮台)；配备1机1话(1台计算机，1部电话)，确保空域申请及时进行、与县(市)指挥中心实行计算机联网并及时调用实时指挥作业的各类产品，确保炮点工作人员必要的生活条件。2008年，恩施州人民政府出台《恩施州建设规范化固定作业点的总体规划》，计划三年投入建设资金1200万元，建设规范化固定作业点。同年，出台《关于切实做好人工影响天气工作的通知》

(州政办〔2008〕159号)。恩施州烟叶产业发展领导小组、恩施州人工影响天气领导小组、湖北省烟草公司恩施州公司还联合下发文件《关于加快人工增雨防雹基础设施建设的通知》。

恩施土家族苗族自治州气象局

机构历史沿革

始建情况 1950年由恩施航空站牵头,筹建恩施气象站,1951年1月1日建成并投入使用,开始地面气象观测发报业务。台站地址在恩施县飞机村城郊,东经109°28′,北纬30°17′,海拔高度457.1米。

历史沿革 1950年接收时为恩施气象站;1958年9月1日,改称湖北省恩施地区专员公署气象台;1959年12月17日,湖北省恩施专员公署通知改称湖北省恩施地区专员公署气象局。

1966年11月起,受"文革"影响,局领导受审,业务工作混乱。1968年恩施地区革委会成立,8月20日批准成立湖北省恩施地区气象局革命领导小组,总揽一切权力。1970年3月31日,撤销原恩施专署气象局成立恩施专署气象台。1971年9月3日,更名为湖北省恩施地区气象台。1973年11月25日,恩施地区革委会根据国务院、中央军委调整气象部门体制的精神,通知成立恩施地区革命委员会气象局。1979年2月,恩施地区革命委员会气象局更名为恩施地区气象局。1980年底开始实行体改,1983年12月1日,鄂西土家族苗族自治州成立,1984年2月,湖北省气象局党组通知更名为鄂西土家族苗族自治州气象局,实行局台合一。1993年4月4日,国务院批复同意,鄂西土家族苗族自治州更名为恩施土家族苗族自治州;同年8月气象局改为恩施土家族苗族自治州气象局,并延续至今。

名称及主要负责人变更替情况

名称	时间	主要负责人
恩施气象站	1951.1—1953.12	刘青山
	1954.1—1957.12	胡昌繁
恩施地区专员公署气象台	1958.1—1959.12	丁根应
恩施地区专员公署气象局	1960.1—1965.3	常振华
	1965.4—1966.11	赵运光
恩施地区气象局革命领导小组	1966.12—1971.8	丁根应
恩施地区专员公署气象局	1971.9—1973.11	董　禄
恩施地区气象局	1973.12—1978.12	杨　侠
	1979.1—1982.7	丁根应
	1982.8—1984.2	洪金苑

续表

鄂西土家族苗族自治州气象局	1984.3—1985.8	洪金苑
	1985.9—1991.6	王高泽
	1991.7—1993.4	吴嗣权
恩施土家族苗族自治州气象局	1993.5—1995.5	吴嗣权
	1995.6—2006.5	黄家光
	2006.6—	熊守权

管理体制　1953年11月28日，由军队建制转为地方建制。1971年9月3日，实行双重领导，以军事部门为主的军管体制。1973年11月25日，体制变为地方和气象部门双重领导，以地方领导为主。1980年6月开始至今，体制正式变为双重领导以气象部门为主。

机构设置　2006年8月，业务技术体制改革，州气象局内设3个职能科室，4个直属单位，地方编制机构2个(恩施州人工影响天气领导小组办公室、恩施州防雷中心)。

人员状况　1950年建站时有干部职工3人，1980年有职工56人。2008年底在编职工78人，聘用地方编制职工3人，编外用工6人；其中，研究生2人，大学学历24人，大专学历30人；高级专业技术人员8人，中级专业技术人员23人，初级专业技术人员29人。

气象业务与服务

观测机构　1950年7月至1956年9月为恩施气象站；1993年9月至1993年12月为恩施土家族苗族自治州气象台；1994年1月至2006年6月为恩施国家基准气候站；2006年7月至2008年12月为恩施国家气候观象台；2009年1月为恩施国家基准气候站。

观测时次　1950年7月1日至1993年12月31日，每天有23、02、05、08、11、14、17、20时8次，1994年1月1日起，每小时观测1次，每天24次；昼夜守班。观测项目有云、能见度、天气现象、气压、气温、湿度、风向风速、降水、雪深、雪压、电线积冰、冻土、日照、蒸发、地温等。

发报内容　天气报的内容有云、能见度、天气现象、气压、气温、风向风速、降水、雪深、地温等；航空报的内容只有云、能见度、天气现象、风向风速等。当出现危险天气时，5分钟内及时向所有需要航空报的单位拍发危险报；重要天气报的内容有暴雨、大风、雨凇、积雪、冰雹、龙卷风等。

气象站编制的报表有3份气表-1；3份气表-21。向国家气象局、省气象局各报送1份，本站留底本1份。2000年11月通过162分组网向省气象局传输原始资料，停止报送纸质报表。

观测业务　1957年1月1日开始使用气压、温度、湿度自记仪器。1957年6月1日开始使用雨量自记仪器。1980年1月1日开始使用风自记仪器。1986年1月1日，使用PC-1500微机编报地面观测程序。1990年1月23日开始使用微机编制地面观测报表。1992年7月15日安装微机终端正式接收恩施714雷达回波资料。1997年1月27日微机制作地面气象记录报表正式投入业务运行。2001年10月，州气象局AMS-Ⅱ型自动气象站建成，11月1日开始试运行。2001年8月22日增加VAST卫星接收系统。2002年1月，

CAWS600-S型自动气象站建成并开始试运行。自动气象站观测项目有气压、气温、湿度、风向风速、降水、蒸发、地温、草温等，观测项目全部采用仪器自动采集、记录，替代了人工观测。2003年1月1日，自动气象站正式投入业务运行。

雷达业务 1985年，国家气象局和湖北省政府商定在恩施自治州建设714天气雷达站，雷达站位于恩施州境内海拔1780米的利川石板岭山头，经过五年的建设，1991年3月耗资300万元雷达站正式投入使用。2006年，国家投资2250万元，对恩施714雷达换型，建成恩施新一代(多普勒)雷达系统，2006年11月投入业务试运行。

2006年，701测风雷达换型建成L波段测风雷达，并建立了地面、高空业务一体化工作室。

气象服务 决策气象服务在20世纪70—80年代主要是通过电话、传真、文字材料或向领导机关口头汇报等形式开展服务。20世纪90年代，恩施气象局在州委州政府办公室、防汛指挥部、各大中型水库建立起气象信息网络终端，随时可通过终端看到天气预报产品和卫星云图、雷达回波图等适时资料。公众气象服务最初主要是通过广播站发布天气预报。1996年，与州广播电视局达成协议，每天《恩施新闻》结束后播放气象台制作的天气预报。1997年，与恩施晚报、恩施日报社达成协议，在报眼向公众发布24小时天气预报。2000年起，气象局与各移动、联通、电信等通信公司分别合作开通“121”天气预报咨询电话，2005年1月，“121”电话升位为“12121”。2006年起，气象局又与各通信公司合作开展气象手机短信服务。2008年建成气象预警服务短信直发平台，为全州各县、乡(镇)、村领导直接提供气象预警短信服务。专业气象有偿服务开始起于1985年，服务对象主要为水电、交通、林业、农业、水利等单位，服务方式主要是以信函形式或人工报送向用户提供中长期天气预报和气象资料。1997年起使用预警系统开展服务，同时派专人驻守大中型水电、水库等服务单位与州气象台通过网络终端对接，现场直接为其天气预报服务。

防雷技术服务 1987年，成立恩施州防雷中心，挂靠气象台通讯机务科，从事防雷安全的常规检测工作。1996年恩施州防雷中心独立，实行承包管理。2005年2月开始，开展行政区域内防雷装置的设计审核、安装施工监督和竣工验收工作。负责全州防雷安全的管理，定期对液化气站、加油站、民爆仓库等高危行业的防雷设施进行检查。对涉及大众安全的重要单位如学校、医院从建设起始到建成投入使用，进行定期检测，对不符合防雷技术规范的单位，责令整改。2006年6月，作为基础业务实行目标管理。2007年，根据“关于加强学校防雷安全工作的通知”(州气发〔2007〕51号)文件要求，对学校防雷工作全面铺开。2007年7月，根据中国气象局政企事分开的文件精神，成立具有独立法人资格的防雷工程有限责任公司。

社会管理

1996年8月，成立政策法规科(挂靠州气象局业务科)，履行政府管理职能，对防雷工程专业设计或施工资质管理、施放气球单位资质认定、施放气球活动许可制度等实行社会管理。2000年起，州政府先后出台《关于加快气象事业发展的实施意见》等文件。每年3月和6月开展气象法律法规和安全生产宣传教育活动。

2005年8月，随着《湖北省雷电灾害防御条例》的颁布实施，恩施州气象局设置气象行政窗口，承担气象行政审批职能，规范天气预报发布和传播，实行升空及系留气球审批制度，规范行政审批手续。2006 年 8 月，成立气象行政执法大队，14 名专兼职执法人员均通过省政府法制办培训考核，持证上岗。2006—2008 年，与安监、建设、教育等部门联合开展气象行政执法检查 60 余次，构建气象探测环境保护联动机制。

党建与气象文化建设

党建　1950 年恩施气象站建立时，因党员人数少于 3 人，未建立党的基层组织。1960 年 3 月，建立党支部，至 1966 年底，党员为 6 人。文革期间，党建工作处于无序管理状态。1971 年 9 月，并恢复了党支部。十一届三中全会之后，党建工作恢复正常。1981 年成立恩施专署气象局党总支，12 月，设立了机关和气象台两个党支部。1984 年 8 月，机关、气象台 2 个党支部合并，有党员 22 人。2007 年成立恩施州气象局党总支，下辖 3 个支部，有党员 37 人，党建工作归地方工委直接领导。

气象文化建设　1996—2008 年期间，先后在新华社、人民日报、中央电视台、经济日报、中国气象报、中国社会报、新华网、人民网等媒体发表新闻稿件 2118 件，其中摄影作品多次获《人民日报·海外版》、《中国气象报》、《湖北日报》、《恩施日报》、《恩施晚报》等多种媒体组织的各类摄影大赛一、二、三等奖。2008 年，州气象局与恩施晚报联办《气象参考》栏目，公开出版 148 期；同年，长时间冰冻雨雪灾害期间拍摄的灾害组照被中国气象局政务内参采用；“3·23”世界气象日期间，中国气象局组织的首次大型影展在北京市展出两个月，张洪刚拍摄的《翻阅雪山》入围参展；汛期张洪刚拍摄的恩施州城灾情照片被新华社发通稿，配发的新闻消息在中央电视台、新华网、新浪网、人民网等全国各类主流媒体及网络广泛传播。

1997 年，恩施土家族词作家谈焱焱、曲作家刘启明联合创作了《气象人之歌》；2000 年，创作展现恩施州气象事业五十年的大型电视纪录片《耕云播雨写春秋》(上、下集)。

1996—2006 年，先后建成图书阅览室、党员活动室、职工室内健身房、室外健身场(篮球场、羽毛球场)，2004 年安装一批室内外健身活动器材。

文明单位创建　1993 年，恩施州气象局被评为市级文明单位；1999—2008 年，连续 5 届被评为州级文明单位，同时 1999—2002 年被州委、州人民政府授予“文明系统”称号。

荣誉与奖励　2005 年获湖北省重大气象服务先进集体；州委、州政府表彰整村推进扶贫先进单位；2006 年获湖北省重大气象服务先进集体；湖北省人工影响天气综合优秀达标单位；2007 年获湖北省重大气象服务先进集体；州政府表彰全州人工影响天气先进单位；州政府表彰春运工作先进单位；2008 年获湖北省 2008 年低温雨雪冰冻灾害应急气象服务先进集体；州委、州政府表彰全州抗雪救灾先进集体。

台站建设

1950 年建站时条件艰苦，自行车是气象部门唯一的交通工具。1952 年建成业务办公用房，建筑面积 800 平方米，制氢室建筑面积 100 平方米。1957 年底开始扩建办公用房及职工住宅 800 平方米，结构以石木砖混灰瓦为主。2004—2008 年，恩施州气象局重点完成雷达信息处理中心大楼建设，建筑面积3765平方米，大楼除机关工作办公用房外，同时还建立了决策气象服务中心、公众气象服务中心、人影作业指挥中心业务平台、“12121”播音室、气象影视演播厅、综合资料档案室。大院内种植花草树木，绿化园区面积达2500平方米。办公大楼及大院公共场所均安装了安全监控系统。

20世纪60—70年代的恩施老观测场

恩施观测场现状

州气象局综合办公楼(前)及职工住宅楼(后)

利川市气象局

机构历史沿革

始建情况 1958年2月17日利川县人民委员会批准成立“利川县气象站”，位于利川县城关镇教场坝，北纬30°18′，东经108°56′，海拔高度1080.3米。1959年1月1日正式开展业务工作。1984 年 8 月 28 日搬迁到利川县都亭镇中坝，北纬 30°17′，东经 108°56′，海拔高度 1074.1 米，1985 年 1 月 1 日正式开展业务工作。1980 年被确定为气象观测国家一般站，2006 年 7 月 1 日改为国家气象观测站一级站，2008 年 12 月 31 日改为国家基本气象站。

历史沿革 1961 年 11 月 1 日，成立利川县气象科，与气象站合署办公，科站合一。1969 年 9 月成立利川县气象站抓革命、促生产领导小组。1971 年 3 月 18 日，改为利川县农林局气象站，1973 年 9 月 28 日，设立湖北省利川县革命委员会气象科，1979 年 10 月 12 日，改名为利川县革命委员会气象局，1981 年 3 月 16 日更名为利川县气象局，1986 年 9 月 1 日，利川撤县建市，改名为利川市气象局。

管理体制 1959 年 1 月至 1971 年 6 月利川县气象站管理体制是条块结合，以块为主，分级管理。其中，1959 年 6 月开始，县设立气象行政管理机构——气象科，科与站合署办公，1 个机关挂 2 块牌子。1970 年 9 月至 1971 年 6 月隶属于县农林局管理。1971 年 6 月至 1973 年 7 月，实行由军事部门和利川县革命委员会双重领导，以军事部门领导为主。1973 年 7 月恢复气象科，由革命委员会领导。1975 年 3 月精简机构，撤销气象科归属农业局领导。1982 年 1 月 9 日开始正式实行由气象部门和地方政府双重管理体制，以部门领导为主，并延续至今。

名称及主要负责人变更情况

名称	时间	负责人
利川县气象站	1958.2—1961.11	陈年章
利川县气象科	1961.11—1965.5	陈年章
	1965.5—1965.6	贾魁生
	1965.6—1968.9	陈年章
利川县气象站抓革命、促生产领导小组	1968.9—1970.3	张志聚
利川县农林局气象站	1970.3—1971.6	陈年章
湖北省利川县气象站	1971.6—1971.9	侯延年
	1971.9—1972.2	杨再光
	1972.2—1973.9	王庆华
利川县革命委员会气象科	1973.9—1979.10	王庆华
利川县革命委员会气象局	1979.10—1981.3	王庆华
利川县气象局	1981.3—1983.3	王庆华
	1983.3—1986.9	胡家才
利川市气象局	1986.4—1987.10	李绍雄
	1987.10—1996.2	胡家才
	1996.2—2008.7	刘福海
	2008.7—	陶生明

人员状况 1958 年建站时有 3 人。1978 年有 11 人。2006 年 8 月定编为 13 人。现有在编职工 11 人，聘用 5 人。其中大学学历 4 人，大专学历 7 人，中专学历 6 人；中级

专业技术人员5名，初级专业技术人员8人；50～55岁5人，40～49岁2人，40岁以下的有9人。

气象业务与服务

1. 气象服务

利川市属亚热带大陆性季风气候。因境内山峦起伏，沟壑幽深，海拔高度不同，气候差异明显，为典型的山地气候。夏无酷暑，云多雾大、日照较少、雨量充沛、空气潮湿。灾害性天气频发，尤以低温连阴雨、暴雨、冰雹、雷电为甚。

服务方式 建站初期，主要以办培训班和下乡开现场会、发文字简报的形式指导地方农业生产。1989年9月建成气象预警服务系统。1990年6月，正式使用预警系统对外开展服务，每天广播2次。1991年1月，部门结构调整，正式成立气象服务股。

1996年7月，派专人到长顺电站驻点开展专项气象服务。1997年6月，建成多媒体电视天气预报制作系统。1998年3月，气象局、电信局合作正式开通“121”天气预报自动咨询电话。2004年4月，全市“121”答询电话实行集约经营，主服务器由恩施州气象局建设维护。2006年1月，“121”电话升位为“12121”。

1992年10月，县级业务系统试运行，1996年12月正式开通使用（传真图接收同时进行）。1998年9月停收传真图，预报所需资料全部通过县级业务系统进行网上接收。2001年8月，地面卫星接收小站建成并正式启用。2004年9月建成利川兴农网。

服务种类 1984年开始推行气象有偿专业服务。1988年6月规范气象有偿专业服务的对象、范围、收费原则和标准等。气象有偿专业服务为全市各乡镇（场）或相关企事业单位提供中、长期天气预报和气象资料，一般以旬天气预报为主。

1979年8月，恩施地区气象局派人到利川县开展人工增雨工作，1981年6月，利川县人工降雨领导小组成立，下设办公室，在水电局建有高炮弹药仓库。1986年6月县人工降雨领导小组办公室设在县气象局。1986年谷城县人工降雨高炮调拨给利川使用。1990年4月建立利川市人工降雨办公室，归口市农委领导，办公地址设在市气象局内。现有固定“三七”高炮9门，火箭发射系统1套。

1996年8月，利川市气象局、利川市能源办组织科技专班对茅槽地区风资源及周边地区风力开发资源进行勘察，积累了部分原始风力数据。

1998年出现百年不遇大洪水，从8月2日开始，市气象局奉命进行每天24小时的气象加密观测，共达21天，连续发报504小时，报文583份，为长江中下游防大汛、抗大汛提供了翔实、准确、及时的气象情报。

2. 气象预报预测

1959年1月，县气象站通过接收武汉和四川省气象局的气象语言广播开始作补充天气预报。1982年开始，通过传真接收中央气象台，省气象台的旬、月天气预报，再结合分析本地气象资料、短期天气形势、天气过程的周期变化等制作一旬天气过程趋势预报。长期预报主要有春（秋）播预报、汛期（5—9月）预报、年度预报、秋季预报。

3. 气象综合观测

气象观测 1959年1月1日起开始正式观测，观测项目有云、能见度、天气现象、气压、气温、湿度、风向风速、降水、雪深、日照、蒸发、地温、电线积冰等。2007年5月1日，开始酸雨观测和发报任务。

每月向省台发月报1次，旬报3次。1983年11月开始向北京气象中心、武汉中心气象台两地编发重要天气报，每天8、14、20点3次定时，另加不定时和两种预约报。编制的报表有4份，向国家气象局、省气象局、地(市)气象局各报送1份，本站留底本1份。2000年11月通过162分组网向省气象局转输原始资料，停止报送纸质报表。

农业气象观测站 1959年3月至1966年10月在李子坳农场进行水稻，玉米、马铃薯观测；1959年12月至1966年9月开始对土壤湿度进行观测；1980年3月进行水稻，玉米、马铃薯、油菜观测；1981年开始对自然物候李树、家燕、青蛙和阳雀进行观测。1982年开始执行周年农业气象方案，1982年4月恢复对土壤湿度进行观测。1983年1月11日开始编发不定期农业气象情报。1985年3月固定增加中稻、玉米观测项目，半固定增加油菜、马铃薯、土壤湿度观测项目。1988年市气象局自选农气观测项目，开展西瓜、食用菌的栽培试验。1989年11月19日农业气象观测二级(省级)站调整为一级(国家级)站，观测任务从1990年春播作物开始。1979年5月编出《利川县农业气候手册》，1981年4月编出《利川县光、热、水基本情况》，1983年4月编出《利川县农业气候资源的合理利用》，1983年7月编出《粗探烤烟在利川的适宜高度》，1984年1月编出《利川县农业气候资源及区划报告》等各类农业气候区划报告。从1994年起正式执行国家气象局编写的《农业气象观测规范》(1993年版)。

现代化观测系统 1986年1月1日，使用PC-1500微机编报地面观测程序。1990年1月23日开始使用微机编制地面观测报表。1992年7月15日安装微机终端正式接收恩施714雷达回波资料。1997年1月27日微机制作地面气象记录报表正式投入业务运行。2001年10月，市局AMS-Ⅱ型自动气象站建成，11月1日开始试运行。2001年8月22日增加VAST卫星接收系统。2003年1月1日ZQZ-CⅡ型地面气象遥测站进行平行观测。2004年1月1日，自动气象站正式投入业务运行。自动气象站采用仪器自动采集、记录，替代人工观测，仍然保留的人工观测项目有云、能见度和天气现象。

自动站 乡镇自动雨量观测站陆续建设。截至2008年12月31日，建有区域自动雨量观测站15个，其中单要素站5个、两要素站2个、四要素站8个。

科学管理与党建

科学管理 加强气象政务公开。对气象行政审批办事程序、气象服务内容、服务承诺、气象行政执法依据、服务收费依据及标准等，采取了通过户外公示栏、电视广告、发放宣传单等方式向社会公开。干部任用、财务收支、目标考核、基础设施建设、工程招投标等内容则采取职工大会或上局公示栏张榜等方式向职工公开。财务半年公示一次，年底对全年收支、职工奖金福利发放、领导干部待遇、劳保、住房公积金等向职工作详细说明。干部任用和职工晋职、晋级等及时向职工公示或说明。

健全内部规章管理制度。1998 年 12 月市局制定了《利川市气象局综合管理制度》，主要内容包括计划生育，干部、职工脱产（函授）学习和申报职称等，干部、职工休假及奖励工资，医药费，业务值班室管理制度、会议制度，财务，福利制度等。

党建 1959 年 1 月—1972 年 2 月，县气象站只有 1 名中国共产党党员，先后编入县农林局党支部、鱼场党支部。1972 年 4 月，党支部成立，有党员 3 人。截至 2008 年有党员 11 人。

荣誉 2008 年 6 月被湖北省人民政府评为“2007 年度全省稻飞虱防控工作先进单位”。

1983 年 2 月杨志彪同志被评为“全省气象部门先进工作者”，1998 年 1 月方永学同志被省人事厅、省气象局评为“全省气象部门先进工作者”，2000 年 2 月刘福海同志被湖北省人事厅、省气象局评为“全省气象部门先进工作者”。

台站建设

利川市气象局占地 1 万平方米，办公楼 1 栋共 460 平方米，职工宿舍 1 栋，建筑面积 937.7 平方米，炮库 1 栋共 135 平方米。1988—2008 年，先后建成地面气象卫星接收小站、AMS-Ⅱ型地面自动观测站、县级气象服务终端等多项业务系统。

1999 年，利川市气象局筹措资金 10 万元对机关院内的环境进行绿化改造，整修道路，在庭院内修建了草坪和花坛。全局绿化率达到了 75%，使机关院内变成了鸟语花香的场所。2006 年重新装修办公综合楼，改造业务值班室，完成了业务系统的规范化建设。

利川气象局旧貌

利川市气象局全景

建始县气象局

建始县历史悠久，三国吴永安三年（公元 260 年）立县，迄今已有 1700 多年历史。现辖六镇四乡，汉、土家、苗、回族杂居，人口 53 万。境内层峦叠嶂，沟壑纵横，煤、铁、硫磺等矿产资源丰富，素有“金建始”美称。

机构历史沿革

始建情况 建始县气象站建于1958年,位于城郊红峰大队一生产队,东经109°43′,北纬30°36′,海拔高度609.2米。1959年1月1日正式开展业务工作。1980年经湖北省气象局同意迁到原观测场东面约300米的范家报碉堡楼山头上,经纬度不变,1983年1月1日正式开展业务工作。建始县气象站属国家一般气象站,2006年7月1日升级为国家气象观测一级站,2008年12月31日更名为国家基本气象站。

建制 1958年建站,属县农业局领导。1961年成立县气象科,归属县政府领导。1968年取消气象科保留气象站,隶属县革委会农林局领导。1971年7月29日更名为湖北省建始县气象站,属县人武部领导。1973年恢复气象科,属县革委会领导。1979年改为气象局,属县政府领导。1981年实现气象部门和地方政府双重领导,以部门领导为主的管理体制。

气象局内设行政、业务、科技服务、人工影响天气办公室四个机构。

名称及主要负责人变更情况

名称	时间起止	负责人
建始县气象站	1960.8—1963.3	侯来顺
建始县气象科	1963.3—1971.7	钱玉成
建始县气象站	1971.7—1973.7	汪世庭
建始县气象科	1973.7—1973.12	余传银
建始县气象局	1974.1—1982.9	陈永葆(女)
	1982.9—1984.3	解德普
	1984.3—1998.1	刘桂森
	1998.1—	涂从新

人员状况 建站时3人,1978年10人。1994年8月5日州气象局行文建始县气象局定编13人。截至2008年12月,有职工12人,其中50～60岁1人,40～49岁6人,30～39岁4人,20～29岁1人;大学本科1人,大专7人,中专4人。聘用人员3人,退休人员6人。

气象业务与服务

建始县属亚热带季风气候,雨量充沛,雨热同季,夏无酷暑,冬无严寒。年均温10℃～16℃,年平均雨量1000～2000毫米,立体气候明显。灾害性天气以暴雨、干旱、寒潮、冰雹、大雪为主。

1. 气象业务

地面测报 1959—2000年地面观测采用北京时间,每天08、14、20时3次定时观测。观测的项目有云、能见度、天气现象、气温、风向和风速、降水,1961年之后逐渐增加日照、蒸发、地温、雪深等观测项目。2008年2月,增家电线积冰观测;3月增加E601B蒸发观测;12月总辐射、紫外辐射观测项目。

天气预报 1960年开始制作单站补充天气预报。1974年，成立天气预报小组，逐步建立了短、中、长期天气预报，灾害性天气预报。采用一般晴雨预报模式，相似相关因子图表，预报指示等多种预报工具及数值统计预报方法。2000年至今，开展常规24小时、48小时和72小时天气预报及中、长期天气预报。同时，开展灾害性天气预报预警、森林防火火险预报、供领导决策的各类重要天气报告等业务。

短期天气预报 是以天气图为主要工具，配合卫星云图、雷达图等，用天气学的原理分析和研究天气的变化规律，从而制作天气预报。

中长期天气预报 采用统计学预报方法，用大量的、长期的气象观测资料，根据概率统计学的原理，寻找出天气变化的统计规律，建立天气变化的统计学模型来制作天气预报的方法。这种方法也用在了气象要素预报上。

建始气象站制作天气预报常常是将这三种方法配合起来使用，将天气图、卫星和雷达图像、动力分析和统计分析、数值预报产品等进行综合分析，最后做出天气预报。

气象防雷 1999年4月经建始县机构编制委员会同意，建始县气象局成立建始县防雷中心。2005年2月后根据《关于明确防雷设计审核等审批职能的通知》(州政办发〔2005〕11号)、《关于履行防雷设计审核、施工监督和竣工验收行政审批职能的通知》(州气发〔2005〕4号)、《建始县人民政府关于加强雷电灾害防御管理工作的通知》(建政办发〔2007〕20号)的要求，相继开展行政区域内防雷装置的设计审核、安装施工监督和竣工验收工作。建始县气象局气象行政执法队伍负责全县防雷安全的管理，定期对液化气站、加油站、易爆仓库等高危行业的防雷设施进行检查。县防雷中心对涉及大众安全的重要单位如学校、医院从建设起始到建成投入使用，进行定期检测，对不符合防雷技术规范的单位，责令整改。

人工影响天气 运用云和降水物理学原理，主要采用向云中撒播催化剂的方法，因势利导，促使天气过程按预定方向发展，以少量代价换取巨大经济效益。建始县人工影响天气办公室直接由建始县人民政府和县人工影响天气领导小组领导，由恩施州新一代天气雷达(多普勒雷达)提供探测的数据参数指导人工影响天气作业。

2008年6月，董永祥副州长(中)在青花炮班调研

人工影响天气作业现场

酸雨观测 2006年7月1日增加酸雨观测项目，观测任务为采集降水样品，测量降水样品的pH值与电导率，记录、整理观测数据，每日上传酸雨观测数据文件，每月编制酸雨观测报表，报送酸雨观测资料。

雨量自动站 2006年12月建始县气象站建立11个自动雨量观测站，并投入运行。形成了覆盖10个乡镇、2个水库的自动站网。

2. 气象服务

1998年4月，建始气象站“121”自动答询天气预报电话开通。2004年4月根据恩施州气象局的要求，“121”答询电话实行集约经营，主服务器由恩施州气象局建设维护；2006年1月，“121”电话升位为“12121”。2004年4月建始县气象局自筹资金，建成建始兴农网并投入运行，直接服务于“三农”。截至2008年建始县气象局利用电视、互联网、手机短信、传真等多种形式，为人民群众提供及时、准确、优质、高效的气象服务产品。

针对灾害性天气预报，建始县气象站适时制作并发布重大气象信息专报和重大突发事件报告；为水电建设等重点工程和水电站安全防汛、适时调度提供气象决策服务。建始气象站每年都对中、高考发布《专题气象服务》，为广大考生安心考试提供气象保障服务。20年来，人工影响天气累计作业1200炮次。

行政管理与气象文化建设

法规建设与管理 1999年10月31日《中华人民共和国气象法》颁发，2005年8月1日《湖北省雷电灾害防御条例》施行，观测环境、气象设施、防雷、施放气球、人工影响天气等都有法可依。大力加强气象法律法规宣传力度，每年向社会各界发送100份气象法律资料。2007年4月人民政府办公室下发《关于加强雷电灾害防护管理工作的通知》。

严格贯彻执行党和政府的各项方针政策、法纪法规，经常性地开展政治理论、法律法规学习，造就清正廉洁的干部队伍。全局职工，无一人违法乱纪、无一例刑事和民事案件、无一人超生超育。历届领导都强调实行财务公开，收支透明。健全内部规章管理制度。1989年制定全面的岗位责任制度，以后增加施放气球和防雷工作制度。做到奖罚分明，奖惩有据。

党建 1960年9月—1971年7月先后有1～2名党员，归属县农业局支部。1977年11月，正式成立中共建始县气象站党支部。2003年7月，县委组织部决定，气象局党支部改为气象局党组。

1975—2008年，先后发展新党员9人。截至2008年，有党员12人。县局党组不断加强党风廉政和精神文明建设，造就一支清正廉洁的干部队伍和一个团结奋斗的领导班子。1985年1月被县纪委评为“党风明显好转先进单位”；1986年9月被省气象局授予“思想政治工作先进单位”；1987—1989年连续三年被县委授予“先进党支部”；1987年7月张文棋同志被州委授予“先进共产党员”；1988年1月被县纪委评为“党风建设先进单位”；1984年被县委政府授予“文明单位”；1987年、1993年、2003年、2005年、2007年五次被州委州政府授予“文明单位”。

荣誉 1980—2008年建始县气象局受省部级表彰的有：1983年6月，被湖北省农业区划委员会评为农业气候区划战果三等奖；1985年1月被湖北省气象局评为“农气工作先进单位”；1988年3月、1994年3月、1996年3月人工降雨工作3次被湖北省人降办评为“先进单位”；1996年5月被湖北省气象局评为“科技服务工作先进单位”。

1980—2008 年，建始县气象局张文棋被国家气象局授予“双文明建设先进工作者”；涂从新被湖北省人事厅、湖北省气象局评为“全省气象部门先进工作者”，许必梅荣获“全省气象系统十佳文明职工”称号。

台站建设

1958 年底建站后，观测值班借用生产队保管室(土墙茅草屋)2 间，煤油灯照明。1959 年政府拨款修了 1 栋 6 间共 120 平方米直角形土墙瓦屋，作办公室和宿舍，1964 年政府又拨款扩修 5 间 100 平方米石墙瓦屋，于原屋成撮箕口形。1965 年用电灯照明。1972 年在撮箕口处再扩建 2 层石墙瓦屋，成四合院。1981—1982 年迁站修了 1 栋 4 层钢筋水泥砖墙结构办公宿舍楼和厨房、厕所共计建筑面积 1400 平方米；1995 年省计委以工代赈拨款维修 8 套房子，增加厨房卫生间；1998 年 4 月部分办公室重新整修。1998 年 6 月单位首次购吉普车 1 辆。2000 年 5—12 月扩修场坝，新修大门、厕所、修大门口至主公路 1 段 100 余米水泥路，绿化环境。2003 年省局拨款 102 万，职工集资 43 万，在城区北环路与茨泉路交接处征地修建 1 栋 6 层共 1890 平方米办公宿舍楼，2004 年底竣工。2006 年 3 月购华泰特拉卡越野车 1 辆。

20 世纪 70 年代气象站全景图

建始县气象局业务楼规划图

巴东县气象局

巴东县隶属湖北省恩施土家族苗族自治州，历史悠久，清江，长江横贯县境，西周时为夔子国地，秦、西汉属巫县，南朝宋置归乡县，隋改巴东县，意为巴国之东。北宋时，十九岁的寇准，少年得志成为巴东知县，在巴东留下了“野水无人渡，孤舟尽日横”的千古名句。

机构历史沿革

历史沿革 1952 年 6 月 27 日，成立湖北省军区巴东县气象站，位于巴东县信陵镇和平街，海拔 170.0 米，东经 110°24′，北纬 31°04′。1953 年 8 月 1 日，更名为湖北省巴东气象站。1954 年 1 月 1 日，经湖北军区气象科批准，迁站于巴东县信陵镇黄土坡柳树坪，海拔高度 294.5 米，东经 110°24′，北纬 31°04′。1957 年 1 月 1 日，更名为湖北省巴东气候站。

1960年1月，改为巴东县气象服务站。1970年，更名为湖北省巴东县革命委员会农林局气象站。1972年3月，改为巴东县黄土坡气象科。1974年6月，取消气象科，改为湖北省巴东县革命委员会黄土坡气象站。1982年6月26日，更名为湖北省巴东县气象站。2000年1月1日，三峡库区移民，迁址巴东县信陵镇云沱小区北京大道84号狮子包山顶，北纬31°02′、东经110°22′，海拔高度334.0米。2006年7月1日，按照调整后的国家一级站观测任务开展观测业务，站名更改为巴东县国家气象观测站一级站。2007年10月28日更改为巴东国家气象观测站一级站。

管理体制 1953年8月1日，巴东气象站从军事系统建制转到政府系统建制。1958年11月18日经湖北省人民政府批准，气象系统体制下放，除业务以气象部门领导为主外，人、财、物等统归地方党政领导。1962年收归湖北省气象局建制，人、财、物、业务由湖北省气象局领导，行政生活、思想政治工作、党务等由当地党政领导。1971年7月实行军事部门和革命委员会双重领导，以军事部门为主的领导管理体制，隶属人武部。1973年5月，改由县农业局领导。1973年7月28日改为革命委员会领导管理体制。1983年，气象部门实行上级气象主管机构与本级人民政府双重管理的领导体制，由部门领导为主，即垂直管理，这种管理体制沿续至今。

名称及主要负责人变更情况

名称	时间起止	负责人
湖北省军区巴东县气象站	1952.7—1953.8.1	张忠银
		尚德名
湖北省巴东气象站	1953.8—1957.1.1	陈义祥
湖北省巴东气候站	1957—1960.1	陈义祥
巴东县气象服务站	1960.1—1970	陈义祥
巴东县革命委员会农林局气象站	1970—1972.3	张代泉
湖北省巴东县黄土坡气象科	1972.3—1974.6	张代泉
巴东县革命委员会黄土坡气象站	1974.6—1982.6.26	陈永芳
湖北省巴东县气象站	1982.6—1984.3	马锋平
	1984.4—1985.10	段圣海
	1985.10—1987.8	解德普
	1987.8—2006.7.1	黄必义
巴东县国家气象观测站一级站	2006.7—2007.5	黄必义
	2007.6—2007.10.28	杨安平
巴东国家气象观测站一级站	2007.10.28—	杨安平

人员状况 1952年建站时，有气象业务人员2人，1978年12月，在编人员9人。现有在职职工15人，其中在编12人和编外3人；工程师8名，助理工程师6人；大学本科学历2人，大专学历4人，中专学历9人；年龄结构为55～60岁2人，50～55岁4人，40～49岁4人，40岁以下5人。

气象业务与服务

巴东县位于东经110°04′～110°32′，北纬30°13′～31°28′之间，处于亚热带季风气候区。其气候特点是冬冷夏热、冬干夏雨、雨热同季、旱涝频繁。常年容易发生的气象灾害有暴雨、干旱、大风、冰雹、低温冻害和雪灾。

1. 业务种类

地面测报　巴东气象站承担24小时地面测报、发报等工作，气象资料担负区域和国家气象信息交换任务。主要观测项目有云量、云状、水平能见度、气温、相对湿度、天气现象、风向、风速、饱和差、气压、降水量、地面温度、0～20厘米浅层地温、雪深、小型蒸发、日照，并积累各种资料。2001—2008年地面自动观测，每天24小时自动观测气温、相对湿度、风向、风速、气压、降水量、地温、草温、0～20厘米浅层地温、40～320厘米深层地温等。人工观测云量、云状、水平能见度、天气现象，大型蒸发、日照、电线积冰、雪深、雪压。

天气预报　巴东气象站天气预报开始于1958年，主要任务是对中心气象台的天气预报加以修正和补充，称"单站补充天气预报"。1974年，巴东气象站成立天气预报小组，逐步建立了短、中、长期天气预报，灾害性天气预报。1984年，为完成三峡特殊地形的天气预报攻关任务，预报组改为预报股，4名专职人员开始使用国内外先进的预报方法和工具，制作48小时的短期天气预报，旬、月、年、春播期(3—5月)、汛期(5—9月)以及重大灾害性天气预报。

2000年至今，开展常规24小时、48小时、72小时、中期、长期天气预报，制作年度、汛期、春播预报，开展灾害性天气预报预警业务，决策类重要天气报告，重要性、转折性及关键性天气的情报预报服务。

20世纪50—60年代巴东县气象局办公仪器设备

巴东气象站逐步实现从传统的、比较粗泛的预报预测向更准确、更及时、更精细的多时空尺度"无缝隙"预报预测转变。预报手段是以运用地面天气图、云图、地面高空图、欧洲中心综合图、中央气象台降水预报图、日本气象厅降水预报图、巴东气象站实时观测数据等气象资料综合分析。短期天气预报以天气图为主要工具，配合卫星云图、雷达图等，用天气学的原理分析和研究天气的变化规律，制作天气预报。中长期天气预报采用统计学预报方法，用大量的、长期的气象观测资料，根据概率统计学的原理，寻找天气变化的统计规律，建立天气变化的统计学模型来制作天气预报的方法。这种方法也用在了气象要素预报上。

气象防雷　1999年6月25日，成立巴东县防雷中心。2005年2月开始，开展行政区域内防雷装置的设计审核、安装施工监督和竣工验收工作。气象行政执法队伍负责全县防雷安全的管理，定期对液化气站、加油站、民爆仓库等高危行业的防雷设施进行检查。2007

年,加强对学校防雷安全管理。

人工影响天气 1994年巴东县人工影响天气办公室成立。1995年6月27日在绿葱坡镇枣子坪村投资20万元,建立了第一个人工防雹增雨作业点。截至2008年,共建立7个固定的人工增雨防雹站和1个人工增雨作业点。

2006年8月,湖北省人工影响天气办公室在巴东召开全省、市(州)人影作业指挥平台暨烟叶防雹基地建设研讨会,大支坪人工增雨防雹站成为全省学习的样板。

酸雨观测 1996年,中国气象局在巴东气象站增设三峡库区酸雨观测点,1997年1月1日正式观测。2005年9月2日开始,前1日观测数据上传到武汉气象中心。巴东气象站酸雨观测仪器为PHS-3B型酸度计和DDS-307型电导率仪,巴东站酸雨观测数据显示巴东站pH值在3.71～6.75之间。

闪电定位仪 2006年2月20日,湖北省气象局在巴东气象站安装了雷击探测定位系统——ADTD雷击探测仪,探测闪电发生的强度、方向、频率及其变化。

自动站 2002—2005年12月巴东气象站建立6个自动雨量观测站,并投入运行。2006年10月,安装6个自动雨量观测站。至2008年9月18日绿葱坡六要素自动观测站投入运行．全县共建成13个自动观测站。形成了覆盖全县十二个乡镇的自动站网。

2. 气象服务

1998年4月27日,巴东气象站"121"自动答询天气预报电话开通。2004年4月巴东县气象局自筹资金,建成巴东兴农网并投入运行,直接服务于"三农"。截至2008年,巴东县气象局利用电视、互联网、手机短信、传真等多种形式,为人民群众提供及时、准确、优质、高效的气象服务产品。各乡镇气象信息电子显示屏正在规划建设之中。

1991年8月6日,巴东县发生洪灾,气象局提前作了较为准确的预报

1991是巴东历史上罕见的大灾之年,8月6日大暴雨,日降水量达182.9毫米,其中一小时最大降水量就达到75.2毫米,成为巴东历史之最,在艰险考验面前巴东县气象局站在抗洪救灾的第一线,及时提供准确的气象服务,减少了生命财产的损失。

每年进入汛期后，巴东县雨量明显增多，大雨、暴雨经常发生，地质条件复杂，是滑坡、泥石流和公路水毁事故的多发地带。2002年起巴东长江大桥建设期间、2004年8月起蓉西高速公路和宜万铁路两路建设期间为建设单位提供专业专项气象指导。2008年1月的冰冻雪灾期间为各部门、各单位提供了气象专项服务。

2007年6月，受清江水布垭水库蓄水及连续强降水天气的影响，清太坪出现严重滑坡，巴东县气象局在这起重大公共事件中，反应灵敏，在当日立即成立了以局领导为首的气象应急分队赶赴事故现场，进行了现场气象服务。事故发生后，又及时响应三级预警应急预案，及时、准确的提供了跟踪气象服务。

针对灾害性天气，巴东气象站做重大气象信息专报和重大突发事件报告。针对中、高考，每年都发布《专题气象服务》，为广大考生安心考试提供气象保障服务。

科学管理与气象文化建设

法规建设与管理 截至2008年，县政府先后出台《关于切实做好地质灾害防治工作的紧急通知》(巴政发〔2004〕11号)、《关于进一步加强施放气球管理的紧急通知》(巴政发〔2007〕84号)等文件。2005年1月10日成立气象行政执法领导小组，规范管理气象科技服务、气象行政执法、防雷检测、施放气球等业务。2007年4月巴东县气象局成立气象行政执法队伍。2008年7月27日，巴东县气象行政审批职能进入县行政服务中心，行政审批事项包括防雷装置设计审核、防雷工程竣工验收和施放气球活动审批三个方面。巴东县气象局先后出台《巴东县气象局防雷工程实施方案》(巴气办发〔2001〕09号)、《巴东县气象局关于制氢安全管理办法》(巴气办发〔1998〕2号)、《巴东县气象局气象科技服务运行管理办法》(巴气办发〔2006〕3号)等文件。

党建 1953年巴东气象站仅有党员1人，未成立党支部。1971年12月成立临时党小组。1972年11月22日由巴东县革命委员会政治工作组批复成立黄土坡气象站临时支部委员会。1975年成立正式党支部。1982年党支部由中国共产党巴东县黄土坡气象站支部委员会更名为中国共产党巴东县气象局支部委员会。2008年，有党员14人(退休4人)。2006年到2008年巴东县气象局被县直机关工委授予先进基层党组织。

气象文化建设 坚持年年组织"3·23"世界气象日气象知识科技宣传，派技术人员到中小学宣讲防雷知识，举行单位义务植树活动。局大院内设有运动场所、健身设备、图书室、学习园地，丰富职工文化生活。

气象减灾 2003年7月23日，巴东县气象局山洪灾害防治规划领导小组成立。2005年3月先后制定《巴东县气象局危险化学品特大事故应急救援气象保障服务预案》、《巴东气象局防汛抢险预案》。2007年6月，向社会公布灾情收集热线电话。2007年6月21日，成立了黄土坡滑坡应急小分队。2007年12月28日，"灾情直报2.0系统"运行。2008年11月，巴东县气象局、国土局、水利局三个单位联合成立农村防灾减灾工作小组。

荣誉 从1983年至2008年巴东县气象局共获得集体和个人奖项奖牌共119次。1983年7月，被湖北省气象局表彰为预报服务事例一等奖。1991年8月，被国家气象局和湖北省气象局先后授予"先进集体"荣誉称号。自1995年起，巴东县气象局年年被表彰为"县级文明单位"称号，1997年度被评为"州级文明单位"。

台站建设

2004年11月26日，巴东县气象局办公楼及职工宿舍楼峻工验收，宿舍楼正式使用。自2008年开始，对局大院内的环境逐步进行绿化改造，修建花坛、草坪和绿化带，规范院内布局。装修测报室，使得观测环境焕然一新。

巴东县气象局远景图(2008年拍摄)

宣恩县气象局

宣恩县地处湖北西南边陲，县境南北全长73.9千米，东西宽71.5千米，国土总面积2730平方千米。境内沟壑纵横，高差悬殊(海拔高度356～2014米)，小气候明显，大范围和局地性气象灾害并存，尤以暴雨、低温连阴雨(雪)、干旱、大风、冰雹、雷电为甚。

机构历史沿革

始建情况 宣恩县气象局(站)建于1958年8月，位于城郊衙门堡(今园艺村二组)，东经109°29′，北纬30°00′，海拔高度532.5米。1959年1月正式开展工作。1959年4月，站址迁至县城东南郊长毛岭的小山坡(今县农场)。1962年10月，为满足观测场地的标准性，站址迁回衙门堡。2006年7月1日由国家一般气候站改为国家气象观测二级站，2008年12月31日改为为国家气象观测一般站。

管理体制 1959年，业务由恩施专署气象台领导，行政管理归口宣恩县农业局，为宣恩县农业局二级单位。1960年3月5日—1970年12月，宣恩县气象站改名为宣恩县农业局气象服务站，业务管理由气象部门负责，行政管理隶属宣恩县农业局。1971年1月，宣恩县气象站实行军事管制，属县人武部直接领导。1972年10月，宣恩县气象站取消军事管制。1982年，全国实行机构改革，气象部门改为部门和地方双重管理，由部门领导为主的管理体制。1984年，宣恩县气象站改称为宣恩县气象局，为县直一级单位。

名称及主要负责人变更情况

名称	时间	负责人
宣恩县气象站	1958.10—1959.8	曾贤宗
宣恩县气象站	1959.9—1960.12	李福吉
宣恩县农业气象服务站	1961.1—1971.5	冯文华
宣恩县气象站	1971.6—1973.3	谌子凡
宣恩县气象站	1973.4—1976.5	齐志荣
宣恩县气象站	1976.6—1984.3	陈开庭
宣恩县气象局	1984.4—1998.1	骆定章
宣恩县气象局	1998.1—	田远明

人员状况　1958年建站，有职工3人。1978年增至9人，其中工程师1人、助理工程师1人、技术员4人。现有在编人员11人，其中地方人影编制1人，编外用工2人；大专学历2人，中专、高中学历5人，初中学历1人；工程师3人，助理工程师3人，技术员1人。

气象业务与服务

宣恩县属中亚热带季风湿润型山地气候，历年平均降雨量1486.8毫米，历年平均气温15.7℃，历年平均日照时数1069.9小时。暴雨洪水，年均发生4.3次；低温连阴雨(雪)不分季节每年都有发生；雷暴和雷雨大风，主要出现在春、夏、秋三季。

1. 气象业务

气象观测　观测项目有云、能见度、天气现象、气压、气温、湿度、风向风速、降水、雪深、日照、蒸发、地温等。1959年4月1日起，每天5次向武昌拍发固定航空(危险)报；1959年10月1日，改为4次；1970年1月1日，每天13次向武昌、当阳拍发固定航空(危险)报，危险报5分钟内及时拍发。航危报在1984年1月结束。每月向省气象台发月报1次，旬报3次。重要天气报的内容有暴雨、大风、雨凇、积雪、冰雹、龙卷风等。

2006年县级气象现代化建设开始起步，县局ZQZ-CⅡ1型自动气象站建成，经过两年试运行，2008年1月1日，自动气象站正式投入使用。自动站观测内容包括气压、气温、湿度、风、降水、地温。人工观测内容包括云、能见度、天气现象、降水、日照、小型蒸发、电线积冰等。

2006年9月，在洞坪、沙道等乡镇建成自动雨量观测站7个。截至2008年12月，共建自动雨量观测站11个。

气象预报　1959年1月开始作补充天气预报。20世纪50年代末至80年代初，主要是收听武汉中心气象台、四川气象台的语言文字和资料数据编码广播，结合本站资料图表制作24小时内日常天气预报。1981年，上级业务部门对基层台站的业务建设作了硬性规定，每个县站必须有基本资料、基本图表、基本档案和基本方法(简称四个基本建设)。20世纪90年代，通过气象专用网络接收从地面到高空各类天气形势图和云图、雷达等数据，为预报制作提供各类资料。20世纪80年代后期，开始制作中期（旬）天气预报。长期预报产品主要有年度、春播、汛期（5—9月）、秋季等天气预报，主要用数理统计的方法。

人工影响天气 1981年7月，宣恩县人民政府人工降雨办公室成立，挂靠县气象局。截至2008年，人工降雨办公室配备了人影作业高炮7门、移动火箭1门、人影作业专用车1台，成立了人影专业队伍，布防到六个乡镇，作业有效面积达280平方千米。2003—2008年，人工增雨及防雹累计作业212次。

2. 气象服务

20世纪70年代，只有72小时内的短期天气预报通过县广播站向公众发布，80年代后期，短期、长期和中期天气预报、气象情报、资料服务相继展开，短期天气预报通过广播、电话、电视发布，长、中期预报纸刻墨印后送发或邮寄。

公众气象服务 20世纪50年代末至80年代初，短期天气预报每天下午4时30分至5时用手摇电话报到县广播站，县广播站在晚上8时30分向全县听众广播。长、中期天气预报县城内的人工分片送达乡镇用邮寄方式传递。2002年开通“121”电话气象服务。2004年4月局完成“宣恩兴农网”建设。2008年通过“宣恩政府网”每天更新未来7天的天气预报。截至2008年，公众气象服务的手段发展为广播、电视、报纸、网络、“12121”咨询电话、手机气象短信等等。

决策气象服务 20世纪80年代以电话、书面报告方式向县委县政府提供决策服务。20世纪90年代逐步开发《重要天气报告》、《春播期气象服务》、《汛期（5—9月）天气形势分析》等决策服务产品。在2008年初的低温雨雪冰冻灾害中，宣恩县气象台利用传真、网络、短信等方式，发布各类道路结冰预警信号13次，大雾预警1次。所有重要天气报告，均在每轮集中雨雪天气来临前1天左右发出。

专业气象服务 起步于20世纪80年代中期，服务范围涉及农业、林业、工矿、城建、交通、水利、保险、文化、体育等多种行业，主要服务对象是农业和水电系统。

气象科技服务 根据《中华人民共和国气象法》、《湖北省实施〈中华人民共和国气象法〉办法》及《湖北省雷电灾害防御条例》等法律法规，宣恩气象局认真做好防雷减灾及气球施放的行政审批和执法检查工作。在政府领导及各有关部门的配合下，开展全县所有防雷设施的安全检查检测、新（改、扩）建建（构）筑物的防雷装置设计审核、竣工验收及防雷技术咨询等业务，2007—2008年，共开展防雷检测45家，其中对22家易燃易爆场所进行了一年2次检测。

气候应用服务 1979至1980年完成了宣恩县第一部气象手册，1980至1984年用5年时间完成了《宣恩县农业气候区划报告》，1987年完成了《宣恩县气候资源报告》。

科学管理与气象文化建设

党建 1961年，有中国共产党党员1人，1982年有中国共产党党员5人，均被编入县农业局党支部。1982年，成立“中共宣恩县气象站党支部”，有党员8人。截至2008年12月有党员8人。

宣恩县气象局支部委员会自2002年开始，连续6年开展党风廉政教育月活动。

2004年开始坚持每年开展作风建设年活动。2006年开始坚持每年开展局领导党风廉政述职报告和党课教育活动，并层层签订党风廉政目标责任书，推进惩治和防腐败体系建设。

精神文明建设 1997—1998年为州级文明单位；1999—2002年为省级文明单位；2003—2006年为州级最佳文明单位；2007—2008为省级文明单位。2008年组织职工为汶川地震灾区捐款。

科学管理 2000年开始，每年3月、6月开展气象法律法规和安全生产宣传教育活动。2003年8月，成立气象行政执法大队，5名兼职执法人员均通过省政府法制办培训考核，持证上岗，与安监、建设、教育等部门联合开展气象行政执法检查32次。2008年完成《探测环境保护专业规划》编制。

气象科普宣传 2001年9月，与宣恩县电视台合作拍摄了《土苗山寨管天前哨》专题片。利用“3·23”世界气象日、安全生产月、科技周等特殊日子，通过电视、网络、报刊、展板等方式向群众宣传气象科普知识。2002年6—12月在《宣恩报》上系统宣传《中华人民共和国气象法》、《防雷减灾办法》及《人工影响天气工作条例》等相关法律法规。

荣誉 46次获国家、省、州气象局、县委县政府及县直有关部门的表彰。2005年被中国气象局表彰为“局务公开先进单位”。自有记录开始，截至2008年，宣恩县气象局个人获湖北省气象局表彰奖的共46人(次)。

台站建设

宣恩县气象站位于宣恩县城珠山镇园艺村，占地面积7759.3平方米，比县城中心高50多米，相距近2000米。20世纪60年代有房屋260平方米，为石混结构。1979年，先后新建值班室、职工食堂及补修四间住房，总面积522平方米；修通了公路，将地面观测场向前推进30米。1983年，购买平房1栋及1.5亩宅基地，同时新砌了部分围墙、堡坎，建起鱼塘、沼气池等。1992年建职工住宅楼1栋，面积956平方米，3层10套，为砖混结构。2006年建办公楼1栋，面积538平方米，2层的框架结构。

航拍气象局全景图

咸丰县气象局

咸丰县，春秋为巴子国地，五代为羁縻感化州，宋为羁縻怀远州。清雍正十三年(1735)，改土归流，并大田所、金峒、龙潭、唐崖诸地置咸丰，取“咸庆丰年”之意，县名由此而来。咸丰县境内山峦重叠，沟壑纵横，海拔高度悬殊大，易发生暴雨、冰雹、大风等灾害天气。气候特征是：冬无严寒，夏无酷暑，雨量充沛，日照偏少，湿度偏大，风速较小，雾日较多。

机构历史沿革

始建情况 1957年1月，咸丰县气候站成立，站址在咸丰县高乐山镇新田湾村。观测场位于东经109°37′03″，北纬29°41′，海拔高度764.6米。1968年9月，站址迁到咸丰县古楼坡，东经109°09′，北纬29°41′，海拔高度776.9米。

历史沿革 1959年1月，咸丰县气候站更名为咸丰县气象站。1962年3月，咸丰县气象站更名为气象服务站。1968年11月，咸丰县气象服务站更名为咸丰县气象站。1975年7月与咸丰县农业局合并。1982年与咸丰县农业局分开。1984年4月，咸丰县气象站升级为咸丰县气象局。2006年7月咸丰县气象局被确定为国家气象观测站二级站，2008年12月31日改为国家一般气象站。

管理体制 1957年1月由湖北省气象局批准成立咸丰县气候站。1973年9月由县革命委员会批准设置咸丰县革命委员气象科。1975年7月至1982年2月，气象科与农业科机构合并，气象站属农业科二级单位。1984年4月升级为咸丰县气象局，实行局站合一，一套班子，两块牌子，以气象部门为主的管理体制。

名称及主要负责人变更情况

名称	时间	负责人
咸丰县气候站	1957.1.11—1959.2	刘启炎
咸丰县气象站	1959.3—1960.6	张远光
	1960.7—1963.4	朱席珍
咸丰县气象服务站	1963.5—1966.2	饶星微
咸丰县气象站	1966.3—1978.4	王鸿钊
	1978.5—1981.2	聂继军
	1981.3—1981.9	王鸿钊
	1981.10—1982.10	王春友
	1982.11—1984.3	王鸿钊
咸丰县气象局	1984.4—	覃定光

人员状况 1957年有职工3人。1978年有职工10人。截至2008年12月31日有8

人。其中大学学历5人，中专学历3人；中级专业技术人员3名，初级专业技术人员5人；50～55岁4人，40～49岁2人，40岁以下的有2人。

气象业务与服务

1. 气象业务

观测机构 1957—1959年为咸丰县气候站，当时有3名工作人员。1960—1980年为气象站。定编为3人。1981—2008年设立地面气象测报股，定编为3人。

观测时次 1957年1月—1960年7月每日在01、07、13、19时观测4次；1960年8月—1961年7月每日在02、08、14、20时观测4次；1961年8月—2005年12月每日在08、14、20时观测3次；夜间不守班；观测项目有干球、湿球、降水、云状、云量、云高、能见度、天气现象、气压、气温、湿度、风向、风速、降水、雪深、日照、蒸发、地温等。2007年5月增加酸雨观测；2008年2月新增电线积冰观测和发报任务，同年6月1日增加雷暴、视程障碍等观测项目和发报任务；2008年7月1日，增加台风、暴雨、大风、雷电、冰雹、高温、干旱、大雾、霾、霜冻、暴雪、寒潮、道路结冰等13种气象灾害的预警信号发布与传播任务。

发报内容 天气报的内容有云、能见度、天气现象、气压、气温、风向风速、降水、雪深、地温等；重要天气报的内容有暴雨、大风、雨凇、积雪、冰雹、霾、龙卷风等。县气象站编制的报表有月报表气表-1、年报表气表-21、酸雨报表。向省气象局、州气象局各报送1份，本站留底本1份。

现代化观测系统 20世纪90年代末，县级气象现代化建设起步。2002年1月1日，县局自动气象站建成，投入试运行；2004年1月1日正式开展业务工作。自动气象站观测项目有气压、气温、湿度、风向风速、降水、地温等，由仪器自动采集、记录。

乡(镇)自动雨量观测站陆续建设。2006年11月—2008年5月，在黄金洞、清坪、小村、尖山、活龙、朝阳、甲马池、忠堡、平坝营、茅坝、丁寨乡镇建成自动雨量观测站11个，其中单要素站5个，两要素站1个，四要素站5个。

2. 气象服务

公众气象服务 1957年起，利用农村有线广播站播报气象消息。1990年6月，利用预警报发射机发送预警报信息。1998年5月，由咸丰县气象局应用非线性编辑系统制作电视气象节目，通过咸丰县电视台播放。

决策气象服务 20世纪80年代以电话或传真方式向县委、县政府提供决策服务。20世纪90年代逐步开发《重要天气报告》、《气象服务》和《专题气象服务》等决策服务产品。2008年初，在罕见的低温雨雪冰冻灾害过程中，及时准确地作出了灾害天气预报，向县委、县政府和有关部门提供决策服务。

气象科技服务 1985年3月，遵照国务院办公厅《转发国家气象局关于气象部门开展有偿服务和综合经营的报告的通知》(国办发〔1985〕25号)文件精神，专业气象有偿服务开始起步。专业气象有偿服务主要是利用电话、传真、警报系统、网络、手机短信等手段，面向各行业开展气象科技服务。

1988年5月咸丰县物价局规范气象服务的对象、范围、收费原则和标准等。1990年起，开展建筑物避雷装置安全性能检测；1994年起，开展庆典气球施放服务。

人工影响天气服务 1986年5月，咸丰县购买了1门单管“三七”高炮，开展人工降雨工作。1993年4月，成立咸丰县人工降雨办公室，由气象局负责组织增雨作业。1993年5月，咸丰县编制委员会给县人工降雨办公室核定事业编制1人(咸编发〔1993〕41号)。1993年4月，省人工影响天气办公室配备双管“三七”高炮3门；1999年5月增加单管“三七”高炮1门；2004年5月，购买BL型火箭发射架1台。

气象科普宣传 建立中小学气象科普实践教育基地，向中小学生宣传气象科普知识。每年的“3·23”世界气象日和安全生产月，全体气象员工走上街头，宣传气象科普知识和防雷安全知识。

法规建设与管理

1. 气象行政执法

行政执法 2000年以来，咸丰县气象局认真贯彻落实《中华人民共和国气象法》、《湖北省实施〈中华人民共和国气象法〉办法》等法律法规，州、县人大领导和代表多次视察或听取气象工作汇报，气象工作纳入县政府目标责任制考核体系。每年3月和6月开展气象法律法规和安全生产宣传教育活动；对县直各单位的建筑物依法进行防雷装置安全性能检测。开展气象行政执法工作，重点加强雷电灾害防御的依法管理工作，对不符合防雷技术规范要求的单位，责令整改。2007年3月，成立气象行政执法大队，4名兼职气象行政执法人员均通过省政府法制办培训考核，持证上岗。

行政许可 2008年6月20日，将建(构)筑物防雷装置的设计审核、竣工验收纳入了咸丰县行政审批服务管理中心，气象防雷技术服务步入规范化管理。

探测环境 观测场位于咸丰县城鼓楼坡山顶上，海拔高度776.9米，居高临下，为25米×25米的平整场地。四周开阔，没有高大的建筑物，没有障碍物遮蔽，也无铁路、大型水体和其它源体干扰。

2. 气象社会管理

建立健全气象灾害应急响应体系 2006年，出台《咸丰县重大气象灾害应急预案》，并纳入县政府公共事件应急体系。2006—2008年，成立重大气象灾害应急领导小组、防雷减灾工作领导小组、人工影响天气领导小组三个机构。

加强防雷减灾管理 2000年4月21日，设立咸丰县防雷中心，负责指导和管理全县的防雷减灾工作，定期对液化气站、加油站、民爆仓库等高危行业进行防雷检查。

党建与气象文化建设

党建 1962年1月至—1970年12月，有中共党员3人(王春友、饶星微、王鸿钊)，编入县委农业局党支部。1971 年 1 月至 1975 年 6 月，咸丰县气象站成立党支部，有党员 4 人，王鸿钊任支部书记。1975 年 7 月至—1979 年 12 月，有党员 5 人，王鸿钊任支部书记。1980 年 1 月至 2007 年 10 月，覃定光任支部书记。

气象文化建设 始终坚持以人为本，深入持久地开展文明创建工作。1984 年度被咸丰县委、政府命名为咸丰县首届县级文明单位，1991 年秋季在农业战线男子篮球比赛中获“精神文明奖”和歌剧“神炮”汇演二等奖。1995 年升级为州级文明单位，1998 年至今为州级最佳文明单位。全局干部职工及家属子女无一人违法违纪，无一例刑事民事案件，无一人超生超育。

文明创建阵地建设得到加强。开展文明创建规范化建设，改造观测场，装修业务值班室，统一制作局务公开栏、学习园地、法制宣传栏和文明创建标语等宣传用语牌。建设“两室一场”（图书阅览室、职工学习室、小型运动场），拥有图书 3000 册；每年在“3·23”世界气象日组织科技宣传，普及防雷知识。

荣誉 1957 年—2008 年咸丰县气象局共获集体荣誉 48 项，1995 年被省委、省政府、省军区授予“防汛抗灾先进集体”。

1995 年咸丰县气象局获湖北省委、省政府“抗灾救灾先进集体”光荣称号

台站建设

台站综合改善 1987 年修建职工宿舍楼 10 套；2006 年修建业务办公楼 1 栋共 601 平方米；2008 年被列入全省 3 个台站建设试点县之一，正在按照新型台站建设的要求加紧建设。

园区建设 2008 年，咸丰县气象局分期分批对单位院内的环境进行绿化改造，规化整修了道路，在观测场周围修建了草坪和花坛，重新装饰了宿舍楼，改造了业务值班室，完成了业务系统的规范化建设。气象业务现代化建设取得新进展，建起了气象地面卫星接收站、自动观测站、决策气象服务、商务短信平台等业务系统工作。

1966 年，咸丰县气象局全貌

咸丰县气象局规划图（2008 年）

来凤县气象局

来凤县以凤凰飞临的传说而得名，清乾隆元年（1736 年）建县。来凤县属典型的中亚热带大陆性季风湿润型山地气候，具有温暖湿润、四季分明、雨量充沛、雨热同期等气候特点。由于地形地貌较为复杂和季风气候的不稳定性，暴雨、干旱、春季低温连阴雨、大风冰雹、雷电、大雪冰冻等气象灾害比较严重。

机构历史沿革

始建情况　来凤县气象局（站）1952 年 12 月由中国人民解放军中南军区气象科组建，位于来凤县城关区牛车坪，北纬 29°34′，东经 109°29′，海拔高度 472.4 米。1953 年 1 月 10 日正式开展业务工作。1953 年 9 月，因观测场地不符合要求，迁到来凤县金盆山山脚，北纬 29°31′，东经 109°25′，海拔高度 459.5 米。来凤县气象站属国家基本气象站。

建制情况　1953 年 12 月之前，站名湖北军区来凤气象站，属湖北军区气象科建制。1954 年 1 月执行转建命令，更名为湖北省来凤气象站，属省气象局建制。1958 年气象体制下放，划归县农林局管理，更名湖北省来凤县气象站。1960 年根据湖北省第十届气象会议精神，更名湖北省来凤县气象服务站，属县农林局领导，地区气象局负责业务指导。1970 年 1 月，改名为来凤县革命委员会农林局气象服务站，属县人武部领导，地区气象局负责业务指导。1971 年 10 月，更名湖北省来凤县气象站。1972 年，由县农业局领导。1980 年 8 月成立土家族自治县，更名来凤土家族自治县气象站。1982 年，气象体制改革，气象部门的人、财、物收归气象系统直接领导，党政由地方领导。1983 年成立鄂西土家族苗族自治州，来凤自治县取消，更名湖北省来凤县气象站。1984 年 3 月气象站升格，更名来凤县气象局，实行局站合一，一套班子，两块牌子，以气象部门领导为主的双重领导。

名称及主要负责人变更情况

名称	时间	负责人
湖北军区来凤气象站	1952.12—1953.12	钟国清
湖北省来凤气象站	1953.12—1954.8	钟国清
	1954.9—1958.2	畅建民
湖北省来凤县气象站	1958.3—1958.7	刘兆吉
	1958.8—1959.4	冉绪荣
湖北省来凤县气象服务站	1959.5—1966.9	易辉梓
	1966.10—1966.12	洪金苑
	1967.1—1969.12	洪金苑
来凤县革命委员会农林局气象站	1970.1—1971.9	洪金苑

续表

名称	时间	负责人
湖北省来凤县气象站	1971.10—1971.11	洪金苑
	1971.12—1978.9	马奉明
	1978.10—1980.7	洪金苑
来凤土家族自治县气象站	1980.8—1981.8	洪金苑
	1981.9—1983.12	吴嗣权
湖北省来凤县气象站	1984.1—1984.2	吴嗣权
来凤县气象局	1984.3—1986.10	王东汇(未到任)
	1986.11—1987.3	吴嗣权
	1987.4—1987.11	包书璇
	1987.12—1991.12	游家明
	1992.1—2004.5	向志仕
	2004.6—2007.5	李炳祥
	2007.6—	田洪海

人员状况 1953年建站初期有职工5人。1978年年底有正式职工11人,临时工3人。2006年8月定编为17人。2008年年底在职在编职工17人,聘用合同工2人。其中,大学学历2人,大专学历5人,中专学历9人;中级专业技术人员10人,初级专业技术人员4人;50岁以上8人,40～49岁3人,40岁以下的有8人;中共党员9人;土家族、苗族6人。

气象业务与服务

1. 气象业务

地面观测 截至2008年12月,观测时次为每天02、05、08、11、14、17、20、23时8次观测。观测项目有云、能见度、天气现象、气压、气温、湿度、风向风速、降水、雪深、日照、蒸发、地温等。观测发报的内容有天气报、重要天气报和航危报。1954年12月至1957年3月承担武昌、宜昌的航危报业务。1957年3月增加重庆的航危报业务。1960年9月和1961年9月增加北京的预约航危报业务。1993年取消航危报,保留预约航危报。

1957年来凤气象站的老一辈气象观测员,前排中间为洪金宛(原来凤县气象局局长)

农业气象观测 1957年10月开始农业气象和土壤湿度观测,文革期间观测停止。1980年恢复农业气象业务,观测中稻、油菜和冬小麦农作物和物候。2008年年底农业气象业务主要承担油菜、水稻农作物观测和土壤墒情监测等基础业务工作。

自动(雨量)气象站 2006—2007 年分别在百福司镇、漫水乡、旧司乡、三胡乡建成单要素自动气象站，塘口电站、大河镇、革勒车乡建成两要素自动气象站，2008 年 11 月在绿水乡建成四要素自动气象站。在 8 乡镇建成区域自动气象站，各站业务运行正常。

气象信息接收 1983 年前，气象站利用收音机收听武汉区域中心和周边气象台播发的天气形势和天气预报。1983 年开始使用 CZ-80 型天气图传真接收机接收北京、欧洲气象中心以及东京的气象传真图。1990 年 3 月开通甚高频电话，加强与恩施州气象台的直接联系和天气会商。1999 年年底，建立 PCVSAT 接收系统，接收从地面到高空各类天气形势图和云图、雷达等气象信息。2004 年开始使用湖北省气象局网上气象台。

气象信息发布 1990 年前，主要通过广播和邮寄服务材料等方式向全县发布各类气象信息。1990 年 6 月，自筹资金 3 万元购进预警报发射机 1 台，给县委、县政府和乡镇等 19 家单位提供气象信息。1998 年 4 月，购置多媒体电视天气预报制作系统，制作电视天气预报节目；同年开通“121”天气预报自动答询电话。2004 年 4 月“121”答询电话实行集约经营。2006 年 1 月，“121”电话升位为“12121”。2005 年建立“来凤兴农网”；2006 年 12 月开通“来凤气象网”，发布天气预报、气象、涉农和政务等各类信息。

气象预报 1958 年 6 月始，县气象站通过收听天气形势，结合本站资料图表，开展 1～3 天短期天气预报。1982 年始，开展 3～5 天、旬、月、春播期、汛期等中长期天气预报。1990 年，开展省、州、县三级台站预报业务配套。2000 年始，开展临近天气预报，供领导决策的各类重要天气报告。2004 年，开展灾害性天气预报预警业务。

2. 气象服务

公众气象服务 1958 年，利用农村有线广播站播报天气预报等气象消息。1990 年 6 月，利用预警报发射机发送预警报信息。1998 年 4 月，由县气象局应用非线性编辑系统制作电视气象节目，通过县电视台播放。2005 年开展网络气象服务。

决策气象服务 20 世纪 80 年代以电话或传真方式向县委、县政府提供决策服务。20 世纪 90 年代逐步开发《重要天气报告》、《气象服务》和《专题气象服务》等决策服务产品。

1998 年 7 月 21—22 日，来凤降雨量 341.4 毫米，导致城区上游水库垮坝，半个县城被淹，县气象局提前作出了较为准确的预报

在1991年“6·29”特大暴雨洪涝和2008年初严重低温雨雪冰冻灾害中，准确预报灾害天气过程，及时向县委、县政府和有关部门提供决策服务。

气象科技服务 1985年3月，专业气象有偿服务开始起步。截至2008年服务手段有传真、邮寄、警报系统、影视、手机短信等。1990年起，为各单位建筑物避雷装置开展安全性能检测；1997年开始，开展庆典气球施放服务。

人工影响天气服务 1976年开始，来凤县开展土火箭人工降雨实验，1978年正式开展土火箭人工降雨作业。1980年恩施军分区配备单管“三七”高炮1门，开展人工降雨工作。1984年3月，来凤县人工降雨办公室。1985年来凤县人民政府发文恢复来凤县人工降雨办公室，办公室设在来凤县气象局。1989年2月人工降雨办公室核定事业编制1人，其人员业务经费列入财政预算。1992年省人工影响天气办公室配备双管“三七”高炮2门，2004年购买BL型火箭发射架1台。

农业气象服务 1980年设立农业气象股，开展农业气象服务，向县政府、乡镇和涉农部门寄发《农业气象服务》等业务产品。1987年开展西瓜与黑糯稻的引种栽培实验和中稻适应种植区气候分析。1980—1981年，完成《来凤县农业气候资源和区划》编制工作。1988年参与《来凤县志》编纂工作。1989年开始，编写全年气候影响评价。1990年开展山区气候考察。

法规建设与管理

1. 气象行政执法

行政执法 2005年开始开展气象行政执法工作，重点加强雷电灾害防御的依法管理工作，对不符合防雷技术规范要求的单位，责令整改。2007年，3月，成立气象行政执法大队，6名兼职气象行政执法人员均通过湖北省政府法制办培训考核，持证上岗。

行政许可 2008年4月编写《气象行政许可便民服务指南》；7月清理行政许可项目及非许可项目，绘制行政审批工作流程图，准备2009年年初将气象行政许可项目归并到来凤县为民服务中心事宜。气象行政许可正逐步规范化。

探测环境保护 2008年7月15日，县人民政府向省气象局发出《来凤县人民政府关于加强气象探测环境保护的承诺函》(来政函〔2008〕21号)，对来凤站气象探测环境保护进行承诺。

2. 气象社会管理

建立健全气象灾害应急响应体系 2006年，出台《来凤县重大气象灾害应急预案》，并纳入县政府公共事件应急体系。2006—2008年，成立重大气象灾害应急领导小组。2008年初，来凤县遭遇严重雨雪冰冻灾害，恩施州气象局发布《关于启动恩施州重大气象灾害预警应急预案二级响应命令》。

强防雷减灾管理 1999年11月成立来凤县防雷减灾中心，负责全县的防雷减灾工作。2005年开展防雷装置设计审核和竣工验收，开展对辖区内新建建(构)筑物防雷装置隐蔽工程进行跟踪检测。

党建与气象文化建设

1. 党建工作

党支部建设 来凤县气象局从建站至1970年仅有历届站长是中国共产党党员。1971—1978年，全站2名党员均参加县农林局党支部的组织生活。1979年来凤县气象站党支部成立，有党员3人。截至2008年12月，来凤县气象局有党员11人。

2. 气象文化建设

文明创建与文化建设 积极参加县文明办组织的"光彩·文明杯"运动会，2007—2008连续2年获"精神文明代表队"称号。2007年先后有6名干部职工参加在职学习，全面提高干部职工的文化教育水平。局工会积极组织全局干部职工开展娱乐活动，丰富职工的业余生活，职工生活丰富多彩。

集体荣誉 1994年3月被湖北省人民政府评为"气象为农业服务先进单位"；1999—2000年度，来凤县气象局被省委、省政府授予"文明单位"称号。

个人荣誉 1985年5月年张本正被团中央授予"新长征突击手"。

人物简介

洪金苑 男，汉族，湖北嘉鱼县人，1938年9月出生，中共党员，中专学历，气象工程师。1954年毕业于中央气象局兰州干部训练队，1954年12月至1981年5月在湖北省来凤县气象局工作，历任气象观测员、观测组长、气象站副站长、站长、县农业局副局长、县人大常委。1957年获全国气象先进工作者称号。1978年获全国气象标兵称号。1979年获全国劳动模范称号。

台站建设

气象局现占地面积7.1亩。办公楼1栋共460平方米，在2006年的整体搬迁中被部分拆除；职工宿舍1栋共1100平方米，在2006年整体搬迁中被整体拆除；炮库2间。2006年4月在翔凤镇老寨坪村和尚堡征地6亩，建设新的气象观测站。2008年9月新站址开工建设，预计竣工时间为2009年5月。2008年11月以林权流转形式流转林地8亩，经营权为70年。2008年11月职工宿舍竣工建成。

建站初期的来凤站观测场

来凤观测场远景(2008年拍摄)

鹤峰县气象局

鹤峰，古称容美，地处湖北省西南部，是土家族、苗族等少数民族聚集地，是全国旅游精品线路之一。全县总面积2892平方千米，205个行政村，人口22万。鹤峰属亚热带大陆性季风湿润气候，雨热同季，多雾，立体小气候显著，是湖北省的两个暴雨中心之一。

机构历史沿革

始建情况 鹤峰县气象站，始建于1958年2月，位于鹤峰县城关水寨农场（城郊），北纬29°54′，东经109°50′，海拔高度450米，并于1959年1月1日正式开始工作。1962年，因县政府决定在气象站所在地修建粮仓，经报恩施地区气象局批准，4月20日迁站至城关后坝覃家顶坪，北纬29°54′，东经110°02′，观测场海拔高度539.8米。1984年4月气象业务被确定为国家一般气象站，2006年7月1日改为为湖北省鹤峰县国家气象观测站二级站，2007年10月1日改为湖北省鹤峰国家气象观测站二级站。

走马坪气象站建于1956年，北纬29°50′，东经110°25′，观测场海拔高度971.8米，1957年1月开始工作。1984年6月18日，于1962年被撤销的走马坪气象站重新恢复，定为国家气象观测一般站，属鹤峰县气象局建制。1986年10月25日根据湖北省气象局文件精神，于1987年1月1日撤销走马坪气象站，人员、房屋等移交给当地政府部门。1986年12月，县政府行文自办走马坪气象站，实行县办区管。1989年1月1日起改为县办，由鹤峰县气象局承包管理；1998年4月因县气象局不再进行承包管理，气象资料交由县气象局保管后永久性撤销。

历史沿革 鹤峰县气象站位于湖北省鹤峰县容美镇大桥路64号。1958年2月建站时，属鹤峰县农业局二级单位，业务由湖北省恩施专属气象台领导；1960年3月5日改名为鹤峰县气象服务站。1971年7月29日改名为鹤峰县气象站。1981年5月25日更名为鹤峰土家族自治县气象站。1982年7月11日成立鹤峰土家族自治县气象局。1983年12月1日，国务院批准成立鄂西土家族苗族自治州撤销自治县，再次更名为鹤峰县气象局，并沿用至今。

管理体制 建站初期是上级业务部门与地方党委双重领导，以上级业务部门为主。1958年11月18日气象体制下放，属县人民委员会领导。1962年6月4日，气象体制调整，各级气象部门由当地党委、政府和上级气象部门双重领导，并以上级气象部门为主，县气象站由人民委员会领导。1964年9月成立鹤峰县人民委员会气象科。1968年10月成立鹤峰县革命委员会气象站革命领导小组。1971年7月29日，县气象部门实行军事部门和县革委会双重领导，并以军事部门为主，县气象站属县人民武装部领导。1973年9月县革委决定成立鹤峰县革命委员会气象科。1977年9月经县委决定撤销气象科，保留气象站属农业局二级单位。1982年4月1日气象体制改革，改为地方党委和上级业务部门双重领导，以上级业务部门为主，并延续至今。

机构设置 1984年机构设置为测报股、预报股；现设机构为办公室、气象台、人影办、防雷中心。

名称及主要负责人变更情况

名称	时间	负责人
鹤峰气象站	1958.2—1960.2	彭镜清
鹤峰县气象服务站	1960.3—1962.12	昌远大
	1963.1—1964.8	代能将
鹤峰县人民委员会气象科	1964.9—1968.9	李绍雄
鹤峰县革命委员会气象站革命领导小组	1968.10—1971.6	李绍雄
湖北省鹤峰县气象站	1971.7—1973.8	李绍雄
鹤峰县革命委员会气象科	1973.9—1977.8	李绍雄
鹤峰县气象站	1977.9—1980.4	李绍雄
鹤峰县土家族自治县气象站	1980.5—1982.6	李绍雄
鹤峰县土家族自治县气象局	1982.7—1983.11	李绍雄
鹤峰县气象局	1983.12—1986.4	李绍雄
鹤峰县气象局	1986.5—1997.12	杨世雄
鹤峰县气象局	1998.1—2000.2	余兆定
鹤峰县气象局	2000.3—	张　鑫

人员状况　1958年建站初期有7人。1978年底有10人。截至2008年12月有职工9人。其中大学学历3人,大专学历4人,中专学历(含高中)2人;中级专业技术人员4人,初级专业技术人员4人;1958—2008年,先后有58人在鹤峰县气象站工作过,以汉族和土家族为主。

气象业务与服务

1. 气象业务

地面气象观测　1959年1月1日正式开始观测,1962年1月1日,开始气压观测;2008年2月20日开始,开展电线积冰观测。现有观测项目为云、能见度、天气现象、气压、空气的温度和湿度、风向风速、降水、雪深、日照、地温(0～20厘米)、草温、蒸发(小型)、电线积冰。

现代化观测系统　1986年1月1日,地面测报业务开始使用PC-1500袖珍计算机进行查算编报;1995年7月配置IBM-PC微机1台,建立卫星雷达气象资料远程接收终端工作站并投入使用,同年12月,配置EN1型测风数据处理仪1台;1998年11月开始使用微机编制地面气象记录报表;2005年8月ZQZ-CⅡ1型自动气象站建成,9月1日开始试运行。2006年12月31日北京时20时起,自动气象站转入平行观测第二年,以自动气象站记录为主;2007年12月31日北京时20时转入单轨业务运行。2006—2008年,在走马、五里、燕子、中营、太平、下坪等地建立了10个区域气象自动监测站,其中2个四要素站、1个两要素站、7个单要素站。

发报内容　天气报的内容有云、能见度、天气现象、气压、气温、风向风速、降水、雪深、地温等;航危报的内容只有云、能见度、天气现象、风向风速等。当出现危险天气时,5分钟内及时向所有需要航空报的单位拍发危险报;重要天气报的内容有暴雨、冰雹、大风、积雪、雨凇等。

气象预报　1960年开始制作单站补充天气预报。1961年根据收音机接收武汉中心气象台及周边气象台的语言文字和数据编码气象资料，结合本站资料图表（九线图、三维空间图、剖面图、点聚图、曲线图），并根据气象谚语制作短期天气预报。1983年至今，开展常规24小时、48小时、未来3～5天和旬、月等长、中、短期天气预报以及临近预报。同时，开展灾害性、关键性、转折性天气预报预警和决策性重要天气报告等。

人工影响天气　1989年3月15日，鹤峰县人工降雨办公室成立，挂靠气象局管理，定编1人，其经费由财政部门审定。2000年7月27日，更名为鹤峰县人工影响天气办公室。1993年8月1日购置高炮1门，8月13日建立五里下洞炮点，正式开展人工防雹作业；1996年8月，添置3门高炮，在燕子七垭、中营易家台、走马堰垭开展防雹作业；2008年6月，新添1门车载火箭，在容美镇杨柳坪村开展防雹作业。2000—2006年4个高炮作业建成具有炮库、弹药库、值班室、炮台等较完善的防雹基地。

2. 气象服务

公共气象服务　1960年用在街上挂牌子的方式向县城发布天气预报，后改为广播和邮寄旬月报方式向全县发布气象信息。1993年建成气象警报系统，面向有关部门、乡（镇）、企业开展天气警报信息发布服务。1998年5月，“121”天气预报自动答询系统正式开通；2006年1月“121”实行集约经营。1998年9月电视天气预报正式在鹤峰县开通。2003年12月，开通“鹤峰兴农网”。

决策气象服务　20世纪80年代以电话形式向县委县政府提供决策服务，后逐步开发《重要天气报告》、《春播期预报》、《汛期天气趋势预测》等决策服务产品。2008年鹤峰县气象局组织专班，认真分析，精心制作，为鹤峰首届茶叶节、全州老年运动会、鹤峰革命根据地创建八十周年纪念活动、江坪河水电站截流等大型活动提供准确预报，保障各项活动成功举办。

2008年1月，持续低温冰雪灾害天气预报服务中，鹤峰气象局先后启动重大气象灾害三级、二级应急预案，期间发布重要天气预报10次，警报2次，并提前10天预报出2月2日天气转好，为地方党委、政府指挥抗灾救灾提供科学的决策依据。2008年为江坪河电站建设提供保障服务，为交通运管部门提供冰雪、大雾、暴雨等灾害性天气预报服务，被县委、县人民政府表彰为2008年“春运工作先进单位”。

汛期气象服务中，做到早部署、早落实，时刻关注天气变化，在每次强降水来临前都发布《重要天气消息》，强降水天气出现后注意跟踪服务，为县防汛办分析、研究、决策和指挥提供了参考意见，同时根据天气形势不断作出订正预报，服务于各行各业。

专业专项服务　1983年开始有偿气象服务工作，主要服务内容为短期预报、中长期天气分析（预报）、灾害性（转折性）天气及时通知等。2008年6月起，派人长驻江坪河电站进行气象专项服务。

江坪河电站地质灾害处理工程是鹤峰县生命线工程。2008年9月，预报人员通过对气象资料的分析，果断作出预报：此次降水过程从2日晚上开始至3日晚上基本结束，过程雨量30毫米左右，此次降水过程的降水量高值区位于鹤峰的五里、走马。同时建议：一是江坪河上游电站水库除燕子桥电站外都不提前泄水；二是燕子桥电站库容较小可以提前按30毫米降水拦洪量计算进行提前泄水。领导采纳了气象局的建议，预报与实况完全一致，此次成功的决策气象服务经济社会效益十分明显。

人工降雨 1989年3月15日，鹤峰县人工降雨办公室成立。2000年7月，更名为鹤峰县人工影响天气办公室。1993年8月1日第一门高炮运抵鹤峰县，8月13日高炮被运达五里区下洞乡，建立五里下洞炮点，正式开展人工防雹作业；1996年8月，新添3门高炮，在燕子七垭、中营易家台、走马堰垭开展防雹作业；2008年6月，新添1门车载火箭，在容美镇杨柳坪村开展防雹作业。2000—2006年4个高炮作业建成具有炮库、弹药库、值班室、炮台等较完善的防雹基地。

防雷气象服务 2000年7月27日，鹤峰县防雷中心成立。2003年度与安监局联合下发《关于开展全县重点行业和重点企业防雷设施安全检查的通知》(鹤安监管〔2003〕5号)，开展全县易燃易爆场所的防雷安全检测工作。2003年8月1日起，开始实行建(构)筑物防雷装置行政审核制度。

气象科普宣传 1998年3月《鹤峰气象》创刊，以气象宣传为主。2003年，在《鹤峰报》上开辟气象专栏，加强科普宣传。2008年11月在县电视台播出节目——《周末聚焦·气象篇》。2008年12月18日开通鹤峰气象网，以防灾减灾、提升服务质量、快速准确提供气象信息为目标，普及气象科普知识。

党建与精神文明建设

党建 1965年有党员2人，参与县主管部门的组织生活。1973年12月成立气象科党支部，有党员3人。1982年7月，成立气象局党支部，有党员3人。现有党员8人.

精神文明建设 1984年起开始争创文明单位活动。2007年3月被中共鹤峰县委、鹤峰县人民政府授予“2004—2006年度县级文明单位”称号。

荣誉 1982年获“全省气象部门先进单位”称号；1994年被省局评为“防汛抗旱气象服务先进集体”；1982年刘健、郑春武两位同志被评为“全省气象系统先进工作者”称号。

台站建设

1978年修建一条简易公路，1998年、2003年分两次将其硬化。1992年4月—1993年6月，新建职工住宿楼1栋；2005年11月等效雷达综合楼动工修建，2006年11月23日完工，建立业务一体室、档案室、图书室、会议室等硬件措施。

鹤峰县气象局旧貌

鹤峰县气象局新颜

绿葱坡气象站

绿葱坡气象站，始建于1956年，占地面积3700平方米，1957年1月1日正式开始工作。本站位于湖北省巴东县绿葱坡镇大巴山脉东麓的巫山峻岭之巅，北纬30°47′，东经110°14′，海拔高度1819.3米。承担国家基本观测站任务。1971年2月15日，湖北省革命委员会科技管理局气象管理处致函鄂西专署气象局同意广空某部雷达站安放军事雷达于观测场旁，并将25米×25米的观测场东移缩小成16米×20米。1998年1月1日，绿葱坡气象站撤销，记录年代为1957年1月1日—1997年12月31日。

绿葱坡气象站地处高山顶峰，天气变化复杂，气候条件恶劣。经统计24年(1957—1980年)气象资料，年平均气压818.7百帕，极端最高气压832.9百帕，极端最低气压803.7百帕；年平均气温7.8℃，年平均最高气温11.7℃，年极端最高气温29.0℃，年平均最低气温6.4℃，年极端最低气温-17.2℃；年降水量1880.0毫米，一日最大降水量191.9毫米，连续24小时最大降水量215.4毫米，最长降水日数23天，最长无降水日数28年，最大积雪深度50厘米，电线积冰最大直径雨凇711毫米，重量3716克/米，雾凇直径272毫米，重量880克/米；日照时数1519.9小时，日照百分率34%，日照百分率>70%(晴天)日数89.4天，日照百分率<30%(阴天)日数199.0天，蒸发量945.2毫米，最大冻土深度33厘米；年平均风速3.7米/秒，最大风速25.0米/秒，最多风向E，风向频率为23%，日平均总云量>8成日数208.8天，8级以上大风平均日数29.0天，最多58天，最少4天；雾日242.5天，最多282天，最少213天，降雪日数165.3天，最多194天，最少123天，积雪日数73.2天，最多95天，最少41天。绿葱坡气象站的地理位置对天气过程下游气象台站预测天气、气候变化具有参考价值和指标意义，是一个极其重要的高山指标站。1983年8月定为二类艰苦气象站。

机构历史沿革

建制 1961年8月，绿葱坡气象站属巴东县气象科领导，编制8人，其中站长1人、观测员5人、摇机员1人。1972年8月27日，站名由巴东绿葱坡气象服务站改称巴东绿葱坡气象站。1982年，气象部门体制改革，改称恩施地区气象局绿葱坡气象站。1983年12月，恩施地区成立鄂西土家族苗族自治州，次年3月改称鄂西土家族苗族自治州气象局绿葱坡气象站。

1971年7月，气象部门改由地方武装部管理，县人武部陈维才任教导员。1973年改为地方政府管理。1980年7月，全国实行气象部门与地方政府双重领导、以气象部门为主的管理体制，绿葱坡气象站除党团关系和户口归地方管理外，其他均隶属恩施自治州气象局管理。

人员状况 绿葱坡气象站人员编制12人(含临时工3人)，除站长、副站长，观测员、报务员外，还配备了摇机员。工作人员实行轮换制，先后由湖北省气象局和恩施州气象局负责抽调工作人员轮流上山工作，轮换周期为三个月、半年、一年、两年、三年不等。

主要负责人更替情况

名称	时间	负责人
绿葱坡气象站	1957.1—1964.3	陈义祥
绿葱坡气象站	1964.3—1971.7	丁勇臣
绿葱坡气象站	1971.7—1973.4	陈维才
绿葱坡气象站	1973.5—1976.8	田　明
绿葱坡气象站	1976.9—1982.6	田玉林
绿葱坡气象站	1982.7—1984.8	骆定章
绿葱坡气象站	1984.9—1985.9	陈家奎
绿葱坡气象站	1985.10—1987.10	吴泽万
绿葱坡气象站	1987.11—1989.9	张业际
绿葱坡气象站	1989.10—1996.4	饶礼伦
绿葱坡气象站	1996.4—1998.1	张世清

主要气象业务

绿葱坡气象站的主要业务是完成地面基本站的气象观测，每天向武汉区域气象中心和湖北省气象台传输4次定时观测电报，制作气象月报和年报报表。

气象观测　绿葱坡气象站每天进行02、05、08、11、14、17、20、23时8次地面观测。观测项目有风向、风速、气温、气压、湿度、云、能见度、天气现象、降水、日照、小型蒸发、地面温度、雪深、雪压、电线积冰、冻土等。每天编发05、08、14、17时4个时次的定时绘图报和补充绘图报，0—24小时定时航空报和不定时危险报。1957年1月1日开始使用气压、温度、湿度自记仪器，1957年6月1日开始使用雨量自记仪器，1980年1月1日开始使用风自记仪器。1998年1月1日，根据湖北省气象局的指令，撤销绿葱坡气象站，全部资料送恩施州气象局保管。

绿葱坡冬天冒雪观测

1986年绿葱坡气象站配备PC-1500袖珍计算机。同年的11月1日开始使用PC-1500袖珍计算机取代人工编报。1990年5月20日，中国气象局气象科学研究院在绿葱坡气象站建成自动气象站，终因设备不过关而终止。1993年5月，湖北省气象局在绿葱坡气象站建成DCP自动气象站，但运行时间不长，因设备问题再次终止。2008年9月28日，湖北省气象局再次在绿葱坡气象站建成六要素自动气象站，并投入业务运行。自动站观测项目包括温度、湿度、气压、风向、风速、降水，并通过移动公司的 GPRS 适时向湖北省气象局传输气象资料。

气象电报的传输 绿葱坡气象站建站时通信条件困难，每天 4 次地面绘图报的传输，使用自备的电台发报。1964 年 10 月，改由巴东报房专线电话传输气象电报，1990 年 12 月，开通绿葱坡气象站到恩施的高频电话，气象电报通过高频电话向恩施州局发送，再由恩施转发到湖北省气象局，直到 1997 年年底。2008 年 9 月建成无人值守的自动气象站，所采集的数据通过移动公司 GGRS 无线网络模块传送至湖北省气象局数据网络中心。

气象报表的制作 绿葱坡气象站建站后气象月报、年报气表，用手工抄写方式编制，一式 4 份，分别上报国家气象局、湖北省气象局气候资料室、恩施州气象局各 1 份，本站留底 1 份。从 1987 年 7 月开始使用微机打印气象报表，向上级气象部门报送报表。

党建与气象文化建设

气象文化 绿葱坡气象站地处素有“鄂西屋脊”之称的高山之上，东邻宜昌秭归，北与重庆巫山相望。距县城 48 千米，距州府 145 千米。四周山高路险，人烟稀少，环境恶劣。山上信息不通，水电不通，观测发报只能用柴油机发电。冬季寒风呼啸，迷雾笼罩，大雪纷纷，一年四季有三季见不到阳光(雾日居多)。雾凇、雨凇、冻土、积雪严重。冬天风向标常被冻雨冻住不能转动，此时，观测员必须在观测前爬上风向杆用提前烧好的开水为风向标解冻，进行观测；夏天雷暴肆虐，常常把观测室的仪器损坏，甚至威胁到观测员的生命；夜间值班出入用手电筒，手工编报用蜡烛照明。冬季饮水做饭以雪化水，夏季靠挖坑积水。常年吃不到新鲜蔬菜，以盐汤泡饭。平时运送器材、物品需人工肩挑背驮。被褥常常潮湿得晒不干，要用煤火烘烤。

党建 绿葱坡气象站在建站之初就成立了党支部。面对艰苦环境，历届党支部均重视对党员和群众进行荣誉教育、爱岗敬业、艰苦奋斗、团结协作的集体主义教育。坚持每周召开一次党的生活会，组织党员学习政策文件，发挥党支部的战斗堡垒作用和党员的模范带头作用，在全站形成了以艰苦为荣、克服困难、努力工作、团结友爱的风气，培养出了一支爱岗敬业、不惧艰险、特别能战斗的队伍。

荣誉与人物 1964 年、1991 年李绍雄、张世清同志先后被湖北省委、湖北省人民政府授予“全省农业劳动模范”光荣称号。1985 年 5 月，陈家奎代表绿葱坡气象站参加国务院组织的祖国边陲优秀儿女挂奖赛表彰大会。

人物简介

李绍雄 李绍雄同志生于 1942 年 7 月，1956 年 8 月参加工作，1994 年 4 月退休。先后在巴东县气象局、绿葱坡气象站、鹤峰县气象局、利川市气象局、恩施天气雷达站工作。于 1958 年 10 月加入中国共产党，历任鹤峰县气象局、利川市气象局局长，恩施天气雷达站站长，恩施州气象局业务科协理员。在绿葱坡气象站工作期间，因工作成绩突出，于 1964 年 3 月被湖北省委、省人民政府授予全省农业劳动模范光荣称号。

张世清 张世清同志生于1934年4月,1964年12月—1969年10月参加中国人民解放军,1971年9月—2002年6月在巴东绿葱坡气象站工作,1997年7月加入中国共产党,曾任绿葱坡气象站办公室副主任、测报股长、站长等职。由于长期坚持在高山站工作,业绩突出,于1991年3月被湖北省委、省人民政府授予全省劳动模范光荣称号。

台站建设

绿葱坡气象站是湖北省重要的高山气象站之一,海拔高、气温低、地域偏僻、交通闭塞、生活清苦。陈义祥、丁勇臣、陈维才等一批批专业人员从"三个石头架口锅"起家,艰苦创业。绿葱坡气象站业务办公房建于1998年,为砖混结构,建筑面积共154.76平方米,同年建砖混结构职工宿舍268平方米,并对1978年修建的石木结构办公用房和职工住房进行维修,改善院内道路、职工饮水、冬季取暖等困难。"八五"期间,为了争取综合改善达标,湖北省气象局对绿葱坡的特殊情况进行特殊考虑,直接解决项目资金33.2万元,全面改善绿葱坡办公用房及职工住房维修等。

绿葱坡气象站建站初期的观测场

1998年,绿葱坡气象站撤销时的全貌

仙桃市气象台站概况

概　况

仙桃市位于湖北省中部的江汉平原，面积2538平方千米，人口148万。仙桃历史悠久，境内有四千多年文明史的屈家岭文化或石家河文化遗址，建制于公元503年，原称沔阳县，1986年改名仙桃市，人称“鄂中宝地、江汉明珠”。市境为冲积平原，整体地势低洼，西北高而东南低，海拔最高34.7米，最低20.2米，河湖众多，无山无丘，是国家重要的粮、棉、油、渔生产基地。上级气象部门非常重视仙桃气象台站的建设，建站以来，先后有中国气象局领导邹竞蒙、温克刚、李黄、秦大河、沈晓农和湖北省气象局主要领导翁立生、朱正义、刘志澄、崔讲学先后来仙桃市气象局检查指导工作。

历史沿革　1957年9月，沔阳县气候站成立，属国家气候观测站二级站，地址在杜家湖原种场。1964年3月，沔阳县气象科迁到沔阳县政府大院外西南侧200米处。1983年12月，沔阳县气象局迁到现址，即仙下河与汪洲渠交界处的花台，地处东经113°26′、北纬30°22′，观测场海拔高度28.9米。2006年7月1日改为国家气象观测站二级站，2008年12月改为国家气象观测一般站。

建制情况　1957年9月—1959年2月，直属湖北省气象局管理，沔阳县政府代管行政生活，1959年2月—1960年2月，实行双重领导，以地方政府管理为主，1960年2月—1961年1月移交县农业局代管。1961年1月—1972年，由荆州气象局和沔阳县政府双重领导，以荆州气象局领导为主。1972—1973年，由县人武部军代表管理日常工作。1973年5月—1980年3月实行双重领导，以地方政府管理为主，荆州气象局只负责业务管理。1980年3月—1994年10月，改为以气象部门领导为主的双重领导管理体制。1994年10月，仙桃市改为省直管市，仙桃市气象局由湖北省气象局和仙桃市政府双重领导，以部门管理为主。

名称及主要负责人更替情况

名称	时间	负责人
沔阳县气候站	1957.10—1959.7	代克明
沔阳县气象科	1959.7—1960.2	史炳子
沔阳县气象科	1960.2—1961.4	刘维润
沔阳县气候服务站	1961.4—1961.8	王大海
沔阳县气象科	1961.8—1962.1	王大海
沔阳县气象科	1962.1—1966.11	刘有杰
沔阳县气象科	1966.12—1970	沈继堂
沔阳县革命委员会生产指挥部气象站	1970—1972.11	沈继堂
沔阳县革命委员会生产指挥部气象站	1972.11—1973.5	陈兴家
沔阳县气象科	1973.5—1980.3	陈兴家
沔阳县气象局	1980.3—1984.3	陈兴家
沔阳县气象局	1984.3—1986.10	刘俊武
仙桃市气象局	1986.10—1995.12	刘俊武
仙桃市气象局	1995.12—	周佑祥

人员和机构 1957年建站初期只有4人，1980年机构改革后为16人，现有职工21人，其中在编14人，临时聘用7人。在编职工中，高级经济师1人，气象工程师5人，其他技术职称8人；大专及本科学历11人；中共党员12名；50～57岁3人，40～49岁5人，40岁以下13人。气象局内设综合办公室、气象台、公众服务中心，另设市防雷中心为副科级二级单位。

气象业务与服务

1. 气象观测

仙桃市属亚热带季风气候区，具有南北兼宜的气候特点，春暖夏热秋燥冬寒，年均日照约2000小时，平均气温为16.6℃，无霜期约260天，年降雨量1095～1254毫米。

地面观测 1957年12月1日，沔阳县气候站开始作正式观测记录，每天4次(1960年改为3次)定时气象观测。1957—1960年、1961—1979年、1980—2003年、2004年至今分别执行1954年版、1960年版、1979年版、2003年版《地面气象观测规范》。1986年，购入PC-1500袖珍计算机，气象观测工作现代化开始起步。1990年3月，应用计算机制作报表，结束人工手抄制作报表的历史。

自动气象站 2001年10月，仙桃市气象局自动气象站建成。2002年1月1日，ZQZ-CⅡ型地面综合有线遥测仪正式投入运行，配备专线供电和UPS电源，组建加密自动雨量观测，除云、能见度、日照、蒸发和天气现象外，其他项目均由仪器自动采集记录。2006—2008年，争取地方资金100多万元，组建了区域自动气象站网(共20个子站)、GPS水汽探测站，装备计算机近20台，初步形成以计算机网络和卫星通信为基础的现代气象业务系统。

2. 气象预报预测

短期短时预报 初期阶段在“听、看、地、谚、资、商、用、管”八字措施预报下进行概念性看天，方法是“收听加看天”，组织“看天小组”，请老农当顾问预报天气，办公室里养泥鳅，蚂蝗作为预报工具。1970年10月开始，气象站通过收听天气形势，结合本站资料图表每日早晚制作24小时内日常天气预报。1999年，取消了纸质天气图，天气预报业务全部转移到以MICAPS为主的工作平台上进行，预报人员以数值预报为基础，结合其他资料和预报员经验作出短期天气预报；并利用卫星云图、雷达回波图和自动站资料制作短时预报。20世纪80年代初起，每日06时、10时、15时3次制作预报。

中长期预报 中长期预报起始于1959年，中期预报主要制作逐旬(10天)天气过程预报，1990年起逐渐转为7天逐日预报。2000年至今，开展未来3～5天和旬月报等短、中、长期天气预报以及临近预报。同时，开展灾害性天气预报预警业务和供领导决策的各类重要天气报告等。

3. 气象信息网络

气象信息接收 20世纪50—70年代，仙桃制作单站补充天气预报时，一直使用收音机收听武汉和周边气象台站播发的语言广播、天气预报、天气形势。1983年6月增设ESQ-1B型传真机，接收上级台预报产品。1988年1月，接收天气分析图。1999年8月，完成卫星广播接收系统建立县市级VAST单收站。2004年2月，建成武汉多普勒天气雷达等效系统雷达接收终端工作站。2005年1月，建立DVB-S极轨卫星接收系统接收卫星传送的资料。2006年，建立湖北—仙桃气象视频会商系统，为气象信息的采集、传输处理、分发应用、会商分析提供支持。

气象信息发布 1958年6月，以收听加看天的方式，结合本站资料制作补充预报，电话告知县委办公室、农业局等，并通过有线广播站向全县广播。20世纪70年代初期，天气预报在广播电台播出。1986年建成甚高频辅助通讯设备(铁塔)，次年建成农村预警网络。1986年前，主要通过广播和邮寄旬报方式向全县发布。1997年1月，仙桃市天气预报在中央人民广播电台、湖北电视台播出。1996年建成气象卫星综合业务系统(“9210”工程)，自己制作做媒体天气预报，送往仙桃电视台播出。2003年8月，完成“121”天气预报自动答询系统，后升级为“12121”分箱系统(2005年1月改号为“12121”)。1996年9月，开通非线性编辑系统制作电视气象节目；率先开播与省气象影视中心合作的电视天气预报节目。2003年11月，仙桃市“兴农网”建成，与湖北省“兴农网”链接，实行进村入户信息工程。

4. 气象服务

公众气象服务 制作的常规天气预报有：长期天气趋势预报，包括全年(1—12月)、春播期(3—4月)、汛期(5—9月)，打印数量不多，只报送县(市)领导和生产指挥部门，为计划安排作参考；中期天气预报，旬报，打印数量过百，发到各有关单位及乡镇、管理区、村，以便安排生产；短期天气预报(0～72小时)，供电视台、广播电台播出，为公众提供信息服务。每年开展节日气象服务，还为历届仙桃国际体操节、龙舟节、招商引资洽谈会等重大活动提供气象保障。

决策气象服务 常年为领导决策服务，及时提供灾害性天气预报和关键性天气预报。灾害性天气预报主要针对台风、寒潮、大风、冰雹、暴雨，除了在电视台、广播电台播出外，还由局领导亲自向市领导汇报以供决策。20世纪80年代以口头或传真方式向市委市政府提供决策服务。20世纪90年代逐步开发《重要天气报告》、《气象报告》、《汛期(5—9月)天气形势分析》等决策服务产品。在“98”抗洪和2008年初严重低温雨雪冰冻灾害中，准确预报灾害天气过程，及时向党委政府和有关部门提供决策服务。2005年建立了市政府突发公共事件预警信息发布平台，全面承担突发公共事件预警信息的发布与管理，为11个部门发布涉及交通安全、公共卫生、供电停电、地质灾害、农业病虫害等突发公共事件预警80次，相关服务信息5000余条(次)。

科技档案服务 对基本气象资料的管理从未间断，也从未丢失，先后进行过以20、25、30年为期的资料整编与加工。20世纪80年代，为《沔阳县志》提供气候资料。2001年，机关档案目标管理为省二级，2003年升为省一级，利用气象档案资料开出气象证明近千份。1998年，科技人员赶在汛期到来之前，通过查阅大量气象业务档案，发现每年10月和11月南风日数与次年汛期降水量(旱涝趋势)为正相关，做出仙桃市将有不同程度的渍涝灾害发生的准确预报。市“三防”指挥部根据这一预报编制了防洪抗旱预案，当洪涝灾害出现时，采用预案进行防御，有效地减少了灾情造成的损失。

1965年5月仙桃市气象科技人员进行田间气象服务

国防事业服务 1959年4月—1994年12月，从每天04—20时之间不间断地向汉口等四个空军单位提供气象情报，为空军建设和训练提供了气象保障。2000年，为市武装部编写的《仙桃市军事志》撰写了气象篇。2001年，气象局成立气象应急小分队，派员参加市军事小分队，并为其活动提供了气象情报服务。

新农村建设气象服务 2008年，仙桃市气象局围绕建设仙洪新农村建设试验区构建农村新型气象工作体系，创新气象为“三农”服务模式，实施“农村气象防灾减灾”和“信息进村入户”两项工程，做到“五有”(有制度、有人员、有阵地、有产品、有手段)和“五个一”(每个乡有1名气象协理员、每个村有1名气象信息员、有一套农业气象灾害应急手册、有一块气象电子显示屏、有一个气象信息网站)，开展新农村建设气象服务试点工作。

气象科技服务与技术开发 1985年3月起，专业气象有偿服务开始起步，利用传真邮寄、警报系统、声讯、影视、手机短信等手段，面向各行业开展气象科技服务。1990年起，与气象用户签订合同，发展预警器、甚高频电话用户；开展庆典气球施放有偿服务。1993年起，开展防雷安全检测；2000年4月成立湖北省防雷中心仙桃分中心，开展防雷工程施工。2005年10月起，对新建项目开展防雷设计审核、跟踪检测、雷击灾害风险评估。2004年，通过电信、移动、联通公司开展气象短信服务。2002—2005年，气象灾害预警、气象影视技术制作、气象视频会商、“12121”电话答询、短信平台等系统相继投入业务使用，服务效益明显。

人工降雨 1981 年 6 月，沔阳县成立人工降雨领导小组，副局长李大祥、站长张汉川为领导小组成员之一，省气象局下拨“三七”高炮 1 部，县政府拨钱购置东风大货车 1 辆，并拨经费 1 万元，雇请专业炮工 1 人，临时炮工 6 人。1985 年 6 月，人工降雨办公室从气象局分出去，由县农工部代管。

气象科普宣传 利用“3·23”世界气象日、安全生产活动月、科技下乡活动开展气象科普宣传，2005 年被市政府命名为全市科普教育基地，2005 年，在仙桃市汉江小学、实验小学分别建立气象科普教育基地。至 2008 年，为全市乡镇气象信息员开展多次培训。

5. 农业气象

仙桃的农业气象观测始于 1961 年 10 月，结束于 1965 年。主要选择对水稻、棉花、小麦的整个生长期进行观测记录，结合虫情、天气、农事、农田管理与天气旬报同时发布预报。其次是采用专用烘干器观测土壤湿度，因测试点经常被渍水淹没，测得的数据没有代表性，此项工作即行取消。

法规建设与管理

1. 气象行政法规

1997 年以来，仙桃市人大领导每年视察或听取气象工作汇报，仙桃市政府先后出台《关于加快全市气象事业发展的通知》(仙政发〔2006〕28 号)等 10 个规范性文件。2005 年 10 月，按照国务院 412 号令，在市行政服务中心设立气象行政审批窗口。2005 年 1 月，成立气象行政执法办公室，8 名兼职执法人员持证上岗；开展执法检查 160 余次。2004 年绘制了《仙桃市气象观测环境保护控制图》，为气象观测环境保护提供重要依据。

2. 气象社会管理

地方气象事业 自 1997 年以来，仙桃市政府地方财政累计投入 400 多万元，地方气象事业发展经费年度财政预算达到 8 万元，仙桃“兴农网”维护经费年度财政预算达到 10 万元，气象业务建设、台站基础建设配套经费每年 40 万元左右。

气象灾害应急响应体系 2005 年 12 月，仙桃市气象局下发《仙桃市重大气象灾害预警应急预案》(仙气发〔2005〕50 号)，并纳入市政府公共事件应急体系。2008 年 1 月，仙桃出现了 50 年一遇的低温雨雪冰冻天气，仙桃市气象局及时启动应急预案和响应中国气象局、湖北省气象局和仙桃市政府下达的应急预案命令，将损失减少到了最低限度，荣获“湖北省 2008 年低温雨雪冰冻灾害应急气象服务先进集体”称号。其间发布《重要气象服务报告》4 期、《专题气象服务报告》6 期、《气象应急专题服务报告》9 期，发布暴雪、道路结冰、大雾、霜冻等预警信息 10 次。

加强防雷防灾管理 1993 年，仙桃市防雷安全管理领导小组成立，局长刘俊武为领导小组成员之一，挂牌于气象局。1996 年仙桃市防雷中心由市编制委员会批复为国家事业单位，现有专业人员 7 名。逐步开展防雷检测，防雷工程图纸设计审核、竣工验收等。依据《湖北省雷电灾害防御条例》，仙桃市政府陆续出台《仙桃市雷电灾害防御管理办法的通知》

(仙政发〔2003〕30号)等有关文件。1997年到2008年底,已对全市200多个单位的防雷装置进行了年度检测,形成定期检测制度。2007年9月7—18日,仙桃市气象局对全市中小学开展拉网式防雷安全排查,下发防雷安全科普光碟和防雷安全知识挂图,并向仙桃市政府专题报告。

党建与气象文化建设

1. 党建工作

党团组织建设 沔阳气候站建立后,先后有王大海、冯刚元两位共青团员和史炳子一名党员,但没有党团组织,史炳子组织生活在原县委组织部进行。1972年成立党支部,先后有陈兴家、刘俊武、周佑祥任党支部书记。2002年6月成立党组和机关党支部,周佑祥为党组书记,万晓星为机关党支部书记。2000年5月,成立团支部,潘洪祥为团支部书记。

党风廉政建设 2000—2008年,仙桃气象局参与气象部门和地方党委开展的党章、党规、法律法规知识竞赛共20余次。2002年起,成立以周佑祥为组长的党风廉政建设领导小组、中心理论学习小组,连续6年开展党风廉政教育月活动,推进惩治和防腐败体系建设。为规范职工行为,先后制定工作、学习、服务、财务、党风廉政、卫生安全等6个方面30项规章制度。

2. 气象文化建设

精神文明建设 1996年1月,仙桃气象局成立精神文明建设领导小组,制定了文明单位标准。每年开展丰富多彩的职工文体活动,做到月月有活动。1999年5月成立青年学理论读书小组活动,1999年5月成立仙桃市气象局关心下一代委员会,请离休人员讲革命史、老同志讲业务经典,形成讲政治、比业务、赛学习的局风。坚持每周四晚上开展活动,每年都有多篇文章、论文发表在主流媒体上,气象局关心下一代委员会2001、2006年被仙桃市关工委表彰为"仙桃市关心下一代先进集体"。2006年5月,与海南省琼中县气象局开展结对共建活动。1996年至今培养了12人入党,先后有2人受到中国气象局奖励,10人16次受到省气象局奖励,30多人次受到仙桃市委市政府的奖励。从2003年起,连续三届被评为"湖北省级最佳文明单位",2006年获"全国气象部门文明台站标兵"称号。

政务公开 2005年10月,仙桃市气象局对气象行政审批向社会公开承诺,制定下发了《仙桃市气象局务公开实施方案》,落实首问责任制、限时办结、投诉、监督、领导接待日、财务管理等一系列规章制度,2006年、2008年,仙桃气象局被中国气象局授予"全国气象部门局务公开先进单位"。

集体荣誉 1997年,仙桃市被湖北省政府表彰为"发展地方气象事业先进市县"称号。自1997年起,仙桃市气象局十次被评为"全省气象部门目标考核特别优秀达标单位"。1998年被湖北省气象局表彰为"抗洪抢险先进集体",1998、2000年被湖北省人事厅、省气象局表彰为"先进集体",多次被市政府评为"全市安全生产工作责任目标考核先进单位"、"社会治安综合治理工作目标考核先进单位"。2001年以后,气象局领导班子多次被湖北省气象局和仙桃市委、市政府授予"党风廉政建设先进集体"、"五好领导班子"等称号。

台站建设

1. 气象观测站建设

1957 年 9 月建站时，观测场为 25 米×25 米，1957 年 12 月 1 日正式观测；1966 年 1 月缩小为 16 米×20 米，1983 年恢复为 25 米×25 米；1997 年，观测场全部翻耕，放置油漆围栏；2002 年，观测场全部移植“马蹄精”草皮，围栏改用不锈钢管。2003 年被湖北省气象局表彰为“十佳观测场”。2008 年 10 月省气象局批准建立仙桃农业观测站，新站址选定在彭场镇挖沟村(距原观测站 7000 米)。

2. 气象台站硬件建设

1957 年 9 月—1983 年 12 月，只有两间平房，办公条件简陋。1983 年 12 月，迁到现址后初期为平房和两层办公楼，1997—2008 年，共投资 300 万元建成业务楼、办公楼、气象业务一体化室、气象岛四周护坡、汉白玉护栏、室外健身场、岛内硬化美化等工程，突出仿古特色和花园模式。1999 年 10 月，新职工宿舍楼竣工。现有业务工作用车 4 辆，用于气象防汛指挥、气象执法、防雷检测等。2008 年 9 月，中国气象局投资 100 万元立项建设仙桃市斜拉气象景观桥，使之成为仙下河带状公园一景，被市民誉为“翡翠气象岛”。

仙桃市气象局航拍照片(2008 年 4 月)

仙桃市气象桥竣工照(2008 年)

潜江市气象台站概况

概　况

潜江历史悠久，宋乾德三年（公元965年）建县，距今已有1043年；1998年7月15日经国务院批准，撤销潜江县，设立潜江市，现为湖北省直管市。

历史沿革　1958年11月在潜江园林城关北门建站；1959年4月29日迁移到园林西门沙岭；1969年10月13日迁移到园林城南二队；2005年12月31日迁移到潜江市棉花原种场泰丰垸分场七队。站址经纬度为东经112°54′，北纬30°24′，海拔高度31.2米，水银槽海拔高度39.2米。

1980年被确定为潜江国家一般气象站；2007年7月1日更名为潜江国家气象观测站二级站；2008年12月31日恢复为潜江国家一般气象站。

管理体制　1958年11月至1966年由潜江县农业局管理；1967至1969年由潜江县人民政府办公室领导；1970至1978年由潜江县农业办公室领导；1979至1980年由潜江县人民政府领导；1981至1993年由荆州地区气象局和潜江县（市）人民政府双重领导；1994年4月起由湖北省气象局和潜江市人民政府双重领导，以部门领导为主，即垂直管理，并一直延续至今。

名称及主要负责人变更情况

名称	时间	主要负责人
潜江县气象站	1958.11—1974.1	刘万清
潜江县气象科	1974.1—1978.11	王学礼
潜江县气象局	1978.11—1982.8	熊中甲
潜江县（市）气象局	1982.8—1996.3	刘万清
潜江市气象局	1996.3—	张广志

人员状况　1958年建站时只有2人。1984年17人。2008年底在编职工11人，编外人员5人。现有在职职工16人，其中，大学学历4人，大专学历4人，中专学历2人；中级专业技术人员4名，初级专业技术人员5人；50～55岁4人，40～49岁5人，40岁以下的有7人。

气象业务与服务

1. 气象综合观测

观测机构 1958年11月至1959年4月，测报组只有2人。1962年1月，测报组有4人。1983年12月，测报组有7人。1986年1月，更名为测报股，有5人。1999年1月，更名为潜江市气象局业务科，其中测报人员有4人。2004年1月1日更名为潜江市气象台至今，其中测报人员3人。

观测时次 1959年1月1日，地面观测为4次定时观测(02、08、14、20时)。1961年8月1日起至今改为3次定时观测(08、14、20时)。2001年10月，建成ZQZ-CⅡ型遥测自动气象站。地面观测分人工和自动观测两部分。人工定时观测为3次(08、14、20时)。自动观测时次为24小时。2006年1月本站配备ZQZ-CⅡ1型遥测自动气象站。地面观测分人工和自动观测两部分。人工定时观测3次(08、14、20时)，自动观测时次为24小时。

发报内容 天气加密报的内容：云、能见度、天气现象、气压、气温、风向风速、降水、雪深。重要天气报的内容：暴雨、大风、雨凇、积雪、冰雹、龙卷。不定时重要天气报内容：雷暴、视程障碍现象(霾、浮尘、沙尘暴、大雾)。

1959年5月1日起，向湖北省气象台拍发2次定时绘图天气报，时间为08、14时。1961年5月1日起，向省水利厅发8—8时雨量报。1961年8月15日停止向省局发绘图天气报改向省局发6—6时雨量报。1962年9月1日向省局发省区小图报，每天08、14时。1984年10月31日起，改3次发报，发报时间为每年3月1日—10月31日，11月1日—2月底只在08时发1次6RRR4组。1999年1月1日起，改每天08时发1次加密天气报。2000年5月20日起，改为3次(08、14、20)全年发报。2007年1月1日起，改为2次定时观测发报(08、20时)，同时取消压、温、湿自记仪器、14时观测发报。天气现象不记起止时间。7月1日起恢复3次定时观测发报(08、14、20时)，天气现象也恢复记录起止时间。

1959至2000年10月气象站编制的报表：气表-1(一式3份)；气表-121(一式3份)，向国家局、省局各报送1份，本站留底本1份。2000年11月通过162分组网向省局传输原始资料，停止报送纸质报表，但本站留底纸质报表仍编制。

现代化观测系统 2000年2月1日县级业务系统VSAT单收站建成开通。2003年7月11日兴农网开通，7月31日互联网开通。2001年10月20日ZQZ-CⅡ型自动气象站建成，11月1日开始至2002年12月31日20时，进行试运行。观测项目全部采用仪器自动采集、记录，代替了人工观测。2003年1月1日起，自动气象站正式投入业务运行。

乡镇自动气象观测站陆续建立并投入使用，资料全省共享。2005年9月26至29日，高石碑、广华、浩口、熊口、张金、渔洋、竹根滩7个单要素雨量站建成；2006年9月27至29日，12月20日西大垸、运粮湖、总口农场、后湖、龙湾、积玉口等6个两要素(温度、雨量)站建成；2008年3月11日，周矶农场四要素(温度、雨量、风向、风速)站建成；2008年4月14日，熊口农场四要素站建成；2008年9月1日市农科所四要素站建成。迄今，共有单要素站7个，两要素站6个，四要素站3个。每月都要投入人力进行维护、维修，以保障正常运转。2006年10月，GPS空中水汽监测站建成。

2. 气象预报预测

1959 年 1 月 1 日开始通过收音机收听气象广播区域天气预报，制作本地区的短期天气预报。1960—1966 年用收音机收听气象语言广播的气象要素，填绘简易天气图，同时利用本站资料制作本站九线图，分析制作本地天气预报，并在县广播站早、中、晚三次播出。1967 至 1968 年，中断填绘简易天气图，只收听气象语言广播的形势预报。1969 年起，又恢复填绘简易天气图。1981 年 3 月开始用传真机接收北京的气象传真和日本的传真资料，利用传真图表独立分析判断天气变化。1987 年 7 月，开通了甚高频无线对讲通讯电话及终端设备，实现与荆州地区气象局直接业务会商。1997 年 1 月 6 日地面卫星综合业务系统（简称“9210”工程）开通，从卫星综合业务系统直接获取各类天气图、卫星云图、日本天气传真图等文字图表资料，制作短期天气预报。2000 年 2 月 1 日，VSAT 单收站投入业务运行。2002 年 7 月省地专线 SDH 宽带网开通，预报所需资料全部从宽带网上获取，使各类天气图、卫星云图、雷达资料、日本天气传真图等气象资料的收阅分析，更加方便快捷。

3. 气象服务

天气预报服务 1959 年 4 月至 1989 年 5 月主要通过县（市）广播站（市广播电台）向社会播发短期天气预报。1986 年 1 月，潜江县人工降雨办公室成立。1989 年 6 月，购置 50 部无线天气预报预警机，安装到各乡镇（场）、厂矿、企业，建成气象预警服务系统，并使用该预警系统对服务用户开展服务，每天早、中、晚各广播一次，服务用户通过预警接收机定时接收短期天气预报。1996 年 10 月，建成多媒体电视天气预报制作系统，市气象局与市广播电视局协商确定在市电视台播放潜江天气预报，每天下午气象局将自制的城镇天气预报录像带送（传）电视台。1997 年 10 月，气象局同电信公司合作开通“121”气象信息答询电话；2005 年 1 月，“121”电话升位为“12121”。2003 年 7 月 11 日，为更好地为农业生产服务，开通“潜江兴农网”，通过兴农网及时提供农业气象信息。2006 年 3 月，电视天气预报制作系统升级为非线性编辑系统，由虚拟主持人播报天气预报。2007 年，为了更及时地为市、镇、村领导服务，利用移动、联通、小灵通通信网络开通了手机气象短信平台，以手机短信方式向全市公众及各级领导发送气象信息。

气象信息和情报服务 气象信息服务包括重要天气报告、气象灾情报告、重大活动气象服务。常规气象资料服务包括气候评价、灾害评估、气象证明、历史气候资料咨询。

4. 气象科技服务

服务效益 气象服务为本地经济社会发展和防灾减灾中发挥了重要作用，效益显著。1998 年长江流域发生百年不遇大洪水，8 月 1 日晚，长江堤段的湖北嘉鱼县簰洲湾堤防发生溃口。省防汛指挥部迅速命令潜江组织十万劳力守护境内的汉江大堤。鉴于潜江地处江汉平原腹地，位于长江与汉水之间的特殊位置，市委市政府召开紧急会议，要求市气象局对 8 月 2 日—8 日的本地降水范围、降水强度作出趋势预报，决定人力物力的布局。市气象局根据天气形势的变化及汛情的发展，认真进行天气会商，同时与上级台站、周边台站紧密联系，作出了 8 月 2 日到 3 日天气为一次不超过 10 毫米的小雨过程，之后将有 3 到 4 天晴好天气的结论,建议市防办合理安排防汛人员进驻防汛工地。市防指采纳了气象局的意见,结果实况与预报完全吻合。2007 年 6 月,降水量 46.9 毫米,出现空梅现象。6 月 9 日人影办在总口炮点实施人工增雨作业,普遍增雨 10.0 毫米,受益面积 25 平方千米。

科学管理与气象文化建设

法规建设 潜江市委市政府十分重视气象法制建设,先后出台了专门文件:《市人民政府办公室关于将防雷装置设计审核和竣工验收纳入建审的批复》(潜政办函〔2005〕4 号)、《市委办公室、市政府办公室关于进一步规范行政服务中心管理的通知》(潜办发〔2005〕26 号)、《市人民政府关于切实加强防雷减灾工作的通知》(潜政发〔2006〕11 号)、《市人民政府办公室关于公布潜江市项目建设行政审批服务收费等有关流程图的通知》(潜政办发〔2006〕67 号)、《市人民政府关于进一步加强防雷减灾工作的通知》(潜政发〔2008〕8 号)。

社会管理 潜江市气象局积极依法履行对防雷装置设计审核、竣工验收和施放升空气球的行政许可管理工作,加强气象探测环境、气象信息发布的责任管理,以有效地规范社会气象行为。

行业管理 2004 年 12 月,气象局进驻潜江市行政服务中心设立气象行政服务窗口。2007 年 3 月,成立潜江市气象行政执法大队,同时结合年度内行政执法检查、安全生产月等活动,以有效地加强对防雷装置设计审核、竣工验收和施放升空气球的行政许可管理工作,加强气象信息发布的责任管理工作。在探测环境保护上,积极争取政府支持,主动联系规划建设部门,同时,建立探测环境公示、立档存照制度,积极认真开展探测环境保护工作。

党建工作 1962 年 1 月至 1966 年 5 月,有中共党员 1 人(刘万清),编入潜江县农业局党支部。1966 年 6 月至 1974 年 1 月,有中共党员 1 名(刘万清),编入潜江县农业办公室党支部。1974 年 2 月,成立潜江县气象科党支部,有中共党员 3 名,王学礼任党支部书记。1978 年 12 月至 1982 年 8 月,成立潜江县气象局党支部,有中共党员 6 名,熊中甲任党支部书记。1982 年 9 月至 1996 年 3 月,有中共党员 13 名,刘万清任党支部书记。1996 年 4 月至 2004 年 5 月,张广志任潜江市气象局党支部书记。2004 年 6 月,成立潜江市气象局党组至今,张广志任党组书记。现有党员 18 人,设 1 个党组,2 个党支部。妇联工作先后由王晓梅、熊和琼等人负责。

气象文化建设 成立了精神文明建设领导小组,一把手任组长;建立了社会服务承诺制度、机关生活管理制度、新风理事会章程;建立了包括文明楼栋、文明科室、文明家庭、文明职工等内容的文明建设制度。院内树立了 4 块大型文明宣传牌,楼道内知识宣传牌 8 块,单位气象文化氛围浓厚。

每年举办迎元旦、国庆文体活动,举办卡拉 OK 演唱会、乒乓球和羽毛球、中国象棋比赛,丰富和活跃干部职工文化生活。积极参加上级组织的演讲、书法比赛等活动。建立了 35 平方米的图书阅览室,藏书近 3000 册。建立了职工文体活动室、卡拉 OK 室、羽毛球场。

文明单位创建 1984 年,荣获潜江市首批文明单位;1993 年被原荆州地委行署授予地级"文明单位"称号;1997 年被湖北省气象局授予"全省创建文明系统先进单位"称号;1998 年获全省首批"明星气象台站"荣誉;自获得湖北省委省政府授予的 2001—2002 年度文明单位以来,一直保持着省级文明单位荣誉,单位干部职工精神面貌好。

荣誉 潜江市气象局1988年5月，获国家气象局授予“重大气象服务奖”；1994年3月获湖北省人民政府授予“气象为农业服务先进单位”；1997年2月获湖北省人民政府“发展地方气象事业先进县市”；2002年1月获潜江市委市政府授予“两个文明建设先进集体”；2003年6月获湖北省委省政府授予2001—2002年度“文明单位”。

获得省部级以下综合表彰的先进个人

张广志 1983年潜江县劳动模范；1989年、1992年潜江市劳动模范。

李育才 1988年潜江市劳动模范。

胡绪焕 1994年、1995年、1996年潜江市劳动模范。

李明贵 2001年潜江市劳动模范。

熊和琼 2001年、2004年潜江市劳动模范。

王雪 2002年潜江市特等劳动模范；2004年潜江市劳动模范。

台站建设

潜江气象工作前后历经了四次创业。初创时只有1栋平房，2个职工。房屋简陋、设备原始、人手少、任务重，却精神乐观。1978年12月，气象科改为气象局，开始第二次创业。1979年，党支部一班人，带领大家自力更生，自己动手养猪，挖池养鱼，种菜，改善职工生活。还自筹资金，由副局长王学礼求助在三峡工作的老战友援助钢筋、水泥等建筑材料，修建了一幢688平方米的职工宿舍楼，大大地改善了职工生活住房条件。随着气象事业不断的深入改革和发展，到20世纪90年代初，开始第三次创业，出台改革措施，在搞好气象公益服务的同时，气象有偿服务不断深入，1991年将低矮简陋的办公平房，改造成560平方米的四层办公楼。进入21世纪随着气象事业的持续发展，《中华人民共和国气象法》的正式实施，气象事业依法发展得到加强。2006年，新一代气象人开始第四次创业，在市委市政府和省气象局的大力支持下，对原气象局行政、业务办公进行了整体迁移。重建了一座三层共821.34平方米的现代化办公楼，对机关院内的环境进行了绿化美化，完成了业务系统的规范化建设，同时修建了350多平方米草坪、花坛，栽种了风景树，全局绿化率达到了70%，硬化了150平方米路面。机关院内鸟语花香，单位活力增强，精神面貌焕然一新。

潜江县气象站原貌（1959年）

潜江市气象局现状（2008年）

天门市气象台站概况

概　况

天门市地处鄂中，位于江汉平原腹地，汉江下游北岸，属古云梦泽水域。是全国著名的棉乡、侨乡、文化之乡，是世界文化名人“茶圣”陆羽诞生地。

历史沿革　1954年6月建立天门县气象站，站址位于天门县城关镇农镇街19号。1959年1月，除保留原站外，增设天门县人民委员会气象科，科站合一，在原站办公。1960年3月更名为天门县气象服务站。1970年4月，改为天门县革命委员会气象服务站。1971年11月，改为湖北省天门县气象站。1973年12月，成立湖北省天门县革命委员会气象局，原站保留，局站合一，在原站办公，1981年2月，撤销湖北省天门县气象站改湖北省天门县革命委员会气象局为天门县气象局。1984年5月改为天门县气象站。1985年11月7日，恢复天门县气象局。1987年8月，天门撤县建市，天门县气象局改为天门市气象局。1980年被确定为气象观测国家基本站，2006年7月1日改为国家气象观测站一级站，2008年12月31日改为国家气象观测基本站。观测场位于东经113°10′，北纬30°40′，海拔高度34.1米。

管理体制　天门气象站成立于1954年6月，由省气象局直接管理，1958年11月省人民委员会批转省气象局关于气象体制下放问题的报告，转入县管为主。1962年6月4日，收归省气象局管理。1971年11月，列入地方军事(县人武部)管辖。1973年12月，撤销军事管辖，归口天门县农业办公室管理。1980年5月实行了以上级气象部门和当地政府双重领导，以气象部门领导为主的管理体制，1983年4月收归荆州地区气象局领导和地方归口县农工部领导的双重领导体制。1994年天门市升格为省直管市，由原来荆州地区气象局管理改为归属省气象局直接管理。

名称及主要负责人变更情况

名称	时间	主要负责人	备注
天门县气象站	1954.6—1960.3	张　云	
天门县气象服务站	1960.3—1961.3	张　云	

续表

名称	时间	主要负责人	备注
天门县气象服务站	1961.3—1965.2	汪发俊	主持工作
天门县气象服务站	1965.2—1971.10	彭泽好	主持工作
湖北省天门县气象站	1971.10—1973.11	熊方卿	
天门县革委会气象局	1973.12—1976.9	熊方卿	
天门县革委会气象局	1976.10—1981.1	李亮才	
天门县气象局	1981.2—1984.2	李亮才	
天门县气象局	1984.2—1984.5	王怀清	
天门县气象站	1984.5—1985.10	王怀清	
天门县气象局	1985.11—1987.5	王怀清	
天门县气象局	1987.5—1987.9	袁尚慧	主持工作
天门市气象局	1987.9—1988.8	朱艾华	主持工作
天门市气象局	1988.9—1989.12	彭家富	主持工作
天门市气象局	1989.12—1997.7	彭家富	
天门市气象局	1997.7—2003.5	赵建平	
天门市气象局	2003.5—2003.11	阳小华	主持工作
天门市气象局	2003.11—2005.1	郑治斌	
天门市气象局	2005.1—2006.5	阳小华	主持工作
天门市气象局	2006.5—	阳小华	

人员状况 1954年建站时只有4人，1978年13人。2006年定编15人，2008年底在编职工14人，退休11人；地方编制3人，退休1人；编外人员9人。现有职工中，大学学历5人，大专学历14人；高级专业技术人员1人，中级专业技术人员8人，初级专业技术人员8人；50～59岁4人，40～49岁6人，40岁以下16人。

气象业务与服务

1. 地面气象测报

1954年6月建站起开始进行每天4次定时(01、07、13、19时)地面基本气象观测，编发绘图气象电报。1979年改为(02、08、14、20时)4次定时观测，取消编发绘图报，编发补充绘图电报，基本气象观测项目与1954年相同，航空天气和危险天气观测时间、编报照旧，但观测项目改为：能见度、云量、云状、风向、风速、气压、天气现象。随后，维尔德冈风向风速仪更换为国产电接风向风速仪，同时配备大风警报器，使风向、风速项目的观测由室外转向室内。1980年1月1日起由气候站改为国家基本站，昼夜守班。1983年5月1日开始编发重要天气报。1984年，配备电接遥控温湿仪和翻斗式遥测雨量计，1986年1月1日开始正式使用PC-1500微型电子计算机，提高了观测和气象电报编码的质量。1997年2月1日开始使用E601-B大型蒸发器。1999年10月安装了AMS-Ⅱ遥测自动气象站，自动站试运行两年后，其数据从2003年1月1日起作为正式记录使用。2006年6月24日改4次定时观测发报(02、08、14、20时)为8次定时观测发报(02、05、08、11、14、17、20、23时)。2005年7月至2008年底在全市23个乡镇建设了区域自动气象站，其中单要素站8个、两要素站4个，四要素站11个。2006年1月安装了闪电定位仪。2007年5月正式开始酸雨观测。

2. 农业气象预测

1981年1月，县气象站被列为湖北省农业气象观测点之一，配备了专门仪器，进行正规农业气象观测，主要观测项目有：棉花、冬小麦全生育期与气象关系的观测，土壤湿度仪器预测和棉花以及动、植物物候观测。土壤湿度观测为非固定地段，测定仪在旱地作物生育期内进行，深度为50厘米，物候预测项目有：枫杨、旱柳、车前、蒲公英、蚱蝉、青蛙、豆雁。1985年完成了天门市的农业气候区划任务，编写出版了《天门市农业气候区划报告》。1989年市气象局被定为国家级农业气象观测站，观测任务不变。1999年1月开始使用新版的《农业气象观测规范》，2002年6月5日开始停止动、植物物候观测和气象水文观测。2003年5月开始进行农业气象报表微机制作业务试验，将以前的手工制作报表改为微机制作并试验1年，从2004年开始以微机制作的报表为正式上报报表。

3. 天气预报业务

1979年以前用本地气象资料绘制预报图表，独立制作本地天气预报。1983年开始接收天气传真图。1987年1月2日，全省辅助通信网——甚高频电话正式投入使用。1983年开始运用MOS预报进行短期天气预报。1994年8月，开通了与省气象局通信台和荆州气象联网的微机通信终端业务系统。1997年3月1日卫星综合业务系统正式投入业务运行。1999年12月，依托气象部门“9210”工程项目，安装了PCVSAT站(气象卫星单收站)。

4. 气象通信网络

1979年以前天气预报的制作，是用短波收音机收听省气象广播电台播出的天气预报、预报理由及地面高空各层气象资料。20世纪80年代以后，省气象局配备无线电传真图接收机，于1981年6月配备使用。全省辅助通信网——甚高频电话于1987年开通并投入使用，随着计算机的发展和普及，20世纪90年代后，县站气象业务通信转入计算机网络通信。1994年8月，开通了与省气象局通信台和荆州市气象局联网的计算机通信终端业务系统，取代了原来用无线传真机接收气象信息的方法。卫星综合业务系统于1997年3月1日正式投入业务运行。1999年12月24日，安装PCVSAT(气象卫星单收站)和公用分组交换网。2003年7月开通了连接省气象局的光纤线路，取代分组交换网。

5. 气象服务

公共气象服务　1959年天门局开始进行农业气象观测，并在每个乡镇建立气象哨，开展农业气象服务。1997 年 3 月 1 日投资 27 万元的卫星综合业务系统正式投入业务运行，该系统包括：卫星气象资料接收站，通信工作站，人机交互工作站，电视多媒体天气预报制作系统，"121"天气预报电话答询系统。1995 年 2 月 1 日起，天门市城区天气预报纳入省气象台电视天气预报节目，在湖北电视台四频道播出。1997 年采用广源公司天气预报制作系统制作电视天气预报，2007 年 6 月在电视天气预报栏目中出现气象节目主持人。

1997 年 3 月，与天门市邮电局签订了"121"合作协议，当年 4 月 1 日正式开通，采用武汉气象中心开发的"121"电话答询系统软件，开通 6 条中继线路。2003 年 11 月引进北京双顺达信息技术公司开发的"121"自动答询系统，采用 2 兆光纤传输，能同时实现 30 路声讯自动答询。为适应公众对气象信息多方需求，2003 年 5 月对移动手机用户开展了天气预报服务试运行，6 月 1 日正式开通了手机天气预报短信服务，联通手机用户天气预报短信服务 8 月 1 日试运行，9 月 1 日正式开通。

专业专项服务 天门市气象局于 1988 年起使用预警系统开展服务，气象台每天 3 次定时广播，服务单位通过预警接收机收听天气预报。

1990 年开始开展防雷装置安全性能检测工作，2005 年起负责防雷装置设计审核、施工监督和竣工验收。同时开展防雷装置跟踪检测、技术评价，承接防雷工程等服务。

人工影响天气服务 1976 年 4 月从省人工降雨办公室调拨新"三七"高炮 1 门。1976 年 8 月成立天门县革命委员会人工降雨领导小组和办公室，属非常设机构。1981 年气象部门实行管理体制改革，人工降雨管理机构未列入气象部门建制，由地方政府管理。1981 年 8 月省人工降雨办公室又调拨 1 门单管"三七"高炮，同时建设炮库 2 间，配备高炮牵引汽车 1 台。1986 年 5 月天门县编制委员会批准成立天门县人工降雨办公室，1986 年 12 月 10 日实行县人工降雨办公室与县气象局一套班子、两块牌子，经费单列，人员编制不变；1997 年更名为天门市人工影响天气办公室；2007 年装备了人影车载火箭，建成了人影作业指挥业务系统。

科学管理和气象文化建设

法规建设和管理 2004 年市政府成立了天门市防雷减灾工作领导小组及其办公室，同时下发了《关于进一步加强防雷减灾工作的通知》(天政办发〔2004〕46 号)，这对加强天门市防雷工作有着重要的作用。2005 年 12 月，市气象局、市建设委员会联合下发《关于加强建设项目防雷工程设计审核、施工监督、竣工验收工作的通知》，要求建设项目和防雷工程要做到同时规划、同时设计、同时施工、同时验收，并接受市气象局监督管理。2006 年，市政府下发了《天门市人民政府办公室关于加快我全市气象事业发展的通知》(天政办发〔2006〕164 号)。2008 年 3 月市政府下发了《关于进一步规范工程建设项目招标投标活动的通知》(天政办发〔2008〕31 号)，明确新建、改建、扩建的房屋建筑和市政基础设施工程项目、房地产开发工程项目，应取得气象部门核发的《防雷装置设计核准书》。

党建 1971 年天门县气象站与天门县体委合建一个党支部，1973 年成立天门县气象站党支部，先后由熊方卿、李亮才、彭家富、赵建平担任支部书记。2003 年 11 月鄂气党发〔2003〕44 号文件批准成立天门市气象局党组，郑治斌任党组书记，2006 年 5 月阳小华任党组书记。2006 年市气象局成立局机关、老干部 2 个党支部。2008 年 12 月全局共有 22 名党员，其中在职党员13名。被天门市直机关工委授予2003年度、2005年度“机关管理、党建工作先进单位”。

气象文化建设 天门市气象局坚持文明创建工作，成效显著。1996年、1998年授予天门市“最佳文明单位”，2000年升级为省级文明单位，并连续四届被省委、省政府授予2001—2002年度、2003—2004年度、2005—2006年度、2007—2008年度“最佳文明单位”称号。

气象文化阵地建设得到加强。制作了政务公开栏、学习园地、科普宣传长廊，建有图书阅览室、活动室，修建了小型运动场，每年组织乒乓球、羽毛球、棋牌等竞赛，参加演讲比赛、文艺汇演，组织党员干部开展“结对帮扶”活动，活跃了职工文化生活。

荣誉 2001年起天门市气象局连续四届获省级“最佳文明单位”；2001年被命名为“全省创建文明行业活动示范点”；2001、2002年被市委、市政府授予“乡局级优秀领导班子”；2000、2001年被天门市人大常委会授予“人大代表信任单位”。

人物简介

程远喜（1948.1—） 男，汉族，湖北天门市人，大专文化，副研级高工，中共党员。1982年1月参加工作，一直在天门市气象局从事预报工作，2008年2月退休。

他热爱本职工作，在业务工作中取得了一定成绩，1986年参加国家“七五”重点科技攻关课题“长江中下游灾害性天气监测预报系统研究”，与人合著《梅雨锋系的中尺度结构分析》、《1983.6.1江汉平原地区暴雨中分析》、《荆州地区暴雨甚短期预报》三篇论文，独立完成《B区12小时暴雨MOS》的撰写，并将成果用于实践，使本地暴雨预报水平得到提高。通过合著或独著论文26篇，多篇论文获奖或公开发表，其中《荆州地区暴雨甚短期预报》刊登于《南京气象学院学报》第十三卷第四期。

1991年4月30日，程远喜主持制作的“汛期天气预报”明确提出“今年汛期降水量偏多，有前多后少、前涝后旱趋势”，实况是7月上旬大涝，7月12日以后大旱，在此期间，他坚持值守班，主动收集上、下游水情，每天三次到市防汛抗旱指挥部汇报天气和水、雨情，为市委、市政府决策提供了准确的气象服务，为防灾抗灾作出了应有贡献。

程远喜同志先后荣获湖北省委、省政府“劳动模范”，湖北省气象局“双文明先进个人”、“优秀预报员”，天门市委、市政府“专业技术拔尖人才”等称号。

台站建设

天门气象局（站）建站时其房屋是接收原来县园圃的旧居，到20世纪70年代因年久失修，房屋已变得破烂不堪，加之当时城市建设的发展，观测场四周已被高大建筑物所包围，站址不符合地面观测规范的要求，使气象资料的“三性”受到很大程度的影响。

1975年经湖北省气象局同意，于1978年1月1日正式迁至现址，当时建有三层楼房一幢，内含办公室及职工宿舍，建筑面积300平方米。1978年10月，为了进一步规范观测场和值班室的布局，又征地1.83亩，将观测场西移，1980年9月在观测场北面修建值班室平房，预报、测报、资料管理等业务工作全部集中在这里办公。

1983年，由气象部门拨款6万元，购买天门县财办1980年建的单元楼一栋，共12套单元，建筑面积 930 平方米，土地使用面积 930.8 平方米。

1993 年底在北环路南侧临街面征地 1.14 亩，将原测报值班室拆除，在此范围内修建办公楼一栋，建筑面积 557 平方米，1993 年动工，1995 年建成并投入使用。

1998 年 6 月，拆除了原 20 世纪 70 年代修建的值班室、食堂、餐厅等平房及原来三层楼的西边四间，在此基础上修建职工住宅单元楼一幢，共 12 套单元，采取单位筹款和个人集资的方式，总投资 130 万元，建筑面积 1300 平方米，1999 年建成并投入使用。

2000 年，将办公楼重新进行了维修和装饰，并对局内环境进行了美化和绿化，2005 年改建了业务一体化室和会议室，2008 年建成了文化长廊，使单位的环境发生了巨大的变化。

1978—1995 年，天门市气象局测报值班室

1995 年投入使用的天门市气象局业务科技楼

天门市气象局观测站规划图

神农架林区气象台站概况

概　况

神农架林区地处鄂西北，面积3253平方千米，总人口8万。是我国唯一以“林区”命名的省辖行政区。是联合国教科文组织“人与生物圈”保护区网成员和全球环境基金组织生物多样性保护永久性示范地。神农架林区现有5镇3乡，1个神农架国家级森林及野生动物类型自然保护区，1个神农架大九湖国家湿地公园，1个神农架省级旅游度假区。

始建情况　1972年，湖北省气象局批准同意（鄂气字〔1972〕068号），在神农架林区建立气象站。1975年1月开始业务观测。1979年扩建了观测场，由原来的16米×20米扩建为25米×25米。1986年神农架林区气象站更名为神农架林区气象局，保留气象站，实行局站合一。建站以来一直为一般气象观测站，2006年改为国家气象观测站二级站。2008年12月改为一般气象观测站。站址位于神农架林区松柏镇（神农架林区政治、经济和文化中心），位于东经110°40′，北纬31°45′，海拔高度935.2米。

建制情况　神农架自建站至1989年12月，隶属原郧阳地区气象局。1990年1月起体制划转为湖北省气象局直管，实行由湖北省气象局和林区党委政府双重领导，以湖北省气象局领导为主的管理体制。

名称及主要负责人变更情况

局(站)名称	时间	主要负责人
神农架林区气象站	1975.1—1978.8	刘彦青
神农架林区气象站	1978.9—1981.5	郭永贵
神农架林区气象站	1981.6—1985.1	刘衍青
神农架林区气象站	1985.2—1986.7	王平彦
神农架林区气象局	1986.8—	宋正满

人员状况　1975年建站时仅有3人，1996—2006年定编11人，2008年编制增加到15人。现有在编职工15人，地方编制1人，编外用工2人。在职职工中大学学历8人，大专学历5人，大专以下学历3人。有1人具有副研级高级工程师任职资格，中级专业技术人员6人，初级专业技术人员6人。50～55岁3人，40～49岁5人，40岁以下8人。

气象业务与服务

1. 气象业务

①气象观测

1975年1月1日起，每天08、14、20时3次观测。观测项目有云、能见度、天气现象、气压、气温、湿度、风向风速、降水、雪深、日照、蒸发、地温等。同时承担地面天气报和重要天气报发报任务。重要天气报的内容有暴雨、大风、雨凇、积雪、冰雹、龙卷风等。1987年，配备PC-1500袖珍计算机，用于编报。1996年9月起正式启用计算机制作报表。2001年10月建成ZQZ-Ⅱ型自动气象站，2004年开始单轨运行。云、能见度和天气现象人工观测，其它采取自动观测。2005年新增闪电定位观测业务，2007年6月1日新增酸雨观测业务。2005年8月在全区各乡镇和主要景点景区建立区域气象站18个，2008年在神农顶和大草坪建成多要素区域气象站。截至2008年底，区域气象站达20个。

②信息网络传输

气象信息传输 1985年以前，利用收音机收听武汉中心气象台以及周边气象台站播发的天气预报和天气形势制作天气预报，1985年以后用传真机接收天气图，主要接收北京的气象传真和日本的传真图表，利用接收的传真图进行绘制，分析判断天气演变趋势。1987年4月，架设开通甚高频无线对讲通讯电话，实现与原郧阳地区气象局直接业务会商。

1996—1999年，利用分组交换网接受气象资料。2000年5月，建立VSAT站，接收从地面到高空各类天气形势图和云图、雷达数据等，为气象信息的采集、分析和处理提供支持。2000年通过Micaps系统使用高分辨率卫星云图；2005年完成DVB-S数字化卫星遥感监测系统，主要用于森林火点监测。2007年开始应用地市级天气预报平台，2008年建成地市级天气预报可视会商系统。

气象信息发布 1997年以前，主要通过神农架有线广播电台、电话和邮寄纸质材料方式发布气象信息。1997年8月初建立电视天气预报节目制作系统，并在林区电视台播出天气预报。2002年完成电视天气预报非线性编辑系统建设，天气预报节目质量得到提升。2002年建成神农架“兴农网”，通过该网每天发布天气预报信息。2003年建成移动电话天气预报自动答询系统(12121)，2005年开通联通和电信用户“12121”答询系统，通过答询系统发布气象信息。2006年建成神农架林区气象局门户网站，在网站发布天气预报信息。2008年开始使用短信预警发布平台，天气预报预警信息的发布延伸到村组。

气象预报 1980—1984年，利用收音机接受上级气象台天气形势预报，结合本站观测资料和有关图标，每日下午制作24、48小时日常天气预报。1985年起，对传真接收的天气图进行绘制分析，每日制作24、48小时预报，每旬末制作下一旬天气预报。2000年建成MICAPS系统，逐渐结束了手工绘制天气图的历史。2007年3月开始，制作未来3～5天和旬月报等短、中、长期天气预报以及临近预报。同时，开展灾害性天气预报预警业务和发布供林区党政领导及有关部门决策的各类重要天气信息。

农业气象 1980年始，在九龙池、大岩屋、小当阳、大九湖、千家坪、阳日湾、长岩屋建立立体气象观测站，开展温度、降水、日照等气象要素观测，为开展气候资源普查提供数据。

1983—1985 年，开展神农架农业气候资源普查，完成《神农架农业气候区划》编制。1988 年始，编写全年气候影响评价。1990 年起，为《神农架地方志》、《神农架年鉴》提供相关资料。1986 年起每年制作发布春(秋)播、夏收(夏管)及其他关键农作时期天气预报，为农业生产提供服务。

2. 气象服务

神农架北有秦岭屏障、南有巴山之隔，垂直高差显著，地形、地貌特殊，天气、气候复杂多样，立体气候明显，有“一山有四季，十里不同天”之说，“山脚盛夏山岭春，山麓艳秋山顶冰，赤橙黄绿四时有，春夏秋冬最难分”是神农架独特气候的真实写照。受湿热东南季风和干冷大陆高压的交替影响，干旱、暴雨、冰雹、低温冰冻、暴雪、雷击等灾害性天气时有发生。

公众气象服务 1978 年起，通过农村有线广播站播报气象天气预报。1997 年 4 月，利用电视天气预报节目，每天在林区电视台播出各乡镇及主要景区 24、48 小时天气预报；2002 年起通过网络开展公益气象服务。2003 年起通过“12121”发布 24 小时、48 小时和 3～5 天天气预报以及森林防火、旅游等指数预报。

决策气象服务 20 世纪 80 年代主要以口头或电话方式向林区党委政府提供决策服务。90 年代开始制作《汛期(5—9 月)天气趋势预报》、《重要气象服务专报》、《森林防火气象专报》、《汛期重大服务专报》等决策服务产品。在神农架区 2002 年“8·24”阳日泥石流灾害、2004 年“7·16”抢险施救、2005 年“8·31”阳日镇洪涝灾害、2008 年初严重低温雨雪冰冻灾害中，准确预报灾害天气过程，及时向党委政府和有关部门提供决策服务，为将灾害减小到最低限度当好了参谋。2004 年 7 月 16 日下午，因全区普降暴雨，神农架林区阳日镇玉泉河河心——砂洲 8 名群众被洪水围困，气象局启动紧急预案，进行现场气象服务，向抢险施救指挥部及时提供了“降水继续维持，河水还会猛涨，上游最大洪峰将在次日凌晨 2 时左右通过白家滩”的预报信息，为及时组织施救 6 名被困群众起到很好的决策作用。出色完成了历次中央、省领导视察神农架保障服务工作。为神农架首届杜鹃花节、神农架生态旅游节、第四届中国神农架绿色论坛、中国名山论坛等重大活动提供了气象保障。

坚持不懈开展森林防火气象服务，及时为林区党委政府和防火部门提供森林防火气象决策，为神农架 28 年来无重大森林火灾起了重要作用。2006 年 5 月 15 日，林区党委书记、人大常委会主任谭徽在同志在神农架林区气象局呈报的《去冬今春我区森林防火气象服务分析评价》上批示：“森林防火气象服务决策有力，功不可没”。2007 年 4 月 26 日，中央电视台、人民日报、湖北日报等中央、省级媒体到神农架林区气象局专题采访了森林防火气象服务工作。

重大项目建设气象服务 为服务机场立项工作，1995 年 9 月开展神农架机场建设项目气象考察，在酒壶坪建立机场前期气象考察站，观测业务持续到 2006 年 8 月。2006 年 6 月底完成牛场坪机场气象站建设，7 月 1 日开始观测，观测业务一直持续到 2008 年 10 月底。2008 年 10 月底在机场选址地(位于大草坪)建成气象观测站，11 月运行，采取民航和气象部门两套观测手段。业务人员克服气候条件恶劣、交通不便和生活条件艰苦等困难，常年坚守岗位，获取了宝贵的气象资料，对相关数据进行整理，为神农架机场项目最终得到国务院批复立项起到积极促进作用。

旅游气象服务 1997 年开始制作景点景区天气预报，为公众提供多种旅游气象服务产品。2000 年开始，为旅游部门及公众提供黄金周和旅游关键期专项预报。

气象科技服务 国务院办公厅《转发国家气象局关于气象部门开展有偿服务和综合经营的报告的通知》(国办发〔1985〕25号)文件下发后,按照上级部门要求启动专业气象有偿服务和综合经营。1985年4月和林区阳日水电站签订第一份有偿服务合同,合同金额500元。1986—1996年,通过种植香菇木耳、卖菜卖猪、推销土特产等方式开展综合经营。1996年起,开展标语印制和庆典气球施放服务。1998年起,为各单位建筑物避雷设施开展防雷安全检测。2000年起,全区各类新建建(构)筑物按照规范要求安装避雷装置。

科学管理与气象文化建设

法规建设与管理 1987年12月,神农架林区人民政府办公室下发《关于加强观测场环境保护工作的通知》(神政办〔1987〕65号)文件。2005年4月,神农架林区人民政府下发《关于加强气象探测环境保护工作的通知》(神政发〔2005〕31号),对进一步做好探测环境保护工作提出了具体要求。

2000年以后,神农架林区气象局被列为全区安全生产领导小组成员单位。2002年,新建建筑物防雷装置纳入全区建筑安全质量管理体系,要求防雷工程和建设项目要同时规划、同时设计、同时施工、同时验收,施工过程接受防雷中心的监督管理。2006年9月神农架林区机构编制委员会办公室以文件神编办〔2006〕26号批复同意,成立神农架林区防雷中心,为事业机构,核定事业编制6名,其中地方财政全额供养1名。《湖北省雷电灾害防御条例》颁布后,开展了广泛深入的宣传和贯彻落实。防雷行政许可和防雷业务服务逐渐走向规范化。2002年后,多次联合安监局、建设局、消防大队等部门开展防雷安全专项检查。2006年4月,神农架林区安委会下发《关于在全区开展防雷安全专项检查的通知》,要求在全区开展防雷安全检查。2002年后,林区人大代表3次视察气象工作。2006年1月,林区九届人大代表一百余名前来视察。

党建 1984年,中共神农架林区委员会组织部以神组(84)字0024号文件批复同意建立林区气象局党支部,王平彦同志任党支部副书记,1986年11月,宋正满同志任党支部书记。1996年至2008年,发展党员5人。至2008年底,有在职党员9人,退休党员1人。2008年7月,省气象局党组同意成立中共神农架林区气象局党组(鄂气党发〔2008〕29号),宋正满同志任党组书记。同年8月,改选了党支部,王维成同志任机关党支部书记。通过"三个代表"、"党员先进性教育"等主题教育活动,加强党的建设,改进思想工作作风,党员领导干部的执政能力和班子凝聚力得到提升,战斗堡垒作用得到加强。

2001年起,按照湖北省气象局和林区纪委要求开展党风廉政教育月活动。2005年起,每年开展局班子成员述职述廉报告和党课教育活动,并层层签订党风廉政工作目标责任书。多次参与气象部门和林区纪委开展的党章、党规、法律法规知识竞赛。认真落实党风廉政建设目标责任制,积极开展廉政教育和廉政文化建设活动,大力推进惩治和防腐败体系建设。建站以来无违纪违法现象。

气象文化建设 1986年以来,人员得到充实,班子力量得到加强,领导带领职工发扬自力更生、艰苦奋斗的优良传统,自己动手种草栽树,绿化环境。2000年以后大力开展文明创建活动,坚持以人为本,加强人才队伍建设,注重提高职工综合素质,积极开展健康向上的文体活动。先后组织开展越野长跑、登山、羽毛球比赛等文体活动。2006年起,每年召开1次职工家属座谈会，每年春节前向外地职工家属寄送慰问信。2001—2002年被授予“省级文明单位”，2003—2008年保持省级文明单位。2008年建成了图书室、荣誉室、职工娱乐室。制作了政务公开栏、文明创建宣传栏和职工学习园地，文化阵地建设不断加强。

集体荣誉 建站以来获地市和厅局级表彰32次。2002年被林区人民政府授予“‘8·24’抢险救灾先进单位”、被湖北省气象局党组授予“创‘五好’领导班子先进集体”，2003年被湖北省气象局授予“全省气象台站十佳观测场”。2004年被湖北省爱国卫生运动委员会表彰为“卫生先进单位”、2005年被湖北省气象局表彰为“重大气象服务先进集体”、被林区人民政府表彰为“防汛抗旱工作先进单位”、被林区党委授予“全区优秀基层党支部”。2003—2006年连续两届被林区党委政府授予“生态文明大院”。2003—2008年连续6年被林区党委政府授予“全区森林防火先进单位”。2007年被湖北省气象局表彰为“全省气象部门综合达标优秀单位”，2008年被神农架林区党委政府授予“群众满意机关”、被湖北省气象局表彰为“全省气象部门优秀单项达标单位”。2001—2008年度被省委、省政府连续四届授予“省级文明单位”。2008年被中国气象局授予全国气象部门“文明台站标兵”。

个人荣誉 宋正满1996年被中国气象局授予“全国气象部门双文明建设先进工作者”荣誉称号；王维成1996年被湖北省人事厅、省气象局授予“全省气象部门先进工作者”荣誉称号。

台站建设

建站之初，建有310平方米的干打垒土房2排，分别为职工办公和居住场所。1985年，建石混结构宿舍楼1栋，面积783平方米。1993年，建砖混业务办公楼1栋，面积352平方米。1994年后，加大了台站环境改造力度，对院内土质地面进行硬化，建成了水泥路面和室外羽毛球场，对院内空白地带进行了绿化。2005年，对业务办公楼三楼进行装修，建成一体化业务工作室和天气预报会商室。2007年，新建办公楼一幢，面积395平方米。2008年对1993年建成的业务办公楼进行了维修，对外墙和屋顶进行了装饰。气象局现占地面积7769平方米，建筑面积1844平方米。院内绿化面积2492平方米，硬化面积600平方米。

神农架林区气象局观测场全貌

神农架林区气象局业务楼现状

附录一

本书主要执笔人员

湖北省气象台站概况（刘立成）

　　湖北省气象部门概述（刘立成）

　　天气气候与灾害防御（刘立成）

　　基层气象台站概况（刘立成）

武汉市气象台站概况（胡芳玉　余习之）

　　武汉市气象局（胡芳玉　余习之）

　　东西湖区气象局（胡幼林）

　　新洲区气象局（曾双元）

　　黄陂区气象局（杜忠建）

　　江夏区气象局（胡世明）

　　蔡甸区气象局（阮仕明）

恩施土家族苗族自治州气象台站概况（张洪刚）

　　恩施土家族苗族自治州气象局（张洪刚）

　　巴东县气象局（李远红）

　　建始县气象局（刘桂森）

　　利川市气象局（陈全胜）

　　宣恩县气象局（陈海鹰）

　　咸丰县气象局（吴爱莲）

　　来凤县气象局（何炳祥）

　　鹤峰县气象局（张晓波）

　　绿葱坡气象站（张洪刚）

十堰市气象台站概况（汪明　许传文）

　　十堰市气象局（汪明　许传文）

　　丹江口市气象局（刘志勇）

　　郧县气象局（易国云）

　　郧西县气象局（朱明忠）

房县气象局(张福国)
竹山县气象局(华吉昌)
竹溪县气象局(周学峰)
宜昌市气象台站概况(李晓萍、丁丽丽、陈丹)
宜昌市气象局(李晓萍、丁丽丽、陈丹)
秭归县气象局(黄在文)
兴山县气象局(唐军、张贵昌、郭辉)
远安县气象局(张云翔)
夷陵区气象局(刘云鹏)
五峰土家族自治县气象局(曹俊)
当阳市气象局(唐大清)
长阳土家族自治县气象局(李荣法)
宜都市气象局(黄飞)
枝江市气象局(王运龙、朱宗炳)
襄樊市气象台站概况(丁宏大)
襄樊市气象局(丁宏大)
襄阳区气象局(齐保谦、李明宪、罗舰欧)
枣阳市气象局(刘利)
宜城市气象局(龙飞熊、李前华)
南漳县气象局(杜明生)
保康县气象局(邓建华)
谷城县气象局(杨诗定、张国玲、王力宁、孙志娟)
老河口市气象局(贲剑兰、周炜)
荆门市气象台站概况(吴立霞、彭盼盼)
荆门市气象局(吴立霞、彭盼盼)
钟祥市气象局(胡光中、黎翠红)
京山县气象局(王文举)
荆州市气象台站概况(程明华)
荆州市气象局(程明华)
荆州区气象局(黄永平)
松滋市气象局(肖学胜)
公安县气象局(刘士杰)
石首市气象局(余荣华、马荣、宋静、杨驰烈)
洪湖市气象局(倪曙珍)
监利县气象局(耿一风、安开忠)
随州市气象台站概况(魏学忠)
随州市气象局(魏学忠)
广水市气象局(黄春安)

孝感市气象台站概况(汪红、李明辉)
孝感市气象局(汪红、李明辉)
大悟县气象局(包德乡)
安陆市气象局(李勇波)
云梦县气象局(朱青松)
应城市气象局(黄强军)
汉川市气象局(胡小平)
孝昌县气象局(李水清)
咸宁市气象台站概况(肖本权、王洪斌)
咸宁市气象局(肖本权、王洪斌)
崇阳县气象局(熊力书)
通山县气象局(程时高)
嘉鱼县气象局(郑方东)
赤壁市气象局(魏华斌)
通城县气象局(李乐平)
黄冈市气象台站概况(邓建设)
黄冈市气象局(邓建设)
红安县气象局(徐军)
罗田县气象局(林坤)
麻城市气象局(徐以础)
蕲春县气象局(王旺来)
英山县气象局(胡益文)
武穴市气象局(张健)
黄梅县气象局(程美娅)
浠水县气象局(陶水先)
团风县气象局(刘洪志)
黄石市气象台站概况(张莉萍)
黄石市气象局(张莉萍)
大冶市气象局(殷永明)
阳新县气象局(李祥福)
鄂州市气象台站概况(王志成、洪晖、张火平、张云鹏、张晶晶)
天门市气象台站概况(帅文卫)
仙桃市气象台站概况(肖世铭)
潜江市气象台站概况(李明贵)
神农架林区气象台站概况(周建新)

附录二

关于印发《湖北省气象局基层台站史志编纂工作实施方案》的通知

（气发〔2009〕103 号）

各市（州）气象局，省直管市（区）气象局：

为庆祝新中国成立 60 周年、中国气象局成立 60 周年，根据中国气象局关于在全国气象部门开展基层台站史志编纂工作的文件精神，经 2009 年 5 月 19 日省局党组会议研究同意，现将《湖北省气象局基层台站史志编纂工作实施方案》印发给你们，请认真贯彻执行。执行中有何问题，请及时与湖北省气象局机关党委办公室联系。

二〇〇九年五月二十五日

湖北省气象局基层台站史志编纂工作实施方案

为庆祝新中国成立 60 周年和中国气象局成立 60 周年，落实 2009 年全国气象局长会议确定的任务，中国气象局下发《关于印发〈基层台站史志编纂工作实施方案〉的通知》，指定气象出版社于 11 月 30 日前出版 31 部《××省（区、市）基层气象台站史志汇编》，提供中国气象局建局 60 周年活动展览。为组织完成好我省基层台站史志编纂工作，特制定本方案。

一、指导思想

以邓小平理论和“三个代表”重要思想为指导，深入贯彻落实科学发展观，通过编纂基层台站史志，回顾基层气象台站的奋斗史、创业史、改革开放史，回顾 60 年光辉历程，展示新中国成立 60 年来湖北气象事业取得的巨大成就，加强爱国主义教育、改革开放教育和艰苦奋斗光荣传统教育，激励广大气象职工继续解放思想，坚持改革开放，立足本职，敬业奉献，为湖北气象事业科学发展做出新的更大贡献。

二、领导小组和工作机构

1. 湖北省气象局台站史志编纂工作领导小组

组长：张育林

成员：丁俊锋、吴恒乐、匡如献、杨志彪

领导小组办公室设在湖北省气象局文明办：

主任：丁俊锋

成员：刘立成、沈守清、王丽、徐向明

2. 各市(州)、省直管市(区)气象局要成立由分管领导牵头，办公室、计划财务、机关党委(总支、支部)和文明办等有关部门领导参加的台站史志编纂工作领导小组，明确责任，做好相关组织工作。要指导所属县(市)气象局成立台站史志编纂工作班子，明确责任人和具体编纂人。

三、编纂要求

1. 明确思路，统一体例。基层台站史志编纂范围为各市(州)、省直管市(区)气象部门及其所辖的县市局(站)。要组织编写人员认真学习党的十七大报告，学习邓小平理论和“三个代表”重要思想，学习贯彻科学发展观，学习全国气象局长会议和全省气象局长会议精神，提高编写人员的业务素质。要用科学理论指导写作实践，确定编写原则、史志体例、入志内容、编写要求等。格式要统一，行文要规范，避免走弯路。

2. 广泛搜集，史料完备。要尽可能完整地收集本台站的历史沿革、领导班子交替、业务范围变动、站址变迁，以及建局(站)以来的重大事件、重要人物、领导视察及重要批示、当地气候条件和重大气象灾害、开展气象服务的有关文字资料、照片等。一是充分利用当地市志县志资料；二是走访座谈，收集口碑资料。采取走出去、请进来的办法，向当事人、见证者、知情人士核实史实，收集资料，为重要气象事件提供线索。三是有针对性地查阅档案，补充完善资料。

3. 突出重点，体现特色。要认真分析省情、市情、县情，既要把本单位放在我国、我省气象事业发展的大背景下展开，又要注重反映当地气象工作的特色。要把建国以来防灾减灾、气象服务中的重大事件和主要成绩、本台站的先进人物作为重点。一些重要人物、重大事件可配以照片、图表等资料。

4. 掌握分寸，文字简约。对历史事件的记述要准确，判断是非、分析因果、评议得失要把握分寸，对褒扬的人物不溢美，工作上的失误不追究个人责任。语言要简洁、准确、恰当。基层台史的篇幅一般应在2万字左右，基层站史的篇幅为1万字以内。

四、工作进度与时间安排

(一)湖北省气象局

1. 5月18日前，起草《湖北省气象局基层台站史志编纂工作实施方案》，19日完成湖北台站史志编纂工作班子的组建，明确责任人，5月20日前将省局领导机构和办事机构成员上报中国气象局。

2. 5月25日前，印发实施方案和通知，全面启动基层台站史志编纂工作。

3. 6—8月份，完成调研、培训和初稿的编写工作。

4. 9月，省局组织力量，集中精力，完成对全省基层气象台站史志汇编初稿的审定、终稿的确定等工作，月底前将定稿交付气象出版社。

6. 年内，对全省气象部门基层台站史志编纂工作进行总结并评选组织奖。

(二)各市(州)、省直管市(区)气象局

1.5月31日前,各市(州)、省直管市(区)气象局及所属县(市)气象局完成台站史志编纂工作班子的组建,明确责任人和具体编纂人,并于5月31日前将各市(州)、省直管市(区)气象局领导机构和办事机构成员上报湖北省气象局机关党委办公室。

2.6—7月中旬,广大基层台站完成查阅档案、调查研究、收集资料等工作;7月中旬—8月底,按照范本格式,完成本单位台站史的撰写工作。

3.9月5日前,各市(州)、省直管市(区)气象局将定稿电子版交湖北省气象局机关党委办公室。

五、经费

采取经费自筹、分级负担的原则:省局承担的编纂组织工作和出版史志汇编所需经费,由省局自筹解决。各市(州)、省直管市(区)气象局开展编纂工作所需前期调研和参加培训费用(包括差旅费)等,由各市(州)、省直管市(区)气象局自筹解决。各单位要多方筹措经费,确保编纂工作正常进行。

六、工作要求

1. 高度重视,加强领导。台站史志编纂工作是纪念新中国成立60周年系列活动的组成部分,是加强气象文化建设的重要举措。编纂台站史志,为气象事业留下一笔丰厚的精神财富,功在当代、利在后人。编纂工作时间紧、任务重,各单位要加强领导,尽快组建领导小组和工作机构。要周密部署,制定措施,落实责任,保证质量。要将其列入本单位年度工作目标管理内容,加强督查,确保进度。

2. 加强业务指导,确保编纂质量。各级编纂工作领导小组及其办公室要加强指导,明确编纂原则,确定编写体例。省局将召开两次小型研讨会,加强对编纂工作的培训,及时总结和交流编纂工作经验,学习史志范本,研讨编纂方法等技术问题。

3. 加强宣传,边撰边用。各地各单位要充分发挥报纸、网络等各种媒体的作用,加强宣传,积极向中国气象报、湖北日报、湖北气象网和地方媒体投稿。要运用编纂台站史志的成果,结合纪念新中国成立60周年、中国气象局建局60周年,大力宣传各个历史时期、各项气象工作中的先进典型和突出事例,弘扬爱岗敬业、精益求精的职业道德,淡泊名利、艰苦奋斗的奉献精神,发展创新、争创一流的时代风范,激励广大气象工作者为湖北气象事业科学发展做出贡献,再立新功。

后　记

湖北气象部门基层台站史编纂工作任务下达后，湖北省气象局党组高度重视，专门召开会议进行研究，下发文件组成专门的领导小组和领导小组办公室，具体工作由湖北省气象局文明办承担。

为了切实做好这项基础性、长远性工作，湖北省气象局文明办迅速在宜昌举行全省气象部门基层台站史编纂工作培训班，在宜昌市气象局的大力支持下，来自全省17个市州气象局和部分县气象局的同志专题学习了中国气象局在长沙举行的全国气象台站史编纂培训班会议精神，进行了专题培训和研讨，湖北省气象局党组成员、省局纪检组组长张育林同志到会讲话并作了辅导。

根据编纂工作者的建议，湖北省气象局文明办专门申请开通了用于基层台站史编纂交流的QQ群，创办了《湖北气象部门基层台站史编纂工作简报》，雷涛同志专门负责简报的编辑。《简报》工作将全省台站史编纂工作信息进行有效集纳，受到中国气象局领导的高度关注。2009年7月21日，中纪委驻中国气象局纪检组组长、中国气象局党组成员、中国气象局台站史志编纂工作领导小组组长孙先健同志看了湖北省气象局呈报的基层台站史编纂工作简报后作出批示："看了局文明办编纂的四期《基层台站史编纂工作简报》及湖北省局编发的《湖北省基层台站史编纂工作简报》后，我为同志们表现出的极大热情、认真负责的态度和有成效的业绩感到高兴，特向基层的同志们表示诚挚的谢意。希望各级主管机构进一步加强指导，严把质量关，力争编纂出一流的成果，向建国六十周年献礼。"

全省各级气象部门领导高度重视台站史编纂工作，各单位一把手亲自组织编写。各台站编纂工作人员克服时间紧、任务繁重、资料不全等困难，发扬"一不怕苦二不怕累"的吃苦耐劳精神，战高温斗酷暑，确保了台站史编纂工作进度。在编纂工作中，各地涌现了一批好的经验和做法，使台站编纂工作顺利进行。

"写史太难熬，蚊子处处咬，放笔一巴掌，打死真不少。"这是基层台站史编纂工作人员艰苦工作的真实写照。"赤日炎炎三伏天，伏案疾书几孤灯。痴情一缕台站史，留与世人作铜镜。""写志啊，这个事情一定要认真对待，对往年发生的和经过的，要查阅核对，包括字的用法都不能错，要不然，后人会笑话的！"这些诗文，充分表达了全省台站史编纂工作者对历史负责、对事业负责的崇高精神。

从2009年6月初开始一直到9月初，经过各级气象部门广大干部职工的艰苦努力，《湖北省基层气象台站简史》初稿终于面世。2009年9月1日，湖北省气象局组织全省气象部门台站史编纂工作骨干分子，在鄂州凤凰宾馆封闭改稿。9月中旬，修改稿再次经过全省气象台站编纂工作领导小组及办公室成员仔细修改，特别是经过湖北省气象局业务处长汪金福、副处长杨志彪（正处）的精心修改，才得以定稿。11月18日，湖北省气象局召开台站简史编委会全体会议，对出版稿以及彩色插页内容进行最后审议。

值得说明的是，本书文字部分由湖北省气象局文明办副主任刘立成初审，文明办主任丁俊锋二审，湖北省气象局党组成员、纪检组长张育林最后审定。本书图片由雷涛同志精心编辑挑选，丁俊锋同志审定。本书所有资料截至2008年12月31日。

随州市气象局雷涛、襄樊市气象局丁宏大、宜昌市气象局李晓萍、十堰市气象局汪明、黄石市气象局张莉萍、恩施州气象局张洪刚、荆门市气象局吴立霞、鄂州市气象局洪晖同志参加了在鄂州进行的交叉审稿。

本书的出版得到了中国气象局文明办的具体指导，特别是中国气象局机关党委常务副书记张世英同志亲自指导，中国气象局直属机关党委办公室主任、中国气象局文明办副主任李德善同志多次指点，本书还得到了气象出版社社长刘燕辉和四编室主任陶国庆和白凌燕、黄红丽编辑的具体帮助。在此一并致谢。

本书还承蒙湖北省气象局党组书记、局长崔讲学拨冗写序，并给予亲切指导、关怀和帮助。湖北省气象局党组成员、副局长姜海如、柯怡明、谭建民，以及湖北省气象局党组成员，武汉市气象局党组书记、局长涂松柏对本书的编纂出版也给予了关心和支持。

最后，需要说明的是，本书因为时间仓促，必然有一些疏漏和差错，恳请读者不吝赐教。

编者